于树香◎著

法国『进士』逐梦东方

桑志华（Emile Licent）1914—1938年来华科考探险记

人民出版社

序

1994年，在一篇关于自然博物馆工作的短文中，我曾经提到："历史会再一次记起桑志华的名字。"2004年，在另一篇短文中我也曾呼吁"不要忘记桑志华"！桑志华，何许人也，值得我一再提起？简单些说，他是西方基督教自16世纪末发动的持续约三个半世纪之久的对华传教运动中最后一批神父中的一位。他不像利玛窦、南怀仁等那样因进入朝廷高层而声名显赫，也不像谭卫道、德日进等那样做出过令人耳目一新的发现和研究成果而蜚声中国的科学界。他只是默默地在做着一件事：不是传教，而是白手起家，从无到有地创建一个自然博物馆，并最终把它——北疆博物院（即现天津自然博物馆的前身）留在了中国。

我从1978年转向研究我国新生代晚期（距今2000多万年至今）哺乳动物化石开始接触到桑志华在中国所采集到的化石材料。随着我对桑志华了解的深入，很快我就被他作为博物学家的素养和博学多识、"苦行僧"式的刻苦耐劳和献身精神以及惊人的坚忍不拔的毅力所折服。在他居留中国的25年间（1914—1938），正是我国辛亥革命后陷于军阀混战、经济凋敝、民不聊生的时段。桑志华主要靠驴、马和自己的双腿，带着几个工人，跑遍大半个中国北方，总行程不少于4万5千公里；搜集到约30万件动物、植物、矿物和古生物化石标本（现存天津自然博物馆约25万件）；孤身一人从筹资、规划到监工，终于建成一座独具特色的中型自然博物馆；不算其他各类文章，单是21年（1914—1934）的行程录，正文就是两部5册大开本的著作，共2600余页（还有200多页文献、注释、图片之类），外加两大本图集。其记录涵盖之全面，大到政局发展、军阀间的战事、工农业生产、地貌、气象、动植物品种，小到普通民众婚丧嫁娶等风土民情；其标本采集的具体地点、岩石地层、采集人员、方式和步骤等包罗万象、图文并茂。天呀！这是多么大的工作量啊！又是多么珍贵的第一手资料啊！他还有什么休息时间，更不要说什么世俗生活的享受了！我似乎明白了基督教里把献身自然科学看成是"主的旨意"的"苦行僧"们是过着怎样的生活了："无丝竹之乱耳"，无家室之拖累，全身心地投身于对自然科学的追求。对比我们今天的生活和工作，包括那些我们认为是"艰苦"的野外地质工作，难道我们不会感到心灵的震撼吗？实际上，我国在接受西方科学的漫长的历程中，那些以传授和发展科学知识为自己的"传道"任务的"苦行僧"们确实做出了我们不应该忘记的贡献。在20多年前的那篇文章里，我曾祈愿"将来一定会有某位有志于献身古生物学的后来人，受其精神的感召，会再一次俯身于桑志华的档案和日记，来恢复桑志华本人的真实面目"。但是这样一位"后来人"一直没有出现！

20年后的一天（2014年3月21日），天津自然博物馆的董玉琴馆长、马金香副馆长来访，商谈桑志华来华100周年纪念活动事宜。同行的有一位女士，经介绍，得知即是本书的作者于树香女士。使我完全没有想到的是，她随身带来了她花了近10年时间撰写的关于桑志华在华工作和科学考察的传记性文稿，打印稿多达600多页，希望我能帮她在古生物专业方面把一下关。惊奇之余，我也感到十分欣慰和由衷地高兴，"后来人"终于出现了。后来得知，于树香女士是一位历史学博士，逐渐被拔擢成为党政机关正局级领导干部，时任天津市政协副秘书长。由于其工作一直与文化事业相关，从2001年她就开始关注桑志华和天津北疆博物院，2002年和2004年还在报纸和杂志上发文介绍桑志华和北疆博物院。她曾多方呼吁有关部门支持北疆博物院的建设和业务工作，协调天津外国语学院和天津自然博物馆通力合作，于2008年把两部法文的《行程录》全部译成中文。在这一过程中，她越来越被桑志华的事迹所感动，终于促使她下决心根据桑志华的《行程录》写出一部能够全面反映桑志华在华活动的著作。此外，为了使读者对桑志华能有一个较为全面的了解，她查阅了其他学者对桑志华在华期间所做工作的评论，以及桑志华来华前和回国后的有关信息，还自费赴法到桑志华的家乡做了专访，收集相关资料。更为难能可贵的是，于女士充分发挥了其历史学者的特长，对于桑志华经历中的时代背景也做了详细的交代。这对于读者正确理解桑志华的行为和做法是非常必要的。我了解到，为了完成这部书，于女士在本职工作十分繁忙的情况下，投入了10余年的全部业余时间，终于在2014年完成了这部名为《法国“进士”逐梦东方》的传记性书稿。

坦率地讲，于女士这位“后来人”和我最初的设想有很大的出入。我原来设想，能把桑志华的两部《行程录》全部译成中文就已经很不错了，毕竟我国能够熟练读懂法文的人太少了。这样，各方面的专家就可以从中找出各自需要的原始资料了。看到于女士带给我的厚厚的《行程录》中文译稿，我才发现，我原来的想法是多么天真！首先，翻译本身就是一个很大的挑战。《行程录》中充满了大量已废弃不用的城、镇名称，无法查找的乡、村名字；早已退出历史舞台的政、军、商、学界，特别是宗教界人士的法文名称，上千的动植物、古生物的学名和俗名，各自然科学领域专用术语，再加上桑氏没有采用当时刚开始流行的威妥玛英式拼法，大多数名称仅根据方言发音直译而成，这使翻译工作的难度大大超出了我的想象，真应了我国译界泰斗严复所说的：“译事三难：信、达、雅，求其信已大难矣”。于女士所请的几位年轻的毕业不久的法语系师生，花费了几年的工夫将全书译完，实在是一件功德无量的大事。我们十分珍惜和感佩他们的劳动，无疑，我们无法按照“信、达、雅”的标准来要求他们的译稿。特别是在各种人名、地名的翻译上，不把他们当作“研究对象”去逐个查询，是无法真正了解桑志华的复杂多变行程和活动的真实内涵的。

基于这样一部译稿，要写出一部既能真实反映桑志华在华期间活动又有可读性的作品的难度之大，是任何人都可以想象的。对于本书的作者于树香女士，一位并非自然科学学科出身，又没有外语基础的、常年从事政工工作的领导干部来说，其难度和挑战之大更是难以想象的。幸喜本书作者肯于不耻下问，千方百计地向各方专家请教，不辞辛苦地无数次反复修改和完善，几次甚至濒临绝望的边缘。现在这部沉甸甸的书稿终于完稿并得以付梓。我为本书作者在这一过程中所表现出来的超常的毅力和坚持精神以及不计得失、全身心投入的献身精神所深深打动。这使我不由自主地想到，作者在完成这部著作的同时，其精神和心灵也与桑志华有了更深层次的沟通，在作者身上，我看到了桑志华的影子！

虽然如此，由于上述“先天性”的缺憾，这部著作在桑志华活动内容和情节的取舍上，在活动时间和地点的连续性和条理性上，以及在将这些活动拼凑连缀成故事性的叙述上，都还会留下这些缺憾或多或少的痕迹。但我相信本书能够使读者对桑志华在华的活动有比较全面而概括的了解，对桑志华为中国的自然博物馆事业所做出的贡献和桑志华作为传教士与科学工作者的人格情操有所认知。在翻译中我希望不会出现类似于有人将“孟子”回译为“门修斯”，或将“蒋介石”回译为“常凯申”等的大笑话。我希望本书能够起到推动我国学人对桑志华本人及桑志华现象深入研究的铺路石的作用。如果有一天我们能够看到具有深厚自然科学素养又熟谙法语的自然科学史大家能够撰写出一本更为权威的桑志华传记的话，那将是我们翘首以待的大幸事。

有感于于树香女士在撰写本书过程中所表现出的超人的勇气、全身心的投入和持之以恒的决心，特撰此序。

邱占祥

2016年12月21日写于古脊椎所615室

目　录

引　子

天津位于太平洋西岸，中国华北平原东北部，海河流域下游，东临渤海，北枕燕山，是拱卫首都北京的门户。天津是欧亚大陆桥的东部起点，是连接国内外的重要交通枢纽，也是临近内陆国家的重要出海港口，被誉为渤海湾上一颗“璀璨明珠”。

天津是中国历史文化名城，海河、海洋孕育的天津文化，既充满浓郁的中华传统文化的色彩，又体现了东西方文明的交融，呈现开放性、包容性、多元性的显著特征，散发着古老与现代、创新与发展的独特韵味。

1860 年，在第二次鸦片战争中，天津被迫开埠。西方列强凭借坚船利炮和不平等条约，先后在天津设立九国（英、法、美、德、日、俄、意、奥、比）租界。天津依河傍海的地理位置和与北京近在咫尺的区位优势，不仅成为西方列强胁迫清廷、扩张殖民区域的战略区域，而且成为中国北方最早的通商贸易口岸，各形各色人士纷纷涌入，或传教布道，或讲学授业，或开发掠夺，或经商兴业，演绎着东西方文化的冲突与碰撞，天津成为传播西方文化的“窗口”和冒险家的乐园。

九国租界沿海河两岸建造了一座座充满欧式建筑风格的“小洋楼”，凝固了那段屈辱的天津租界文化历史。

1949 年新中国成立后，天津市人民政府把这些建筑遗产基本完好地保护下来，这两千余幢 20 世纪二三十年代建成的风格迥异的小洋楼，享有“万国建筑博览会”之称，成为天津一道迷人的独具魅力的风景。

在天津城市中心，不经意间就会闯入尤为壮观的欧式风貌建筑群：一排排遮天蔽日的树木显示了沧桑年轮，一条条宽窄相宜的道路畅通有序，一盏盏古铜色的街灯整齐延伸，街角小公园盛开的鲜花争奇斗艳，装点着独特的亮丽风景。最引人注目的还是道路两边开放式的带有庭院的别墅，它们曾是洋人和中国达官贵人的府邸。时光流淌，这一座座优雅而精致的小洋楼，承载着太多的历史故事，见证着那段已经逝去光阴的风云与变迁。近年来，无论寒冬酷暑，不管白天晚上，每天都吸引着众多慕名而来的国内外游客，可谓人流如织，络绎不绝。

这一区域包括马场道、睦南道、大理道、重庆道、成都道，统称“五大道”，它贯穿东西，交叉连接了南北22条横向道路，总面积约1.3平方公里。

在“五大道”之首的马场道，矗立着一座罗马式建筑风格的“工”字形三层楼房，坚固挺拔，古朴典雅，这就是著名的北疆博物院。虽然，随着时间的流逝，整座楼房的外墙出现零星脱落，但透过爬满墙上的青藤，依然可以看到当初镌刻在楼房立面墙上和正门的法文“MUSEE HOANGHO PAIHO”（黄河·白河博物馆）和中文“北疆博物院”字迹，尽管沐浴了近百年的风雨，但字体仍然清晰，十分醒目。

走进北疆博物院的展厅，那些带着远古地质年代痕迹的标本扑面而来：早已绝迹的、以庞大完美披毛犀和各种象类与三趾马等为代表的古哺乳动物群化石，与“河套人”牙齿化石在一起的旧石器，种类繁多活灵活现的大小动物标本，栩栩如生的植物标本；野外考察绘制的大量地图和使用过的发掘工具、昆虫采集网、采样瓶以及三条腿的小桌子；还有设计独具匠心的藏品展柜，带着岁月烙印的英文打字机，泛黄的法文出版物，用法国火柴盒制作的装小昆虫的标本盒，一幅幅或在野外考察或在实验室的老照片，那面写着“法国进士”、“中国农林谘议”和“桑”字样的斑驳破旧的三色（蓝白红）小旗……这座有着近百年历史的欧式建筑以及珍贵藏品，吸引着前来参观、考古、探谜者的目光，使人们流连忘返。

人们不禁要问：北疆博物院是怎么来的？“法国进士”又是怎么回事？

所谓北疆，一百年前，一个距中国万里之外的法国人理解为中国黄河以北的地域。这个身份与背景都非常特殊的人，没来中国就锁定了这一疆域，立志奔赴这片陌生而神秘的土地“探宝”，还要建一座“北疆博物院”。

这个法国人就是北疆博物院的创建人埃米尔·黎桑（Emile Licent），来华科考探险后，他给自己起了一个地道的中国名字：桑志华。

出身天主教家庭的桑志华在20世纪初就成为法国耶稣会士，任职司铎，通常称神甫，在中国被音同字异尊称为“神父”。

这位法国神父的另一头衔：法兰西科学院动物学博士。当时，桑志华来华有双重背景——法兰西政府与教会；双重身份——博士与神甫；双重任务——在中国科考探险与传播“上帝福音”。

19 世纪初，人类起源一直是神学界与科学界争论不休的问题。达尔文[①]的进化论创立后，许多科学家在世界各地苦苦地寻找旧石器时代的燧石工具以证明由人类所制，直到 1864 年在法国出土了有关人类远古时代的最终证据，人们逐步认识并在 19 世纪中叶接受了人类具有悠久历史的看法。

此时，遥远而神秘的中国对欧洲的思想家、诗人和科学家充满了诱惑力，激发了无尽想象，尽管当时还缺乏考古发现来证实，但亚洲的地质结构和地理特点具备了适于古猿向人类演变的环境，他们相信有关人类的谜题可以在这片古老广袤的大地找到答案。这种大胆的“东方幻想”，驱使着敢于冒险的英国、法国、瑞典、美国等科学家纷纷涌向中国，他们想探究，这块孕育了五千年文明的古老土地，是否曾是人类起源的摇篮？

中国幅员辽阔，地质独特，资源丰富，早在上古时代我们的先辈在天文、地理、人文、哲学等方面都有过划时代的发现、发明和创造。然而，自 1840 年第一次鸦片战争以来，中国遭受了西方列强坚船利炮的野蛮侵略和封建专制制度的腐朽统治，山河破碎、战乱频仍，民生凋敝，中华民族陷入内忧外患的灾难深渊。20 世纪 20 年代前，广袤的中国在史前研究方面还是未开垦的处女地，科学领地一片荒芜。伴随着殖民地耻辱，神州国门洞开，一些西方人士乘机而入，在中国寻觅远古人类的踪迹，掀起了一波开发东方古国的浪潮。

这个“东方幻想”也使桑志华萌生了来中国科考探险，并建一座博物馆的“东方梦”。当时，他的同胞大为不解，甚至讥讽为痴人说梦；来华的先驱也忠告他：一个语言不通的外国人到兵荒马乱的中国黄河以北科考探险，等于把自己送到了荒山野岭和原始密林，去给肆虐的猛兽做食物。然而，桑志华目标已定，毫不动摇，最终得到了法国耶稣会和政府有关部门的支持。

---

① 达尔文（Charles Robert Darwin，1809—1882），英国生物学家、进化论的主要奠基人。他在 1859 年出版的《物种起源》中，充分论证了生物的进化，明确提出自然选择学说来阐述进化机理，在社会上引起极大反响，在哲学和社会科学领域中也产生极大影响，猛烈冲击了当时支配思想领域的神学观念。

1914 年，桑志华带着对未来美好的憧憬，孤身一人踏上了来华科考探险的逐梦之旅。

清末民初的中国农村依然贫困、封闭，无论是地方官员还是平民百姓，对“法国博士”这个称谓都很陌生。为了让所到之处的中国人对自己的身份和学识有个大致概念，方便科考活动，桑志华灵机一动，干脆把“法国博士”翻译为“法国进士”。实际上，不仅法国从来没有“进士”学位，即便在中国，也必须要通过科举考试，才能成为“进士”，而当时，中国早已废除了封建君主专制制度。所以“法国进士”这个称谓，纯属桑志华的“创新”。他把“法国进士”赫然印在名片上，写在自己制作的以法国国旗蓝、白、红为底色的小旗上，仿佛很有来头，这个中为西用的“学位”，一直伴随桑志华在华科考 20 多年，确实帮了他很大的忙。

那么，戴了博士帽又身穿神父袍的桑志华，心中的上帝与科学，哪个分量更重？人们不得而知。实践证明，桑志华来华既不是为了传教，也没有担任随军牧师，而是在北疆区域科考探险，实现了在中国建一座博物馆的“东方梦”。

按照人们的思维惯性，法国神父与在华科考探险，法国神父与在中国建一座博物馆，无论如何也不能连在一起。何况，他是孤身闯中国，还要靠一己之力把一纸蓝图变成现实，其难度可想而知。

或许是上帝的眷顾，或许是中国这块辽阔而古老的大地的哺育，或许是耕耘的收获，桑志华在华科考探险期间，创造了恐怕连他自己当初都没有想到的，在中国乃至世界考古和自然科学史上的辉煌：

1920 年，桑志华在甘肃庆阳以北的赵家岔和辛家沟黄土底部的砾石层中发现了三件旧石器（更新世，距今约 260 万年至 1.17 万年），改写了中国没有旧石器的历史，被公认为中国旧石器时代考古学的肇始。在下伏的红土（晚中新世后期，距今约 1000 万年至 500 万年）中发现了三趾马动物群化石，开启了中国古哺乳动物学新纪元，同时被称为第一个在中国发现并对三趾马动物群化石进行系统发掘的科学家。

1922 年，桑志华在内蒙古萨拉乌苏河畔更新世晚期（距今约 12.6 万年至 1.17 万年）地层发现了与旧石器在一起的“河套人”牙化石和哺乳动物群化石，填补了中国古人类“晚期智人”[①]的空白，被称为当年世界考古史上两件重要大事之一（另为埃及法老陵墓的发现）。桑志华发现的内蒙古萨拉乌苏旧石器时代人类遗存和宁夏水洞沟化石地点（1922年），促成了1923年桑志华与德日进[②]联袂组成“法国古生物考察队”进行科考，得出了宁夏水洞沟旧石器时代文化遗址在中国甚至远东都是第一例、中国旧石器时代古人类与西方早期的古人类生活在同一时期的结论。萨拉乌苏和水洞沟这两个史前人类文化遗址的发现，不仅引出了远古时代在横贯亚欧大陆的黄土地上，东西方人类文化相互碰撞的种种故事，更重要的是触发了20世纪东西方科学文化交流中不断迸发出的火花。至今，这些发现仍然对东西方远古文化的关系和人类群体的迁徙乃至基因交流的研究产生着很大影响。

1924年，桑志华在河北泥河湾盆地发现了地层时间跨度大的新生代晚期（距今约300万年至100万年）哺乳动物化石，相当于欧洲维拉方期的动物群，填补了中国新第三纪向第四纪过渡阶段的一个关键空白。如今，泥河湾盆地已经成为研究东亚北部早期人类文化迁徙的关键地点。

1934年，桑志华在山西榆社盆地发现了新近纪晚期（距今约600万年至200万年）哺乳动物化石，其种类多、数量大、地层连续时间长，犹如一部完整的“地层编年史”。今天，仍然是中外地质学家、古生物学家研究新生代（时间从6500万年前中生代末期恐龙灭绝开始，一直持续至今）地理环境、气候变化和生物进化的重要基地。

桑志华一次又一次的新发现，揭开了地球生命史的关键谜团——中国是地球上最古老的陆地之一，是古人类和古生物的摇篮。

---

① 人类进化经历了南方古猿、猿人（直立人）、早期智人（古人）、晚期智人等阶段，发展为现代人。晚期智人出现于最近10万年内，即更新世晚期的中叶。这一时期的文化是处于旧石器时代晚期或新石器时代初期。晚期智人是古人的后裔，但在发展上又有新的飞跃。首先表现在体质结构和形态，除去某些细节外，非常像现代人，他们已属于智人种，即现代人种。

② 德日进（Pierre Teilhard de Chardin，1881—1955），法国基督教哲学家、神学家、古生物学家。1899年加入耶稣会，1911年升为神父。他长期从事古生物学和地质学的研究，从1923年起，多次到中国考察。1929年，参加中国科学家在周口店发现的中国猿人颅骨化石的鉴定工作。1940年，在北平（今北京）建立地质生物研究所。1943年创办《地质生物学》杂志，一直在中国居留到1946年。

桑志华凭借一己之力白手起家，励精图治，克服了重重困难，先后用8年时间在天津创建了北疆博物院，成为中国唯一集旧石器时代考古学、古人类学和古脊椎动物学及相关学科于一体的学术研究机构。这里藏有古人类化石、古生物化石和旧石器以及动植物标本20余万件，其中有许多标本为世界独有。在古生物标本中，甘肃庆阳、内蒙古萨拉乌苏、河北泥河湾、山西榆社，这四个地区古哺乳动物群化石的完整和丰富是世界罕见的。这些珍贵藏品及其研究成果在世界上一直享有极高声誉，吸引着许多中外专家学者前来一睹风采。

著名史前学家、瑞典王储古斯塔夫·阿道夫亲王（后来的古斯塔夫六世）[①]于1926年专程造访，对北疆博物院给予高度评价。杨钟健[②]称赞：北疆博物院是当时世界上第一流的博物馆[③]。

为表彰桑志华在华科考探险取得的斐然成绩，1927年4月9日，法国驻天津领事索西纳（Saussine）代表法国政府授予桑志华“铁十字骑士勋章”(Chevalier de la Légion d'Honneur)；同年，中华民国政府为桑志华颁发五级“金穗勋章”。

1937年七七事变后，日军对天津进行狂轰滥炸，各国租界也未能幸免，桑志华于1938年被迫离开天津返回法国。

从1914年至1938年，桑志华在中国整整度过25个春秋（其间只回欧洲一次）。这位著名的博物学家、地质学家、古生物学家和北疆博物院院长，在他38年的科学生涯中有25年是在中国度过的。而这25年，正值他体魄健壮、思想成熟、精力旺盛之年，也是他取得科学成果最丰富的时期。

桑志华是那个年代众多来华科考探险人中，唯一一个把绝大部分采集品

---

① 古斯塔夫六世·阿道夫（Gustav Ⅵ Adolf，1882—1973），瑞典国王，享有国际声誉的考古学家和文物收藏家。自1907年起开始收藏中国文物古董，是国外研究中国陶器的权威。1926年在环球旅行途中访问中国。1928年发起瑞典国家博物馆中国古代艺术展览。去世前将收藏的2000余件中国文物珍品赠送给瑞典远东艺术博物馆。

② 杨钟健（1897—1979），中国地质学家、古生物学家、中国古脊椎动物学的开创者。其研究领域涉及地层古生物学、地质学、古人类学、考古学等，为中国古脊椎动物学和古人类学及其地层的研究奠定了基础。

③ 房晓星：《关于筹建新馆的回顾》，《天津自然博物馆八十年》，天津科学技术出版社1994年版，第41页。

留在中国并建立博物馆的科学家，为中国旧石器时代考古学、古人类学、古生物学以及动植物学，做出了不可磨灭的贡献。可以说，是东方这块广袤而古老的大地，哺育了这位令世人尊敬的科学家。

中国著名古生物学家邱占祥[①]指出：“桑志华给我们留下的不仅仅是一批有重要历史意义和参考价值的藏品，而且是一批依然光彩照人、值得我们去进一步探索和研究的宝贵资料。桑志华作为一名博物学家，他的那种献身科学、坚忍不拔和忘我工作的敬业精神，也给我们留下了宝贵的精神财富，值得我们学习和发扬”[②]。

中国著名地质学家刘东生[③]认为：“桑志华于1920年在甘肃庆阳黄土层中发现的旧石器以及1923年在水洞沟的发现提高了人们对中国史前人类活动历史的认识。他于20世纪20年代多次考察过的河北泥河湾盆地，今天已成为研究东亚北部早期人类文化迁徙的关键地点”。“他不同于许多其他同时代的同行们的特点是，他在华时期，没有像其他人那样带走全部标本，而是把历年来在中国得到的采集品，除了做科学鉴定的运到法国外，大部分都留在中国，并于1922年创建了北疆博物院（今天津自然博物馆的前身）。仅在这一点上就很值得我们称赞。他将以一个光辉的探险科学家和文化使者的形象永驻在中西科学文化交流的史册上”[④]。

人类历史的发展，在很大程度上取决于不同地域文化的交往。中国与欧洲虽然相距遥远，但是在旧石器时代，就已经迸发出东西方人类文化交流的火花，对世界历史进程产生了积极影响。这种交往与交流，不是突发的、转瞬即逝的现象，而是一个漫长的不间断的过程。在这个过程中任何发展阶段

---

① 邱占祥，生于山东青岛，毕业于莫斯科大学地质系，1984年获德国古登堡大学（美茵兹）理学博士学位；1991—1995年任中国科学院古脊椎动物与古人类研究所所长，2005年当选中国科学院院士。主要从事新生代哺乳类化石和地层研究。

② 邱占祥：《桑志华和他的哺乳动物化石藏品——试谈桑志华藏品中哺乳动物化石的历史及现实意义》，《天津自然博物馆建馆90周年文集》，天津科学技术出版社2004年版，第9页。

③ 刘东生（1917—2008），生于辽宁沈阳，籍贯天津，我国老一辈地质学家。1942年毕业于西南联合大学，1980年当选中国科学院学部委员（院士）。2003年获得国家最高科学技术奖。他对中国的黄土学、第四纪地质学、环境地质学、青藏高原与极地考察及全球变化等领域做出过杰出的贡献。

④ 刘东生：《东西科学文化碰撞的火花》，《第四纪研究》2003年第4期。

和有代表性的人物，其贡献都是不容忽视的。如果说，桑志华像他之前的马可·波罗，或是和他同属耶稣会的前辈利玛窦[①]、南怀仁、汤若望（Johann Adam Schall von Bell, 1591—1666）等人那样，是一个连接东西方的桥梁。那么，与众不同的是，桑志华创建的北疆博物院及其藏品，时至今日仍然对中国乃至世界具有极其重要的科学研究价值；一百多年前，由桑志华寻找古人类文化遗迹所触发的对远古时代东西方科学文化碰撞的研究，至今仍在继续。可以说，桑志华是一座连接远古与现代中西方科学文化交流的桥梁，是促进中法科学文化交流的使者，在这一点上，桑志华所起的作用是独一无二的。

中国和法国都是历史悠久的文明国度，桑志华在华期间深受中国文化的熏陶，来华10年后，他借用中国古代伟大诗人屈原[②]《离骚》中的诗句，为自己的真实内心做了精准诠释：“路漫漫其修远兮，吾将上下而求索。”

探索奥秘，就是桑志华心中的上帝！

现在，让我们穿过时间隧道，去寻找法国“进士”、动物学博士、博物学家、地质学家、古生物学家桑志华的人生足迹。

---

① 利玛窦（Matteo Ricci，1552—1610），旅居中国的意大利耶稣会传教士、学者。1583年随耶稣会士罗明坚前往广东肇庆传教，并建立了第一个传教会所。1601年第三次进京，明神宗敕居北京。他习汉语，蓄须留发，着儒服，行儒家礼仪，自称“西儒”，是第一位阅读中国文学并对中国典籍进行钻研的西方学者。他向中国传播西方天文、数学、地理等科学技术知识的同时向欧洲介绍中国，把儒家“四书”译成拉丁文等，为明代中西文化交流做出了重要贡献。

② 屈原（前340/前339—约前278），中国战国时代楚国诗人、政治家。其震古烁今的《离骚》等，既反映了他的进步的“美政”理想和为祖国献身的伟大精神，充满了炽烈的爱国热情，也是中国积极浪漫主义文学的渊源和光辉典范。

第一篇
志在东方

遥远而神秘的东方古国——中国，对法国人桑志华充满了巨大的诱惑，带给他无尽的遐想。为探究自然科学的奥秘，为追逐“建一座博物馆”的梦想，一百年前，他远渡重洋，来到这片广袤的土地……一百年后，他留下的博物馆以及藏品依然还在，而人们对他的身世及贡献却知之不多。

现在，让我们随时光回溯到一个世纪前，去寻找那个久远的人生足迹吧……

1 少年时代迷恋动植物

桑志华的家乡位于法国北部里尔市（Lille）罗别镇（Rombies），毗邻比利时。这一地区属于温带海洋性气候，夏天并不十分炎热，但是冬天温度经常低于零度。

罗别镇距离省会里尔约60公里，它安静而平和地散落于城市的喧嚣之外，一砖一瓦都散发出浓浓的历史感和法国中世纪的小城风情。小镇建筑除了高高的教堂外，民宅大都是带有庭院的二层小楼，布局合理，错落有致："人"字形房脊、红顶红墙、白灰勾缝，花园、草坪、绿树，定格了小镇的优雅与精致。多少年过去了，小镇没有高大、独特、豪华的建筑，更没有任何刻意的修饰，仿佛始终停留在初建时那个久远的年代，只有那房墙的红砖和铺路的石板向人们透露着岁月的信息。

桑志华的家，与镇上的其他民宅一样，是一幢带有庭院的二层小楼，酒红色的楼房外檐墙面用浅灰色勾缝，给人一种典雅、生动的感觉。正门上方镶嵌一个不能开启的圆窗户，中间是一个十字架，两侧整齐排列着8个窗户。这些建筑要素，传递了一个家庭的宗教信仰和经济状况。

桑志华的父亲

1876年12月16日，桑志华出生在这幢古朴典雅的小楼。

父亲欧仁·让·黎桑（Eugène Jean Licent）信奉天主教，是一位小学老师，受到教育界权威人士欣赏，在去世前几年担任教区财产管理委员会司库。母亲玛丽·德西蕾·布莱莉（Marie-Désirée Blary）是农场主的女儿，温柔而坚强。哥哥欧仁·黎桑（Eugène Licent）喜欢植物学，曾任罗别镇镇长，因孝敬母亲而闻名小镇。

桑志华的母亲

在罗别镇边缘的高台上矗立着一座天主教堂，婴儿时的桑志华被父母亲抱着在这里接受洗礼。

这座教堂始建于1717年，为哥特式建筑风格。远远望去，像欧洲中世纪的一座城堡，坚固、端庄、造型典雅，尖尖的塔顶触摸着蓝天。步行攀登几十级台阶，才能到达教堂门口。高高的拱形大门，色彩绚丽的玻璃窗，墙身外檐横竖连接处的凹凸雕刻，几乎囊括了那个时代教堂建筑风格的庄严与精致。教堂内装饰充满梦幻般的神秘与富丽：高耸的穹顶、流畅的拱券、敦实的圆柱、生动的浮雕、神圣庄严的祭坛，俨然天国的再现与缩影。

桑志华的哥哥

穿过供奉着圣母玛利亚神像的礼拜大厅，进入一个约七八平方米的房间，迎面墙上挂着一面黄色旗，旗子前面的十字架下插着白色蜡烛，一个用水泥制作的约1.3米高的浴盆摆放在房间中央，这是当年主教将婴儿桑志华全身浸入水中受洗的浴盆。受洗后，桑志华的父亲走到隔壁小屋拉绳敲钟，打出几个音节，求得吉祥。今天，将婴儿全身浸入小浴盆的做法已被废弃，主教将圣水浸湿婴儿的额头，即为受洗。但是，拉绳敲钟习俗还在延续。

桑志华就读的小学离教堂很近。这是一座红砖白墙的二层小楼，每一个窗台上都摆放着一盆盆盛开的鲜花。校园中央最为醒目的是矗立着一块纪念碑，它是为了纪念在第一次世界大战中牺牲的英雄。桑志华的父亲曾是这所学校的老师，许多课程都是由他父亲教授的，受其影响，桑志华从小就勤奋好学，刻苦钻研。

桑志华出生时的住宅

从桑志华的家步行约 1 公里，就可以到达法国与比利时的交界处。树木掩映下，一条不足 4 米宽的河流成为两国的分界线。小河虽窄，但水流湍急、清澈纯净，小河两岸风景如画，美不胜收。小河的一边连接广袤的田野，另一边靠近村庄。为保护水源，靠近河流的五百多米因不允许种庄稼而长满杂草。在这绿草丛生的岸边矗立着一座座古色古香的木屋，木屋里藏有三百余年历史的磨房，掌管门钥匙的镇长偶尔开启，那纯木大圆盘就会以水为动力不停地转动。它单调而粗犷的声响，仿佛把人们带入遥远的时光。

少年时的桑志华，对各种动植物产生了浓厚兴趣，经常跑到田野中捕捉昆虫，收集标本，沉醉于那些瓶瓶罐罐中的“宝贝”。

1888 年，12 岁的桑志华离开父母，到距家乡约十多公里的圣·阿芒雷泽市（Saint-Amand les-Eaux）的圣母天使中学（N. D. des Anges）读书。从此，桑志华开始住校。

桑志华家乡的教堂

1894 年，桑志华在法国高中毕业会考中取得优异成绩。1895 年 12 月，到荷兰海默特（Gemert）耶稣会初修院进行第一年初修。这一选择是经过认真思考的。他对“尘世”之事毫无兴趣，也不擅长传教布道，甚至对此感到有些恐惧。但他对自然科学的探究近乎痴迷，而耶稣会恰好能够提供这种机会和资金。初修后，他在圣·阿什尔·雷兹·亚眠市（St-Acheul-Lez-Amiens）从军，那座军营至今依然保留着。

1897 年至 1898 年 10 月 23 日，桑志华在圣·阿什尔·雷兹·亚眠市完成耶稣会第二年的初修。尔后，在这里做了见习老师。

穿校服的桑志华（后排左四）

尽管他是一颗在法兰西美玉上雕刻出来的硬石，即使造物主的利器打磨了他的棱角，也无法掩盖他的缺点：性情急躁，自尊心强，敏感且易怒。即便如此，桑志华仍被公认为是一位很严谨的年轻教士，他的受教育水平远超同龄人，他很愿意将自己熟知的事物讲解给他人听。他略带学究风范，但与人交往时非常直爽①。

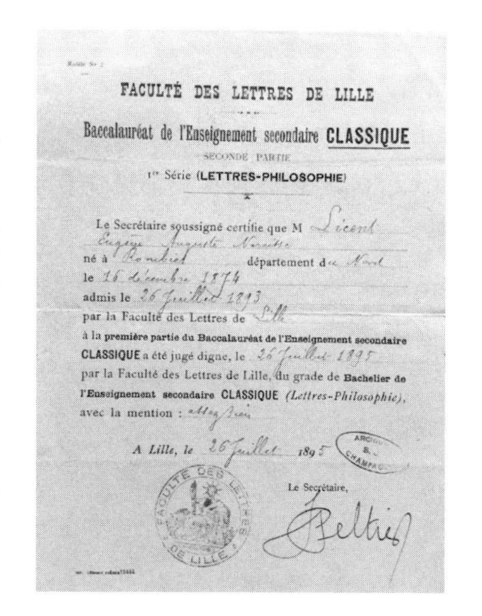

FACULTÉ DES LETTRES DE LILLE

Baccalauréat de l'Enseignement secondaire CLASSIQUE

SECONDE PARTIE

1re Série (LETTRES-PHILOSOPHIE)

Le Secrétaire soussigné certifie que M Licent
Eugène Auguste Narcisse
né à Roubaix département du Nord
le 16 décembre 1874
admis le 26 juillet 1893
par la Faculté des Lettres de Lille
à la première partie du Baccalauréat de l'Enseignement secondaire CLASSIQUE a été jugé digne, le 26 juillet 1895
par la Faculté des Lettres de Lille, du grade de Bachelier de l'Enseignement secondaire CLASSIQUE (Lettres-Philosophie),
avec la mention : assez bien

A Lille, le 26 juillet 1895

Le Secrétaire,
Peltier

FACULTÉ DES LETTRES DE LILLE

桑志华的中学毕业证书

1899—1900年，桑志华在里尔大学（里尔市电台路73号）获文学学士学位，在里尔市圣·约瑟夫中学（St-

① Claude Cuénot, “Le Révérend Père Émile Licent S. J.”, *Bulletin de la Société des études indochinoises*, Saigon, 1966, p.12.

青年教师桑志华（前排右一）

Josph）担任了一年初三教师。1900—1904 年，在荷兰海默特市天主教学院进修哲学与科学，获理科学士学位。之后的两年，在比利时法语城市昂图万（Antoing）中学担任物理教师及学监。

1906—1909 年，桑志华在比利时昂吉安（Enghien）市进修宗教学。经过神职人员全面训练后，1909 年 8 月 29 日，桑志华被授予“司铎”圣职。

1910—1912 年，桑志华在荷兰海默特市攻读理科博士，导师是法国南锡（Nancy）大学吕西安 · 居埃诺（Lucien Cuénot）教授。1913 年，桑志华撰写的博士论文《高级同翅目昆虫消化道的解剖学和生理学对比研究》通过后，获得法国科学院动物学博士。之后，桑志华到英国东南部坎特伯雷（Canterbury）完成耶稣会第三年的初修，英语水平也得到显著提高。

自此，桑志华对动物学、博物学有了深入了解，为开始探寻自然科学的职业生涯做了充分准备。

2 钟情古老中华文明

中国和法国都是历史悠久的文明国度，两国最早接触可以追溯到中世纪，但直到 17 世纪下半叶至 18 世纪，通过耶稣会的传教活动，两国开始建立起真正的联系。

远涉重洋先后来华的传教士利玛窦、汤若望、邓玉函（Johann Schreck，1576—1630）等，拉开了明末清初中西科学文化交流的序幕。

"法国耶稣会士来华后，两国确实发生了许多科学方面的接触，促进了中国科学的进步"①。

"这些传教士通过他们的通信及寄回欧洲的所谓物品，继续保持着欧洲精英在思想上对中国的热情，也保持着他们对中国趣味的追求"②。

"启蒙时代，法国对中国最为痴迷。哲学家之间的辩论与当时的'中国风'印证了这一点。中国为启蒙运动提供了丰富的素材。而十九 / 二十世纪之交，中国文人也开始痴迷欧洲。"③

19 世纪的欧洲，工业革命的潮流正推动着社会飞速前进，经历了世界地理大发现和向海外地区的血腥扩张，使得世界上过去封闭独立的地区开始有了交往，新的动植物、新的恒星，甚至新的科学方法相继被人们发现。

1859 年 11 月，英国生物学家达尔文出版了《物种起源》一书。他在书中第一次放弃了用上帝创世说来限制物种的可变性的观点，使人类优越、宇宙永恒不变及上帝创造世界的信仰受到怀疑。达尔文的这种设想被认为是对大自然的残酷的、无神论的解释，因此激起了宗教界的强烈反对，但这本书构思完善、资料和依据翔实确凿，也令一些神学家向往。《物种起源》的进化学说，在达尔文身后，一直争论不休。科学的争论往往是科学发展的契

---

① 韩琦：《耶稣会的科学研究传统及对中国科学发展的贡献》，《科学与人文进步——德日进学术思想国际研讨会论文集》，2003 年，第 116 页。

② Lou Batières 著，赵洪阳、尹冬茗、沈倖如译：《法国的中国之恋》，十八至二十一世纪法国外交与国际发展部档案馆，2014 年，第 9 页。

③ 《法国的中国之恋》序，第 5 页。

机。后来，随着有关地球生命史上一个个动物群化石遗址的发现，使达尔文《物种起源》的假说得到了愈来愈多的印证，地质学家们把目光转向更为悠远漫长的过去。

达尔文发表《物种起源》时，17 岁的桑志华正处于好奇心、求知欲极强的年龄。他是否受达尔文《物种起源》进化学说的影响，目前无法考证。然而，他对自然科学的痴迷，丝毫不亚于他对宗教的虔诚。

当时，人类的起源尚是难以破解的世界难题。到 20 世纪初，亚洲这片幅员辽阔、人口稠密的陆地，开始受到欧美科学家的关注，并大胆提出了极具想象力的"东方幻想"。"这是否只是一个幻想，一个伟大的'东方幻想'？不，在我们看来，这或许并不是幻想。从地质学的角度看，亚洲是地球上最古老的陆地之一，为了解开地球生命史的关键谜团，现代科学研究已经多次将视野转向这片广袤的土地"。"换句话说，人类的起源之地还要到欧洲以外的陆地去探索"。①

在这样的背景下，桑志华萌生了前往遥远、神秘的东方古国——中国探险考察的愿望。他或许是受达尔文《物种起源》的启发，或许是对中国五千多年源远流长中华文明的向往，或许是耶稣会前驱们在中国神话般的传说，像磁石一样吸引着他……

当然，自大航海时代以来，西方列强利用海外殖民地的条件，通过各种渠道了解和收集世界各地古今物种，以充实和丰富本国博物馆藏品，这是在国际学术领域占据中心地位的便捷通道。

在桑志华的努力下，耶稣会批准他参加一个探索人类起源的考察研究项目。

最初，法国耶稣会指派桑志华科考探险的首选地是非洲或马达加斯加岛等法属殖民地。但是，桑志华执意要求前往中国，主要基于以下考虑：一是法国耶稣会士韩伯禄（Heude，1836—1902）早已考察了中国南方，且收获颇丰，但黄河以北未涉足；二是法国耶稣会在中国北方建立了教会机构，能够提供便利条件；三是桑志华无法忍受炎热的热带气候，这一点也很重要。

---

① ［法］布勒、步日耶、桑志华、德日进著，李英华、邢路达译：《中国的旧石器时代》，科学出版社 2013 年版，前言。

因此，他选择了与家乡纬度和气温比较接近的中国北方港口城市——天津。最终，桑志华如愿以偿。

来华前，桑志华先后到英国伦敦不列颠博物馆、法国巴黎自然历史博物馆，查阅了大量有关中国地质地貌、动植物等方面的资料，学习了考古发掘和制作动植物标本的技术，还拜访了古生物学家布勒（Marcellin Boule，1861—1942）教授、史前考古学家亨利·步日耶[①]教授和修道院院长、史前学家奥地利人奥伯梅尔（Obermayer）教授等。

一切准备工作就绪后，一个宏伟的设想在桑志华心中日臻成熟。于是，他向法国香槟省（Champagne）耶稣会教区会长朴烈（Poullier）神父呈上报告：

“目前中国，特别是中国北部（黄河流域以北包括内蒙古、甘肃、青海、西藏等地区）仍然是一个不完全被人所知的地区：这一地区的地质、植被和野生动物等，不论是从纯粹科学观点上讲，还是从经济观点上讲，都需要多方面的发现；确实，有过许多探险家考察过这些地区，了解了其一些大的方面，并武断地为其做了绘图；还有一些探险家对一些限定的地区或一些特定的问题投入了关注。但是，深入考察的工作或者说是汇总整理工作尚待进行”[②]。桑志华了解到：精通动植物学的韩伯禄神父于1873年在上海创建了徐家汇自然博物馆，并任馆长，但其动植物标本仅限于中国长江以南，而黄河流域以北尚属空白。

桑志华打算填补这一空白：“对于中国北部的自然资源包括矿产、农业和其他方面进行研究，为已经有所发现或完全不知的科学问题找到答案，再就是以资料和收藏为基础——不是建立一所大学或学科讲座，而是建立一个研究中心——这是让我下决心从 1914 年开始考察中国北方（山东、直隶、

---

① 步日耶（Henri Breuil，1877—1961），法国考古学家。史前考古，尤其是研究欧洲和非洲洞穴绘画的专家。曾在瑞士弗里堡、巴黎人类古生物学研究所和法兰西学院担任史前学教授。他在 20 世纪 20 年代就参加了萨拉乌苏遗址和水洞沟旧石器的研究，于 1928 年与法国古生物学家布勒等合作发表《中国之旧石器》一书。1931 年、1935 年两次来华进行过北京人文化遗物的研究工作。

② Emile Licent, *Vingt deux années d'exploration dans le Nord de la Chine, en Mandchourie, en Mongolie et au Bas-Tibet (1914–1935). Le Musée Hoang ho Pai ho de Tientsin*, Tientsin: Mission de Sienhsien, Race Course Road, 1935, （39） p.3.

山西、河南、陕西、甘肃、南满、内蒙古和西藏东部）和在天津建立一个博物馆，即北疆博物院的动机所在”[①]。

他向法国耶稣会提出在中国北方建一座博物馆，用来收藏北方各类标本，以研究广阔神秘的古老中国。为此，桑志华拟定了科考目标与任务：

1. 有步骤地考察黄河、白河（海河）、滦河、辽河流域以及其他河流，然后，由北（内蒙古、戈壁沙漠和鄂尔多斯）向西（青海和青海湖）考察那些与外界隔绝的盆地。

2. 搜集地质学、岩石学、矿物学、古生物学、史前史学、植物学、动物学、人种学、经济学的各种材料和资料，并尽可能地保持其完整性。

3. 尽可能地整理成系列收藏，将其安置在博物馆中。

4. 做好资料研究工作，出版相关刊物。

5. 为科学研究机构提供考察资料，或寄给欧洲的科学机构，或在中国建立科学研究机构。

6. 成立信息服务处，与高等院校开展合作，设立专门的陈列室。[②]

桑志华的计划不仅宏伟，而且符合耶稣会士的使命，具有创新性，得到所属法国香槟省耶稣会教区的批准，也得到中国直隶东南代牧区传教会会长高迪萨尔（Gaudissart）神父的大力支持。他们希望桑志华遵从教会一贯的宗旨，在科考和博物馆学领域扮演重要角色，为以后学者们的研究奠定基础。

为了实现自己的人生价值，桑志华踏上了科考探险的逐梦之旅。这一年，他 38 岁。

法国文学博士克洛德·居埃诺曾这样描写桑志华：平头、头发稀疏，粗壮的脖颈，刚毅的下巴，轮廓粗糙，寡言少语，眼镜后一双坚忍而又冷酷的蓝眼睛，个性鲜明，做事果决，意志坚强。[③]

---

① Emile Licent, *Vingt deux années d'exploration dans le Nord de la Chine, en Mandchourie, en Mongolie et au Bas-Tibet*（*1914–1935*）. *Le Musée Hoang ho Pai ho de Tientsin*, Tientsin: Mission de Sienhsien, Race Course Road, 1935,（39）p.3.

② Emile Licent, *Vingt deux années d'exploration dans le Nord de la Chine, en Mandchourie, en Mongolie et au Bas-Tibet*（*1914–1935*）. *Le Musée Hoang ho Pai ho de Tientsin*, Tientsin: Mission de Sienhsien Race Course Road, 1935,（39）p.4.

③ Claude Cuénot, "Le Révérend Père Émile Licent S. J.", *Bulletin de la Société des études indochinoises*, Saigon, 1966, p.10.

3 抵达满洲里

1914年3月，法国北部春寒料峭，桑志华走出家门，乘火车到巴黎火车站。这里车水马龙，人潮涌动。随着值班员手中“绿灯”的挥舞，尖锐的汽笛声响起，从巴黎开往俄罗斯的火车喷着白烟，缓缓启动。

身体健壮，戴着眼镜，身穿长袍的桑志华，站在头等车厢的门口若有所思，一直望着站台往后退去。他不由得想起在家与母亲依依惜别时，母亲说的许多鼓励儿子的话，想起小时候父母带他外出，看到火车开动时的兴奋情景。但是，这次离开家乡去一个遥远神秘的国家，是为了实现自己心中的梦想，真不知何时才能回来。想起母亲的背影，心中不免有些伤感。

桑志华坐到自己头等车厢的位子上，透过车窗玻璃望着渐渐远去的巴黎。

伴随着呜呜声响，火车停靠在俄罗斯圣彼得堡车站。六七个小时后，乘客要换乘另一列火车前行。圣彼得堡这座以众多名胜古迹著称的城市，由于昨日的一场大雪，披上了银色盛装，到处白雪皑皑，路上结了一层薄冰，行人穿着硬橡胶底的高筒靴行走十分危险，河面也变成了滑冰场。桑志华利用这短暂的时间，乘坐马车游览了圣彼得堡。

按照预约，桑志华到圣彼得堡法兰西学院参观。院长帕杜耶特（M. Patouillet）教授向他引荐了几位科学界的知名学者，其中有《满洲植物志》（*Flora Manchuriae*）的作者柯马洛夫（V. L. Komarov）先生。他们相约保持联系，进行学术交流。

由于时间仓促，桑志华只匆匆游览了彼得宫（夏宫），来不及对这座城市形成一个整体印象，就离开了。

在圣彼得堡换乘火车后，桑志华发现，一、二等车厢共有13名旅客，有14个服务员，而且大半旅客是免费的。其中有两位是在满洲里[①]打过仗

① 满洲里，原名霍勒津布拉格，蒙古语即“泉水旺盛之地”。自1896年东清铁路（今滨洲线）修建以来，即为中国北部陆地口岸。现为满洲市，中国内蒙古自治区辖县级市，北邻俄罗斯，是中国北方三大沿边陆路口岸之一，素有“东亚大陆桥”之称。

的将军、一位将军的弟弟、一位俄罗斯驻中国北京公使馆秘书、一位俄国森林检查员，还有一位是高级官员。

途中，火车在经过乌拉尔山下时，一个车轮裂开了，桑志华不得不离开从圣彼得堡一直乘坐的卧铺车厢。因这次意外事故，他结识了一位见多识广、幽默风趣的俄罗斯旅伴。他几乎不停地向桑志华介绍火车路过的山、水以及广袤草原、茂盛森林和居住区等，这一切足以写成一本册子。

从鄂木斯克到赤塔的铁轨是复线的。火车沿贝加尔湖西岸前进的路段包括四十多个隧道和多座桥梁，每公里造价高达 50 万法郎，道路在湖泊和山丘之间逐渐变窄，每隔 500 米就需要一名巡查员，以便在发生落石或滑坡时及时发出警报。

大雪覆盖的山岭

中俄边界的中国小镇绥芬

火车经过中俄边界。

在赤塔附近，桑志华第一次见到布里亚特（Buryats）人，男人服饰与蒙古族人一样，女人穿着长裙，头饰很美。

从赤塔到满洲里的铁轨又变成单线了。巡查员站在铁路两旁，每当火车开过时，他们就举起一面绿色的旗子。火车一直向低处行驶，温度计显示气温为 0 摄氏度。

透过车窗，桑志华看到山谷和高山浑圆的轮廓，四周长满低矮的黄草，却没有一棵树木。眼前，丘陵变低，白雪皑皑的草原变得起伏不平。

火车路过一个有着白墙金顶的东正教小教堂。

一个名叫阿嘎的火车站建在

岩石上，在那里，山谷变得更加狭窄，河流正在缓缓解冻。再向前走不远，山谷变宽了。

桑志华在日记中写道："1914 年 3 月 21 日凌晨 3 点到达满洲里，这里是中国的海关，工作人员在护照上盖了章，车站的牌子上用俄文和中文写着站名"①。

海关，是一个国家的门户，亦是一个国家主权的象征。然而，自 1840 年第一次鸦片战争后，清政府与帝国主义列强签订了一系列不平等条约，中国海关一直由外国人掌控。其中，时人谓其"家赀之富，可以敌国"②的赫德③把持中国海关大权长达 45 年之久。

此时，中国真正叫作门户洞开，外国人入境，毫无遮拦，可谓一路绿灯。

第一次踏上中国土地的桑志华，眼前的一切是如此陌生，如此新鲜，他透过车窗玻璃如饥似渴地看着映入眼帘的一切：

"虽然进入了中国领土，但是，铁路沿线直至长春仍然被 2.5 万至 3 万俄军守卫着，其中包括步兵和骑兵。

"火车到达齐齐哈尔前 1 小时，目睹了一场吞没山林的大火，透过浓浓的烟雾可以看到，附近的桥都被俄国军队严密看守，50 公里的道路两旁实行戒严，这是为了应对强盗的。

"当夜，到达了哈尔滨。这座城市地处东北亚中心，位于中国东北的最北端，四季分明，冬季漫长寒冷，夏季非常短暂，是中国纬度最高、气温最低的大城市。

"1910 年 11 月 9 日，鼠疫由中东铁路经满洲里传入哈尔滨。虽然疫情

---

① Emile Licent, *Dix Années (1914–1923) de séjour et d'exploration dans le bassin du Fleuve Jaune, du Paiho et des autres tributaires du Golfe du Pei Tcheu Ly*, Tientsin: La Librairie Francaise, 1924, p.4.

② 汪敬虞：《赫德与近代中西关系》，人民出版社 1987 年版，第 21 页。

③ 罗伯特·赫德（Robert Hart，1835—1911），北爱尔兰人，清末英国在华活动的代表人物之一，1863—1908 年在中国任海关总税务司司长。其活动涉及中国的军事、政治、经济、外交以至文化、教育各个方面，曾参与清政府与西方国家之间的各种交涉，甚至曾被清政府派驻伦敦直接代表中国政府同外国商议条约草案，其地位远远超过中国驻伦敦的使节。

早已得到控制，但是，这座城市仍然被鼠疫带来的灾害笼罩着，因而给人留下的印象越发阴沉。

“哈尔滨城市分为三个部分，包括火车站，那里的街道铺砌粗糙，街面脏乱；此外就是居民区和松花江畔的港口区。俄国驻北京公使馆秘书曾告诉我，那次鼠疫只是在附近的一个村庄肆虐，不过那里已经与哈尔滨城隔离开了，死亡人数大约两三千人。

“哈尔滨是一座迅速发展的城市，人们在建造房屋时都尽量减少开支，因此这里的房子像是军队营房一样”①。

火车进入长春车站，桑志华换乘了一列日本列车。在火车站旁停着遣返侵华俄军士兵的火车，车厢里挤满了哥萨克骑兵、炮兵和步兵。

火车继续前行，经过了一片墒情很好的黑土地，那里的河流早已解冻。

昌图县道路两旁的居民建筑大多是用花岗岩与石灰岩砌成，旁边堆积着用席子围起来的大豆和高粱，这是当地主要的两种农作物。

进入辽河地域后，火车铁轨又变双线了，由日军占领监管。这些日军占据着沈阳，建造了坚固的带枪炮孔的野外防御工事。

俄军控制的铁路线

在沈阳火车站下车后，桑志华前往位于西南的天主教会驻地，拜访了舒赖（Choulet）大主教。这里的传教士给桑志华讲了许多东北地区的有趣故事。这里留给桑志华印象最深的是冬天的寒冷。为安全越冬，葡萄架藤被埋到一米多深的地下，上面还要覆盖高粱秸秆和土以保温。

结束短暂的访问后，桑志

① Emile Licent, *Dix Années（1914–1923）de séjour et d’exploration dans le bassin du Fleuve Jaune, du Paiho et des autres tributaires du Golfe du Pei Tcheu Ly*, Tientsin: La Librairie Francaise, 1924, pp.3–4.

华从沈阳乘火车前往终点站天津。过了锦州后，列车沿着辽东湾（位于渤海东北部）继续前行，驶入山海关①。桑志华看到了令他心灵震撼的中国长城：它越群山，经绝壁，穿高原，蜿蜒盘旋在崇山峻岭之间，气势磅礴、连绵不断，一边伸向高山之巅，一边沿着山谷沉下渤海之滨。

日军控制的“南满铁路”

1914 年 3 月 24 日，桑志华乘坐的火车远离了一次次使他兴奋激动的中国长城。下午，他在中国第一次做了弥撒。

4 落脚欧式风情的天津

一路辗转，1914 年 3 月 25 日下午，桑志华乘坐的列车放慢了节奏，驶入终点站——天津火车站，也称老龙头火车站。天津，是他来中国后的落脚地。

六百多年前，还没有“天津”这个名字。尽管自 12 世纪 50 年代金代迁都燕京（北京）后，奠定了都城门户和漕运枢纽的地位，但这里也只不过是一个“海津镇”。然而，一场皇室内部的权力之争，改变了这座城市的命运。

明代皇帝朱元璋的第四个儿子朱棣被封为燕王驻守北平（今北京）。燕王朱棣为了与继承朱元璋皇位的侄儿朱允炆争夺皇位，于 1399 年以“清君侧”为名在北平起兵（史称“靖难之役”），率领大军自三岔河口渡河，直袭沧州，打赢这场至关重要的战役，从此登上皇帝宝座。朱棣皇帝赐名“天

① 山海关，中国明代长城东端重要关口，位于河北与辽宁两省交界处。东门城楼悬挂“天下第一关”牌匾。城外有烽火台、古营盘等建筑，构成坚固完整的防御体系，历来为华北通往东北的咽喉要道，战略要地。

天津老龙头火车站

白河的摆渡

津”，意为天子经过的渡口，天津这座城市的名称由此产生。

天津位于亚欧大陆东岸，地处中国华北平原东北部，自古便占据河海要冲，是通往东北、华东地区水陆咽喉之地。对内辐射华北、东北、西北等地区，再加上京畿门户的区位优势，至18世纪清代中叶，天津已成为中国北方的交通枢纽、经济重镇和拱卫京城的战略要地。

1860年，西方列强的坚船利炮打破了天津的平静与封闭，被迫开埠，英、法、美、德、俄、意、日、奥、比九国先后在天津设立租界，成为“国中之国”。

桑志华第一次见到的天津，已是开埠后的第54个年头。半个多世纪以来，来自世界各国的冒险家和淘金者，在这里演绎着形形色色的故事。

天津火车站是一座中西合壁、独具匠心的建筑，在车站广场，停放着一辆辆新款轿车和人力车。

来华前，桑志华曾与早来天津的法国耶稣会士德埃尔比尼（H. D’Herbigny）神父有书信往来，大概了解了从火车站到法租界“崇德堂”的行走路线。

穿过火车站广场，是一条宽阔的河流——白河[①]。

在宽阔的河面上，百舸争流，南来北往。一艘巨大的轮船从不远处的码头起航了，轮船的螺旋桨翻起层层白浪，在河面上留下一条长长的波纹。几艘中国小轮船在河道上灵活穿行，与远洋货轮交错而过。

白河两岸的码头、货物一眼望不到边，延伸很远很远。

不远处，几个欧洲人正在乘一艘小船（摆渡）到白河对岸去。

经过连接天津站与法租界的老龙头铁桥，桑志华踏上了大法国路（Rue de France，今解放北路）。法租界作为“国中之国”，意味着桑志华虽然行程万里，但双脚还依然站在法兰西的“领土”上。

法租界紧邻海河的黄金水道，是航运、贸易的聚宝之地。

南北贯通的“大法国路”，令人想起法国巴黎香榭丽舍大道，两旁的梧桐树吐

法租界商业街

法租界的有轨电车

法租界公园

① 指潮白河和海河。

天主教崇德堂

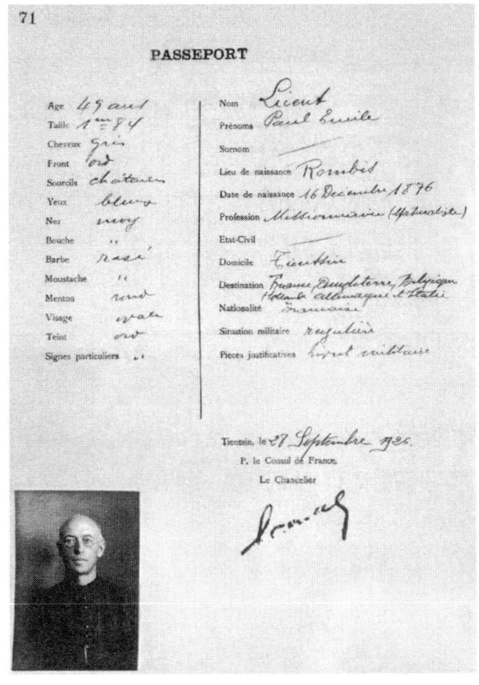

71

PASSEPORT

Age 49 ans
Taille 1m84
Cheveux gris
Front ord
Sourcils châtains
Yeux bleus
Nez
Bouche
Barbe rasé
Moustache
Menton rond
Visage ovale
Teint ord
Signes particuliers

Nom Licent
Prénoms Paul Emile
Sornom
Lieu de naissance Roubaix
Date de naissance 16 Decembre 1876
Profession
Etat-Civil
Domicile Tientsin
Destination France, Angleterre, Belgique, Hollande, Allemagne et Italie
Nationalité française
Situation militaire régulière
Pieces justificatives livret militaire

Tientsin, le 27 Septembre 1925.
P. le Consul de France,
Le Chancelier

桑志华在法国驻天津领事馆的登记

出嫩绿新芽，白色玉兰花尽情绽放，西式楼房鳞次栉比。宽阔的大街上，法国警察在十字路口指挥交通，款式新颖的小轿车、有轨电车、西式马车和人力车有序行进，穿梭不息。

经过二十多天的旅途奔波，桑志华终于到达居住地——法租界圣鲁易路（Rue Saint Louis，今营口道）天主教崇德堂[①]。这是一座两层带地下室的欧式楼房，有 13 间宽敞的房间。

放下行李，桑志华沿着领事馆路（Rue de Consulat，今和平路）前往位于紫竹林的法国驻天津领事馆报到。宝如华（Henri Séraphin Bourgeois）领事热情接待了桑志华。

天津这座充满欧式风情的东方大都市，给桑志华的第一印象：很像法国巴黎。

① 该教堂于 1872 年建成，为法国耶稣会直隶东南献县教区的财务管理处。

5 拜谒北京栅栏墓

肩负着法国政府与耶稣会双重使命来华科考探险的桑志华，在天津只住了一个晚上。1914 年 3 月 26 日清晨，他从天津站乘火车到北京，前往法国驻华公使馆和耶稣会北京教区报到。

古都北京，春风荡漾，万木吐绿。来华前，桑志华阅读了耶稣会北京教区主教法维安（Favier）出版的《北京》一书，了解了这座世界历史文化名城的精彩。

通过北京中轴线南端的永定门、前门箭楼，桑志华来到位于北京东交民巷的外国驻华使馆区。明清两朝，这一带是官署衙门，有宗人府、吏部、兵部、户部、工部、礼部、太医院等，清乾隆、嘉庆年间，在靠近御河一带设迎宾馆，供外国使节临时居住。

正阳门箭楼（俗称前门）

法国驻华公使康悌（A. Conty）先生亲切会见了桑志华。桑志华向公使汇报了来中国科考探险的设想以及需要帮助解决的问题。康悌公使表示：要以独特方式，对桑志华在华科考探险给予极大支持和帮助。

西什库天主教堂（北堂）

离开法国公使馆，桑志华来到北京西什库天主教堂（北堂）。这是典型的哥特式建筑，高高的尖塔，三个尖拱券入口及主跨正中圆形的玫瑰花窗，显示出庄重而秀丽的立面。堂前左右两侧各有一中式四角

雄伟的紫禁城

攒尖黄色琉璃瓦顶的亭子，亭内是乾隆亲笔题写的石碑，其建筑风格中西合璧，独具特色。

桑志华拜访了西什库天主教堂大主教林懋德（Stanislas Jarlin，1856—1933，法国人，1905年任北京教区主教）。他汇报了来华科考探险的打算，恳请得到大主教的支持与帮助。林懋德大主教为桑志华出谋划策，指点迷津，经过长时间交谈，桑志华“汲取了许多宝贵经验，并听取了大主教不少明智的见解”。

在北京逗留期间，桑志华参观了驰名中外的紫禁城和天坛、雍和宫。

规模宏大的紫禁城古建筑群，金碧辉煌，气势雄伟，恢宏庄重。这座古宫殿始建于公元1406年（明永乐四年），1420年基本竣工。作为明清两朝24位帝王日常议政和起居的皇宫，它的魅力不仅仅在于建筑艺术造诣达到了最高水平，更在于无数奇珍异宝和价值连城的文物。紫禁城承载的文化底蕴，是中华文明的象征。

天坛位于紫禁城正南偏东，是明清两朝皇帝祭天之地，始建于1420年（明永乐十八年）。其建筑结构独特，有两重垣墙，分内外坛，平面北圆南方，象征着“天圆地方”。天坛的回音壁设计独具匠心，因圆形墙体坚硬光滑，是声波的良好反射体，又因圆周曲率精确，声波可沿墙内面连续反射，向前传播。

雍和宫位于北京的东北角，创建于1694年（清康熙三十三年），融汉、满、蒙等各民族建筑艺术于一体，是一组巍峨壮丽的古建筑群。这是清朝中后期中国规格最高的一座佛教寺院，珍藏着许多重要的宗教文物。

桑志华还专程拜谒远在北京西郊的滕公栅栏墓地。

明万历三十八年（1610），58岁的耶稣会传教士利玛窦神父在北京病逝。万历皇帝破例将位于西城区车公庄（今北京市行政学院院内）一处官地赐给他作为墓地。从此，这个叫作滕公栅栏的幽静之处，成为北京最早的天主教墓地，有数百位西方传教士长眠在这里。墓地与墓碑以其独特的形式，诉说着明末清初远涉重洋来华的西方传教士或辉煌或艰辛或感人的故事，体现了中外人士对彼岸世界的认同和异议，也述说着 17、18 世纪中西文化交流的辉煌历史，记载着当时人们对待西方文明的鲜明态度。

桑志华凝视着一座座墓碑，心灵深处受到触动。这是耶稣会优秀传教士的安息地，他们曾在中西方科技文化交流方面做出了重要贡献，为他树立了榜样。

“在拜谒滕公栅栏墓地后，桑志华以不方便使用显微镜为由，向其上级申请剃掉胡须。蓄须是耶稣会士必须遵守的规矩，而这些上司们往往也是善解人意的，他们允许桑志华剃掉胡须”①。

桑志华这位身材高大、体格健壮的勇士，以法国北方男人特有的倔强和毅力，以一种坚忍不拔的精神，追求一个毫不动摇的“梦想”，面对一场前所未有的挑战与磨难。

---

① Claude Cuénot, “Le Révérend Père Émile Licent S. J.”, *Bulletin de la Société des études indochinoises*, Saigon, 1966, p.16.

第二篇
深入华北平原

清末民初，面对不请自来的高鼻梁、深眼窝、身穿黑色教袍的洋人，那些从未走出村庄的朴实农民感到惊恐、疑惑，但更多的是新奇。作为来自欧洲大陆的法国人，桑志华第一次深入华北地区的穷乡僻壤调研，切身感受了原始、落后、有趣。这期间，他经历了中西方文化的碰撞与冲突，发生了许多令人啼笑皆非的故事……

1 初次科考到献县

桑志华孤身一人闯中国，要完成建一座博物馆的庞大计划，从哪里入手呢？他把初次科考探险活动的地点选定在直隶地区的献县。这是因为法国天主教耶稣会直隶东南教区中心是献县，这是桑志华在华期间的直接上级，从此他将挂名该教区，也便于学习汉语。同时，献县[①]也属于华北平原，可以了解地质地貌。

1914年4月1日，桑志华从天津乘津浦（从天津到南京浦口）线火车到沧州。然后，改乘马车，经过河间府（县），前往献县教会。车夫驱赶着两匹强壮的骡子拉着的木板车，行驶在坑坑洼洼、颠簸不止的土路上，这是当地最好的交通工具。然而，第一次坐在马车上的桑志华却很不适应，身体不停地被摇晃着，总是担心掉下去。

在桑志华看来，通往献县的土路蜿蜒曲折，所有小路都千篇一律，交错在田间、树林，连接着各个村庄，没有明显的路标，即便是走过四五次的车夫，也可能迷路。

马车穿过散落在平原上的一个个单调的灰蒙蒙的村庄，这里的建筑都是相似的平顶矮房。穷人的土坯房顶上覆盖茅草，也有用几根木棍搭起来的窝篷，四周用芦苇编织的苇席遮风挡雨，到处是生活垃圾和粪便。富人住宅为了抵御洪水大都建在高地上，有的房屋基础结构是青砖垒起来的（高约1.5米），上面是土坯；有的外墙全是青砖，四周建成高大院墙。房屋周围种植了许多柳树，嫩绿的柳枝随风摇曳，给人带来好心情。

经过数小时的颠簸，桑志华终于到达献县张庄耶稣圣心主教堂。

---

① 献县，隶属河北省沧州市，位于河北省东南部，距天津144公里，距北京220公里，境内有子牙河、子牙新河、滏阳河、滹沱河、黑龙港河五条河流。

据史料记载，1856年（清咸丰六年）5月，罗马教廷从北京教区划分出两个代牧区：天主教直隶东南（献县）代牧区和天主教直隶西南（正定府）代牧区。法国耶稣会会士朗怀仁（Adrien Languillat）任直隶东南代牧区（后为献县教区）首任代牧。1861年10月，朗怀仁主教选定献县城东一公里的张庄村建立总教堂——耶稣圣心主教堂，也是直隶东南宗座（宗教的尊称）代牧区（指教区）的主教府。

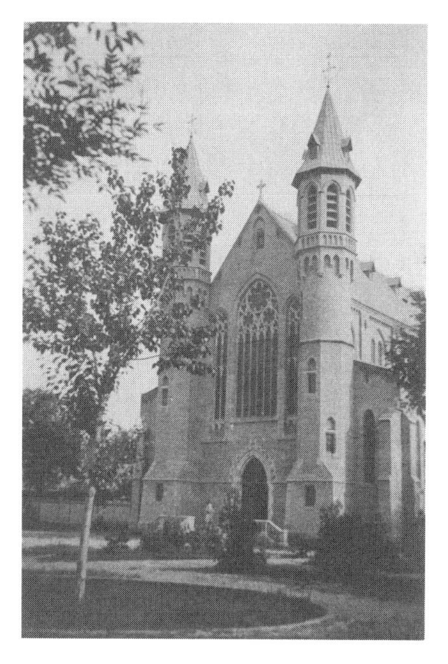
献县张庄教堂

张庄教堂于1863年（清同治二年）兴建，为哥特式建筑风格，除了两侧三层对称、中间直线构成、错落有致的主楼外，塔楼的尖拱、尖券也别具特色，尤其是悬挂在教堂钟楼之上的三口法国铸造的巨大铜钟，每逢大瞻，三钟齐鸣，声播数里。这座教堂建在周围一片低矮破旧的土坯房中，更加凸显教堂高耸入云，挺拔坚固，被称为“华北第一堂”。

时任直隶东南宗座代牧区主教马泽轩（Henri Maquet）神父，热情接待了桑志华。他表示要尽全力帮助桑志华完成在华科考探险任务。

晚上，张庄教会的神父们聚在一起，争先恐后地介绍当地情况。桑志华边听边记，所有信息都使他耳目一新：

献县隶属于直隶河间府（县）的一个小镇，约有居民1500人，但政府机构的人员不少，人们称这些官员为“官人”；河间府在很久以前曾十分辉煌，马可·波罗曾把这里称为重要的丝织品中心；献县普通井的含水层深度为5米左右，水来自1.5米厚的沙层；在河流周围，所有的沙层多多少少都含有水分。河床内有一些带孔的黏土小块，它们会吸附沙子。从平原的沉积开始，随着时间的推移，就出现了河流沉积和泻湖。

马泽轩主教请桑志华一起吃早餐，丰富的品种，地道的味道，使他有一种到家的感觉。早餐后，马主教安排几位神父陪着桑志华去了解献县的基本情况。马车上，他们一边观看路上的风景，一边聊天。

献县与华北平原其他地方一样，地表由河水冲刷过的黄土构成。一些地方的地表是沙子，很多地方是盐碱地，不适宜种庄稼，旱季土地表面有一层白色的盐霜。森林少，果园小，牧草也很少，土地勉强能够养活这里的农民，饲养的牲畜也仅仅用来耕地和运输农产品。

在张庄附近，有一条没有桥的小河，两岸是农田，灌溉农田的水车是木制的，由人工操作，非常笨重；也有铁制的，用牲畜牵引，但造价相对昂贵，在当地很少见。

献县境内的河流纵横交错，但缺少优质的水源，还经常发生水灾和旱灾，许多农民处于可怕的饥荒之中。井水通常是咸的，不适合用于灌溉，也不适于饮用。这里的农民与欧洲相比，生活水平很差。

当地居民说一口特殊的方言，已经开始学习汉语的桑志华感觉很难听懂。

初春季节，遍布乡村周围的柳树开始发芽吐绿，在春风吹拂下摇曳着枝条，给人们带来了春天的气息。

初来乍到的桑志华喜欢把这里的一切都与欧洲相比，包括气候。他几乎每天都记录天气状况，曾有过这样的记载，4 月 12—13 日，阴天，下了少量小雨；16—17 日，吹来了一股干热的西南风，使人感到浑身无力。几天后，南风和北风交替刮着，到处尘土飞扬。桑志华的眼睛被风吹得刺痛，就像被火炉的气味呛着一样，闭上眼睛或微微睁开时，才能感觉好受些。

佩罗（Perrot）神父带领桑志华参观了若瑟修道院、教会小学。然后，前往位于云台山的教会菜园和果园。这里距直隶东南区张庄教会中心 4.5 公里，距献县小城约 10 公里。

通往云台山的路上，在山丘上有一座“文人塔”，当地人称“献王陵”。据说，献县就是以献王的名字命名的。再往前走是陈家的墓地，俗称陈家坟。墓地四周种植着大杨树，墓群由圆形的古墓组成，按辈分依次排序，墓的廊柱和基座是分离的，用大理石雕刻的两个狮子、两匹大马虽然已经倒地，但仍然可以透出这个大家庭过去的富丽堂皇。陈家后裔有两三户就住在这个小村子里。

云台山上的树木很多，长得都很茂盛。松树、柏树、大杨树大都种植在官宦人家的墓地。高大的柏树直径可达60厘米以上，许多富人用来做棺材。小户人家的墓地，种植数量极少。

教会果园的中国园丁

教会菜园在云台山脚下，面积很大，蔬菜品种也很多，除了供应传教士外，还卖给献县的作坊和有钱人。菜园的管理者是当地农民，实在、憨厚，老实得连摘瓜果的“小偷”也管不了。

菜园旁边的果园，有梨树、桃树、杏树、石榴树等。枣树有几个品种，无论是鲜枣、干枣，都是中国人喜欢的食品。有人把枣泡在高粱酒里，据说喝了对身体好。枣木很硬，可与来自菲律宾的“岛木”相媲美，中国人通常用来做马车的车轴，硬朗结实。几棵李子树长得较为粗壮，与意大利金黄李子和法国黄香李子很相似。香椿树长出嫩芽，当地人作为蔬菜炒着吃或生吃，特别是在饥荒的时候。

不少富人家院里种植了葡萄，但几乎没见到葡萄园。与欧洲不同的是，中国人不酿葡萄酒，鲜的或干的葡萄只作为果品食用。到了秋天，葡萄藤上的叶子全掉了，人们把葡萄藤埋在地里保暖，以抵御冬天的寒冷；春暖花开时，再把葡萄藤从土里挖出来，重新绑在木架上，发芽长叶结葡萄。

桑树在田间地头随处可见，果子有红色、白色、浅黄色，都很甜。根据马可·波罗记载，河间府（今河间县）养蚕业和丝织业很发达，丝织业为这里带来巨大财富。而此时，它却成了妇女们消遣的副业。有意思的是，桑树被作为各家农田之间的分界线，人们并不担忧桑果落在谁家田里。

由于中国北方冬天寒冷，有些欧洲品种的果树因生长艰难而被淘汰。

云台山上，在松柏的掩映下，矗立着一排排带有十字架的白色墓碑，这是58年来奉献于传教布道的耶稣会士安息的地方，桑志华对他们充满了敬仰！

在荒凉的田野里，桑志华看到了一个蓬头垢面、衣衫褴褛、背着筐子拾

捡干柴的孩子

柴禾的妇女，她在捡干草作为家里做饭、烧水用的燃料。他还看到一个男孩，背着小筐，用小手把灰白色干树枝捡到筐里，一天往返两三趟把柴禾背回家。此情此景，桑志华不免有些伤感——这是华北平原上最悲惨的图景之一。

献县的取暖设施很少。冬天，当地居民很少使用炉子，不是炉子的问题，是因为煤太贵了，穷人烧不起。

为了解献县地区的水资源，在神父们的带领下，桑志华来到臧家桥下游，即沙河和新河口支流汇合处。河岸北侧，有一个排泄洪水的溢流口，多年来，48 个村庄经常因泄洪做出牺牲。尽管，当地政府明令禁止在新河口上游沙河岸边高筑堤坝，但状况依然，也无人问津。此外，滹沱河因为旧河道泥沙淤积，无法向北流，也只能流向这片泄洪区。

这里的防汛措施非常古老：当洪水到来时，有人敲响铜锣，从一个村子传到另一个村子，48 村农民自发组织起来，一场抗洪的战斗打响了！

如果洪水上涨快，48 村的人就在新河口上游的河堤挖开几道窄窄的口子，顷刻间就变成一道很大的缺口，洪水一泻千里，势不可挡。这样做，当然要遭到河下游村民的强烈反对，他们拿起各种工具保护河堤。这种情况下，上下游农民会发生冲突。献县官员曾多次为此请求传教中心神父们派火枪队支援，只不过是吓唬一下，没有解决根本问题。

不过，除了遭受洪水的年份，与邻近乡村的农民比起来，48 村农民还不算是最倒霉的。首先，他们不用交税。其次，由于地势最洼，芦苇长势茂盛，这种禾本植物可以用来编席子出售，经济效益还不错。遗憾的是，最近五年没有太多雨水，芦苇长得不好。

4 月 22 日，桑志华在献县感受了狂风的威力。中午，刮着微风，下午卷起了狂风。特克斯勒（S. J. Truxler）神父走进桑志华的房间说：你将看到新鲜事了。他的话音刚落，一股巨大的风暴，像一个厚厚的帘子向前推进。

黄沙到处飞，覆盖了周边的一切：树木、围墙、住宅以及窗前几米处的绿树都被黄土遮盖。狂风卷着沙尘像海浪一样，形成旋涡状又飘浮在空中，无孔不入地钻进房间和衣箱里。就这样，一直持续了约 10 分钟。

突然，电闪雷鸣，几声巨雷之后，一场暴雨倾盆而下，温度一下子从 30 摄氏度降到 20 摄氏度。在北方有二三里远的地方，海市蜃楼把蓝色天空下的平原变成了银色，好像为它蒙上了一层纱布。过了几分钟，海市蜃楼消失了，雷声震耳，大雨如注，狂风肆虐。这场强降雨，给干旱的大地带来了福音。大雨持续到深夜，桑志华住处的房顶在漏水，无法入睡。在异国他乡，桑志华度过了一个令人难忘的夜晚。这位动物学博士竟然想到：喜欢干燥的膜翅目虫，在大雨中麻木地睡着了；青蛙高兴了，不停地发出震耳的叫声。它们是在珍惜短暂的生命。

雨后的清晨，天空晴朗，大地焕然一新。教会花园的一个园丁兴奋地对桑志华说：下透了，下透了！当时桑志华不知是什么意思，一位神父翻译说是“雨下透了”！这是桑志华来华后遇到的第一次降雨。

雨后的湿润，让各种虫类活跃起来，桑志华开始收集昆虫标本。这使临时招募来的随从惊讶：神父来中国专为找虫子？

桑志华与神父们一起到水塘里捕捉软体小动物。神父们还教他撒网捕鱼，一网上来，许多规格不等的鱼儿活蹦乱跳。鱼儿们被送到餐厅，大家美餐一顿。

晚上，桑志华在灯下捉飞蛾，但没有成功。他发现食粪虫的积极工作，对道路养护大有益处。

经过一段时间的调研，桑志华对地质地貌、动植物等形成了初步印象：华北平原的地表由河水冲刷过的黄土构成，很多土地是盐碱地，不适宜于耕种。正因为这样，在旱季时候土地表面覆盖一层白色盐霜。献县的植物群像所有平原一样匮乏，既没有山也没有森林。动物，除了家畜以外，大型哺乳动物很少。豹和狼极少侵入华北平原边缘的山区。其实，中国农民是非常了解这些动物的，但是他们对生物学知之甚少。献县是候鸟迁徙的必经之地，春天鸟儿从南海和直隶南部飞向内蒙古，秋天则相反。根据传教士寄来的“龙骨”，桑志华认为，矿物学和古生物学的研究在华北平原上开展是不成问题的。

2 签租骡子协议引发冲突

到张庄教会中心以来，在马泽轩主教亲切关怀和神父们的热情帮助下，桑志华开始适应新的生活环境。他学习汉语进展顺利，对华北平原地质地貌等方面的调研工作也有了初步成效。可以说，他已完成了初次来华的“热身”。桑志华向马泽轩主教提出，深入偏僻的农村，去采集动植物标本。

对此，马主教高度重视，发动神父们为桑志华租赁最好的马车和骡子。但是，献县地区大多数农民非常贫穷，过着食不果腹的生活，根本养不起骡子。神父们用了 3 天时间，几乎跑遍了附近所有村庄，才租来了两匹骡子和一辆马车。第 4 天早晨，当神父们兴致勃勃地把它们交给桑志华时，发生了令人啼笑皆非的故事：因为是否签订租赁骡子协议，双方僵持不下。

20 世纪初的法国，签订租赁协议等契约顺理成章，已成习惯。但是，这对于清末民初荒郊野外的农民来说，简直是开天辟地的事情。他们祖祖辈辈赶骡子、当车夫，从来都没听说过签什么“协议”。况且，桑志华还要求写清楚骡子一天工作多少个小时，承受的重量、意外伤害以及过桥费用，等等。车夫坚决不同意签协议，更不同意桑志华提出的具体条款。

担任翻译的神父非常着急，他既无法让桑志华做出让步，也不能说服车夫签订协议，真是一筹莫展。这时，另一个神父把车夫叫到一边，掰开揉碎地讲解签订协议的好处，赶骡人听烦了，生硬地说：就说一天给我多少工钱，一匹骡子多少钱。桑志华坚决反对。他们争执了整整一个上午也没有结果。后来，这位车夫干脆以缺少缰绳、马鞍需要修理为由，不干了，转身离开。

神父们着急了！他们费了九牛二虎之力才找来骡子和马车，如果放走了，到哪里再去找呀?!

几个神父分为两组，一组劝说桑志华放弃签协议，按车夫说的办；另一组把车夫拦住继续做工作。桑志华坚持必须签协议，车夫认为合同条款太复杂、太麻烦，不能接受。最终，双方都作出一些让步。经过几次沟通，到下午才勉强形成协议文本。因车夫不识字，便在协议上随便画了一个圆圈，算作印记。

这场“协议”风波看似小事，实际上却是桑志华来华后遇到的第一次中西文化的碰撞。接下来，他还会经历许多意想不到的事情，逐渐领略异国的乡村文化与风情。

尽管，因签订协议，桑志华与车夫闹得很不愉快，但是很快，桑志华发现这位车夫朴实憨厚，尽职尽责的工作态度没有受到影响。他帮扶桑志华和随行神父上了马车，又帮助搬行李。卧具放在最里面，中间是资料和笔记本，箱子放在后面。一切就绪后，车夫纵身一跃坐在车辕右侧，挥舞鞭子大声吆喝着，马车出发了。

此前，桑志华曾有过一次乘马车的经历，是从沧州到献县。由于路况差，再加上怕从车上掉下来，到晚上，桑志华累得浑身像散了架一样。这是第二次乘坐这种马车，路况更糟糕。车夫驾驭能力很强，不时地对骡子发出不同口令，坐在车上的桑志华被颠簸得快要吐出来了，真有些不堪忍受。

桑志华心里有些郁闷：从天津到北京可以乘火车，从天津到塘沽可以乘汽车，从天津到献县可以乘船；然而，从此他到荒郊野外调查的主要交通工具就是畜力车了，或骡子或马或牛拉的车子，还有毛驴。

与欧洲马车相比，献县马车的车轮构造过于简单，减震很差。由于车身窄，坐在车上的桑志华需要盘膝而坐。对于中国人来说这是很平常的坐姿，同行的神父也没有问题，而桑志华不会。他要求坐到车辕右侧，这样可以把两条腿自然垂下来。因怕摔下去，全身绷得很紧，桑志华想：如果在车板中间穿个洞，把腿脚伸进去，这样会舒服些。当然，这只是他的一厢情愿。

围观桑志华的人们

在封闭的穷乡僻壤，那些从未走出家门的农民看到马车上乘坐的蓝眼睛、大鼻子，身着教士袍的外国人简直就像个“怪物”。只要路过村庄，大人小孩就会将马车围住，眼睛齐刷刷地盯住他们，议论纷纷。桑志华也不知道他们在看什么、说什么，一路上走得很艰难。

马车进入一条非常难走的路，桑志华发现车夫对路线不是很熟悉。同行的神父不停地问路，但是，路人好像没听见一样，根本不予理睬。突然，一个十几岁男孩大声喊：你们走错了路！应该向东！车夫向东了，男孩又在远处喊：应该向西！车夫向西了，再去找那个男孩，早已经消失了。桑志华很生气地说：这是一个耍弄我们的小家伙！

一路未说话的车夫，终于开口说：“问路必须下车，这是乡下人的规矩”。桑志华与同行神父这才恍然大悟。

后来，桑志华写道：在中国，旅行者问路必须下车下马，否则无论如何都是不行的！多少次我们骑在骡子上非常客气地向路人打招呼，说了两三次，他们好像没听见一样不予理睬；即使迷路了，追着他们询问一些信息，还是不愿意回答；偶尔得到答复，那也是很不情愿的，有时甚至是用轻蔑的语气或态度告诉你。如果下马下车问路，他们的态度就大不一样了。

桑志华一行住到一家小客栈，又引来了许多人围观。

稍作休息，桑志华一边喂骡子，一边与车夫聊天，了解当地的风土人情。他了解到：

在中国，一个很成功的男人，通过办企业或经商发财致富了，也必须与家人共享。因为中国家庭的优良传统就是尽孝，这是全社会的道德基础。所有家庭成员，包括祖父、兄弟、子女等都在一起生活，且必须按照父亲或祖父的要求去做。只有等到祖父去世，兄弟才能分家单独生活（分家 = 分割家庭财产）。在中国人的传统观念里，这是绝对不允许背离的。

中国人“家”的观念根深蒂固。一个富裕家庭的父亲不仅要拥有足够的土地，还要在一个院子里建几套房子给儿子结婚用，这个院子通常被称为“四合院”，当然他和妻子住在采光最好的正房。富裕家庭能做到这些，其家庭成员的关系也更稳固，而那些穷苦家庭盖不起房子，给儿子娶媳妇就很困难。

农村青年结婚很早（16—20 岁），不恋爱就结婚，甚至结婚前彼此都没见过面，他们的婚姻大多是父母包办，讲究门当户对。结婚后，常常是公公、婆婆和几个儿子、儿媳等一个大家庭生活在一起。从外部看，这种封闭式的大家族，对于邻居和村民都是一种无形的势力，小门小户是不敢招惹的。从内部看，这样的大家庭也有很多缺陷。兄弟之间常常因分配不公而争吵；婆婆专横且至高无上，婆媳之间产生矛盾；妯娌之间相互猜忌，甚至嫉妒等，有时会造成悲剧。还有生活细节，无论兄弟能力大小、劳动强弱，在家里享受的待遇都是一样的。这样，就产生了矛盾，要求分家。然而，对于中国人来说，亲兄弟很难分开。

在通常情况下，农村男人除了干农活外，从来不做家务，所有的家务活和带孩子等，都由女人承担。结了婚的女人，不仅要被丈夫管理，更要接受婆婆的严格管教，在家庭的地位很低。

3 罗马式收割麦子

通过对华北平原农作物的调研，桑志华发现：与欧洲相比，这片土地上人口密集，耕地较少，而大块土地又集中在少数人手中。献县地区种植的农作物中，谷类最多，有小麦、小米、高粱、玉米、黄豆、黑豆、绿豆、芝麻等，在水源充足的地方也种植水稻，稻米很好吃。

小麦面粉作为主食，无论是中国人还是欧洲人都很喜欢。桑志华重点考察献县小麦从播种、收割，到加工成面粉的全过程。

麦收季节到了，一望无际的金色麦浪随风起伏，好像波浪一样。树上的“知了”叫个不停，声音富有节奏感，桑志华称之为“蝉歌”。

1914 年 6 月 8 日，天气晴朗。桑志华在马车上看到农民在收割麦子，一个个弯着腰，右手握着镰刀，左手拢住麦子，排成阶梯队伍错落前进，动作整齐规范。在前面领头的必须是割麦能手，否则，会影响整个队伍的速度。这是罗马式的操作。

桑志华惊讶地发现：这些平时看起来懒洋洋、无忧无虑的农民，干起活来竟然是这么训练有素，劲头十足。他不顾随行神父的阻拦，执意下车从田埂走到麦田，去拜访收麦子的农民。然而，这位高鼻梁、蓝眼睛、身穿神父

农民利用劳动间隙磨镰刀

农民在收割小麦

袍的外国人的突然到访，让这些满头大汗的农民不知所措。工头让大家休息一会儿。

桑志华与陪同的神父走到麦地与农民交谈，特克斯勒神父担任翻译。一个领头的农民告诉他："麦收非常紧迫，一旦下雨，到手的粮食就糟蹋了，必须争分夺秒！"据说，今年麦子收成非常好，与去年相比，翻了两三倍。听罢，桑志华不想耽误农民抢收的宝贵时间，马上离开麦田，坐到田埂上观看。看了一会儿，桑志华提出去帮助农民收割麦子。

一片麦田收割工作结束后，有人把麦子扎成捆儿，还有人用柳木叉把麦捆装上等候在小路上的马车，可能是怕夜晚把麦子放在田野不安全。

所有麦捆装上马车后，不知从哪跑来那么多捡麦穗的大人和孩子，他们衣衫褴褛，蜂拥至田埂麦地。捡麦穗的场面近乎不顾一切，让这些捡麦穗的穷人遵守秩序、相安无事几乎是不可能的。原来，这些土地是农场主的，所有的劳动者都是打工的，农民自己的土地很少，穷人靠捡麦穗充饥。

出于好奇，桑志华跟随运送麦子的马车到了打谷场。这里是一块已清理干净的平整的土地。麦捆从马车上卸下来后，拆开摆放在打谷场中央，被蒙着眼睛的毛驴拉着一个碾子（也称石磙子），为麦穗脱粒反复碾压。然后，有人用大木锨将碾压后的麦粒高高地扬起，这样借助于风，麦皮飘到另一端而只剩下麦粒。这时，有人用簸箕把麦粒装入袋子里。女人和孩子们坐在麦秆堆起来的谷场边上观看这一切。

运麦子的马车

在打谷场一个角落，有人用铡刀，把麦秸切成小段用来喂牲口。铡刀操作需要两个人，非常危险：一人负责将锋利的铡刀抬起，另一人用双手把一把麦秸放在刀上，然后放下铡刀使劲一压，麦秸就切断了。如果两人配合不好，会切断手指。

毛驴被蒙上眼睛拉石碾磨粮食

欧洲人的机械打谷机对于这些农民而言，是陌生的。献县的传教士曾经打算把它引进，但许多人不接受，甚至被一些农场主视为不祥之物。

中国北方的麦子一般在秋天播种。先是把地整平，然后将种子均匀地撒在一条浅浅的小沟里，再覆盖上一层薄土，麦子发芽生长后，浇水、锄草、施肥，直到第二年的六月初收获。麦子产量在一般年份是较低的，因为它需要大量的水进行灌溉，而献县经常遇到干旱。

因为没有面粉厂，麦子制成食用面粉（当地人叫白面），完全靠人或毛驴操作。同欧洲一样，磨坊里安装一个石磨，下面的磨盘是固定的，上面的磨盘有一个洞口把麦粒放在里边，人或毛驴推动上边的磨盘转动，在两个磨盘的挤压下把麦粒磨成面粉。磨好的面粉，用“细箩”将麦子麸皮与面粉分开就可以食用了。

在中国北方，人们大都喜欢吃面食，做法也很多。比如，将湿面团擀成圆形放在锅里烙饼；湿面团发酵兑碱后放在锅里蒸馒头；把湿面团擀成薄

农民在用播种机播种

薄的面皮，里边放进蔬菜和肉包饺子；还有大家喜欢的面条，湿面团反复揉好后，用擀面杖把面擀得像桌布一般薄，再把它切成细条，放在水中煮熟。上述这些面食，只有达官贵人和富人才能享受。面粉，对于穷人来说是奢侈品，偶尔在春节、婚礼、庙会能吃上就很幸运了。

一次，桑志华为感谢真诚帮助他的一个青年到客栈吃面条。这个青年真饿了，只见他将盛满面条的碗放到嘴边，用筷子迅速地把面条送入口中，眨眼间，一碗面条吃光了，约 10 分钟，吃了 4 大碗面条。他告诉桑志华平时吃不到这么好的面条。

献县农民平时主食是黍子、玉米、高粱等粗粮，多以米汤或糠菜充饥，不少人家连过春节也吃不上白面粉。

桑志华还发现：在献县，即使是家境富裕的大户人家，因过多吃面粉、小米而缺少肉类、奶类等，体能也较差。那些穷人连玉米、高粱等杂粮都吃不上，大都营养不良，他们最怕冬天的来临，因为饥荒总是与冬天相伴。

相比之下，桑志华感觉幸运多了，每天在教会餐厅都可以吃到小麦面粉制作的主食，还有许多副食。

一次，孟神父带着桑志华参观教会中心制作粉丝（也称粉条）的小厂房。这是一间整洁干净的房屋，操作工全是中国人。他们把洗干净的绿豆放在一个容器中，加入水使其膨胀后，把它们捞出来磨碎，分别用两块纹理疏松和纹理细密的布筛出豆皮及杂质，用小火把过滤后的绿豆汁煮成粥状，倒入一个有网眼的模具，制成粉条或粉丝。然后，像晾衣服一样将粉丝在日光下晾干，以备食用。桑志华吃过几次半透明的粉丝，口感还不错。

孟神父还向当地人学会了制作咸鸡蛋。把生鸡蛋放在盐水中，15—30 天后鸡蛋变咸，煮熟吃。咸鸡蛋旅行时食用很方便。

孟神父是法国人，在献县已经生活 20 多年，对这里的风俗习惯太熟悉了，他已经中国化了。

每天早餐，桑志华都吃神父们推荐的花生米，味道很香，这是当地人饮酒必备的食品，神父们也都非常爱吃。中国北方许多花生出口到国外，用来压榨花生油。

桑志华发现，中国农具相当简单，而且很廉价，如挖地的铁锨，耕地的犁，松地的锄头和钉齿耙等。农机具中最先进的是播种机，很原始：一个槽子装满谷粒，通过两个可调节的活板门漏斗播撒在一条浅浅的沟里，种植者要不停地晃动槽子才能使种子洒落下去。

农具中除了四轮畜力车，其他都很便宜。因为简单农具由农场主或村里的手工艺人制。石磨碾子是世代相传的。

两人操纵的绞车

为了解农具的制造过程，神父们陪桑志华参观一个铸铁厂。这个企业的熔炉、炉缸、模具非常简陋，生产流程简单，工人劳动强度很大，两人操纵的绞车，好像也没有什么防护措施，相当危险。

铸造犁铧

铸造工序马上开始，一个工人用铁钳将60厘米高的炉缸抬起，另一个身材健壮的工人迅速用大钳子夹住炉缸，站在炉缸前一直等待的工人马上把犁铧放进炉缸，瞬间，一股黑烟从模具孔中冒出来，铸造成功了。所有操作工人距炉缸非常近，动作还要快，整天烟熏火燎，一个个汗流浃背。每天一个炉缸能铸造5—6个犁铧。

桑志华花60个铜钱买了一个犁铧，重1.2公斤，很薄，长、宽各20厘米，准备带回天津。

4 富人吃大鱼大肉

华北平原的畜牧业和蔬菜，也是桑志华的调研重点。他难以见到像欧洲那样的天然牧场，奶牛更不被人们所知，也没有乳品业。与内蒙古和西藏不同，直隶人不大喜欢牛奶或奶制品，食用牛肉很少，牛、马、骡、驴等牲口主要是耕地和运输。

猪肉制作的红烧肉，则是人们的最爱。春节是中国人心目中最神圣、最尊贵的节日，无论是富人还是穷人，无论大人还是小孩，每逢春节都把最漂亮的衣服穿上，全家人团聚在一起吃年夜饭。这是每一个家庭一年中最丰盛的“宴会”，唯一不能少的主菜就是“红烧肉”（也称“炖大肉”）。即便是特别穷的家庭，为了老人和孩子也要千方百计买一点肉“过年”，否则，这个年就没过好。杀猪也是在春节。当然，这是中国北方汉族人的习惯。

桑志华初来中国在天津法租界小住，吃西餐多一些，来到偏僻的张庄教会没有西餐，大都是农家饭。在马泽轩主教欢迎桑志华的晚宴上，中国厨师精心做了一道大菜——“红烧肉”，当一大碗热气腾腾的“红烧肉”端上桌的时候，浓浓的香味扑鼻而来。马主教热情地对桑志华说：你一定要品尝“红烧肉”，肥而不腻，口感很好，营养价值很高，中国的牛都用来耕地，吃牛肉的机会极少，动物蛋白主要靠猪肉来补充。桑志华先用筷子夹了一块“红烧肉”放在嘴里，果然很好吃。神父们看着桑志华第一次吃“红烧肉”狼吞虎咽的样子，情不自禁地笑了。

中国的猪肉比欧洲的更容易消化。中国的猪，体型比较大，繁殖能力很强，几乎是被散养的。在农田、路上，甚至在富人家的院子里，都能看到猪的身影，有点像养狗。如此一来，干净的地上经常出现猪粪。在中国，猪肉也像在古罗马一样广受欢迎。对于许多华北平原的人来说，最好吃的肉是猪肉。

猪肉的做法很多，除了“红烧肉”（也称“炖肉”），也可炒肉片，把肉剁碎做成丸子或做馅包饺子等。遗憾的是，中国人不擅长做火腿。在欧洲，猪肉是边远地区或是穷苦家庭的经济来源和食品；而在中国，猪肉却是一种奢侈品，普通家庭的菜单中是很难看到肉的，中等家庭只有在重要日子——春节或结婚办喜事才有。

要在华北平原上几乎看不到成群的绵羊，偶尔能看到一些。它们的尾巴由于脂肪的堆积看起来很粗大，这一点十分引人注目。

在农村，人们喜欢养鸡、养鸭，鸡蛋、鸭蛋是人们餐桌上的高档菜肴。

狗的品种很多，那种鼻子翘起来的小狗是宠物，在天津各国租界到处都是。这种宠物用它清脆的叫声打招呼，很讨人喜欢。但是，一些中国人并不喜欢狗，认为狗是一种很脏的动物。他们好像对猫更有好感，许多人家猫可以睡在炕上，还特意在窗户纸上挖一个洞，使其自由出入。另外，在堆积存放大量谷物的粮仓，为了捕捉老鼠也需要养猫。

除了家畜外，大型哺乳动物很少。豹和狼很少侵入华北平原的村庄。狐狸很多，它们定居在隆起的坟岗，成为棺材的邻居。野兔自己不挖洞，但它们却拥有八九个洞穴，原因是它们霸占獾、狐狸废弃的洞。还有鼩鼱、刺猬、极为少见的散发麝香气味的鼹鼠、蝙蝠和仓鼠洞等，这些动物适宜生活在与平原接壤的山区。在与农民的接触中，桑志华发现：他们虽然对生物学知之甚少，但是非常了解这些动物的特征、习性等。

在餐桌上，除了红烧肉外，还有一种别有一番滋味的蔬菜，那就是大白菜。

在献县张庄教会，厨师老四总是绞尽脑汁、变着花样来丰富桑志华的菜单，胡萝卜、圆茄子、青萝卜等，使他很有食欲。后来，到其他地方考察，住宿的客栈几乎每天都有大白菜，或与猪肉炒，或素炒。几天后，桑志华问厨师：“为什么总是这种菜？没有别的蔬菜可吃吗？”厨师问：“神父不喜欢这种菜吗？”桑志华列出豌豆、卷心菜等 23 种蔬菜，并说：“10 天内，我再也不想看到大白菜！”厨师告诉桑志华：“一斤猪肉 16 钱，一斤牛肉 8 钱，一棵白菜 20 钱，大白菜是直隶人最爱吃的蔬菜。”

从此，桑志华开始关注中国人喜欢的大白菜。每年六月底小麦收割后，开始播种白菜。经过选苗留下健壮的小白菜，长15—20厘米，进行施肥（人工肥），15天后，再以煮熟的黑豆作为肥料。然后，浇水使土壤保持湿润。长成大白菜时，需人工把它捆扎好，一棵大白菜能长到约6公斤，在初冬第一次结冰时收获。

由于中国北方寒冷，蔬菜品种受到局限，大白菜成为人们餐桌上的主菜，所以大白菜要从冬天吃到春天。

每年冬季来临时，许多有钱人家忙着储存大白菜，有条件的人家用地窖存放，就像欧洲人在冬天贮藏天香菜和莴苣一样。放在地窖里的大白菜一层一层地摆放好，门口是用高粱秆做的门，保持空气流通。要经常翻动白菜，把快要腐烂的叶子扔掉。这样，大白菜可以保存到复活节。

穷人没有条件储存大白菜，就把富人择菜扔掉的菜叶子晒干，留着冬天春天吃，因为这个季节，献县这一地区最缺食物。

大白菜的吃法多种多样：清炒、生拌，或与猪肉一起炒，或剁碎了做饺子馅，或做成沙拉……总之，神父们和中国北方人一样喜欢它们。

当然，华北平原还种植其他蔬菜，如芹菜、菠菜、青萝卜、白萝卜、韭菜，瓜的品种丰富，有南瓜、丝瓜、与欧洲相似的黄瓜，还有白绿相间条纹的菜瓜，甜又多汁的西瓜，味甜粉质的白沙蜜，桑志华都品尝了，很喜欢。

咸菜是人们餐桌上的主要菜肴。几乎所有的蔬菜都可以做成咸菜：白菜、萝卜、黄瓜、海藻、大蒜等，先把它们切成小薄片或条状，盐渍浸泡，再把它晒干储藏好。

独特的南瓜

盐渍的大蒜似乎失去了它原有的味道，但还保持了本身的营养成分，味道很好，与生吃大蒜明显不同。如果献县仆人做清洁卫生，他吃了大蒜后房间会飘满大蒜味。

红薯被人们喜欢，享受着一

种不可争议的待遇。如果在火上烤味道更好，也更容易消化。

中国人喜欢水生睡莲，伞状的叶子和漂亮的花朵浮在水面上，亭亭玉立，被誉为“花中睡美人”。睡莲的根茎和莲子用水煮后食用，营养丰富，容易被吸收。

无论是大城市还是县城，中国人很少有自己的菜园，他们到集市或路边向菜农购买蔬菜。极少数的家庭有花园，许多中国人喜欢花，有的年轻女人还把花插在头上。但是，对于温饱问题还没解决的她们来说，花园和花都是奢侈品，是可望而不可即的！

5 白河帆船与欧洲相似

桑志华听说，从天津到献县的交通工具除了火车外，还可以乘船走水路。恰巧，卡佩来尔（Cappelaere）神父乘帆船从献县沙河（子牙河）前往白河（今海河）汇合处的天津，桑志华决定与他结伴而行，顺便考察沙河流域。

1914 年 6 月 29 日，天气晴朗，桑志华搭乘的帆船出发了。沿途，他们看到子牙河支流上仿佛建在水中的渔村，这里的村民靠捕鱼和芦苇为生。芦苇不需照料，自己生长，高低不齐，珍贵的芦苇能长到 2—2.5 米，把割下来的芦苇扎成捆运到天津，每一亩芦苇能卖 35 银两。

桑志华还看到一艘运木料的船抵献县港口，这船来自天津，木料是从吉林运过来的。这些木料主要用于盖房子或做家具。在献县，居民盖房子用几乎不加工的当地杨树作为屋顶的大梁。河岸上堆了许多大捆的棉花，有的正

桑志华搭乘的带遮阳篷的帆船

运木料的船

在运往天津，每捆棉花可以卖到一百贯钱。

桑志华顺便沿水路进行了考察。他发现白河两岸大片的芦苇生长茂盛，飞舞着许多铁青色的蜻蜓，还有那些令人讨厌的蚊子。

据说，这个季节通常刮南风，但事实并非如此。第一天，顺风顺水扬帆航行，从第二天开始就变逆风行驶了，船夫很费力气地划桨，有些货船还要靠纤夫拉着艰难地前行。

第三天清晨，突然下起倾盆大雨。船夫说，帆船不能前进了，要停下避雨。可是，大雨始终不停，在桑志华和卡佩来尔神父的恳求下，船夫才决定出发，这在中国并非易事，因为一遇到大雨船夫必须停下一切活动，怕有危险。

纤夫拉着船前行

接近晌午，在离北岸不远的地方，桑志华看见一些人带着用粗线编织的网在高粱地里穿行，无数蝗虫朝着正北打转，不时发出金属般的飒飒声音。捕捉蝗虫并不仅仅是为了消灭，还要把它们晾干，以便将其烹调或者油炸作为食物。

白河上的帆船竞相前行，经过多次观察与体验，桑志华对帆船这样描述：

“中国帆船装配与欧洲相比的确是大同小异，桅杆竖立在船上，锚链放在船头并带有尖头和挂钩，只不过中国的锚链不如欧洲的那么结实。帆船的缆绳索具，缓冲接舷时产生的压力，缓冲绳包和渡过急流时用的绞盘也是一样的。中国船夫有非常好的麻制绳索。这里最缺少的是使河流在七月之前低水位也能通航的纤道，也缺少船闸。聪明的船夫们找到了代替船闸的办法：他们把船在水位低的地方聚集起来，用甲板上的木板、篙钩和剩余的绳子建成水坝。

“水位上涨时，那些风雨飘摇的水坝就会顷刻倒塌，人们会立刻将它拆毁，并把水里的建材都捞上来。毕竟拆比装要容易。一些船闸确实很简陋，但不可否认它们的价值。中国的公共工程有待于发展。

“木船主要有两种样式，一种有甲板，一种没有。许多带甲板的船上有一个篷屋，游客落座后感觉很舒适——当然是在船状况很好，也就是新船的条件下。后面有船舱，用于船工住宿和做饭。——总之，除了蟑螂和反风向外，所有在中国的乘船旅行并不缺少在欧洲享有的魅力”①。

许多中国帆船停在子牙河与北运河汇流处，这是天津的三岔河口，摆渡来运送两岸行人。

1914 年 7 月 1 日傍晚，桑志华回到天津法租界圣鲁易路崇德堂居住地。

三岔河口的摆渡

① Emile Licent, *Dix Années (1914–1923) de séjour et d'exploration dans le bassin du Fleuve Jaune, du Paiho et des autres tributaires du Golfe du Pei Tcheu Ly*, Tientsin: La Librairie Francaise, 1924, p.38.

第三篇
选定科考大本营

或许是因为天津作为京畿门户的区位优势，或许是因为天津依河傍海又处于环渤海中心的地理位置，或许是因为天津设立九国租界的欧风美雨，使天津成为桑志华来华的起点与终点，她更像一个“港湾”，与桑志华结下了不解之缘。

1 一座城市九国租界

经过三个多月对献县的调研，桑志华意识到献县虽然是法国天主教耶稣会直隶东南教区传教中心，但不适合做科考探险的大本营。他要集中时间考察天津，决定这座充满欧式风情的大都市能否成为他在华科考探险的“港湾”。

天津为什么会充满欧式风情呢？

近代以来，欧美资本主义迅猛发展，并开始大规模地向海外扩张。这时，清朝国势江河日下，使中国遭受了帝国主义列强的野蛮侵略，陷入列强欺凌、被动挨打的境地，被迫签订一系列丧权辱国的不平等条约。

1793 年（清乾隆五十八年），载着以马戛尔尼（Lord Macartney）为首的庞大使团和丰厚贺礼的英国船队来向乾隆皇帝祝寿。这是“天朝上国”与大英帝国的第一次正式接触，被清政府误以为是弱国的进贡与朝拜。马戛尔尼奉上礼单的同时，也递交了英王乔治三世呈给乾隆皇帝的国书，向清政府提出通商贸易等多项要求，还亮出了此行的“底牌”——开放天津口岸。乾隆皇帝断然拒绝。

1816 年（清嘉庆二十一年）8 月 12 日，英国又派遣以阿美士德（Amherst）为首的使团，沿白河逆流而上，到北京觐见清嘉庆皇帝，重提开放天津的要求，再次遭到强烈反对。这一次，英国使节阿美士德还因拒绝行三跪九叩之礼，被嘉庆皇帝责令回国。

两个英国使团先后出访中国虽然都是无功而返，却打破了大清盛世的平静。1840 年（清道光二十年），英国悍然发动了侵华的第一次鸦片战争。曾经的寿礼，换作了坚船利炮。中国的大门被轰开，清政府被迫签订了第一批不平等条约，使中国丧失主权、割地赔款。从此，中华民族陷入了内忧外患的深渊，而西方列强也品尝到了中国这块“大蛋糕”的甜头。

1854 年（清咸丰四年），英国又一次向清政府提出开放天津为通商口岸，清咸丰皇帝断然斥责："京师为辇毂重地，天津与畿辅毗连，该酋欲派夷人驻扎贸易，尤为狂妄。唯我独尊的中国皇帝容不得'夷人'在自家门前做生意"①。

西方列强并没有就此罢休，为把天津建成一个"足以威胁京城的基地"，屡次进犯大沽口。1858 年（清咸丰八年）4 月，"英法联军战舰占领广州后，为迫使清政府就范，决定小部分留守，大部分乘军舰沿海北上"，"5 月 20 日，英法军舰闯入白河，突然炮轰大沽炮台"②，进逼天津，威胁北京，迫使清政府同英、法分别签订《天津条约》，取得在中国的许多殖民特权，在沿海及长江领域开辟多处通商口岸，但尚未包括天津。

《天津条约》仍然不能满足西方列强贪婪的"胃口"，他们清楚地意识到天津不仅具有极其重要和特殊的地理位置和区位优势，而且还是中国北方的商贸中心。

正如参加过 1860 年侵略天津的英法联军亲历者所说："天津就是向首都供给食物的粮仓，其大部分人口都是商人、经销商和代理商。每天都有许多苦力来来往往，忙着运送牛和骡子拉的大轮子，装卸车上的商品，这些装卸车与皇家大运河上的帆船共同承担着为北京供应粮食的任务。沿着大运河而建的郊区呈现出前所未见的欣欣向荣景象。在此，除了有盛产的小麦、大米制成的食物外，在诸多中国古董和奇珍异品中间，还可以看到来自各个国家的产品汇集天津：俄国的皮货、英国的棉织品、法国的丝绸、美国的呢绒和印度的鸦片等。由于地理位置的缘故，天津的贸易重要性非同一般。实际上，城市建在流向白河的大运河与通向北京的大道的交汇点上。就在这一交汇点上修建了高大的通州堡垒，通州堡垒与天津的防御工事共同完善了首都道路的保护和防御功能"③。

天津依河傍海，拱卫京畿，是皇宫的"门户"，一旦打开，不需一天，就可直接到达紫禁城的皇帝宝座。

---

① 杨大辛：《津门古今杂谭》，天津人民出版社 2015 年版，第 51 页。

② 王文泉、刘天路主编：《中国近代史（1840—1949）》，高等教育出版社 2001 年版，第 18 页。

③ ［法］查理·德·穆特雷西著，魏清巍译：《远征中国日记》（上卷），中西书局 2013 年版，第 271—272 页。

英法联军侵占北塘炮台

为了胁迫清廷对天津开埠，打开西方与北京之间的交通“要塞”，1859年（清咸丰九年）6月，英法借口“换约”蓄意挑起战火。1860年8月1日，在英国驻华海军司令何伯的指挥下，英法联军侵占北塘，进而袭击大沽炮台。据亲历者记载：“联军靠近北塘时，全体居民惊恐万状，纷纷弃城逃跑。有些中年男人先将妻子杀死，之后再自杀。更多的人则是砸烂家具之后弃家逃走，将剩下的东西留给联军支配……几乎每间房屋内都横陈着尸体，呈现出一幅人间最为悲惨的图景”①。

紧接着，英法联军对天津城狂轰滥炸，直逼北京。9月22日，咸丰皇帝仓皇出逃到皇家避暑行宫——承德，留下其弟恭亲王奕訢负责议和。

法国人亨利·贺伯诺（Henri Hoppenot）在圆明园废墟背影

10月6日，英法联军悍然侵占荟萃了古今中外艺术瑰宝的皇家御苑——圆明园。“任何可以带走的值钱物品，如金银、钟表、珐琅、瓷器、玉器、丝绸、锦缎，以及难以计数的其

① ［法］L. F. 朱以亚著，赵珊珊译：《中国战争纪行》，中西书局2013年版，第80页。

他珍宝，都被英法联军所掠走”[①]。洗劫过后，英法联军又纵火焚毁了被称为“万园之园”、“绝美之园”的圆明园，使之成为一片废墟。

最终，恭亲王奕䜣代表清政府签订了屈辱的《北京条约》，天津被迫开放为通商口岸。

从马戛尔尼航海东来给乾隆皇帝祝寿，到两次鸦片战争，天津开埠，英国用了67年时间，终于如愿以偿。

随即，天津海河西岸951亩辟为“紫竹林（地名）租界”，其中，英租界居中460亩；由于法国驻天津领事还未到位，英国领事就替法国做主，将其北边360亩划为法租界；并未参战的美国也伸手把其南边131亩划为美租界。一年后，1861年6月，法国代表哥士耆（Michel Alexandre Kleczkowski）与中国三口通商大臣崇厚补签《议定紫竹林地基条款》，取得设立天津法租界的依据。

开埠后的天津，与皇都北京咫尺之遥的地理优势和北方港口的作用日益凸显。正因为如此，第二次鸦片战争的硝烟尚未散尽，大沽炮台又一次成为血雨腥风的战场。

1900年，英、法、德、俄、美、日、意、奥八国联军以镇压“扶清灭洋”的义和团[②]为名，再一次发动侵华战争，大沽炮台失去屏障，天津、北京相继沦陷。从大沽到北京，八国联军长驱直入一路烧杀掠抢，“沿途房屋未经被毁者极为罕见，大都早已变成瓦砾之场”[③]。慈禧太后带着光绪皇帝仓皇离开京城，逃往西安。派兵参加武装侵略的八国，再加上并未派兵的比利时、西班牙和荷兰，都向清政府提出了各自要求。在西方列强满足了所有的要求后，1901年9月7日，李鸿章和庆亲王奕劻代表清政府与各国列强签

---

① ［英］乔治·奥尔古德著，沈弘译：《1860年的中国战争：信札与日记》，中西书局2013年版，第139页。

② 义和团运动是1900年发生的中国北部群众性的反帝爱国运动。参加者主要是处于社会底层的劳苦大众，他们利用秘密结社的方式发展组织，散发各种传单、揭帖，以朴素的语言和歌谣形式，进行驱逐侵略者、保卫国家的宣传。他们没有统一的组织和集中的领导，宣传中带有一定的迷信落后意识和盲目排外的情绪。参加者从切身的感受中，认识到外国侵略者是中国人民最主要的敌人，从而奋不顾身地同帝国主义侵略者进行了前仆后继的英勇斗争。八国联军占领天津、北京后，极残酷地镇压了义和团运动。

③ 《瓦德西拳乱笔记》，《义和团》第3册，第29页。

订空前丧权辱国的《辛丑各国和约》(简称《辛丑条约》)。

在《辛丑条约》苛刻的条款中，天津这座城市如同精致美味的蛋糕，成为西方列强的饕餮盛宴，又一次被瓜分得支离破碎。

之前未设租界的俄国首先宣布：划定5474亩设立天津租界；紧接着，其他几国继起效尤，意大利771亩，奥匈帝国1030亩，连未派一兵一卒的比利时也趁火打劫，划定740.5亩。

已经设立租界的几国纷纷扩张：英租界初设面积460亩，经过三次扩张达到6149亩。日租界初设面积1667亩，扩张后2150亩。德国初设面积1043亩，这次则直接宣布：将其占领地直接变为租界，扩充后总面积达到4200亩。此外，其还以“越界筑路”的手段，侵占了租界外的大片土地。

法国驻天津领事罗图阁(H. Leduc)竟然于1901年10月22日贴出布告，扩充法租界：东临白河，北从马家口沿梅大夫路(Rue Mesny，今辽宁路，锦州道至花园路)一直向西越过墙子河(今南京路)，南沿圣鲁易路。这样一来，法租界扩张总面积2836亩。除此之外，法国还将八国联军侵略天津时占领的位于今万新庄(也称东局子)的北洋机器局强行占领，并把这一带划为法军禁区，成为租界外的租界。

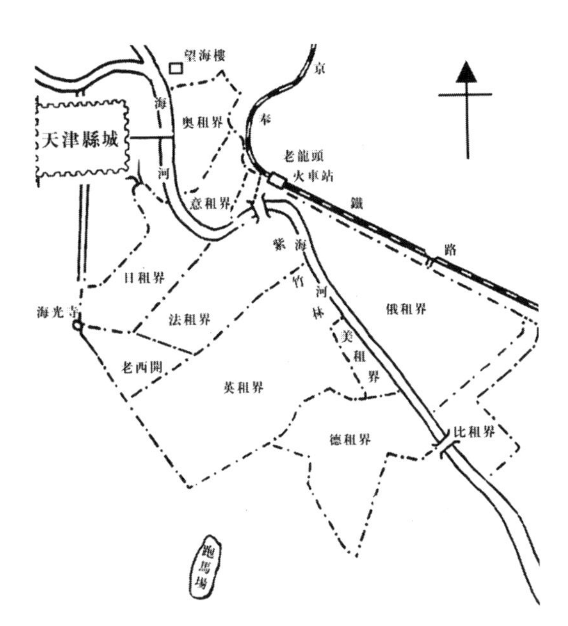

九国租界中文地图

至此，英、法、德、俄、美、日、意、奥、比九国租界在列强贪婪的目光中锁定，总面积达到23350.5亩，是天津老城区的8倍。一座城市九国租界，这在全世界也绝无仅有。海河两岸的水运要道、黄金地段，列强更是尽数收入囊中。九国租界扼住了从天津通往首都北京的咽喉，致使京畿“门户”失去屏障。

2 恍若置身欧洲

租界，对于今日的天津早已成为历史的陈迹，但一提起它，人们还是会想起近代中国遭受的屈辱。法国历史学家、著名记者、作家伯纳·布立赛先生曾在圆明园劫难记忆译丛的前言中指出："必须毫不含糊地指出，1860年对华'远征'，是殖民战争，更确切地说，是帝国主义征战，与19世纪帝国主义掠夺完全一脉相承"①。

租界，一个中国大地上的怪胎。它侵夺了中国的主权，完全独立于中国行政系统和法律制度以外的一套殖民地统治制度，让国人饱受欺凌。租界也是传播西方文明的窗口，客观上催化了天津经济社会的发展。

租界开辟之初，本是一片荒凉之地。彼时天津的商业经济中心在旧城厢一带。开埠后的天津，繁华地区沿海河两岸逐渐南移，不仅兴建了天津海关，设立了领事馆、工部局、巡捕房，还聚集了洋行、银行、教堂、商店、旅馆、电影院、戏院、学校、庭院式别墅等，被称为"东方小巴黎"。

法国驻天津领事馆

桑志华来华后，虽然落脚天津，但几次都是匆匆往返于火车站与法租界居住地之间，始终未能见到这座城市的"真容"。这一次，他要深入了解这座城市。

1914年7月初，桑志华又一次前往位于紫竹林租界的法国驻天津领事馆拜访。4个月前来这里报到时还是初春，此时已进入盛夏。道路两旁的悬铃木（俗称"法国梧桐"）

① ［法］亨利·柯迪亚著，刘曦、李爽译：《1860年对华战争纪要：外交史、照会及公文》出版前言，第3页。

生长茂盛，桑志华行走在绿树成荫的平坦道路上，映入眼帘的是欧式建筑、欧式风情，周围的一切是那样熟悉与亲切。

沿着领事馆路前行，就到达了法国驻天津领事馆。这是一幢典型的欧式建筑小楼，与巴黎的建筑没有什么区别。在会客厅，法国驻天津领事宝如华向桑志华介绍了天津法租界以及各方面的情况。桑志华详细汇报了来华科考探险的计划，宝如华领事很感兴趣，表示愿意在各方面给予支持和帮助。

离开领事馆，桑志华来到位于圣鲁易路的天主教圣鲁易教堂（俗称“紫竹林教堂”）。

始建于1872年（清同治十一年）的圣鲁易教堂，占地7.8亩，建筑面积779平方米，为砖木结构的二层楼房。粗犷而厚重的爱奥尼石柱为底座，配上房檐上青砖雕刻的三角形山花，既有古希腊的建筑文化元素，也有中国传统的砖雕艺术，中西合璧，古朴典雅。

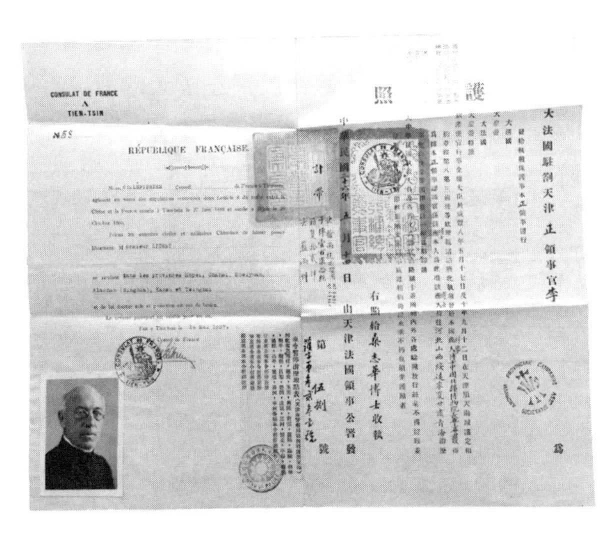
CONSULAT DE FRANCE
A
TIEN-TSIN

RÉPUBLIQUE FRANÇAISE

護　照

大法國駐劄天津正領事官李

有照給桑志華博士收執

由天津法國領事公署發

法国驻天津领事馆为桑志华办理的护照

走过供奉着圣坛的一楼大厅，沿着螺旋式楼梯攀上二楼，就看到唱诗班正在合唱，西洋古典管风琴赫然耸立，管风琴演奏时发出的浑厚宽广而又圆润和谐的声音，方圆几里都能听到。

通过与教士们的接触，桑志华了解到：1860年天津开埠后，天主教开始传入，教徒人数增长很快。天津原来与北京同属一个教区，1912年4月罗马教廷把天津从北京教区分出，将天津立为宗座（宗教的尊称）代牧区（指教区），委任北京教区副主教杜保禄（P. Dumond）为天津教区第一任主教，还把静海、青县、沧州、南皮、盐山、庆云六县的神职人员划归天津教区，并划拨经费32万银两，折合银元45万。

大法国路

教士们对桑志华来华科考探险表现出了浓厚兴趣，对他打算立足天津、辐射中国北方黄河流域以北的见解表示赞同，大家表示要为桑志华的科考尽其所能，做出贡献。

告别教士们，桑志华穿行在宽阔的法租界大法国路，看到飘扬着法兰西国旗的法国兵营（今赤峰道）、法国击剑俱乐部……前面的大清邮政局（今解放北路 111 号），也是一幢西式洋楼，这些欧式建筑散发着异国风情。

大法国路紧邻白河的黄金水道，是航运、贸易的聚宝之地。码头上，货物堆积如山；河面上，飘着各国旗帜的商船川流不息。

日益繁荣的国际贸易，促进了国际金融业的兴盛。法英租界的中街（今解放路），各国银行高楼林立，鳞次栉比，这里汇集着英国的汇丰银行、麦加利银行、太古洋行，德国的德华银行，美国的花旗银行，法国的东方汇理银行，日本的横滨正金银行，中俄合资的华俄道胜银行等，楼宇相连，建筑造型气势宏伟，尤其是那一排排挺拔坚固的爱奥尼石柱，凸显优雅与高贵，颇有“东方华尔街”之感。

华俄道胜银行

为询问美元汇兑银两的汇率，桑志华推开汇丰银行厚重的古铜色大门。这是登陆天津的第一家外汇银行。以此为标志，这座城市的金融业与国际接轨。桑志华进入宽敞明亮的一楼营业大厅，迎面是洁白无瑕的 16 根大理石圆柱亭亭伫立在前厅两侧，高高的穹顶好似一个巨大的石雕，造型优美而厚重，五光十色的彩色玻璃窗，典雅的吊顶，处处显示对中国外汇牌价具有话语权的龙头地位。在柜台前，办理业务的有各国侨民，也有许多中国人。

桑志华漫步在熙来攘往的中街上，街道两旁商店云集，欧美商品令人目不暇接，真是五花八门：法国的香槟酒、英国的照明灯、德国的地球仪、意大利的皮衣皮具、比利时的灯具、美国的面粉、日本的小镜子，还有进口的洋布、洋火等，顾客大多是有钱的中国人，欧美人也不少。来到英租界维多利亚道（Victoria Road，今解放北路南段），一片充满欧式古典风格的建筑群吸引了他。

英租界工部局（建于1890年），具有欧洲中世纪建筑风格，气势恢宏而又酷似城堡。后来，为纪念测定天津英租界的工兵上尉戈登，将其命名为“戈登堂”。

英租界工部局（戈登堂）

利顺德饭店

戈登堂前面是维多利亚公园（Victoria Park），这是为了纪念英国女王诞辰50周年（1887）修建的。中国人非经英租界巡捕允许不准入园，而法国人桑志华畅通无阻。他沿着园内一条蜿蜒曲折的甬道走进花园深处，郁郁葱葱的法国梧桐、绿树如荫的中国杨树错落有序，造型奇特的花坛中，盛开着五颜六色的鲜花。公园斜对角，一端是古典精致的中式建筑风格的六角亭，另一端是小型动物兽栏，桑志华驻足观看这些小动物，十分喜爱。

始建于1863年的利顺德（Astor Hotel）饭店，毗邻公园北门。一百多年前，只有最豪华的宾馆才有资格使用这个名字。这是天津第一家外资饭店，它占据了英租界最佳位置：前门在维多利亚道（今解放北路199号），后门面向景色迷人的白河。这座有着五层转角塔楼的三层宾馆，融汇了英国古典建筑风格和欧洲中世纪田园建筑元素，通透的大厅、宽敞的房间、豪华的水晶灯、冬天给人带来温暖的壁炉、夏天露台上藤编的躺椅，特别是扑面而来的咖啡香，给桑志华留下了深刻印象。

英国俱乐部（今解放北路201号），与利顺德饭店仅有一路之隔。这座精美华贵的二层楼房，堪称经典和完美。台基之上矗立着敦实厚重的爱奥尼石柱，正门上方筑半圆形阳台，饰有山花，窗套上雕花装饰，是典型的巴洛克式建筑风格。

夜幕降临，路灯亮如白昼，五彩的霓虹灯闪烁不停，商店橱窗展示着琳琅满目的舶来品，新颖豪华的小轿车、东洋人力车、马车，来往穿梭，西装革履的绅士与中式马褂的先生、金发碧眼的外国女郎与身穿旗袍的中国小姐比肩接踵，西方的时尚与东方的雅韵在这里碰撞、交融。

天津租界的所见所闻，使桑志华恍若置身欧洲。

3 白河宛如塞纳河

白河（今海河）蜿蜒曲折，宛如一条银色的“项链”，横穿天津城区，淌入茫茫渤海。这条风景秀丽的河流，是连接国内外经济文化的重要交通枢纽，也让天津这座城市变幻着不同的色彩和别样的风景。

白河是中国华北地区最大的水系，是中国七大河流之一。它东临渤海，南接黄河，西起太行山，北倚内蒙古高原，地跨北京、天津、河北、山西、山东、安徽、辽宁、内蒙古等八省区，流域总面积229000平方公里，占全国总面积的3.3%。

天津位于白河下游，俗称“九河下梢”，与上游南运河、北运河、永定河、大清河、子牙河五大河流，在三岔河口交汇。自大航海时代以来，西方使团携带贡品来华觐见皇帝唯一的水上通道，就是从塘沽海口换乘小船进入白河，再驶入大运河，抵达北京皇宫。斗转星移，到1860年天津开埠后，白河两岸黄金地段已经变成九国租界的码头，外国轮船从渤海长驱直入进入白河，再也不用换乘小船。

英租界码头

德租界码头

法租界码头

来华前，桑志华曾对白河进行了初步研究。这一次，他从法租界圣鲁易路崇德堂（居住地）出发，沿西岸考察白河至三岔河口。

步行十多分钟，到达法租界码头（又称紫竹林码头、怡河码头）。举目望去，白河两岸码头林立，货物堆积如山，西岸依次为日、法、英、美、德租界码头，东岸依次为奥、意、俄、比租界码头，河岸线约15公里。河面上，船舶拥挤，帆桅相连，空中飘荡的各种线条、各种色彩的旗帜，它们是各国的标志。

一艘法国蒸汽商船正在缓缓靠岸，高耸的烟囱喷着浓烟，发动机的巨大响声很远都能听到，各种货物堆放在岸边，面带"菜色"的中国苦力忙着装卸。

继续前行，恰巧赶上白河上的老龙头铁桥正在开启。这是桑志华初来天津时经过的第一座桥。只见这座平时坚固通畅的桥梁缓缓张开双臂，迎接过往的商船，两岸过桥的人们耐心等待这一时刻。原来，白河上几座桥每天都会定时开合：打开，大型船舶鱼贯而入；合闭，桥上人与车通行。

老龙头铁桥长约80米，宽约9米，采用变高度的连续钢桁架，以机械驱动桥身的开闭，遇到轮船通过时，中间两孔平转开启。因法租界的对岸是老龙头火车站，隔着白河来往极为不便，1902年（清光绪二十八年），法国驻天津领事罗图阁向直隶总督提出要建一座总造价50万法郎的铁桥，由法国公司设计承包，全部费用由直隶总督衙门支出，两年后竣工通行。

老龙头铁桥

金汤桥也是开启桥，它平直刚劲，舒展流畅，全长70多米，宽10多米。这座桥始建于1730年（清雍正八年），由13条大木船横向排列河床连缀而成，桥面上铺设活动木板，有船经过时则从中间开启，船驶过后再重新合拢，这是天津较为原始的浮桥（又称船桥）。1906年（清光绪三十二年）奥、意、比驻天津领事联合要求直隶总督，把这座浮桥改为平转式电力开启式钢桥，取名“金汤桥”，寓意“固若金汤”。

还有金刚桥也是由清代的老浮桥于1903年（清光绪二十九年）改建的，中跨为双叶承梁式开启跨。

这一座座开启自如、造型各异的桥，架设在白河之上，宛如风帆远航，呈现出一道独特的风景。

不知不觉中，桑志华走到白河与北运河、南运河交汇处的三岔河岸边，只见浩渺的水面上，舳舻相继，帆影依依，海鸥飞翔，令人心旷神怡。

三岔河口是天津城市的发祥地，几百年来川流不息的河流，见证了天津经济社会发展的历史，孕育了这个中国北方的商埠重镇，传承创造独特的历史文化。

自元朝定都北京后，三岔河口即为京畿要地和南粮北运的繁忙转运中心，特别是京杭大运河的全线贯通，带动了天

金汤桥

中国帆船停靠在三岔河口

津经济、商贸、文化等方面的交流与发展。清代，这里庙宇林立，车船相聚，商贩云集，成为南粮北运的漕运中心和水运交通的重要枢纽，天津在全国的地位与作用日益显著。驻足三岔河口，桑志华思考着奔流不息的北运河、南运河、白河是如何交织在一起，连续不断地改变令人称奇的流向，又从白河流向大沽，融入大海，海潮往溯。他认为："皇家大运河（京杭大运河）是一项伟大的工程，把南方与北京皇宫用一条内陆河连接在一起。"同时，他又感慨："为了开凿运河，人们将一些河流截流，改变了它们的流向，就像是顽童踢水，水花四溅，再把四处的流水聚集到一起。这些运河的水质浑浊，大量的泥沙被水一起带进航道，这是运河设计的一大败笔。白河和运河的河道很窄，如果建有平行或垂直于运河的水闸可以让水横向流动，涨水的时候水闸可以根据水的流量和清洁程度来调整运河内的水，可能会更好一些。但是，我们想象一下，这样建造一条运河无疑太复杂了，管理就更加困难了，再加上运河被沙子淤塞，当然这又提出了与绿化有关的问题"①。

桑志华发现：三岔河连接的白河，是连接世界的水上黄金通道。他认为："天津的内河港口吞吐能力很强，各地山羊皮、牛皮、棉花等许多准备出口的大批货物抵达天津，它作为一个通商口岸远比一个军事港口所发挥的作用要大很多"②。

---

① Emile Licent, *Dix Années* (*1914–1923*) *de séjour et d'exploration dans le bassin du Fleuve Jaune, du Paiho et des autres tributaires du Golfe du Pei Tcheu Ly*, Tientsin: La Librairie Francaise, 1924, p. 38.

② Emile Licent, *Dix Années* (*1914–1923*) *de séjour et d'exploration dans le bassin du Fleuve Jaune, du Paiho et des autres tributaires du Golfe du Pei Tcheu Ly*, Tientsin: La Librairie Francaise, 1924, p. 37.

三岔河因河海漕运而繁盛，以人文景观而闻名。清康熙、乾隆两朝皇帝多次巡幸天津，必经三岔河口，驻跸望海楼行宫，康熙为之赐名“香林院”，因登高便可望海，故名“望海楼”。后来，地方官员将香林院进行扩建维修，乾隆皇帝巡视天津，又赐名“崇禧观”。因此，在中国民众的心目中望海楼为皇家“圣地”。许多文人墨客来此作诗咏诵，普通百姓到这里祭祀上香，以图吉祥。

1860 年（清咸丰十年），中国人的这一“圣地”，被英法联军侵占，极大地伤害了中国人的情感。据亲历者记载：“河岸右侧有一处宽阔的宅院，宅院四周有花园、亭台和假山。此处曾是皇帝的行宫……如今，这里是我军司令部的所在地，外交使团也住在这里”①。

1861 年（清咸丰十一年），法国天主教耶稣会北京教区主教孟振生来天津，看上了这块风水宝地。他说“此处在天津城关，地势极为良好……天津为通往北京的第一道门户，欧洲人于此往来过路，为此我们必须善为开辟”②。然后，他派卫儒梅（M. Talmier，法国人）神父来天津，通过法国驻天津领事丰大业（Henri Victor Fontainer），向三口通商大臣崇厚施压交涉，无偿获得崇禧观一带 15 亩地基的“永租权”。

1869 年（清同治八年），北京教区主教孟振生又派该教区谢福音（C. Chevier）神父来天津，强迫崇厚和地方官吏，拆除了清乾隆皇帝多次下榻行香的崇禧观一带的庙宇和古建筑，在其原址建造了 20 多米高的“望海楼教堂”，激起民众的强烈不满。他们认为：望海楼教堂侵占了中国人朝拜的“圣地”，其建筑鹤立鸡群，俯视老城区，破坏了三岔口的“风水”。

教堂建成后，又将“圣母得胜堂”的法文赫然刻在教堂钟楼正面的大理石上，许多民众认为这是炫耀侵略中国土地的胜利。紧接着，谢福音又逼迫崇厚下令，拆毁望海楼教堂附近的民房，驱逐周围摊贩，更激怒了广大民众。

1870 年盛夏，瘟疫横行。传教士的种种举动一直引人猜疑，于是谣言

---

① ［法］L. F. 朱以亚著，赵珊珊译：《中国战争纪行》，中西书局 2013 年版，第 87—88 页。

② 赵永生、谢纪恩：《天主教传入天津始末》，《天津文史资料选辑（第二辑）》，天津人民出版社 1979 年版，第 145 页。

望海楼教堂

四起。民众对外来侵略者郁积已久的愤恨终于爆发了，数千人前往教堂抗议。法国驻天津领事丰大业飞扬跋扈，开枪杀人，使群众怒不可遏，一把大火烧毁了望海楼天主教堂，史称“天津教案”。

关于“天津教案”，桑志华在来华前就听说了。对此，他没有任何兴趣。

桑志华来到位于三岔河口北岸的“望海楼教堂”（今河北区狮子林大街西端），拜访主教杜保禄神父。桑志华简要介绍了来华科考探险的目的，以及近期远足山西的考察计划，恳请杜保禄主教给予指导和帮助。杜保禄主教先是热情鼓励，然后泼了一瓢冷水：一个语言不通的外国人到中国黄河以北的荒山野岭，等于把自己送到了原始密林，去给肆虐的猛兽做食物。桑志华感谢主教的提醒，表示会牢记在心。

仰望望海楼教堂，庄重而坚固，神圣而华美，就像一艘泊在三岔河口的“圣船”，承载着教徒的内心忏悔与灵魂憩息。一瞬间，桑志华想到塞纳河畔的巴黎圣母院。这两座教堂同在景色优美的河畔，都是哥特式建筑，甚至教堂内的图案都相似，是巧合还是建造者的独具匠心？不得而知。

4 走进津城深处

通过调研，桑志华发现，天津租界的各国侨民物质生活富足优越，文化生活丰富多彩，还保持着本国的生活习俗，形成独立于华人社会之外的独立社区。被称为“东方乐园”的租界与中国人居住的老城区迥然不同，形成了一个城市的两种模式。

天津自 1404 年（明朝永乐二年）设卫筑城以来，来自各省戍边、经商、谋生的外来人口不断涌入，形成了“五方杂处”的局面。开埠后，国外商人与资本潮水般涌入，南方的商人也纷纷北上淘金，同时也吸引了大批农村劳动力。天津传统的商业街逐渐向北大关、估衣街、针市街、宫南、宫北大街一带扩展，形成了独具特色的中国人商业街。

桑志华走进中国人的商业街。这里店铺云集，商品繁多，人头攒动，小商小贩的吆喝声和卖艺人演唱混合在一起，其热闹、拥挤的程度，令他惊讶：

“这是一个完整的世界，一个浓缩的华人世界。到处是精美的铜器、锡器和中国刀剪制品的货架。我数了数，在城东和城北，有这样的店铺作坊 35 家，许多人进进出出，顾客盈门，生意兴隆。

“我走入北门金店一条街，许多店铺的大幅招牌非常抢眼：正阳金店的招牌挂在一个圆式塔楼上，刚进北门就会看到凤阳金店的招牌也不小，挂在高高的山墙上很是醒目，还有三益金店、世华金店、同丰金店、华晶金店，一家挨着一家，使得整个北门闪金烁银，一派珠光宝气。

“在北马路上有鸟市。这里也卖蝈蝈笼子，笼子是用小葫芦制成的，人们把小葫芦掏空，把蝈蝈放在里面，葫芦的表皮再烙上花纹的装饰，在葫芦上扣上一个镂空的盖子。中国人冬天就把蝈蝈装进这些小容器，放在袖子或袍子里。他们认为这些小昆虫的叫声能带来好运。

“在北马路看见至少 20 余家红铜锻工场，他们把一张铜板冲制成一个大盆，制造茶壶则要把三块铜焊接起来，最后再用锤子敲几下，为的是敲出些斑点作装饰。这是一种相当典型的天津工艺。

“越来越多富有的皮货商、布商、家具商涌入了北路和南路，从街的东面向西面延伸，他们是从篙街和老城里来的。

“卖服装的商人，一边翻动着货物，一边高声叫卖，互相争夺生意，有的把防虫蛀（至少在夏天）做广告，这也很重要，在中国其他任何地方都没见到过这种布料。

兑换洋元

“还得提起那些不可缺少的铜器商、釉器和瓷器店、四面装饰着金色的线条和檐壁的大型茶馆（尤其是篮街上）。当然，也有许多人坐在露天的凳子上喝茶。

“北马路和东马路的街角处，海关中心办公楼周围，露天摆放着许多卖鞋的货架。

“旧货交易也充斥着马路两边，尤其是西边：卖废铁的，卖旧瓶子的，卖旧衣服的，卖旧鞋的，卖废旧皮革的，卖头发的等等，整个是一个旧货集市。

“还有拉洋片的，看手相的，掷骰子的，摆张桌子说书的，用纸牌算命的等，不一而足。

“人们都用铜钱计算，银元在这里不流通，人们把银元兑换成铜钱。这些铜钱中间有孔，每 100 个穿成一串。

华人平民区

“瓷器工程师告诉我，在开滦矿区，人们在唐山西部 8 公里范围内开采陶土，矿井在 20—25 米地下，法国在天津的陶瓷厂就是用这里的土来制作壁炉砖等”[①]。

从租界来到华人平民区，就看到巨大的反差，真像是从天上掉到地下：狭窄的街道，破旧的房屋，甚至是将要倒塌的帐篷，衣衫褴褛的男男女女、老老少少，什么模样的都有。“在平民

① Emile Licent, *Dix Années (1914–1923) de séjour et d'exploration dans le bassin du Fleuve Jaune, du Paiho et des autres tributaires du Golfe du Pei Tcheu Ly*, Tientsin: La Librairie Francaise, 1924, pp.592–593.

区，房屋低矮破旧，垃圾遍地，污水肆溢，很远就会闻到一种恶臭味”[①]。他感慨道：穷人们的生活是最悲惨的，使得他们掉到了社会底层。

5 海边北塘

北塘是通往大沽炮台的要隘，也是天津的出海口。1860 年英法联军由此登陆攻占了大沽炮台。据记载，“北塘镇上也许有 25000 人口。它的主要街道宽度足以让大炮通过，但是在下雨的天气里，那条街道过于泥泞，而且肮脏不堪。乍看上去，这个城镇似乎很贫穷，但是如果仔细观察的话，便可以发现许多显然是属于富商的好房子。门面宽敞的水产店铺和当铺说明这是一个富裕的商业城镇。我们在镇上发现了大量的谷物和牲口饲料。镇旁的北塘河河面约有 300 码宽。在涨潮时，我们的炮艇和小船可以开到离岸边 20 码处”[②]。

桑志华来华前，就知道这个地方。他乘车来到北塘，见到一望无边的盐碱地，一座座盐坨上面盖着席子或是秸秆，形状像货车隆起的圆顶。大沽炮台的城池、要塞，到处弥漫着战争硝烟的陈迹。除此之外，泥泞的海滩、破旧的房屋、布满盐硝甚至寸草不生的土地，都给人以凄惨的印象。

大沽盐碱地上随风转动的风车，让桑志华兴奋起来，它与荷兰、比利时和法国北方的风车毫无相似之处。这是一种带帆的圆形转盘，与测风速的机器相似，只不过其风翅是用绳子拴住的帆布所取代。

走进盐碱地，桑志华见到土地表面覆盖着一层白色盐霜，不适合种植庄稼。这种盐碱土用在建筑上，也是灾难性的，使墙基一片片像冰融化一样崩落。为避免盐碱破坏，当地人建房时，会加上一层麦秸秆和石灰分层垒砌，即使这样，房屋的寿命也不会很久。

---

① Emile Licent, *Dix Années (1914–1923) de séjour et d'exploration dans le bassin du Fleuve Jaune, du Paiho et des autres tributaires du Golfe du Pei Tcheu Ly*, Tientsin: La Librairie Francaise, 1924, p.592.

② ［英］乔治·奥尔古德著，沈弘译：《1860 年的中国战争：信札与日记》，中西书局 2013 年版，第 113 页。

在北塘镇，几乎家家户户都在加工熟食贝类产品，桑志华觉得很好吃。这一产业养活着1万多居民。

从北塘到出海口约2.5公里，这个港口很重要，可停靠100多艘双桅捕捞船。船上的帆、缆绳和网都是镇里生产的。

一个风和日丽的清晨，桑志华赶来观看渔船出海：一艘修葺一新的渔船缓缓移出船坞，驶入海中。海浪轻轻地拍着船头和船舷，船身略侧，迎风展开的白色船帆被初升的太阳染红了，像一面巨大的红绸在飘扬。渔民熟练地掌控船舵，斩波劈浪，向远方冲去，不一会儿，船头向岸边方向缓缓行进，撒网捕鱼，欢蹦乱跳的鱼儿钻进了大网，渔民熟练地驾驶着船靠近码头。精心打扮的女人带着孩子等候在岸边，船上和岸上的人们都兴奋欢腾。

桑志华用一天时间观察潮汐，每天两次退潮，大约在5点和17点。

这一次来海边，桑志华收集了70余种海生动物标本，其中有一个长12—15厘米的巨大牡蛎，还有两只海龟。放在瓶子里后，它们的身体一直收拢而不愿张开。

海产螃蟹是天津居民餐桌上一道非常受欢迎的美味。渤海湾的螃蟹有紫蟹、黑蟹、小肥蟹和蜘蛛蟹，各不相同。紫色海蟹张开两个大钳子在沙滩上走来走去，也会停下来挖潮湿的沙子，形成直径约三毫米的沙团，把自己埋住。小肥蟹，住在沙滩的小洞里，它随着浪潮不停转动，如果把它放在干燥的地方会很快死去。蜘蛛蟹，个头很小，当地渔民爱吃。

到深海捕鱼的船

在塘沽火车站，桑志华看到列车运来花生、山羊皮、羊、牛和棉花等大批货物准备出口，还设有检验货物的场地。

6 趣闻趣事趣生活

天津的气候，四季分明。冬天，通常温度是零下 12—15 摄氏度，最冷时达到零下 23—25 摄氏度。

寒冷的冬季，白河被厚厚的冰层覆盖。白河结冰的速度简直令人吃惊，在黄昏时还是一条通航的河流，到清晨已经结成铁板似的冰，上面可以行使蒸汽机车。河流在 12 月末封冻，冰层至少有 14—16 英寸厚，可以在冰上进行炮战，要摧毁冰层，也只有仰仗榴弹炮的火力才行。

一片冰封的白河，晶莹剔透，成为天然滑冰场。各国租界的士兵经常去滑冰，还搞了滑冰比赛，非常热闹，给租界侨民带来极大的乐趣。

每到冬季，白河封港，冬季“离开的最后一班船”和春天“开来的第一班船”，对于租界的航运者来说，是一种荣誉。因为每年商船的起讫时间，会出现在官方的记载中。为此，航运公司争执不断，至于哪一条航线、哪一艘船会得到这份殊荣，则成为好几个星期前就备受关注与猜测的事情。

冬天，人们把白河的冰切割下来，贮存到夏天，以防暑降温。每逢酷暑，苦力们背负着沉重的冰块沿着大街蹒跚而行，送到租界办公室或富人家中。

出于好奇，桑志华来到水塘岸边观看收集天然冰的过程：几个壮劳力借助又沉又尖的铁制菱形工具，把一英尺厚的冰切成大块，用绳子拉上岸，然后装车运到冰窖储存。

春天来了，白河开冻，看着冰层还很结实，实际上冰下已经融化了，更为神奇的是凌晨骑马从冰上过河，晚上大块冰就变为哗啦啦的水了。天津的春天与欧洲相比，风沙大、干燥，桑志华感到鼻干口燥，很不适应。他盼着下雨，可是几次天空布满乌云，却一滴雨也没下。

夏天，人们把渔网安放在水塘，它像迷宫一样让鱼儿走投无路。

桑志华印象最深的是，与几个神父一起到英租界马场道尽头的一个大水塘，去观看鸬鹚捕鱼。一条小渔船上排列着几根长长的木杆子，上面站着 6 只十分安静的水鸟，它黑色的羽毛上泛着绿色光泽，嘴扁而长，这是经过人工训练用来捕鱼的鸬鹚。这种水鸟能游泳，善捕鱼，捕到的鱼放在喉下皮肤扩成的囊内。渔夫为了防止它们将捕到的鱼吞下去，在鸬鹚颈上拴一个用绳子做的项圈，但不会影响它们呼吸。一切准备就绪后，渔夫叫嚷并用船桨拍打水面，鸬鹚纷纷跳进水塘中，立刻不见踪影。约 30 秒后，一只只鸬鹚先后浮出水面，朝着渔船的方向游来。这时，渔夫熟练地用一根细长杆子顶端上的圆网筐，把鸬鹚捞上船，抓住鸬鹚的脖子使其把嘴里的鱼吐出来，紧接着渔夫喂几条备好的小鱼，以奖赏它们。然后，这些训练有素的鸬鹚又跳入水中捕鱼。鸬鹚捕鱼的过程生动有趣，围观者越聚越多。

为了收藏水塘鱼类标本，桑志华离开一会儿，去拿一些瓶子。回来后，看见一个穿警服的人正在抓那些渔夫，还杀了一只鸬鹚（价值 20—50 银元），带走了两只。据说是有钱有势的水塘主人指使几个仆人向渔夫索要在水塘中捕的鱼，大约有 200 斤。

桑志华认为，这个水塘的归属不明确。他们通过法国驻天津领事馆有关人员出面，最终把这几个渔夫释放了。但是，被收走的鱼没有归还，那只被杀的鸬鹚也没有得到应有的赔偿。

在天津，来自各国的食品极为丰富，而产于当地的牛肉供应不足，因为这里的牛只用来运输或耕地而不食用。水果品种很多，如苹果、梨、桃子、杏子、小香瓜等，还有又大又圆的西瓜很好吃，租界有些水手在炎热夏天因无节制地吃而生病。

天津这座城市依河傍海，渤海湾盛产多种鱼类、螃蟹和对虾；白河水深清澈，藏着很多大鱼；大小河流纵横交错，那些水深又流动慢的河沟，大量繁殖着多种鱼类，从七八月份的雨季到结冰季前，人们想办法捕捉这些鱼。水塘中虾繁殖能力很强。

天津人爱吃鱼、螃蟹等海产品，还流传着“当当吃海货，不算不会过”的说法。意思是说，海产品的季节性很强，每到盛产螃蟹、鱼的时候，哪怕没有钱，也要把家当送到当铺换钱，买海产品吃个应季新鲜。

鱼的种类很多，制作多样，从高档餐馆到路边的小饭店，都能看到不同鱼类的各种烹饪做法。北京的达官贵人来到天津，最爱吃的也是海鲜类。

天鹅，在天津第一次结冰时出现，而大鸨则是在越冬小麦生长时的春天。有的种植者在小麦长得茂密油绿之处，设下绳圈捕捉大鸨，在菜园里捕杀丘鹬、小鹑类鸟，也是一件很有趣的事情。

体育娱乐设施很多。英租界修建的“运动场”（今双菱中学体育场），各国租界的人（驻军士兵更多一些）都可以去那里运动，踢足球、打篮球，还有打马球的。高尔夫球场更有意思，据天津美租界第 15 步兵团的皮尔斯少校介绍[①]：天津有世界上最有特点，也最令人恐怖的高尔夫球场。天津的高尔夫球场与世界其他地方的高尔夫球场没什么大的区别，但是，它建在公墓陵园里面。中国人的遗体埋藏方式是将棺材安放在地面以下，并在上面建一个大坟包。而有了这些坟包，打球就无须再建其他沙坑了。实际上，沙坑到处都是。对于习惯于在空旷平地上打高尔夫球的人来说，应付有如此之多的“沙坑”的球场是要花些时间熟悉的，并且还需要具有勇气和冒险精神。高尔夫俱乐部有一条规则是，如果球被打进了一个敞开的坟墓中，那么将球拿出来便是，不受惩罚。坟堆之间是绿地，那里的草地与美国球场的一样平滑，留得住球。打完 18 洞仅需支付 5 美元。因此，吸引了租界不少年轻人参加此项运动，比赛相当激烈。高尔夫俱乐部的用房也建在坟堆旁边。

九国租界建立了名目繁多的俱乐部，除了以国家命名的俱乐部外，还有赛马俱乐部、草地俱乐部、游泳俱乐部、高尔夫俱乐部、冰球俱乐部、划艇俱乐部，等等。各国侨民虽然在异国，却宛如在故乡。

娱乐活动在租界盛行，戈登堂经常上演戏剧，“冬三月”剧目会多一些。引起中国官员以外的人惊异的是公共乐队。这支乐队是由受过外国音乐训练的中国乐师组成的。乐师是从苦力阶层选招来的，指挥是外国人比格尔（M. Bigel）。这支乐队以有一百个保留节目而著名，其中很多是相当高水平的，包括威尔第（Verdi）的一些歌剧。

报纸的传播速度比西方文艺复兴时期要快得多。英国人办的《时报》、《京津泰晤士报》，法国人办的《天津回声报》，美国人办的《华北明星报》，德国人办的《直报》等，其发行量都不断攀升。

电影引起越来越多天津人的兴趣，聚乐平安电影院宽敞、整洁、舒适，设有包厢、沙发椅、藤椅，两侧是长板凳，每周更换新片两次，观众爆满。

天津舞台演出中国戏剧很多。在桑志华看来，演员所接受的训练非常专

---

① 《纽约时报》1914 年 4 月 17 日。

业，他们首先要是一名知识渊博的学者。中国戏剧里那些格调庄重的台词、念白和经典唱段都是用古典文学语言写成的，如同法语中的拉丁文一样。中国戏剧本身就隐藏着深厚的文学底蕴。中国戏剧演员几乎都出身于梨园世家。通常情况下，老师向学徒传授戏曲的念白，学生们必须至少熟悉上百台戏文中的角色，精通唱、念、做、打各门功夫。比如，骑马扬长而去的动作，舞台上不会出现几个骑士同时驰骋疆场、相互厮杀的场景，而是通过演员一系列踢腿、腾跃的动作，向观众逼真地展示这一切。脸谱、招式与戏服一样，都具有很强的象征性。

中国演员必须能够随时扮演任何角色，他们必须熟悉曲调，因为每台戏都好像是一部歌剧。他们必须像体操运动员一样锻炼身体，因为戏中不时会有如同杂技表演一般的奇特舞蹈。他们必须学会表演哑剧，因为戏中没有布景。如此看来，中国演员简直就是超级全才。这就是为什么即使听不懂汉语的欧洲人，只要他们了解剧情，同样会沉浸在中国戏的美妙之中。

西洋时装飞速进入天津这座城市势不可挡。尽管遗老遗少们仍在嘲笑和阻拦，但是，西洋服饰风格对天津女性产生了巨大影响，而且被年轻人所接受。悬挂在商店橱窗里的新潮女装琳琅满目，那些半土半洋的新式旗袍与昔日风格大相异趣，富有当地特色的新式服饰证明，时尚元素正被引入中国，令人耳目一新。

追赶时尚的中国新女性甚至穿上了极具冲击力的高跟鞋，走起路来轻松灵活，有着不可思议的女性魅力，简洁明快的时尚风格一点也不输给西方的时髦女性。偶尔也会看到那些旧时裹脚的女人走起路来蹒跚扭动，小心翼翼。当她们迈着小步向前，谁也搞不清楚她们到底向前走了多远。

起士林西餐厅

由于中法文化背景差异，桑志华经历了许多有趣的事情。

“您吃了吗？”这句普通的问候，使桑志华以为要请他吃饭，使他饿着肚子等候，却没有回音。经过几次交流后，终于明白这是中国的问候语，与早安、晚安一个意思。他在日记中写道：华人问“您吃了吗？”这是一种简单的问候，也是有礼貌地尊重对方。你应该回答“我吃了”。这表明自己有素养，同时表示不要求被别人邀请吃饭。

“差不多”是桑志华来华后频频听到的三个字。乘坐火车晚点一个多小时，乘客说“差不多”，就连坐在对面的绅士掏出怀表看了看也说“差不多”，他实在不能理解。一个细木工匠量尺寸时说“差不多”，人们结清一笔账时也说“差不多”。对此，桑志华大惑不解：对于这些人来说，精确、严密、准时，像是非常奇怪的理念或事物一样。

在英租界马场道，桑志华还目睹了浩浩荡荡的送葬队伍：挽联上写满了赞誉的题词；穿着大袍子挂着念珠的僧人；道士来回摇晃着手中的白杖；披麻戴孝的人群；约 60 人抬着或护送着灵柩；后面是家眷、佣人，骑兵和纸制品等，这是一个有权有势有钱人的葬礼。

租界中，西方人在餐饮、住宿、交通、娱乐和教育等方面，优越地享受着与世界发达国家同样的现代生活。法租界有起士林西餐厅、管弦乐队、教会学校，还有中式下午茶、中国保姆、中国邮差等，构成了一幅异国土地上的独特画面。

桑志华来天津后，在神父们不断推荐下，尝试了喝白酒。他们统称这种酒为“烧酒”。一天，几个神父带着桑志华到位于德租界白河对岸大直沽高粱酒厂买酒，他竟然见到十余个烧酒厂，这是中国最古老的烧酒中心之一。

租界里的中国保姆

企业负责人热情地带领他们参观了生产白酒的整个过程，边参观边介绍：先按 5 份小麦面、4 份小米面和 1 份豌豆面的比例，做好酵母。然后，把粗糙的高粱米磨碎浸湿后，撒上酵母，存放在瓮（巨大的泥罐）中（当时车间里足有 200 多瓮酒），把瓮放在不通风、不透光的地窖里，经过 8 天的发酵，进行蒸馏。第一次蒸馏，几乎出不了酒，继续撒酵母，发酵

8 天后，进行第二次蒸馏，这时便有大量酒生成；再撒酵母，发酵 8 天，第三次蒸馏时谷粒在瓮中最终全部被分解。

整个酒的制造工艺非常原始，甚至连酒精的含量也由人喝酒检测。在该厂仅有的两台蒸馏器前，一个工人站在那里品尝酒，由于他喝酒太多，看上去干瘦得吓人，听说他每天下午 4 点头脑才清醒。

参观后，桑志华和神父们购买了 79 度的白酒，每升 21 个铜子。

桑志华还了解到中国人制醋是直接用醋酸发酵，而不用酒精。在距天津 50 公里处子牙河畔的独流镇，有一座著名的高粱酿醋厂，桑志华参观了醋的制造过程。

通过全方位考察，桑志华决定把天津作为在中国科考探险的大本营。因为这里依河傍海，是北京的“门户”，既有法国政府作为靠山，又有法国耶稣会的影响，同时又是一个开风气之先的城市，可以为他收藏研究各类标本提供坚实的基础和便利的条件。

第四篇
站在民国门槛

怀揣“东方梦”的桑志华，以法国驻华公使馆和天津法租界作靠山，借助遍布中国北方的天主教会网络，在中国各地考察仍然困难重重……为能够得到政府、军队的支持，他想方设法，终于攀上大总统袁世凯的高级顾问，在华科考享受了“优厚”待遇，却也随着袁世凯的垮台亮起“红灯”。不仅如此，第一次世界大战爆发后，他还被迫推迟科考计划，扛枪站岗“在华服兵役”。应对这些看起来既滑稽又无奈的事情，他自有妙招……

1 拜访袁世凯大总统高级顾问

在献县进行初次科考活动后，桑志华又到天津周边地区和其他流入北直隶海湾的支流，以及潮白河、滦河去考察，收集动植物标本，同时积累以后科考探险的经验。他原以为有中华民国颁发的中国执照，有法国驻华公使馆和天津法租界领事馆作靠山，有天主教传教会遍布中国北方网络的协助，科考探险会一路绿灯，畅通无阻。然而，严峻的现实并非他想的那样容易，那么简单。所到之地的大小“诸侯”对于洋人桑志华突然闯入自己的地盘儿，限制了许多禁区。桑志华还领教了诸多棘手问题：过路关卡、骡子税费、众人围观，等等。

经高人指点，桑志华似乎懂得：在局势动荡不安的中国，去任何地方，只靠法国驻华公使的庇护和天主教会帮助是远远不够的，必须得到当地政府、军队的支持，否则，寸步难行。当务之急，要利用各种关系，打通中华民国政府高层渠道。得到他们的支持帮助，科考探险才能顺畅进行。

为此，桑志华奔走于京津两地，拜访各方人士。1914 年 7 月 13 日，桑志华又一次从天津乘火车到北京。他拜访了法国驻华公使康悌，请教如何破解与民国政府上层官员建立联系的难题。他在北京天主教南堂（宣武门教堂）教会驻地逗留几天，向神父们探讨如何与各地官吏打交道。在这里，桑志华见到植物学家、天主教遣使会大栅栏（Cha la eull）神学院院长亨利·塞尔（Henri

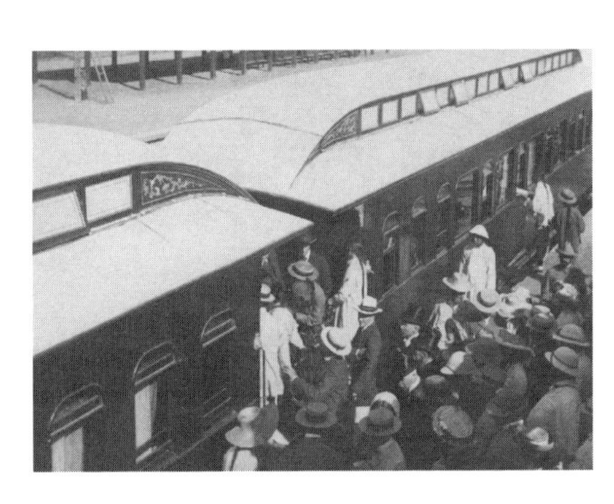

从天津开往北京的火车

Serre，1880—1931）神父，塞尔在教徒们的协助下，已在北京山区采集了400余种植物标本。桑志华还与植物学家夏耐（Chanet）先生相识，夏耐正致力于正定府地区的植物研究。

这次北京之行，桑志华最大的收获应该是结识了法国在中国投资规模最大的银行——中法实业银行① 的佩尔诺特（Pernotte）行长。这位早期来华的法国金融界巨头颇似一个“中国通”，主动提出帮助桑志华与民国政府高层官员建立联系。

中法实业银行

当时，桑志华有些激动，恨不得马上相见。佩尔诺特行长遗憾地告诉桑志华，中华民国刚刚建立，政府的核心权力更替不久，内阁成员还未确定，需要耐心等待。

1911年，在孙中山② 先生的领导和影响下，震惊世界的辛亥革命③ 取得成功，推翻了清王朝统治，结束了中国两千多年的封建君主专制制度，建

① 中法实业银行（Banque lndustrielle de Chine）是民国第一家中外合办银行。1913年，东方会理银行向北京政府建议，中法合资建立。资本总额4500法郎，中方认股1/3，实际由法方垫支，法方拥有管理全权。总行在巴黎，设上海、北京、天津分行。其职能为发行货币及吸收储蓄存款等，承办法国对华的铁路和实业借款。1918年7月，因经营失败停业。1925年，改组后复业，改为中法工商银行（Banque Franco-Chinoise pour le Commerce et L'lndustrie）。

② 孙中山（1866—1925），广东香山人，伟大的民族英雄、伟大的爱国主义者、中国民主革命的伟大先驱。1911年，他领导了震惊世界的辛亥革命，成功推翻了清王朝统治，结束了中国两千年的封建君主专制制度，被推举为中华民国临时大总统，于1912年1月1日在南京宣布就职。后迫于帝国主义列强、封建旧势力和革命党内部妥协分子的压力，将临时大总统让给袁世凯。此后积极宣传三民主义。

③ 辛亥革命是爆发于清宣统三年（1911）的近代中国比较完全意义上的资产阶级民主革命。因该年以干支纪年为辛亥年，故名。

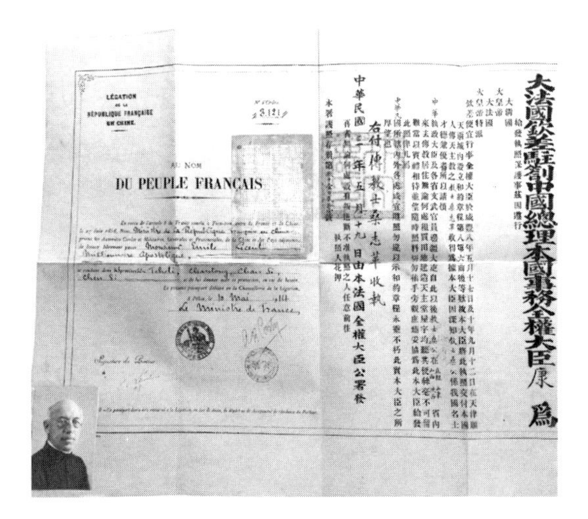

LÉGATION DE LA RÉPUBLIQUE FRANÇAISE EN CHINE

AU NOM DU PEUPLE FRANÇAIS

大法國欽差駐劄中國總理本國事務全權大臣康 爲

右付傳教士桑志華收執

中華民國三年五月十九日由本法國全權大臣公署發

桑志华的中国执照，它是民国三年（1914）颁发的，却延用了清朝统治时期官方文本格式，允许桑志华在直隶、山西、山东、陕西境内活动。

立了中国历史上第一个资产阶级民主共和国——中华民国。

辛亥革命并没有改变旧中国半殖民地半封建的社会性质，初创的民国充满童真与幻梦，无法逃脱帝国主义的包围和干涉，革命党、保皇党、立宪派、北洋军阀、西方列强，争相登场，展开了共和与专制、独立与奴役间的激烈角逐。

在这种背景下，拥有北洋新军而又受帝国主义列强宠信的袁世凯[①] 当选中华民国临时大总统并宣誓就职，民国初年的政局更加动荡不安。

发展民族工业，需要煤矿、铁矿等资源的支撑。中国地大物博，资源丰富，而民国政府对全国的地质地貌一无所知，急需一批地质方面的人才，勘察清楚。这时，中国恰好有了第一批从国外学成回国的地质专门人

① 袁世凯（1859—1916），河南项城人，北洋军阀首领、中华民国大总统。1903年，清政府在北京设立练兵处，他担任会办大臣，在发展北洋工矿企业、修筑铁路、创办巡警、整顿地方政权及开办新式学堂等方面，颇有成效，形成了一个以他为首的庞大的北洋军事政治集团。1911年10月武昌起义爆发后，他命令北洋军攻占汉阳，迫使革命党人接受了停战议和的建议。依靠反革命的武力和帝国主义的支持，又利用当时领导革命的资产阶级的妥协性，他篡夺了总统的职位。1913年7月，镇压了孙中山发动的二次革命。1914年5月宣布废除具有民主主义精神的《临时约法》。他一心想做皇帝，为取得日本帝国主义的支持，于1915年5月承认日本旨在独占全中国的“二十一条”要求。同年12月，云南发生了反对袁世凯称帝的起义，随即在许多省得到响应。1916年3月，袁世凯被迫取消帝制。同年6月6日死于北京。

才。章鸿钊[1]、丁文江[2]和中国第一位地质学博士翁文灏[3]相继学成归国。这三位留学归国的优秀学子怀着开创祖国地质事业的强烈愿望，于 1913 年 6 月成立隶属于民国政府农商部的地质研究所（Geological Institute），担负起勘察地质矿产资源的重任，并重视地质人才的培养，为中国地质科学的开拓事业作出了突出贡献。

在中国地质事业初创时期，为了尽快摸清中国矿藏的情况，丁文江和翁文灏建议民国政府借用外国智力，聘请外国专家担任顾问。瑞典，被认为是“西方几个没有帝国野心的国家之一”，袁世凯总统同意聘任瑞典地质学家、考古学家安特生[4]担任农商部矿政司顾问，安特生欣然接受。

桑志华于 1914 年来华进行科考探险活动，无意中契合了中国地质事业的开端。在那个信息封闭的年代，桑志华对此全然不知。

自从与中法实业银行佩尔诺特行长见面后，桑志华几乎每天都在等待消息，终于在 11 个月后接到通知：民国政府大总统袁世凯的高级顾问马相伯先生同意会见桑志华。

---

① 章鸿钊（1877—1951），浙江吴兴（今湖州）人，地质学家，中国地质科学事业创始人。他与丁文江、翁文灏共同创办并主持了北京政府工商部（1914 年改为农商部）地质研究所，为中国培养了首批地质科学事业骨干。他倡导建立了中国地质学会，并创办了中国第一份地质学刊物——《中国地质学会志》。其专著《石雅》，是中国第一部对古代岩石、矿物、名物考证的总结性著作。

② 丁文江（1887—1936），江苏泰兴人，地质学家，中国地质科学事业奠基人之一。1931 年发表的《丰宁系的分层》论文提出的革老河组（统）、汤耙沟组（统）、旧司组（统）、上司组（统）至今仍在沿用。

③ 翁文灏（1889—1971），浙江鄞县（今宁波市鄞州区）人，地质学家、地理学家，中国地质科学事业奠基人之一。他与竺可桢等人发起成立了中国地理学会。1927 年首先发现和确定了东亚地质历史上重要的地壳运动——燕山运动。1930 年组织建立了中国自建的第一个地震台。

④ 安特生（Johan Gunnar Andersson，1874—1960），瑞典地质学家、考古学家，是较早从事中国新石器时代研究的学者之一。1914—1924 年任中国北洋政府农商部矿政顾问。在任期间，着重于新生代地质的研究，后兴趣转移到考古学方面。他曾调查周口店化石地点，成为发现北京猿人的嚆矢。他在河南渑池仰韶村发现新石器时代的仰韶文化，还在甘肃、青海调查发掘大批新石器时代到青铜时代的遗址，并推测它们的绝对年代。有关中国考古学的著作主要有《中华远古之文化》(1923)、《甘肃考古记》(1925) 等。

1915年6月1日，桑志华应约来到北京民国政府国会大厦[①]。这是一座中西合璧建筑风格的大楼，其外立面以及顶部、壁柱、檐部的装饰，既有巴洛克风格的文化元素，也有中国传统的砖雕纹饰，工艺精美，疏密恰当，庄重典雅。

站在国会大厦门前，桑志华难以抑制激动的心情。他心里明白：这是中华民国最高权力机构，自己能够受到袁世凯大总统高级顾问马相伯[②]先生的接见，完全得益于中法实业银行佩尔诺特行长的斡旋。

桑志华在佩尔诺特行长的陪伴下，走进戒备森严的总统府，受到马相伯的热情欢迎与接见。他抓住这次十分难得的机会，简要介绍了在中国科考探险的打算，恳请得到民国政府在各方面的支持与帮助。马相伯当即表示大力支持桑志华的考察计划。

为把许多事情落到实处，马相伯带领桑志华去见民国政府农商总长周自齐[③]先生。上任不到两个月的农商总长周自齐，在办公室认真听了桑志华的科考计划和需要帮助解决的问题（包括提出任农商总局的顾问），表示积极支持，并要求他在考察的地区，为农商部门搜集地质、矿藏情况和资料，费用可以报销，答应帮助他找地方安置采集的藏品。桑志华愉快地接受，表示尽力完成周总长交办的任务。

之后，通过马相伯顾问和对袁世凯大总统非常有影响的顾问佛兰克·晏涛（Frank Yungtao）先生的介绍，桑志华又与民国政府几位重要官员相识，

---

① 国会大厦，位于北京铁狮子胡同1号（今张自忠路3号）。自袁世凯1912年就任中华民国临时大总统，总统府和国务院都设在这里（总统府位于西院，国务院位于东院），直至1916年元旦宣布称帝。当了83天洪宪皇帝的袁世凯死后，黎元洪继任大总统，段祺瑞任国务总理。他们在这里上演了“府（总统府）院（国务院）之争”。

② 马相伯（1840—1939），江苏丹徒人，中国教育家、社会活动家。曾任清政府驻日使馆参赞、台湾巡抚幕僚等。光绪三十一年（1905）与严复等人创办复旦公学（复旦大学前身），自任校长。1912年出任中华民国总统府高级顾问。在此后留居北京四年中，他历任政治会议和约法会议议员、参政院参政、平政院平政等职。袁世凯称帝后，马相伯痛加抨击，认为“天下之大盗，莫大于君主”。后离京隐居上海。

③ 周自齐（1871—1923），山东单县人，清末民初时期的外交家、政治家、教育家、实业家。1909年至1912年任游美学务处总办和清华学堂监督，其间主持考试选派三批留美生；主持筹建游美肄业馆（后改名清华学堂），择定清华园作为校址。1915年任民国政府农商总长。1922年3月，署理国务总理兼教育总长。1922年6月，短暂摄行大总统职务，黎元洪复职大总统后，退出政界。

为他今后的科考探险创造了条件。

在返回天津的火车上，桑志华想到马相伯顾问、周自齐总长如此器重并支持他，仍然兴奋不已，这正是他梦寐以求的，希望得到命运之神的眷顾。

2 在华服兵役

回天津后的桑志华雄心勃勃，立即做好一个博物学家科考的精心准备：全副武装，带上猎枪，如同一个奔向战场的士兵！除了必需的科考工具外，还准备了充足的坐洋（法属印支贸易银元，译音皮阿斯特）、银元宝、铜钱等，这是旅费，也是通过沿途关卡的小费。

按照民国政府颁发执照的指定地点，桑志华第一次远足科考探险的目标选在山西。风传山西义和团遗风尚存，人们深恨洋人，神父被打也是常有之事。桑志华不顾神父们对安全的担忧，于 1914 年 7 月 17 日乘火车来到大同天主教会。

第二天，桑志华在神父们的带领下，骑着骡子到西部山区进行考察，这里丰富的动植物标本，令他目不暇接。他白天在野外采集标本，晚上整理分类，做笔记，乐此不疲，每天忙至深夜。

正当桑志华陶醉在收集大量标本的兴致之中，一封加急电报，打破了美好心境，使他焦虑不安。

原来，第一次世界大战爆发，德国向英法宣战，欧洲各国纷纷卷入战争。

1914 年 8 月 6 日晚上，大同天主教会珀蒂（Petit）小神父紧急敲开桑志华的房门，给他一封来自法国驻天津领事馆的加急电报，内容是："法国和卢森堡遭受入侵，所有在中国的侨民马上到法国驻天津领事馆待命"。这突如其来的战争，打乱了桑志华的考察计划，使他沮丧、慌乱。8 月 7 日，他马上回电报："收到 8 月 4 日发来的电报，行李已收拾好，我可以在明天返回天津"[①]。

---

① Emile Licent, *Dix Années (1914–1923) de séjour et d'exploration dans le bassin du Fleuve Jaune, du Paiho et des autres tributaires du Golfe du Pei Tcheu Ly*, Tientsin: La Librairie Francaise, 1924, p.55.

法租界部队在积极备战

天刚亮，桑志华立刻动身去火车站。这时，珀蒂小神父告诉他一个消息：“法国情况不好，两个炮台失守。”这些模糊信息，更加让人难受，他想以最快速度返回天津。

8 月 10 日早晨，返回天津的桑志华到法国驻天津领事馆报到，宝如华领事正式通知桑志华：应征入伍在华“服兵役”。

桑志华做梦也没有想到会在天津应征入伍！开始了军旅生涯。他“必须服从法国驻华占领部队司令沃特拉维尔（Vautravers）上校安排的站岗执勤任务，或者是被批准轮流休假”①。这对于桑志华来说，既无奈，又滑稽，但他必须无条件服从。同时，他接到命令：只能在天津附近活动，不能远足。

天津法租界驻华占领部队在进行战争动员，许多神父被征召为随军牧师，但桑志华没有被调回法国。在远离炮火硝烟的天津租界中，德法两国在中国虽然没有开战，但也相互对峙，积极备战练兵。

向派往法国的保卫军挥手告别后，桑志华在崇德堂原地待命，正好整理从山西采集来的植物标本。尔后，无所事事的他只好研究院子里枣树枝上爬上爬下的昆虫，还饶有兴致地看一只大蜘蛛在松树枝上编织一张圆形的网。

几天过去了，桑志华感到无聊至极。经过申请，他被允许在天津地区采集动植物标本。但与献县相比，这里可做的工作少之又少。桑志华实在觉得浪费时间，又向驻天津法租界部队司令部提出到献县调研的申请。1914 年

① Emile Licent, *Dix Années (1914–1923) de séjour et d'exploration dans le bassin du Fleuve Jaune, du Paiho et des autres tributaires du Golfe du Pei Tcheu Ly*, Tientsin: La Librairie Francaise, 1924, p.115.

12 月 1 日，他的申请被正式批准后，马上赶到献县张庄教会，抓紧时间采集动植物标本。

两周后，桑志华与献县张庄天主教会修道院院长佩罗神父同时接到命令，要求他们立即返回天津，编入天津法租界的第 16 殖民步兵团。佩罗神父要求上前线，就离开天津回了法国。后来得到消息，在进攻香槟省的一次突袭中，佩罗神父作为随军牧师与士兵们一起牺牲在战场上。这让桑志华非常悲痛。

在第 16 殖民步兵团，桑志华的主要任务是：守卫北京到沈阳铁路上的法国哨所，包括白河上的杨村、天津西、天津东、新河、塘沽、北塘、秦皇岛和山海关。

1915 年 3 月 2 日，桑志华被派往北塘一个哨所执勤。他万万没有料到，自己不远万里来到中国，竟然是为了肩扛步枪在桥头站岗。这个哨所只有桑志华一人。白天，他扛着上了刺刀的步枪在桥上溜达；夜间，睡在寒冷的堑壕，耳边不停地响着大海的波涛声。

最初几天，虽感孤独寂寞，却欣赏了海边独特的风景：茫茫的大海，白花花的盐田，星星点点的沙丘，还有尽情翱翔的海鸥。一周之后，这景色便觉得单调枯燥了。桑志华苦恼极了！这样的生活何时结束？想到科考计划不能实施，沮丧与无奈不断袭上桑志华的心头。

桑志华觉得这样的日子，既无聊又浪费时间，就扛着枪从桥上走到桥下，蹲在海边观察，水是如何在涨潮时从桥下流过，又在退潮时从桥下东边排水沟中退去。这让桑志华突然觉得有事可做。他马上跑回哨所，拿出笔记本，把每天潮涨潮落的时间、速度、高度一一记录下来进行研究。

桑志华渐渐忘记了自己的大兵身份，他扛着枪随心所欲，沿着铁路线走到离哨所很远的地方。

桑志华发现了一个奇特的现象：许多穷人沿着铁道旁的小路往北走，有的背着包袱，有的肩上挑着扁担，既有十七八岁的年轻人，也有被儿子用小车推着的老年人。原来，他们是前不久回家过春节，正准备去沈阳、哈尔滨打工。问还有多长的路要走？他们回答不知道，甚至连去什么地方也不清楚。初春的北方是寒冷的，他们身上穿得很单薄，而且向北会越走越冷，但这阻挡不了他们前进的脚步。这样像候鸟一样的队伍，在路上不断涌现。稍微富裕一点的，乘火车，但条件也很恶劣，人们像牲口一样被塞在露天的车厢里。

3月12日下了一场大雪，气温降到零下7摄氏度，非常寒冷。夜晚，桑志华冻得难以入眠，只听到汹涌的波涛声和呜呜作响的狂风敲打着哨所的玻璃。天亮了，一根根冰凌悬挂在哨所房顶。

桑志华利用轮岗到塘沽哨所的三天，考察了白河（海河）的入海口。之后，桑志华轮流在北塘、塘沽两个哨所站岗，每天详细记录水文和气象，一天也没有落下。渐渐地，他的活动范围离哨所越来越远。

5月16日，桑志华第一次被派往杨村哨所，与"新兵"德布劳克（de Broc）子爵共同守卫一座桥梁。这是津京铁路线穿过白河的地方，桥建在用水泥浇注的桥墩上，共7跨，长约30米，与北塘一样，桥上没有人行道。

这次站岗，桑志华不仅多了一个战友，哨所旁还多了一条小船，供他们过白河使用。

桑志华这位"老兵"对于如何站岗放哨似乎积累了一些经验。他叫上德布劳克一起，去杨村天主教会看看，这里有300余名教徒。这次，他们并不孤独：杨村举办庙会，搭了一个露天戏台，聚集了许多人，像欧洲的圣诞节一样热闹。杨村有两座寺庙，在1900—1901年八国联军侵华期间曾做过法国和德国的兵营，至今还能找到刻在墙上的士兵的名字和其他字迹："Lazaretzug"（卫生列车）、"Chinesen haus"（中国人房屋）……那时"粮库"就设在供有众多佛像的阁楼上。此时，一座寺庙变成警察局，另一座寺庙则成为学校。

捕到大蝾螈

离开寺庙返回哨所后，他们划着那条小船来到对岸。这里是回族聚居区，约有200余名回民。他们进入一座中式建筑风格的清真寺，阿訇真诚地邀请他们用了餐。下午，他们在杨村一家露天小饭馆吃饭，引来了许多人围观。一个渔民在白河里捕到一条大蝾螈，身长92公分，重6.5公斤。德布劳克拎回这个大家伙，让桑志华把它做成标本。

进入盛夏，树上的知了放声歌唱，田埂上的

青蛙欢蹦乱跳，蚊子嗡嗡叫个不停，这是桑志华研究昆虫的最佳时节。他看到庄稼地里许多蝗虫飞舞，它们都是当年孵化和长大的。为了消灭蝗虫，农民挖了沟壁陡峭的壕沟，当蝗虫掉进壕沟时，便消灭它们。

俩人划船到远离哨所的白河东岸，在一条小河沟，见到了密密麻麻的青蛙和蟾蜍乱蹿乱动，沟边到处是它们挖的洞。小船进入一片郁郁葱葱的芦苇深处，他们竟然发现了一种新的捕捞装置——用芦苇秆做成栅栏，阻住一条支流，而栅栏形成一个曲折交错的迷宫，鱼儿一旦进入，便晕头转向，再也跑不掉了。这个装置不只能捕鱼，还能捕到蟾蜍。一个头戴草帽的渔翁提着一大莌蟾蜍向岸边走去，跟随其脚步，他们也来到这里。

蟾蜍是两栖动物，身体表面有许多疙瘩，内有毒腺，能分泌黏液，吃昆虫、蜗牛等小动物。桑志华与德布劳克蹲在地上，惊讶地发现这些可怜的小动物活生生地被渔翁用细铁丝穿过右颊，一串串直挺挺地躺在烈日下慢慢死去，直至晒干，真是稀奇古怪！原来，晒干的蟾蜍用来制药。它们被烧成灰，患者用水吞服，可以抵抗肿块、脓疮和其他热病，这是中国民间的药方。

秋风习习，温度适宜之时，桑志华与德布劳克又一次被轮换到杨村哨所站岗。

此时，白河岸边茂盛的芦苇已经长到三四米高，农民们开始收割，将其分为优质芦苇、粗糙芦苇和零碎芦苇，去叶后用绳子捆起来，用舢板船运往天津出售。芦苇是编席子的重要原料，会给农民带来不错的收入。

这一次，桑志华更不好好站岗了，拽上德布劳克一起进入收割后的芦苇地打猎，见到很多小动物，高兴极了！连续几天，他们猎杀了鹰、鸣禽、翠雀、野鸭子、鹭、麻鸠、骨顶鸡、白头鸢、翠鸟、沙锥、白鹡鸰等，还见到一只体形高大的鹭，遗憾的是没有捕捉到。

一转眼到了 1916 年 2 月，桑志华第三次被轮换到杨村，这一次是与考莱（Collet）先生一起站岗。恰巧赶上中国人过春节，他们走进村子，去感受节日气氛：中国人的农历新年，家家户户的门上都贴满写在红纸上的吉祥题词，热闹的鞭炮声此起彼伏。男女老少穿上节日的盛装走亲访友，或走路，或乘马车，或赶火车，极少数有钱人坐汽车，而这样的相聚平时并不多见，与欧洲节日差不多。

虽然经过多次轮岗，但不管是在哪个哨所，洋大兵桑志华都详细记录了当地气象和动植物的变化，连一天也没落下。他觉得，杨村的哨所更适合他，站岗、采集“两不误”。看看他1916年3月25日至4月3日在杨村哨所的记录吧：

25日，上午冷。近午时大风。河边的泥滩仍冰冻，许多昆虫和癞蛤蟆出了洞；

26日，上午很冷，但没结冰。一只蝴蝶在飞，好几只野鸭。许多鹅，但家鸭不多；

27日，昨夜，原野上有霜冻。晨起时见艳阳。燕子飞来。晚7时，在沼泽地中发现蝴蝶；

28日，上午微凉。晚上近7时，黄风弥漫天空，到处散发着尘埃的气味；

29日，下半夜起大风。整个白天，冷风飕飕。许多蝴蝶在飞。见到凤头麦鸡；

30日，昨夜，沼泽地区有少许霜冻。白天阴冷，见到许多大鸪，杨树开花，河水上涨；

31日，上午天气阴冷，午后转晴变暖，见到鸭子；

4月1日，昨夜大雪纷飞。上午雨加雪，雪一落地便化，将近11时，阳光灿烂；

2日，昨夜大雪纷飞。整个上午下着鹅毛大雪，雪落即化，不结冰。鹬、鹡鸰和天鹅在飞。看到数千只鸭子，许多小鸟；

3日，昨夜重霜，结冰。田野上雪迹斑斑，旭日壮丽。

3 游览皇家静宜园

时任《大公报》社长的英敛之[①]是天主教徒又会法语，因报社在天津，

① 英敛之（1867—1926），北京人，中国报刊出版家。1902年在天津创办《大公报》，兼任总理和编撰工作。以“开风气，牖民智，挹彼欧西学术，启我同胞聪明”为办报宗旨。辛亥革命后，以主要精力创办女学、辅仁社等慈善教育事业。1925年创办辅仁大学。

来华后住在法租界的桑志华很快与他成为好朋友。英敛之曾多次邀请桑志华到北京的家里做客。1915 年 6 月的一天，桑志华利用“服兵役”的轮休时间，登门拜访。

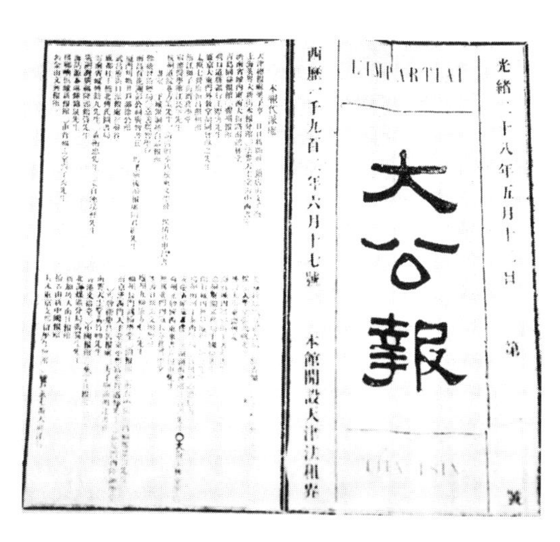

L'IMPARTIAL

大公報

本館開設天津法租界

1902 年 6 月 17 日《大公报》创刊号

提起英敛之许多中国报人马上想到跨越了一个世纪，迄今发行时间最长的中文报纸——《大公报》，该报秉承“开风气，牖民智，挹彼欧西学术，启我同胞聪明”的宗旨，呼吁社会改革，摒弃封建陋习；提倡变法维新，反对封建专制；主张民族独立，反对外来侵略，深受读者欢迎，成为华北乃至全中国引人注目的报纸之一，英敛之也因此成为权贵侧目的风云人物。

英先生的家位于静宜园（今香山公园）环境清幽的深处，这里三面环山，层峦叠嶂，清泉流水，景色宜人。别墅周围是一片稻田，在一方水塘中，长满郁郁葱葱而又绽开花朵的睡莲。

坐落在天津的大公报馆

英先生和太太热情而又真诚地迎接桑志华。第一次走进静宜园的桑志华，对英先生这仙境般的住地赞不绝口。

午饭后，英先生请桑志华游览这一皇家园林，他们行进速度很慢。

据英先生介绍：静宜园的历史可以追溯到金代，元、明两朝，不断扩建。清康熙十六年（1677）建香山行宫。乾隆十年（1745）大兴土木，建造了许多台榭亭阁和大小园林，赐名“静宜园”。这座园林的主峰香炉山，有两块巨石（即乳峰石），酷似香炉，相传香山名称由此而来，同静明园（颐和园西）的玉泉山，清漪园（今颐和园）的万寿山，并称三山。站在静宜园山顶，可清楚地看到北京故宫等宏伟建筑。

一位园丁见英先生来了，马上打招呼。英先生说这是皇家园林的最后一个园丁，他把这份工作看得比什么都重要。这位园丁饱含深情地说，原来栗子树和杏树从沟底一直延伸到离山口一里远的地方，果园就在那里，现在已经没有了。但是，泉水仍然很多，还有六处清澈的泉水。

桑志华认为，从动植物角度看，这是一个十分有意义的宝库，古老壮观的银杏树、松树等，都值得研究。

4 考察中央农事试验场

中央农事试验场是京师农事试验场的前身，俗称“三贝子花园”。

早在1906年（清光绪三十二年），清政府商部奏准设立京师农事试验场，将内务府奉宸苑管辖的前清御园乐善园、继园及附近官地854亩划定筹建，分70公顷（1012亩），场地为16个区（畜牧在内），位于北京西直门外（今北京动物园）。

经过两年的筹建，1908年6月首次对公众开放，慈禧太后、光绪皇帝曾两次率后妃到京师农事试验场观赏，并驻跸畅观楼。

这是中国历史上第一个国家级集动物、植物科学普及为一体的，带有公园性质的农事试验场。其目的是学习西方先进经验，开通风气，振兴农业。为便于公众游览，试验场内设动物园、博物馆。

建场初期，光绪皇帝曾谕部臣，注意风景，场内建筑多带园林形式。为建高水平的京师农事试验场，清政府商部拨专款十万银两，由农工商部右丞沈云沛先生负责规划，按照向公众开放博览园的功能进行设计，主要包括试验室、农器室、肥料室、标本室、温室、蚕室、鸟兽室、农夫住宅等，其中试验室对谷麦、蚕桑、蔬菜、果木、花卉等农作物进行种植试验，并展出各

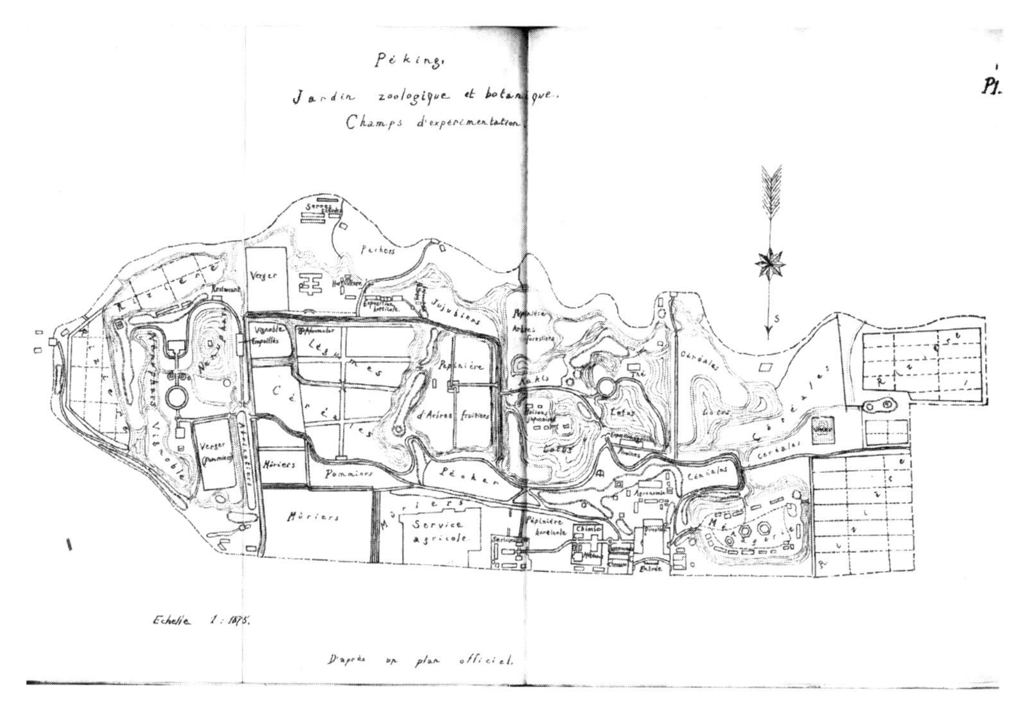

桑志华绘制的三贝子花园图

种奇花异卉。附设动物园面积仅占 1.5 公顷（今北京动物园东南隅），最初展览的动物标本是南洋大臣兼两江总督的端方先生自德国购回的部分禽兽及全国各地官员敬献清政府的动物约百余种。

民国政府农工商部于 1915 年接收京师农事试验场，更名为“中央农事试验场”。

1915 年 6 月初，桑志华首次来到中央农事试验场参观。西洋式正门的上方饰有雕花龙纹，可谓中西合璧，试验场内假山流水、小丘耸然，树木成行，环境非常幽静。试种的各类农作物卓有成效，如美洲棉花、埃及棉花、甜菜、玉米都长势良好。但是，他认为植物园的系统分类混乱，标签更无序。

温室的花卉品种不多，罂粟花开得鲜艳。大小池塘很多，从动物学和植物学的角度看，桑志华认为很值得开发利用。

穿过一条曲径长廊，桑志华见到动物园大部分动物都死了。它们从兽笼

农作物试验田

去了标本室，标本收藏尚佳，但安置得不好，难以长期保存。

一个孤零零的小展厅里安放了两只雀鹭（Heron Butor）标本。它们是在故宫护城河被人打死的，其叫声怪异，被称为“啸唬”。老百姓认为它的叫声是一种不祥征兆。展出这些标本的目的就是为了破除公众舆论中的迷信。

动物标本

工作人员告诉桑志华，中央农事试验场的经费不能保障，所以一些动植物状况不好。

参观后，桑志华去了南堂（宣武门教堂），天主教主母会的一个学校（l’Ecole des F. Maristes），参观阿达维先生收

鸟类标本

藏的鸟类标本，想与自己的收藏品做个辨认。遗憾的是，许多样品没有标签。

1917 年 2 月 22 日，桑志华第二次来到中央农事试验场，这一次是由毕业于布鲁塞尔（Bruxelles）大学的鲁先生接待的。他向桑志华介绍了农作物试验室的情况，这里大多蔬菜品种经过山东、山西、沈阳等地三年试种，并取得可喜成果。他还送给桑志华一些种子带到献县种植。

鲁先生还十分痛心地告诉桑志华，中央农事试验场原来有一个附属农业学校，因为学生毕业后找不到农业技师的工作，被农商部关闭了。

1917 年 11 月 1 日，桑志华第三次来到中央农事试验场。科技人员向他展示了长得十分漂亮的美洲棉花——长龙棉（Tch’an loung mien）和干粮枣核棉（Kan leang tsao hou mien）。为推广种植这些棉花的方法，农商部还专门编制了小册子。但是，其他一些植物与两年前相比，境况十分可怜，桑志华感到有些惋惜。

博物馆里正在举办有害昆虫展，包括昆虫的历史、受灾的植物等。桑志华对这些小动物充满了浓厚兴趣，非常仔细地观看，有的还是第一次见到，他感到收获颇丰。

5 获得“农林谘议”聘书

自从 1915 年 6 月 1 日在北京结识了袁世凯总统高级顾问马相伯和民国农商总长周自齐后，桑志华受到很大鼓舞。但由于一直在“服兵役”，无法完成农商总长周自齐给他布置的任务，心里十分着急。在桑志华看来，周自齐总长既睿智又务实，如果得不到他的支持，今后在中国的考察会步履

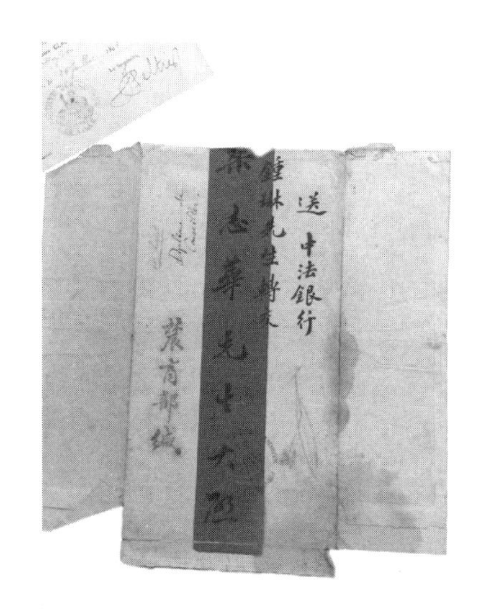

农商部转送桑志华的信封

维艰。

必须抓紧时间，为中国做些事情。于是，桑志华鼓足勇气，向法租界部队司令沃特拉维尔上校呈上报告，请求利用站岗执勤轮流休假时间，允许他去天津周边及山西地区进行短期考察，并幸运地得到批准。

开始，桑志华把勘探煤炭、铁矿作为勘察重点，实际做起来感到工作量太大，成本太高，两三周的假期时间也来不及。他苦思冥想，另辟蹊径。一天晚上，他突然想起在中国一些地方砍伐树木没有人管，这与欧洲相差甚远。于是，确定了研究植树造林防止水土流失的课题。他发现许多森林遭破坏，植被、土壤被洪水冲走，导致沙尘泛滥，河流泥沙淤积，而政府却对此袖手旁观。他经过深入调研，形成了一篇《中国华北地区植树造林的调研报告》，还附了一些照片。

桑志华深知这份报告的质量与水平，直接关系到能否向周自齐总长“邀功请赏”，是今后开展科考探险的关键所在。因此，他格外重视，多次修改，反复论证。为增强报告的针对性和实效性，从而引起轰动效应，桑志华还采用了当时世界上最先进的幻灯设备，精心制作图文并茂的幻灯演讲报告。

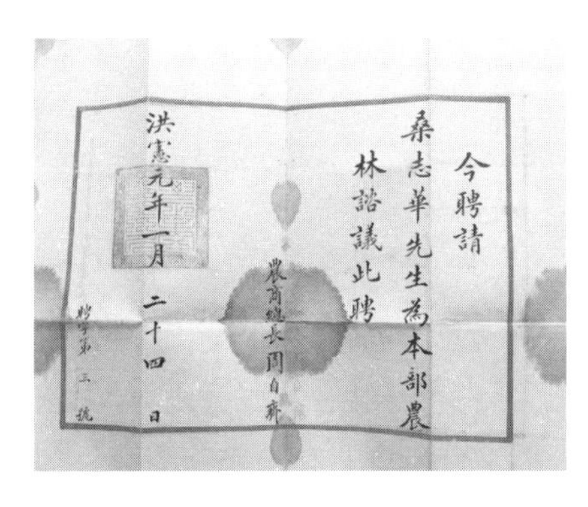
今聘請
桑志華先生為本部農
林諮議此聘
農商總長周自齊
洪憲元年一月二十四日

农商部颁发给桑志华的“农林谘议”聘书

为做到万无一失，桑志华于1915年12月14日在天津法租界剑术俱乐部做了试验性演讲，以征求大家的意见。在沃特拉维尔上校的大力支持下，1916年1月8日又做了第二场演讲。他汇总各方意见，进行充实完善后，准备向周自齐总长汇报。

1916年1月24日，在中法实业银行佩尔诺特行长的安排下，周自齐总长邀请桑志华赴京面谈。这是桑志华第二次来到国会大厦，周总长像老朋友一样和蔼可亲。桑志华认真谈了山西和直隶一些地区乱砍滥伐树木，导致水土流失等问题，希望民国政府颁布政令保护树木，大力植树。最后，恳切希望周自齐总长聘请他为“农林谘议”。几天后，中法实业银行佩尔诺特（中国名字钟琳）行长转交桑志华一封信，信的内容是：民国政府农商部通过中法实业银行的钟琳先生，再次邀请桑志华赴京恳谈。桑志华高兴的夜不能寐，反复修改调研报告，字斟句酌，力争一炮打响。

1916年2月23日，桑志华第三次来到北京国会大厦，受到农商总长周自齐的亲切接见。当桑志华提出要用幻灯汇报他的成果时，周总长炯炯有神的目光中充满了期待。

幻灯，在民国初年可称得上是新鲜事物，用幻灯给农商总长作汇报更是别出心裁。当时，报告厅采用蜡烛照明，放映前，桑志华请工作人员熄灭所有蜡烛。这给人一种在教堂地下室的神秘感觉。

幻灯报告开始了，桑志华通过一组组文字，一张张图片，形象生动地介绍了华北地区砍伐树木、植被破坏、沙尘泛滥以及水土流失的情况，周总长和在场的官员全神贯注地观看，好像屏住了呼吸，整个大厅没有一点声音。

中文翻译安金李（Enking Ly）先生的解说，语言流畅，情真意切，富有节奏感（之前在天津放映也是由他担任翻译），为桑志华的汇报增色不少。

真实的照片，新颖的形式，深受周总长和在场所有官员的好评，汇报结束后，大家报以热烈

砍伐树木造成水土流失

的掌声。

周总长紧紧握住桑志华的手，表示感谢，并给他一个惊喜：聘请桑志华为农商部“农林谘议”。他马上表态，为桑志华提供在华科考资金，包括报销运输各类标本的费用，还亲笔写了几封给地方官员的信，要求免除桑志华交纳各地费用。此时此刻，桑志华非常激动，这是他期待已久的，终于如愿以偿！

这一盖有农商部正方形红色大印的聘书，落款时间是“洪宪元年一月二十四日”。“洪宪”为袁世凯所创中华帝国年号。或许，桑志华不懂“洪宪”[①]为何意？更弄不清楚刚刚当上民国政府大总统的袁世凯怎么又变成了皇帝？但对此他并不关心，只期待着民国政府下令全国植树造林，山川河岸披上绿装！

下午，桑志华拜访了农业司。司长热情介绍了太原试种甜菜，但含糖量不高，不能大面积推广等情况。有的地方还建立了农业实验站，打算置办农机设备，打一眼喷水井，但因价格太贵了，无法实现。

因桑志华对皇宫动物礼品很感兴趣，法国驻华公使康悌夫人邀请桑志华到阜成门（平则门）大街的文物商店参观。在店铺的后院，她指给桑志华看死于皇宫的三头大白象的骸骨。这三头大白象是当年安南（越南）作为贡品献给中国皇帝的，曾跪着向皇帝致以新年祝福。可惜的是此时大象骨骼已不完整，象牙也不翼而飞了。

从北京返回天津后，桑志华一直处于兴奋之中。他认为，农商部周自齐总长为他提供考察经费，给各地官员写信免除税费，不仅仅是对他所作《中国华北地区植树造林的调研报告》的充分肯定，更重要的是为他今后到各地考察提供了“尚方宝剑”。可是，自己是法国人，虽然获得了博士学位，但对清末民初还处于封闭状态的中国农村地方官员来说，这个学位是陌生的，或许起不到任何作用。为了能让多数中国人对自己的身份有个大致了解，方便在华考察，桑志华绞尽脑汁，又咨询有关人员，干脆创造性地把法国“博

① 洪宪，袁世凯复辟帝制后的年号。1915年，改中华民国为“中华帝国”，年号“洪宪”，废除民国纪年，改总统府为新华宫，并发行一种以他的头像和龙作图案的纪念金币和银币。12月25日，唐继尧、蔡锷、李烈钧在云南宣布独立，讨伐袁世凯背叛共和，护国战争爆发。外国列强也撤回了对袁世凯的支持。袁世凯众叛亲离，内外交困，被迫于1916年3月22日宣布取消帝制。

士”翻译为法国“进士”。实际上，不单法国从来没有“进士”这个学位，想要成为中国“进士”，也必须要通过科举考试，经当朝皇帝亲自“殿试”才行。1916 年，中国封建君主专制制度已经结束整整 5 年，既没有科举，更不可能有“殿试”了。

如何让各地官员得知自己既是法国动物学博士又是民国政府农商部聘任的“农林谘议”？桑志华冥思苦想，竟然别出心裁地自己做了一面小旗：底色以法国国旗蓝、白、红三色垂直排列，白色的地方绣上一个大大的“桑”字，旁边又附上“法国进士”与“中国农林谘议”字样。

这面小旗曾给桑志华带来了好运，一直陪伴他在中国北方黄河流域进行科考探险。如今，这面褪了色的小旗已经成为文物，保存在天津北疆博物院。

6 法国医生化解难题

尽管桑志华持有赴中国内地（仅限直隶、山西、陕西、山东）的考察执照，也有了“农林谘议”头衔，还制作了三色小旗，可眼下还在杨村站岗执勤服兵役。一想到不能去科考探险，他心急如焚。

1916 年 4 月 3 日下午，桑志华在杨村哨所突然接到返回天津的命令！原来，站岗执勤的事情突然有了转机：法国为了增强天津占领军的力量，从殖民地越南调来了军队，用正规军替换了这些业余新兵。让桑志华难以理解的是：为什么外国的部队能在中国的领土上随意调动？一开始，他还担心这些从南方来的小个子士兵受不了北方的气候，可结果并不像他想的那样。

桑志华回到天津法租界驻地，用两周多时间做一个博物学家远足的科考准备，于 1916 年 4 月 20 日出发去山西境内考察。

桑志华乘火车到河南焦作，又租了骡子和马车，过济源，5 月 2 日到达山西古城镇，进入遍布窑洞的黄土地带。

5 日，桑志华一行到达皋落村（今山西省晋中市皋落镇），沿着单调荒芜的山谷前行，突然传来了断断续续的鞭炮声。并没有什么红白喜事（指结婚或葬礼），为什么会燃放鞭炮？原来，“这处可怜的地方，就位于大山脚下的小路旁，竟然能收到袁世凯登基失败的通告。一大张白色纸上写着黑字，盖着红色大印，就贴在大门左侧的土墙上，我真想拿走这种历史文物”[①]。桑志华想：是不是人们放鞭炮庆祝呢？简直是不可思议。

13日晚上，到达解州（今山西运城市盐湖区解州镇）天主教会。桑志华听到一个惊人的消息：袁世凯死了。他简直不敢相信，也弄不清它的真实性，因为在偏远的山西县乡，官员谈及此事都非常谨慎。

14日上午，袁世凯的死讯得到了确认。据解州收到的官方电报说，他是在一次短暂疾病后死去的。桑志华看到县衙门正在为袁世凯举行吊唁活动，停止了办公，不接待任何人。

之所以对袁世凯的去世这样敏感，是因为桑志华好不容易在一年前与马相伯顾问建立友好关系。四个月前，周自齐总长刚聘任他为“农林谘议”。这次考察一路走来，马车上插的三色小旗和“农林谘议”聘书效果极佳：乡民敬畏，士兵恭敬，县长客气，尤其是“法国进士”与“中国农林谘议”两个官衔都仿佛很有来头，无论进城、过哨卡，都畅通无阻，处处享受特殊关照，还省了许多关卡税费。

袁世凯离世后，马相伯顾问、周自齐总长还会在政府任职吗？这两位高官承诺的事情，还能兑现吗？如果没有政府的支持，到各地去考察还能顺畅吗？想到这一连串的问题，桑志华心里有些乱。他匆匆结束考察，买了一张火车票，赶往北京。

桑志华又一次拜见了法国驻华公使康悌，他十分焦急地汇报了面临的问题与困境。康悌公使简要介绍了当前中国的政治军事形势后，向桑志华引荐了该公使馆医官贝熙业[②]博士，请他帮助桑志华与新任农商总长取得联系。

---

① Emile Licent, *Dix Années (1914–1923) de séjour et d'exploration dans le bassin du Fleuve Jaune, du Paiho et des autres tributaires du Golfe du Pei Tcheu Ly*, Tientsin: La Librairie Francaise, 1924, p.248.

② 贝熙业（Jean Jérome Augustin Bussiere, 1872—1960），出生于法国山区新浴堡市，毕业于海军医学院，获法国博尔都大学医学博士学位，曾以军医身份先后到印度、波斯等法国在亚非地区的殖民地工作。1913年，41岁的贝熙业来到中国，任法国驻华公使馆医官，同时为京城达官贵人治病，名声遐迩。

桑志华（第一排左三）与贝熙业（第二排右三）等合影

贝熙业博士擅长外科，曾为一名因患腰部疾病而生命垂危的民国官员做过手术，患者两个月之内就康复了，从而名声大振，并成为民国大总统袁世凯的医疗顾问，被称为“御医”。他还获得过袁世凯亲自颁发的三等文虎勋章。这是1912年底设立的一项勋章，专门奖励陆海军功勋卓著的将士，只有大总统才有颁发给外国人的特权。1916年6月，袁世凯患尿毒症惊惶弥留之际，贝熙业为他进行了最后的治疗。与此同时，贝熙业也成为京城上流社会圈子争相邀请的西医大夫，他的患者包括黎元洪、段祺瑞①、蔡元培等社会名流。

贝熙业博士为人豪爽，交际广泛。每逢周三，他都会在位于使馆区不远的大甜水井16号的家中举办沙龙，用美食、茶点、烟酒款待中法友人，少则三五人，多则十几人。来宾中有法国在中国的外交官、文学家和汉学家，也有民国政府要员和名流。大家见面，问候寒暄，交换近来的种种信息。人

① 段祺瑞（1865—1936），安徽合肥人，皖系军阀首领。武昌起义后任第二军统率，镇压革命。1912年3月被任为陆军总长。次年镇压孙中山“二次革命”和白朗起义。袁世凯死后成为皖系军阀首领，任国务总理兼陆军总长，执掌北京政府实权。1917年5月，被黎元洪免职。后趁张勋复辟之机组织“讨逆军”，打败张勋，重掌北京政权。1920年7月发动“直皖战争”，以失败告终。1924年1月被奉系张作霖及国民军首领冯玉祥推为“临时执政”。1926年镇压北京各界民众的反帝请愿，4月被国民革命军驱逐下台，通电“引退”，蛰居天津租界，脱离政界。

们谈论的内容，不外是这个处于危机之中的国度一周来发生的重大事件，包括京城里的尔虞我诈，以及外省的形势变化，多为宾客们旅行与活动的所见所闻。

贝熙业博士热情地接待了桑志华，得知他想要解决的问题后，马上与民国政府上层官员取得联系。

1917 年 2 月 18 日上午，贝熙业博士带桑志华来到国会大厦。上任半年多的农商部总长谷钟秀① 在客厅会见了他们。

桑志华简要介绍了在华科考探险的计划，恳请谷钟秀总长继续聘任他为农商部“农林谘议”，希望在今后考察中提供以下方便：携带武器、征用骡子（本人付费），免除参观考察中说不清的礼金，名目繁多的税费等。谷总长基本同意桑志华提出的请求，并表示给予帮助。

利用在北京的机会，桑志华看望了马相伯先生，还结识了马相伯的侄子。后者在江苏做了陆地棉（Gossypium hirsutum，原产自美国）的实验，因中国南方气候十分潮湿，只开了 40% 的蒴果。

谷钟秀总长安排桑志华于 1917 年 2 月 19 日来到农商部参观。地质调查所副所长翁文灏先生陪同桑志华，参观了矿物和岩石标本。在与翁先生的交谈中，桑志华了解了直隶北部宣化府、山西以北的五台山、呼和浩特等地质地貌和矿产等资料。在植物实验室，他看到了满洲里北部人们发现的大耳朵状的蘑菇。用它做生意很赚钱。

7 走进“莫理循文库”

桑志华逗留北京期间，或与欧洲公使馆外交官聊天，或与天主教北堂的教士在一起，相互传递许多在中国的见闻与信息。

---

① 谷钟秀（1874—1949），直隶定县（今属河北省定州市）人，于北京大学肄业后留学日本，回国后，曾任直隶总督署秘书，辛亥革命爆发后，谷钟秀作为各省都督府联合会直隶代表，参与创建南京临时政府。1912 年为南京临时参议院参议员。1913 年任宪法起草委员。1914 年，国会解散，在上海创办《中华新报》并任总编辑。1916 年，参加护国战争。1916 年 8 月任段祺瑞内阁农商总长兼全国水利局总裁。

1917年2月21日，莫理循[①]博士邀请桑志华去参观他的图书馆。

从外表看，莫理循像是一位冒险家和成功人士，他身强力壮，非常适合户外运动，是典型的西方绅士派。他总是显示出自己对新奇、反常和奇特事物的喜爱之情。只要听说外出旅行，他会立刻调适到野战状态，很快适应新的环境。他对风俗、古玩、最新科学发明和新出版的图书都充满了好奇。

莫理循在家门口

刚到北京时，莫理循还是名不见经传的小角色，但仅仅两年后，欧洲各国外交部对他的大名就耳熟能详了。名义上，莫理循是伦敦《泰晤士报》驻京记者，实际上，他是大不列颠政府在中国的非正式代表。1912年8月，莫理循被任命为民国大总统政治顾问；1913年6月22日，袁世凯授予他二等嘉禾勋章；1914年9月21日，又授予他一等嘉禾勋章。在中国政坛和北京洋人圈中，许多人以相识莫理循为荣耀。

莫理循在北京王府井大街置有房产，洋人称王府井大街为“莫理循大街”。

跟随莫理循的脚步，桑志华走进他位于王府井大街以北的家（今王府井百货大楼东北角至菜厂胡同之间）。这是一座中西合璧的四合院二层楼房，

① 莫理循（George Ernest Morrison，1862—1920），澳大利亚出生的苏格兰人，1887年毕业于爱丁堡大学医科，曾任《泰晤士报》驻华首席记者（1897—1912），中华民国总统政治顾问（1912—1920），是中国近代史上许多著名事件的亲历者和参加者。他参与了巩固袁世凯统治的进程，帮助民国政府对抗日本“二十一条”政治讹诈；推动中国参加第一次世界大战，认为协约国一定胜利，中国作为战胜国参加“和会”可要求废除与战败国签订的不平等条约；反对袁世凯称帝。病重之际，他仍尽心为参加巴黎和会的中国代表团审定各项公文底稿，努力为中国据理力争。莫理循居住北京长达20余年，他的大量报道、通讯与日记成为研究这一段中国历史的重要素材。

高出屋顶的飞檐、厚重的硬木大门、石阶以及门前两侧虎虎生威的石头狮子，与晚清官员的家几乎相似。中式风格的长廊遮风避雨，宽敞的庭院种植了树木和花卉，东、南两侧是厢房、仆人用房和马厩等。

宅子的主人热衷于旅游、摄影，同时也是一个收藏家。他收藏图书、杂志、地图等达2万余册，被称为"莫理循文库"。图书馆占据了整个南厢房，高4米，宽6米，长25—30米，所有的窗户都开在书架上面，距地面2.5米以上。这里的图书分门别类，有目录和索引，便于随时查找。

在一排排书架前，莫理循向桑志华介绍了与中国有关的9000余册图书，包括种类齐全的工具书，自然、历史、地理、政治、农业等，并为桑志华找到了所需书籍，为他今后在中国考察提供了方便。

第五篇

收获陕西之旅

仰慕陕西名山大川，更向往秦岭山脉珍贵的动植物标本，没料到却经历了意想不到的一路坎坷，部队交战，土匪相邻，“刀客”相遇，为得到一张通行证，桑志华竟然出示早已过期的袁世凯称帝时颁发的“农林谘议”聘书蒙混过关，引起了陕西督军的警觉……

1 戒备森严潼关亭

陕西，横跨黄河和长江两大流域中部，是中华文明的重要发祥地之一。桑志华不仅被古都西安所吸引，而且仰慕这里的名山大川以及居于此间的动植物。

桑志华计划于1916年4月结束山西南部的行程，转到陕西考察，但是由于内战不断，3个月后才启程。

为此，平阳（临汾）天主教会的神父们忙碌着。老朋友希尔温（Sylvain）神父把桑志华在山西收集的6大箱子物品送到太原教会暂时保存。他与桑志华聊至深夜，还送给桑志华一张山西传教团仆人的照片，他们大多来自平阳、隰州（隰县）、解州、洪洞、绛州、潞安府等地区。

1916年7月16日，桑志华带领随从王连仲、厨师老肖和来自洪洞县的青年李娃子带领的骡子车队前往虞乡，打算从潼关亭渡黄河入陕。

穿越汾河盆地南部边缘高坡，在一条平缓的大路上走了4个多小时，只遇到2辆马车。这一条路太清静了，桑志华深感不安。他让王连仲去潼关亭了解黄河渡口的情况，利用等候消息的时间，桑志华绕道去孙南村的山上采集植物标本，以完善对山西东南部山区的考察。

桑志华（左一）在考察途中

孙南村距所在地虞乡约7公里。桑志华以每天500文的工资雇了个樵夫做临时向导。这正好相当于他砍柴挣到的钱。

穿过一片耕地，他们从岩石呈红色的沟壑上山。山上流水潺潺，蝉鸣悦耳，长满了木豆树、白杨树、崖柏树、杏树、花楸树、臭椿树、小榆树，直径 4 厘米的柿子把树枝都压弯了，到处呈现出清新、葱绿、茂盛的景象。桑志华一边爬山，一边采集植物标本，至海拔 720 米的狭窄山口处，已经采集 6 种树木新品和很多植物标本。再向上，瀑布的石坎挡住了去路，山峰陡峭无法攀登。晚上，住宿在孙南村一个破旧的客栈，桑志华买果酒犒劳所有随行人员，大家觉得柿子酒非常好喝。

第二天，桑志华到孙南村西南一条更远的峡谷去考察，向导走错了路，桑志华一气之下把他辞了。这条峡谷深而窄的河流丰沛、清澈，高大的树木和所有植物长势茂盛。桑志华兴致勃勃地采集了据说毒性很大的“天南星”（Aroïdée）植物群，还有几个新树种，沿着一条相当陡的山鼻子攀上去，竟然忘记了返回。赶骡人提醒他时，已是晚上 7 点半。这时，夜幕已经笼罩了整个峡谷，两旁的峭壁像煤一样黑，坡陡、谷深、流急，桑志华只能凭借昏暗微弱的星光辨认方向，步履蹒跚地向前挪动，每迈出一步都面临危险，用一个多小时走了十多米。幸好，突然狂风大作，吹散了迷雾，墨水般深蓝的夜空中，露出了繁星点点。桑志华用了三个多小时到达山脚，暗自庆幸没有遭遇太多的磕碰，最起码没有骨折、扭伤、韧带拉伤……

深夜，探路的王连仲回来了，说潼关亭的部队戒备森严，无法通过。

凌晨，桑志华决定去黄河岸边等待。在路上，遇到约有一个团的溃兵，有的步行，有的坐在杂七杂八的行李车上。桑志华心里很得意，认为考察队的精神面貌比这些溃兵强多了，这样的部队，必须先恢复军容和士气，否则没法去打仗。

距潼关亭还有一公里，就能听到黄河岸边的枪炮声。一想到无法渡黄河，桑志华的心里十分焦急。

到了潼关亭，犹如进入一个战场。桑志华叫上王连仲，骑骡子直奔一公里外的风陵渡口，看看那是否能过黄河。

风陵渡口也被荷枪实弹的军人守护，河面上有 15 条大帆船，上面挤满了人、骡子、马车和行李，两岸哨兵密切监视来往的乘客。

桑志华走到一个军官面前，询问如何渡黄河。军官告诉他黄河这边是山西部队，对岸是陕西部队，为避免枪弹相接，双方以黄河为界。

靠着洋人身份与那份随意解释的农商部颁发的“农林谘议”聘书，风陵渡口的军官给潼关亭的军官写了一封信，凭着这一封信，桑志华一行可以在潼关亭渡黄河。

哨兵检查了桑志华的所有证件，清点了人数、牲畜、行李后，允许他们乘一条大船过河。而陕西的士兵只准乘可载五六人的小船过去。

潼关亭渡口坡道很陡。一个士兵肩扛桑志华用的驮鞍走在前面，骡夫吆喝着骡子上了船，桑志华踩着颤颤巍巍的跳板，登上这艘挤满乘客的大船。船上的每个乘客都有通行证。

据船夫说，黄河最深处达两三丈（6—9 米）。黄河从北方顺流而下，与它最大的支流之一的渭河交汇，向东流去。为了到达朝渭河开启的城门，这条大船逆流而上，行使约一公里到达岸边。

下船后，到了陕西部队的地盘，因哨兵没有接到入城通知，桑志华一行被阻挡在潼关城门前。此时，桑志华松了一口气，原以为自己会置身于子弹横飞的战场，没想到黄河两岸是采取这样一种不流血的仁慈交战方式。更不可思议的是，他们所在陕西部队使用的两门很旧的青铜炮，连炮衣也没脱掉，双方是全副武装的和平共处。

桑志华等得不耐烦了，质问走过来的一个连长：“我们已经取得了通行权，为什么让我们等这么久？我毕竟不是土匪吧？我是民国政府聘任的农林谘议，我会把这件事向西安府新总督反映！”又来了一个比连长级别高的军官，也无权批准考察队入城。

过了一会儿，这位高级军官接到了上峰命令，不仅放行，还派了一名向导和两个骑兵护送考察队。盛情之下，桑志华感到莫名其妙，用中国人的话说，恭敬不如从命。

潼关城十分热闹，这是两条大路的交汇点，既是连接中国北部和黄河盆地的枢纽，也是通往西安及平原的大门。

快到华阴庙时，桑志华让护送考察队的向导和骑兵回去，并给了“小费”。可是这三个人因没有接到命令，坚持继续护送。那一名向导不停地问桑志华去哪里？干什么？桑志华很冷淡地回答：不知道！无奈之下，他们返回了潼关。

华阴庙山谷中盛产水果和蔬菜：三个铜子能买十几个杏或一串成色非常好的葡萄，一个铜子能买一个甜瓜。

2 涉险巍峨华山

华阴庙矗立着一座高大的宝塔，听说是1900年八国联军攻占北京后，慈禧太后逃往西安避难时修建的。

桑志华一行住在宝塔附近的客栈，因前天下的大暴雨，整个院子变成了泥塘。

1916年7月29日，桑志华带领考察队去登华山[①]。华山位于陕西渭南华阴市，南依秦岭，北临渭水，距西安府120公里。

客栈距通往华山的一个入口约8公里，起伏狭窄的小路两旁到处是竹林、木豆树、柿子树、桑树等，景色很美，刚下过雨，空气清新湿润，走起来非常舒服。

在华阴庙附近居住的客栈

桑志华让向导选定通向华山的最高峰——南峰攀登。在隘谷入口处，清澈的瀑布从光滑的山石下哗哗地流下来，汇集到一条湍急河流。沿着这条河流建了10余个戽斗，椭圆形状，两边有绳，人工引绳提斗汲水，这是灌溉农田的古老农具。每个戽斗的旁边都是磨坊，连接水轮的横向中轴和齿轮都是木料制作的，操作时，发出粗犷的声响。

① 华山，中国名山。“五岳”中的西岳，被誉为“奇险天下第一山”。位于陕西省华阴市境内，是秦岭支脉分水脊北侧的花岗岩石山，有东、西、南、北、中五峰，南峰最高（2100米）。五峰如莲花五瓣。古“花”“华”通用。故名华山。

上山的石板路面全是水，桑志华像过往的行人一样卷起裤管，趟水过去。经过峡谷底部的一个缓坡，走了约 2.5 公里后，桑志华又看到了十多个磨坊延伸至河流的深处。

通往南峰的山路，由灰白色的花岗岩构成，陡峭难走，或直立如削，或卵石堆积，稍有不慎，就会坠入深渊。对此，桑志华并不畏惧。一路上，他欣赏着那些生长在石头缝隙里触摸蓝天的高大松树，只要用手够得着的植物，全部采集。最让他失望的是，对那些生长在危险地带的珍贵植物束手无策。桑志华气喘吁吁地攀登到海拔 2000 多米的南峰，真正领略了华山巍峨雄伟的博大气势。

下山途中，绿树成荫，植物品种繁多。一片生长在水中的绿色植物吸引了桑志华，这种草的种子非常坚硬，当地人用它做成项圈戴在孩子的脖子上作为装饰。

渭河下游大多是耕地，稍远处是绿油油的稻田，近处有一大片盛开莲花的荷塘，美景如画。

突然，雷雨来临，他们躲进一个磨坊。桑志华看到几个人把杏树干枝劈成碎块后，放进石磨碾碎。经询问，这种杏木粉装入吸烟杆里，在慢慢燃烧中散发出一种香味，受到人们的喜爱。一个磨坊每天能生产杏木粉 140 磅，每磅卖到 14—15 个铜钱。为了这份收入，山上杏树几乎砍伐殆尽，只有少数长在高不可攀山峰的杏树才得以幸免。

晚上十点多，桑志华统计在华山采集的植物标本，有 60 余种，多是中国北方平原常见的，也有一些新品种。在整理腊叶标本时，发现老厨师居然忘记翻晒在山西南部采集的植物标本，严厉地批评了他。

3 感受古城西安

1916 年 8 月 2 日清晨，考察队从华州（今隶属渭南市）出发，前往中国四大古都之一西安府。

西安（也称长安）地处沃野千里、物产丰富的关中，四周皆有山川险隘作为天然屏障。从西周开始，共有 12 个王朝先后在西安建都，有着 7000 多年文明史、3100 多年建城史、1100 多年建都史，是中华文明重要发祥地之一，也是丝绸之路的起点。

临近中午，太阳晒得直冒汗，桑志华见到路上许多人戴着锥形大帽子，黑色的图案上过油漆，还用白铁把整个帽檐包一圈，既遮太阳又挡雨，他花 320 个铜板买了一顶戴在头上。从渭河岸边走下来，进入千沟万壑、深暗色的山丘，先后遭遇了三场大暴雨，桑志华戴着这顶帽子感觉还不错。

考察队住宿贫穷的临潼县城。在城西，桑志华看到当地人用灯心草编织的草鞋很轻，这是穷人穿的鞋，他花两个铜板买了一双。

桑志华在临潼南边山脉采集植物标本，见到山脚下有人在露天温泉洗浴（这曾是唐朝皇帝宠爱的妃子洗浴的地方），据说含有硫黄的泉水可以治疗风湿病和皮肤病。在离温泉不远的小山沟，一只浅黄褐色的狐狸在奔跑，尾巴很好看，桑志华端起猎枪，没有击中。

8 月 4 日，桑志华一行到达西安。这座城市呈方形，从城东到城西约 5 公里，城门上有高大的城楼，坚固壮观，是典型的中国传统建筑风格。

他们从城墙厚重的东门入城，颇似半月堡的城门与通道之间带骑楼的商铺与欧洲的差不多。商铺的建筑风格是统一的，但底层却破旧不堪。

西安城主干道铺设了大石板，呈龟背形（中间高、两边低），十分宽畅。公路两边种植了柳树，但成活率很低。一条一米宽的人行道，一直沿着低矮拱廊延伸至山墙。道路两边挖了排水渠，几个清洁工在清扫道路。

在东西大街和南北大街的交汇点，城市建筑风格开始改变。西大街有 8—12 米宽，大街两旁的竹竿上飘着各种商家的旗号，商店的货架已经摆到大街上，行人摩肩接踵。四轮马车，两轮马车，熙熙攘攘。一种独轮手推车与欧洲风格极为相似：一只轮子在前面，轮子两边有加长的车辕。桑志华发现，西安城东西南北四个城门的建筑风格都是一样的，只是东西两门比南北两门距离更近些。

西安府城门口

西安圣方济各天主教堂坐落在西门南边一条小路上，神父们向桑志华介绍了西安的政治、军事和社会等情况。张保罗（Paul Tchang）神父说，现任陕西省督军兼省长是陈树藩，如果在这块土地上考察，没有他发的通行证恐怕不行。桑志华请神父帮忙，一定要拜访这位督军。

8 月 5 日上午 10 点半，桑志华在张保罗神父的陪同下来到督军府。

督军府是当年慈禧太后在西安避难时的行宫，是典型的中国传统建筑风格。1900 年，八国联军侵略北京，慈禧太后与光绪皇帝一行匆匆出逃，千里奔波，于同年 10 月 26 日入陕。陕西巡抚端方得到圣旨后，立即将总督衙门的南院作为临时行宫修葺一新，但是，慈禧太后却嫌房屋太少。为讨慈禧太后欢心，端方把拥有数百间房屋的北院巡抚衙门作为行宫，大兴土木，不到一个月就花了 29 万两白银。

督军府戒备森严，全副武装的门口警卫通报后，桑志华和张保罗被引进传达室等候。

约 20 分钟后，在一个大客厅，陕西督军兼省长陈树藩热情接见了桑志华。

桑志华简要介绍了来华科考探险的情况，还谈及途中见到陕西一些地区种植鸦片。陈督军马上严肃地说，我们对鸦片的种植、贩卖和吸食都进行了严厉打击。但是，在十分偏远的地区，可能还是有人在种植鸦片。接着，陈督军问桑志华来陕西考察什么？他答：主要是采集动植物标本。

交谈中，桑志华感觉陈督军虽然表情严肃，但态度和蔼，说话时声音很轻，不卑不亢，非常谨慎。于是，提出了希望陈督军能为他签发一张在陕西境内的特别通行证。

说罢，桑志华从包里拿出民国政府农商部颁发的“农林谘议”聘书给陈督军看（聘书落款时间是“洪宪元年一月二十四日”）。这时，陈树藩犀利的目光停留在聘书上，陷入沉思：这是袁世凯称帝时的聘书，早在五个月前，袁世凯被迫取消帝制，两个月前（6 月 6 日）死于北京，实际上这一聘书已经失效了。会客厅非常

西安圣方济各天主教堂

寂静，桑志华十分清楚聘书存在的问题，心里极为紧张。经过一段时间的沉默，陈督军什么也没说，给桑志华签发了特别通行证，桑志华谦恭地表示感谢后，立即告辞。离开了督军府，桑志华一直悬着的心才放下来。

桑志华与张保罗神父乘坐马车来到西安城外著名的“碑林”参观。这里收集了从北宋元祐五年（1090）以来大量碑刻，保存了历朝历代重要文献资料和著名书法家的作品。其中，唐朝的《大秦景教流行中国碑》、《中尼合文之陀罗尼经幢》等，记载了中外文化交流的历史。碑林的大部分石碑是用富平开采的黑色大理石雕琢的。尽管保护石碑的中式廊檐十分简陋，但石碑保养得依然很好，吸引了许多游客，他们既可以欣赏书法艺术，也可以随意拓印碑文。在碑林门口，还能买到已出版的拓印集。

桑志华在西安的最后日程是拜访西安天主教会主教。主教的住所距西安城 35 公里，位于西安东北方向的同缘坊（大概是今高陵县通远镇）。代理主教阿里斯戴尼（T. R. P. Aristegni）、副本堂斯伽兰（P. Hugh Scallan）和教堂财务奥尔玛扎巴勒（P. Ormazabal）神父热情接待了桑志华。斯伽兰神父曾给大英博物馆提供过中国的植物标本，在欧洲享有盛名。他们向桑志华详细介绍了陕西的地质地貌和新领导人的情况，特别提到了“刀客”的势力不容轻视。

奥尔玛扎巴勒神父说，陈树藩虽然是陕西督军兼省长，但没有绝对权威。他真正能管控的只有西安府、高陵、同缘坊以及富平附近的地区。至于陕西西部，都听郭坚[①]的。郭坚统领的“刀客”都是靠刀枪吃饭的人（最初，这些人把匕首藏在脚踝上的裤脚褶皱中，后来就大张旗鼓地把匕首插在腰带上）。他们中很多人当过兵，带着枪出逃后，组成班、排、连，有几百人，后来发展成 3000 多人的军队。

---

① 郭坚（1887—1921），陕西蒲城县东南乡郭家村人，受孙中山先生为代表的资产阶级民主革命运动的影响，与具有进步思想的人士结交，同时又与地方有一定社会势力的“哥老会”首领及社会上行侠仗义的“刀客”暗中联络，在蒲城一带，逐渐发展形成一股颇有社会影响的潜在势力。1915 年 12 月，袁世凯称帝，护国运动兴起，1916 年 3 月 24 日，郭坚等人联合白水地方武装，树西北护国军义旗，通电讨袁逐陆，向蒲城进兵。不久，全国讨袁护国运动进入高潮，陈树藩迫于形势，也在三原宣布独立，就任陕西护国军总司令，夺得了陕西督军的高位。陈将逐陆战争中的各股力量，分别授以官禄，为己所用。郭坚、耿直所部编为陕西游击军，下设六个步兵营和一个骑兵营，以郭坚为首，统领驻西安。

刀客吃饭睡觉时都带着武器，随时保持警惕。他们很会打游击战，能利用小型据点和各种暗哨把自己保护得相当好。刀客主要活跃在渭河和黄河岸边，就像从地里长出来似的，正规军根本找不到他们。一般来说，刀客们的头领，特别是郭坚，会保护欧洲传教士的安全。

目前，陕西督军兼省长的陈树藩虽然得到民国政府的支持，但他仍然无法解散郭坚的部队，相反，郭坚这个实力很强的将领，却成了陈树藩统治者的竞争对手。

阿里斯戴尼代理主教还说，从前西安人温文尔雅，警察用一根棍子就能维持治安。在当地人看来，杀人是一种极可怕的、闻所未闻的、不可想象的罪行，此时却成了家常便饭。陕西北部有许多匪帮肆虐，传教士都不敢走出教区，并叮嘱桑志华一定要注意安全。

阿里斯戴尼带领桑志华参观了一所修道院，还参观了神学院，有初级学生 57 名，高级学生 22 名。

8 月 10 日，桑志华返回西安府，一路上格外小心。

4 翻越美丽秦岭

1916 年 8 月 12 日清晨，考察队从西安府出发去考察南部的群山——秦岭[①]。

雨后的空气格外清新，西安城铺着石板的道路上积满了水。城门外的郊区驻扎着军营，考察队脚下的路几乎一马平川。田野的庄稼长势良好：玉米进入收获期，把嫩甜的玉米用水煮熟，这是中国人偏爱的美食；高粱、荞麦、芝麻生长旺盛；棉花的播种已延伸到山丘上；河流两岸绿油油的大片稻田已经吐穗，一路上所到的村庄都绿树成荫。

① 秦岭，横贯中国中部东西走向的山脉。山势西高东低。山脉北侧为黄土高原和华北平原，南侧为低山丘陵红层盆地和江汉平原。主峰太白山，海拔 3767 米。其南北自然景观各异，北坡为暖温带针阔混交林与落叶阔叶林、山地棕壤与山地褐土地带；南坡为北亚热带北部含常绿阔叶树种的落叶阔叶混交林黄棕壤与黄褐土地带；河谷盆地中栽植有亚热带经济林木。它是中国气候上的南北分界线，对冬夏季风起到巨大的屏障作用。

一条宽阔的河流上正在建设一座石板大桥，听说其费用来自过桥人的募捐时，桑志华也做了一点贡献。

傍晚，考察队住宿秦岭峡谷山口的子午镇，桑志华了解到通往秦岭的山路非常难走。

桑志华一行休息片刻

迎着东方的朝霞，考察队向秦岭山脉进发。山峦起伏的小路崎岖艰险，骡子走起来非常困难。桑志华打算把牲口暂存一个地方，但距此40公里内没有安置牲口的客栈。无奈之下，只能牵着骡子涉水经过山涧小路，气喘吁吁地向上攀登。一路上遇到许多脚夫，他们背着沉重的货物，弓着腰艰难地向上爬行，一个个累得满头大汗。这条艰险的山路约十余公里，每天有一千多名脚夫为了养家糊口，就这样终日奔波劳碌着。

再往上，飞瀑流泉，古道蜿蜒，鸟语花香，山坡被植被覆盖，一步一景，令人目不暇接。但是，向上攀登更加艰险。

突然，咔嚓一声响！一匹骡子驮鞍上的两个行李箱被岩石蹭掉了，一瞬间，右边悬崖上的一块岩石滚落下来，堵在前行的山间小路上。还没等第一个赶骡人反应过来，第二个赶骡人已经使劲拽住缰绳力图止步，但一切已来不及了，缰绳被拽断成几段，骡子上的行李箱被甩到旁边的沟壑中。这突如其来的变故，把大家堵在这里……

走在队伍后边的桑志华大声喊人，把挡在路上的石头搬走，让王连仲带三人把掉到沟壑里的行李箱捞上来。大家齐心协力用了四个多小时，结束了这场抢险战斗。行李箱里许多东西都湿了，只好拿出来晾晒。车夫用随身带的工具，简单修理了损坏的驮鞍，随后他们走向一条峡谷出口。

崎岖的山路越来越陡，在海拔1200米处遇到7个脚夫，他们或靠在山坡上，或用木棍支撑着，都是背着货物歇一会儿，点上烟吸几口。桑志华走上去攀谈。原来，这些脚夫是运木炭的，来自50公里之外的南部大岭。为

脚夫背着货物歇脚

了便于背运，他们把木炭切割成长50厘米、直径不超过7厘米的柱形，尽可能缩小货物体积，用绳子把木炭捆绑结实，为了保持平衡在货物下放了一个驮架。通常，一个脚夫背货物的重量约135公斤，攀登山路时，必须低头弓腰才能保持平衡，走100步就要停下来喘口气，每一个脚夫的身上都挂着一两双草鞋备用。他们到达山顶后，以20—30铜钱一斤的低廉价格，卖掉这些费尽辛苦和汗水驮来的木炭。临别时，桑志华送给那两个聊天的脚夫两个苹果，他们有些惊讶，但还是微笑着收下了。

下午5点，考察队终于来到一个峡谷的出口。客栈老板对桑志华说，你们刚才走的山路是非常艰险的，从这里到喂子坪，再也不会有难走的路了。

“咪咪！咪咪！”客栈女主人在找一只小花猫。这与法国人召唤猫的方式一样，桑志华听着很亲切。深夜，桑志华清楚地听到金丝雀悦耳的啼声，还有巡夜人的敲梆声。

又是一个清晨，东方朝霞格外艳丽，绿色的山，清澈的水，甘草覆盖着屋顶，树荫下的客栈与这里的原始生态环境构成了一幅美丽的图画。山坡上一块块黑土地被农民开垦，庄稼长势很好。

经过二百多米下坡的山道，便是一条铺满鹅卵石的小路。沿着一条激流小溪，考察队攀行在之字形的山路上，那倾斜在高坡上长势旺盛的树木，茂密的灌木丛，比人还高的荒草，好像从来没有人来过；峡谷中飞流而下的瀑布闪闪发光，与激流小溪的清澈透明，形成了银波般的幻境。

走下一道坡，通过山涧上的单孔桥，来到河边。向导指着抬头望见的山对桑志华说，对面锯齿般的山顶，就是喂子坪。

考察队入子午谷，溯谷而上，整个山谷以片麻岩石构成，看上去就像被流水冲击而成的花岗岩质河谷。

阳光下的喂子坪，树木繁多，野草茂盛，令人心旷神怡。沿着跌宕起伏的山坡攀登，桑志华采集了许多植物标本。在返回的路上，大家在清澈的水流中洗澡，顺便捕捉了一些水生动物。

山上的一户人家

在峡谷泉有卖鱼的，7 个铜板一斤，桑志华让厨师买了欢蹦乱跳的鱼，为大家改善伙食。连续几天，桑志华白天在山上采集植物标本，晚上在山上住宿。他觉得这种鱼非常好吃，也很便宜，连续买了好几次。

进入峡谷深处，生态环境越发原始，蜿蜒的路径，清澈的流水，茂盛的树林，使桑志华流连忘返。他采集了石榴树、枫树、松树、刺柏，还有一种被当地人称为“圣树”的带刺铁树标本。在这片树林里野餐，清幽静寂，到处散发着芳草与沃土醉人的气息。至此，桑志华收集的树木标本达到 229 种。

在渺无人烟的峡谷深处，竟然住着一户人家，并耕种着土地。再往前，来自四川、河南和湖北的农民也忙于垦荒，他们解决温饱问题的同时，却成为自然环境的破坏者。

8 月 22 日早晨，桑志华要去秦岭更高的地方去采集植物标本。走出客栈约三公里处要通过一座木板吊桥。桥的两端用六条铁链固定在陡峭的岩石上，中间铺上木板，尽管桑志华知道这种桥是安全的，但桥下水流湍急，两岸相距较远，特别是看到有人过吊桥时来回晃动，心里还是有些紧张。在王连仲的保护下，桑志华牵着骡子一踏上桥立刻晃晃悠悠的，分分秒秒都觉得比任何时候都惊险！骡子也翘起尾巴发出害怕的声音，下桥后，他的心里还怦怦跳个不停。

通向秦岭正脊的小路蜿蜒曲折，在一大片茂密的森林入口处，立着一块标有狼的警示牌，赶骡人停住了脚步。桑志华让王连仲扛着猎枪走在前边，好在没有发现狼的踪迹。

海拔 980 米，山峦叠嶂，清溪蜿蜒。在绝壁千仞处，大瀑布气势磅礴，像大雨帘似的呼啸着喷射下来，格外壮观。再向上，流水潺潺，满谷青翠欲滴，植物标本更珍贵，桑志华一鼓作气向高处攀登，至海拔 1000 多米，夜幕降临。

深夜，阴冷。考察队住在喂子坪小客栈，四壁透风，连窗户纸都没有，像是睡在露天，冻得大家一夜未眠。

天蒙蒙亮，桑志华一行向喂子坪高峰去采集植物标本。不一会儿，狂风卷着乌云压过来，雷声越来越大，一场大暴雨即将来临，大家马上赶到一个大山口避雨。途中，一头骡子病了站在那不走了，骡夫说它肚子疼，只见骡夫用一根长针扎在骡子的鼻孔、尾巴等部位，据说这是中国神秘的针灸。骡子果然好一些，但不能负重。

暴雨后的喂子坪格外美丽，蓝天白云下连绵山峦簇拥起来的山峰，好像是她美丽的王冠。桑志华气喘吁吁地登上海拔 1780 米的宝塔，一瞬间，无限美景尽收眼底：东南方向是跌宕起伏的群山，风景奇秀；远处薄薄的雾中是时隐时现的华山，高峻雄伟；山脚下是黄河渭水如丝如缕，漠漠平原如帛如绵；眼前薄雾轻纱从头顶掠过……此时此刻，他如进入仙境，天近咫尺，举手可触，享受如履浮云的神奇情趣。

要通过的木板吊桥

下午，考察队入住一个兼做生意的小旅店。桑志华在整理植物标本时，看到女主人卖梨很有意思：

一个穷人过来问："多少钱一斤？"答："6 个铜板。""啊！5 个铜板吧？"女主人同意了。

一个提着一袋子

铜板的人问："这梨多少钱？"答："10 个铜板。"这人没划价就买了。

一个口渴的车夫要买梨，女主人说，8 个铜板一斤。车夫一口咬定一斤梨 6 个铜板，也不管女主人是否同意，扔下钱就走了。

桑志华觉得这位女主人很像是心理学家，根据顾客的身份来定价，对富人、游客、外国人、乞丐价格不同，但卖给当地人却都一样，这种价格游戏有点像桥牌。

11 天后，考察队告别了喂子坪。这一天，朝霞染红了延绵起伏的群山，绚丽多彩、蔚为壮观，桑志华真有些依依不舍。

5 风雨登太白

桑志华一行经过金渠镇，于 1916 年 8 月 26 日前往太白山。太白山位于秦岭北麓，眉县、太白县、周至县境内，是中国大陆青藏高原以东第一高峰，也是长江和黄河两大水系的分水岭。太白山作为秦岭山脉的主峰，海拔 3767 米，其独特的地貌特征、气候条件和自然景观，特别是具有适宜珍稀野生动植物生长和繁衍所需要的生态环境和条件，从 19 世纪初就吸引了世界各地科学家和文人学者慕名前来考察。桑志华对高峻、秀美而神秘的太白山充满了向往。

途中，不断传来北京和太原部队已过黄河，与陕西部队交战的消息。桑志华去当地邮局了解情况，遇到一位外籍官员史密斯（Smith），得知并不像传的那么可怕。史密斯看了桑志华的"农林谘议"聘书后，接待极为热情，他不但为考察队更换了骡子，还借给他不少铜钱。

桑志华还是不放心，又绕道去曹岭天主教堂拜访胡捷克主教。因前不久有人翻墙入教堂偷走了 300 银两，这里采取了安全防范措施。胡捷克主教向桑志华介绍了太白山的路线、险峻地段以及需注意的问题，还特别强调，半山腰有 200 余人的土匪占山为王，千万要注意安全。

鉴于上述情况，胡捷克主教为桑志华安排了一个向导、5 个壮劳力挑夫，加上王连仲和来自山西洪洞县骡子队的年轻队长李娃子，他们带上两支手枪和两杆猎枪，不带牲口，因为崎岖陡峭的山路，骡子无法通过。

9月5日，天刚蒙蒙亮，桑志华一行从海拔860米的新寨峪出发，前往太白山。

由下向上，清溪碧潭，山峦叠翠，山坡被高高的草类植物覆盖，五颜六色的小花点缀其间，桑志华感受到太白山气温的千变万化，采集了多种多样的植物群标本。到海拔1250米，峡谷壁立，沟壑幽深，桑志华置身于布满云雾的山谷，采集了高山特有的植物标本。

在沟壑深处有一处隐蔽住所，周围生长着含苞待放的罂粟。向导用手指着这个地方，告诉桑志华：这是一个土匪窝。

攀登至海拔1800米，奇峰怪石，烟雾浩渺，透过环绕山间的浓雾，向导发现一个人影，紧随其后又有两个人影，王连仲立刻拔出手枪，桑志华马上阻止并小声说：可能是土匪，也可能是罂粟种植者，千万别惊动他们。这时，那5个挑夫也跟了上来，人影不见了。

海拔2190米，山坡上植物丛生，长满了龙胆草，桑志华忙着采集。穿越一片矮树丛，怪石成峰，千姿百态，三座孤立花岗片麻岩柱峰突兀云霄，巍峨壮观。莽莽苍苍的山坡上屹立着白色巨石，这是一片开阔地带，考察队所有成员都跟了上来。王连仲气喘吁吁地悄悄告诉桑志华，大家都饿了，可携带的食物全吃光了。桑志华环顾四周，发现上面有寺庙，就让向导带大家继续向上攀登，看看那有没有吃的。

在海拔约2700米处有一座"斗母宫"，桑志华一行又累又饿走到门口，都坐在地上。道观门口有两个道士，桑志华对年轻一点的道士说："你看看，除了我之外都是中国人，大家都饿了，你们应该拿出吃的给他们，至于我，自己带了食物。当然，如果给我吃的，我会付钱。再说，这个庙是属于民众的，你们只是负责接待来访宾客，如果留宿我们，我会用民国政府拨给我的考察费支付住宿费。"

两个道士商量后，同意桑志华一行在这里食宿。过了一会儿，道士端来热腾腾的饭菜款待大家。

太白山的昼夜温差很大，夜晚异常寒冷，房屋虽然破旧，但毕竟遮风挡雨。一觉醒来，旭日东升，桑志华感到体力和精神都得到了恢复。

9月6日早晨，天气晴朗，桑志华采集了星叶草、杜仲等稀有植物标本。山坡上，遇到采集药材的农民把枇杷、黄芪、天麻、大黄等植物放在石头上，靠阳光自然风干。

突然，山雨光顾，只好跑到一个道观躲避。一个道士说：这个季节晴天很少，15 天后将进入霜冻期。

一小时后雨停了，他们继续向上攀登。这里生长着茂盛的冷杉林，有一片杜鹃花，枝叶上抖落的雨水，使大家的衣服都湿透了，冰冷潮湿。

上午 10 点到达海拔 2860 米，仿佛置身于梦幻般的云层之中。整个山峦被浓云密雾笼罩，如波涛起伏，变幻多端，茂盛的丛林与密布的云层，构成了一幅多么壮丽的画面呀！

在海拔 2930 米，看到一个废弃的庙，几个挑夫找到可放两个中餐锅的小炉灶，一个烧开水的壶和锅盖等，他们烧水做饭。王连仲点燃了一大堆柴火，为桑志华烤衣服，其他人也围过来烤湿透的衣服。

晚饭后，在四面透风的房子里，桑志华点燃了一盏油灯，整理登记在太白山采集的植物标本。10 点多，他躺下入睡。深夜 1 点多，他被冻醒了，发现被褥湿透了，冷冰冰的，难以入眠。桑志华走出屋子，顿时感到山风呼啸着掠过头顶，山峰中笼罩着如墨的夜色，山间流淌的哗啦啦水声，灌木丛中莺鸟偶尔发出几声啼鸣，打破了寒夜的寂静，给人以凄凉之感。

天还没亮，桑志华就叫醒大家，向山顶攀登。海拔 3010 米，杜鹃花依然盛开，花丛中生长着一棵高大落叶松。再向上，是一大片灌木丛，枝头长着红穗。不远处，有一只像小牛那么大的羚牛，王连仲把猎枪顶到了肩窝，瞄准射击。不知谁在喊：打中了！那只羚牛在原地转了几圈后，跑掉了。山路陡峭不便去追。过了一会儿，桑志华看到那只被打中的羚牛，步履蹒跚，它有两个螺旋状的弯角，体积比盘羊小很多。据向导介绍，当地羚牛资源丰富，沿着这条山间小路能收集到它们的粪便，为耕地施肥。

杜鹃花的生命力极强，在海拔 3200 米仍然生长茂盛，但是，由于岩石阻碍了它，使山峦出现了裸露。

经过海拔 3300 米的文公庙，继续向上攀登，就到了秦岭主峰太白山顶八仙台（又称拔仙台、八仙绝顶），这是太白山的最高点。

这时，桑志华终于追上始终走在他们前面的三个戴柳条帽的人，其中一人手中握有三齿叉。这三个来自渭南县的人是桑志华在太白山峰见到的仅有的旅行者。他们一路艰辛登上太白山，是为了求雨。

突然，乌云密布，顷刻间下起大雨，无处躲藏。考察队和那三个戴柳条帽的人只能冒雨沿着光秃秃的山峰前进。到海拔 3510 米处，桑志华发现一处可跨越的岩坝，沿着这个岩坝向东坡下行，看到一个很大的湖，水质清澈碧绿，鹅卵石和风化了的粗砂形成了一个天然坝。这就是胡主教向桑志华介绍的令人神奇的高山冰蚀湖——大太白海（也称“大爷海”）。

在太白山顶的北部隐蔽的山坡上，建有一座道观，孤高挺拔，耸入云天，这就是大太白海庙。这一庙宇俯瞰着许多地方，包括黄河和长江。

此时，下起了倾盆大雨，正当大家无处躲藏之际，大太白海庙的大门打开了，一个道士把大家迎接到了屋里。身穿黄色道袍的住持欢迎人们的到来。这位住持虽然表情有点严肃，但非常真诚地说：山上温度低，总是这么冷，经常被雨水和山雾笼罩，五天中难得一个晴天，你们要多穿些衣服保暖。桑志华说：我穿卡其布的衣服，但没有配备防水斗篷和行军床。住持把大家带到炉火旁，边烤衣服边取暖。一小时后，所有人都觉得身上暖和了，湿衣服烤得也差不多了。

桑志华被安排在用木材搭建的一间大房子住宿：从外面看，房顶是用白铁板一张压着一张铺上的，上面浇了沥青。但是，在这阴雨连绵的天气，白铁板的屋顶已变为黄锈色；连接铁板的钉子由于生锈，钉孔已变大，狂风随时可把铁板吹开，这样的屋顶在高山之巅不知能坚持几年？进门后，桑志华发现这间大房子实际上是一个大厅，房梁、墙体由木板组成，木板之间的缝隙使那山顶的浓雾随风侵入屋内，因气候潮湿，房梁上、木板墙体上长了很多大蘑菇。

晚饭后，桑志华开始整理白天采集的植物标本，一个年长的道士一直在旁边观看，不时说出植物的名字与药物作用。桑志华惊奇地发现：他是个大药剂师，随即进行了请教。

此时，三个戴柳条帽的人正在神像前一次次上香，每次上香时，道士都在一旁诉说，那单调的内容是在祈祷人生所求：甘雨、黍子、高粱和布。

夜深了，桑志华为植物标本登记，数不清的飞蛾在他头上飞来飞去，多次把灯火扑灭，无奈之下，只得躺下睡觉。雨水滴落到屋顶白铁板上，发出令人难以忍受的响声，使人难以入眠。

9 月 8 日是圣母诞辰日，桑志华在太白山制高点做了弥撒，包括考察队所有人员，还有那三个戴柳条帽的人。他们希望通过祈祷，得到圣母玛利亚的恩赐，让雨水为人们带来丰收，过上好日子。

三个昼夜的连雨天气，让桑志华决定返程。这里太阴冷，尤其夜间难以入睡。下山途中，桑志华又确认了采集的植物标本所生长的海拔高度。

路上，桑志华觉得向导和挑夫这六个当地人承受力很强，只有骡子队的年轻队长李娃子，因患有不太好治的偏头疼病，在途中自己坐下来小憩片刻。

李娃子

毛毛细雨一直在下，睁不开眼睛，雨水、露水、雾气不断侵入雨衣，浑身湿漉漉的。山谷中曲流溪涧，到处冒出的水在脚下流淌；飞流而下的瀑布咆哮着，飘散的水花溅到头顶，头发都湿了。

桑志华发现庙宇不远处生长着一片罂粟，向导说，这一带经常有土匪出没，王连仲持枪走在前面，大家紧随其后。

到了平安寺，所有人的衣服都湿透了。在热心道士的帮助下，他们烤干了衣服，吃了米饭和煮土豆。一个道士告诉王连仲，有三个土匪在屋里取暖，他们是保护种植罂粟的。王连仲从后门进入大厅，其他人也跟了进来。桑志华故意坐到三人对面，态度和蔼地询问姓名、职业，聊了一会儿，三人出去了。一个道士气愤地说，这些土匪让寺院交纳 100 盎司的毒品，而 6 捆罂粟才能出 1 盎司的毒品。显然，他把桑志华当作维护公共秩序的朋友。桑志华趁机向道士购买了一些已剥开的罂粟，虽然看上去粗糙，也不干净，但可当作阿司匹林用。

晚上，考察队与三个土匪住在相邻房间，双方都非常紧张。桑志华和王连仲把携带的两支手枪、两杆猎枪子弹上膛，放在身边。隔壁三个土匪更加紧张：这帮人全副武装人多势众，莫非是乔装进山“禁罂粟”的官军？整整一宿，紧张到了极点的双方大气不敢喘，最后还是土匪聪明，越窗溜号。

早晨出发，一路上，桑志华尽情欣赏云海景观，真可谓千峰竞秀，万壑藏云，站在飘浮不定的云层中，犹如仙境。中午时分，厚厚的云层渐渐散去，阳光下的悬崖和树丛更加壮观。桑志华让大家坐下来休息，享受阳光带来的温暖。

在海拔 2350 米的峡谷上长满了灌木丛，路也被草覆盖，高高的山峰上到处都是茂盛的森林，桑志华千方百计地搜索昆虫做标本。

下山的小路沾满烂泥，不是很陡，也没有凸现的悬崖和尖石，桑志华感到安慰，因为之前陡峭延伸的崎岖山路使他的膝盖快要脱臼了。

从海拔 2260 米开始，向导带着考察队走了一条与上山不同的路。沿着蜿蜒的小路下行，从长满青苔的石头上走下来太艰难了。向导赤了脚，跑到桑志华前面。桑志华也脱了鞋，赤脚穿上那双在临潼县城买的草鞋，这避免了皮肤被岩石擦伤。

在海拔约 2000 米处，桑志华第二次收集了昆虫标本。在海拔 1460 米时，森林的树木逐渐稀疏，离平原已不远了。

下至海拔 1220 米，需要过 6 条河。河水不是很深，但水流很急。桑志华挽起裤腿，由一个挑夫背着蹚水过河。山西洪洞骡子队队长李娃子因为生病，也被另一个挑夫背着过了河。

过河后，雨水把红土斜坡变得更加泥泞，非常难走。天黑了，因没有客栈，只能借着月光，甚至依靠萤火虫发出的微光行进。晚上 9 点多，才找到一家客栈。就在进驻时，突然下起大雨，因这个客栈是在一个大货场的基础上加盖顶棚，加了隔断墙建成的，所有房间都被雨水淹泡了。王连仲连忙指挥大家为桑志华搭起帐篷，以遮挡行李和植物标本。桑志华在厨房炉子旁烘干蘑菇，翻晒标本，特别当心这些东西不能被房顶流下来的水浸湿。

阳光下的悬崖和树丛

下山至海拔 1000 米，桑志华又采集了 7 种稀有树木标本。

9 月 13 日，桑志华安排考察

队的成员在山脚下客栈过夜，他去看望胡捷克主教，谈了在太白山采集的稀有植物标本。胡主教说，在海拔 2600 米处有许多珍贵植物，你们没有采集。听罢，桑志华与胡主教商量，把在太白山采集的植物标本暂存放在曹岭教堂，他带原班人马立即返回太白山，一鼓作气来到海拔 2600 米，采集了许多稀有植物。

之后，攀登至双峰山，住宿在四翠山寺院，桑志华一行受到盛情款待，吃的全是山上采集的新鲜美味。

晚饭后，桑志华躺在双峰山的高坡上欣赏美丽的夜景：晚霞渐渐飘逝，消失在南面的峡谷中。太白山依然耸立在此，而它那弓形的身影，被夜幕笼罩。天空中没有白云，只有繁星点点，在柔和的月光下，闪烁在如洗的夜空中。远处，渭河像是在秦岭和北山脉间开辟出的一条宽阔的大道。更远一点，就是山西和甘肃，希望接下来去那里旅行。午夜，大地一片寂静，一点风也没有，桑志华感觉越来越凉，云雾在山谷深处凝聚、流动、堆积……望着星光闪烁的天空，产生了许多遐想……

桑志华凝视着这美妙的夜景难舍难离，凌晨两点多才进屋，但因心情难以平静，加上住处封闭性不好，无法抵御寒冷的袭击，一夜没有睡好。

清晨，金色的太阳从东方冉冉升起，照射在太白山上，呈现出一幅美丽壮观的画面！微风吹过，带来了阵阵凉意，吹散了炎热，令人心情愉悦。

向上攀登，又到海拔 2750 米的斗母宫。向下返回时，桑志华采集了一些新的植物标本，还收集了 13 种岩石标本。

9 月 21 日下午，桑志华冒雨去曹岭看望胡捷克主教，顺便参观了新建的小教堂。为了路上安全，胡主教带桑志华去拜访刚上任的陕西省最年轻的副省长。他曾

路边的大碗茶摊

在天津逗留过 7 个月，与桑志华是一见如故的老相识。桑志华直言不讳地谈了 4 个月前胡捷克主教 300 银两被盗和当地水利灌溉的问题，引起了这位副省长的重视。

桑志华还没出衙门，就有一位中级官员向他保证，两天内解决胡捷克主教银两被盗的问题，还派人用两盏提灯护送他们返回曹岭。刚到住处，那位官员就派下属给桑志华送来了蜡烛，还带来了两个“衙役”为他守夜。

9 月 24 日早晨，这位副省长亲自来送别桑志华。

6 渡过黄河

这次陕西之行，桑志华收获了中国高海拔稀有的很多珍贵动植物标本。1916 年 9 月 25 日，桑志华一行过渭河，经岐山县、宝鸡、咸阳，10 月 7 日到通远镇、三原县考察，10 月 11 日返回西安天主教会，把临时存放在那的各类标本，一起装车返程。

10 月 17 日，到达黄河岸边的百良镇（位于渭南市合阳县）一家客栈。

在客栈附近，桑志华对一位老人脚上穿的黑色中式布鞋很感兴趣，问是从哪买的？老人说：“是老伴做的。”桑志华很喜欢，试了试，大小很合适，就对老人说：“这双鞋能卖给我吗？”老人愣了，不知如何是好，如果把鞋卖给桑志华他只能光脚了。一直站在旁边的来自山西的骡子队队长李娃子帮着劝说，老人才脱下脚上的鞋，以 40 个铜板卖给桑志华。

吃晚饭时，一位身穿黑制服，头上盘着高高发髻的英俊“刀客”走到桑志华面前要看证件，身后还跟着三个穿军服的士兵。桑志华提出要见他们的首领。过了一会儿，首领来了，递过名片，有礼貌的与桑志华交谈，态度非常友好。首领担心他们过黄河后会遇到危险，当即写了一封信给对岸守卫渡口的部队首长，以免遭受子弹的袭击。

第二天早晨，考察队来到黄河岸边。宽阔的黄河在桑志华眼前无限伸展，河水在阳光照耀下波光粼粼，成群的野天鹅栖息在那里。

在岸边等了很久，过河的摆渡终于靠岸了！焦急的旅客们拥挤在一起。

桑志华好奇地看着旅客们登船的情景：所有旅客必须在水中和淤泥中赤

入住黄河岸边的客栈

脚走一段路程，一个旅客在淤泥中趟水上船，将包裹掉到水中，慌乱地去捞包裹；另一个旅客赶着几头猪，其中一头掉到水中差点被淹死；还有一个旅客的骡子在甲板上尥蹶子，只好用绳子和钩子拴住它的臀部，骡子不停地叫唤。

桑志华一行由于“刀客”首领提前打了招呼，没有像上述旅客那样趟水，而是通过长长的跳板上了三艘连接在一起的很稳固的大船。上船时，桑志华出示了执照和“农林谘议”聘书以及船卡，船长为桑志华预留了最好舱位。

一些人好奇地来围观桑志华，尤其对畜力车上那面写着“法国进士、中国农林谘议、桑”的三色旗子更感兴趣，还指指点点。看热闹的人越聚越多，桑志华无法忍受了，经船长同意，把他的骡子和那辆插着小旗子的畜力车转移到第三条小船上。

船行使到下游一处冲积层难以航行，十个船员跳进河水中，踩在淤泥上，奋力推拉小船重新逆流而上。没走多远，小船又在泥滩搁浅，他们又一次到河中，用肩膀扛着船至深水处。整个航程非常艰难，行进很慢。

桑志华一行登上了一条大船

虽然随后航线的水流越来越急，形成大浪，但船长指挥得力，船员们各负其责，经过一段艰难的航程，离目的地越来越近了。

意想不到的船靠岸操作开始了：老船长发出命令，“撂铁锚！”（扔下铁锚）船头的一名水手将沉重的铁锚扔向前方。铁锚是用来固定住船的位置，当铁锚高出水面时，两名水手马上跳入水中用肩膀顶住右舷船壳板，再一次把铁锚深深插入水中。这时，船突然停下来，晃动得比较厉害，船上骡子情绪很不稳定，但没有尥蹶子。就这样，撂铁锚后，来来回回十几次调整船的方向，但是由于淤泥太多，船难以靠岸。十个纤夫下到河水中，十分费力地把船拉到岸边。整个航程用了两个半小时。

下船很方便也很迅速，一位负责陕西界内“离境”的工作人员，非常友好地对桑志华说：“您可以离开了。”

桑志华一行到达黄河对岸山西境内的荣河镇。之后，他又到山西晋中、洪洞、霍山、太原等地考察，于 1916 年 11 月 4 日返回天津。

第六篇
命途多舛的1917

天有不测风云，人有旦夕祸福，用这句话概括桑志华在中国度过的1917年再恰当不过了。他赴甘肃考察半路患病，生命垂危；想返回天津，交通瘫痪；被迫去苦修院疗养，连遭暴雨；顺路游览皇家热河行宫、清东陵，返回天津时却是一片汪洋。

1 甘肃考察因病未成行

甘肃地处中国西北地区，是黄土高原、青藏高原和内蒙古高原三大高原的交汇地带，从南向北包括了亚热带季风气候、温带季风气候、温带大陆性气候和高山高原气候等多样类型。桑志华对甘肃独特的地质地貌和气候条件情有独钟。之前，他的陕西之旅为去甘肃考察奠定了基础。经过 20 多天的精心准备，桑志华兴致勃勃地开启了赴甘肃考察之旅。

在此之前，桑志华收到邯郸天主教会沃伦（Wonnen）神父的来信：位于临铭关（今隶属邯郸市永年区）西约 5 公里的明山附近，有人在黄土地深 7 米处发现了犀牛化石。桑志华与沃伦神父相约，他去甘肃考察的中途下车，顺路去看看那个化石地点。

1917 年 4 月 18 日，桑志华从天津乘火车到北京，又从北京转乘至汉口的火车。

为节省时间，沃伦神父在邯郸火车站等候桑志华，并为他租好了车夫和骡子。经过了一夜的铁路奔波，疲惫的桑志华出了火车站，他们乘坐马车直奔发现化石的地方。

正值春暖花开的季节，随风摇曳的嫩绿垂柳，盛开的粉色桃花，绿油油的小麦，黄色的油菜花，到处春意盎然。

穿过宽广而平坦的道路后，马车行驶在一条大的河床里，小石子和胶泥交替出现，还有全是草的沼泽地。坐在车上的桑志华感到浑身不舒服，只听沃伦神父介绍情况，他的话越来越少。4 月 19 日傍晚，在洺河岸边（距永宁县城西行 10 余里）一个客栈住宿。

早晨，继续赶路，因洪水泛滥道路泥泞，非常难走，车夫不停地吆喝着，行进的速度很慢。

一路颠簸，4 月 23 日下午，到达明山附近的王岗村（今隶属邯郸市魏县）。桑志华与沃伦神父顾不上休息，徒步登上采石场旁边的一个山坡去勘察：斜坡黄土上被石灰岩卵石所占据，从谷底到山顶，这种卵石比比皆是，山丘圆顶，石头也露出光滑的圆头。西部山脉都是石灰岩，树木不能生长，山羊到处啃吃植物。遗憾的是，没有找到化石。

天黑下来，他们乘坐马车返回王岗村。疲惫不堪的桑志华发现一匹匹骡子都无精打采。原来合同上约定的大骡子被换成了小骡子或瘦弱骡子，由于路途远且难走，再加上车夫没把牲口喂饱，骡子按照合同载重 230 磅后极度虚弱。桑志华本打算让这些车夫赶着骡子随他去甘肃考察，这才走了几天就败下阵来，他对骡夫大发脾气，并气愤地说：你们违背了合同条款，我要去衙门告你们！从这一天开始，他减少赶骡人的工钱。车夫不敢辩解，只是大声对骡子下达口令催促它们加快速度，但是骡子依然跑不起来。

4 月 24 日晚上，桑志华开始发烧，自以为是一路劳累和不愉快所致。

沃伦神父看到骡子的现状，再加上桑志华生病，心里非常着急。25 日，他用了一天时间，想尽办法换了四匹骡子。桑志华决定其他牲口到山西再换。

两天后，沃伦神父本来想与桑志华告别的，但见到他体温虽有所下降，但还是发烧，就陪着他乘坐马车前往山西，新换的四匹骡子行进速度明显加快。

28 日，到达西黄村（今隶属邢台市）这个依河傍山的秀丽村庄，客栈就建在绿树丛中的红砂岩上，村西有一个警务站，它是山西省与邢台市公路交界的要塞。

29 日，桑志华一整天持续高烧，卧床不起。在这缺医少药的荒郊野外，沃伦神父束手无策，生怕出现意外。

30 日，烧退了些，还是不能走动。

5 月 1 日，桑志华又开始高烧，关节炎也发作了，脸色非常难看。沃伦神父说服桑志华不要去山西，而是改道去顺德府（今邢台市）天主教会看病。他找人做了一个软式担架，即用两棵幼树做架，两头由横木固定，悬挂用粗绳编成的网，顶棚是块台布做成的。

2 日，桑志华持续高烧，浑身剧烈疼痛，连睁眼都很困难。沃伦神父和王连仲等人把他从床上抱起来，放到那个软式担架上，由四个身强力壮的小伙子抬着一溜小跑奔向邢台方向。他们艰难地跨过几道沟壑，才到了平原，后边两个抬担架的小伙子看着昏昏沉沉、生命垂危的桑志华很紧张，一个个累得满头大汗，仍然加紧赶路。又走了一大段路程，到达顺德府（今邢台市）天主教会。主教斯特法尼（Stefani）马上请医生瓦洛（Vallois）修女进行治疗。由于桑志华高烧不退，又处于昏迷状态，瓦洛医生建议马上送往法国驻华公使馆。

5 月 3 日天蒙蒙亮，斯特法尼主教派梅左西（Mezohi）神父等人将桑志华立刻送往北京法国驻华公使馆，沃伦神父留下照料车队和行李。

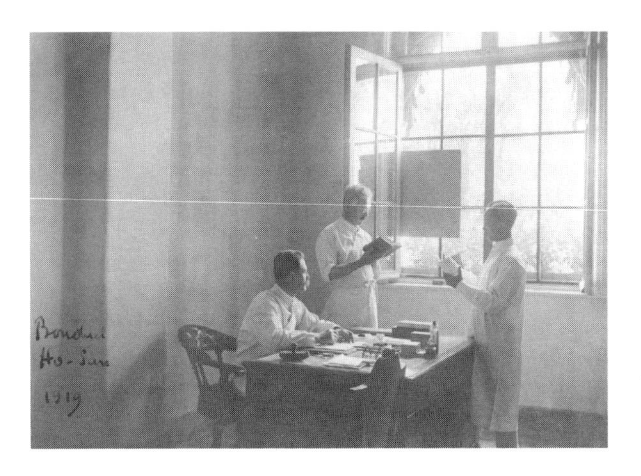

北京圣米歇尔医院

法国驻华公使馆圣米歇尔医院的著名医生贝熙业博士医术高超，在北京达官贵人圈子颇有名气。他对桑志华进行了抢救。住院三周后，在贝熙业医生的精心治疗和安吉尔（Angele）修女的细心护理下，顽症终于得到有效控制。但是，贝熙业医生要求桑志华只能在医院继续疗养，不能外出。

小市场运物资的骆驼

又过了一周，刚刚恢复体力的桑志华，与雷法基（Refaki）神父去南堂（宣武门教堂）西边的小市场闲逛。这里什么东西都有，可买到出奇的二手货，有时也很中用，雷法基神父就买到一个很容易装配的经纬仪。两人又来到南堂，见到了农商部林业顾问歇尔夫斯（Sherfesee）先生。

桑志华感觉自己基本痊愈，5 月 31 日乘火车返回天津。他看到沿线运河的水灾已减弱，农民正在洪水过后的土地上抓紧播种，有的牲畜陷入泥泞不堪的地里难以自拔。

可惜没过两天，桑志华的膝盖处又长了水囊瘤，行走困难，赴甘肃考察又一次被推迟。

在天津养病期间，桑志华不断听到新消息：袁世凯死后，黎元洪[1]出任大总统，而国务总理段祺瑞掌握实权，段祺瑞与西方各国相处还好，对日本更好，实际“挟北洋以令总统”，总统与总理互不买账；军阀开始主宰政治。据报纸刊登各省武装割据的军阀集团开始闹独立：今年 5 月 20 日是安徽省和奉天省，5 月 30 日是河南省、浙江省、山东省、福建省，6 月 2 日是直隶省，6 月 5 日是山西省。

经过一段时间的静养，桑志华感觉腿好一些了，还是打算去甘肃考察。为此，他去了北京圣米歇尔医院。经检查，贝熙业医生认为不能远行，建议他到杨家坪苦修院疗养一段时间。

2 辫子军占领北京

在恢复体力的这段日子里，桑志华一直呆在北京法国驻华公使馆。1917 年 6 月 28 日，康悌公使宴请北洋军阀头面人物——张勋共进晚餐，听张勋说能指挥黎元洪总统，感到十分惊讶！

恐怕桑志华做梦都没有想到，因病在北京疗养的他，亲身经历并目睹了北京宫廷政变的前前后后。

6 月 30 日，桑志华在街上碰到张勋的“辫子军”巡逻。他们的辫子垂

① 黎元洪（1864—1928），湖北黄陂人，北洋政府大总统。1911 年 10 月武昌起义爆发后，被举为中华民国军政府鄂省大都督。次年 1 月，被选为南京临时政府副总统。1913 年，支持袁世凯镇压孙中山发动的“二次革命”。1915 年，对袁氏称帝采取消极抵制态度。1916 年，袁氏败亡后继任为大总统，宣布恢复《临时约法》，召集国会，与手握实权的国务总理段祺瑞演成“府院之争”。1917 年 5 月，下令免去段的国务总理职务，6 月在张勋胁迫下同意解散国会，7 月被迫引咎辞职。1922 年 6 月，在直系军阀曹锟等人的拥戴下复职。1923 年 6 月，被迫向直系军阀交出大总统印章，自此与政坛无缘。

在肩上，军装为蓝色，士兵携带的武器为一把黑柄红色的长柄刀，后面紧跟着一位腰间挎着大刀的副官，行进速度很慢。

桑志华在公使馆听说，张勋复辟[①]，清逊帝12岁的孩儿溥仪[②]重新登基，在养心殿颁发诏书，任命张勋为“首席内阁议政大臣兼直隶总督”。张勋政变令人意外，各国公使馆的多数使节和外交官都在北京城外度周末。据说，政变是在7月1日凌晨3点发生的，5000多“辫子兵”全部进城，此次军事行动策划十分周密。有人说，张勋通电要黎元洪总统解散国会，逼走了黎元洪。

桑志华怎么也不能相信是张勋发动的政变。因为，在前两天法国康悌公使举行的晚宴上，张勋还表示了保持君主立宪的决心，不会和人民希望的政府形式——共和国作对。张勋是在参加晚宴的七八位贵宾面前承诺的，怎么说变就变了呢?!桑志华更难理解的是，这次张勋的复辟行动实施得轻而易举，他决定恢复帝制，而黎元洪总统拒绝辞职，不知道这场面要如何收拾。

在北京城，桑志华无论走到哪里，都有多处路段整天被封锁，听说皇城外也是张勋“辫子军”把守。身着皇室衣服的达官贵人悠然走在大街上，他们被封的官衔有王爷、公爵、高参等。看得出来，帝制的建立很巧妙。听说黎元洪前总统被封为公爵，人们猜测他会拒绝，因为他不愿与帝制连在一起。

五色共和旗帜依旧在总统府（原先的东宫，距皇宫不远）上空飘扬。街头兵营里还飘扬着五色共和旗，这里安静得就像未发生任何事似的。

路上的人们慌慌张张，有人说北京城内有7000多张勋的蓝军士兵，他

---

① 张勋复辟，指20世纪初张勋拥清逊帝溥仪复辟的事件。由于黎元洪、段祺瑞“府院之争”趋于激化，黎元洪被迫召张勋入京调解。张勋率“辫子军”于1917年6月14日入京，30日召开“御前会议”，决定恢复清帝国。7月1日凌晨，张勋穿戴清代朝服，率康有为等拥溥仪登基，发布上谕，改民国六年为宣统九年，易五色旗为龙旗。消息传出，全国舆论一致声讨。12日，复辟失败，张勋仓皇逃入荷兰使馆，溥仪再次宣布退位。

② 溥仪（1906—1967），中国清朝末代皇帝。1908年即位，年号“宣统”。辛亥革命后被迫宣布退位。1917年7月1日，接受张勋奏请，宣布恢复帝制，12天后，失败。九一八事变后，在日本关东军策划下于1932年3月在长春出任伪满洲国“执政”，1934年3月改元“康德”开始称“皇帝”。1945年8月日本宣布投降后，被苏军俘获，1950年8月引渡回国，先后入哈尔滨、抚顺战犯管理所接受改造。1959年12月4日获特赦。曾任全国政协文史资料委员会专员、全国政协第四届委员。

们驻守天坛和皇宫紫禁城附近，身穿灰色制服的共和军士兵也混杂中间。各国公使馆由穿黄色服装的军警看守。

7月3日，紫禁城天安门前挂上了“黑龙黄色皇旗”，许多商铺也纷纷挂起了这种旗子。旗子因很久没有挂了，看上去有些陈旧并有很多褶皱。停业几年的黄龙旗店铺又重操旧业，一时供不应求，许多小店门脸只好用纸糊一面龙旗应付。还有一些人去“当铺”抢购朝服，到戏装店用马尾制作假辫子，更有甚者穿上长袍马褂，晃着真真假假的大辫子招摇过市。看着眼前的场景，桑志华在想：龙黄旗子能挂多久呢？

从颐和园开来一些部队，他们都是满族兵。人们听说张勋又增援了他的部队，大概有3万人，也有人说他在苏州拥有4万人马。

王保尔先生是北京老城区的古董商，收藏了许多孔雀羽毛和旧纽扣。一听说政变了，即派雇员到处找商务代理人，这些人回答：“还不是脱手的时候，再等等。”

后来，总统府五色共和旗不见了。桑志华听说7月3日晚上9点，被免职的民国总统黎元洪和两名随从逃出总统府，进入日本领事馆寻求避难。他从日本领事馆通电副总统冯国璋①，令其接任总统一职，并在南京组建临时政府，还下令恢复段祺瑞国务总理的职务。

桑志华从总统府西门经过，看到街道上停满了汽车，穿灰色服装的共和军在搬运总统府的东西。这批灰军车队朝西走了，张勋的蓝军进入东城，井然有序。至此，这是政权巨变给人留下的印象最深的场面。

再后来，黑龙黄色皇家旗子变少了，街头兵营里还飘扬着五色的共和旗。人们说，段祺瑞和南北各省督军集结了大批部队准备讨逆张勋复辟。北京城外，已经烽烟四起。

几天来，桑志华无所事事，到北京西什库天主教堂参观了马尔斯特（Frères Maristes）修士们的葡萄园。这里有20多个品种，栽培技术完全采

---

① 冯国璋（1859—1919），河北河间人，中国直系军阀首领。1913年7月，参加镇压南京讨袁起义，并改任江苏都督。护国战争爆发后，与赣浙等省联名致电袁世凯速行取消帝制，主张未独立各省另树一帜。1916年10月，被国会选举为副总统，成为直系军阀首领。张勋复辟失败后任代理大总统。1918年10月，被段祺瑞赶下台。次年春退归河间故里。

巨大古老的圭表（子午线四分仪）

用了欧洲方式，长势很好。

听神父说，法国耶稣会取代了伊斯兰教会掌管北京古观象台，7 月 4 日桑志华去那里参观。现任“北京古观象台”（今东城区建国门立交桥的西南角）台长的高神父热情接待了他。高神父是法国耶稣会士，讲一口流利的法语，对北京古观象台的历史和专业都很熟悉。

高神父告诉桑志华，原计划在北京西山海拔 800 米处建一个现代化的气象观测台，望远镜已到货，但由于经费短缺，后续计划未能实现。

返回法国公使馆的途中，桑志华看到搬家的车队从总统府出来，每辆车上都装满了物品。马路尽头的兵营也在搬家，马车上装有枪支、床上用品、皮箱、闹表、衣架、脸盆、马桶、大批军帽，还有蒙古云雀的鸟笼等。总之，都是家用和旅行用的东西。他们只是离开总统府，不离开北京。

有人说，冯国璋当上了南京临时政府总统。

日本驻华公使发表声明：前总统黎元洪是作为政治避难者住进来的，其前提是他对现在事件不做任何干涉。

传来一个战争消息：段祺瑞出任“讨逆军”总司令，在天津重新聚集北洋势力后，率领的军队驻扎在离北京东南数英里外。人们担心，一旦战争打起来，北京因缺乏食物无法生存。

各国驻华公使馆的卫队已处于戒备状态。直隶督军曹锟① 来到北京，请求外国使团离开北京以防轰炸。法国驻华公使馆人员准备好去北堂（北京西

① 曹锟（1862—1938），天津人，中华民国时期直系军阀首领。1915 年 12 月率部入川镇压云南护国军。1917 年 7 月任段祺瑞讨逆军西路司令，讨伐张勋复辟。冯国璋死后被奉为直系首领。1920 年 7 月与奉系共掌北京中央政权。1922 年 4—5 月打败奉系张作霖，独掌北京政府。1923 年 10 月，以贿选当上大总统。1924 年 10 月，被冯玉祥软禁。获释后长期寓居天津英租界。

什库教堂）避难。

总统府搬家的车队

北京东南方向不时传来枪炮声，恐慌笼罩着北京。人们四处逃窜，纷纷逃往天津租界，而北京通往天津的火车已经停运了，北京街道更加拥挤，往使馆区避难的人流加剧……

有两个共和军高官家庭，在贝熙业医生的帮助下躲在米歇尔医院。黎元洪的家属也申请到法国公使馆避难，公使的首席秘书兼翻译贝特朗（Bertrand）去接他们。

北京城内到处可以见到凄苦难民，黄包车上拉着箱子和包裹，那些老式汽车也加入逃跑行列，形成可悲的混乱局面。这些人内心恐慌，差不多四分之一的人已经逃出城外。

慌乱的北京城，桑志华什么事情也做不了，感到很无聊。他希望事态好转，返回天津做去甘肃考察的准备工作。可是，京津铁路已经瘫痪。他心烦意乱，不知如何是好。桑志华来到北堂（北京西什库天主教堂），林懋德主教建议他去杨家坪苦修院[①]继续疗养身体。

3 去杨家坪连遭暴雨

听从林懋德主教的建议，1917 年 7 月 6 日，桑志华离开法国驻华公使馆，与从天津赶来的王连仲一起乘马车驶向城外。越过一个丘陵圆谷，走上门头沟一条河流岸边的坡道，粗糙而带有浅红色斑点的石英岩覆盖路面，车夫吆喝着骡子小心翼翼地前行。

两天后，桑志华在离百花山 25 公里，距杨家坪苦修院 40 公里的西

① 杨家坪苦修院（今杨家坪圣母神慰院），位于河北省张家口附近太行山区，虽属河北涿鹿，却紧邻门头沟，与齐家庄仅一山之隔，被称为亚洲第一座严规熙笃会修道院。

斋堂与雇用的两个赶骡人会合。他们通过大运河谷，向西南百花山攀登。沿途村庄的山坡上树木茂盛。在海拔 337 米高处，黄土形成约 2 公里长的阶梯，山路畅通，正值花开时节，五彩缤纷的野花竞相开放，布谷鸟在鸣叫，美丽的百花山出现在眼前。一会儿，乌云密布，顷刻间暴雨倾盆而下，山坡泥泞，道路打滑，使攀登百花山变得相当艰难。桑志华一行无处躲藏，只能继续向上攀登。海拔 930 米处，多处路段被坍塌的巨石阻断，直至 1100 米一个狭窄台阶才让他们得以喘息。之后的路崎岖陡峭，野草丛生，一匹骡子体力不支，摔倒在泥潭，车夫们拼尽全力才把它救出来。

又走了一段路程，到了一座寺庙，桑志华打算住宿这里。一直发烧的王连仲这时病得更厉害了，许多具体事情都要桑志华亲自去做。桑志华对一个和尚说想要入住，和尚说没有房间，并指向一个凉亭让他们暂时歇脚。可是，四个欧洲人占据了凉亭的主要位置，重病的王连仲只能在一个角落休息。这里海拔 1685 米，桑志华感觉浑身发凉，高烧的王连仲更是蜷缩成一团。桑志华给他服了药，使他昏昏入睡。傍晚，和尚们为桑志华一行腾出了住宿的房间。

两天后，王连仲病情有所好转，桑志华留下他照看行李和骡子，他带车夫去百花山采集植物标本。这一天阳光明媚，当他登上百花山顶壮观景色一览无余：西南方，树木茂密的山坡上是杨家坪教堂，山脊很陡的斜坡上有个狍子在吃草，遗憾的是没有带猎枪。东南方，蜿蜒曲折的永定河像银色的带子在阳光下闪闪发光。脚下百花丛中，红肚皮的小麻雀蹦蹦跳跳，很多野山鸡在觅食，还听到花鼠在峭壁之间的叫声。百花山植物很多，桑志华不停地采集标本。

去苦修院的路上

7 月 16 日，桑志华一行沿着通往杨家坪苦修院的山路继续向上攀登。海拔 1200 米，是一片茂密树林，有橡树、栗子树、欧洲山杨等，郁郁葱葱，为采集树木标本，他们住宿在山上。

通往杨家坪的山路

早晨，桑志华采集标本时，在峡谷的北侧看到一个方形烽火台，蜿蜒的长城是直隶省与山西省的分界线。下午，他们启程，走了一个多小时，下起了暴雨，山坡路滑，骡子摔倒了，桑志华被甩到一个小山坡上，幸好只伤了皮肉。骡子不能骑了，只能牵着它深一脚浅一脚前行。被雨水打湿变硬的防雨布在树枝的摩擦和碰撞下，发出低沉的声响。

经过两个坡岭上的小圆丘，从沟壑笔直的谷坡上下来，可以看到矗立在偏僻峡谷的杨家坪苦修院。走进杨家坪苦修院大门后，受到雷昂（Léon）、昂格勒斯（Angles）神父和夏尔托（Chartreux）、降福（Bénédiction）、特拉毕斯特（Trappiste）、鲍狄艾（Portier）、奥特力艾（Hôtelier）修士真诚、热情地欢迎，使一路艰辛的桑志华感到了暖融融的慰藉。苦修院院长冬·茂尔·伟沙尔（Dom Maur Veychard）因为正在主持修会的活动，没能来欢迎他们。

杨家坪苦修院

苦修院为桑志华等人准备了丰盛的晚餐，刚坐好，电闪雷鸣，狂风大作，暴雨又来了。雷昂神父急忙起身离开餐桌，带上雨具，消失在暴雨中。原来，一公里外建有一个保证苦修院日常用水的蓄水堤

桑志华（后排左二）与苦修院修士们

坝，雷昂神父担心堤坝被暴雨冲毁，叫上一个中国修士去查看。

餐桌上的菜品丰盛，有修士们自种葡萄并酿成的葡萄酒，奥特力艾修士请桑志华品尝从北京法国驻华公使馆运来的奶酪。为了保证奶酪品质，他们雇用中国苦力步行背来，避免运输中的颠簸，只有尊贵客人才能品尝。窗外猛烈的暴风雨和峡谷急流发出震耳欲聋的响声，让桑志华非常担心雷昂神父的安全。昂格勒斯安慰道：有中国修士在，不会有问题。

第二天上午，雨过天晴，桑志华参观了苦修院。还见到了一直隐居在苦修院的德·默尔路斯（De Moerloose）神父，他既是传教士，也是高水平的建筑设计师，在中国设计了许多漂亮的哥特式教堂，杨家坪苦修院也是他的作品。尔后，德·默尔路斯神父邀请桑志华等来到大树下畅谈。

7月20日，雷昂神父带桑志华到附近一条河流岸边采集动植物标本。途经谢家堡警察局长家时，雷昂神父对桑志华说，警察局长与苦修院院长是好朋友，在特殊情况下，可以在局长家住宿。这个村位于杨家坪河流与西北边十八盘山支流的汇合处。

4 警察局长的盛情

一周后，雷昂神父带领桑志华到白岭镇西山去打猎，返回杨家坪时，遇上了大雨，路滑难走。天黑了，他们牵着骡子、背着猎枪来到警察局长韩林家。

韩局长非常热情地接待他们，还说是苦修院神父们的好朋友，他腾出最好的房间让桑志华和雷昂神父住，4 个随从和 5 头骡子也得到妥善安置，还为他们准备了丰盛的中式晚餐。

大雨下了一夜，通向杨家坪苦修院的河流都在涨水，所有道路无法通行，被困在韩局长家的桑志华心里十分焦急。

第二天，大雨从早晨下到晚上。这么多人给韩局长家人带来很多麻烦，但是为人正直、真诚、纯朴、热情的韩局长一直尽全力招待大家，连桑志华的随从和骡子都照料得很好。

又连续两天大雨仍然不停，韩局长昼夜冒雨去查看水情，他难过地说，许多村民的房屋倒塌了，涨出来的河水把庄稼、村庄都淹了，没有任何办法。

30 日上午，雨过天晴，被困了几天的桑志华决定离开。韩局长竭力劝桑志华再住一天，还说水流太急，不容易通过，路上还有可能遭遇大暴雨。桑志华被韩局长的真情实意感动了，他深深感受到中国朋友的真诚实在，住在这里就像在家里一样温暖。分别的时刻到了，真有些依依不舍。

桑志华一行经过艰难跋涉，来到距杨家坪最近的盘堡村上游准备过河。一个赶骡人勇敢地从岩石之间游过去试水的深浅，他认为如果骑着骡子稳步过去应该没问题。雷昂神父在赶骡人的保护下第一个过河，中途差点失去重心掉到河里，艰难地到了对岸后，大声对桑志华喊：你们不要过了，太危险了！再去看看其他地方。直到傍晚，也没有找到过河的地方，但天黑前如果过不了河，呆在岸边会很危险。聪明的赶骡人想出一个好办法：用一根很粗的绳子固定在河两岸，再用可以滑动的短绳环套在粗绳子上，人在过

韩局长一家人

桑志华（右一）换上中式服装与韩局长父子合影

河时拽住短绳，骑在骡子上趟过河，由一个水性好的赶骡人在急流中游来游去保护大家。就这样，在天黑前，所有人和行李都过了河。

回到苦修院，几乎所有房屋都漏水了。晚饭时，刚从北京返回的5名修士由于遇到洪水，在路上走了8天，看到许多房屋倒塌了，他们还说北京局势平稳了，黎元洪辞去总统职务，去了天津。张勋复辟12天就破产了，有人放火烧了张勋的营地，好多人被杀，张勋躲到荷兰驻华公使馆。

无法返回天津，桑志华只好继续在苦修院附近山区采集动植物标本。

8月5日早晨，天气晴朗，韩局长来杨家坪苦修院看望桑志华，他说最近几场暴雨造成的后果很可怕，谢家堡河流的下游飘着100多具尸体，有的一家五口人和房子都不见了，这是20多年未见的洪灾。

在离开杨家坪苦修院前，为了感谢韩局长一家的盛情款待，桑志华专程到韩局长家拍了几张照片作为留念。

杨家坪附近的山已被桑志华踏遍，他打算避开洪水灾害，直接去张家口、内蒙古等地考察。尽管苦修院冬·茂尔·伟沙尔院长和神父们一再挽留，桑志华还是向着新的考察目标出发了。

5 坝上草原

出生在法国北部平原的桑志华，一直对异国风情的中国大草原充满了好奇与期许。1917年8月21日，他终于踏上了通往张家口坝上草原的征程。

沿途，沟壑纵横，山岭连绵。碧空下，雪白羊群缓缓游动在绿色山坡上，宛如一幅幅美丽的油画。在桑志华看来，这一切比平原任何时候都绚丽多彩。他陶醉于美景之中，走错了路，站在一个小山口，不知道何去何从。

这时，三个骑马放羊的男孩过来，桑志华马上让赶骡人去问路，刚一靠近，男孩赶着羊群就跑了。王连仲分析，可能是因为赶骡人背着猎枪，他们以为是强盗或征兵的，被吓跑了。走了一天，既见不到庙，也看不着塔，桑志华来中国三年，还从未见过如此贫穷的地方。

天黑下来，好不容易才找到一家极为简陋破旧的客栈。老板见客人来了，连忙招呼伙计们打扫。桑志华的房间很狭窄，平时用来存放草料的，连床都没有，唯一的炕也塌陷了。

吃饭时，客栈老板突然问桑志华："您认识吕神父吗？"吕神父的中国名字叫吕当（Lutten），因维护当地公共秩序而出名。

桑志华见到吕当神父是在教会学校（隶属南壕堑，现隶属尚义县天主教会）一个操场，他被眼前一切惊呆了：二十余名全副武装的学生披着斗篷，背着卡宾枪，带着行李和宿营用具整齐列队，像训练有素的军队。

原来，吕当神父组织这些学生去13公里外的安固里淖[①]（Kou lou pan noor）野营刚回来。他们用一周时间，对湖水进行了测量，采集了植物标本，还钓了鱼，带回的花泥鳅发出低沉叫声。通过野营，学生们对自然科学产生了兴趣。

吕当神父对桑志华说：这些学生非常热爱自己的家乡，随时做好保卫准备。一天深夜，一些学生听到帐篷附近有马蹄声，端着枪出来察看，牧羊人告之，那是一帮土匪。土匪问："谁在帐篷里？"牧羊人答："吕神父。""多少人？"答："二十多人。"土匪就走了。桑志华非常佩服！吕当神父淡然一笑说，这就是大草原上的生活，有钱而没有武器就会遭遇不幸。

在学校旁边，有一所教会孤儿院，有80多个女孩，她们出生后就被送到女天主教徒或教徒家喂哺，长到4岁时接到孤儿院。那些非教乳母为拥有自己喂哺的婴儿，也变成了天主教徒。

吕当神父还是一个地理学家，他绘制的地图真实地反映了所涵盖地区的地质地貌，桑志华仔细研究了这张地图，这对他下一步考察很有帮助。

---

① 安固里淖，蒙语意为有鸿雁和水的地方，位于张家口市张北县，是华北第一高原内陆湖，草原面积23万亩，水域10万亩，这里水草丰美，鹅雁栖息，是锡林郭勒大草原的组成部分。

搭建大敖包

8 月 24 日，吕当神父与桑志华一行前往大青沟①（南壕堑东北约 35 公里）采集动植物标本。

一路上，他们策马扬鞭，穿越起伏不平的大草原，眼前一切让桑志华目不暇接：零散的蒙古包，旗杆上的彩色小旗子，一群群黄羚羊，还有随处可见的大大小小的敖包。

敖包，是蒙古族人的宗教建筑。王尊贵族把自己的领地称为旗，有的敖包建在各旗的交界处，有的建在寺庙内。据说敖包是与神默默交流的祭坛；长途跋涉的人们，在一望无际的大草原遥望到敖包，情感上得到难以言喻的抚慰。桑志华看到，山丘上有一个用石头堆砌的敖包，过往行人向它投小硬币，以求吉祥。

遇到一个手握绾着马缰绳的长马杆（蒙古族人的鞭子）的骑马人，有两个人赶着一群马紧随其后向南边集市走去，这是一拨贩马人。

据吕当神父介绍：牧马人手里拿着套马杆，在几十匹马中来回追赶被买主选中的马，然后，进行商谈价钱。一次，吕当神父选中了一匹马，那马开始狂奔，穿过马群，企图逃跑。牧马人紧追不放，套住了马脖子。那匹任性的马气喘吁吁地挣扎着，最终交易成功。

中午，在一家客栈吃饭，桑志华以欧洲人的方式坐在长凳上，而吕当神父和两个学生以中国人盘腿的方式坐在炕上。

① 大青沟，位于内蒙古自治区通辽市科尔沁左翼后旗西南部，属于科尔沁沙地的中间地带。地表径流和地下水潜流交互作用而成。长约 20 千米，深 60—100 米，沟宽平均 350 米。沟的四周处于起伏不平的沙质草原地带。由于其深嵌于沙地中，沟内冬暖夏凉，适宜植物生长，植被资源丰富。从沟外到沟内分别有沙质草原、疏林地、珍贵阔叶混交林等不同景观。沟底有长流水，冬季仍可看到翠绿的水生植物，夏季则清凉湿润，景色宜人。

北边的天空黑下来，吕神父凭着经验说：这是冰雹！结果真的下了五分钟，随后一阵旋风，接着是暴风雨。

年轻女骑手

到了大青沟平原，桑志华发现耕种土地比牧场多，有大麦、小米、土豆、四季豆等，正在收割燕麦。

在驿站休息时，吕神父让桑志华看穿大号鞋的两个女教徒，他说天主教会下了取消裹脚令，非常有效，她们不再裹脚了。

来大青沟的一个主要目的，是捕杀黄羚羊。因担心马车被军队征用，吕神父特意与桑志华换乘牛车，来到数百上千只黄羚羊的聚集地。为狩猎黄羚羊，英国军官安德森（Anderson）上校等，连续三个冬天住在这里。

很快，向导指给桑志华看：在草原的稍远处，一个盛开着鲜花的褶皱上有一片白点，这是一群正在休息的黄羚羊，至少有上百只。他们缓慢地走近，准备捕杀羚羊。由于桑志华开枪太早，惊扰了羚羊，它们很快逃向北边。吕神父大声向正在种地的农民喊：驱赶它们！王连仲射向一只羚羊，它蹦了一下，跑的速度慢下来，离开了羊群，消失在庄稼里。成群的羚羊在阳光下像闪着光的波浪一样，迅速逃跑了，最终也没有找到那只被射中的羚羊，只能遗憾地离开。

搭建蒙古包

蒙古族人猎捕羚羊的方式很独特。他们隔一段距离挖一些潜伏的坑，这些坑必须在猎杀羚羊前很长时间完成，以给羚羊群熟悉新环境的时间。之后，定好某个时间，骑着马的猎人把羚羊赶到狩猎地点，向潜伏在坑里的持枪猎人赶去，最后的杀戮很可怕。

几个牧民正在搭建蒙古包，这让桑志华有些兴奋。这家儿子刚结婚，父亲给他建“新房”。开始，先把红色漆、带黄色花图案的家具，摆放在被围起来的场地，因为蒙古包的门极小，一旦安装了，家具就无法放进去了。儿子与父亲住的蒙古包外观一模一样。通常，在新建蒙古包的后面，还要搭建一个类似仓库的小茅屋。随之，一个小圣坛也建起来了。在两个蒙古包之间，旗杆上飘扬着各种颜色的小旗子。实际上建造这样一个新住处需要昂贵的费用。但即使在寒冷的冬天，草原人也更喜欢住蒙古包。

建好后，所有家具摆放在蒙古包的最里边，供桌占一个角落，中间是一个铁炉子，旁边是装糜子的木坛子和矮桌子（他们蹲着或坐一个小板凳吃饭），牧民一家人的床铺是用木板条搭建的圆形的，身上盖的是毛皮或皮袄。夜晚，熄灭炉火，关上用毛毡制作的门；早晨，再点燃炉火；用的燃料是晒干的牛羊粪。做饭的女厨师既没有火铲，也没有盆，只用两只手。

蒙古族人很热情，他们在忙着搭建蒙古包的同时，还盛情地端来煮好的奶茶。吕神父说，给我们喝的奶茶煮得很干净。桑志华品尝后，感觉很好喝。

一个低矮的圆形山，长满了大草原特有的一种矮小、带刺的豆科植物。至此，桑志华完成了从南壕堑到大青沟生长植物的采集，特别是那些高原的珍贵植物，在直隶平原很难见到，如小紫菀、蒿和山萝卜等。

沿着玄武岩登上圆形山顶，桑志华看到达里诺尔湖（Ar gouli noor），湛蓝的天空与波光粼粼的湖水连成一片。湖边，小牦牛尸体的肚皮已经被乌鸦和猎鸟撕碎，一只鸢盘旋着下来觅食，惊吓了石头上的一群云雀，起飞时发出颤音。

下山后，他们穿过一个大绵羊群，羊尾巴与直隶东南部品种一样，也有一个沉甸甸的圆脂肪囊，所不同的是，大草原绵羊头大部分是黑色的。远处，有许多黄羚羊，每群有15—20只。

咣咣的声响由远至近，年轻威武的骑兵带领一辆辆战车穿行在大草原，这些战马身上铁环的撞击声，在广阔天地间非常响亮。

突然，一个中尉骑马来找吕神父说：“有四五百名骑兵已到了大青沟，他们带回了在叛乱中缴获的400匹马和30支枪，并俘虏了三个头目。”在一旁的桑志华有些莫名其妙，感到自己仿佛已在前线了！更不清楚他们为什么向吕当神父说这些。

绵羊群

原来，距此地 140 里处的大青沟以西，地方政府军与叛军正在发生战斗。二张飞是一个土匪头子，前一段被软禁在张家口，最近逃回内蒙古，组织了 500 余人与叛军会合，形成了约 2000 人的队伍，向政府军发起进攻。政府军是黎元洪将军属下的骑兵，他们与当地守卫军会合，很快把叛军包围了，二张飞受伤逃跑。这场战斗以政府军胜利而结束。

得知桑志华一行明天离开，中尉一定要带一个小分队护送，桑志华以“没有地方供这个守卫队的人住宿”为由谢绝。中尉说他们可以在外面睡。桑志华说他们没有帐篷，这样不人道。最后，中尉带着吕当神父的“回片子”（返回的名片，以表明他完成了任务）回去了。

8 月 26 日上午，桑志华依依不舍地与吕当神父告别，望着他远去的背影，心想：传教士在内蒙古大草原的生活真不容易。

分别后，桑志华要去看望天主教大青沟会长。为路上安全，吕神父找了一个当地导游，在一望无际、沼泽随处可见的大草原上，这种小心谨慎是必要的。

下午，桑志华一行到达大青沟天主教落花营村教堂。高大坚固的教堂，维护得非常好，在这个贫困地区，它是一座非常精美的建筑。

天主教大青沟会长博克（Boeck）神父，非常热情地接待了桑志华。他身材高大，体魄健壮，仪表堂堂，留着白色长胡子，讲话声音洪亮。参观他房间时，桑志华觉得其特殊之处，在于通往顶层的楼梯不是为了上楼（房子只有一层），而是作为“瞭望台”用，天气炎热时在那里能透透气，战乱时可以监视敌人。房子的设计建设都是博克会长本人。因没有语言障碍，两人相见甚欢，谈得很投机。

晚餐很丰盛，有牛奶和羊肉，酒足饭饱后，博克会长请桑志华参观他的卧室。最独特的是那张床。其实，它是一个箱子，里面放着从欧洲运来的用以装饰教堂的一个大雕像，博克神父曾对教徒们说："……如果有一天我没醒过来，箱子盖就在楼梯下面，只要把它钉上就行。"听后，桑志华真是无限感慨！

根据博克会长的建议，桑志华前往距此 70 公里的黑蔴湖村天主教会，那里的神父们更了解内蒙古的地质地貌。

经过长途跋涉，天黑到达海拔 1420 米处的黑蔴湖村天主教堂。桑志华受到主教毛恁斯（Moonens）的热情接待，同时见到外省神学院的吕邦（Rubbens）院长、杜邦（Dupont）院长和望・登・博茨（Van den Bosch）院长，了解了许多内蒙古地区的自然地理情况。

毛恁斯主教还告诉桑志华一个重要信息：天主教内蒙古地区传教会会长望・阿茨拉尔（Van Aertselaer）正在西湾子教区（Dioecesis Sivanzeanus），距此约 150 公里，桑志华马上动身专程去拜访。

赶骡人多次提醒王连仲，这一段走的沙石路太多了，再不给骡子换掌，它们就走不动了。8 月 29 日中午，他们在桑台子村吃饭，恰巧碰上钉马掌的。只见中国铁匠迅速抓住骡子的笼头，非常熟练地用简陋的工具，把骡子蹄子上的旧铁掌卸下来，换上一副新的钉在蹄子上，动作轻巧，速度很快。如果时间较长，就把骡子的蹄子放到小板凳上操作。通常来说，中国的马蹄铁质量较差：又细又薄，在钉眼儿处经常有裂缝，很容易折断或丢失。

骡子穿上新鞋，走起来轻松多了，速度也加快了。西湾子地处内蒙古高原与张家口坝下丘陵区过渡地带，群山起伏，草莽林深，水草丰美，凉爽宜人，平均海拔 1557 米，平均气温仅 15℃。在这里，桑志华采集了黄色乌头草、白叶子苦艾草、天仙子、金鱼草，还有大量的牛蒡类植物标本。

钉马掌

8 月 30 日，通过一个

长满了树木和野花的大山谷，桑志华一行到达西湾子（今隶属崇礼县）东沟门（相对于西湾子，即西门）。在绿色树丛中有一座哥特式建筑风格的小教堂，两个钟楼的塔尖插向蓝天，这就是西湾子教区驻地。

天主教西湾子教区是罗马天主教会在中国北方（长城以北）建立的重要传教基地，管辖现内蒙古自治区乌兰察布盟东部、锡林郭勒盟南部，以及河北省张家口市长城以北地区的教务。

西湾子村大都是黄土坡窑洞，也有土坯房，望·阿茨拉尔会长的住所在村子的中心，是一个大花园，各种果树和花卉长势茂盛。

望·阿茨拉尔会长高兴地欢迎桑志华，还为他引荐了内蒙古中部天主教会长勒费博赫（Lefebvre）神父、本堂布儒（Brou）神父、财务帝柏尔甘（Tiberghein）神父、神学院院长德·斯麦特（De Smedt）神父、印刷厂厂长宫拉尔帝（Conrardy）神父以及雅克·张（Jacques Tchang）神父，他们分别介绍了相关地区非常有价值的地质地貌等信息。

德·斯麦特神父是一个自然学家，他不仅为桑志华提供了这个地区非常珍贵的动植物资料，而且还带着他去了西湾子东南约 2.5 公里的一座山峰，山坡上有很多树木，其中有一片归天主教西湾子教区所有。

下午，桑志华参观了西湾子村。除了那些窑洞和土坯房外，有好几户有钱人家，住房十分宽敞，具有欧洲建筑风格，还装饰了油彩画。有一户姓王的，曾在张家口创办啤酒厂，因酒瓶质量差，许多都爆裂了。但是，这些挫折没有让他失去创造力和勇气，后来又生产一种含酒精较高的白色啤酒，免费让大家品尝，桑志华在张家口也品尝过，并清楚记得白色啤酒上那个椭圆形商标：一个戴草帽的中国小男孩骑在牛背上吹着笛子，下面标明“仙河云酒厂”（Chien ho yung）。

连续几天，桑志华在德·斯麦特神父的陪伴下，对西湾子丘陵地区特有的植物标本进行采集，收获了狍子、山鹌鹑等动物标本，以及铅矿、赤铁矿、玄武岩、灰石矿等岩石标本。

9 日，住宿在张家口东部赤城一家客栈，凌晨 3 点半，桑志华被院内骆驼铃铛声惊醒。走出房门，见到 80 多匹骆驼在享受凉爽，它们崭新的漂亮外衣，或棕色或黄色，毛茸茸的。睡在露天的赶骆驼人醒来看着桑志华。他们开始聊天，赶骆驼的都是回族，从达里诺尔湖驮来盐，运到北京卢沟桥销售，每匹骆驼驮四五百斤，根据质量卖 100—120 美元不等。他们每天走 25—30 公里，夜里走，白天休息，每天给骆驼喂一些黑豆，它们比马快。不过骆驼外出，至少有两匹相伴，单匹骆驼出行会脾气不好，人们不容易接近。

9 月 10 日，桑志华踏上返回天津的旅途，计划顺便参观皇家热河行宫和清东陵。

6 游览热河行宫

1917 年 9 月 17 日，桑志华一行进入热河[①] 地界。

规模宏大的皇家热河行宫，坐落在峰峦起伏的山谷盆地中，长达 10 公里，它由宫殿和苑景两部分组成。宫殿布局严谨，建筑朴素；苑景利用自然地形建造了外八庙。外八庙融合了汉、蒙、藏等民族的建筑形式，环列于行宫的东部和北部，分布于群山奇峰异石中，与行宫建筑相互映衬，使人文与自然美融合一体。

热河行宫又称皇家热河行宫，它不仅是清朝皇帝及后妃们的避暑胜地，也是朝廷的第二政治和外交中心。中国各少数民族包括新疆、青海、西藏等上层人物，都曾到这里觐见皇帝。藩属国如朝鲜、南掌（老挝）、安南（越南）、缅甸等国的使节以至国王也都曾来此访问。

小庙子村大多数是满族人，他们中有些人患了甲亢。

桑志华来到热河行宫奇特的景色之一磬锤峰（俗称“棒槌山”），远处看，上指苍穹，下临危崖；近处看，就像人们竖立起来的大头棒，孤零零的挺立在山顶上，给人一种不稳定的奇怪印象。

随着几个游客，进入普乐寺（俗称“圆亭子”）。寺门西向，背倚磬锤峰。此庙平时不驻僧人，只每年正月初一、十五，各庙僧人聚此念经。

---

① 热河，原为河流名，即今中国河北省承德市境内的武烈河。清康熙四十二年（1703）建避暑山庄于河西岸，因有温泉涌出，始名热河。此后皇帝经常至此避暑，成为行宫，又称热河行宫。1928 年改建热河省，省会承德市。1956 年撤销，先后并入河北省、辽宁省和内蒙古自治区。

“寒谷温”石碑

桑志华骑马在热河落叶松下

从寺庙出来，越过一条沟壑，沿着武烈河东岸一条崎岖的山径，攀登上一个高高的陡坡，经过一部分坍塌的呈几何图形排列的满族军营，到达皇家热河行宫。这既是一个避暑山庄①，又是一座坚固堡垒。

从正门进入，白色条石砌御道向东西伸展。门前有一对狮子及下马碑。第二道门有哨兵站岗。哨岗的深处，是掌管皇家热河行宫的总督姜桂题②的寓所。

夜幕降临，他们只好找客栈住下。客栈老板为桑志华提供了一个古典风格的中国小四合院，正房地上是蓝色劣质方砖，两间厢房地上铺的是黑

① 避暑山庄，又称热河行宫、承德离宫，位于河北承德。始建于康熙四十二年（1703）。清朝历代皇帝每逢夏季到此避暑和处理政务，是第二政治中心。其占地面积564公顷，设计博采中国各地风景园林艺术风格，使山庄成为各地胜迹的缩影。山庄分为宫殿区、湖区、平原区和山区，创造了山、水、建筑浑然一体而又富于变化的园林特色，无论布局立意还是造园手法在中国古代宫苑中都占有重要地位。

② 姜桂题（1843—1922），安徽亳县（今亳州）人，北洋高级将领，陆军上将。1895年应袁世凯之邀加入北洋集团。1899年任武卫左右军统领，1900年调入北京统领禁卫军。1912年12月15日补授陆军上将。1913年8月1日署理热河都统，直至1921年。

远眺棒槌山

色石板，炕和家具都非常干净，墙上糊的是白纸，窗户也是用纸糊的，上面有一些手指捅的洞，进屋后感觉像地窖般凉爽。很明显，这是途经热河的欧洲人的落脚处。

9月18日开始，桑志华参观皇家热河行宫。

普乐寺

步行到达武烈河东一个小山丘上的安远庙（俗称“伊黎庙”）。庙外沟壑的山坡长着松树，还有一棵白蜡树。向南又是一座大庙。穿过僧人居住的区域，桑志华见到了约10岁的小僧，稚嫩的脸庞很可爱。小僧说，这座寺院是普宁寺，又称“大佛寺”。一个中年僧人热情地为桑志华做向导，一边走，一边介绍这座融合了汉、藏和印度建筑艺术风格的寺庙。

普宁寺的主殿“大乘之阁”，建在2.41米高的月台上，宽34.8米，进深30.5米，高36.76米，除阁檐用琉璃装饰外，全部为木结构。进入主殿，桑志华虔诚仰望一尊千手千眼金漆木雕的菩萨像，像高21.85米，建在2.22米的石须弥莲花座上，有42只手，每只手上都有一只眼睛，除两只手作合掌状外，其余40只手均持各种法器，高大威严。两个侍者比他矮一些，但也非常高大，这两个雕像也是木质的。带领桑志华进来的僧人称这三尊雕像中的每一尊都是独一无二的。

眼前的一切使桑志华对皇家热河行宫产生了浓厚兴趣，他觉得中国建筑设计、木质结构、供奉神像等，都与欧洲教堂截然不同。

桑志华兴致勃勃地走进须弥福寿之庙（俗称“班禅行宫”）。这座寺庙建于清乾隆四十五年（1780）。当时，西藏政教首领班禅额尔德尼六世请求来承德朝觐，并祝乾隆七十寿辰。乾隆对此极为重视，遂按顺治九年（1652）达赖五世到北京朝见皇帝时，顺治在北京德胜门外为其建西黄寺之例，在热河（承德）仿后藏日喀则的扎什伦布寺（班禅的住所）修建此庙，作为班禅来热河时居住和诵经传法之所。庙建成后，于第二年还选了180名内地僧人在此庙学习藏经。“须弥福寿”是藏语“扎什伦布”的汉译。“扎什”是福寿（吉祥）的意思，“伦布”是须弥山的意思。庙的外观是西藏的建筑艺术，但内部布局如藏式大红台的墙面上采用汉式琉璃垂花窗，后面的万寿塔亦是纯汉族式，都体现了汉藏建筑艺术的结合。

旁边的普陀宗乘之庙[①]（俗称“小布达拉宫”）建筑形式和艺术均为藏族风格。桑志华发现：这座寺庙很像欧洲文艺复兴时期的外貌，所有窗户越向上越窄，仰视时视觉效果会觉得窗户比实际高很多。

小布达拉宫原来藏有许多古董，一直为桑志华当向导的中年僧人讲述了当年袁世凯总统派部队如何拿走这里艺术品。这些人说是把“宝贝”放到北京最安全，实际上都卖给外国人了，他们从中捞取好处。他还伤心地说：“都空了！”

须弥福寿之庙

在一个宽阔的场地，桑志华见到一群小僧高兴地到处跑，他们身穿内长衣和宽

① 普陀宗乘之庙，位于皇家热河行宫之北，始建于清乾隆三十二年（1767）。仿西藏布达拉宫修建，占地22公顷，是外八庙中规模最大的一处寺庙。“普陀宗乘”是藏语“布达拉”的汉译。

普陀宗乘之庙

一个中国摄影家拍摄的被贩卖的文物

外袍，很像罗马式服装，但没有带来不便。

这时，一个神父跑过来对桑志华说：皇家热河行宫总督府的管理人员同意游览皇家园林。

时间太晚了，只能骑马游览。管理人员给桑志华牵来了配好鞍的马匹，沿着草坪之间的小路出发了。

站在观景亭，整个园林一览无余。稍远处：高大的松树、桦树、杨树和白蜡树枝繁叶茂，树丛中藏着总督府；近处：梨树、枣树和无花果结满果实，山坡上低矮的灌木郁郁葱葱；眼前：为了造型，园丁把老柳树和橡树顶部枝叶修剪掉了。

距亭子不远处，有一群漂亮的黄鹿正在朝着他们走过来，里面还有身上带白色斑点的小鹿，这些小动物在阳光照耀下的草地上戏耍。饲养员把它们引到桑志华面前，一只只黄鹿的头优美地转动着，好像只是为了变换一下姿势；它们的步伐很机警，好像随时准备奔跑；它们优雅地来吃桑志华手里的东西，乖乖的非常可爱。

通过一条比较狭窄又不失威严的甬道，是一片高大古老的松树。再向前，一个精致小亭子旁的池塘里，生长着茂盛的睡莲、芡实、香蒲，桑志华下马步行围着池塘转了一圈，见到了水中的鱼，他顺便采集了几种植物标本，意外获得收获。

总督视察围墙翻修工程后，正乘坐轿子经过。桑志华迅速骑上马，远远跟随轿子后面，看到总督姜桂题的寓所是一个新建宫殿。这是围墙内唯一的重要建筑，除了塔之外，大都被最近的大雨冲毁了。

草地上的黄鹿

结束了皇家热河行宫的游览，桑志华来到城里。与中国许多城市一样，热河没有天主教会，可能是因为风俗的原因，开店铺的不赞成传教。

许多店铺卖旧货，有满族人佩戴的首饰，军人使用过的兵器。碰到一个皇家热河行宫的看林人，因穷困潦倒，手里拿着一些贵重的东西来换钱，桑志华花二两银子买了一个胸针和一对玉耳环，每个耳环是整块玉雕的，包括一个套一个的四个环，非常精致；还花一两银子买了一把带黑皮刀鞘铜配饰的钢刀。

给客栈结账时，桑志华遇到一点儿麻烦，热河没有铜子，一两银子等于400个铜子，所有钱币都是纸币，一出城就贬值。桑志华要求老板退些钱，还列举退钱的理由，如房间潮湿、灯光暗、窗户关不严等，遭到老板拒绝。桑志华生气地说："我们应赶紧离开这个宰人的地方。"

桑志华选了通往清东陵的路去往北京，于9月27日到达雾灵山[①]。

客栈老板告诉桑志华，山上有黑熊、猴子、山羊、狍子等动物。晚上7点多，一只狍子发出短而低的嘶哑叫声，桑志华叫上王连仲马上带着猎枪隐藏在高粱地，蹲了两个多小时，一无所获。

刚返回客栈，对面树林又传来豹子叫声，客栈老板告诉桑志华，这只豹

---

① 雾灵山，位于河北省兴隆县境西北部，燕山山脉主峰，最高点玉皇顶海拔2116米。年平均气温约8℃，7月最高气温不超过22℃。年降水量500—600毫米，湿度大，终日云雾缭绕，故名雾灵山。其气候、土壤、植物垂直分带明显，从山上到山下一日可度四季。松、栎、云杉、桦树林下灌木丛生，植被覆盖率达90%，具有华北区系代表性植物及多种珍贵动物。

子每天夜里都会来，好像离这不远。为了吸引豹子，他们把一头小猪拴在显眼的树桩上作诱饵，又用树枝搭建了一个隐身之处。一切准备就绪，三人端着猎枪焦急地盼望豹子的出现。可是，等了快两个小时，也没见豹子的踪影。晚上10点多，开始下雨，越下越大，他们只好冒着大雨摸黑返回客栈。本来就没有路，再加上戴着眼镜视线模糊，桑志华时而撞在树上，时而绊在石头上，时而倒在树桩上，浑身都是泥，身上还刮破了几处。过了一会儿，暴雨停了，桑志华见到客栈老板毫发未损。他挥舞着斧头，划破美丽的松树树干，揭下长长的木条，点燃做火把，为大家引路。桑志华对他说："砍伐树木做燃料不是很好。"老板随口答道："不要紧，树多！"

7月28日，桑志华依依不舍地离开这片富饶的土地，他认为：从张家口到冀州是华北地区独一无二的自然宝库，世界上这么多的动植物都集中在这里，并得以保留，我一定会再回来的，赶在这些物种消失之前，做一次更深入的研究。

客栈距清东陵有30公里，桑志华一行进入一个峡谷，从九波子，到二波子，这时山谷完全没有树了，耕地一直延伸到山谷顶部。

7 "检阅大如宫殿的皇家墓地"

1917年9月29日，桑志华一行到达皇家墓地清东陵[①]。

雄伟蜿蜒的中国长城，多次出现在桑志华的日记中，他浓墨重彩地作了描写。这一次，他又登上了清东陵北面巍峨的长城，遥望着远处山坡上的烽火台。经过山坡上一片茂盛的树林，映入眼帘的是：规模浩大、气势恢宏又庄严肃穆的清东陵皇家墓地。

据说，当年顺治皇帝（1638—1661）到这一带行围打猎，被这一片灵山

① 清东陵，中国清代皇陵区，位于河北省遵化市昌瑞山南麓。清顺治十八年（1661）起在此建陵，后又在易县建陵（清西陵），因其处位东，故称清东陵。陵区占地约2500平方千米，有世祖顺治孝陵、圣祖康熙景陵、高宗乾隆裕陵、文宗咸丰定陵、穆宗同治惠陵五座帝陵。另有慈禧陵等后陵四座，以及妃园寝和王爷、皇太子、公主园寝等。

秀水所震撼，立即传旨：“此山王气葱郁可为朕寿宫”。从此，便有了规模浩大、气势恢宏的清东陵。

整个陵区以昌瑞山主峰下的孝陵为中轴线，依山势呈扇形东西排列，数十座形制各异、多彩多姿的建筑相贯穿，形成一条气势宏伟、序列层次丰富、极为壮观的陵区。在中国人的眼里，这就是一块难得的风水宝地。

桑志华对随从们说：“我们即将检阅中国大如宫殿的皇家墓地。”他走在最前面，一边走，一边绘制皇家墓地图。路上遇到许多人，大都是满族人，有的戴着旧式礼帽，礼帽有红色的缨穗或流苏。

桑志华先到咸丰皇帝（1831—1861）的定陵。守卫定陵的石雕将领和士兵站在道路两侧，还有成对的狮子、大象、马等大型动物，惟妙惟肖，栩栩如生。经过一座漂亮的汉白玉桥和一个柱廊，就到了定陵。这位咸丰皇帝在位 11 年中，国家始终处于内忧外患之中，第二次鸦片战争中，他出逃皇家热河行宫，后病死。定陵旁边，是咸丰妃子的墓。

随后到达乾隆皇帝（1711—1799）的裕陵。乾隆皇帝被中国人誉为清朝中期的明君，他在位 60 年（又做了 3 年零 4 个月的太上皇），中国是一个

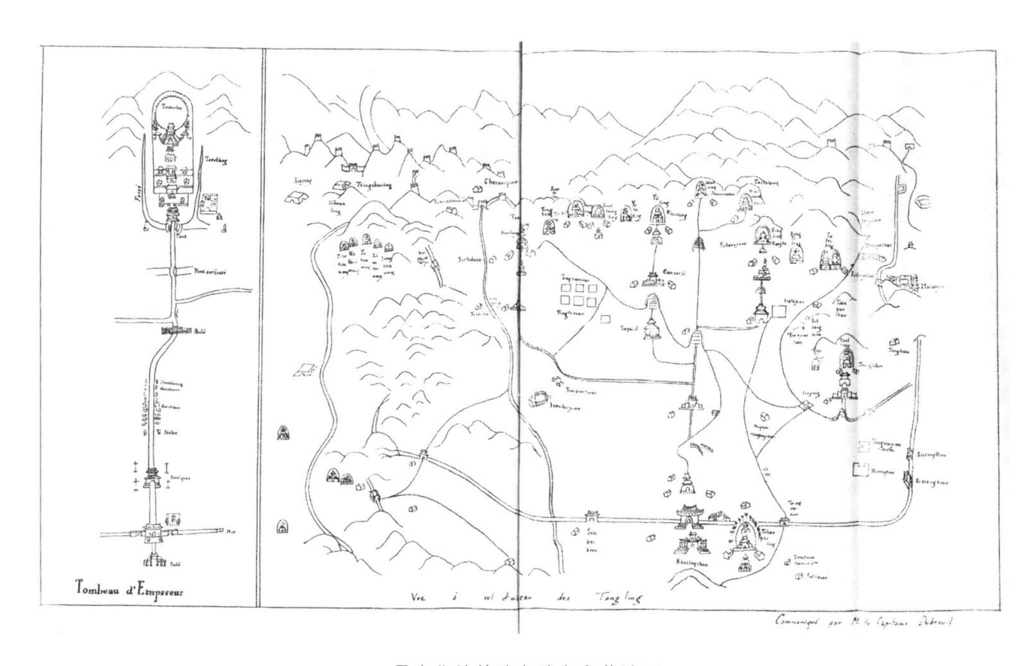

桑志华绘的清东陵皇家墓地图

清东陵皇家基地

疆域辽阔、国力强盛、经济发达、文化繁荣的统一多民族国家。他享年89岁，是中国封建社会寿命最长、掌握实权时间也最长的皇帝。

裕陵是黄琉璃瓦覆顶，在阳光下亮闪闪的。旁边有一个圣德神功碑亭，前面是一座小牌楼，还有“定小园”、“定大园”，它的四周是围墙，各有一道门。往前走，一个广场四角各竖一个白色大理石柱子，上面雕刻着龙，再向前，是一座汉白玉大桥。

过了马兰峪往前走，是康熙皇帝（1654—1722）的景陵。康熙皇帝为清朝第二位皇帝，也是中国封建社会在位时间最长的一位皇帝。他在位61年，抵御外侵、治国理政、促进社会发展等方面都取得了辉煌成就，开创了中国封建社会最后一个盛世——“康乾盛世”。

景陵前小牌楼是用汉白玉建造的，守卫景陵四尊石像士兵、两个官吏石像都很威武。往南，石雕变成了动物，有两头大象、两头狮子，全部用晶莹剔透的汉白玉制成。经过一座大理石桥，可以看到远处大牌楼。

一条杂草丛生的人行道上铺的是巨大砖块，中间嵌着大理石编织的一道道飘带，具有艺术价值。

走过三条长长的路，穿过五孔桥，桑志华来到清朝的创立者——顺治皇帝的孝陵。顺治皇帝是清朝入主中原、统一全国后的第一位皇帝，在位18年，中国人称他“世祖”。孝陵在整个皇家陵园中的位置至尊无上，南起金星山，北达昌瑞山主峰，从南向北延伸，横贯整个陵区，形成了陵区的中轴线。其余陵寝按辈分分别在其两侧排列开来，形成后辈陪侍先祖的格局，凸显了长者为尊的中华伦理观念，表达了生生不息、江山万

守卫景陵的石像士兵

代的愿望。

孝陵的石牌坊高大、宽敞、精美，全部用巨大的青白石建筑而成，所有的大牌楼都有四根形状一样的汉白玉柱子，上边雕刻着麒麟、狮子、云龙等图案，做工细巧，刻技精湛。

从东面看，这座大如宫殿的皇家墓地规划设计具有军事风格。钟楼后有一个狭窄的封闭围墙，里面是一块长满草的土丘，这就是埋葬棺材的坟墓。在每座圆顶的陵墓前都有一座更宏伟的建筑——祠堂。

从南面看，陵园的入口相当宏伟：一道沟渠似乎要将冥界与人世分割开，沟上的一座大桥使他们可以进入陵园。陵园所有大牌楼旁，都矗立着高耸入云的四个形状一样的汉白玉柱子，上面雕刻着精美的蛟龙屈曲盘旋，奋力升腾，犹如腾云驾雾，好像在俯瞰皇家墓地。

许多满族妇女在陵园散步，从她们的长裙、头饰、大脚和高高木底鞋可以轻易辨认，这打扮使桑志华感到虽然清朝已经和其创建者一起没落了，但他们的后裔似乎还在怀旧。在皇家墓地出口处，温泉的水从山丘上流出，有一个用汉白玉建造的水池，水池很深，冒着热气。

返回旅馆的路上，桑志华见到一个渔民在河边捕鱼的装置很新颖：建了一个横截水流的堤坝，用两个木板搭的水槽连接一个柳条编织的捕鱼篓，鱼钻进敞口的篓里欢蹦乱跳。过路人随意拿几条鱼，把钱扔在旁边一个盆里，桑志华挑了约3斤鱼，扔了15个铜子儿。这个渔民蹲在水坝一块石头上安然抽烟斗，一句话也不说。

桑志华还买了两斤猪肉，大家一起吃了烤鱼和肉，因为这一天是中国人的重要节日——中秋节。

石雕大象

因洪水泛滥，经冀州翠屏山，绕香河、通州，1917年10月4日，桑志华回到北京西什库天主教堂。他在报纸上看到：天津的洪水虽然减退，但德、英、法租界南部，水深仍达数英尺，日租界几乎完全被淹了，只有意、奥、俄租界得以幸免，还有天津租界一些灾民到北京避难。

8 为治理白河洪灾献策

为看沿途洪水的状况，也为管好行李，桑志华于 1917 年 10 月 6 日从北京乘坐客货混合列车返回天津。

火车过了廊坊，铁路两边被洪水淹了，远处的村庄也遭了灾。

杨村铁路沿线许多建在小土岗上的村庄，浸泡在洪水中，看起来像是一座座小岛。

大运河的水涨满了，快要溢出堤坝了。

白河的水涨得满满的，河面宽阔了许多，河上的一座桥被洪水冲垮了。

从火车站出来，所有道路都被洪水淹没，犹如茫茫大海。桑志华等了两个多小时，提前约好的法租界的一艘船才把他送到住所。

桑志华决定停下所有工作，从明日起，集中时间考察天津的受灾情况。

10 月 7 日清晨，桑志华从住所法租界圣鲁易路（今营口道）崇德堂乘小船出发，来到英租界海大道（Taku Road，今大沽路开封道）南部，这里水不太深。

白河上的桥被洪水冲垮

咪哆士道（Meadow's Road，今泰安道）的开滦矿务局大楼前一片汪洋，给人一种到了意大利威尼斯水城的错觉。

埃尔金路（Elgin Avenue，也称围墙道，今南京路）的水到行人腰部，很多人，包括妇女都在趟水。难民们在河堤上建起了简陋的住所，河堤把围墙和一条小运河分开，实际上这条小运河造成了各租界的洪灾。

10月9日，洪水没有回落。由于洪水的原因，蚊子很多，桑志华从未见过这么多蚊子。

英租界开滦矿务局（今泰安道）

10月10日，德租界威尔逊路（Wilhelm Strasse[①]，今解放南路）的洪水泛滥开来。过了火柴厂，白河堤岸很低，水面上升到离河堤顶部只有近1米的位置。

日租界建的堤坝

日租界用堤坝把洪水拦在界外，还安装了几台脚踏的链式提水机持续向外排水。其外形很像螺旋桨，靠双脚驱动，一次只转四分之一圈。

从日租界到白河对岸的奥租界，一路上都是水。白河水位接近奥租界桥面的位置，河水把细小的泥沙都带走了，把河床冲刷得一干二净。

桑志华曾在《天津回声报》和《京津时报》发表过关于植树造林与水土流失的文章，有人说他夸大了森林对阻止水土流失，甚至洪水的作用，还说美国森林委员会得出结论，森林最多能贮存丰富雨水带来水量的50%。

此时，桑志华又发表文章予以驳斥：

（1）森林所蓄积的水分可以快速达到很高的比例，然而遗憾的是，在中

① 俞志厚、辛公显：《天津德租界概况》，《天津文史资料选辑第二十五辑》，天津人民出版社1983年版，第162页。

用脚作为动力的链式提水机

国，由于缺少森林，这一比例很低。

（2）缺少森林，而且山脉岩石风化严重，所以中国的问题不是水的问题，更确切地说，是沙的问题。森林可以阻止沙子堵塞河流，从而阻止洪水发生。

（3）山上森林蓄积的水分可以给河流提供持久的水源，这样可以使河道状况保持良好，并保证其水流稳定。

（4）遇到像今年这样面积很大的降雨时，洪水会使直隶所有的河流同时上涨，但是如果河道状况良好，水流的速度会很快，这样洪水持续的时间会更短些。①

10 月 11 日，桑志华乘船沿白河逆流而上，看见新开河（Sin kai ho）溢洪口的水坝已经开了。这条运河平时水并不深，可此时河水却很满，水位比邻近其他人口稠密的地区要高。新开河的右岸已经被淹，水流到了居民区的街道上。

日本人在法租界陶瓷厂后面建了堤坝后，法租界陶瓷厂的洪水

白河和子牙河交汇处不远的地方，河水溢出来了。

在铁路、新开河和通往天津城市道路之间，形成了一个三角形的湖面，湖中冲

① Emile Licent, *Dix Années (1914–1923) de séjour et d'exploration dans le bassin du Fleuve Jaune, du Paiho et des autres tributaires du Golfe du Pei Tcheu Ly*, Tientsin: La Librairie Francaise, 1924, pp.575–576.

出一条急流，向东北方向运河和铁路之间流淌。

在北京—沈阳铁路的岔道口前，有一片被堤坝围起来的空地，但水已经满了。

意租界因在租界设立前就筑有堤坝，因此这次没有受灾，难民们建起了窝棚。

从 10 月 14 日开始，各国租界把水排干，然后，在每个租界周围用沙袋筑起堤坝，在城市中形成了若干个孤岛。

商业街被淹

各租界的花园别墅纷纷建堤坝把自家的院落围了起来，防止洪水进入。

跨国白河整治委员会负责人班西奥诺（Pincione）先生，邀请桑志华和白河助理工程师穆勒（Muller）、中国政府河流方面的顾问范德文一起乘坐“海河号”汽船，沿白河而下，了解洪水的现状，以便更快提出一个治理方案。

班西奥诺先生作为跨国白河整治委员会的负责人向天津道台杨一泰提出以下治理措施：

（1）鉴于南北流向的两条运河和英租界的马场道附近墙子河的水已溢出堤岸，要马上建造一些小排水沟横穿这些堤坝，使得“金汤桥”和老龙头浮桥之间的水可以自己释放。

（2）天津与渤海之间的土坡有四五英尺高。为缓解天津的灾情，需要清理白河沿岸约 1 公里宽的所有小型堤坝和填高的道路，以保证洪水流入渤海。劳动力的价钱大约是每天 300 美元。

天津道台杨一泰根据班西奥诺先生提出的要求，向各租界及有关方面下达了命令，但并没有坚决贯彻执行。

英租界的马场运河，本来可以起到分流作用，但是，离马场道不远的地方，英国士兵们在河床上种植了蔬菜，长势很好，为了收获白菜，他们不顾公众利益，不愿意分流。

京沈铁路线北面缺口使得这一地区被淹，应该堵上。但是，意租界不同意，大概是因为害怕白河水从另一侧溢出，会淹没他们宝贵的稻田。

作为跨国白河整治委员会的负责人，班西奥诺先生深知这次洪水给天津租界和居民带来的严重危害，如果不加以治理，后果将不堪设想。但是，各国租界和当地政府根本不听他的指挥，尽管他心里十分着急，却很无奈。

尤其令班西奥诺气愤的是：跨国白河整治委员会成立不久，他为了更好地履责，曾带领有关人员沿白河上游搞了调查，1916 年 12 月在《京津时报》发表了“《关于改善直隶水系和山林的计划》，提出改造李遂镇（现位于北京顺义区）临时水坝的意见，其理由是因为这个临时水坝没有安装‘斯托尼（Stoney）’系统水闸，其效果只能持续几年，白河的泥沙将会继续淤积至水坝顶部，河水将重新变宽，流向香河”①。

他的意见提出四个月后，改造工程没有人实施，班西奥诺先生写了一张条子，表示自己不再对此事负责。其结果，1917 年 7 月 24 日，在临时水坝上游的一个拐弯处，河水决堤了，流入香河。

尽管如此，班西奥诺先生作为跨国白河整治委员会的负责人，还是召集会议，请桑志华、范德文、冯·汉登斯坦姆（Von Heindenstam，跨国白河整治委员会工程师）、穆勒和王铺（Wang pou）等，经过三天研讨，形成了一个《治理洪水计划》，由外交联合会提交给中国政府，以尽快付诸实施。

为应对当前及以后的洪水灾害，《治理洪水计划》提出要把白河重新引回它的河道，但不是采用重建已毁坏的李遂镇水坝的方法，而是计划在香河和白河的河道间、通州的下游附近、离牛牧屯 30 公里的地方挖一条新河道。这种方法造价不高。该计划具体操作步骤：

其一，开通一条从杨村（武清）北运河至白河到北塘河直接入海的河道，这样，使原入海口从北面向后推移 20 公里。这项工程一旦完成，就形

---

① Emile Licent, *Dix Années (1914–1923) de séjour et d'exploration dans le bassin du Fleuve Jaune, du Paiho et des autres tributaires du Golfe du Pei Tcheu Ly*, Tientsin: La Librairie Francaise, 1924, p. 578.

成一条从北边泄洪的河道：从河西务（武清）河道泄洪，白河可以从这里排水，经七里海，再汇入北塘河。

其二，在天津以南，子牙河和南运河流过 20 公里后，在大沽南入海，以形成南边泄洪河道。这样，子牙河和南运河的泥沙可以远离白河与其入海口，使白河泥沙减少，大沽沙地也会缩小。上游汇入白河的河流中，只有从保定附近流过来的大清河，因经过很多大的湖泊水体的净化，水源稳定，且比较清澈。

其三，可以通过一套水闸系统，使所有河流改道，待它们的河水变清时，再使其流回天津白河。但是，所有这些想法都要求有一张详细的水域地图。因为这个地区只有一些平缓的山坡，所以要尽可能地加以利用，为新河道提供最有利的坡度。

这个《治理洪水计划》在《京津时报》上刊登后，英租界的一个英国人在《京津时报》上发表文章说：对于跨国白河整治委员会的负责人班西奥诺等提出的这么复杂的《治理洪水计划》，非常恼火，他提出只要将各国租界用堤坝围起来就行了，至于中国人，就让他们自己想办法脱险。

桑志华不同意这种观点，他认为："这位先生大概在幻想着'诺亚方舟'，忘了这项工程不只是为了租界，还有各国租界的商业贸易利益，洪水过后，贸易的确需要一个良好的港口和河流。（这里我只是提出在《京津时报》发表此文的作者参考。这篇文章中还提出关于森林的问题，不是很严谨，倒很幽默；文中谈到了野兽的威胁和光秃不毛的山脉朴素的景色，等等。中国的野兽很胆小，如果中国政府能够组织大规模的植树造林，我认为也可以组织一些悬赏狩猎的活动。至于诗情画意，我还是觉得森林比光秃秃的山坡更能给人灵感。1917 年 10 月 16 日）"[①]。

范德文告诉桑志华：一星期前，他刚刚走遍直隶平原西部的京汉铁路线，沿线河流的水位普遍还很高。如果按照《治理洪水计划》，可以快速解救天津；如维持现状，天津地区的洪水 3 个月也不会退去。

连日来，桑志华每天穿行在城区观察洪水变化，看到各国租界仍然在向

---

① Emile Licent, *Dix Années* (*1914–1923*) *de séjour et d'exploration dans le bassin du Fleuve Jaune, du Paiho et des autres tributaires du Golfe du Pei Tcheu Ly*, Tientsin: La Librairie Francaise, 1924, p.578.

电力涡轮泵

轮盘式提水机

外排水。

法租界沙袋堤坝已经建成。时任法国电厂的董事兼经理、前任工业工会共济会主任布尔戈理（Bourgery）先生，接通了 4 台电力涡轮泵，10 月 18 日，这些设备全速运转，经过一天抽水，法租界水位已下降了 5.5 厘米。法国陶瓷厂的经理纳尔蒂（Nardy）先生，努力拯救他的工厂，积水以每小时 14 毫米的速度下降。

英租界加固提高堤坝，还接通 8 台蒸汽水泵，每台每秒抽水 6 立方米；平时常用的 4 台普通抽水泵通过电池供电，每秒抽水 12 立方米；还有 3 台功率略小的水泵，也在积极工作。

26 日，法租界终于摆脱了洪水。日本人听说法国人排水设备先进，就借用了 500 台轮盘式提水机，尽管每台每小时可以排掉 200 立方米水，即每分钟 1.08 立方米，可是作用并不明显。

美国人在德租界边上建了可容纳 5000 人的难民营，有 26 排，每排 3 层，每层 11 个简陋房屋，共有 858 间，估计造价达一万美元。这些房间是用芦苇建造的，窗户糊上纸，厨房和厕所都在营地外。

根据传教士们最近带来的消息，天津及周边地区洪水的受灾面积很大，白河上游河流淤积的泥沙，尤其是北运河的泥沙，已逼近天津白河！

桑志华见到来天津的文安县天主教会的塞尼（Cény）神父和勒法齐

美国人建的难民营

(Lefaki）先生。他们说：文安和信安（位于文安东北约 40 公里）大清河以南地区都被洪水淹了，老百姓流离失所，非常悲惨。此外，信安南部的湖面由于洪水而变得非常宽阔，有的深达五六米，浪高达 2 米，当地人只能乘平底小船出入，有几艘船翻在水中，造成许多死伤。洪水在一年内也无法退去，穷人们只能以糠秕为食。

桑志华接到了顺德府（今邢台市）斯特法尼主教来信说，洪水来得凶猛，许多房屋被淹，很多人被洪水冲走了。

桑志华决定到献县去看看，乘火车是不可能了，他租了一艘汽船，于 11 月 2 日出发，12 月 4 日返回，看到沿路灾情严重，许多房屋倒塌，许多河堤损坏，一队队农民带着铁锹和筐在堵缺口……

12 月 13 日，桑志华去看望班西奥诺先生，他告诉桑志华，从 10 月 20 日开始，受灾水域总共只下降了 3 英尺 2 英寸。

1918 年 1 月 2 日，白河水位仍然很高。桑志华听传教士说，在保定府和天津之间，还有 600 万缺乏生活必需品的灾民。

11 日，桑志华在报纸上看到“Chihli Rivers Conservancy Commission（英文)”“直隶河道水利委员会”的报道：冯国璋特任熊希龄督办京畿一带水灾河工善后事宜，熊希龄先生被任命为这个委员会的主席。委员会由两部分人员组成，一部分代表中国政府的知名人士，包括范德文先生、张伯苓校长和吴船长等；另一部分代表白河水利局，包括班西奥诺、冯·汉登斯坦姆和穆勒先生。这个委员会可以支配 1000 万银元的经费，这笔钱一部分来自义和团战争后延迟支付的赔款，另一部分来自盈余的间接税。地质测量和水文测量的初步工程估计一年内可以完成（注：实际到 1923 年还没有完成！）[1]。

---

① Emile Licent, *Dix Années (1914–1923) de séjour et d'exploration dans le bassin du Fleuve Jaune, du Paiho et des autres tributaires du Golfe du Pei Tcheu Ly*, Tientsin: La Librairie Francaise, 1924, p.595.

第七篇
一年半的西部考察

“路漫漫其修远兮，吾将上下而求索。”桑志华这位地道的法国人用中国古代伟大诗人屈原《离骚》中的诗句激励自己，跋涉于氧气稀薄、人迹罕至的荒山野岭，穿越茫茫沙漠，辗转广袤草甸，披荆斩棘、步履艰辛，几次面临生命危险，但都始终不曾停止他逐梦的步伐。那些目不暇接的自然风光，少数民族的风土人情，高原稀有的动植物，使桑志华收获颇丰。更重要的是：他意外发现了黄土高原上甘肃庆阳、内蒙古萨拉乌苏两片未开垦的含化石的处女地，从此明确了科考探险的主攻方向。

1 租骡子的烦恼

来华四年的桑志华东闯西撞，采集的标本大都是东鳞西爪，并没有主攻方向。由于赶上第一次世界大战必须在华“服兵役”，他只好利用休假时间在附近采集标本，不能远足。终于告别服兵役的日子，赴甘肃考察，却因病返回。天灾人祸，使他在中国建一座博物馆的“梦想”遥不可及。

为了寻找科考的突破口，桑志华苦思冥想，夜不能寐，终于形成了一个深入中国腹地——西部地区的考察计划。

中国西部地区幅员辽阔，山高谷深，生境多样，动植物资源丰富而独特，近代以来，一批批西方考古探险家趋之若鹜，其中不少人有去无回。虽然桑志华深知闯入高原海拔、荒无人烟、交通不便的西部地区所面临的各种困难与风险，但仍下定决心，计划用一年多时间，即便踏遍西北边陲的崇山峻岭，也要在科考探险方面取得重大进展。

实施这个庞大的考察计划，对于两手空空的桑志华来说，谈何容易？常言道，兵马未动，粮草先行。从 1917 年 10 月 29 日开始，桑志华为所需经费等问题，奔走于民国政府有关部门。农商部地质调查所翁文灏所长、林业顾问歇尔夫斯先生，都分别向他详细介绍了西部地区的地质地貌，但经费问题一直没有着落。所幸在法国驻华公使康悌的协调下，中法实业银行佩尔诺特行长资助了 3000 块大洋，为桑志华解了燃眉之急。

“桑志华神甫还寻求法国外交部门的帮助，以获得中国政府允许他携带相关设备材料旅行的许可证。1918 年 2 月，他要求允许携带 5 把步枪、1 只手枪、5 把猎枪、科学设备、宿营用品以及植物样本等。最后，他只获准携带 3 把步枪和 500 发子弹”[1]。为了这次西部科考，桑志华整整准备了五个

① Lou Batières 著，赵洪阳、尹冬茗、沈倖如译：《法国的中国之恋》，十八至二十一世纪法国外交与国际发展部档案馆，2014 年，第 189 页。

多月。

三月的天津，春寒料峭，浸泡整个城市的洪水正在逐渐退去……

刚刚忙完了天津水灾之事的桑志华，于 1918 年 3 月 15 日从天津启程，先到直隶东南献县教会，然后奔赴西部地区考察。

根据 1∶200000 的德国版直隶地图，并通过与沿途传教士的沟通，他制定了考察队的行走路线，并打算顺便了解直隶西部遭受洪灾的情况。

由于洪水灾害影响，献县教会只为桑志华租到了所需的一半骡子，后来在邯郸县西蒙·李（Simon Ly）神父的帮助下，才勉强完成了租骡子的任务。

1918 年 3 月 21 日，桑志华踏上了科考的征程。这支考察队除了桑志华外，还有王连仲、三个车夫（赶骡子的人）、一个伙夫，六匹骡子，外加一条帮着看行李的狗——“嘟嘟”。他们装备包括地质学家所用的罗盘、海拔仪、测斜仪等观测仪器和科考人员所用的地质锤、昆虫毒瓶、猎枪、采集夹、各种网具，以及采集发掘活动必备的工具。

桑志华身穿教士袍，脖子上挂着望远镜，骑着骡子走在最前面，王连仲挎着猎枪紧随其后，车夫赶着车跟在后面。驾辕骡子的两侧，一边插着法兰西国旗；另一边插着由蓝、白、红三色组成，印着“法国进士”、“中国农林谘议”和“桑”字样的小旗。两面小旗随风飘扬，哗哗作响，骡子脖子上挂着的铃铛清脆悦耳，响个不停。

在穷乡僻壤，这支考察队也算得上浩浩荡荡，别有一番风景了，不论走到哪里，都会引来人们驻足观看。

清末民初，穷乡僻壤中从未走出过家门的纯朴农民，初次面对高鼻子、蓝眼睛，身穿教士袍的桑志华带领的这支队伍，感到惊讶、

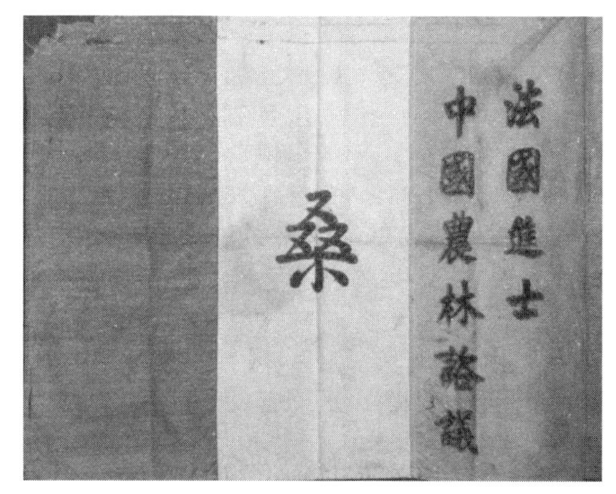

桑志华自制的小旗

困惑，更多的是好奇。

出发的第一天，从献县向南到小范村（距武强北 3 公里），欢蹦乱跑的“嘟嘟”不见了。桑志华派随从王连仲骑骡子去找，“嘟嘟”听到骡子的铃声回来了，但因此花费了很多时间，耽误了行程。

通往武强县的许多道路被洪水淹没，非常难走。从狭窄的山路向上攀登，更危险。一匹骡子陷入齐胸深的泥潭，为拉它出来，车夫把后面一匹骡子拴到它的尾巴上。没料到，后面骡子受到惊吓，往旁边一跳，也跳进了泥潭。为了抢救这两匹骡子，大家忙乎到晚上 9 点多，夜宿榆科。

骡子走得很慢

农民种麦子

东方刚刚发白，考察队就出发了。不一会儿，下起了小雨，路滑难走，所有人都提心吊胆，话都不敢说，只有“嘟嘟”时不时地叫上几声。

根据合同，一匹骡子要驮 230 斤货物，虽然实际只驮了 200 斤，可是三天后，所有骡子都非常虚弱，步履艰难，车夫赶着车几次陷入泥潭。有一匹骡子摔倒四次，桑志华骑的最健壮的骡子也有点跛了，无奈只能牵着骡子步行。道路泥泞，鞋上沾满了泥，越来越重。

雨后天晴，碧蓝的天空飘着朵朵白云，村边的柳树经过雨水的冲洗，变得更加翠绿，杨树的枝叶也展开了柔荑花序。田野上到处是春耕、播种的景象，农民在泥滩上种麦子，而他们主食吃得最多的却是高粱。

武强县城的民宅与献县差不多，大多是土屋，房檐镶着蓝砖，房顶有露台，露台带有雉堞的建筑极少。为了尽快修复洪水损坏的房屋，城外制作砖坯子的工厂忙碌着。

临城矿区

考察队经宁晋，过洨河，到达铁路旁边的高邑县。

一条清澈丰盈、流速很快的河流挡住了去路。好不容易找到了较浅的地方过河，走在最前面的骡子却深陷泥中，驮着的行李也翻在水里。桑志华组织大家救起骡子，折腾了几个小时，总算过了河，所有的人都筋疲力尽。

到了河对岸，路愈发难走，六匹骡子行进的速度越来越慢。桑志华清楚地意识到：这些骡子可能因为平时喂不饱，身体虚弱，根本无法胜任西部旅行，必须更换骡子。可是，到哪儿去换呢？

在京汉铁路的交界处，桑志华见到临城矿高高的烟囱。他想：煤矿运输需要牲口，或许到临城矿可以找到骡子？又想起正定府的传教士曾说过，临城矿的人很友好，天津天主教会的会计杜克斯恩（Duquesne）神父也与该矿马迈（Mamet）先生打过交道。

于是，桑志华到临城矿区请求帮助，见到了技术部主任勒菲沃尔（Lefèvre）先生。这位来自比利时列日省（Liège）的工程师，听了桑志华的诉求后，非常友好地接待了考察队，并安排在矿区居住。

勒菲沃尔像家人一样，真诚地对待桑志华，安排他住进一间非常舒适的“客房”，而且离他四个孩子的房间很近，这给桑志华带来了许多乐趣。勒菲沃尔太太既是家庭主妇，又是家庭教师，乐在其中，她对桑志华说：“我在临城从未感到过厌烦”。

勒菲沃尔先生带桑志华到井下参观，还把机械主任布埃耶（Bouhaye）

先生和井下主任德·胡（De Hout）先生介绍给桑志华，他们热情地邀请桑志华到家里做客。

在临城矿，桑志华时刻都能感受到真诚与友好。人们开始募捐，所有人都在尽力帮他们找牲畜。但是，由于直隶洪灾，又恰逢农忙时节，根本租不到骡子。勒菲沃尔建议桑志华带着一行人去正定府天主教会求助，把骡子和行李暂时放在矿区由他们照料。

他们在连接临城矿与京汉铁路的鸭鸽营火车站上车，前往正定府。这条火车路段有两处被洪水冲毁，正在抢修。

3 月 29 日到达正定府[1]。这是个古老的小城市，人烟稀少，南北和东西两条大街交叉成十字形，房屋都建在十字的四条边上。城墙围起的大片土地，十分空旷。一个较浅的水塘占了很大地方。在城市西北角，堆起一个个沙丘，不断地逼近古城墙（创建于东晋十六国时期，距今已经有 1600 多年的历史）。据夏耐神父估计，城里居住的人口不足 25000 人。

正定府天主教区是一个大教区[2]。虽然桑志华是临时到访，却受到植物学家夏耐神父等人真诚友好的接待。

桑志华参观了夏耐神父的收藏，除了紫水晶和其他矿石外，还有鸟类和植物标本，他还翻看了代理主教巴鲁迪（Baroudi）神父的《小园艺师——关于华北主要蔬菜种植的几点具体建议》，园艺试验或成功或失败的过程及启示，都记录在这本小册子上，十分有趣。

---

① 正定是中国历史文化古城。位于河北省西南部，太行山东麓。战国初期，中山国在此设东垣邑，秦统一中国后改为东垣县，汉初更名真定县。自晋代至清末，一直是郡、州、路、府的治所，1913 年定名正定县。名胜古迹有千年古刹隆兴寺、开元寺须弥塔、广惠寺华塔、天宁寺凌霄塔等。

② 1856 年（清咸丰六年），罗马教廷从北京教区划分出的两个代牧区：直隶东南宗座代牧区（献县区域）和直隶西南宗座代牧区（正定区域）。1858 年（清咸丰八年），由北京教区的法籍主教董若翰（Mgr Anouilh，1819—1869）代理正定教务，来到正定府得知：隆兴寺西路康熙、乾隆皇帝曾多次居住的帝王行宫空寂冷落，回京后便依《天津条约》向清廷租借此地，没想到竟然得到咸丰皇帝御批赏赐。就这样帝王行宫易手为教堂。之后。董若翰以白银 4 万两，在行宫院内北部正中建起一座带有 2 座雄伟钟楼的主教堂，在主教堂两侧建首善堂、仁慈堂。整座楼为哥特式建筑风格，尖塔高耸、尖形拱门、大窗户以及曾绘有圣经故事的花窗玻璃。至此，直隶西南宗座代牧区总教堂正式设立，首任代牧主教为孟若瑟·马夏尔（法国籍）。

正定府教会重视植树造林，他们在流经正定府的滹沱河两岸，种植了许多小树，上次洪灾时，树被淹死了。改造滹沱河道后，他们又栽种了杨树，长势旺盛。

3 月 31 日，桑志华与神父们一起愉快地度过了复活节。

桑志华的随从、车夫、厨师跑遍了正定府，也没有租或买到骡子。听说邢台有骡子，桑志华一行冒着风沙来到邢台。

邢台约有 25000 居民，大都住在南城，北城除了北门大街外，其他地方都是耕地。这里的洪灾也很严重，西城门坍塌了，有的街道仍然被水淹着，城东北角水深达 3 米。从城北流过的河流水位还很高。

桑志华见到去年病重时抢救过自己的顺德府（今邢台市）斯特法尼主教，非常高兴。听神父们说，在离城约 20 公里的集市能买到牲畜，桑志华一行在主教带领下马上赶到这个地方。这里冷冷清清，一个中年男人牵来两头非常瘦弱的骡子，桑志华坚决不要。主教说，去年洪灾后，许多灾民食不果腹，甚至流离失所，人都吃不饱，牲口怎么会强壮呢？

五天过去了，骡子还是没有着落，桑志华心急如焚。斯特法尼神父不忍心让桑志华失望而归，就把自己正在使用的一匹个头很大、强壮、性格温顺，但年龄偏大的母骡卖给了桑志华。后来这头不错的老骡子一直陪伴桑志华走到青海湖，这真要感谢它的主人作出的奉献。

乘火车返回临城矿时，桑志华见到火车站标志杆和墙上的告示用英语取代了法语，那些黑色的法语字母透过新漆，依然隐约可见。对于这条法国和比利时联合建设但还未付款的铁路，铁路管理局开始用英语。

4 月 10 日上午，几乎所有临城矿区的人聚集在大院欢送考察队，范・拉姆多克（Van Raemdonk）博士送给桑志华一个面罩和一套完整的油布衣服，用来预防正在山西流行的鼠疫。

经过三天的长途跋涉，考察队到达了直隶和山西交界处的马岭关，这也是一个军事要塞和收费站。

马岭关位于河北省邢台市西部的太行山脉，是秦汉以来中国北部边陲的一个重要关隘，乃兵家必争之地，为太行山五大雄关之一。

2 无奈坐轿子

进入山西地界后，见不到洪水迹象。春寒料峭，刮着东北风，融化的雪水和解冻的冰霜打湿了鞋子，从脚底凉到心里。从马岭关西至水峪都是高原山区，攀登十八盘异常艰难。向西，翻越布满乱石的崎岖山谷，通过一条在石灰岩上开凿出的石阶小路，他们来到东铺村一家小旅馆。

隔壁住着一位教书先生，屋里放着桌椅，桑志华十分好奇地敲门进屋，与他攀谈起来。教书先生的学生来自附近两个村，这样的学校，大都在荒凉地区。教书先生和蔼可亲，彬彬有礼，桑志华再三邀请他到自己的房间喝茶、吸烟、吃点心，都被婉言谢绝了。当问起下一站路程时，教书先生非常认真地为他画了到辽州（今左权县）的线路图，桑志华觉得他更加可敬。一群学生来了，教书先生马上开始庄重的授课。

1918 年 4 月 13 日，考察队连续翻越两座白雪覆盖的山峰，沿途桑志华采集了极少的植物标本。在海拔 1353 米处开始下山，层层梯田上的庄稼长势茂盛，但村庄十分贫穷。

两天后，考察队住宿牛川乡小旅馆。刚卸下行李，就来了几个人站在院子里看桑志华，他们面带笑容，什么也没说，过了一会儿就离开了。

跟随桑志华来到客栈围观的人们

为了让虚弱的骡子休息，桑志华去参观附近的黄崖炼铁厂。炼铁厂规模很小，也十分原始、简陋，约有 20 名工人，每炉熔炼需要 24 小时。生产 120 斤的精铁（一炉），需要 720 斤煤，煤矿就在对面山坡。铁矿来自西南七八里外，一个矿工每天可以开采约 100 斤。融化铁块的熔炉像一个大缸，高 60—70 厘米、宽 15—20 厘米。熔炉后面有两个风箱鼓风机，工人使劲用手拉动风箱持续提供气流。毛驴拉着石磙子，把岩石粗略碾碎。

炉缸下面是煤

返回小旅馆，院子里又挤满了许多人。面对桑志华这个长相奇怪的洋人，人们的目光里充满了好奇和疑问。桑志华让他们走开，可是有几个小青年很调皮，在窗户纸上捅了许多小洞，拥挤着争相看已经进屋的桑志华。

桑志华让旅店老板把这几个青年人赶走，可是他们走了又回来，这样来回几次后，桑志华发火了！他抓住一个年轻人的胳膊，拽到院子里狠狠教训。这个年轻人离开不久，附近寺庙的钟声敲响了！一会儿，从四面八方来了很多人聚集到旅馆前，吓得老板赶紧把门关上。这时，便响起一阵强烈的砸门声。

露天简陋的鼓风机

桑志华挎着枪让老板把门打开，说是吓唬吓唬这些人。旅店老板见到枪后更加害怕，把门闩牢牢锁住，不交钥匙。

旅店外边的人越来越多，直到深夜，都没有人离去，喧闹声越来越大。桑志华组织考察队的五人（包括随从、伙夫和赶骡人）扛着步枪站到房顶上，并下令让他们朝人群上空开了几枪。这个方法立竿见影，所有的人都跑了。

桑志华立即出了门，追上了几个跑得慢的人，告诉他们：“我花钱是在这里住宿，而不是不停地被你们打扰，观看旅客以及行装是最无礼的行为，要是你们最终不向我道歉的话，我就到邻近的洪洞县叫警察来！”

那些人吓跑了。桑志华还不罢休，让旅店老板把村长叫来。村长没有来，而来了两位“要人”，一位是当地学堂的先生，另一位是村里的大夫。他们向桑志华保证：一定维持好秩序。

天黑后，桑志华叫上考察队的几个人带上枪到村子里转了转，走到一间旅店窗户下，听见里面讨论得很激烈，说着步枪、袭击什么的。桑志华没有敲门，带着人直接闯了进去，看到有十几个青年人聚在一起，问他们在干什么，没有人回答。其中两个人低着头要走开，被桑志华拦住了，并把他们带回旅馆，扣留问讯了一夜不许回家。

清晨，学堂先生和大夫来到旅馆给桑志华道歉，桑志华仍然不依不饶。青年人的父亲托人来道歉，桑志华也不接受。最终，还是当地官员出面，通知所有村民包括青年人今后不许再打扰桑志华。至此，考察队才离开。

沿着太行山主脉中段西侧前行，考察队于 4 月 18 日到达辽州龙盘镇。晚上住在蒙塘村窑洞，房间还不错，无论有多少头骡子，不管住几天，旅店老板都免费提供饲料。

走在山谷里，循着教堂的钟声，桑志华来到一个小教堂。贝尔南丁·崔（Bernardin Ts’oei）神父是中国人，桑志华与他用拉丁语交谈，很快就熟悉了。他告诉桑志华：这里除了少数房屋外，人们都住在被传教士称为“上帝的住所”的“窑子”里。桑志华体验后，感觉非常舒适。

考察队来到一个较为繁华的县城沁州（今沁县），城墙不高，也没有城堞，但城里人很多，主要产业是蓝色和黑色的染色工业，还有苘麻制绳业。

桑志华住宿的窑洞

通往沁州城的道路有些拥堵，人们从四面八方来城里赶庙会。男人们赶着马车、牛车、驴车，妇女和孩子穿戴整齐坐在车上，为了舒适，车上还铺了稻草编的席子。

庙会搭建一个戏台，演出地方戏，聚集的人群把道路围得水泄不通。两个小伙子分别牵着驮梁木的骡子，三个中年人扛着木杠，还有两个男人赶着十头骆驼都列队站在那……考察队的骡子无法通过，只好卸下驮鞍，用手拎着，一点一点挪动。

傍晚，考察队住在郭道镇，桑志华觉得运气不错。王连仲与过路的骡夫闲聊，得知他要卖一匹漂亮的枣红色骡子，桑志华很感兴趣。经过协商，桑志华用花 50 吊钱买来的最瘦弱的一匹骡子，再加 50 吊钱，换这匹漂亮的枣红色骡子，骡夫愉快接受。当时，还有一个赶骡人以同样的价钱卖一匹又矮又壮的黑色骡子，这笔买卖也成交了。

新买的枣红色骡子，开始脾气有些古怪，后来与主人熟了就好接近了，它承载的重量在 140—150 公斤，不管路途有多么艰难，一直奋勇向前。那匹黑色矮骡子始终温顺，承载重量与枣红色骡子一样，强壮的四肢步履轻盈。尽管如此，桑志华还是最喜欢斯特法尼主教送给他的那匹名叫“璐璐”的骡子，既高大强壮又温顺，还漂亮，经常听到路人赞美它。桑志华高兴地对伙计们说，这是上帝派来的值得尊敬的助手，要善待它们。

考察队装备强了，前进速度也快了，比原计划提前到达韩洪镇，考察队向霍山最高峰攀登，法国出版的地图标为海拔 2600 米。

可能是因为急行军和爬山的速度太快了，桑志华的腰病又犯了，且愈来愈重，疼痛难忍。他稍作休息，拖着病躯，步履艰难地一步一步地向上爬，越过一片片矮树丛，登上海拔 1760 米的高度。这时，桑志华腰疼得更厉害了，几乎不能动，完全靠王连仲的搀扶，考察队只好按原路返回韩洪镇，找了一家客栈住宿。

客栈房子是用裹有泥土的秸秆搭建的，在一个小门旁边，有一个泥做的炉子生火，室内温度较低。

桑志华意识到，自己的风湿性关节炎发作了，稍微一动就疼得要命，骑不了骡子，也不能继续赶路了。这个偏僻的小山村，缺医少药。桑志华只好按照从前布斯耶尔（Bussière）医生传授的方法自己治疗。几天后，有所好转。

为了赶路，桑志华接受伙计们的建议，于 4 月 27 日开始坐轿子。轿子是中国较为原始的交通工具。但是，眼下所说的轿子是因陋就简，将一把带有扶手的木制椅子固定在两根棍子上，用绳子绑紧一块木板用来放脚，需要四位轿夫来抬。桑志华给工头10吊钱，要求把他抬到解州，如果一路顺利，再加一吊作为小费，若不接受这一条件就让警察定价，工头只能同意了。

平生第一次坐轿子的桑志华感到浑身不舒服，这个轿子是临时用木棍绑在一起的，因一根棍子不直，坐在上边就向一侧倾斜。

山路崎岖不平，轿夫们深一脚浅一脚，汗流浃背；坐在轿子上的桑志华前仰后合，左摇右摆，本来就腰疼，再加上摇晃颠簸，简直像是在受刑。桑志华气愤地说：你们这些人只想赚10吊钱，不考虑坐轿子的有多难受。其实，抬轿子的人已经万分小心了，工头与桑志华商量先下来休息一会儿，修好轿子再出发。

在荒郊野外，轿夫们好不容易找到一根较为合适的棍子换上，又用绳子固定住，大家把桑志华扶到轿子上，开始新的行程。

时至中午，大家又累又饿，在水峪村有一处废弃的煤矿，桑志华让伙夫支锅做饭。他从轿子上被王连仲等人抱下来，感觉僵硬的身躯糟糕透了，腰疼得只能躺在地上，心里还在责怪那四个轿夫。

痛苦不堪的桑志华实在忍受不了再坐轿子，让轿夫找两根棍子做一副担架。四个轿夫愁眉不展，放眼望去全是荒山野岭，到哪去找呢？听说两三里的路程外有一个焦炭厂，但在那也没有找到做担架的棍子。无奈之下，桑志华又一次坐上轿子。

赶到王陶村时，桑志华已筋疲力尽，在住宿的小客栈终于找到两根做担架的棍子。

躺在担架上的桑志华腰痛减轻了一些，再往前走，通往解州县的路也平坦开阔了，舒服多了。桑志华试着骑骡子，这样测绘路线更方便，因为这些骡子被用作计步器，而轿夫时快时慢不好计算。大家扶着桑志华上了马鞍，骡夫牵着骡子，王连仲紧随其后寸步不离，考察队缓慢地行走在路上。就这样，艰难地走了十几里后到达高头村住宿。

客栈老板兼做羊毛和毛皮生意，桑志华一把抓起这些山羊皮毛，感觉就像乱蓬蓬的假发，还带有铁齿梳子的痕迹，这种梳子是用来梳理皮毛的。这时，一个中年男人牵着一匹戴着红绒球的骡子到客栈住宿，红绒球是卖骡子的标志。考察队的一个赶骡人很喜欢这匹年轻强壮的骡子，开始询问价格。桑志华走过来帮助赶骡人砍价，还说：如果到集市去卖，需要缴税，中介还要抽取手续费，现在直接交易，对双方都有利。最后以 127 个银元，一手交钱一手交货。这匹骡子的确值这个价钱！可是赶骡人手头没有这么多钱，桑志华高兴地为他垫付，以后从工资中扣除。这笔借款是按欧洲的汇率计算的，这比按中国银行 20% 和 33% 的汇率计算，给了车夫很大好处。实际上桑志华算大账，这匹骡子为考察队服务，无疑是一笔好买卖。地下交易要躲避警察，根据客栈老板的提议，他们把骡子赶到很偏僻的地方成交。

清晨，考察队出发了，这一地区全是黄土，小路蜿蜒曲折呈“之”字形，桑志华骑着骡子，用骡子的脚步来丈量路程。

经解州，渡汾河，过孝义。5 月 3 日，由于大雨，他们在汾州府（今汾阳县）附近的小杨镇住下。

在小旅店门口，桑志华见到两个留着大胡子的欧洲人从马车上下来。他们是在晋北传教的两位神父。他乡遇故人分外亲，激动的心情难以言表！桑志华和厨师一起做了欧式晚餐，大家边吃边聊，还询问了黄河附近的治安状况。

当晚，在这个偏僻小镇，桑志华观看了为婚礼而演出的皮影戏，又称“影子戏”。这是一种以兽皮或纸板做成的人物剪影以表演故事的民间戏剧。白色幕布搭设在一条小河流的拱桥上，幕布是一块上了浆的薄纱，照明是用煤油灯。新娘穿着红色嫁衣，新郎身穿中式盛装，坐在人群中最醒目的位置，其他人身着普通衣服，围坐在新郎新娘的周围，有的坐在树墩上，有的坐在老柳树下，有的坐在靠近小桥的边上。表演开始了，伴随着打击乐和弦乐，艺人们在白色幕布后面操纵的影人表演了有趣的皮影戏。这些硬皮子做的人物剪影颜色鲜艳，清晰地投射在幕布上，惟妙惟肖，这是一种深受平民喜欢的大众艺术。

距离渡黄河的路程愈来愈近了，听到黄河岸边不安宁的消息也愈来愈多，

牲畜交易市场

为了解真实情况，桑志华一行来到临县清塔天主教方济各修会。这座宏伟、豪华的教堂是当地富豪捐给教会的，这一建筑在偏僻农村一片矮矮的土坯房中显得很突兀。福卡西亚（Focaccia）神父为桑志华介绍了许多有价值的资料，桑志华顺便在附近采集了动植物标本，逗留几天后，准备从土匪相对少的岸边渡黄河去陕西。

扛着驮鞍上船

5月15日，考察队前往临县西部的克虎镇，打算在这里渡黄河。克虎镇位于山西黄河东岸，与陕西佳县（州）隔河相望。从早晨起来，天气变得阴沉，大风夹着漫天黄沙把空气变得浑浊不堪，给人们传说中的土匪地区笼罩了一层不祥氛围。

为防止出现意外，桑志华要求考察队车辆互相照应，人和牲畜紧紧跟上，还让伙计们在骡子铃铛中塞满棉花。

一直到黄河渡口，也没见土匪的踪影，桑志华终于把悬着的心放下了。这里有一队士兵把守，检查严格，桑志华出示了所有证件后同意放行。装船的准备费了不少时间，他们卸下驮鞍，把一个个牲畜赶上船。

渡船很平稳，对岸就是陕西佳县（州）。进入陕西地界，桑志华看到许多男人头上仍然拖着长辫子。他想，一条黄河竟能妨碍民国政策的执行，这非常令人奇怪，看来山西省长阎锡山的剪刀在陕西地区丝毫不能发挥作用。

把倔强的骡子拽上船

当晚，桑志华统计了途经山西采集的十字花科、豆科、木樨科、针叶树类等植物标本，共33种。

迎着冉冉升起的太阳，考察队又踏上了新的征程，沙子越来越多，沙丘到处可见，空气中弥漫着灰白色的沙尘。

再见了！山西黄土高原。桑志华发自内心地庆幸，终于走过了几经艰险的路途。

3 “禁烟巡视员”

1918 年 5 月 17 日，考察队进入榆林地界，山谷愈来愈宽，泉眼不少，溪水潺潺，风景秀丽，很久未见的筑有防御工事的避难所（堡子）又出现在了山岗上。

下午刮起了西北风，气温骤然下降，顿时感觉浑身很冷。

夜宿距榆林府 40 公里的杨家滩。桑志华住的窑洞拱顶用大梁和椽子进行了加固，里面堆满了储存食物的坛坛罐罐，他难以入睡，听到由远至近的铃铛声，拿上一盒烟走出窑洞。桑志华点着烟吸了几口，就看见一支庞大的骆驼商队走过来，前面队形是 20 头骆驼，48 头骆驼紧随其后，这是训练有素的运盐驼队，颇为壮观。在皎洁的月光下，浩浩荡荡的骆驼队几乎步伐整齐，每头骆驼之间保持着相同距离，以便跟随其从鼻孔穿过的缰绳。它们步履轻柔，扭动着腰，长长的脖子呈 S 形，伴随着“叮叮”的铃铛声，走在白沙与红土构成的路上……铃铛挂在每一小队最后一匹骆驼脖子上。一位赶骆驼人全然不顾夜深人静，在引吭高歌，高兴得好像到了自己的家门口。目送骆驼队走远了，桑志华又吸了一支烟才返回窑洞。

早晨起来，考察队直奔榆林府，到了城门下已经子夜，围着城墙绕了一圈，所有城门都紧闭。他们又一次来到南门，敲了很久，守门人终于答话：“钥匙由衙门掌管，我不能开门”。考察队只能在城墙附近找了一家客栈住下，屋子相当简陋，破烂不堪，但还算比较宽敞。

天刚亮，桑志华一行从南门入城。驿站的一位官员非常热情地迎接桑志华，毕恭毕敬，态度和蔼可亲，这让桑志华感到有些莫名其妙。他说，前些天就接到北京方面的指令，要陕西预拨给桑志华活动经费。寒暄中，桑志华得知这位官员是回族人，其祖先是土库曼斯坦人。

桑志华在榆林与老朋友弗朗索瓦·安肖尔布（François Inchaurbe）神父

相见分外高兴。因为是礼拜天，为避免打乱神父们的安排，桑志华打算回客栈做弥撒，所以没有带行李。安肖尔布神父极力挽留，桑志华只好返回客栈取行李。他绕路在河边与沙丘上采集了麻黄属、豆科锦鸡儿属、沙丘蒿属、藜科、开褐色花的萝藦科等植物标本。榆林府树木稀少，树林更少，这让桑志华觉得名不符实。不过，据说以前榆树确实郁郁葱葱，形成大片的榆树林。

安肖尔布带着桑志华游览城市，边走边介绍：榆林这座古城有 3000 多年历史，城墙有 400 多年历史，汉人来之前是蒙古人占领的。榆林府的居民约 1 万人。平时驻军 200 多人，去年 2 月，被土匪围攻期间部队多达 1000 多人，许多土匪命丧黄泉，而守城士兵只损失两人。

一眼望去，城墙东倒西歪，大部分已经废弃。距东门不远处有一处泉水，喷涌而出，越过道路流入水沟，形成水塘，灌溉城墙西边的稻田。城东多山，山上建有寺庙，保存最好的是孔子庙，但东北角沙子越过城墙覆盖了街道，城里人好像生活在沙漠中。城东山坡上的人住窑洞。

榆林府商业街人很多，商店卖的牲口鞍具，多为木质，外包铁，相当漂亮，加上鞍垫、后鞧、驼蹬，外加马笼头，共卖 6 银元。

天气晴朗，空气纯净。桑志华见到一些带佣人出游的妇女，她们坐在小牛的驮鞍上，鞍子两边各吊着一个底部圆鼓鼓的褡裢。他还有新发现：街道上许多漂亮女人穿着华贵衣服散步，往往人们会认为她们是衣食无忧或有社会地位的人，其实这是极大的错误！她们的高雅服装是租来的奢侈品。比如，穷困女人为了一次拜访或散步或看戏，她们会租借一套高雅的衣服来打扮自己。榆林府的女人出门时必须穿长裙，因为在妇女正装中，短裙是登不了大雅之堂的。

时尚漂亮的衣服与头饰

见到一个小脚女人走过来，桑志华十分惊讶，对安肖尔布神父说：这女人真是长

“三寸金莲”

着玩具娃娃的脚！他举起相机，这个女人惊愕的表情似乎在为她糟糕的娃娃脚辩解，她好像还是受到了惊吓，小心翼翼地避开镜头，迈着小碎步迅速离开。

女孩三四岁开始裹足，用厚厚的裹布将她们的双足紧紧裹住，以控制生长。裹足时非常痛苦，中国有句话“裹小脚一双，流眼泪一缸”。裹足后，行走起来很不稳定，看起来像在“踩高跷”。安肖尔布对桑志华说，民国政府正在努力根除妇女裹足这一陋习。

路过一名前清官员的住宅，这位官员曾是一名骑兵，后来当了高官，神父们赞扬他是一名正直、清廉、有责任心的高官，不过很贫穷。

他们出城去参观一座建在砂岩峭壁上的寺庙，几个守城士兵拦住他们，安肖尔布出示了证件，又说了威慑的话，士兵才放行。桑志华很纳闷：“进城时怎么没看到一个守卫士兵呢？”

安肖尔布大笑起来，说：官员们误把您（指桑志华）当成禁烟巡视员了！原来，榆林府规定，根据土地状况只要每亩缴纳 6—16 两银子就可以种鸦片，于是农民翻耕大块的麦田开始种植罂粟。半个月前，听说民国政府派禁烟巡视员来此，道台大人又颁布了禁烟令，害得老百姓倾家荡产，还引起了一些骚乱。

4 穿越沙漠荒山

考察队从榆林出发，于 1918 年 5 月 21 日进入沙漠地区，前往内蒙古鄂尔多斯。

茫茫沙漠，一望无际，风吹起沙尘，空气混浊不堪，一切都变得难以辨认，走了一会儿，连向导都迷路了。这里什么都没有，周围都是沙丘，甚至连他们行走在沙漠中的影子，也是时断时续。一直骑在骡子上记录行走路线的桑志华茫然不知所措。

桑志华骑的骡子也从未见过这样的场面，朝一座冒烟的沙丘走下去……他预感到了危险，马上吆喝骡子上一道陡坡，不知是骡子不听指挥，还是骡子根本辨不清方向，一下子摔倒在没过膝的沙子中，把桑志华甩到沙坑里，手和脸都破了。几个伙计赶过来，把桑志华从沙坑里救出来。骡子实在是太重了，拽了两次都失败了，根本拽不动。费了九牛二虎之力终于救出了骡子，大家气喘吁吁，满头大汗。多想找个地方歇一会儿啊！但他们无处躲藏，只能继续在沙漠中艰难跋涉。

五个多小时后，向导带领大家翻越一处高坡，走过宽阔干枯的山谷，到达草海村。站在草海村的制高点，桑志华看到稍远低洼处有一个水塘，形成一块绿洲。久旱逢甘露，他命令考察队加速前进，到这个叫杨官海村的地方住宿。

杨官海村属于沙漠地区，所有住房一半在地下，一半在地上，冬暖夏凉。桑志华想，这或许就是牧羊人的生活吧！大风似乎可以卷走一切，人们可以躲在地下卧室安然无恙。村庄边上有一个水塘，清澈、清凉，水中几乎涵盖了中国水塘中所有的动植物。

农民在山坡上种植了土豆、红萝卜、黍米和绿豆，沟底还种植了水稻。灌溉农田的水车像欧洲的一样笨重，车轮是纯木头制的。北边山坡上是沙丘，沙丘从西北到东南向内蒙古地区延伸。

又是几天沙漠中的跋涉，路上常常遇到运煤的毛驴车和骆驼商队。桑志华悟出：不要指望在沙漠中找到路，罗盘根本不起作用，即便偶尔动几下，还不一定准确，只能朝着大致方向前行。不计其数的黑色蒿草点缀出了沙地的花边，似乎沙子特别钟爱灌木类蒿属植物。

在沙漠里夜宿帐篷

考察队沿着一道长长的斜坡到了波

罗堡镇，这里距横山县以东15公里。这个镇建在一个山嘴上，周围建有坚固的城墙，四扇城门三扇被封死了，只有西边开着。守门人见到桑志华一行朝门口走来，立即把门关上。向导喊了很长时间，才叫开了门。守门人说，以前波罗堡是一个商业贸易中心，三年前，遭到土匪袭击，人们见了生人就怕，现在还有一些商铺。小镇有一些树木，小雀鹰正在树上筑巢，桑志华捕获了一只头部灰白、腹部呈黄色的鹡鸰，作为标本。小镇旁边的砂岩上矗立着一座塔，这是当地独特的建筑。

农户人家

考察队渡过一条宽阔的河流，到达一片绿洲。这里到处是田园风光：黄土田埂，绿树成行，男人把一根绳子拴在腰上，手扶农具，吆喝着牛耕地；妇女跪在地里用手除草，她们把头发拢成一个锥形，用一块黑布扎起来。

又趟过一条水至膝盖的河流，由于砂岩崩塌无路可走，只好攀上一座陡峭的山顶。从山顶下来，用了三个多小时到达一条布满大小石块的河床。走了不远，又进入沙漠中。

沿着羊肠山路攀上山顶

风吹起可怕的沙尘，使太阳变得暗淡。大家沿着曲折陡峭的山路爬到山顶。下山更加艰难，狂风卷着沙子刮到脸上，人和骡子被吹得摇摇晃晃，每前进一步都十分艰难，

考察队经过平缓路段

终于走到平缓的地段。

前边的路已完全被沙子覆盖，向导只能依靠桑志华手中的指南针辨别方向。刚走了几步，人和骡子就完全陷入沙丘中。原来这个沙丘很厚，它像海洋一样不停地卷起浪涛，风沙打在脸上，开始感觉有些疼，后来就麻木了，更难受的是汗水被风沙吹打浑身冰冷，就这样循环往复……每个人都口干舌燥，但没有水喝。

突然，桑志华见到了狂风摇晃的树梢露了出来。“这真是幸运！”桑志华自言自语道。因为下山的路已完全消失在沙子中，树梢标出了方向，更确切地说是道路。桑志华紧紧攥着指南针，步行走在队伍前头，两条腿深深陷入沙子，不停地喊大家要跟上他的脚步。伴随着狂风卷起的沙子，树梢一会儿露出，一会儿被淹没，再加上眼睛很难睁开，几乎无法辨认出作为唯一路标的树梢。桑志华提醒向导特别注意在沙丘的弯路上辨清方向，让王连仲把喊声传递给每一个人，也不知走了多久，好不容易见到了一棵树。此时，桑志华有一种绝处逢生的感觉，高兴得真不知说什么，他用尽全身的力气向行进在风沙中的队伍喊：我们见到了道路！考察队终于从渺无人烟的沙丘中走了出来。

按照指南针的引导，考察队走进一个山沟，不知不觉进入一个昏暗的山洞，它简直像是一个深渊，一个多小时后，才到达洞口。再向前，是一片耕地。桑志华想：离村子不会太远了。

晚上八点多，来到杨虎台村的小客栈。这里缺米少菜，连喂牲口的秸秆都没有。客栈老板愁眉苦脸诉说物资短缺的原因：一个多月来过三拨土匪，第一次 30 人，第二次 12 人，第三次 500 多人，土匪头子姓张。他们把这里和附近的粮草都抢走了，还抢走了十匹马和二三十头驴。

清晨出发前，桑志华在村里转了转，房屋是黏土建造的，屋顶用木板条裹上泥土和麦秆，非常粗糙。眼看那些沙丘就要把破旧小屋掩埋了，这些村民被土匪劫掠后更加贫困凄凉。

过了杨虎台，向西走了 2 公里，到毛乌素后，沙丘频繁出现，太阳火辣辣地烧烤着沙丘，呼呼作响的西北风卷起沙丘的浪脊冒起烟来，考察队行走在沙浪中就像被火烤着，鼻子、嗓子都很难受。

一支骆驼队经过，驼峰上的羊毛袋子里装的盐是西边约 50 公里的湖里产的，这个阶段是骆驼一年一度脱毛的时候，它们腿脚和肚子上，已经悲惨到“衣衫褴褛”的地步了。

继续艰难跋涉，一小时后，见到了生长在荒原的禾本科植物“苦豆”(一种苦的野生羽扇豆)。从沙丘爬上高地后，道路好走了，沙丘形成低矮的黄色卷边。

稍近处，山坡上的羊群像一片片白云在飘浮。视线内，一群大鸨在吃草，桑志华端着猎枪走近它们，啪！子弹打伤一只大鸨，惊得它们一起飞起来。

在柳桂湾一个小客栈，桑志华见到大门上方醒目地摆放着一个十字架，感到很好奇。原来老板是刚入教的，放十字架是为了抵御土匪的抢劫。

一场暴风雨快速袭过，伴有大风。老板告诉桑志华，在鄂尔多斯，暴风雨通常都是这样的速度。

5 马背上的民族

1918 年 5 月 26 日，考察队到达内蒙古鄂尔多斯南部天主教“小桥畔”教堂。

桑志华在“小桥畔”教堂德·维尔德（De Wilde）主教、城川传教会莫斯塔尔特（Mostaert）主教和宁条梁教会布拉姆（Braam）神父的陪同下，对鄂尔多斯地区的动植物进行考察。

过了小桥畔，萨拉乌苏河岸的沙漠地带，别有一番景致。大沙漠形成的大小不同的沙丘连绵不绝，有的光滑疏松，有的紧实凸出，在太阳的照

草原上的马群

射下沙脊放射出刺眼的光芒。那些流动的沙丘（沙包）覆盖了一些蒙古包，牧民被迫迁徙，有的牧民甚至在流动沙丘下发现18年前的犁，保存相当完好。

南面沙丘有很多高原特有植物，生长在沙丘中的沙竹子花穗密集，茎笔直，这种植物的名字与其高高的外形很相称。甘草，到处都有。开黄花的苜蓿，就像为辽阔的原野铺上一层金黄色的地毯。桑志华不时下马，采集高原地区的植物标本。

在鄂尔多斯越向西走，牲畜越大且强壮。稍远处，一群群马自由自在散放在草原上，没有主人看管。桑志华有些惊讶！问德·维尔德主教这些马丢了怎么办？他说，通常情况下主人不知道自己的马在哪儿，也不用担心小偷，因为要捉到这些比“长跑健将”还快的马，需要大量牧民或马夫，这样会连累许多人，所以当地人不会这么做。内蒙古人不可能因为马而争吵，因为在马腿上都有热铁烙上的印记，只有在马匹出售的时候，主人才管它们，把马赶成群，骑的时候再挑出来。平时，只是远远地看着它们，天热时马才聚在一起。

德·维尔德主教给桑志华讲了内蒙古对待马的一种奇怪的方式，他称其为“空马”。在冬天最冷的一天，牧民骑上自己最心爱的马，用鞭子打着它不停地奔跑，当马跑到浑身是汗时，再慢走3公里左右，然后牵着马蹓两个小时，使它的每个关节都放松。这时给它饮水，水越凉越好，有时也用凉水将马浸湿，然后将它捆起来，让它在寒风刺骨的室外度过一夜。太阳升起时，让马开始走动，给它喂食。这种方法能使马的身体更加强壮、皮毛更加漂亮。

马的死敌是草虱子，它也是其他牲畜的死敌。一旦牲畜身上有了草虱子，应该马上清除，健壮的牲畜能够抵抗草虱子的骚扰，瘦弱的会因草虱子而死亡。如果人的身上有了草虱子，会引起一种很难治愈的溃疡病。

莫斯塔尔特主教是一个打猎高手，他邀请桑志华与德·维尔德主教去打猎。在长满“沙禾”灌木丛的低平沙丘，有很多野兔和野鸡，莫斯塔尔特主教发现了小灌木中搭巢的喜鹊。桑志华打中了几只小鸟，其中有一只灰色燕子，比普通燕子要大，还射中了一只红隼（或类似的鸟科）。

返回驻地时，遇到鄂尔多斯牧民赛马的场面，桑志华一行从马上下来，饶有兴趣地驻足观看。德·维尔德主教介绍说，内蒙古盛产好马，它能跑善战，耐力极强。自古以来，牧民对马就有特殊的感情，素有“马背上的民族”的美称。赛马，是蒙古族在游牧生活中形成的传统体育项目，代代流传至今不衰。赛马，不计时，不论马的年龄，没有固定的场地跑道，一般都不分组，最先到达终点者为胜。在内蒙古能够参加赛马是一件很光荣的事情，母亲要给孩子做新衣服，父亲要提前一二个月给孩子挑选和训练马匹。

在一片绿茸茸的草原上，约七百名身着鲜艳服装的男女老少，从四面八方来到赛马场地。近百名勇敢的骑手神气十足，头戴红绿方巾，身着艳袍，骑着骏马，在起点处排成一行，并辔而立，待命奔驰。

桑志华迅速从包里拿出照相机，选好最佳角度，准备拍摄一个个精彩瞬间。

随着裁判员挥动小旗发出指令，赛马开始！只见一个个骑手立刻挥鞭策马，霎时，一匹匹骏马一跃而起，蹄声震撼，疾风一般奔驰在绿色的草原，煞是威风、壮观。那惊人的骑技博得观众阵阵喝彩，不时高潮迭起，声震原野，趣味盎然。骑手们在大家的鼓励下，更是催马扬鞭，奋力争先，速度快得简直要飞起来了，宛若飞霞流彩，在大家的欢呼喝彩声中一个个冲过终点。

赛马结束时，获奖的骑手走向欢呼的人群，接受人们的赞扬和祝贺！名列榜首的骏马被人们洒上奶茶。

观看赛马的男男女女，近者方圆几十公里，远者上百公里以外，驱马车或乘马赶来聚会。许多妇女身后背了个小孩

安肖尔布神父送给桑志华的照片

儿，一位老奶奶抱着一个小孩儿在观看。

因天气阴沉，桑志华拍摄的照片不清晰，很是遗憾。榆林府的安肖尔布神父得知后，送给桑志华一张著名女骑手的照片，驰骋中的她仍然镇定自若。

年轻妇女的头饰和耳环

参加赛马的男人从靴子、帽子到服装都汉族味十足，而女人的服装和发饰则充满西亚风情，格外引人注目。

女人们用许多彩带装饰她们的裙子，覆盖住上身的坎肩种类也很多。

在鄂尔多斯南部，已婚女性的头饰既鲜艳又夺目，可以从它的价位上有一个大致的了解。普通家庭已婚女人的服装头饰价值约 100 两银子，这算是最简朴的。而富裕家庭女人的服装头饰价值更高。一次，布拉姆神父有机会给乌斯金总管一家人拍照，为他的夫人拍了三张照片，可以看到全套装束的四分之三部分：她把浓密的长发分成两股麻花辫儿绕在两根木制卡子上，然后嵌入胸前两边的装饰盒中，还要戴上头饰和两只大耳环，这些装饰价钱可高达 400 多两银子。

乌斯金总管一家人

已婚女人梳的发型一天都不能改变。她们做家务、看羊群、放马都要这样梳头。这些装饰品相当沉，使她们不得不显露出庄重的仪表，迈出坚定的步伐，通常她们说话时的语气也很庄严。所有这些举动都是有分寸的，丝毫不会有矫揉造作之态。冠形发饰可以矫正过于散漫的步调，而且也不会显得耸肩缩颈。

未婚年轻女孩的服饰和头饰最简单。她们中的大多数都会继承祖母或是母亲为她们留下的珠宝作为嫁妆，但是未婚夫要为这些首饰付钱，因为这代表着他花钱打扮新娘子。“新娘出嫁”要面罩头纱，骑马绕自家蒙古包示意，然后才会离开，接着就被接到公婆家了。

女人常常被垂挂在冠冕形装饰的珊瑚珠子和镶有宝石的银质挂件遮住部分脸庞，颈部被珊瑚珍珠盔甲保护起来。在当地24颗珊瑚珍珠，可以换一匹好脚力的骏马。穷人会用山东产的彩色玻璃小饰品代替珊瑚珍珠。

从鄂尔多斯不同等级官员和夫人以及随从、佣人的服装、头饰上也可看出差异。

离开了赛马场，他们从北面山坡顺势下行。突然，下起了一阵暴风雨，悬崖峭壁的轮廓变得模糊了。暴风雨持续了半小时，雨后光彩夺目的景象出现了，在阳光下熠熠生辉，真是仙境般美景。

路过了几个插着小旗子的蒙古包，无论妇女们穿的衣服多么破旧，都很容易从她们穿着服装辨认出是蒙古族人。山坡散落着牦牛群、牛群、绵羊群、山羊群。这里风景如画，牧民生活非常单调，他们享受最好的生态环境，但物质生活很贫苦。

5月31日，桑志华与德·维尔德主教、莫斯塔尔特主教和布拉姆神父在宁条梁教会驻地，度过最后一个晚上，一直聊至深夜。他们真诚欢迎桑志华再次来鄂尔多斯。桑志华感谢真

总管夫人盛装头饰

未婚女孩

中等官员与夫人及随从

诚、风趣、已经内蒙古化了的传教士们，正因为他们的热情好客，才发现了“小桥畔”含有古生物化石的地层，桑志华向他们保证一定要回来！

早晨，桑志华醒来时，德·维尔德主教已悄悄离开了。这似乎是他的告别方式：帮助别人而不打扰别人，不愿为了道别而缩短桑志华的睡眠时间。

吃过早餐后，桑志华与莫斯塔尔特主教握手，他承诺：我一定要再回鄂尔多斯这个神奇的地方！

6 把兰州作为基地

兰州地处黄河上游，东接陕西，南邻四川，西连新疆、青海，北靠内蒙古、宁夏，是甘肃省政治、军事和文化的心脏。

1918 年 7 月 3 日上午，考察队沿着一条蜿蜒曲折的沟壑行进，悬崖峭壁自上而下都是羊背石。走着走着，峡谷变成了一个瓶颈，只能沿着峭壁向上爬。这时，在前方 100 米处有一条宽阔而迅猛的河流阻挡了他们所在的沟壑，向导说这就是黄河。因没有思想准备，雄伟壮观的黄河突然展现在面前，桑志华非常激动！黄河的水很黄，它看起来与巴黎的塞纳河一样宽。他久久地站在黄河岸边，凝视着水量丰富、流速很快、奔腾迅猛的黄河水。岸边有许多水轮机，这种机械在兰州附近更多。黄河上，船夫驾驶的木筏顺

木筏上有一个个羊皮袋浮标

桑志华让王连仲站在羊皮袋浮标前

水漂流，有意思的是，靠岸后小伙子把筏子背上岸。河岸上不少小贩卖羊皮袋浮标。

考察队所在的这条山间小道，比波涛汹涌的黄河水面高出 8—10 米。沿着小路来到山谷对面，而谷底就是兰州府。此刻，这座城市正被轻雾笼罩。

还未入城，黄河铁桥（建于 1906 年）和城墙外排列整齐的白色兵营，就给桑志华留下了深刻印象。因天色已晚，城门关闭，兰州天主教医院金（King）医生的助手帕里医生，在城门外迎接桑志华一行。

兰州城总长约 4 公里，公路上车辆与行人很多，一条公路通西安、潼关、北京，另一条路向西延伸，连接凉州、西宁，一直到伊犁。城市街道非常狭窄，房屋也很普通，人口相当稠密。

兰州天主教堂埃森斯（Essens）神父，热情接待桑志华一行。他是地理学家，对兰州周围的政治、军事、人文和地质地貌等各方面情况了如指掌。在兰州天主教堂附近以及南郊和西郊，回族人数很多，而城市中心较少，以 20 万人口作调查，估计回民人数不到十分之一。有不少回族人与汉族人通婚。

值得关注的是，在兰州有几个姓马的回族势力非常强大，甚至连甘肃总督对他们都要礼让三分。

马福祥[①] 将军统领宁夏府，并监管阿拉善地区，被称为西北马家军领袖。

马安良[②]，虽然年龄大了，但仍掌管河州，因拥有一支回族炮兵部队而令人生畏。马安良的三儿子马廷勷刚被任命为凉州（今武威）镇守使（也称总台）。

马麒[③] 在马安良大旗的庇护下，成为西北另一支独立的回族武装势力。

三个姓马的部队中大部分士兵是回族，深受其影响，宁夏、河州、西宁，

① 马福祥（1876—1932），回族，甘肃省兰州府河州（今临夏）人，中华民国时期西北马家军领袖。

② 马安良（1855—1920），回族，甘肃省兰州府河州（今临夏）人。

③ 马麒（1869—1931），回族，甘肃省兰州府河州（今临夏）人，统领青海湖地区，1913 年民国政府封他为“锐扬将军”，担任西宁镇总兵，住在军事管辖区的首府——西宁。

成为信仰伊斯兰教的三大中心。这些人耕种土地，也从事零售贸易，尤其是食品加工。兰州的屠宰场大都是他们开办的，货源是从兰州城市的西部、西宁和青海湖运来的牦牛，牛肉非常细腻。一头牦牛价值20—25两银子。母牦牛在等待屠宰的同时，还提供牛奶，这种食品在兰州并不少见。这种奶与普通奶牛产的奶非常类似，细微差别是，它略带一股酸味，但并不让人讨厌。

埃森斯神父将陪伴桑志华在兰州度过美好时光，使其在西部的考察变得更加容易和有趣。

第二天清晨开始下雨，桑志华在驻地整理所收集的动植物标本。在埃森斯神父的帮助下，他花9美元订做了4个体积为1米 ×0.5米 ×0.35米的箱子，相比之下兰州木材价钱不贵。之前，天气很干燥，而湿热的天气马上到来，为避免潮湿，桑志华把冲洗好的照片装入用白铁焊接成的盒子里，再装入箱子。

下午，埃森斯神父带领桑志华去登门拜访罗伯特·吉尔兹（Robert Geerts）先生。罗伯特·吉尔兹是比利时人，曾是驻中国比利时公司的专员，该公司专门开发内蒙古东部地区和东北地区的金矿。他1905年来中国，在兰州已居住20多年，时任民国政府盐税局派往甘肃和陕西的总特派员，还是当地一家大铜矿厂的化学工程师，可称得上是“兰州通”。

他的妹妹吉尔兹小姐一直跟随哥哥，即使在巡回检查的过程中，她都不辞辛苦地陪伴。

当时，罗伯特·吉尔兹要做的一项重要工作，就是在1918年底前把隶属于民国政府的甘肃省盐税局在兰州建立起来。这件事做起来并不容易。因为甘肃的税收全给省政府，而在兰州建立盐税局后，至少要提取1%税收，大概是从每100斤盐中提取2美元。这对于甘肃省官员及其下属来说，是一种非常痛心的事，因为他们的许多切身利益受到损害。

兰州是中国北部通向中亚的大门，是来自欧洲的许多探险者的必经地。罗伯特·吉尔兹还向桑志华介绍了来自俄罗斯、匈牙利、英国、法国、意大利、瑞典等探险者受恩于传教士们的故事。

桑志华这样写道：“这些探险者来中国后都是传教士招待食宿，有的还认为传教士的生活非常富裕甚至是奢侈的！其实只要稍微动动脑筋，用心观察，就应该知道传教士是在尽心尽力款待他们的客人，通常情况下，接待探险者的饮食标准比他们平时标准要高一些。有的探险者以为传教士对科学不感兴趣，实际上，不少传教士在人种学、地理学、博物学等方面有专长，还帮助他们指点了所研究的工作。但是，有些探险者除了把这些传教士遗忘之外，还对与传教士的合作守口如瓶，有的谈论此事却轻描淡写，让人觉得微不足道，还有的说出一些令人不快的言辞。这样做是不公道的。在这里暂且不谈深受这些在华传教士吸引的学者和博物学家，也不谈那些为探险者提供信息的情报员。像我以及欧洲的考古探险家们，常常会在自己发表的文章或收集品中记载那些提供过帮助的传教士，把取得的收获起码是大部分东西，归功于这些传教士的帮助。”①桑志华认为，像许多先于他来华的探险者一样，在茫茫戈壁、荒无人烟的西部地区考察，如果没有传教士的鼎力相助，没有当地官员的大力支持，真不知道会遇到多少麻烦。

兰州优越的地理位置和区位优势，使桑志华深深懂得它在今后西部地区考察探险中的重要。于是，他充分利用逗留兰州的时机，开展一系列拜访活动。

7月5日，在埃森斯神父的陪同下，桑志华拜访了甘肃督军兼省长张广建②。位高权重的张督军是黎元洪任民国大总统时曾欣赏的一位高官，他会见桑志华时，态度和蔼，始终充满友好气氛。在轻松愉快的谈话中，张督军随手翻开一本书，指着书中一幅讽刺他的漫画给桑志华看：在一棵低矮变形的树上塑造着丑化了的张督军的青铜像，树下面有一位妇女表情复杂地正看着这位督军兼省长张广建。桑志华认为，这幅漫画确实非常滑稽，在戏弄督军。他抓住这一机会，提出要为张督军拍一张真实的照片。张督军非常兴奋，表示要为桑志华在甘肃地区考察提供一切方便条件，并告知，尽管在包头地区、黄河附近、鄂尔多斯高原以北还有许多骚乱，但是甘肃地区很太平。

---

① Emile Licent, *Dix Années（1914–1923）de séjour et d'exploration dans le bassin du Fleuve Jaune, du Paiho et des autres tributaires du Golfe du Pei Tcheu Ly*, Tientsin: La Librairie Francaise, 1924, pp. 767–768.

② 张广建（1864—1938），安徽省合肥人。曾得到袁世凯赏识，成为其心腹。辛亥革命期间，代理山东巡抚。1914—1920年，任甘肃省民政长兼甘肃都督等职务，当时的甘肃包括现在的甘肃、宁夏、青海三省。

在此之前，桑志华已经初步了解了张督军的一些情况，通过这次拜访，印象更加深刻。

在兰州，几乎所有官员的原籍都是安徽，大都是张督军从自己家乡带过来的。据估计，仅政府官员、法官、职员等，总数达7000人之多。因此，有3000兰州的本地人员已经离职。安徽籍贪婪同僚的出现使张督军本人获益匪浅。例如，可以派遣他们出差，巡视部队、盐税、国内关税、鸦片等，给他们提供进行敲诈勒索的机会。这些腐败官员过着富裕的生活，他们的巨大开支，使兰州居民生活成本上涨。

邮电局是传递汇票、信件、包裹的，它对于桑志华来说也是一个非常重要的部门。桑志华在埃森斯神父、罗伯特·吉尔兹先生和妹妹吉尔兹小姐的陪同下，一起拜访了甘肃省邮政专员单堡博（Chan bût po）先生。一直以来，单局长对来兰州的所有外国人都给予关照，竭尽全力提供各种服务。在他的帮助下，桑志华把路途中筹集的考察经费，用汇票从兰州邮局顺利地发至天津和北京。

桑志华在埃森斯神父的陪伴下，拜访了甘肃工商业专员斯（Sseu）先生，他是个有魄力的广东人，在兰州创办了装备齐全的兵工厂，有细木工车间、制作模型车间、锻造设备车间和铸造车间，发动机为8马力，可以加工枪支部件。斯先生正在考虑在鄂尔多斯高原以北的黄河附近，兰州与包头之间组建一个汽车运输部门。

他们参观了兰州黄金交易公司。这是一家非常受欢迎的特殊银行，因为把巨额款项从这个偏远地区运到中国东部以及沿海地区的大商业中心，使用金条交易非常便利。

黄金交易公司的总经理张敬先生带领桑志华一行边参观边介绍。在这里未加工的黄金，价值约为同等重量银子的27倍，而把黄金熔化制成金条，其价值约为同等重量银子的30倍。

张敬在儿子的帮助下，把甘肃回族地区西部小河的冲击层里洗出来的黄金，熔铸成片状或者块状。就这样，该公司囤积了当地开采的几乎所有黄金。

走进生产车间，桑志华发现熔铸黄金使用了碳化硼铝，其操作流程：加入钾硝后的黄金开始熔化时，闪射出令人眼花缭乱的光芒。这时，立即把融化了的黄金，倒进涂油的锭模。然后，技工用锤子制成非常薄的金箔，但是与欧洲金箔的薄度相比还相差很远。

在中国，人们喜欢佩戴手镯、戒指以及其他首饰，所以珠宝加工业早已成为一个重要产业。戒指是汉族人豪华生活的奢侈品。时尚风俗中兴起黄金加工的“结婚戒指”，价格陡升，按重量出售，是同等重量银子的34倍。

在兰州，桑志华还拜访了久闻大名的地形测量专家约瑟夫·李（Joseph Ly）先生。他从1910—1911年在甘肃传教期间，做过非常出色的地形测量工作，用1∶450000的比例设计制作了一张地形图，命名为“陇东陇南山河图”（陇是甘肃省旧称）。这幅地形图包括九个专区：固原、平凉、隆德、静宁、庄浪、华亭、清水、天水，还有秦安地区的一部分。所有城市名称都符合当时中国的专用词汇。1913年，李先生对比例为1∶15000的兰州平面图进行了核对，补充了省政府所属机关以及部队营房、边防、警署、报社、商业、企业、学校、俱乐部、寺庙、公园、桥梁等155个地方并做了注解。李先生还对绘制百万分之一比例的亚洲法语版地图作出了重大贡献。

李先生的动手能力很强，他曾服务过欧洲建筑公司，亲手制造了埃菲尔公司的大部分专用仪器。他有两个经纬仪、一个六分仪，以及各种各样的绘图仪，还有指南针和气压记。

应桑志华要求，李先生允许他复制平面图和地图，但要给他提供一些试样。最后李先生用画笔为桑志华绘制了一份《陇西南地图》，这是一份非常精致的书画杰作。

桑志华与埃森斯神父一起参观兰州最有特色的老字号烟厂。无论从时间还是声誉上讲，这家企业都应纳入中国第一批烟叶制造商之列。企业创始人为张先生。当初，张家两位小姐嫁给了比利时著名官员保尔·斯普林歌德（Paul Splingaerd）先生的

卖烟的小贩

仓库里的工人和烟

两个儿子——约翰·斯普林歌德（John Splingaerd）和倍米·斯普林歌德（Bemy Splingaerd）先生，张家在烟草行业中获得了巨额财富。这个家族的大家长——张老先生早已去世了，由他最小的儿子张奇苍管理企业。

在中国，最受青睐的烟草几乎被兰州所垄断。在这座城市及周边地区，共有200余个烟厂，每年每个烟厂生产40000—50000斤方形烟，每块方形烟大约值20个铜子儿。由此可见，制烟工业的利润极大。

张奇苍先生非常热情地接待了桑志华一行。烟草种植在苗圃里，入夏收割完小麦，马上就进行移植，尽快浇水，因为新烟苗容易枯萎。烟草都是在秋季收获。但是，收获的时间也不同，有的烟叶长得绿时收割，有的烟叶变黄时才收割。收割后的烟叶由种植者晾干后卖到烟厂。烟厂每年11月至转年3月开工，其他时间工人可以从事其他职业。

参观烟厂车间时，桑志华见到一台奇特的机器，仓库里摆放着去年没有销售出去的烟。

刨烟丝

在生产车间的房顶上，女工们熟练地摘除烟草的筋梗。接着，把烟叶铺成中等厚的一层，在上面撒些研碎了的石膏、洋苏木、蜀葵花。

在烟厂的院子里，一个工人操纵一台很大压力机把配制的烟叶压紧，还有一台用树干做的操纵杆。随着操纵杆的运转，烟团一层一层地不断升高，最终形成一个边长约为 1.1 米的立方体，像木头一样坚硬，重量达 600 公斤。由于立方体非常严密结实，刨削工作相当艰难。先是把这个立方体送到一个车间里，对它进行刨削。带有很宽刀刃的刨子上面配有一个容器，刨削后的像头发一样细的烟丝逐渐堆积在这个容器中。然后，再将烟丝压缩为边长 8—10 厘米，厚 2 厘米的方形，用纸包装起来，贴上商标，变成商品。商品装箱后，把油纸小心地覆盖在上面，用牲畜运到火车站，供应北京、天津和上海。

工人在压力机下休息

兰州市的商业区很繁华，桑志华逛了逛。皮货商店很多，大多用的是水獭皮，货物主要来自西宁和甘肃以西地区，一张皮的价格为四个银元。

压力机的操纵杆

呢绒商经营著名的毛织品“氆氇”，做工相当粗糙，使用的是牦牛绒布料。还有羊毛织成的地毯，大部分也是来自西宁。

有的商店销售藤草编制品，把柳条、竹子、棕榈纤维、灯心草都用上了。

糖果商店卖一种红褐色的面团，是甘肃地区产的秋子果做成的，约两指宽，卷成束，如同橡胶一样结实，味道有点酸，非常可口，尤其是在夏季吃起来更是爽口，被称为“果丹皮”。

鸦片烟民的商品交易自由地开展。来自四川的旱烟叶，每斤价钱为 950 个铜子儿，桑志华让人用这些旱烟制成了 200 支雪茄烟，花费了 123 个铜子儿，抽起来相当享受。

价钱昂贵的铜灯制作精致，取代了漂亮的白铁灯。

桑志华还买了一副相当纯净的灰黑色天然水晶眼镜。

通过对兰州的考察，桑志华意识到：西部高原将是他今后在中国黄河流域考察的重点，而四通八达的兰州，不仅地理位置、区位优势极其重要，而且经济、文化也是西部地区的中心，特别是天主教会与当地政府、军队等方面关系非常密切。他决定把兰州作为西部地区考察的落脚点，这样方便拜访甘肃、兰州政府高官、部队首领和其他重要人士，为在西部顺利考察奠定坚实基础。

7 陶醉于兴隆山庙会

熟悉甘肃、西宁、青海湖地质地貌的埃森斯神父建议桑志华在前往西宁的路上，去南山采集高山植物标本。但是，由于南山因洪水灾害无法通过，只好去兴隆山①。为路上安全，桑志华的朋友罗伯特·吉尔兹派了本公司职员王虎臣一同前往。

1918年7月8日，桑志华一行从兰州城东门出发，经过五里铺、太平沟，进入一条很深的沟壑，翻过长满灌木丛的山，越过一条急流，行进在泛白的黄土地上。

一条清澈见底、水流丰盈的小河穿过村庄，周围的杨树、柳树以及小榆树长势茂盛，风景很美。考察队住宿在这里的一个客栈。

据客栈老板介绍：兴隆山的寺庙为道教圣地，占两条沟壑，至少有200多个房间，有许多虔诚的教徒。兴隆山的动物很多：黄麝香鹿、豹子、野猪（小野猪带有斑纹），还有大黑蛇、刺猬（在这里像在其他地方一样，刺猬是一种神圣的动物），等等。

清晨，天气炎热，走了两个多小时的路程，在通往兴隆山入口处的河流，桑志华看到20多座水磨坊。

他们从一条沟壑的入口攀登兴隆山，八匹骡子与运载橡树的车交错而过。上山坡道陡峭，密密麻麻的树上有许多昆虫。桑志华一下子兴奋起

---

① 兴隆山，位于甘肃省兰州市城东南45公里处。有“黄山之美，峨眉之秀，华山之险，青城之幽，尽在兴隆一山之中”的美誉。龛峪河（大峡河）将其切割成东、西两山，东山即兴隆主山，又名争秀山，平均海拔2816米，最高峰九子坪海拔3130米；西山名栖云山，平均海拔2524米，最高峰3021米。两山阴坡均有松、杉林及青杆、白杨。植物种类极丰，仅高等植物就达500种以上。

来，他记载：一种幼虫在小灌木上挂了许许多多的白泡沫，一种长着黑点鞘翅的昆虫在树枝上跳来跳去，一种长着淡绿色鞘翅的昆虫草地上到处都是，还有很多类似欧洲的昆虫。

攀登到海拔2320米处，视野更加开阔，朵朵白云在头顶掠过。高大的橡树、桦树、榛树，青翠欲滴的山竹，树龄还小的冷杉，多刺的灌木长势茂盛，桑志华采集了大量植物。在海拔2449米高处，生长着一种树干高大、开着粉红色花朵的毛茛，还有从未见过的几个树种。

下山至半山腰，桑志华遇到了许多来兴隆山寺庙朝圣的人。原来，是人们来参加兴隆山的庙会。中国农历六月六是兴隆山庙会的日子。此庙会始于宋元时的道教活动，兴起于清中期和民国时期。强烈的好奇心，驱使着桑志华随着人群来到了朝圣的寺庙。

桑志华决定住宿在兴隆山寺庙的客栈（也称公所），这是一处依山而建的二层房屋，每层有五六间，二层带有遮阳游廊，院子非常狭窄，长约20米，院子中央摆放着一个很大的香炉。朝圣者不断，他们在焚烧黄色的纸。桑志华住在二层，视野开阔，满眼美丽风景：山上高大的树木，如冷杉、榛树的树龄已达一二百年，长势依然茂盛。

这天，兴隆山举行隆重的庙会，朝圣者愈来愈多，围得水泄不通，有的从兰州、天水赶来，也有的从河州（今临夏）赶来，听说许多人走了100多公里的路程。一些警察专程从榆中赶来维持秩序。

兴隆山庙会的道事活动，以“念经”为主，诵经时，为首道官头戴金饰道冠，身着八卦道袍，手执象牙笏板，且舞且唱，领诵道教各种经文，其他道众按品级辈分穿法衣道袍，手执各种法器，奏乐应和。

道士与教徒在大香炉前

文娱活动开始了，桑志华庆幸自己处在中心位置，锣、鼓、大铙、大钹、长号、唢呐等很多乐器一起奏响，在山谷回荡。

“在沟壑深处举行了庙会，聚集了欢乐的人群，非常拥挤，节日活动既是宗教的也是民俗的。这里香火很旺，烟气缭绕，锣鼓喧天，热闹非凡。秦弦乐器（中国式的小提琴和吉他）进入了聚会角色，时而低沉、时而激昂、时而悠扬的琴声，尽管有些蹩脚，但那是久违了的琴声，令人陶醉。”① 桑志华全神贯注地倾听，他感觉普通民众在用琴声表达着他们的情感，用音乐述说着他们的故事。这是桑志华来华后第一次参加这样的庙会，第一次听到这种中西合璧的音乐，特别是在海拔 2300 米的高山上得到这种享受，兴奋得一夜未眠。

“看中国人参加树林聚会的欢乐节目，真是一件赏心悦目的事情。夜晚，一些喝醉酒的人兴致很高，装扮成马车夫一样叫喊几声，也有一些人安静、文雅地观看节目，表现得与众不同，还有一些人在灰黑色的小房间里闭门不出，他们喝酒、打牌……与其说这些人是教堂圣地广场的客人，不如说是到小酒馆里、到乡间、海滨、山区等地的度假者。”②

凌晨三点半，庙会的音乐又重新开始，主题始终如一，再加上锣鼓声、小铃声和爆竹声，实在让人无法入睡。在每座寺庙，声乐相伴的两首晨曲之间，都由一个道士诵读一段经文。

无法入睡的桑志华，叫醒王连仲一起去散步。月光下，看到一些人跑到河的对岸采摘花果，桑志华也脱了鞋，趟过浅浅的河流来到草莓地。草莓的数量还不少，正值成熟期，但不知为什么，草莓干枯，既没有香味也没有汁液，只保留了缩小的外形和粉红的颜色。

这时，一位正在耕种土地的农夫从位于海拔约 2300 米高处喊：庄稼地里有野猪，注意安全！桑志华趴在地上窥探，听到一头野猪在距离很远的地方发出叫声。

天刚蒙蒙亮，桑志华看见朝圣者在寺庙附近自己做饭，他们带来了锅

---

① Emile Licent, *Dix Années* (*1914–1923*) *de séjour et d'exploration dans le bassin du Fleuve Jaune, du Paiho et des autres tributaires du Golfe du Pei Tcheu Ly*, Tientsin: La Librairie Francaise, 1924, pp.783–784.

② Emile Licent, *Dix Années* (*1914–1923*) *de séjour et d'exploration dans le bassin du Fleuve Jaune, du Paiho et des autres tributaires du Golfe du Pei Tcheu Ly*, Tientsin: La Librairie Francaise, 1924, pp.783–784.

灶和食材。几乎每个朝圣者都带一个长方形木盒子，里面有黄色的纸，用来在大香炉里焚烧。

收割小麦

早餐后，桑志华迎着朝霞向兴隆山顶峰攀登，在海拔2700米处，山坡被乔木覆盖，包括榆树、柳树、桦树和腊栗，桑志华采集了很多蘑菇和显花植物。他站在海拔2800米的高处，脚下被森林覆盖。将近下午5点的时候，许多商人已经收拾行囊，准备离开了。这时的东西都很便宜，桑志华买了一些食物，其中一小板用“黄米”做成的浅棕色的焦糖食品，味道可口。

桑志华看到有一群朝圣者，吹奏着长约1.5米军号似的乐器，来到寺庙。

朝圣者们的欢快情绪有增无减，有的唱歌、有的吸烟、有的喝酒，极少数人喝得烂醉如泥，还有一些喝过酒沮丧难受而痛哭流涕者。道教信徒并非因此受到亵渎，因为与佛教寺庙不同的是，道教寺庙容忍在其范围内喝酒，吃肉、蛋，吸鸦片，享受所有的美事。总之，允许借此机会任其自由自在地享受一切，甚至过度享乐。

桑志华非常感谢埃森斯神父推荐他来到兴隆山，不仅获得了动植物标本的丰硕成果，而且还经历了这么多非常有趣的事情。

1918年7月19日，考察队离开兴隆山返回兰州。田野的小麦、大麦和扁豆都熟了，农民们在收割小麦。瓜果也熟了，大大的西瓜和多汁的圆形甜瓜刚刚上市。树荫下，一群人在野炊中玩划拳。

在兰州附近黄河岸边随处可见磨坊水轮机，使桑志华自然地想到，这与自己家乡的磨坊有许多相似之处。

8 害怕照相机的凉州人

在兰州休整了三天后，考察队于1918年7月23日前往凉州（今武

五座小塔

威市）。

从兰州西门出城，沿庄浪河西向北，经乌鞘岭、安远、古浪，连续10天长途跋涉，8月1日到达凉州地区。这里聚居着汉、藏、回、蒙古等多个民族。高高的南山清晰可见，上面有流苏般的积雪。

路边的小建筑是回族居住地，涂上了白色。路北边，还有五座小塔。穿过一条宽阔的急流，在漆黑的晚上，经过一个筑有围墙颇似掩蔽所的周家庄，桑志华觉得好像到了一个缺乏安全感的地区，带着这种心绪，越过了近乎干涸的第二条河流。

晚上8点多，到达凉州（今武威市）松树庄天主教堂，本堂海尔曼斯（Heiremens）神父非常热情地接待了桑志华，并送了一张精美狼皮、一只大秃鹫（鹫属）和两只“雪鸡”标本，这些动物都生活在甘肃西部山区。桑志华还见到了凉州天主教会主教奥托（Otto）神父和甘肃北部传教团总管劳沃特（Lauwaert）神父，劳沃特送桑志华一对在山里找到的精美的鹿角。

松树庄子地处急流冲积形成的锥形三角洲地带，最大的问题是缺水，居民饮水几乎靠聚集的雨水。在一个堆满石块的水井上，围着由工字钢构成的坚固护栏，这个装置支架向下延伸约40—50英尺。这眼井隶属甘肃省政府部门管理，然后出租给经营者，水是花钱买的，专门送水的劳力肩挑扁担，两端挂着两只水桶，送到家收费。

在凉州市场，桑志华为收集人种学方面的藏品，买了花瓶、器械、玩具和满族部队的军装、全套盔甲等40余件旧物品，还花100个铜子儿买了1

斗喂骡子的菜豆，50 个铜子儿买了 1 斗谷糠，26 个铜子儿买了 1 副马蹄铁，184 个铜子儿买了 1 把铁锹，112 个铜子儿买了 1 斤欧洲钉子，47 个铜子儿买了 1 双中国的帆布长筒袜，15 个铜子儿买了 1 斤牛肉等其他物品。

海尔曼斯神父还陪同桑志华去拜访凉州镇守使（也称总台）马廷勷，他是马安良的三儿子。马总台对桑志华真诚友好，还派一个骑兵担任向导。借此机会，桑志华请马总台派一辆畜力车，把一路上采集的动植物标本和人类学物品，送到兰州教会暂时保存，返回天津时再去取。

利用下雨天，桑志华在海尔曼斯神父的帮助下修理花 13 两银子买的相当大的军用帐篷。这顶帐篷是用棕榈编织的，经久耐用。但是，因帆布不够密实会漏雨，而松树庄子教会没有任何办法，只能到西宁时再加油布衬里。尽管如此，海尔曼斯神父还是竭尽全力，请当地木匠用最好的冷杉木制作了固定帐篷的小木桩，在帐篷上面开了一个天窗，还制作了一个在帐篷里使用的折叠小桌椅。担任向导的回族士兵送来在帐篷里使用的照明灯具。为了运载这顶帐篷，桑志华花 41 银元买了一匹健壮而漂亮的小骡子。这顶帐篷将陪伴桑志华以后的旅程。

桑志华原打算穿过距凉州不远的山口，顺便考察南山，然后奔赴西宁。但是，由于大雨冲垮了前进的道路，只能放弃这个计划，向南绕道至西宁。

8 月 8 日，考察队沿着一条沟渠南行，桑志华举目远望，远处雄伟的南山显现出来，上面覆盖着积雪。他们趟过两条水量充盈的河流后，一场大暴雨突然降临。无处躲藏的一行人来到第三条河流岸边准备过河，可是河上的桥梁已被洪水冲断，上游河流的一个缺口犹如巨大的瀑布倾斜下来，发出震耳欲聋的响声。面对险情，桑志华十分焦急。过了一会儿，他们遇到当地村民约 150 人，扛着草捆，带着铁锹，奔向大缺口抗洪抢险。这些村民非常勇敢，有的跳到水里用草捆拦截洪水，有的在河堤挖泥，紧张有序，大约用了五个多小时，终于堵上了这个大缺口。然后，临时搭建了一座桥。桥下河水很深，水流迅猛。为确保桑志华的安全，热情淳朴的村民挑选了三个年轻力壮的小伙子护送他安全过桥，又护送着其他人赶着骡子一个一个地过桥。

刚从桥上走下来的桑志华惊魂未定，突然天空黑下来，耳边听到轰轰隆隆的声音，闪电划破如墨的天空，在头顶上炸响，又一场暴风雨即将来临。回族士兵和赶骡人，走在队伍的一前一后，一唱一和，大声唱着前几天在

"兴隆山"听到的那单调忧郁的歌声，有雷声伴奏，别有一番妙处。这首曲子源于宗教，最初的歌词也是宗教主题的，后来歌词发生变化，融入一些逗乐、通俗、诙谐的内容，具有浓郁的西部风情。

瓢泼大雨从天而降，他们无处躲藏，只好在雨中继续行进。走了约1个小时，看到低矮的黄土丘陵附近有一个村庄，他们喜出望外，马上朝着这个村子走去。

巧夺天工的寺庙建筑

河流边的磨坊

这个村叫"王家咀子"，客栈条件极差，甚至缺乏好的食用盐。晚上，为了安全，客栈的狗在屋顶上来回走动。一个赶骡人脚上磨起了大泡，桑志华用钢针穿上一根黑发（事先用肥皂水洗过）充当引流管，进行简单治疗。

早晨起床后，桑志华才发现自己房间的墙上都是特别大的蜘蛛网，上面沾满了灰尘和黑乎乎的分泌物。他很不高兴地叫来客栈老板，让他们打扫卫生。

8月9日出发后，沿着大平原边缘上的丘陵往前走。桑志华见到许多村庄都矗立着一个旗杆，旗杆上裹着的白布写满了藏文，据说这是用来预防所有不幸的。

穿过丘陵斜坡，桑志华发现眼前内蒙古大草原与南山的西藏高海拔地区截然隔开。山谷底部平整宽阔，全是草地，下坡的南边，矗立着一座约 9 层楼高的寺庙。

走了一会儿，这个宽阔的大山谷变得越来越窄，尽管阴天下雨，但景色依然壮丽：远处，高高的山峰上被积雪覆盖的圆锥形山峰闪闪发光。近处山坡上种植了庄稼，树木很多。

下午，灰暗的天空开始晴朗起来。山谷里的河水急流咆哮轰鸣，并明显上涨。据当地居民说，山峰上的雪正在融化倾泻下来，它与平原雨量几乎同样多。

藏族猎手背的猎枪很独特

考察队小心翼翼地涉水穿过从北边奔泄而来的一条宽阔的急流。过了一个湾，河流岸边磨房的数量明显增多，桑志华数了数，一公里内有 5 台。

从一条很大的沟壑，他们攀登到海拔 2300 米处，在一片低矮的灌木丛中搭起了帐篷。这时，桑志华见到了两个藏族猎手。

出于好奇，桑志华让向导带着王连仲、回族士兵和赶骡人等，跟随这两个藏族猎手步行约 1 公里，到了哈溪镇附近。这里住了 10 余户藏族人，他们自称是“西宁人”，居住的房子非常简陋，是用一块块淤泥晾干后砌成的，任意一种树干支撑屋顶，上面覆盖着柴捆和泥土。

有的藏族人开设了毛线织品的店铺，桑志华要购买一块现场制作的床毡子，这些人见到外国人桑志华，目光中充满了恐惧。随行的回族士兵，不断地重复说“别害怕啊”，还温和地让孩子们出去玩。突然，桑志华看见这个回族士兵把生鸡蛋磕开，一个仰脖喝下去，紧接着又是第二个、第三个，简直就像在自己家里一样。这家人好像习惯了全副武装士兵的来访与骚扰，一句话也不敢说。这幅场景很奇怪，但是藏民却表现出对士兵的信任。桑志华支付了士兵所吞食的三个鸡蛋的钱。从那一刻起，这些藏族人的目光变得不再恐惧，还请桑志华观看加工制作略带哈喇味的奶酪，遗憾的是他们不制

母亲同意，儿子把头扭了过去

作黄油。之后，几个藏族人还专程来到帐篷，送来母牦牛的鲜奶，桑志华觉得非常好喝。

为收集人类学资料，桑志华要参观他们的生活并为他们拍照。第二天早饭后，他们又来到这里。这些藏族人居住的房屋简陋，因藏族人长期生活在中国封闭的西部地区，不知照相机为何物，见到桑志华举着一个黑匣子式的小机器，所有人都躲避。此时，回族士兵变得温文尔雅，主动热情地劝说大家："别害怕啊，咔嚓一下就好了。"回族士兵费了很大工夫，先是把男人们拉到拍照的位置，可是他们慌乱、茫然不知所措。桑志华让回族士兵告诉他们放松、自然。经过一段时间的劝说，男人们的情绪稳定下来。桑志华抓紧时间拍照。

这些藏族男人穿着中式服装，头上戴着一顶非常好看的无边毡帽，留着与汉族人一样的辫子，还用几股粗毛线绳把辫子加长，盘绕在头上。

摆了一个姿势向镜头露出笑容的妇女

为藏族妇女照相更不容易，一部分被吓跑了，拒绝拍照。留下来的妇女不仅慌乱，还很害羞，更不敢抬头。本来妇女们的发型就非常复杂，遮盖了半张脸，又低着头拍不到正脸。两个回族士兵又十分柔情地劝说她们，还示范表演。可惜试了好几次，效果不明显。桑志华也听不清他们说了什么，这个藏族妇女终于抬起头来，把遮挡在脸上的头发掠过耳后，看着镜头笑了。

妇女长而密的头发是分散开的，每一部分头发都编了许多小辫子，表面上看，小辫子都与肩齐平，实际上小辫子是被放入胸前两个鲜红色的布套子里，布套上装饰着珊瑚珍珠、海贝壳和珍珠圆盘。她们都穿一件绿色的裙子，一件红色的袍子和一件蓝色的大衣，两边的衣襟在胸部相叠，系上腰带，膨起一个折裥，袍子可以覆盖脚面，可在底部看到这三种服饰。她们同男人们一样穿靴子。这种靴子很简单，围绕着脚用线把卷起的皮子缝制而成。整体来看，无论是男人还是妇女，都衣衫褴褛。

桑志华路过许多村庄，在这个季节，人们都睡在院子里，床铺是放在大石块上、覆盖着皮革的两块木板。孩子们大都光着脚，听说即使在下雪天，他们也是光脚在雪地里行走。

一间非常偏僻的屋子，传出了单调的歌唱和铃鼓声，只见一个僧人蹲在地上，手里拿着两个又轻又细的小圆棒，敲打着悬挂在旁边梁上的铃鼓。他边唱边读，翻动着那已经分离的书页。他是被请来驱除抢劫威胁的。

走到一个住着百余户藏族人的村庄，桑志华很有礼貌地问一个男子：您贵姓？他大笑起来，回答说：没有姓。桑志华又问：那怎么称呼您？对方回答：柴官夏。这是桑志华听到的第一个藏族人的名字。这些藏族人大部分会汉语，但在他们之间是用藏语交流的。

考察队继续前行，路过一个更偏僻的村庄，房屋很小、低矮，附近搭了几顶用白布搭建的帐篷，有一顶帐篷是黑色的，用山羊皮制成。桑志华花了4银元从这个藏族人手中买了一张豹子皮。

8月18日，考察队朝西宁方向行进。桑志华的狗“嘟嘟”见到一只正在挖洞穴的旱獭，立即上去咬伤了它的腰部。远处山坡上，几个男孩骑着马驱赶着牲畜群：有绵羊、山羊和牛，犹如一幅美丽的油画，景色非常美。

9 扎隆寺活佛的盛情款待

考察队穿过一条大沟壑，向长满高大树木的山峰攀登，至海拔2740米处才休息。这个陡峭的小山坡几乎没有道路，一位骑着黑色马的红衣僧人路过，引起了桑志华的注意。他马上让考察队出发，跟随这个僧人过了几道沟壑，来到一座雄伟壮观的寺庙。这座寺庙掩藏在繁茂的树木中，陌生人很难

头戴圆帽的红衣僧人

找到，一座高大的白色舍利塔旁边，有信众手摇转经筒，桑志华想进入寺庙，遭到拒绝。

1918 年 8 月 23 日清晨，桑志华一行冒雨赶到西宁，找到法国天主教会的斯科兰（Schram）神父。他已经在西宁生活多年，对各方面情况了如指掌，特别是通晓藏语和汉语的程度，简直令人惊叹！桑志华向他提出了参观寺庙的要求。

斯科兰神父建议桑志华：先到碾伯镇（今属海东市乐都区，位于西宁东 120 公里）天主教会。然后到大通河下游的扎隆寺，再去青海湖等地，桑志华欣然接受。

斯科兰神父在当地很有威望，他请来驻西宁部队马麒将军的藏族秘书，以便了解这个地区的更多情况。

这位年轻秘书，藏名叫乐曼拉，汉名叫“赢干”。当场给桑志华指点了行程路线，还与斯科兰神父一起提出了旅途中需要注意的问题。

在乐曼拉秘书的协调下，桑志华与斯科兰神父一起登门拜访了驻守在西宁的马麒将军。这位将军除了统率青海湖、柴达木等地区之外，同时拥有“总台”的头衔，管理西宁地区的回族人和藏族人。

桑志华恭敬地把护照和其他证件递给马麒将军。马麒将军态度和蔼地表示：要为考察队提供一切帮助，还给桑志华派了几名士兵和一名翻译。8 月 25 日，斯科兰神父推迟了去武威参加传教士大会的计划，先陪桑志华到碾伯镇教会。碾伯镇约有 5000 多居民，40 余个回族家庭。斯科兰边走边介绍，从资源矿产到植物标本，从宗教信仰到风土人情，涉及的领域相

未被允许进入的寺庙

当广泛，使桑志华掌握了许多第一手资料。

碾伯镇天主教会阿尔贝·戴米特（Albert Desmedt）神父高兴地欢迎桑志华的到来。第二天，桑志华感到头晕，身体不舒服。斯科兰神父离开时，叮嘱桑志华休息几天再去扎隆寺，并为他写好了介绍信。

8月28日清晨，桑志华一行奔赴西宁东北方向的扎隆寺。

考察队所经之处地产贫乏，几乎没有耕地，也没有松树、刺柏，200米以上所有的山完全被积雪覆盖。上山的小路虽然坡道平缓，但由于地处海拔3300米，人和牲畜都气喘吁吁。夜幕降临时，下起了大雨。桑志华马上与大家一起搭好帐篷，把两匹骡子拴在小木桩上，防止它们跑掉。一直到晚上8点半，那些因行李掉队的队员才赶了上来。

熬过一个寒冷难眠的夜晚，黎明前考察队出发了，走得艰难而缓慢。整整24小时，所有人只吃了桑志华留下来的一点面包，骡子也没有正经地吃过东西。

一条大河挡住了去路，河水很深，清澈见底。绕了很远，才到了一座步行桥。他们小心翼翼地牵着驮行李的骡子慢慢通过，一匹骡子驮载的物品失去平衡，在离对岸约两米的地方掉到了河里，弄湿了一部分卧具，还损坏了一箱东西，包括一些摄影底片。桑志华很生气，也很着急，马上指挥大家把物品从激流中捞出来，拧水、擦干、重新打包，整整用了一个多小时。经过这么折腾，人和牲畜都又饿又累，大家连说话的力气都没有了，牲畜半闭着眼睛耷拉着耳朵缓缓前行，看上去像是一支在战场上打了败仗士气低落的队伍。

一个扛着木铲的藏族人路过，经询问此处距扎隆寺只有六七里了。

终于来到扎隆寺门口，桑志华向僧人出示了斯科兰神父和戴米特神父写的介绍信。这两封信是最好的通行证，桑志华一行受到寺院非常友好的接

扛着木铲的藏族人

扎隆寺建筑群

待，吃了午饭，喂饱了牲畜。

桑志华惊讶地发现，扎隆寺有两位活佛，一位是鹤发童颜的老活佛；一位是来自西宁总督身边的年轻活佛。他们管辖的范围相当大，包括附近几个山村寺院的领域。

年轻活佛带领桑志华参观寺院后，来到一个亭子的遮阳廊下，桑志华准备为年轻活佛和僧人们拍照。这位年轻活佛头上戴着圆形禅冠，身穿红色袈裟，右臂裸露着，左手拿着念珠，端坐在中间，其左侧是寺院总管，右侧是他的翻译，这位翻译身穿汉服，个子很高。还有两个六岁的小孩。①

年轻活佛和僧人们

年长活佛带桑志华参观扎隆寺最大的寺院，墙上挂着漂亮的绢丝画，古老而精美，还有许多藏语书籍。神像前整齐地摆放着供水碗，一盏盏酥油灯忽闪忽闪的，僧人们在诵经，被信众跪拜用手磨光了的木地板格外醒目。

令桑志华没想到的是，年长活佛带桑志华来到他的住处：地上铺着漂

① Emile Licent, *Dix Années (1914–1923) de séjour et d'exploration dans le bassin du Fleuve Jaune, du Paiho et des autres tributaires du Golfe du Pei Tcheu Ly*, Tientsin: La Librairie Francaise, 1924, p.851.

亮的地毯，一串串念珠，精致的小雕像……桑志华对这里的一切都非常感兴趣，因为从来没有机会让他觑视一位活佛的内室。

桑志华走出活佛房间，来到寺院拿出烟盒想吸烟，马上又放下了，寺院规定绝不能吸烟。但是，年长活佛对桑志华破例了。

寺门旁边有一台很壮观的转经筒，信众用手转动起来也是一项体力劳动，尽管有些累，但他们相信会带来好运。

下午离开扎隆寺，年轻活佛的翻译陪同桑志华去考察。他告诉桑志华：在寺院周边地区至少有 700 多个藏族家庭，每个家庭成员都是信众，他们分布在高海拔的山谷里，遵守同样的教规。

晚上，活佛的秘书安排桑志华住在充满藏族风情的高档房间，天花板、地板、墙壁都是实木板，非常干净，各方面条件非常好。

大客厅挂着几幅彩缎装饰的卷轴画，引起桑志华的浓厚兴趣。第一次见到这么独特的艺术作品，他站着欣赏很久：那神秘绚丽的人间色彩、多姿多态的尊尊佛像，让人顿生敬意，内心充满了安宁祥和的力量。

经询问活佛的秘书，得知这是藏族信众供奉的唐卡。唐卡是藏族文化中一种独具特色的绘画艺术形式，其题材涉及藏族的历史、宗教、政治、文化和社会生活等诸多领域，具有鲜明的民族特点、浓郁的宗教色彩和独特的艺术风格，历来被藏族人民视为珍宝，堪称“离神最近”的艺术作品。信众供奉唐卡，就是皈依佛法，净化心灵，积德行善。桑志华向年轻活佛的秘书表示，非常喜欢这几幅唐卡，他将作为艺术精品收藏。

临别时，年轻活佛非常慷慨，派人从大客厅墙上摘下 3 幅唐卡送给桑志华，并说这些画非常古老，都是西藏的艺术品。随后，年轻活佛亲自赠送桑志华两捆黑色藏香和一块四五斤重的精美鲜黄油；他让僧人们为考察队备好路上所需的食品和牲畜的谷物。还派了一个汉族人、一个藏族人和一些马匹，护送桑志华到目的地。所有这一切，使桑志华万分感激：这真是热情而奢华的款待，还伴着一种无微不至的恩宠。

考察队带着对扎隆寺活佛的感激之情和美好祝福开始赶路了。年轻活佛目送考察队离开，桑志华依依不舍，几次回头挥手告别。

10 遭遇特大暴风雪

1918 年 8 月 30 日，考察队出发返回西宁。他们穿过一条片麻状岩石构成的沟壑，来到一条覆盖雪的河流岸边，前往哈拉直沟（在互助自治县东南约 18 公里）。一名汉族向导把路上捡的六根小冷杉树枝拴在马鞍上，作为晚饭的燃料。

突然，巨大的雷声夹着闪电在头顶炸开，骤雨来了。气温零摄氏度！考察队在一条扇形的沟壑里艰难地行走。

过了海拔 3349 米高的山口，先是一阵暴风雨，然后是雨夹雪，接着又下起了冰雹。一声声惊雷击打着前边的山顶。一道道闪电交错劈向积雪的山峰。桑志华感到眼前的景象实在恐怖，但别无选择，只能前进。

继续攀向第四个山口，站到海拔 3440 米的高处，在白雪覆盖的几座山脊之间，他们毫无遮挡地置身于暴风雨中，雨夹杂着冰雹打在每一个人的头上身上。

桑志华决定下山，但没有路，只能艰难地踩着又湿又滑的花岗岩石块前行，非常危险。约两个小时后，一个士兵发现藏族人搭建的黑色帐篷（是用牦牛毛料做成的）。又走了几个小时，到达那顶覆盖着厚厚积雪的帐篷附近。

艰难地行进在冰雪盘山路

桑志华让大家立即扫雪，在河流岸边的大石块中间，搭建两顶帐篷。藏民非常热情，帮着考察队一起搭帐篷，还送来厚厚的用干草编成的褥垫。桑志华让大家用这个褥垫，他睡自己的行军床。

藏族人的帐篷

附近一个简陋帐篷住着看管牦牛的牧人，他来到考察队帐篷，把黄油和热乎乎的奶茶送给每一个人，在这样冰冷的天气里，大家心里暖融融的。

厨师开始做饭，汉族向导捡的那六根小冷杉树枝派上了用场。这里是不毛之地，在冰冻的山峰下面根本没有木本植被，甚至连稍高一点儿的青草都没有。

狗不停地狂叫，晚上八点才不出声了，卧在帐篷附近的牦牛也停止了它们那短促而又嘶哑的吼叫声。大家点燃了一堆篝火，开始烤烘自己的衣服。经桑志华测量，此时的温度是零下 7.5 摄氏度，海拔高度 3275 米，寒夜难眠！

早晨起床时发现，许多地方都结冰了，被子变得发白而且发硬。太阳从东方冉冉升起，橘红色的霞光洒满大地。考察队出发了，沿着峭壁前行，山高、坡陡、路滑、缺氧，在位于海拔 3530 米处，由于高原缺氧，好几个人头疼，骡子也很虚弱、四肢无力。距此 100 米外的背斜谷中间，有三个小湖。考察队朝着这三个湖的方向走去，在离山口最近的湖边休息。这里海拔 3660 米。

继续前行，一场暴风雪从天而降。狂风卷着大雪像厚厚的棉絮团包围了大家，睁不开眼，大块的雪片连在一起犹如巨大的帷幕，考察队被埋在雪中。这是桑志华有生以来第一次在高海拔山上遇到这么大的暴风雪。此刻，他唯一能做的就是默默祈祷上帝保佑！

这场暴风雪持续了约 45 分钟，雪的厚度达到七八英寸，狂风卷起雪片漫天飞舞。暴风雪停后，他们来到被切削成非常陡峭的垂直状的一个山嘴的附近，沿着蜿蜒曲折、极其狭窄、湿漉漉的山坡走下去，到达山嘴底部漆黑的深洞。这里海拔比山口低 260 米，什么也看不见，相当恐怖。赶骡人紧紧

白雪覆盖的藏族人小屋

地牵着骡子缰绳，大声地不停地吆喝着牲口，怕掉进深洞。经过艰难跋涉，终于到达一个海拔低、气温高的哈拉直沟（在互助自治县东南约 18 公里）附近。没有路，他们只能在急流的大石块上趟着冰冷的河水前行。一阵凉风从刚刚翻越过的那些山峰上吹过来，浑身冷飕飕的。

大约走了 4 公里后，峡谷变得开阔了，青草漫山遍野，低矮的丘陵代替了峡谷的那些陡坡，到达海拔 767 米的地方，住着一户藏族人。

来到上甘塘村，村庄四周是很高的围墙，院子里满是牦牛、绵羊和山羊。这里的居民有汉族人，也有藏族人，他们端来热乎乎的水煮土豆、黄油和盐，非常真诚友好地接待了考察队。

在白雪皑皑的丘陵中艰难跋涉

9 月 1 日，继续沿着哈拉直沟往下走，到达土族人居住地区。妇女们正在采摘成熟的大麦穗，这是土族人非常喜欢的一道甜美佳肴。

她们的发型非常奇特：这是一个由铁丝和铜丝编成的支架、上边用红布和蓝布组成的头饰艺术。有的已经脱掉了身上的长裙，但没有摘下那比脸还大的头饰和脖子上戴着的圆环状的大珍珠项链，其中一个妇女还背着孩子。

土族妇女与藏族妇女都不缠足，从这一点很容易与汉族妇女区别开来。藏族妇女脚穿皮靴、裙子。土族妇女的服装与蒙古族服装有些相像，裤子十分宽松。这两个民族的男人通常留着发辫，都穿汉族人式样的长袍，山区的男人则把长袍塞入腰带中，从而形成一个下垂的大褶。

麦收的季节到了，土族一家人带着丰收的喜悦收割麦子。他们把麦捆用两道绳子扎住，立着堆放在地里。土族许多男人都戴帽子，这是自己制作的。当一顶帽子戴得破旧了，就在家里再制作另一顶，在商铺中是买不到这种款式帽子的。

收割的小麦堆成一排排

考察队住宿在西子奈村，这是土族人、汉族人和藏族人混居的村庄，许多房屋都带有自己的菜园，种植了洋葱、大蒜、萝卜、大白菜，居住的房屋看上去很贫寒。他们用杨树皮制作了斗、桶、筛等不同种类的物品，桑志华从一个村民那买了一个用老树墩制作成的喜剧面具。

向南，经过马家寨、小峡（属于海东市），前往西宁。所经之地，桑志华采集了许多植物标本。后来，经过塞尔神父整理，桑志华在甘肃西部高海拔地区采集了睡莲科、蔷薇科、木樨科等维管植物 526 种，轮藻科一种，其他分类 67 种。

11 采买西宁商品

1918 年 9 月 2 日下午，考察队到达西宁的东郊小镇，这是一个城乡接

西宁古城建筑气势恢宏

合部，虽不是商业区，但有一些卖烟酒食品的回族随军商贩。

通往西宁府的一座桥附近，由一百多官兵组成的回族部队，正在列队排练，听说是为欢迎一位大人物的到来。

考察队住在离部队不远的地方。一场暴风雨突然来临，狂风夹着倾盆大雨淋湿并撕开了客栈房间的窗户纸，桑志华只能穿上雨衣抵御风雨的袭击。西宁天主教斯科兰神父，派他的管家韩先生（中国人）来帮助桑志华。这是一个非常忠诚可靠、办事能力很强的人。他为桑志华节省了不少时间和钱，因为一个外国人买东西经常要接受特殊的价钱。

9月4日上午，桑志华收到马麒将军藏族秘书乐曼拉的信息，马麒将军同意写几封亲笔信给青海湖的噶尔丹活佛，还将安排专人护送考察队到青海湖。乐曼拉秘书还为桑志华详细制定了到青海湖的行走路线。

西宁城市历史悠久，古城整个遗址向东西方向延伸，长度比此时的西宁还要长，可以从南门看古城建筑。西宁城的围墙完好无损。城市南部地区种植了一些美丽的小榆树、杨树和柳树。

西宁地势最高的地方是高大宏伟的寺庙。桑志华看到一份资料：西宁城驻军6000余人，实际上只有700人，那5300人由部队统帅直接调遣。这里居住着汉族人、回族人、藏族人、土族人、撒拉族人、蒙古族人等。

繁华的商业街

西宁是一个大商贸中心，街道拥挤，店铺林立，卖什么的都有，让人目不暇接。

桑志华首先购买了帐篷上用的油质苫布。这里的马具很多，主要供应西藏和内蒙古的骑马者。许多水獭皮等质地很好，最大的水獭皮销售价 15 两银子，同样的皮子也有从“洮州”（今甘南临潭）以及西藏的各地进货，但是数量极少。

卖药的商店也很多，这些药剂师来自新疆等地，他们出售动物骨骼与牙齿化石。桑志华买了一枚漂亮的爬行动物的牙齿化石，一种带麝香味的山羊獠牙化石，据说有药用价值。

韩先生提醒桑志华一定要购买几件有趣的东西，作为收藏品。

商店摆放的毛织毯子非常漂亮。桑志华买了一块大约长 130 厘米、宽 60 厘米马鞍上用的毯子。可是韩先生却说，西宁的毯子没有宁夏的声誉好。

许多旧物件非常便宜，且很有收藏价值。桑志华买了一枚藏族人平时戴的戒指和一个皮制箭袋，还买了几块质量上乘的新疆和田玉，仅仅花了几个小钱。

卖酒的商店很多，至少有 50 多家白酒商店。最普通的白酒来自于“威远铺”（现互助）的“麦子”制成，也有本地用“青稞”酿造的“名流酒”。在西宁，经常可以看到有人喝醉。不过，很少有人吸鸦片。

桑志华与韩先生来到西宁邮局，“我（指桑志华）使用一张天津的汇票从邮局借了钱。这里只有极少的美元。但是有相当多的可以折合成银两的银锭，在这里，1 美元可折合 0.691 两银子，而在兰州 1 美元折合 0.712 两银子。在银锭中，我发现了邮政局长给了我极其漂亮的两块银锭，可折合成 50 多两银子（3 斤多）。无论这位局长说什么，我都十分相信他收美元（原则上，邮政局收美元，对于所铸造的钱币很罕见的国家来说，要带有一定的灵活性）只是因为在兰州美元市场非常合算，所以他把美元派送到那里，这是在西宁的一笔特殊交易”①。

桑志华还收到了两个邮政包裹，其中一个已经完全破损。这个包裹由于在西安被耽搁，后来始终追赶桑志华的行程，但总是姗姗来迟，从兰州到凉州，又寄回兰州，最后总算在西宁收到。在勘探旅行中，邮件问题始终难以

---

① Emile Licent, *Dix Années (1914–1923) de séjour et d'exploration dans le bassin du Fleuve Jaune, du Paiho et des autres tributaires du Golfe du Pei Tcheu Ly*, Tientsin: La Librairie Francaise, 1924, p.861.

面粉、黑豆放在席子上卖

解决。

韩先生建议桑志华购买一些面粉和饲料，以便在考察青海湖时使用。随即，马麒将军的秘书，向商人们打招呼，要他们遵守通常的价格标准。桑志华在露天粮食市场，买了面粉、黑豆。

韩先生看到桑志华穿得单薄，打算让韩太太为桑志华做一件御寒的氆氇大衣，这是一种绵羊毛和牦牛毛混合织成的布料，虽然不具有装饰性，但很暖和、结实耐用，而且防水。于是，他们走访了几家销售氆氇的商店，有肉红色、酒红色，很少有黑色，因布料没有脱脂，刚接触时散发出一股羊毛脂的味道。布料幅面很窄，仅 7 英寸宽，桑志华花 20 两银子买了 54 英尺。韩太太裁剪做工技术很好，制作成的氆氇大衣桑志华穿着非常合体，在以后的旅途中，天气越来越寒冷，桑志华一直非常喜欢穿。

除此之外，桑志华还购买了赠送噶尔丹活佛和其他驻地首领的礼品，包括浅蓝色丝绸“哈达”，一套欧式烫金瓷茶具，两盒葡萄干和 14 盒糖（每盒约 1 斤）。为考察队提供服务的人员，桑志华也分别准备了礼物：送给驱赶牦牛的人是盒装的细烟叶（相当于一笔报酬）；送给两个回族士兵每人两块茶砖，重 80 盎司，每块 2.4 两银子，这是桑志华奖赏忠诚而又正直的两个回族士兵的一笔相当可观的奖金。

9 月 6 日上午，乐曼拉秘书把马麒将军写好的给青海湖活佛的亲笔信交给桑志华，同时把讲藏语、讲汉语的两个护卫士兵也交给桑志华。桑志华请乐曼拉秘书转达他对马麒将军的真诚谢意后，仔细打量这两个穿着红色氆氇短上衣、戴着黑色头巾的小伙子，脸上露出了满意的笑容。更让桑志华惊奇的是：两个护卫士兵赶来了八匹强壮的牲畜，还有山羊皮袋子（50 厘米宽、130 厘米长），这都是马麒将军为桑志华青海湖之行准备的。

12 西域情韵

1918 年 9 月 7 日，考察队前往青海湖，顺路到丹噶尔（今湟源）市场再购买一些物品。

走在大街上的藏族男人几乎都戴一顶白色羊羔皮边、用红布做成的圆锥形的帽子，在腰带处斜挎一把藏刀，胸前挂着一个银制噶物盒（藏语“匣子”），里面装有护身符。桑志华深深地被藏族风情所吸引，追赶着他们拍照，可惜只能拍到一些侧影。

没有拍到照片，桑志华有些遗憾。回到驻地后，桑志华为一路保护他的三名步兵和两名骑兵留影。他们非常勇敢，责任心强，对自己的工作没有丝毫含糊。

在海拔 2800 米的宽阔山谷，桑志华惊奇地发现几块开着黄花的油菜田：这是广袤的青葱翠绿的地毯上溅出的黄色“泥浆”。

过了水势迅猛的西宁河，考察队沿着一个宽阔小山谷顺势而上，在海拔 2840 米处搭建了帐篷。邻居蒙古包住着当地人的首领，他热情真诚，送给桑志华一只羊。两个回族士兵，摘下挎在腰上的刀，一个给羊放血，一个割喉宰杀，仅用 20 分钟就把这只羊内脏掏空，剥皮，切成碎块。桑志华亲眼看着他们杀羊的麻利动作，笑着说：“今后你们可以当屠夫了，这样大家每天都可以吃到羊肉”。桑志华让两个回族士兵拿走他们的那份儿，以免与汉族人的混杂。

桑志华亲手在草地上砌了一个炉灶，附近的牧民很热情，送来了 50—70 厘米长的红柳木柴。一会儿工夫，羊肉烤熟了。桑志华一边吃一边说，草原上的大绵羊肉细腻可口，太好吃了，没有一点膻味儿。

帐篷外传来“阿乎，阿乎”的喊声，是几个来访者在打招呼。这个地区全是蒙古包，治安非常好，不锁门，也不挂锁。但是，来访者必须严格遵守一项规矩：到各家门前要大声通报，否则就有可能被当作小偷或者不怀好意的人。

考察队需要什么帮助，就模仿牧民，向邻居们喊出几声很像打电话时用的呼语“哈喽”。牧民们非常乐于助人，听到喊声后，会马上出来，尽心竭力给予帮助。牧民养的狗很凶，外来人不可能接近门口。

这里的男人自发组成守卫队，把“直军刀”斜挎在肩上，围着考察队的帐篷溜达，时刻警戒。桑志华与守卫帐篷的牧民聊天，了解当地的风土人情，士兵担任翻译。

傍晚，牧羊人驱赶着羊群、牦牛群返回蒙古包营地，羔羊停止了咩咩的叫声。桑志华在帐篷里听到了各种声音，有单调忧郁的小调，也有妇女和孩子们的笑声，还有狗和小马驹儿的叫声。夜里，他睡得很香，早晨起来，才知夜里下了雨，帐篷内温度计显示 8 摄氏度。

清晨，朝霞映红了天空。在距帐篷很近的地方有一条湍急的支流，经过青草毡子过滤后，水质十分清澈。考察队穿过过膝的草地，沿着一条沟壑顺势而上。不远处，有十多头野驴吃草，桑志华端起猎枪，找准最佳位置，射伤了野驴的大腿。有意思的是，其他野驴没有丢弃它，带着这匹一瘸一拐的野驴穿过沼泽地。两名回族士兵骑着马迅速追赶它们，但他们的马先后陷入泥潭，那群野驴很快消失在山后。太阳落山了，考察队在海拔 3208 米的高地上，搭建了帐篷。

9 月 12 日早晨，阳光明媚，在海拔 3215 米的山口，青海湖西边的美丽景色一览无余：一望无际的碧空，连接着湛蓝的湖水，一片片沙丘在阳光映照下泛着银白色光泽，东西两边被绿色高山环绕着，山脚下是郁郁葱葱的茫茫大草原，景色美不胜收，令人陶醉。桑志华非常遗憾，手中的照相机不能拍下这瑰丽的远景。

在绿色的山坡上，上百只绵羊像一支浩浩荡荡的白色梯队向半山腰攀

牧马人驱赶牦牛走在前面

藏族（右）、回族（左）、汉族（中）青年

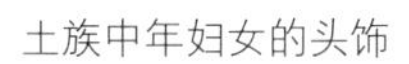

土族中年妇女的头饰

回族一家人

一个蒙古族大家庭

登，紧随其后的是往东走的藏族人。温顺的牦牛驮着一个个大筐，筐里装着孩子，孩子们身穿鲜艳的服装，头戴镶着白羔羊皮边的尖顶红帽，不时露出小脑袋，眼睛四处张望。妇女们盛装打扮。男人们全副武装走在最后，身上挎着藏刀。

路上，看到一群群马在吃草。在青海湖山口的坡道上，遇到两支旅行队伍。回族士兵去问路，赶牦牛的人说，到达青海湖还有 20 多里的路程。

桑志华被多姿多彩的西域风情所吸引，一路上，他不停地拍照。

大约走了一个多小时，考察队到达青海湖左岸边缘，在海拔 3083 米处搭建帐篷。在帐篷附近，桑志华最关心的是水和燃料。距帐篷很近有一条可饮用的河流，草地上的牦牛粪可以做燃料。

稍作安顿，桑志华穿过哈尔盖沟不计其数的小溪，到草原上采集植物标本。这里有很多的禾本科植物，“西棘”生长在地势高的地方，藜科植物生长在低矮或被水淹没的地方，还有很多柽柳。多处土壤上覆盖着细小的碎石，这是古老的小溪留下的痕迹。

在青海湖边缘有一个被当地人称为“泻湖”的地方，桑志华喝了这里的湖水，没有海水那么咸，也没有难受的感觉。在岸边，他没有发现任何贝壳类动物和海藻类植物。在平静的湖水中，桑志华看到两条游动的较大的鱼，但是无法捕捞。湖面上，野鸭发出哀怨又谨慎的鸣叫，看上去它们格外警觉多疑。

一场即将来临的暴风雨，迫使考察队立即返回帐篷。路上，遇到七头野驴在吃草，桑志华迅速举起猎枪射中一头，由于天黑了，只好等到早晨取它的皮和头。

回到帐篷，桑志华惊讶地发现一张正在晾晒的野驴皮，这是王连仲猎杀的一头公野驴。连仲说，当时连续两次才射中。

附近牧民真诚地为考察队送来八头牦牛，桑志华深表谢意。

傍晚，暴风雨来了，考察队成员和送牦牛的牧民借着闪电光亮一起吃饭。过了一会儿，出现了梦幻般的美丽景色——海市蜃楼。

9 月 14 日早饭后，桑志华派两个藏族士兵到昨天他射杀野驴的地方去剥皮，但遭到了明显的反感与拒绝。藏族翻译告诉桑志华：藏族人普遍信佛，他们会拒绝杀生、做腥事。桑志华只好让王连仲带汉族人去剥野驴皮，下午两点才回来。

由于从凌晨四点开始下雨，附近河流水位上涨，考察队的帐篷必须另选地方。他们穿过湿漉漉的草原，趟过纵横交错的小溪，前往泻湖对岸。

考察队经过一望无际的茫茫草原，一幅非常优美的景色映入桑志华的眼帘：男女少年骑着马，驱赶着一大群羊，男孩扬鞭的动作很帅；女孩身穿红色裙子和蓝色上衣，头戴镶着白羔羊皮边的红色帽子，脖子上挂着很长的饰物项链垂到马鞍处。她们行走在茫茫的草原上，犹如一条流动着的五颜六色的彩带，穿梭在随风泛起的绿浪里，令人陶醉。

在桑志华的眼中，大草原的一切都是那么美。他沐浴在绚丽夺目的夕阳下，欣赏着不断变换的五彩缤纷的色彩。不一会儿，落日的余晖把预示着暴风雨即将来临的乌云，以及云彩笼罩下的群山映衬得十分昏暗，天空中的闪电划出道道条纹，远处传来轰隆隆的雷声，促使考察队加快了步伐。

天空乌云密布，考察队以最快的速度到达泻湖的对岸。桑志华指挥大家搭建帐篷。刚安顿下来，一声可怕的雷鸣就在他们头顶上炸裂！幸好在西宁买的油布，顽强地经受住了这场瓢泼大雨的严峻考验。

雨过天晴，桑志华走出自己的帐篷，发现昨天专程送八头牦牛的牧民一声不吭地走了。这几个牧民一路非常辛苦，桑志华本来打算送他们几盒烟，以表示谢意！对于他们的离去，桑志华深表遗憾。西藏译员解释说，他们担心“哈尔盖”（青海湖东北角）地区水位猛涨，必须在水位不高时穿过这条河。桑志华被牧民们的善良真诚深深地感动着。

9 月 15 日，桑志华去拜访当地首领康扎祥乎。一见面，这位首领就待以藏族人的最高礼节——把一条漂亮哈达献给桑志华。然后，热情地迎接桑志华到自己的大帐篷。康扎祥乎说，已经收到马麒将军的信，表示要为考察队提供一切帮助。帐篷中间横向分割成两部分，东边是男人的居室，西边是女人的居室。帐篷内有土制炉灶。

早餐时，康扎祥乎请桑志华坐在正中贵宾席上，他学着主人盘腿坐在红蓝花色的地毯上，两个随从和两个士兵靠近门帘。身穿藏族服装的年轻人端上红茶，送来加了盐的黄油，还有用小麦面粉制作的小方块食物，这是一顿美味的早餐。

早餐后，他们聊天。桑志华看到帐篷内有一套独特的简单家具，一个小旅行皮箱，在一个角落堆放着毛料包裹、床毡子卷、装有面粉和其他物品的布袋子、羊皮袋子。在靠近祭坛的地方，放着一杆旧枪和两把漂亮的藏刀。

康扎祥乎给桑志华看了一支崭新的英国制造的枪，但没有子弹。康扎祥乎问桑志华是否有这种枪的子弹？桑志华答：没有，只有几颗铅弹。

在桑志华看来，康扎祥乎首领非常富有，就冒昧地问其财产。康扎祥乎说：共有 13 匹马、40 头牦牛和几百只羊。桑志华感慨：计算这些财产需要很长时间。

康扎祥乎请桑志华去参观女工织布：经纱用一个个固定在草地上的小木桩拉直绷紧，一个年轻女孩坐在帐篷前的草地上，手中牵着一根纱线，通过小木板做成的梭子进行编织。这是最原始的织布技术了。

桑志华非常感谢康扎祥乎如此周到而热情的接待，他请首领和大家一起拍照。这已经成为桑志华每次拜访朋友的习惯。参加拍照的男人佩戴着藏刀，女人们经过劝说勉强同意照相，背景是藏族特有的旗杆俯瞰着这个多彩的人群。

康扎祥乎送给桑志华一个风箱，桑志华很珍惜，一直把它带回天津。

13 迷人的青海湖

经过长途跋涉，考察队于 1918 年 9 月 16 日到达青海湖[①]。

青海湖碧水连天，深邃幽蓝，波光潋滟，静静地躺在巍巍群山的环抱之中，犹如从天而降的巨大翡翠玉盘镶嵌在高山、草原之间，构成了一幅群山、湖泊、草原相得益彰的绮丽风光。青海湖是世界各国来中国探险的科学家向往的地方，桑志华如愿以偿地来到景色旖旎又富有神秘色彩的青海湖，无比兴奋。

考察队沿着湖岸前行，赶上了浩浩荡荡的牲畜群，藏族驯马师，以欢呼声欢迎桑志华一行，考察队也以欢呼声回敬友好的藏族人。

距离噶尔丹活佛居驻地——乌兰还有 3 公里，桑志华派翻译带着马麒将军的亲笔信，先去通报。

所经之地长满了高大的禾本科植物，非常难走，考察队行进的速度相当缓慢。突如其来的暴风雨，更是让他们步履艰难。

考察队冒着暴风雨来到乌兰河岸边。河床很宽，长满了青草，又通过两条小河，才到噶尔丹活佛的驻地。总管涅景狄明泽接待了桑志华一行，他告

非常壮观的牲畜群

① 青海湖，中国最大的内陆湖、咸水湖。蒙古语称“库库诺尔”，意即“青色的湖”。湖面海拔 3196 米，面积 4340 平方千米。平均水深 17.6 米，最深达 27.0 米。有岛屿 6 座：蛋岛、鸟岛、海心山、新沙岛、老沙岛和三块石岛。湖中鱼类单一，以鲤科的青海湖裸鲤（俗称湟鱼）为主，并有条鳅。湖岸有广大草原，是良好的牧场。

沙陀寺

三个同样高度的旗杆

诉桑志华，噶尔丹活佛外出，过两天才能回来。

这位总管热情好客，讲一口流利的汉语。他带领桑志华一行前往驻地，先是经过一条水流湍急的大河，又趟两条全是淤泥的小溪。这时，一个士兵骑着马陷入小溪的泥潭，费了很大劲才上来。又走了一段曲折泥泞的小路，总管说：到了！这是一个建在大河床岸边高地的寺院，两根粗壮杆子上挂的燕尾旗随风飘扬。

总管一边帮助桑志华收拾堆在房间里的东西，一边介绍青海湖的情况，还说这里有很多羚羊、狼、鹿等，是一个真正的动物保护区。

借着月光，桑志华从卧室的窗户望去，平静的青海湖和山谷的美丽景色尽收眼底。

9 月 17 日清晨，朝霞照亮了寺院，轻轻的微风吹拂着寺院门口的燕尾旗。桑志华走到寺院入口处，汉语书写的“沙陀寺”格外醒目。这个寺院高高的围墙形成一个坚固堡垒。从围墙东南角的高处，可以俯瞰整座寺院。寺院是用压实的土建造的，院子里有四五个房间，桑志华住在靠近角落的一个房间，从窗户可以看到矗立在寺院门口的三个旗杆。

总管来看望桑志华，一进屋，他非常郑重地向桑志华敬献哈达。然后，吩咐随从把一篮鸡蛋和新鲜牛奶等放在了桌子上。桑志华向总管展示所带的考察工具：指南针、双筒望远镜、气压计、照相机，以及手枪和猎枪。总管一边与桑志华聊天，一边指挥佣人打扫房间。这个空旷的屋子平时没有人住，桑志华数了数这里存放了 12 袋高粱、2 个马鞍、2 个箱子、2 个带气味的干草袋、23 个草编坐垫，还有 1 个散发着哈喇黄油味搅拌牛奶的木桶。

一切安排就绪后，桑志华去登门拜访总管，他首先向总管敬献哈达，还送了其他礼物。总管拿出几把产自四川的军刀，请桑志华欣赏，还送他一把刀。有趣的是：总管的一支西藏枪，用罐头盒切下来的白铁片作为固定枪管的支架。

返回沙陀寺驻地时，桑志华看到了噶尔丹活佛的住所，它位于青海湖西边乌兰区域的一个湖湾，远处山脉环绕，行成一个岬角，岬角的后面隐藏着一个大三角洲。桑志华在距噶尔丹活佛住所不远的地方打猎，等待噶尔丹活佛接见。

四川军刀

9 月 18 日，东方刚刚露出鱼肚白，在向导的带领下考察队赶往青海湖岸边。沿途风光无限，目不暇接：连绵起伏的群山环抱着碧绿草场，草地上偶然出现几座藏族人的小屋，一条条小溪静静流淌，这一切是那么和谐安宁。大约走了 40 分钟，东方地平线上的湖面与天际相连的地方射出了一丝光线，慢慢地透出缕缕红霞，一点紫红缓缓升起，由暗到明。蓦然间，微微一跃，一轮红日喷薄而出，冉冉升起，顷刻朝霞满天，把青海湖上晶莹剔透的冰面照得金光闪闪。霎时，巍峨的雪山，绿色的草原，都披上了霞光；阳光掠过湖面，湖岸边漂浮着柔曼的轻纱，仿佛身在仙境，照在身上感觉特别温暖。

桑志华跨着猎枪，兴致勃勃地沿着湖边寻找猎物。中午时分，强烈的阳光融化了湖面的薄冰，湖水清澈，鱼翔其中。青海湖岸边的小动物很多，桑志华瞄准了 1 只白鹡鸰，准确无误，一枪击中。接着，捕杀了 2 只鹅、1 只沙狐、1 只小沙锥、2 只猛禽和海鸥、海燕及雨燕。

下午 4 点半，正当桑志华兴致勃勃收获猎物的时候，有人通知桑志华：噶尔丹活佛回来了，同意桑志华马上去拜访。

桑志华迅速返回驻地，带着礼物，前往噶尔丹活佛居住的一座白色大帐篷。不远处，有一大群白色的羊，还立着一块牌子，上面写着毛纺厂。

桑志华十分恭敬地向噶尔丹活佛敬献哈达，然后，把马麒将军写的亲笔

噶尔丹活佛住的白色大帐篷

信呈上，还送些礼物。噶尔丹活佛面带微笑，非常热情真诚，示意桑志华在桌子旁盘腿坐下。这时，仆人用镀金的瓷壶沏好了茶水，噶尔丹活佛细心地要求仆人把桌上的杯子分开，再把茶水倒入桑志华的杯子。

噶尔丹活佛约 50 岁，又高又壮，很有气派，手上挂着一串念珠，是一个非常友好的人。他们一边喝奶茶，一边通过翻译聊天，交谈得很慢，气氛有些沉闷。噶尔丹活佛在交谈时很爱思考，很快找到一种轻松微妙的话题，他认识天主教斯科兰神父，聊起了有关他的事情，还询问桑志华的旅途经历，藏族人是怎样接待的，以及天津到青海湖需要几天时间等。谈话的气氛一下子活跃起来，融洽和谐。桑志华非常感谢噶尔丹活佛的盛情款待，简单介绍了来青海湖考察的情况，并希望他给予关照。噶尔丹活佛表示：一定尽全力帮助桑志华。

噶尔丹活佛请桑志华品尝烤全羊和馕（一种烤制成的面饼），可是桑志华不知道怎么吃。他接过佣人递来的刀，观察了一会儿，学着噶尔丹活佛的样子割肉吃。青海湖的羊肉细嫩鲜美，确实好吃，真是难得的美食。

这时，有人来请噶尔丹活佛给一个人看病，桑志华有些惊讶。原来，青海湖具有高原大陆性气候，日照充足，冬寒夏凉，暖季短暂，冷季漫长，春季多大风和沙暴，雨量偏少，雨热同季，干湿季分明，许多人患有风湿病。

桑志华了解到噶尔丹活佛一年四季都生活在帐篷里，患坐骨神经痛。初冬，白天帐篷还比较温暖，深夜盖上厚厚的被子也能御寒。但是，三九天，最冷时气温达到零下 30 摄氏度，遇到刮风或下雪，他们不得不搬到沙陀寺。桑志华觉得这个帐篷好像比自己的帐篷小一些，能居住 15 人。

告别时，噶尔丹活佛让总管送给桑志华 12 头运载用的牦牛，桑志华非常感激。

拜见噶尔丹活佛后，桑志华一行离开了沙陀寺。他们带着全部行李和噶尔丹活佛送的 12 头牦牛，继续围着青海湖岸边考察。经过了 2 个山口，趟过水到膝盖的 12 条支流，穿越一个三角洲后，来到青海湖西部凹陷处“布哈河沟”，已近傍晚。在一片长势旺盛的柽柳下搭建了帐篷，离藏族人的 7 个帐篷不远。暴风雪又降临了，夜晚非常寒冷，难以入睡。

清晨，考察队帐篷上的雪冻成冰，只能等到太阳出来把帐篷上的冰雪融化，才能拔营。苍天还算眷顾，上午 8 点多，暖暖阳光普照大地。

考察队出发后，穿过一个很大的沟壑，行走在没有路的草地上，走了 5 公里后，隐约看见积雪的高山。在海拔 3000 米处，桑志华采集了高原上生长的植物，还捕杀了 2 只沙禽（鹭和类似的鸟）。

天黑了，人和牲口一天滴水未进，疲惫不堪。在藏族人居住的 6 个帐篷附近，考察队借着月光搭起帐篷。刚安顿下来，狂风带来了暴雨，一直下到午夜。桑志华感到：在暴风雨降临时，青海湖与大海遇到暴风雨时的波涛声差不多。清晨，湖面上没有一条船，即使能抵御暴风雨的大船穿越青海湖也是非常危险的，因为人们不能确定是否会有 2 小时的平静。

9 月 21 日早晨，利用晒帐篷的时间，桑志华去拜访了帐篷里的藏族邻居。在帐篷前，绵羊和山羊被拴在小木桩上，一位老妇人在晒太阳，袖子落在地上也全然不顾。他顺便还捕了 3 只沙狐。

考察队行走在山脉和湖岸之间宽阔平坦的大草原，桑志华采集到了很多龙胆和其他植物。

路上，遇到一支约 150 头牦牛组成的队伍，骑着马看管它们的 11 人佩带藏刀，其中 5 人带着弓箭。走了不太远，又碰到拥有 180 头牦牛的队伍，骑马人也配备同样的武器。

他们继续沿着湖岸前进，小溪水流缓慢，在深深的峡谷中蜿蜒，由于两边是峭壁，深长的峡谷几乎难以逾越。这里是青海湖东南端的湖岸附近，距白雪皑皑的山脉大约 5 公里。

路上遇到的藏族男人

青海湖的藏族男人有的剃光头，有的留长发在空中飘动，也有的像他们的妻子一样，扎着小辫。

9 月 24 日日出时分，景色美

极了：璀璨的霞光中，桔红色太阳升起来了，阳光照耀着山上的积雪；山顶上是白色的云，如一幅幅壮美的画卷，令人陶醉。当考察队穿越草地，攀登南面的一座山峰时，桑志华看到的景象更美了：湛蓝天空飘着一片片白云，巍峨的群山披着绿装；广袤辽阔的大草原随风起伏，犹如大海卷起的波涛，五彩缤纷的野花，点缀在厚厚的绿色绒毯上；一群群牛羊，时而奔跑穿梭，时而安详吃草，就像一幅幅流动的画卷，令人目不暇接；一望无际的、湛蓝的青海湖，在太阳的照耀下泛着金黄色的光泽。

考察队攀登青海湖的一座高山，在海拔 3387 米处，桑志华采集了许多珍贵的植物标本。

下山时，夕阳扑向了地平线，落日的余晖把天空染成殷红色。晚霞犹如偌大一块画帘，疾速地挥舞着巨大画笔，酣畅淋漓地在天空肆意涂抹着一片又一片橙黄蓝紫的颜色，这些颜色不规则地交织在一起，既艳丽又妩媚，充满了神圣神秘的氛围。

下山后，顺路到泻湖周围去打猎，湖边全是鹅粪，里面夹着很多鱼骨头，清澈湖水中有许多 50—60 厘米的鱼，身上为灰色，尾巴为黄色，很难捕捞。

突然，几只黑白相间的鸭子闯入桑志华的视线，他马上端起猎枪，但这些鸭子迅速地钻入水中，好像能预知铅弹会打过来。桑志华不甘心空手离开，但始终没有击中。这时，天阴下来，他只能依依不舍地返回。

青海湖的天气瞬息万变，晚上快 9 点的时候，一场可怕的暴风雨降临营地。一瞬间，狂风夹带着直径 2—3 厘米的冰雹砸在帐篷上，紧接着是大暴雨，大家齐心协力保护帐篷不被大风掀起，最终三顶帐篷经受住了考验。

深夜，波涛汹涌的青海湖发出可怕的声响，桑志华透过帐篷小窗看到湖水掀起的浪涛把大石块抛到 2—3 米的湖边上。

吃过早饭，桑志华挎着猎枪，围着湖转了一圈，一边打猎一边采集植物，发现了许多大鱼，但在滩涂上看不到盐霜。他用脚步丈量并计算了一下，即使不停地走，这一圈也需要 4—5 小时。

9 月 26 日，考察队拔营，准备穿越“西棘”——青海湖大草原高高的草。这时，突然飞来 8 只觅食的猛禽。为捕获它们，用变质的肉做诱饵，大家隐蔽起来守候，等到鹰一落脚，桑志华第一个举起猎枪，只听“啪”的一声，一只鹰掉到地上。半小时后，王连仲又射下一只。

桑志华在青海湖共捕捉到禽类 34 只，采集了龙胆科、莎草科、茜草科等植物标本 46 种，带着这一收获，穿越了茫茫的大草原。

途经鲁沙尔镇、藏族乡、湟中县，徐家寨村（离湟中约 5 公里），1918 年 10 月 2 日，考察队返回西宁天主教会。

桑志华用 900 个铜子儿，在西宁买到青海湖产的 25 条很大的干鱼，斯科兰神父的厨师用这些鱼制成了美味佳肴。

14 秦州被打受伤要索赔

按照计划，桑志华要到甘肃省东南部地区进行考察。1918 年 10 月 6 日出发，经湟中宿上新庄、卡阳村、下多巴村，10 月 16 日至循化过黄河，顺路于 10 月 19 日参观了拉卜楞寺（今夏河县）。10 月 22 日向东，北至临夏，经太子寺、狄道（今临洮县）、渭源、巩昌府（今陇西县）。

11 月 15 日到甘谷（古为伏羌）。甘谷地区好像刚刚下过一场雪，到处银装素裹。村民家的院子里到处覆盖着积雪，树枝上挂着一串串红辣椒，像白里透红的串灯。

成群结队的鸟在南迁，桑志华望见一群鹤，数了数有 60 余只，非常壮观。他连续打了好几枪，只打中一只，几番挣扎后，耷拉着脚掌飞走了。

一路上，考察队风尘仆仆，人困马乏，疲惫不堪，11 月 6 日进入秦州（今天水市）地界。

天阴沉下来，飘飘洒洒的雪花落在身上。考察队到达距秦州约 5 公里的关子镇，桑志华听到了远处传来的军号声。

秦州城的道路是用光滑的鹅卵石铺成的，骡子行走非常艰难。从西城门走到东城门附近的天主教住所，用了 55 分钟。

桑志华本打算在秦州天主教会驻地逗留几天，休整队伍。万万没有想到，秦州城正在遭受一场杀伤力极强的流感袭击！甘肃南部地区传教会除了罗马教廷代表达爱姆斯（Daems）神父和波普里耶（Popelier）神父外，其他神父都患了流感，包括秦州天主教会会长瓦尔克（Valcke）神父和当地的王神父、马神父都高烧不退，已经奄奄一息了。桑志华心里非常难过，却爱莫能助。

由于神父们患有严重流感，这次考察队成员不能住在一起，只有桑志华和王连仲在教会驻地居住，其他人住客栈。

这场流感主要危及呼吸道和肺部，全城每天都有很多人受感染，没有特效药，死了许多人。有人说流感病毒是那些南方部队攻城后带来的。

考察队到达前半个月，秦州遭受南方部队的袭击，东城门交火猛烈，持续两天多时间，最后以南方部队的撤退而结束战争。

考察队进城后，立即引起驻秦州部队的关注，桑志华随意用步枪击落了一只鹤，得到部队首长吴将军的赞美！

桑志华很想拜访这位打胜仗的吴将军，经瓦尔克神父的协调，他的愿望得到满足。

11 月 7 日，吴将军在官邸会见了桑志华。桑志华把特意准备的欧洲雪茄等礼物送给吴将军后，简要介绍了在甘肃地区的考察情况。他问吴将军：我们在山谷打猎，会不会给当地居民的安静生活带来不便？吴将军说：不会！他还说将通知站岗的士兵允许考察队打猎。桑志华赞扬吴将军打了胜仗，而吴将军却用悲哀的语调说："朝兄弟们开枪是件不幸的事。"接着又说："那些南方部队，不打听好情况就敢来袭击，简直是疯了！他们注定会失败的！"

在聊天中得知，吴将军参兵之前曾在天津干过警察，后来又在天津至山海关的铁路工作。桑志华马上接道："这么说来，我们是老乡了。"确定"老乡关系"后，桑志华感觉吴将军不再高傲了。吴将军带桑志华参观缴获南方部队的武器，其中有一枚大炮弹，与在教会看过的一样大。

桑志华在日记中这样描述吴将军：他身穿盛装，有着首相的风度，说话时居高临下，盛气凌人。自从他打胜仗以来，就以为是这座城市之主，曾下令把从东门到西门的主干道封了，禁止人们在他的官邸前通行，其士兵也变得越来越嚣张傲慢。

11 月 9 日，下了一整夜的雪，天气阴冷、潮湿，秦州的最低温度达到零下 18—19 摄氏度，这是甘肃南部寒冷冬天的开始。许多企业因工人患流感停产了，各商店无人问津，人们都不敢进城。

神父们告诉桑志华，面对这样的天气，民间流行着"老汉饿不死，娃娃冷不死”的谚语。意思是说：老人们不会被饿死，孩子们不会被冻死。但是，今年不敢说了，许多老人和孩子被流感夺去了生命。

为了托运采集的植物标本，桑志华打算定做三个包装箱，但始终找不到木板，所有的木材都用来做棺材了。中国的棺材是用很好的小梁木做的，肆虐的流感迫使木材厂停工。

除了这场流行病，还应提到的是，吴将军的士兵囤积了很多粮食和煤。教会组织车队，到城外其他教会运来粮食和煤，维持生活。

这两天，桑志华连续收到电报：

1918 年 11 月 14 日，兰州发来了电报，电文是：“和平”。

1918 年 11 月 15 日，上海发来了电报，电文是：“德国签了停战协议”。

不知是怎么了，来到秦州后，处处不顺。11 月 17 日下午 5 点，两个赶骡人匆匆来到教会住所向桑志华汇报挨打受伤的情况。事情的起因是这样的：桑志华骑的那匹骡子跑到了街上，一个士兵说它咬了一匹马。赶骡子的人对士兵解释说，骡子没有咬他的马。这时，几个士兵就用大棍棒接二连三的重击他，另一个赶骡人过去劝说也未能幸免。

听罢，桑志华很气愤地说：“这是野蛮的强盗行为，打人者必须受到惩罚，我要把这一事件报告驻军首领吴将军！”

桑志华带王连仲和两个赶骡人去吴将军官邸，路上却遭到了士兵的袭击，还大声喊“洋鬼子”。刚一进门，一位师长迎上来说要帮助解决问题，桑志华说：“这不关你的事”。在经过马厩旁边的柱廊前时，20 多士兵扑向桑志华一行四人，用拳头、石头和棍棒打他们。一个士兵还拿了一把小斧头，朝桑志华砍了三下，幸好桑志华躲开了，没有伤着。这时，师长和其他人跑过来，把这些士兵拉开了，有的士兵还向他们扔柴棒和小石头。

桑志华右眼被打得有点变形，头昏眼花，脸颊、肩膀和左腿受了伤，左前臂脱了皮（可能是斧头的刀刃划的），还丢了眼镜和帽子。王连仲和两个赶骡人受了重伤。

回到教会驻地后，桑志华越想越生气，提笔给吴将军写信，讲述了整个事件的过程与细节，并提醒他：我有资格受到当地政府和驻军的保护。信的最后说，估计损失了 1000 两银子，但索求赔偿 5000 两银子，还必须赔礼道歉！

当晚，吴将军就给桑志华回复：他承诺坚决严惩肇事者，但具体怎么惩罚却没写；他问桑志华损失的物品和骡子共有多少钱；还让桑志华要好好照顾受伤的随行人员；他也很担心是否有药。至于桑志华受到的侮辱和伤害，却只字未提！

桑志华对吴将军的回复非常不满意。“1918 年 11 月 18 日，我回了一张卡片，上面写着：回信已收到，咱们走着瞧！”①

秦州天主教会出面找到了当地政府官员解决此事。很快，道台来看望桑志华。这位官员为人友善，值得尊敬，但与吴将军相比，他只是虚职。道台好像不是来直接解决问题的，更多的是在谈论对吴将军的不满：吴将军太高傲了，拒绝兰州给他发来的命令……为了显示他对这座城市的统治权，他的衙门前禁止通行；他的士兵傲慢无礼，虐待居民，小偷小摸；王神父就是因为在吴将军的衙门前通行才被士兵痛打一顿的，不过，为此事吴将军好像逮捕了四个士兵。道台最后很神秘地说，听说兰州部队高层已任命其他人接替他的职务，那人正在上任的路上。

道台刚走，秦州区长又派人来，桑志华说：“区长与此案无关，这个案件将由吴将军或者北京高官解决。”

11 月 20 日早晨，桑志华参加了秦州教会为因患流感病而去世的教会学校校长——马神父的葬礼。他的学生身穿不卷边的白布衣服，头戴粗麻布头巾的孝服，与送葬队伍一起前往教会墓地。马神父的葬礼简单而有序，路上所有人都停下默默地为送葬队伍让道，非常虔诚。马神父离别人世，使诸位神父哀伤不已。至此，死于流感的居民达到 1000—1500 人。士兵中有 2500 人患病（是士兵总人数的一半），已有 30 人死亡。据说，同样的疾病 1888 年（清光绪十四年）曾在秦州肆虐过。

从教会墓地回来，桑志华就挨打的事给法国驻华公使馆发了电报。之后，又给吴将军写信：“作为抗议，我给你留下那匹受伤的骡子。”同时，他让随从把考察队的骡子都赶到秦州教会驻地。

吴将军派秘书来向桑志华道歉，他说：“吴将军觉得丢了面子，不好意思来了！”桑志华拒绝见这个秘书。

---

① Emile Licent, *Dix Années (1914–1923) de séjour et d'exploration dans le bassin du Fleuve Jaune, du Paiho et des autres tributaires du Golfe du Pei Tcheu Ly*, Tientsin: La Librairie Francaise, 1924, p.970.

为马校长举行葬礼

桑志华让一个神父找秦州区长赔偿骡子，以便离开这座城市。

一个姓王的炮兵上尉来教会看望桑志华，并说因为此事道台和秦州区长可能会被撤职！桑志华认为上尉是一个值得尊敬的军官，但仍不能相见，因为上尉不能代表吴将军，解决不了任何问题。桑志华让一个神父告诉王上尉，明天考察队要离开这里。

当晚六点，吴将军得知桑志华准备离开的消息，很惊慌，他下令痛打并解雇了那些肇事士兵！王上尉也受到牵连，被罚扣一个月军饷！虽然王上尉在保护秦州城的战役中作出了重要贡献。秦州教会神父收到吴将军的信，他问：为什么在事情还没解决时就要离开？想要哪些条件？

七点，秦州区长来教会告诉桑志华：由于车夫怕军事征用很少来秦州了，三天之内无法租到桑志华想要的那种骡子。七点半，吴将军又向神父们打听桑志华要什么条件。瓦尔克神父回答吴将军说，桑志华现在不想让别人知道他的条件。

八点，桑志华给吴将军写信："您问我要什么条件？我的想法是，您对我所受的侮辱和所面临的危险置之不理。我想自己确定赔偿金额，损失连同补偿一起，您要赔偿 1500 银两，看在神父们的面上，我已经大大降低了赔偿数额。此外，那群打我们的士兵和军官都必须向我行军礼表示歉意"①。

① Emile Licent, *Dix Années (1914–1923) de séjour et d'exploration dans le bassin du Fleuve Jaune, du Paiho et des autres tributaires du Golfe du Pei Tcheu Ly*, Tientsin: La Librairie Francaise, 1924, p.972.

此信刚寄出，吴将军就亲自来到秦州教会驻地，桑志华以身体不适为由拒绝相见，瓦尔克神父接待了吴将军。吴将军首先赔礼道歉，答应考虑接受桑志华提出的条件，并保证今后再也不会发生此类事件！

11 月 22 日下午三点左右，秦州区长作为吴将军的谈判方来了，桑志华还是避而不见。瓦尔克神父出面告诉区长："看在神父们的面子上，桑志华同意把赔偿数额降到 1200 银两，但必须进行名誉补偿。"区长不同意名誉补偿，到晚上七点仍没有达成共识。

当晚九点，秦州区长又登门拜访，桑志华认为区长不能做主，还是拒绝相见。

11 月 23 日上午九点，道台来教会调解此事，他建议将赔偿作为馈赠，数额是 1000 美元。至于名誉补偿，采取秦州区长代表当地政府和部队军官代表当地驻军的名义拜访桑志华的形式。桑志华虽然接受了这些条件，但还是让瓦尔克神父答复道台。

当天下午，约 150 名天主教徒专程从秦州东郊赶到桑志华所在的秦州教会驻地，齐刷刷地跪下说"王上尉对我们很好，士兵们也心地善良，桑神父遭到的袭击只是一帮流氓所为，其行为是别人指使的。——我转身背朝他们，告诉大家事情已经顺利解决了"①。

"1918 年 11 月 24 日下午两点半，秦州区长在瓦尔克神父的陪同下给我（桑志华）一张 1000 美元的支票，可在城里一家店铺兑现"②。至此，这件事情算是解决了。

11 月 25 日中午十二点，秦州举行大阅兵，秦州教会的神父们受邀参加，桑志华故意避开。离开秦州前，桑志华上街买了一些食物和牲口饲料，还花 18 银元买了一只小手表，来暂时代替他的那只被士兵们损坏的表，这只手表不太准，只是装饰漂亮。

---

① Emile Licent, *Dix Années (1914–1923) de séjour et d'exploration dans le bassin du Fleuve Jaune, du Paiho et des autres tributaires du Golfe du Pei Tcheu Ly*, Tientsin: La Librairie Francaise, 1924, p.972.

② Emile Licent, *Dix Années (1914–1923) de séjour et d'exploration dans le bassin du Fleuve Jaune, du Paiho et des autres tributaires du Golfe du Pei Tcheu Ly*, Tientsin: La Librairie Francaise, 1924, p.973.

11月26日，考察队离开秦州，向西南，经过盐官镇，于28日到达礼县的圣母圣心教会，见到了道尔斯（Dols）神父。据他介绍：流感在礼县已经蔓延开来，城里已经死了100多人，昨天一天就死了24人，流感势头正强，许多人像是遇到鼠疫一样逃走了。

教会的地方太小了，根本容纳不了桑志华一行和骡子，所以，赶骡人只能住客栈了，桑志华很怕他们染上流感。

11月29日，下雪天气影响了考察队按计划出发。道尔斯神父邀请桑志华到山中打鸟。来此地过冬的水鸟数目众多，品种丰富，但很难捕猎，桑志华只射中一只白鹭。

11月30日清晨准备出发，桑志华一直不见王连仲和两个赶骡人的身影。可怕的事情发生了：他们三个人都被传染了流感！原因是两个赶骡人没有住在桑志华预定的房间，而是被客栈老板调换到与一个奄奄一息的患病老人住在一起，王连仲又毫无预防地多次去了他们的房间。

桑志华心里十分焦虑，联想到秦州因患流感去世的那么多人，甚至有些恐惧。道尔斯神父跑了很远的路到其他教会找药，桑志华照顾病人。过了一天，桑志华试探着对患病的赶骡人说："既然你们没听我的话住在另一个房间，那就把你们留在这，我们继续赶路"。没想到他们吓得脸色都变了，其中一个赶骡人虚弱地说："我要死了！"桑志华想：这两个赶骡人真是够倒霉的，先是被野蛮士兵打伤，又染上了流感，此刻生死未卜。他赶紧安慰病人："我不走，其实我根本就没想抛弃你们。"

悲伤的一家人

当晚八点半开始下大雪，两位病倒的骡夫知道考察队哪也去不了，这才放下心。道尔斯神父把他们重新安置在一间暖和的房间。桑志华把骡子交给客栈老板照料并让他无偿提供饲料，因为他给赶骡人换了房间才得病，还派

碱交易所

了一个骡夫专门去监视客栈老板。

12月1日继续下雪。道尔斯神父为三个病人找来了药。他们服用一周后，病情明显好转。

桑志华担心其他人再被传染，12月6日，考察队冒着纷纷大雪离开礼县。路上，考察队员看到许多新建墓地，大家心情十分沉重。在坟前，一家人悲伤地低着头，一个男孩眼睛都哭红了，高个儿男人提着一篮子纸元宝，过一会在坟前烧掉，以寄托他们的哀思。

为躲避肆虐流感，考察队又来到兰州。黄河已经结冰，但黄河边的磨坊水轮机还在转动，大冰块缠绕着闸门和喷涡轮机。在兰州铁桥边卖碱的商店，人们穿着厚厚的棉衣，装卸车辆。

在兰州停留了8天后，考察队再一次前往凉州（今武威）、甘州（今张掖）考察，收获了动植物标本。然后，经西宁去塔尔寺参加藏历正月十五的灯节。

15 欢度酥油花灯节

1918年12月27日早晨，考察队走出兰州，感觉北风呼叫，刺骨寒冷。这是中国西部最冷的季节，被中国人称为“三九”，温度计显示零下20多摄氏度。

过了红城（今永登南约28公里）后，狂风刮得更猛烈了，沙尘打在脸上睁不开眼，穿什么衣服，都挡不住寒冷，人不能坐在马鞍上，否则脚趾头会结冰的。桑志华与大家一起牵着骡子行走，每走一步都非常艰难。

12月30日在平番（今永登）住宿，桑志华把在兰州买的炉子安装在自己房间，温度保持在 10—15 摄氏度，客栈老板看了十分惊讶。

1919 年 1 月 1 日，考察队冒着刺骨寒风继续前行，经金强驿（陈强邑）、乌鞘岭（五绍岭）、安远（南园）、古浪县，到凉州（武威）松树庄子教会。1 月 8 日又去甘州（张掖），经八坝（永丰镇西北 20 公里）、三十里铺（山丹县东南约 15 公里）到雍州（张掖、临泽），1 月 19 日往回返凉州（武威），1 月 23 日又到松树庄子教会。1 月 28 日，向东至南宿土门镇。

1 月 30 日下雪，考察队到达凉州东南约 25 公里的沿土沟村，天主教圣母圣心会的威尔兰登神父在家里热情迎接桑志华的到来，并准备了猫头鹰和狐狸的标本。

次日，继续下大雪，冷风刺骨。桑志华早晨起来发现腰疼得厉害，基本不能动。自 1914 年桑志华来华科考以来，每年冬天都在天津度过，这是第一次在中国西部过寒冷的冬天，且持续时间之久，身体明显不适应。

桑志华在这个小村子犯了腰病，没有什么医疗条件，只能住在威尔兰登神父家中静养，白天也不能外出。好在威尔兰登神父对这一地区地质和动植物做了十分详细的笔记，桑志华可以尽情享用。

1919 年 2 月 1 日是中国人的春节，白天很冷，还下着雪，家家户户都忙着过年。在威尔兰登神父的安排下，考察队所有成员到汉族人家过年，享受中国人最隆重的节日氛围，每家的主人对他们都非常真诚、热情，像在家里一样。黍糖是过年的必备食品，原料是发芽后的谷粒，用小火蒸熟后，加甜奶油和褐色糖汁，再撒上黑芝麻，切成小方块食用，香甜可口。

桑志华一边疗养，一边整理笔记，两天后感觉有所好转，但威尔兰登神父坚决不同意他外出。

桑志华的腰稍微好些，就乘马车去南部到永登（古名平番），顺路采集植物标本。2 月 14 日返回西宁，恰好赶上灯节，到处是节日气氛。

晚上，天主教斯哈姆神父陪桑志华到西宁城主干道转了转，到处人山人海，非常拥挤。每隔 15—20 米立着花布装饰的柱子，店铺门前挂满了各式各样的灯笼，还有音乐伴奏，充满了节日气氛。斯哈姆神父建议桑志华明天去参加塔尔寺酥油花灯节，那里比西宁更有节日氛围。

雄伟壮观的塔尔寺建筑群

塔尔寺[1]位于湟中县城鲁沙尔镇，距西宁市25公里。

2月15日（藏历正月十五）天蒙蒙亮，桑志华带着王连仲和两个回民士兵来到塔尔寺门口。僧人们已经打开全部殿门开始诵经迎客。王连仲把斯哈姆神父写好的介绍信交给一个僧人。等了一会儿，塔尔寺的总管来迎接桑志华，并安排了住宿。他的隔壁是一位身份显要的藏族人，他也是来参加今晚灯节的。

酥油花灯节始于明朝永乐年间，由藏传佛教格鲁派创始人宗喀巴所创。作为宗喀巴的诞生地，青海塔尔寺历年举办的酥油花灯节在规模上冠绝藏区。

稍作安顿后，总管的秘书来请桑志华参加灯节。灯节场面十分壮观，尽管距离酥油花灯会的开始还有近11个小时，数以万计身穿盛装的藏族牧民已从各地赶来，摩肩接踵，扶老携幼，手摇转经筒，沿着顺时针方向绕寺院转经，口中传出低沉的诵经声。塔尔寺内热闹非凡，主要干道非常拥堵。四个开道的僧人走在前面，为桑志华在拥挤的人群中开道，每走一步，都十分艰难。

塔尔寺建在林木苍翠的山坡上，依山就势，错落有致，是藏汉建筑艺术的结晶。

在塔尔寺的一个十字路口，搭建了一个长约10米、高约13米的灯棚，僧人们正将鲜艳凝固的酥油花，摆放在阶梯形状的花架上。灯棚的上方有一

① 塔尔寺，藏传佛教格鲁派寺院。位于青海省湟中县鲁沙尔镇西南隅。明嘉靖三十九年（1560），为纪念诞生于此的格鲁派创始人宗喀巴而建。每年农历正月、四月、六月、九月间举行四大法会，正月十五大法会最为隆重，为全寺之重要宗教活动。寺内的绘画、堆绣和酥油花最为有名，被誉为“三绝”。

个五彩罗盖，下方以精美的彩盘点缀。酥油花艺术，是青藏高原藏传佛教艺术品种之一，它是用晶莹洁白、松软细腻的酥油配上各种颜料，雕刻成各种色彩鲜艳的花朵，以其用料、工艺和表现内容之独特，被誉为“高原奇葩”。

神像

在四个僧人的引领下，桑志华一行艰难地穿过密密麻麻的人群，到达大金瓦殿，藏语称为“赛尔顿庆莫”。大殿的屋顶上全是鎏金铜瓦，殿脊还装有金轮、金鹿等珍贵饰物。进入殿内，桑志华看到慈祥的宗喀巴神像端坐在正前方，高约1.5米。神像两侧的浮雕装饰，如花瓶、花朵、花叶等都涂上了鲜艳的酥油，上面布满了颜色清新、鲜艳夺目的丝绸布匹。神像前三四层阶梯点着数百盏酥油灯；灯前是信众摆放的锥形酥油面包，上面插着开满油花的枝条。

在殿内幽暗的光线下，酥油灯闪烁着明亮的灯火，在栩栩如生的神像前，有的僧人奏起肃穆、悠扬的梵乐，有的僧人低声诵经。不少信徒在磕头，其中大多数是远道而来的藏族牧民，这是一种全身匍匐的磕头方式，也叫作“五体投地”，以表达对佛的虔诚敬仰，浓厚的宗教气氛达到了顶点。

太阳落山了，随着声音高亢的喇叭、唢呐、鼓、锣等乐器的响起，寺院内千百盏酥油灯一齐被点亮，在僧人、信众此起彼伏的祈祷声中，一朵朵精美绝伦的酥油花在灯光中盛开，整个塔尔寺沉浸在一片欢乐的海洋之中。

当晚21：15，音乐停止了。

2月16日早晨，桑志华在寺院散步。突然传来浑厚深沉的铜喇叭声。这时，总管来邀请桑志华参加有三千名僧人参加的“供养仪式”。桑志华非常感兴趣，马上赶到现场。这时，身穿红色或黄色袈裟的僧人已经整齐地盘腿坐在鲜艳的地毯上，阳光从高处窗户照射下来，使得毯子的颜色更加耀眼，整个场面非常壮观。

供养仪式开始了，捐助者组织的乐队奏起了音乐，并用低沉的嗓音朗诵祈祷词。两个铁棒僧人站在前面，充当了警察的角色。僧人们边喝红茶、边吃面包，然后朗读祷文。一位穿着华丽的捐助者在两个随从的陪同下，在

僧人们在接受供养

众多僧人中走来走去，他手中拿着燃烧着的一炷藏香，一炷燃完，随从又递上第二炷。

紧接着，塔尔寺的总管宣读这次供养捐助者的名单，他身后站着挑着钱财的仆人。僧人被分为10个人一组，管家在每一组头一个僧人那放1000文钱，平均每个僧人获得100文的供养费。一队队的僧人走来走去，分了很多组。

总管没有忘记为寺院煮茶的那些僧人，给每人也带去了一份供养费。桑志华跟随总管进了茶房，灶台上放着一个直径2—3米宽的半球形锅，通过燃烧干柴煮茶，他们每天要提供三次热茶。煮茶也有固定仪式：两个僧人要朗诵一篇经文，文章的长短则根据煮茶的时间而定。

从茶房出来，桑志华看到供养仪式还在进行，分发每个僧人仍然是100文钱，这次与茶一起食用的是“糌粑”，僧人们放在手心上吃。

下午，桑志华来到大经堂的前院，景象十分特别。忽然听到殿内有拍手、辩论的声音，好像僧人们在争论着什么。陪同他的总管秘书告诉桑志华，这叫“辩经”。简单地说，寺院为学僧提供一个辩经论战的擂台，通过生动的答辩方式，来开悟智慧，启迪心灵，解疑释惑。

桑志华走进正在举行辩经的大殿，僧人们身穿红色袈裟，头戴黄色帽子，有的站着，有的坐着，没有固定的姿势。在辩经过程中，有问有答，有说有笑，时而击掌，时而舞动念珠，时而拉袍撩衣，也可用手抚拍对方肩膀。

这时，一高个儿青年僧人把手高高扬起，随即朝提问者走过去大声辩论，马上有人反驳。青年僧人理理头发，撩起长袍，来回踱步，好像在思考着。突然，他开始扬手、抬腿、击掌，“砰”的一声，脚跺在地上，紧接着长篇大论地讲了一番，气喘吁吁，上气不接下气。青年僧人自以为回答得很好，高兴地作出一个夸张的胜利动作。

辩经又持续了一个多小时方才结束。

在返回驻地途中，桑志华见到每一个寺院里都挤满了僧人和信众。

次日早晨，塔尔寺花架上的酥油灯灭了，还有一些信众扛着唢呐、长角号赶来。

正在辩经的高个子僧人

桑志华逛了逛热闹的塔尔寺集市，在露天或帐篷里摆摊的小贩大都是汉族人，有卖谷物的、有卖天平的，与欧洲罗马式天平差不多。

一个卖氆氇的藏族人与一个回族商贩在聊天。许多藏族妇女穿着藏袍，背着吉祥装饰在市场中散步。

中午，桑志华返回塔尔寺住地。突然，听到喇叭、唢呐的声音。这时，总管秘书走进来，邀请桑志华去参加“跳羌”活动。

“跳羌”，俗称“跳神”，是一种以舞蹈形式表现的宗教仪式，也是塔尔寺酥油花灯节的系列活动。

“跳羌”活动的地点在讲经院，桑志华看到院子里矗立的两根杆子上拉着条幅。只见一个僧人把黍米和盐撒在祭坛后，开始朗诵祷文。话音刚落，12 名身着色彩艳丽服饰的僧人乐队，奏响简单而又高亢的音乐，乐器主要有藏式喇叭、钹、唢呐、锣和牛皮鼓，桑志华好像领略到了交响乐的前

塔尔寺集市

背着佩有贝壳环吉祥装饰腰带的藏族妇女

奏曲。

伴随着音乐节奏，一群身材高大，身上穿盔甲和花袍，脚穿厚底靴，戴着奇怪面具的僧人表演“跳神”。一会儿，场景就变了，那些戴面具的人分成两支队伍进行对抗表演，他们挥舞刀戟，针锋相对，难分胜负，当舒缓的音乐响起时，他们迈着沉重舞步结束第一场表演。这样的场景重复多次。

最后，一个头戴白色假发的老人牵着一只鹿和戴着奇怪面具的人在钹和喇叭的伴奏下舞动起来，非常有趣。突然，两个提香炉的僧人闯入人们的视线，桑志华更是好奇，其中一人双手握着金色禅杖，一端是盘龙，另一端钩子上挂着金色香炉，原来他手中的禅杖是身份的象征。以上藏香为标志，“跳神”仪式在讲经院结束。然后，整个表演队伍向塔尔寺门前走去，重复表演“跳神”舞蹈。

带着怪面具的僧人

欣赏了塔尔寺独具特色的“跳神”活动后，总管的秘书带桑志华去拜见塔尔寺的阿嘉活佛。

通过一片僧人居住的房屋，来到活佛住所（藏语“拉章”）。

活佛转世是藏传佛教寺院为解决其首领的继承而采取的一种制度，是藏传佛教特有的传承方式。活佛转世出自佛教灵魂不灭、生死轮回、以种种化身普度众生的观念。“活佛”，藏语叫“朱古”，本意为“化身”。一旦灵童寻认、坐床，就要经过严格的经学训练，一般都有自己专门的经师和管家，有的还有数名经师。

阿嘉活佛的住所在这片高档小区中

据说，阿嘉活佛出生在塔尔寺东南部山区高米村一个很普通的家庭。

跟随总管的秘书来到光线较暗的客厅，桑志华拜见阿嘉活佛。只有10岁的阿嘉活佛盘腿坐在宝座上，左右站着两个男近侍，靠近活佛的独脚小圆桌上放着禅杖，活佛把禅杖放在每个前来朝拜者的头上，能够带来吉祥。

桑志华毕恭毕敬地向阿嘉活佛敬献蓝色哈达（丝绸），然后呈上两小包糖和两包葡萄干送给阿嘉活佛，一个近侍马上接过来。

阿嘉活佛与桑志华简单交流了几句，桑志华提议为阿嘉活佛拍照留念，他没有反对。桑志华发现客厅的光线太暗，提议把阿嘉活佛的宝座放在门前一个廊柱下，一个近侍把阿嘉活佛抱起来，另一个近侍给阿嘉活佛戴上围巾，再把独脚小圆桌和上面的禅杖摆放在旁边，两个近侍站在阿嘉活佛两侧。

而后，桑志华又去参观了塔尔寺的印刷厂。至此，他向总管提出的要求，完全得到满足。

10岁的阿嘉活佛

2月17日清晨，桑志华又听到塔尔寺的喇叭声，想到马上就要离开这里，真有些恋恋不舍。桑志华庆幸自己度过了一段非常美好的时光，参加了盛大的酥油花灯节，观赏了美轮美奂的酥油花艺术作品，拜见了阿嘉活佛，领略了藏传佛教寺院的宗教文化，感受到藏族别具特色的风土人情。

路上，桑志华见到一批批离开塔尔寺的信众，他们步行而归，身上背着沉重的行李。

1919 年 2 月 26 日，桑志华一行又一次返回兰州天主教会，由于旅途劳累大病一场。

大病初愈后的桑志华，从 3 月 19 日向秦州（天水）以及甘肃东部地区进发，6 月 6 日到甘肃庆阳，此后有了重大发现。

1919 年 8 月 26 日，桑志华这次为期 16 个月零 11 天的西部考察结束，午夜 12 点返回天津。

桑志华的收获是巨大的。“他（指桑志华）不得不雇佣七辆五套牲口的大车和 18 匹骡子驮运。采集的植物标本盈箱累箧，积叠起来可达 10 米高；还有一系列哺乳动物皮张；庞大而又形态各异的昆虫标本；以及矿物标本 2000 件以上。除此之外，更为重要的是 1919 年 6 月桑志华在甘肃庆阳以北约 55 公里的辛家沟发现了上新世——蓬蒂期动物化石。这是他发现的第一块未被开垦的处女地，也使得他的发掘有了明确的线索”[①]。同时，1918 年 5 月 26 日桑志华在内蒙古萨拉乌苏河岸“小桥畔”附近首次发现含有化石的地层，从此更加明确了科考探险的主攻方向。

“此外，令人惊异的是，我们可以看到，他在考察期间或其后写给公使的报告中，详尽地描述了他所穿越地区的政治和经济局势，而在科学发现方面，确切地说常常是一笔带过……至于 1918 年至 1919 年的考察，他撰写的考察报告中，一份报告主要是讲述从地理和科学的角度看所取得的新发现，而第二份报告则是向公使描述了经济和政治情况（第三份报告是递交中国农业部的农业报告）。1920 年 1 月还有一份补充报告，《1918 至 1919 年的旅行期间鄂尔多斯及甘肃社会和政治情况机密报告》”[②]。

---

① 陈锡欣、郑宝芳、李国良：《栉风沐雨八十春》，载《天津自然博物馆八十年》，天津科学技术出版社 1994 年版，第 48 页。

② Lou Batières 著，赵洪阳、尹冬茗、沈倖如译：《法国的中国之恋》，十八至二十一世纪法国外交与国际发展部档案馆，2014 年，第 189 页。

第八篇
改写中国没有旧石器的历史

甘肃庆阳（习称“陇东”）位于黄河中下游黄土高原的沟壑区域。正是在这片看似贫瘠的黄土地上，桑志华发现了中国第一件出自更新世（距今约260万年至1.17万年）地层的打制石器，证明中国存在旧石器时代人类文化遗存，无可辩驳地否定了德国地质学家李希霍芬中国北方“不可能有旧石器”的推断；桑志华亲自组织发现的以三趾马动物群为代表的化石，开启了中国古哺乳动物学的新纪元。桑志华发掘的鬣狗类化石（距今约1000万年），后来被学者认为是世界上久未寻见的现生鬣狗的“祖先类型”。这片古老的土地隐藏着中华古代文明的基因和密码，至今吸引着国内外专家学者。

1 拜访甘肃张督军

中国腹地的科考始于1918年3月。第一次到兰州（1918年7月3日），桑志华就把这座城市作为考察西部地区的落脚点。之后，他不顾高原反应，闯入西部边陲的崇山峻岭，跋山涉水、风餐露宿，虽然身心疲惫，却收获了大量高海拔地区的动植物标本，并意外发现内蒙古萨拉乌苏小桥畔的少量化石。但是，始终在渺无人烟的荒山野岭长途跋涉，使桑志华切切实实感到身体在透支。

时值冬季，加上旅途劳顿，考察队的战斗力急剧下降，桑志华决定返回兰州天主教会进行修整。

考察队经凉州（今武威）、甘州（今张掖），于1919年2月26日到达兰州附近，只见两座高山间的黄河支流盖上了厚厚冰层。绕过一个大木材仓库后，他们走上通向兰州城西门的小桥。沿途，桑志华见到依陡峭山崖而建的规模庞大的白云观[①] 上空香烟缭绕。

考察队从结冰的河流通过

在兰州天主教会，桑志华用两天时间整理了在高海拔地区采集的标本，也算作是休息。在埃森斯神父带领下，去参观了兰州著名的呢绒厂。但埃森斯神父没有想到工厂已经停工，大小机器都覆盖着一层厚厚的灰尘，

① 兰州白云观也叫吕祖庙，位于滨河中路南侧，东邻中山桥，始建于清道光十七年（1837），是古代兰州三观之一。

除了纺纱机还好外，织机、梳理机都损坏严重，传动皮带被偷了，齿轮也残缺不全，技术人员正在修复机器，力争年内恢复生产。厂长把桑志华和埃森斯神父请到办公室喝茶，并简要介绍了企业情况。桑志华感到浑身发冷，一阵阵地颤抖，自己估计是患了流感。

漂亮的人行天桥

依山而建的白云观

感到自己身体状况越来越差，桑志华决定为返回天津做准备。在回教会的路上，他顺便询问了运输方式和价格：从兰州到宁夏，每匹骆驼驮 250—300 斤货物的费用是 20 两银子。

晚上，桑志华开始高烧，头很沉，鼻炎犯了，腰疼得厉害。不巧的是，3 月 1 日，甘肃省邮政专员单堡博先生为桑志华举行欢迎晚宴，还邀请了甘肃督军的儿子和在兰州所有的欧洲人参加。持续高烧的桑志华昏昏沉沉地躺在床上，无法赴约。

高烧两天后，3 月 3 日"我的病情在恶化，兰州天主教会医院的帕利医生为我治疗：诊断出是一种病毒性流感。但是到了晚上，一种充满水的脓疱疹突然出现，这使我想到了'天花'，我本该在西宁注射疫苗；参观西宁教会学校午餐时有些老师为我们端菜，当时他们正在照顾一个生病的孩子"①。

① Emile Licent, *Dix Années (1914–1923) de séjour et d'exploration dans le bassin du Fleuve Jaune, du Paiho et des autres tributaires du Golfe du Pei Tcheu Ly*, Tientsin: La Librairie Francaise, 1924, p.1047.

因为在当时一旦感染了天花病毒，会有生命危险。桑志华越想越害怕，辗转反侧，难以入眠。

由于没有特效药，病情一直不见好转，头痛、发烧、上呼吸道感染，加上浑身的水疱，桑志华坐卧不安，非常焦虑。“不幸的是，帕利医生也病倒了，他还要照顾家人。我请他给我寄点石碳酸甘油来，我为自己治病”[①]。这无疑是雪上加霜，桑志华的心情坏到极点。埃森斯神父为他请了一位中医，这位中医与帕利医生的诊断相同，桑志华就同意让他治疗，病情开始好转，焦虑的心情也随之平复。

一周后，随着体温的下降，桑志华身上的水疱开始干枯，但仍十分虚弱。桑志华让王连仲等人去兴隆山打猎，还让神父卖掉了背帐篷的小骡子，自己只能呆在房间，对采集来的各种标本进行分类和包装。在整理人种学物品时，他发现收集来的青海湖妇女佩戴的红色带子和兰州妇女佩戴的珊瑚珠都很漂亮；但也发现了玻璃制的假货，蒙古族贫穷妇女佩戴的较多。这一场大病，使桑志华在屋里整整呆了 14 天，在兰州停留的时间也延长了。

大病初愈的桑志华走出房间，感觉太阳照在身上暖暖的，他几乎找遍院子的各个角落，发现了石头底下的鞘翅目昆虫。正当他全神贯注观看爬行的蜘蛛时，王连仲大声喊：神父好了！原来是他和弟弟与黑尔曼（Heiremans）神父去兴隆山打猎回来了，收获一头黄灰色大野猪和三只青色山羊。有位神父送来一张漂亮的猞猁皮。埃森斯神父还为桑志华购买了两匹强壮的骡子，以顶替卖掉的背帐篷的小骡子和瘸了一个多月的大骡子。

拜访甘肃督军也有了消息。3 月 17 日，桑志华在埃森斯神父的陪同下来到甘肃督军张广建的官邸。桑志华简要介绍了这次在西部地区的考察情况，当讲到青海湖时，张督军突然问：那里有没有银矿？在那里能不能种植庄稼？桑志华答：青海湖海拔最高达到 3100 米，很难种植农作物，也没听说有银矿。后来桑志华得知，张督军担心刚从北京派到青海湖的特派员表面上是督促农垦，而实际上是开发青海湖噶尔丹活佛发现的矿产。

桑志华发现张督军关注的问题与他的想法相差甚远，就直奔主题：恳切

① Emile Licent, *Dix Années (1914–1923) de séjour et d'exploration dans le bassin du Fleuve Jaune, du Paiho et des autres tributaires du Golfe du Pei Tcheu Ly*, Tientsin: La Librairie Francaise, 1924, p.1047.

希望张督军为他开一张免税通行证，因为箱子里的东西从兰州运到宁夏需经过六个关卡，需交一笔不少的费用。

张督军问：箱子里装的是什么东西？桑志华答：岩石、动植物标本和皮毛等样品。

张督军认为皮毛要付税。桑志华解释说，那些不过是不同动物种类的样品，不是商品！

这时，客厅里非常寂静，甚至连喘气的声音都能听到。张督军示意部下，把桑志华所有物品的清单拿过来看一看，张督军仔细审阅后，又思忖片刻，同意这批货物免税通行。

桑志华非常高兴，连连表示感谢！他提出再给张督军拍照，之前拍过一张，但不是很理想，这次换一个背景。

张督军的花园饲养了很多动物，桑志华想去参观。他话音刚落，张督军从沙发上站起来，对桑志华说我带你去参观。这是一个面积很大的花园，亭台楼阁，小桥流水，散发着中国园林文化的味道。青砖铺设的甬道两侧，树木茂盛，灌木修剪整齐。几只马鹿挤在一个水槽喝水，尽管它们光秃秃的角快要脱落了，但一个个精神抖擞。张督军说，鹿的新角四月就长出来了，嫩

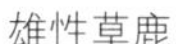

雄性草鹿

四只角的公山羊

角末端充血的地方是鹿茸，是中国人心目中珍贵的补药。站在一旁的埃森斯神父指着前边一只高大的鹿对桑志华说，这是雄性草鹿。在花园一角，桑志华发现了一种奇怪的动物——四只角的公山羊。

中国的富人，尤其那些有权有势的军阀，喜欢饲养珍贵动物。马骐将军就养过鹿。“辫帅”张勋在天津有一个动物园，饲养了几只鹿、一头熊、一匹狼，还有鹦鹉和孔雀等。这些手握军权的高官愿意出高价购买，其下属也会迎合长官的爱好把这些动物当作礼物送给他们。

张督军要送给桑志华一头珍贵的马鹿，他甚是喜欢，但考虑路途遥远不能饲养，只能感谢张督军的盛情，并说：我能见到这些动物已经非常高兴，如果把它带走会死在路上，真不想把可爱的马鹿变成动物标本。

2 考察陇南陇东

由于第一次到秦州（1918 年 11 月 6 日）遭遇流感又被打，没有采集动植物标本。桑志华决定，在返回天津前，再次前往秦州等陇南陇东地区，以补齐甘肃南部的动植物标本。

桑志华拄着拐杖走在前面

1919 年 3 月 19 日，桑志华一行再次前往秦州（今天水市），还是选择通往兴隆山的那条路。时隔四个月，依然是寒风刺骨，他们冒着大雪在高海拔的山脉跋涉，大病初愈的桑志华身体虚弱，拄着拐杖步履艰难地前行。

9 天后，他们到达秦州郊区。一个个村庄零星地散落在旷野上，掩映在树丛中。农民把粮食挂在胡桃树枝上储存，喜鹊和乌鸦的巢就在下面。山沟里的居民大都住茅草房，偶尔看到几间房顶铺着青瓦的住宅。田野里，农民种植的芹菜、菠菜、大蒜、洋葱等各种蔬菜，长势很好。

进入西北部山谷，在一片片竹林和灌木丛中，有许多欢蹦乱跳的小动物，桑志华兴奋极了！他举起猎枪，射中了三只锦鸡和一只黑色山鸡。穿过郁郁葱葱的树林，桑志华发现了斑鸠、野鸡、黑喜鹊、玫瑰色白鹮、绿啄木鸟等，那漂亮的白鹡鸰在石头上蹦来蹦去，发出细小的声音。山口下，一头强壮的野兽在奔跑，当桑志华举起猎枪时，它已跑得没有踪影了。连日来，考察队边走边打猎，收获了不少动物标本。

4月8日中午，桑志华回到榆树坝（今榆树乡，徽县北约15公里）帐篷，对面迎上来一位官员，他说徽县县长要约见桑志华。

秦州郊区

县长与桑志华见面后，像拉家常那样，问桑志华到这里来干什么？桑志华答：采集动植物标本。县长说，部队正在前方打仗，为了保证考察队的安全提出派人保护。

桑志华没有接受，而是直接来到徽县南部天主教圣母圣心会，听听教会的意见。加布勒斯（Calbrecht）神父热情地接待了桑志华一行。因为去年冬天异常寒冷，气温下降到零下20多摄氏度，教会院子里四五米高的棕榈树叶子干枯了；今年春天徽县没下过雨，许多农作物的收获时间会大大推迟。

加布勒斯神父介绍了徽县政治、军事和社会治安等情况。他还无意中提起，听原驻守秦州的吴司令的部下说，在秦州街道上揍了一个欧洲人。这立刻勾起桑志华不愉快的回忆。桑志华说：这个人就是我！交谈中桑志华得知，在榆树坝见到的县长是吴司令的心腹……

桑志华突然觉得，看望他的县长，或许是吴司令派来的，因为前方指挥打仗的正是吴司令，这说明吴司令和当地政府都在关注他。桑志华嘱咐随从

救助会的孩子在纺纱

和车夫们，各方面要多加小心，避免再次发生秦州挨打的事情。

加布勒斯神父带桑志华来到教会办的救助会，看到孩子们一边上课，一边参加手工劳动，用稻草和麻绳编制的草鞋看着很结实，送给桑志华几双款式不同的草鞋。

由于徽县地区动植物很多，桑志华不打算马上离开。在加布勒斯神父的陪伴下，桑志华到一处半森林半农田的地方采集植物标本。这里风景优美，森林里生长着各种树木，矮树林中露出侧柏，紫荆树盛开玫瑰色的花朵，奇花异草夹杂在农作物的角落把田野装扮得五颜六色，灰色的狍子出没在森林和农田中，桑志华感觉很难捕猎，而王连仲和加布勒斯神父的仆人却收获了4只狍子。

成功的猎手

听加布勒斯神父说，龚家河南面的老岭山上植物品种多，半山腰还有一座小教堂。恰好复活节快到了，桑志华决定先到老岭山区高地采集标本，返回时到小教堂过节。通往山区的小路狭窄曲折，骑马根本过不去，只能步行。桑志华只好把车夫和骡子等留在帐篷，带上王连仲、六个搬运工和简单的行李出发。经过 5 天的艰难跋涉，一行人攀登到山顶，有很多树莓和其他带刺的灌木，桑志华采集了一批植物标本，其中有 6 个新种。

下山前往小教堂，破旧的茅草房散落在山坡上，梨树、桃树等几乎所有果树的叶子都无力地耷拉着。桑志华惊讶地发现：在陡峭山坡开垦出来的梯田里种植了小麦、土豆和豆子（主要是豌豆）。更有意思的是，乱石山坡上耕种的人们偶尔休息一会儿，但只要听到领头人喊“开始”，他们就像军人服从命令一样马上工作。

穿过一排高高的被修剪成扫帚形的侧柏，到达龚家河小教堂。它建于 25 年前，为庆祝复活节，小教堂的祭台进行了装饰，摆上了采集来的柏树枝、开花的灌木、蔷薇、牡丹花束等，很漂亮。

4 月 30 日中午，桑志华一行刚返回帐篷，加布勒斯神父冒着大雨来看望他，还介绍了“麦积山”（位于今甘肃省天水市麦积区）的珍禽奇兽。雨停了，桑志华当即决定去麦积山。这是西秦岭山脉小陇山中的一座孤峰，山峦上密布着翠柏苍松，野花茂盛，植物品种繁多，在半山腰的小山谷，考察队搭建了帐篷。

稍作安顿，桑志华与王连仲等带着猎枪向上攀登。仰望山顶，他惊奇地发现：在奇峻险秀的悬崖峭壁上开凿了层层相叠的石窟，形成一个宏伟壮观的立体建筑群，石窟里供奉着一尊尊巨大的栩栩如生的佛像。桑志华很好奇这些惊险陡峭石窟建筑艺术是怎么雕成的？绕了很远，找到日夜驻守在这里的 6 个和尚咨询，而王连仲和弟弟等去打猎了。

前面是从秦州雇来的骡夫戴春，最后是王连仲，中间是他弟弟

天黑了，已经返回帐篷的桑志华没有见到王连仲和弟弟，心里非常担心。约 10 点多，连仲在长满树木的山梁上喊：“过来几个人吧，有只野猪。”“神父留在营地，来两个人就够了，其他人看帐篷。”两个人过去了，45 分

钟后仍没见他们回来。桑志华怕出什么意外，提着灯笼去找，看到王连仲等人气喘吁吁地抬着像牛犊那么大的一头野猪，艰难地向帐篷走来。连仲心有余悸地告诉桑志华，今天遇到两头大野猪，一头是白色的，他远距离开枪射击，野猪逃掉了，不一会儿，却突然向连仲发起攻击，相当危险！幸运的是，他在近距离发射的第二枪把黑色野猪击倒了。桑志华说：早就禁止你们单独打猎，多危险啊！连仲表示赞同："神父说的有道理，这些野兽受伤后真的会攻击猎人。"

这头鬃毛浓密、獠牙长长的黑色野猪，是桑志华得到的第一个野猪标本，他格外珍惜。为了纪念这一珍贵的动物标本，清晨，桑志华用相机复原了三人抬着野猪喜悦归来的场面后才解剖。剖开野猪胸膛，胃里全是禾本科植物的嫩芽，这个季节野猪的脂肪减少很多。

在帐篷外处理野猪时，桑志华看见周围很多蝴蝶飞来飞去，有各种颜色和品种；昆虫种类和数量也非常多，根本无法统计。桑志华捕捉了几个小时，坐在树荫下休息，听着昆虫发出嗡嗡的叫声，既让人兴奋，又令人烦躁。

5 月 1 日傍晚，村长代表本镇驻军上校来到帐篷，看看是谁在麦积山上扎营？桑志华说明了来意，并出示了护照和其他证件。村长问：下一站打算去哪？什么时候离开？桑志华担心说自己要继续在山上采集动植物标本，他们会以有强盗、溃兵，不安全等为由加以阻止，就回答：我也不知道，这要取决于能不能发现有价值的东西，既然我的证件是合法的，就可以在这个地区自由活动。村长提出要为他提供一支卫队，被桑志华谢绝了。

求雨的人们

连续几天，桑志华都在收获大量动植物标本，又发现了几种新的植物。

一天早晨，桑志华看到来了一队人向寺里的神像求雨。他们戴着柳条编的帽子，扛着旗子，求雨的场面非常有意思，三个装扮成“神仙”的人分别坐在三把椅子上，每把椅子被四个人抬着，后面是一群乐师，用钹和小手鼓演奏乐曲。这三位“神仙”被抬到寺里最大的佛像前，钹声响起，所有人都跪下，点香，和尚念经文。仪式后，朝圣者在空地上吃了点东西，向山上更高的寺庙走去，而装扮成三位“神仙”的人则被留在佛像前，一直祈祷。

5 月 9 日，桑志华一行到石门山沟采集动植物标本。他发现从未见过的一个树种，树皮像法国梧桐，树叶像椴树，高 12—15 米，昆虫在树叶上发出一种声音，就像稀疏的雨滴打在树叶上。树干高大的蔷薇科植物，盛开呈伞状的白色花朵，就像英国山楂树一样。还有开着小白花的丁香。同时收获了天上飞的几种鸟，地上跑的红腹锦鸡，见到了大型动物豹子、麝，还听到了一头熊在咆哮，幸运的是熊在他们接近的时候就逃跑了。

麦积山上丰富的自然资源，使桑志华每天陶醉在收获珍贵动植物标本的过程之中。

5 月 12 日，桑志华一行第三次前往秦州。下山后，是平坦的道路，桑志华见到当地妇女的发型别具特色。行进到半路上遇到大雨，帐篷变得很沉，只好买了一匹小骡子驮运部分帐篷。

五月的秦州，气温舒适，树木葱绿，令人恐怖的流感早已无影无踪，桑志华全身心地采集动植物标本。秦州天主教会的科斯特诺布尔（Costenoble）神父送给桑志华一块很有价值的铁矿石标本。徽县教会加布勒斯神父给桑志华寄来两个大瓶子，里面装有 12 个种类的 34 条蛇，还有一只乌龟、一条蜥蜴和水生昆虫。

把头发卷成一种弯曲的角状

唯一令桑志华不愉快的是，吴司令带领部队几乎与他们同时返回秦州城。原来，吴司令在徽县带兵打仗时，秦州由他的副官孔将军守城，却遭到郭坚部队的突袭，吃了败仗。后来，吴司令亲自出马打败郭坚，胜利地返回秦州城。

这一次，桑志华与吴将军是井水不犯河水，互不来往，平安无事。桑志华做返回天津的准备工作，打算把一年多在中国西部地区采集的所有动植物标本全部运回天津。但是，看似与考察队毫不相干的战争，却影响了他们返回天津的行程。驻秦州部队征用了当地几乎所有的牲口，又要打仗，桑志华很难租到骡子。秦州教会的神父们四处奔波，一周过去了，没有任何收获。用了 9 天时间，神父们才勉强为桑志华租到并不太理想的车夫和骡子。

为节省时间，桑志华决定兵分两路：一路由王连仲负责，立即出发去兰州，将存放在那里的动植物标本运到宁夏府；自己带领另一路 12 人和 17 匹骡子继续向甘肃东部庆阳府前进。之后，与王连仲在宁夏府会合，一起返回天津。这个地区之所以令桑志华感兴趣，是因为“尊敬的费光耀（De Weeschhouwer）神父曾在一封信里告诉我那里有化石”[1]。

在甘肃南部通往庆阳府的路上，桑志华采集了大量植物标本，尤其对大黄这种自生自长生命力旺盛的植物充满了好奇。即使是裸露的山坡，就算上面覆盖着岩石块，那些巨大的含苞待放的大黄仍悄然屹立，它可以长到三米或更高。

5 月 29 日，桑志华一行来到陇东泾州（今甘肃省平凉市泾川县）东郊的天主教堂，由于神父们外出，他们只好找附近客栈住了下来。这里好像也在打仗，所有客栈都挤满了士兵。桑志华找了警察，才住进一个简陋的客栈。夜里下起大雨，院子和所有道路都变成了水塘。

两天半后，雨停了，考察队沿着一条山沟前行，山沟两边几乎都是悬崖，深达五六十米，每前进一步，都提心吊胆。他们艰难地从一个陡峭的山崖下坡，走到一条河流岸边，道路变得平坦，继续向前，进入庆阳地界的西峰镇。这是一个新兴快速发展的小城镇，房屋大多是新的，人们还在盖房子，有许多生产木器和鞍具的工厂。市场里商品丰富：羊毛、羊毛制品、毡子、粗毯子、成包的棉絮、成捆的棉布；铸铁、竹器、木器；狼皮、狐狸皮、

① Emile Licent, *Dix Années (1914–1923) de séjour et d'exploration dans le bassin du Fleuve Jaune, du Paiho et des autres tributaires du Golfe du Pei Tcheu Ly*, Tientsin: La Librairie Francaise, 1924, p.1108.

黑斑豹皮；盐、甘草等，应有尽有。听说，西峰镇已成为甘肃东部商业中心，而附近庆阳府的商业地位逐渐被削弱。这时，桑志华意识到：离庆阳府不远了。

6月3日清晨，桑志华一行走上一条狭窄的山梁，天空中飘浮着灰蒙蒙的雾，风是黄色的，几乎没有树，没有庄稼，荒无人烟，他们只能沿着骆驼的足迹前进。下午，到达一条开阔的河流，水量充沛，但水是咸的，骡子在浅水处都不肯喝水。

3 首次在庆阳野外发现大量“龙骨”

1919年6月4日，考察队沿着庆阳府西北面宽阔的河岸行进。河水清澈，水量充沛但不深。他们在浅水处借助一块凸起的砂岩涉水而过。

到达三十里堡（今庆城县三十里堡乡）天主教堂，来自比利时圣母圣心会的费光耀神父和冯阿克尔（Van Ackere）神父热情接待了他们。此前，桑志华与素未谋面的费光耀神父通过信，此次相见，谈论了很多庆阳地区化石的信息，犹如久别重逢的老朋友。

6月5日清晨，天气晴朗，桑志华沐浴着金色的霞光，不顾旅途疲劳，在费光耀和冯阿克尔两位神父的带领下，前往藏有化石的地方考察，看到一处遗址。

四年前被烧毁的庆阳传教会遗址

路过典型的甘草地带，山坡上生长着茂盛的甘草，根扎得很深。这种草若是生长在峭壁山梁上，只要抓住一束叶子就可以轻松拔起整棵植物，且不会弄断。对于山区人们来说，种植甘草是一项重要的收入来源。

在位于三十里堡北部一条山沟中的辛家沟①（Sin kia keou）（有学者认为：应该把辛家沟改为幸家沟②），桑志华初步勘察后，发现这个地层含有椎实螺、蜗牛和蚌科动物化石，它们埋在含有很多沙的土层下面。

此刻，恐怕连桑志华自己也不会想到，他已经闯入了沉睡万年的化石地界，距触摸化石仅一步之遥。

桑志华的命运自此改变……

1919年6月6日，天刚蒙蒙亮，桑志华与两位神父一起赶往三十里堡北部约60里的柳树河③（Liou chou ho）一个基督教小村，这个地方也有化石信息。

在通往那里的山沟中，后石炭纪的紫红色砂岩和页岩起伏不平，小山沟里有断层和剥蚀的倒转褶皱，有些地方直接被黄土覆盖。在河两岸山峦高处，红土夹杂在砂岩和黄土之间是更为常见的地貌。黄土地像紫红色砂岩和页岩一样，形成峭壁。泥土底部的钙质砂砾石层，遍布整个山谷，一直延伸到离那个基督教小村五六里的地方。

后石炭纪的紫红色砂岩和页岩起伏不平

柳树河岸处于黄土地带。在基督教小村北部更远处，紫红色砂岩又重新出现。

就像命运之神在冥冥之中指引，他们在柳树河下游12里的赵家岔（Tchao kia tch‘a）又发现了红土层。这些奇特的地质构造，引起了桑志华

① 今甘肃省华池县王嘴子乡政府下游称辛家沟。

② 张多勇等在《人类学学报》第31卷第1期上发表文章认为：桑志华在中国出土的第一件旧石器地点应为“幸家沟”，即甘肃省华池县五蛟乡吴家原行政村幸家沟自然村。桑志华日记《十年行程录》法语“幸家沟”“辛家沟”音同。

③ 柳树河今属于华池县上里塬乡柳树河村。

和两位神父的浓厚兴趣，但又不敢肯定到底是哪个地层含有化石？三人商量出一个试掘方案后，带着大家小心翼翼地挖掘。沿着剖面，他们不停地逐层剥土。

此时的桑志华浑然不知，一个超乎他想象的惊人秘密正一步一步向他靠近。“在白色钙质砾石层一米五以下的红色黏土层中，意外地发现了巨大的白色骸骨”①。

红土夹杂在砂岩和黄土之间

凭着博物学家的敏锐，桑志华意识到：这可能是一个重大发现！他提到白色骸骨的时候，用了这样一个词——巨大。他此前从没有见过如此巨大的化石。此时此刻，桑志华并没有料到，沉睡了数万年的古脊椎动物化石会突然降临到自己眼前！来中国五年零两个月，历经千辛万苦，他终于在 1919 年 6 月 6 日这一天，迎来了在华期间史无前例的重大发现。此时的桑志华更不会想到，他的这一重大发现，在中国乃至世界科考史上都具有重要价值。

桑志华蹲到刚刚挖出来的坑里，捡起那些骸骨，非常脆，拿到手里就完全破裂了，再一碰就变成碎屑。大片厚土的底层都有碎石，因没有适合挖掘的工具，一直到夜幕降临，他们收获不大。

6 月 7 日早晨，桑志华与两位神父一起又来到赵家岔的沉积处，希望再挖掘出几块化石，以研究如何进行大规模地发掘，而不仅仅是采集一些样品。

藏有骸骨的那种红色泥土中国人称之为“红胶泥”，几乎和石头一样坚硬，挖掘工作极为艰难。在土层深处，因为水分的滋润，泥土稍软些，但是很紧密——黏度与低温下的蜂蜡差不多。切割工具如铲子，敲击工具如十字

① Emile Licent, *Dix Années (1914–1923) de séjour et d'exploration dans le bassin du Fleuve Jaune, du Paiho et des autres tributaires du Golfe du Pei Tcheu Ly*, Tientsin: La Librairie Francaise, 1924, p.1109.

镐或凿子都不能穿透这种泥，更不要说将之割断。化石骨腔里也塞满了红胶泥，轻轻一碰骸骨就全部破裂了，还有可能碎裂成更小的碎骨块，甚至是碎屑。

不仅如此，有的红胶泥表面还嵌着一种特殊的岩石，当地人称之为“白胶泥”。它与白石灰掺在一起，比单一的红胶泥还要坚硬，能够抵抗住他们手中所有的挖掘工具。由于位于土层深处的化石很少暴露于冰冻层中，温度变化小，可能会更牢固，但这并不意味着土层与化石之间不产生裂缝，只是裂缝比较窄。他们遇到的主要困难是要将化石从像混凝土一样的脉石中取出。

十字镐只能用于离化石较远距离的发掘，铲子派不上用场，铁锹只能用来清扫道路。大家一筹莫展，面对这道难题，不知从何下手。经过研究和试验，桑志华与两位神父初步设计了一套挖掘方案。

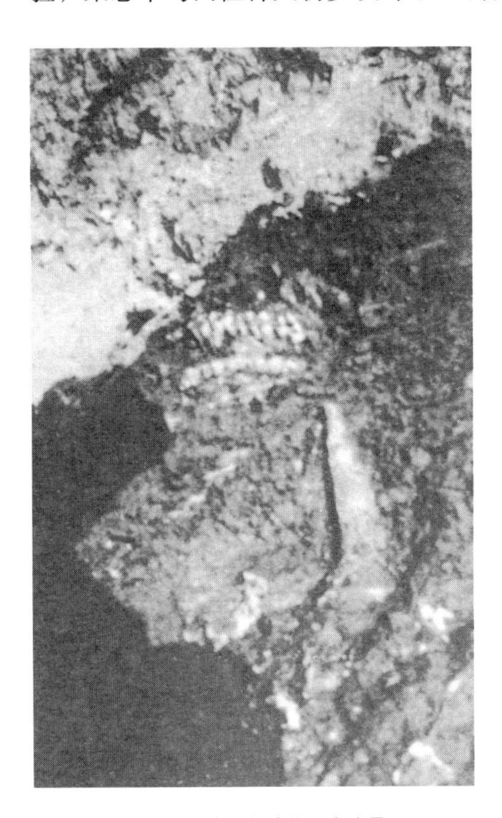
保存完整的巨大动物牙齿骸骨

桑志华指挥大家，先用十字镐在距离化石较远处挖掘，然后用细木工凿子一点点地凿到接近化石的地层，再用大刀的刀尖从上到下轻轻除垢。这时，已经挖到更深处，看到温度低处的化石更牢固，只有并不宽的裂缝。这样，为了避免对化石的直接冲击和围岩的震动，轻轻地从化石与土之间的缝隙入手，用雕刻工具直接挖掘每一件骸骨。对于那些更加特殊地层的化石，用水淋或冲，用锯子切割，还试着用火药炸开岩石。

“为了固定骨头，我（指桑志华）考虑在骨头表面贴上石膏布，或是粘上用石膏浆和面粉浆制成的麻纸，事实上，细木器胶也能够起到良好的效果。由于缺少合适的工具，我宁愿保持化石原貌，只采集了几件破碎的标本：一些反刍类动物的角，四五个马科和反刍类动物的颌（长颈鹿科、瞪羚等），一些食肉动物（鬣狗或是类似的动物）和奇蹄目动物的牙齿，趾骨和四肢骨头等（这是后来根据德日进神父鉴定而定名的）。因为只有牙齿可以保存完整，骨易碎，我没有采集全骨。”①

“经研究，这些骸骨被确认为蓬蒂期②（Pontienne）的动物骸骨。”③

随着一个个化石地点刚刚被发掘，不少药贩子就闻讯赶来，有人专程从四川来到这里寻找“龙骨”④。

桑志华得知后，十分焦急，他意识到发掘工作的紧迫性，要求大家以最快速度、最好质量进行挖掘。

听说赵家岔以北30里的辛家沟也发现了化石，桑志华等打算马上赶往那里。这也是一条坑坑洼洼、崎岖狭窄的羊肠小道，本已非常难走，又赶上天气突变，下起暴雨。眼看天黑下来了，桑志华与费光耀商定临时改变行程，不去辛家沟，而到相距较近的柳树河基督教村住宿。

基督教村的储村长是费光耀、冯阿克尔的好朋友，他们相见甚欢，谈得很投机。储村长家的窑洞大而漂亮，刻有“储家”（Tchou kia）二字，在一排窑洞中格外醒目。储村长是四川人，当年，他牵着一头驴，背着一个布兜子，与妻子一起来这里安家落户，此时已是村里最富裕的农民之一。

6月8日是礼拜天，早晨起床后，桑志华发现附近山区窑洞住的教徒们，或步行或骑驴都来做弥撒。有人带来从辛家沟挖出的一个很好的龟内模和十几个粗大的犀类牙齿，龟甲已被折断磨碎作药用了。取出牙齿的颌骨长

---

① Emile Licent, *Dix Années (1914–1923) de séjour et d'exploration dans le bassin du Fleuve Jaune, du Paiho et des autres tributaires du Golfe du Pei Tcheu Ly*, Tientsin: La Librairie Francaise, 1924, p.1110.

② 蓬蒂期是根据地中海地区一古老名称命名的年代地层单位，在当时被认为相当于早上新世，后来纠正为晚中新世，可与中国的“保德期”对比。

③ Emile Licent, *Dix Années (1914–1923) de séjour et d'exploration dans le bassin du Fleuve Jaune, du Paiho et des autres tributaires du Golfe du Pei Tcheu Ly*, Tientsin: La Librairie Francaise, 1924, p.1110.

④ 所谓“龙骨”，实际上是第三、四纪哺乳动物，如大象、犀牛等的骨骼化石。老百姓叫龙骨，是一种中药材，据传能止血、消炎。

从家河附近有一个“龙潭”湖

度在1—2尺之间。这些化石都很坚固，桑志华觉得辛家沟的发掘工作可能会更容易些。

还有人告诉他，距离三十里堡西70里的从家河（Ts'ong kia ho）也有化石，这个消息让桑志华非常兴奋。

中午，储村长宴请桑志华、费光耀和冯阿克尔三位神父。作陪的嘉宾是一位来自庆阳府的银行家，是个百万富翁，可称得上是庆阳府最富有的人之一。他知识渊博，对当地矿产资源和风土人情了如指掌。从外表看，这个身着蓝粗布衣、骑驴来的银行家与当地农民没有什么区别。他生活俭朴，平时在家中也只是吃面糊和黍子。桑志华想：这位百万富翁如此简朴低调，或许是怕露富，担心遭强盗绑架勒索钱财，不过，今天他可以享受一顿丰盛的中式大餐了。

下午，储村长带三位神父到村东面山沟勘察。出于安全考虑，桑志华带了猎枪。在一个天然洞穴，他们发现了一对豹子和几只幼崽，但没有猎杀它们。

6月9日，天还没亮，三位神父就带队前往柳树河以北的辛家沟。山梁上崎岖的小路，非常难走，骡子磕磕绊绊，驮着的行李不断掉落，只好靠人背着前行。

辛家沟化石地层位于两个山沟间。在黄土和红土山嘴顶部的下面30多米处有化石露出，被1.5—2米高的草丛和灌木丛掩藏，不太引人注目。

桑志华异常兴奋，先发掘没有覆盖泥土也没有碎裂的鸟骨，又找到裂成碎片的粗大骸骨。继续向深处挖掘，费光耀神父找到一个完好的十分巨大的颌骨，还发掘了许多动物牙齿和一个大型反刍类动物跗骨。

下午，突如其来的暴风雨把他们浇成了“落汤鸡”，发掘工作被迫停止。

夜晚，狂风卷着冰雹发出巨大声响，毫无睡意的桑志华对辛家沟、赵家岔两个化石点进行比较，认为辛家沟地层化石密度更大，也更适合进行大规模的土方作业。

桑志华一行回到庆阳天主教堂

由于正值雨季，尤其是各方面准备不足，桑志华决定明年再来发掘。这个想法得到储村长的赞同与支持。储村长派助手毛副村长到桑志华住处商量明年挖掘化石之事。桑志华请毛副村长担任工头，年轻的药剂师皮埃尔·常（Pierre Tchang）和王连仲做监工，并承诺提前一个月给毛副村长写信，商量如何与土地主人打交道。

6 月 10 日，他们冒着大雨回到三十里堡天主教堂。后世专家学者研究认为："桑志华 1919 年在甘肃庆阳以北的赵家岔和辛家沟发现了以中国麒麟鹿、三趾马和鬣狗三大类为主的三趾马动物群，地质年代为晚第三纪[①]上新世[②]"[③]。

4 系统发掘中国三趾马动物群化石的第一个科学家

在天津度过 1919 年冬天后，1920 年 4 月 20 日，桑志华开始做去甘肃庆阳挖掘化石的准备。

① 第三纪（Tertiary Period），古近纪及新近纪的旧称。国际地层委员会目前已不再承认第三纪是正式的地质年代名称，并将其拆分为古近纪与新近纪两个时期。过去，古近纪和新近纪也曾分别被叫作早第三纪和晚第三纪。

② 上新世（Pliocene），地质时代中，新近纪最晚的一个世，位于中新世之后，第四纪更新世之前。时间跨度从距今约 530 万年前至距今约 260 万年前。这里的地层实际是晚中新世，而非上新世。

③ 孙景云、张丽黛、黄为龙：《德日进与桑志华在中国北方的科学考察》，《天津自然博物馆建馆 90 周年文集》，天津科学技术出版社 2004 年版，第 15 页。

这一次，桑志华不仅组织了精干的发掘队伍，而且带了较为齐全的设备，包括双刃榫孔斧、木工剪、大匕首、锯子、细木器胶和石膏等。这次的随从仍然是忠诚的王连仲，还有一个年轻的小伙子负责做饭。

4月26日从天津乘火车经北京、石家庄（它是京汉铁路和北京到太原府的铁路的交会点）到太原。之后换乘骡车，4月29日到清远（今清徐），过文水、吕梁，在柳林过黄河，进入陕西北部。由于地方武装动乱，他们又绕道经吴堡、义合、石湾，5月11日到内蒙古萨拉乌苏小桥畔天主教堂躲避。离开“小桥畔”，又经过十余天的艰难跋涉，5月27日过环县，夜宿孟家湾（Meng kia wan）村。

5月28日，经马岭镇来到庆阳三十里堡天主教堂。费光耀神父早早地在那里等候。桑志华快步走过去，两双手紧紧握在一起！教会院中红玫瑰、紫牡丹，争奇斗艳；核桃树、梨树、橡树、李子树、苹果树长势茂盛；一串串的青葡萄挂在郁郁葱葱的葡萄藤上；大黄也因春季雨水充沛长得很好。

5月的庆阳，花草繁盛，雨水较少，是最适合发掘化石的季节。有人给桑志华送来一个在三十里堡东面山谷里找到的化石牙齿碎片。

5月31日，桑志华与热斯莱（Geisler）神父一行前往33公里外柳树河的基督教村。他们在这里搭建了两顶帐篷，并派人去补充牲畜。桑志华租了基督教徒程（Tch‘eng）家一个大而漂亮的窑洞。

桑志华本打算马上赶往去年勘察过的辛家沟化石点，因6月1日的大雨未能成行。

6月2日黎明，雨停了。尽管道路泥泞，桑志华一声令下，考察队马上出发，一路急行军到达辛家沟化石地层。

辛家沟化石地层位于凸起的一个小山头

桑志华把大家召集起来进行分工，请莫先生和王连仲担任工头，莫先生侧重管理，并负责处理所有与当地人相处时可能遇到的麻烦；王连仲侧重挖掘技术。莫先生是费光耀神父推荐的，他是天主教徒，也是当地“国民护卫队”的首领，算是这个地区有威望的人物。一位聪明的年轻人张石担任副工头，兼任莫先生的助理。张石在当地也是个小有名气的人物。如果莫先生去城里购买必需品，他要在工地代理工头，在挖掘工作进度上协助王连仲。桑志华要求所有人要通力合作，确保挖掘化石工作有条不紊地进行。

考察队需要搭建两顶帐篷，因缺少木板，莫先生只好派人到附近山沟去找。居住在这些偏僻窑洞里的贫苦农民非常善良，无偿地送给他们木板。

寂静的荒山野岭经桑志华这么一折腾，引来许多人围观。洋人出高价挖“龙骨”的消息风传庆阳，农民争相报名做工，可没想到这神父格外“抠门”，很是斤斤计较，连一个铜子儿也绝不多出。

在狭窄山沟右侧搭建的帐篷

村民们从连仲口中得知：神父算账极为精明，谁也别想蒙住这位“法国进士”。不过最终结算时，这洋人格外大方，有时奖励的小费比工钱还多。不断有壮劳力来到辛家沟挖掘现场，报名挖掘“龙骨”，有的车夫还牵来了牲畜，这给了桑志华严格挑选的机会。

那条从基督教小村带来的黑色猎犬在发掘现场跑来跑去以防窃贼，像一个优秀的、充满战斗力的看守。辛家沟村在一个狭窄的山沟里，这是一个在小山谷和山崖顶峰之间形成的深谷，深35—40米。这个山沟的土质主要由黄土和红胶泥构成，其间被一些钙灰质沙层

桑志华（右）与热斯莱神父（左）在辛家沟狭窄山沟坡地上

山顶上插了一个很大的木十字架

隔开了。这里的泉水很多，所有小溪都是活水。

要发掘桑志华选中的化石地层，必须切掉一个小山头，才能挖到化石。莫先生办事能力很强，一会儿工夫，就与这山头的主人谈好了条件。山头主人出价 3 吊钱（2 皮阿斯特），桑志华觉得太便宜了，大大方方给了 10 吊钱。

一切准备工作基本就绪。眼前，首要的任务就是要切掉这个山头。但是，谈何容易？陡峭的山头、坚硬的石块、笨重的工具，还有临时聘用的民工，都不具备开山凿石的能力与水平，这确实是一场高难度的攻坚战。

面对困难，桑志华毫不退缩。6 月 3 日开工前，桑志华让一个年轻力壮的小伙子爬到山顶，插上一个很大的木十字架。或许这是桑志华在祈求上帝的保佑，也或许是在表达不达目的不罢休的坚定决心。

桑志华指挥民工在 5 米高的地方切断这个小山头！可是，稍低于这个小山头的一个裂开的黄土孤锥给挖掘工作带来了麻烦。只能先把黄土孤锥除掉！可是，他们没有先进设备，想除掉它非常艰难。夜幕早已降临，桑志华才与筋疲力尽的民工们一起回到帐篷。

建在野外的帐篷经过一天暴晒，里边像个蒸笼。桑志华在帐篷里的行军床上热得难以入睡，就让民工用树枝为他的帐篷搭了一个凉棚。而几十个民工挤在一个大帐篷里，用高低不平的木板铺上稻草做床铺。帐篷里有许多蚊子，吃的粮食也堆积在这里。民工们白天从事的高强度体力劳动，太累了，即便在这样的环境，依然是倒头就睡。

6 月 4 日继续在辛家沟发掘。据桑志华记载："今天计划挖到 8.6 米深，这是对挖土工作的要求。但是，我希望此后能找到一些人类工业的遗迹"[①]。

"一直挖到 5.3 米，黄土都还很致密，而且岩性相同（1）。再往下，就变得越来越砂质了（2），发绿，且硬，沿着层理和裂缝形成很多直径为 70 厘米的黄土块。层理形成了岩板，在距离顶部 7.30 米深的黄土中发现了一件石英岩制品（3），根据我的判断，这是一块经过粗加工的棱锥体石器，

① Emile Licent, *Dix Années (1914–1923) de séjour et d'exploration dans le bassin du Fleuve Jaune, du Paiho et des autres tributaires du Golfe du Pei Tcheu Ly*, Tientsin: La Librairie Francaise, 1924, p.1283. 文中（1）—（4）为原书标注。

高 4—5 厘米。再往下 50 厘米处有骨骼碎片（4）”①。

这块拳头大小的棱锥体石器，引起了桑志华的高度重视。这不是一块普通的石英石，有明显人工打砸的痕迹，形如锥状手斧。桑志华不是石器专家，对石器也没有深入研究，但凭着博物学家的直觉，他认为这块石器与古生物化石一样，与原始人类有关。

当时的桑志华绝不会想到，这是中国出土的第一件旧石器，由此改写了中国没有旧石器的历史。

桑志华认为，这是他来华后前所未有的重大发现。他把这件石器精心地保存起来，继续指挥民工深挖，以求找到更多的石器。

“晚上，我们的工作面已达到 8.60 米高，8 米长，5.80 米宽。这个层次的土更为砂质，相当绿。我让民工再往下挖，大约要到距顶 25 米处，至红土上面厚为 3.4 米的钙质砂层。顶部则是由圆砾岩组成的，这些钙结核很多都已经变得很黑。我们发现了一块钙化的骨头，其他骨头都呈现石化的色泽”②。

桑志华测绘出了这个小山头的 1：1000 的剖面图。

这里的地层主要情况是：

上面为可耕土，淡黄色，含小的钙结核，有时钙质侵入基质（白胶泥）；

发黄发绿的砂土，厚 8 米；

黑砂土，厚 2.90 米；

灰岩砾石层，有些砾石发黑、磨圆，直径可达 25 厘米，厚 4.50 米；

红土（红胶泥），有的地方土质不规则，很硬，有钙质壳（白胶泥），厚 4.70 米；

含化石层，厚 2 米；

---

① Emile Licent, *Dix Années（1914–1923）de séjour et d'exploration dans le bassin du Fleuve Jaune, du Paiho et des autres tributaires du Golfe du Pei Tcheu Ly*, Tientsin: La Librairie Francaise, 1924, p.1283. 文中（1）—（4）为原书标注。

② Emile Licent, *Dix Années（1914–1923）de séjour et d'exploration dans le bassin du Fleuve Jaune, du Paiho et des autres tributaires du Golfe du Pei Tcheu Ly*, Tientsin: La Librairie Francaise, 1924, p.1284.

（A）辛家沟化石点发掘现场地层图

（B）辛家沟化石点发掘现场剖面图

红土，厚度不详；

紫红色砂岩，有时局部发绿，形成20—40厘米厚的条带，常呈板岩状，出露于附近的谷底里（石灰后沉积）；

钙质砾石层中，有受到构造变动的样子；

在一个3.5米深的大凹陷中发现了一片黑色土，再往下，红土也很深。

民工被分成两个工作队，一队在高处，把挖出来的黄土孤锥的土运到沟底；另一队在低处红土中砾石区工作，这里发现了腹足纲动物化石和小块玫瑰色石英。桑志华测绘了这个地区的地形，勾画了

民工用木棍撞击坚硬的黄土孤锥

黑土岩与黄土形成了对比

藏有化石地层的这座山的轮廓，然后画了辛家沟化石发掘现场的平面图和剖面图。

他把搭建的帐篷标为1号营地（Camp. N1），2号营地（Camp. N2）以及休息处（Abris）。把辛家沟化石地层的工地，分为1号点（Point. N1）、2号点（Point. N2）、3号点（Point. N3），打下木桩以作标记。

3号点黄土孤锥挖至9.80米时，在发绿的层状土里找到一个动物牙齿和一些骨头，靠近10米处钙质小结核变得多起来。在红土层，桑志华发掘出小哺乳动物化石。这时，黄土孤锥有点晃，相当危险，必须立即拆除。但是，由于没有千斤顶，无法推倒它，用十字镐拆除则需要很大的工作量。

为解决这一难题，桑志华设计了一个装置。所有设备都安装好了，莫先生开始喊口号，民工们听从指挥，一起用木棍撞击，半个多小时后，黄土孤锥连根从8米多的高度坍塌了，激起一大片尘土，民工们清运出约30立方米的硬土。这使整个挖掘进度加快。

中间为桑志华，右边为费光耀神父，左边为雅马尔神父

十字架下16.8米处出现了潮湿的黑土，在这里发掘出一块动物骨头和很多蜗牛壳。

6月9日，1号点木桩以下2.3米处发现了很多啮齿类的牙齿和两个头骨。再向下 70 厘米处，发现了一颗猪獠牙。

3 号点自黄土孤锥崩塌处挖至 18.5 米处，出现了一层黑土。黑土周围是分界清晰的岩板，满含炭黑色物质，藏有丰富的动物骸骨，更确切地说是骨头碎片。

6 月 10 日，辛家沟化石点挖掘现场民工达到 37 人。下午，费光耀和雅马尔（Pèire Jamaert）两位神父突然来到挖掘现场，这使桑志华十分惊喜。晚上九点多，劳累了一天的民工刚刚躺下，就听见一只大野兽从帐篷后边的斜坡下经过，通过它路过时压碎树枝的声音判断这只野兽的体形很大，民工们非常害怕。那条黑色猎犬跑回桑志华的帐篷，吓得浑身发抖。莫先生来到桑志华的帐篷小声告诉他：这是一只大豹子。桑志华让王连仲拿着猎枪悄悄地从帐篷出来，所幸，那只猛兽已经走远了。

这场虚惊并没有影响民工的情绪。次日早晨，所有民工都按时上班，以良好的精神状态积极工作。

上午开始下雨，一下就是两天，挖掘工作被迫停止。为了不让外行的民工弄坏珍贵的化石，桑志华利用这一时间，对民工进行培训。他强调：因为骸骨很脆，大多隐藏在很难开凿的硬土中，稍不留神，就会碰碎。他向民工们传授挖掘、采集化石的技巧，以及包装化石技术等，还让莫先生组织几个民工在挖掘化石的工地旁筑起一道堤坝，以防雨水从后面山坡流下来。

6 月 13 日是星期日，桑志华到三十里堡天主教会做弥撒，不信教的民工，由王连仲带队继续工作。费光耀告诉桑志华：前天两位神父路过王家咀子村，在一个沙化的褐色砂岩下找到一些椎骨化石和一条长骨头化石。可以说，在赵家岔与王家咀子村之间的河谷边，任何一块黄土地都可以发现化石。

桑志华马上到赵家岔勘察，发现一个小山沟含有化石，就让莫先生与土地主人谈妥补偿条件后，组织民工开采。在先后开工的辛家沟与赵家岔两个挖掘现场，各项工作有条不紊地进行。

6 月 17 日，莫先生又招来 8 名直隶人，加上之前的 37 人，辛家沟化石点共 45 人，其中 30 多人是来此地不久的四川人。当晚，吃火锅，人多势众的四川人要用辣椒调味，而直隶人觉得太辣坚持要用大蒜调味，双方互不相让吵了起来。桑志华让厨师尊重大家的不同口味，分别按照自己的喜好给自

清理出一个工作平台，刻上英文字母，M 点完全在黑土中，上面是黄土

清理出的工作台

对红土表面进行清理

己调味。直隶人与之前招来的山东人脾气相投，桑志华让莫先生把他们编成了第三组。

3号点黄土孤锥挖至23米处，发现了绿色粉末状的动物骸骨，但由于黄沙覆盖难以取出化石，只能先清理出一个工作平台。这样，可清楚看到各个土层剖面，M点完全在黑土中，上面是黄土，下面是碎石。至24米，有两处红土层和钙质砾石。对红土表面进行清理，发现了一个漂亮的啮齿类头骨和一颗马类的牙齿。到25.30米出现了新情况：上游三条小溪的水汇合在一起从东北方向流下，把红土层冲刷出一条沟壑。桑志华指挥部分民工对沟壑的水进行处理，莫先生带领几个民工搭建了一个木板吊桥，把装满土的筐放在上面运到岸上。

每天晚上收工后，挖掘现场所有人员都筋疲力尽。令桑志华感到欣慰的是，这些朴实肯干的民工，并无怨言，只是闷头干活。实际上，民工的身体与心理的承受能力是有极限的，一旦超过这个度，什么事情都可能发生。

果然，6月20日一大早，十余名四川民工，来找桑志华，要求增加一倍工资。其理由是：当初招工时没说每天出工时间这么长，劳动强度这么大，天天疲惫不堪，还经常面临危险。面对突如其来的上访民工，桑志华有些措手不及。这些民工说的不是没有道理，施工过程中出现一些意外情况也出乎桑志华的预料。但是，如果承诺给他们涨工资，其他人怎么办？目前挖掘进度到了化石骸骨层，这些民工已经熟练掌握了发掘技术，他们真要离开，整个挖掘工作就会受到影响。想到这，桑志华让莫先生听取他们的要求，并明确表态：如果现在走，不会付给一分工钱。经过莫先生做工作，民工们出于无奈，只好继续留下来。

刚解决了民工问题，又遇到倾盆大雨。辛家沟挖掘现场所有帐篷被淹，坍塌的斜坡与污泥搅在一起，帐篷陷入其中。白天闷热，晚上成群的蚊子让人无法忍受，衣服和被褥都是潮湿的。

必须马上更换营地位置。可是，要想在离工地不太远的地方搭建三顶帐篷并非易事。挖掘现场附近到处是沟壑，平坦一点的地方很少。寻找很久，桑志华决定把新营地设在工地上游一座山顶上。首先，要开辟一条从发掘现场到新营地的小路，然后，在山谷斜坡上搭建一个有地窖的厨房，用野杏树枝编成席子状搭建走廊上面，天热时候当饭厅。第一天搬到新营地后，在帐篷附近发现了很多狼，好在猎犬可以保护他们。

本来为躲避大雨而在山上搭建帐篷，没料到它却成了免费广告，洋人花钱挖掘化石的消息，被许多村民口口相传，纷纷加入寻找化石的行列，搜集古生物遗迹工作就这样在庆阳地区展开了。桑志华告诉大家不要轻易动那些骸骨，在化石旁做个记号就可以了。然后，他逐个去挖掘。

一个农民在位于柳树河下游一块黑土地上发现了一颗上颌牙齿化石。桑志华马上赶到，发掘了被压碎的动物牙齿。他沿着柳树河边，又找到一些牙齿化石。

随着村民们发现化石信息的传递，桑志华东奔西跑，发现了一个又一个化石点，还在一个岩层中发掘了可以组成一整副骨架的动物大骸骨。

不仅如此，在挖掘现场桑志华还不断收到动植物标本。两个小青年送来 15 个乌龟蛋。牧羊人送来鸟巢，总数达到 21 个。还有人送来还不会飞的两只小黑鹳，这两只小家伙给疲劳的民工们带来了兴趣，他们争相喂食。小黑鹳只吃青蛙和鱼，不吃肉也不吃面食。糟糕的是，那只猎犬也很喜欢小黑鹳，总去戏弄它们，桑志华担心小黑鹳被它咬死。

挖掘现场的各项工作进展顺利，民工们不怕辛苦，配合默契，各尽职责，工地上一派繁忙景象。

6 月 25 日晚上刮起了猛烈的龙卷风，一个装有水的大木桶掀翻了，挖掘工具搞乱了，狂风呼啸着不停地摇晃帐篷，所有绳子都松开了，好像随时可以把人掀到很远的地方。这极少出现的奇怪的龙卷风，引起一些民工的种种议论和猜测，他们还窃窃私语，认为挖“龙骨”不吉利。

排出发掘面红土露出动物化石

次日，两个民工在休息时打架，摔在挖掘现场，其中一个失去知觉，把所有人都吓坏了！他醒过来后，就一直喊头疼，桑志华让人把他抬到帐篷，并警告民工们，今后决不允许再发生这类蠢事。

有人把民工昏迷事件和龙卷风联系在一起，认为是不祥之兆。有六名民工以各种借口辞职了，还有一人连招呼也没打就离开了工地。桑志华心急如焚！眼下正当用人之际，正是发掘化石的关键阶段，即便能马上招来新的民工，也有一段适应熟悉的过程。桑志华非常生气："我要扣他们的工资，对于那个不打招呼的逃兵，我还将处以罚款。"尽管如此，这七名民工还是走了，连工钱都没要，他伤透了脑筋。

夜深了，七名民工离开的事情，使桑志华难以入眠。他琢磨着如何让莫先生安抚好现有的民工，不能再让他们离开，并同时招聘新的工作人员。刚想睡觉，却遭到了帐篷里白蛉不断袭击。这是一种半透明半白的小蚊子，嗡嗡叫着乱飞，一不留意飞进袖子里，把人蜇得生疼。桑志华这位研究昆虫的动物学博士，也没有办法对付这些小蚊子。突然想起费光耀神父送的比利时烟斗，他坐起来抽烟，用浓浓烟雾驱赶白蛉。

早晨，略显疲倦的桑志华来到挖掘现场，他发现留下来的民工仍然与之前一样，干劲十足。在山崖顶端 29.40 米处发现了两大块完整的化石层，但由于无法挖掘，桑志华决定用炸药来清除上面坚硬的红土层。然而，最大的难题是如何不损伤到化石。

经过科学计算，桑志华开始试验。6 月 30 日，他们第一次使用了一颗装有 4 盎司火药的炮弹，炮眼 1 尺深，炸出了三四篮土，效果不明显。民工们挖到 29.90 米深，看到丰富的化石层。

"晚上 7 点半，他们又进行第二次试验，爆破震动了两块不大的红土块，但它们还留在原地；试验的结果是否定性的。'胶泥'的构成就像橡皮糖那样，没有粉碎"①。

3 号点黄土孤锥至 30 米处深陷在白胶泥里。为了挖掘这块没有固定轮廓的地层，必须利用渗透进去的纯质红土的脉络，民工们对这个方法已经十分熟悉了。

"到此，我们对可以看见的、挖掘到的所有地层有了一个大概了解。当

① Emile Licent, *Dix Années (1914–1923) de séjour et d'exploration dans le bassin du Fleuve Jaune, du Paiho et des autres tributaires du Golfe du Pei Tcheu Ly*, Tientsin: La Librairie Francaise, 1924, p.1297.

红土堆积形成的时候，其下方的后石炭纪砂岩已经历过褶皱和断层运动了。红土堆积挺厚实，很可能是隐晶岩石的蚀变产物，华北很多地方在含晶山体的作用下，它们会闪闪发光。‘红胶泥’应是沼泽静水环境下沉积的，因为在这里发现了很多乌龟。重要的长颈鹿、三趾马、无角犀化石的葬地，应该是在湖湾里，也或许是风把尸体吹到较静水面河湾里的”①。

如何完整地取出这些化石，又成为一个难题。由于挖掘工作已到化石层边缘，引爆炸药更需要精确计算，稍有不慎，就会把化石损坏。桑志华在挖掘沟高地边缘试用了一下自制火药，用 4 盎司火药炸出一个 1 尺半深的坑，相当于三分之一立方米。有了这样一个深度，民工可以用十字镐挖掘，即使出现塌方民工也没有被埋没的危险。桑志华让民工拆除了渡船，修了一条通向辛家沟上游的简单小路。

桑志华的自制炸药成功了，挖掘进度不断加快。3 号点黄土孤锥的工作层面平均达到 28.35 米后，工地面积达到 170 平方米，民工在坑道里可直接到达化石层挖掘。

进入坑道，桑志华被眼前的一切震惊了：丰富的化石足有 1.7—2 米厚！他在想，如果在骨化层的土壤上，骸骨占有三分之一到四分之一的话，那么在这个地层该提取出多少宝贵的化石啊！桑志华再也控制不住内心的激动，一直不苟言笑的他心中充满了喜悦，满脸笑容。他兴奋地嘱咐民工们一定要小心翼翼地挖掘采集化石，千万别碰碎了。

用 4 盎司火药炸出了 1 尺半深的坑

好消息接踵而至：3 号点黄土孤锥 28.50 米处，距离

① Emile Licent, *Dix Années (1914–1923) de séjour et d'exploration dans le bassin du Fleuve Jaune, du Paiho et des autres tributaires du Golfe du Pei Tcheu Ly*, Tientsin: La Librairie Francaise, 1924, pp.1296–1297.

工作面前端 3—4 米的地方，发现了蜗牛和体形很大的啮齿类颌骨。在化石层内，发现大块骸骨化石 6 处，其化石厚度可达到化石层的顶面。

桑志华在化石密集的地方，做提取化石的试验。他让民工用锯从化石边把坚硬的红胶泥锯开，把化石连同泥块取出，再让工匠用刀子将化石剥离。几天后，桑志华发现化石块裂开了。为不损坏化石，桑志华在骸骨一面抹上胶，晾干后再把它翻过来，在另一面也抹上胶。这个方法很简单，但是翻转很危险，因为骸骨容易碎裂，如果手没拿稳，很可能会把化石摔成碎片。后来，桑志华琢磨出了办法，把化石用“粘泥”固定在木板上，这种“粘泥”由胶、麻纸和土混合在一起做成，试验后效果很好。一位年龄稍长的民工自告奋勇做“粘泥”，十个木匠加工木板，六个灵巧的民工精心细致地取放化石，桑志华欣慰地看到他们分工越来越专业了。

7 月 8 日，辛家沟三个化石点发掘出的化石总量剧增，达到最高水平。同时，在辛家沟挖掘地上游大约 1 里的红土里又发现了动物牙齿化石。在基督教村附近桑志华找到了一些动物牙齿和一块跗骨。

正当发掘化石的各项工作进展顺利时，许多人对桑志华的开采议论纷纷。有人说，洋人挖到了一条活龙，带来不祥之兆。也有人说，洋人抓住了一条龙，切断了龙脉，所以最近没下雨。这些议论，不仅对挖掘现场的民工在心理上造成不良影响，而且庆阳府地区的农民也不再为桑志华提供化石地点线索。桑志华认为，在这些落后封闭地区，有些科学道理是讲不通的，如果任其广泛流传，不利于继续挖掘化石。于是，桑志华急匆匆赶到三十里堡天主教会，与费光耀神父商量对策，费光耀神父认为只要官府不阻止挖掘化石，普通百姓评头品足没有用。7 月 12 日，他们前往庆阳府拜访知府大人。

费光耀神父与知府大人很熟悉，他首先介绍桑志华在华科考得到了民国政府的批准，接着又介绍桑志华在辛家沟发掘化石取得的成果。最后说，现在人们对挖掘化石议论较多，还说切断了龙脉，降雨少等闲话，希望知府大人给予干涉。

紧接着，“我（指桑志华）向知府大人介绍了我们在辛家沟发掘化石的目的，向他出示了民国政府农商部周总长颁发的‘农林谘议’聘书和通行证，还说在甘肃庆阳采掘化石是为农商部门收集自然历史资料。知府大人认真听着，并看了我的证件，然后，非常简单地说了一句：没有听到过有关我们的传言”①。

实际上，桑志华出示的“农林谘议”聘书和通行证早已过期、失效。无法知晓这位知府大人是没有仔细看，还是看了装糊涂。不过，知府大人圆滑的表态，好像默许了桑志华在庆阳地区继续发掘化石。

返回工地的路上，桑志华见到农民正在收获野杏。野杏又酸又甜，杏仁深受当地人喜爱。兴致勃勃的桑志华刚回到辛家沟挖掘现场，愁眉苦脸的莫先生就迎了上来。他专程从赵家岔赶来向桑志华汇报：赵家岔化石点的主人不同意开采化石了（此处从 1920 年 6 月 13 日开始开采），这个人不信教，他担心继续开采化石会伤了龙脉不下雨，对全家乃至全村都不利。桑志华让莫先生去做他的工作，并说根据费光耀神父提供的气象资料，当天晚上可能有雨，这样可以打消人们的疑虑。

桑志华补记了他离开挖掘现场后发掘化石的确切化石地层，同时组织十多个人，把所有挖掘出来的化石分别运到帐篷、营地西部两个窑洞和休息所，用芦苇席和帆布盖好。这样做一是不易被村民发现，二是防止化石被雨水淋湿。

7 月 14 日晚上，天阴沉下来，狂风大作，暴雨倾泻下来，持续了 45 分钟。桑志华莫名其妙地感到：这是龙的放纵！狂风伴随着暴雨，幸好帐篷坚固，不然一下子就会被掀起来。他还清楚地听到挖掘化石的坑道里湍流发出的隆隆声，因为夜晚很难得知外面发生了什么。早晨，桑志华看到大雨、泥土、悬崖……泥水混着岩屑从辛家沟上游流到下游，形成和原营地同样高度的瀑布，并且填充了沟壑的底部。

辛家沟挖掘的深洞经历了一次 2.5 米的涨水后，水面宽 7—8 米，冲走了工地很多土，70 厘米的红土块被冲到 200 米外的下游。深洞上搭建的两座吊桥也被冲走了。雨水把工地的外缘冲成凹形，但是没有损坏化石。去营地的路也被雨水破坏了，只能重新修建。

一个木匠工头跑来告诉桑志华：“没有钉子了，一个也没有了。”“为什

① Emile Licent, *Dix Années (1914–1923) de séjour et d'exploration dans le bassin du Fleuve Jaune, du Paiho et des autres tributaires du Golfe du Pei Tcheu Ly*, Tientsin: La Librairie Francaise, 1924, p.1201.

么不早通知我?!”受到责怪的民工觉得很无辜，但他从来没有想过应该有预见性。桑志华让木匠临时改做挖土工，派其他人去庆阳府买钉子，来回用了三天时间。

刚解决了钉子问题，基督教村程家派人通知桑志华，暂存化石箱子和行李的程家窑洞进了水。桑志华一听心里就慌了，那是他订做的三种不同规格的箱子，用来装体积不同的化石，每个箱子装了 12 块大小不同的化石，如果被水淹没，遭受的损失将难以估算。桑志华立即带领几个人，以最快速度赶到程家窑洞，指挥大家先把未受损坏的化石箱子移放到安全地方，再把被水淹的化石箱子轻轻地搬到干爽的地方。原来水是从一个老鼠洞里流进来的，洞扩大得很快，无法补救，只能把化石箱子转移到一个农场里。

民工们积极进行采掘工作

雨过天晴，湛蓝的天空飘着朵朵白云，迎来了化石出土的大丰收。辛家沟挖掘现场每一个民工都踏实肯干，他们平均每天采掘 80 块大化石，还不算牙齿、角、距骨和其他容易采掘的化石，有专人负责把化石放在木板上晾干，以备装箱。

放在木板上晾干的化石

“7 月 26 日，挖掘化石总数达 185 块。过了两天，又发掘出一百多块大骸骨。

“7 月 30 日，采集到几乎保存完整的动物肢体，又找到一些头骨，但大部分颅骨都被捅破了，还发现了很多完整的长骨头，一天时间采掘出 130 块大化石。

“7 月 31 日，采掘了几百块大化石，工地上堆得满满的，坑道里也都是骸骨，创造了最新纪录。”①

采集了这么多化石，再加上下雨，当务之急是把化石运到三十里堡教会。然而，要搬运这么多化石箱子谈何容易！眼下正值农忙季节，找不到劳力，更租不到牲畜，再加上从荒凉偏僻的辛家沟挖掘现场到基督教村程家，是四五里的羊肠小道，相当难走，所以运输化石又成为一大难题。桑志华打算分两个阶段运化石：第一阶段，组织现有人力背着化石箱子先运到基督教村程家（至少需要 35 分钟）暂时存放；第二阶段，租到骡子和驴之后，再将化石运到三十里堡教会。

背运化石的民工非常辛苦，从辛家沟到程家，一次往返步行 5 公里。况且，是在炎热的夏天，他们背着沉重的化石箱子，穿行在高低不平、杂草丛生的羊肠小道，一个个累得满头大汗，疲惫不堪。从 7 月 18 日开始，经过 11 天的人工运输，程家的窑洞已经放满了。

必须抓紧时间，把辛家沟采集的化石运往三十里堡教会。桑志华让莫先生抓紧时间招聘一批壮劳力和车夫以及骡子。双方为运输费用的价格争执不下。桑志华提出，一头骡子每次运 230 斤，每斤 15 铜钱，而车夫们要求每斤不能低于 18 铜钱，结果不欢而散。第二天，车夫又来了，最后，按每斤 16 铜钱成交。

8 月 1 日，第一批车队将 36 箱化石运到三十里堡教会。此次共用 10 天时间，运了 108 箱，全为辛家沟所获。

桑志华带三名挖掘工到柳树河下游的赵家岔。这个地区地层含化石量较大，比较容易采掘，他放弃了使用爆炸装置的想法。那个怕切断龙脉的小山沟主人因近日的几场大雨，也同意继续开采了。

8 月 9 日清晨，桑志华带领在辛家沟发掘化石的两个工作队和帐篷、工具以及 36 个鸟巢（里面有蛋或雏鸟），冒着小雨搬到赵家岔。这是一趟艰难的搬运之路，一路上又湿又滑，非常难走。下午 1 点，把帐篷搭在小山沟

---

① Emile Licent, *Dix Années* (*1914–1923*) *de séjour et d'exploration dans le bassin du Fleuve Jaune, du Paiho et des autres tributaires du Golfe du Pei Tcheu Ly*, Tientsin: La Librairie Francaise, 1924, pp.1305–1306.

化石点上游的一个陡坡上。然后，大家简单吃了一点东西，4 点半开始用十字镐进行挖掘。

赵家岔一个含有化石的小沟

通过对赵家岔地层进行勘察，桑志华弄清楚了它与辛家沟化石地层有什么区别。赵家岔含有化石的小山沟是一个斜坡，这个斜坡从黄土悬崖的山脚延伸下来，上面被黄土岩坝切断，下面被红土岩坝切断，中间有被雨水冲出的天然沟渠穿过，洪水挟带而来的泥又把这段奇特的沟渠“粉刷”了一遍，一直到其褶皱处。

黄土以下 15 米，在黑土底部发现了发黄发绿的沙子，有 2 米厚。再往下是 1.40 米厚的钙质砾石层。在红土 2.30 米深处是化石层。桑志华指挥民工从发黄发绿的沙子层开始垂直挖掘，石层和红土共有 19 米深。

桑志华发现赵家岔含有化石的地层，黄土底部的黑土有脉状的白色粉状的灰岩层。在沙子底部是少量的水平状砂岩，这在辛家沟是没有的。砾层的顶部含铁量很高，很多砾石都变黑了。在砾石和沙层里有骨头和鸵鸟蛋，在黄土和沙子里发现了蜗牛，在砾石层找到一小块燧石。

不知是巧合，还是幸运之神降临？距桑志华 1920 年 6 月 4 日在辛家沟第一次发现旧石器的两个月后，赵家岔化石地层开工的第二天，奇迹又一次发生了！

“1920 年 8 月 10 日，赵家岔地层发掘工作被一场大雨中断了。但是，到了晚上雨停了，发掘工作到达了红土层。工地面积有 3 米宽，化石层有 4 米宽。在黄土中找到了两块油光光的石英片，一块长 1.5 厘米，另一块长 2.5 厘米，它们好像都被人工打磨过。另外还有一块颌骨，许多鸵鸟蛋的碎片和炭化木块，一些零散的牙齿，其中有一颗小啮齿类的门牙，两根很好的长骨

程家上游约 200 米第一个化石点

程家上游小山第二个化石点发掘现场

和许多碎骨片"[1]。

桑志华难以抑制内心的激动，十分细致地把两块发亮的石英片包裹起来。

8 月 11 日，在赵家岔程家上游（约 200 米）的小山沟，桑志华发现了两个化石点，第一个化石点地层是老土（没有动过的土），第二个化石点发掘出丰富的大骸骨、头骨和角。

8 月 13 日，在赵家岔程家的对岸，桑志华又发现了一个化石点，他让民工用十字镐拆除化石层上的黄土峭峰。峭峰颤动后，桑志华担心出现事故，就走过去勘察底部的构造。他抡起十字镐连续敲动峭峰的裂缝，突然，镐的长柄猛的朝着自己飞过来，桑志华下意识地躲闪，却从陡峭斜坡一直向下滑……民工们大声呼喊："小心悬崖！小心悬崖！"幸好，悬崖凸出的边缘阻止了他的下滑。事后，桑志华感慨道："如果没有悬崖凸出的边缘，我就摔死在沟壑里了！"

经过民工们连续不断地艰苦开采，拆除了黄土峭峰，终于到达化石层。这时，桑志华看到化石区有 1.5 尺长，直径 20 厘米。但遗憾的是，到处都是分散的骸骨碎片，没有办法在上面涂胶。在化石层上方 1.50 米处，有的民工还找到了石英岩碎片。他指

① Emile Licent, *Dix Années (1914–1923) de séjour et d'exploration dans le bassin du Fleuve Jaune, du Paiho et des autres tributaires du Golfe du Pei Tcheu Ly*, Tientsin: La Librairie Francaise, 1924, p.1310.

挥民工把作业面挖到4米宽，希望在更深的地方找到好化石，后来化石就越来越好了。

8月17日，有人告诉桑志华在赵家岔北面5里的程家窟（Tch'enn kia k'u）红土很厚，桑志华马上跟随他来到这里，几块化石已露出地面，往下深挖，发现了很多牙齿、颌骨、两只乌龟和鸵鸟蛋碎片。这一天，赵家岔几处化石点都呈现繁忙景象，总体开采成果接近辛家沟一天中的最好成绩。

赵家岔化石层一个黄土峭峰被拆除

8月19日，在赵家岔谷家沟一条沟壑的红土里桑志华又发现了化石层，有三尺长。但由于冰冻和雨水，红土变得支离破碎，骸骨的状况很不好，易粉碎。在这里他找到一只乌龟，大反刍类动物的半个头，食肉动物脚骨的爪子，还有许多动物牙齿和颌骨，到处都是鸵鸟蛋碎片。红土时断时续一直延伸到工地下游150步处，桑志华发现两具动物大骨架，不幸的是被找龙骨的人严重破坏了。继续向前，在沟壑小山谷石灰石层里，桑志华发现1—2米厚的黑色区域，找到了一颗啮齿目的牙齿和化石碎骨片。

8月19日，莫先生从四面八方招来的向三十里堡运送化石的车队规模越来越大，仅骡子就有24匹。费光耀神父给桑志华带来收到化石的清单：根据中国的计量单位，运到三十里堡的化石箱子总重量是10310斤（6200千克）。

8月20日，桑志华回到辛家沟挖掘现场，1号点11米处，采集了几块颌骨。至13米处，发现了一些大骸骨，基本处在同一高度，但仍处于“白胶泥”（含石灰石的红土）层中，挖掘工作越来越艰难。桑志华告诉工头不要再向深处挖，如果需要，再重新开始。

傍晚，桑志华返回赵家岔，有人对他说，一村民挖井没发现水，却在深两尺的地方发现了化石。桑志华立刻赶来勘察，结果发现这里的化石层约1米厚，牙齿和颌骨明显要比辛家沟多，更让他兴奋的是，采集到了一块无角

程家窟发掘现场

工地下游150步处

王家堆子黑色悬岩里含有化石的地层

犀的颌骨，形状像菜刀的大牙和颅骨，还找到两只乌龟化石（共有9只了）。

桑志华发现：这个地区的农庄多半夹在两个小山沟之间的红土上，村民居住的窑洞建在黄土高地上，从它们中间上升到斜坡的顶部，形成了一条天然的界限。低洼的土地被用来耕种，高高的斜坡成为草地，而牧场是公用的。

在赵家岔挖掘现场找到很多鸵鸟蛋的碎片，但是化石层枯竭了。

因为程先生（桑志华住处的主人）随时欢迎桑志华来，所以，桑志华决定暂时停止对程家拥有的小山沟的开采，集中人力把赵家岔化石点全部开采，采集了一只乌龟，一只大型动物骨骸的一半骨骼，反刍类动物的一块完好的颅骨和一些鸵鸟蛋碎片。

1920年8月24日，辛家沟和赵家岔化石点的开采工作全部结束。途中对赵家岔左岸王家堆子黑色悬岩里含有化石的地层拍照后，桑志华返回三十里堡教会驻地。

费光耀神父带桑志华参观教会花园，各种花卉鲜艳夺目，一串串葡萄，桃子、梨硕果满枝，遮阳游廊和院子的一半堆满了化石箱子。他们边走边聊，心情极好，感觉时间过得太快了。

桑志华租赁骆驼运送化石到了黄河岸边(1920年)

从1920年5月30日至8月24日，在近三个月的时间里，桑志华在甘肃庆阳以北的辛家沟、赵家岔化石发掘现场，亲自勘探、亲自指挥，雇用五六十名民工，共“获得化石数量共8500千克”①。

桑志华雇用骆驼运化石经过黄河岸边，返回天津。

5 开启中国古哺乳动物学新纪元

桑志华在甘肃庆阳以北辛家沟和赵家岔发现了以中国长颈鹿、三趾马和鬣狗三大类为主的三趾马动物群，所获古生物化石丰富，有40多种动物，其中包括若干新种。以此为标志，桑志华开启了中国古哺乳动物学的新纪元。

天津自然博物馆研究员黄为龙1994年指出：“他（桑志华）所收集的时代最早的（化石）是甘肃庆阳地区（最晚中新世②，1000万年至500万年间）”。“甘肃庆阳地区是桑志华1919年6月在庆阳北55公里的辛家沟和稍南的赵家岔发现了三趾马动物群（当时的记载是蓬蒂期动物群），1920年又在这两地点进行了大规模的发掘，他这次所获得的材料十分丰富。遗憾的是对这批材料从未

---

① Emile Licent, *Dix Années (1914–1923) de séjour et d’exploration dans le bassin du Fleuve Jaune, du Paiho et des autres tributaires du Golfe du Pei Tcheu Ly*, Tientsin: La Librairie Francaise, 1924, p.1323.

② 中新世（Miocene）是地质年代单位，由地层学的奠基人查理斯·莱伊尔所命名。中新世是新近纪的第一个时期，介于渐新世与上新世之间，时间跨度从约2300万年前到约533万年前。

进行仔细研究。这批化石主要有长颈鹿、三趾马和鬣狗三大类，其中鬣狗化石保存较好。鉴于这部分化石散存于北京古脊椎动物与古人类研究所和天津自然博物馆两处，经双方有关领导及业务人员协商决定共同研究。在邱占祥教授的建议下，首先从庆阳的鬣狗开始研究。研究使用了桑氏在该地区采集现存于我馆的46个号件标本，在研究过程中发现了久寻未见的现生种鬣狗在上新世中期（即保德期）的直接祖先类型，订了一个祖鬣狗新属（*Palinhyaena* gen. nov.）两个新种：重现新种（*P. reperta* sp. nov.）、叠齿新种（*P. imbricata* sp. nov.）。最有趣的是祖鬣狗的两个种分别显示了缟鬣狗（Hyaena）和斑鬣狗（Crocuta）的一些特征……关于现生鬣狗的祖先，早在50年代开始，这个问题吸引了更多人的注意，遗憾的是提不出具体的种属特征。1978年我们在研究庆阳祖鬣狗时，发现它的各方面性质表明，它极可能是找寻半个世纪的现生鬣狗的共同祖先。它在我馆沉睡了50年，终于苏醒了，发挥了它的光彩”[①]。

邱占祥曾更仔细地追述了桑志华在庆阳的发掘并指出：“桑志华是第一个在我国亲自指导野外发掘并获得可以称之为动物群的哺乳动物化石的科学家。桑志华是在1919年6月6日在甘肃庆阳以北的赵家岔和辛家沟发现了丰富的三趾马动物群的化石。这次发掘只持续了4天，至6月9日。但在这

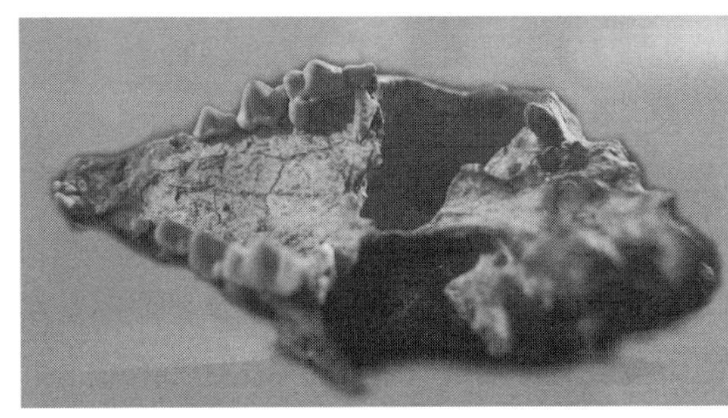

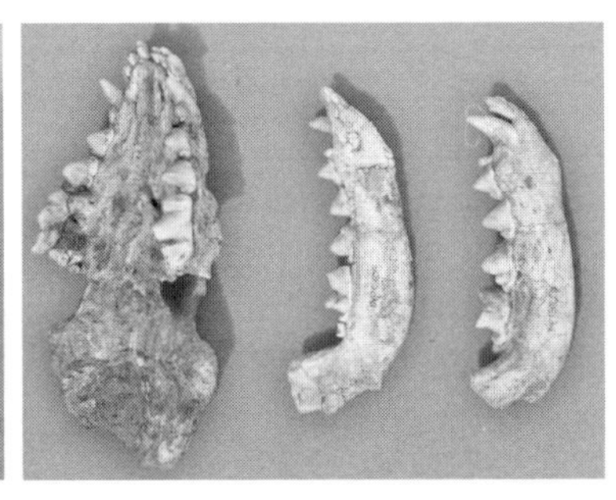

甘肃庆阳鬣狗

甘肃庆阳叠齿祖鬣狗

① 黄为龙：《馆藏脊椎动物化石的特色》，载《天津自然博物馆八十年》，天津科学技术出版社1994年版，第87页。文中的保德期（中国）和蓬蒂期（欧洲）实际上是同一时期的不同称谓，欧洲在Twiolian时代均改为最晚中新世，距今为1000万年。我国在20世纪80年代之前，一般把它们归入到上新世。1984年，李传夔、吴文裕、邱铸鼎经过与欧洲经典地层划分方案的仔细对比后，将其纠正为晚中新世。这一方案现已被普遍接受。

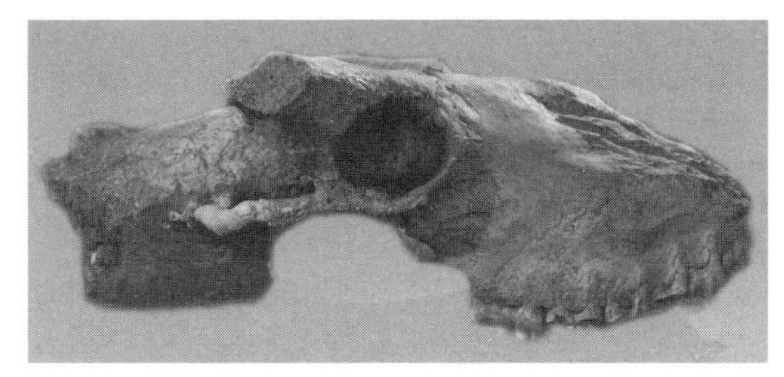

甘肃庆阳三趾马萨摩麟头骨

甘肃庆阳平颊三趾马头骨中段

甘肃庆阳平颊三趾马头骨

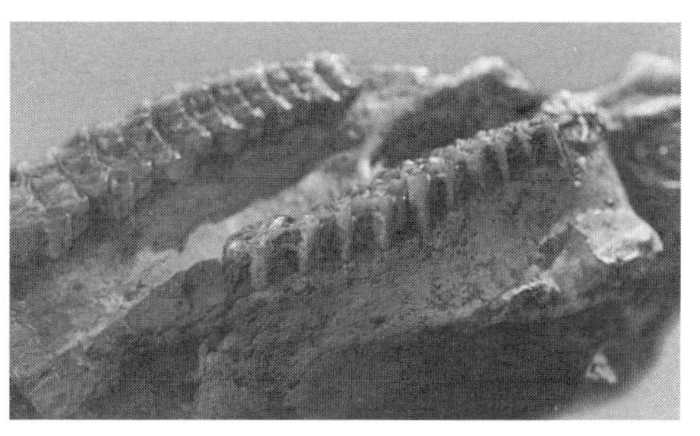

甘肃庆阳三趾马牙齿

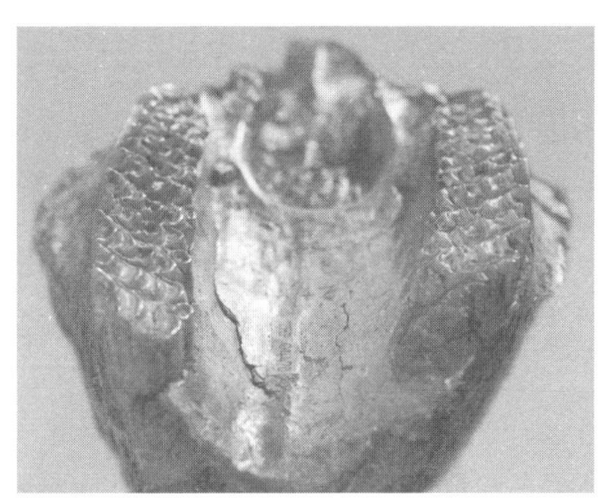

甘肃庆阳平颊三趾马

北疆博物院待研究的庆阳化石

4天的时间里，桑志华已经采集到一批典型的三趾马动物群的化石，并下定决心在第二年在此进行大规模的系统发掘。1920年从5月30日至8月24日，在近三个月的时间里，桑志华亲自指导，雇用了30多名当地工人，使用了从爆破到凿、錾等所有的‘常规武器’，逐层进行了细致的发掘，取土370

多方，获得化石7吨多，有40多种动物的代表；为了搬运这批化石，雇用了83头骆驼”①。

然而，多年以来，在古脊椎动物与古人类研究领域，对谁是最早发现中国三趾马动物群化石地点的科学家颇有争议。瑞典学者安特生1914年来华受聘于北洋政府，担任中国的矿政顾问后，在中国古哺乳动物学的开创时期，是以发现山西保德三趾马动物群而名声大噪，并被认为是这一领域的开创人。保德的三趾马动物群究竟是什么时候发现的呢？

根据文献记载，安特生通过中国助手于1918年5月从中药材市场得知，山西保德附近有大量“龙骨”出现。1919年12月，安特生派了两名助手（姚某和张某）去保德采集化石，结果带回了27箱哺乳动物化石。1920年4月安特生指示张某又至保德采集，带回47箱哺乳动物化石。这时，安特生需要一位专业的古脊椎动物学家来负责这项工作。于是，他把在奥地利的助手师丹斯基召来主持此项工作。师丹斯基于1921年来华，但直到1922年1月才到保德。他在保德一直工作到8月（9月至12月又去了桑志华所发现的甘肃庆阳地区），共收集到100多箱哺乳动物化石运回北京。这些材料构成了师丹斯基、步林等多达10部的《中国古生物志（丙种）》专著的基础，使中国的三趾马动物群闻名于世界。

上述的史实告诉我们，保德作为中国著名的三趾马动物群的代表地点，虽然在1919年12月已经发现了丰富的化石，但是由科学家（师丹斯基）亲赴野外采集却始于1922年1月。庆阳三趾马动物群丰富化石的发现则是在1919年6月，而且从一开始就由桑志华亲自指导和参与。

“甘肃庆阳无疑是我国第一个被科学家发现的、可以称之为动物群的三趾马动物群的化石地点。

“庆阳的三趾马动物群化石被发现后，1921年安特生见到了这批标本。安特生在给维曼的信中提到，庆阳的标本大约80%都和保德的相同。当时中国地质调研所负责人丁文江曾经建议桑志华，将这批标本的研究结果发表于即将发行的《中国古生物志（丙种）》上。安特生感觉到同样材料发表

① 邱占祥：《桑志华和他的哺乳动物化石藏品——试谈桑志华藏品中哺乳动物化石的历史及现实意义》，《天津自然博物馆建馆90周年文集》，天津科学技术出版社2004年版，第6页。

同一刊物上可能出现尴尬和危险，曾经建议维曼（瑞典古生物专家）和布勒（法国古生物专家）共同分工研究。但不知是什么原因，最后的结果是瑞典方出版了系列专著，而法方则只在1922年由德日进发表了一篇庆阳三趾马动物群的简报。

"庆阳标本记录在账的有7000多号。桑志华在其《十年行程录》中承认，他于1921年10月把在庆阳发现的较好的一部分标本运送到巴黎自然历史博物馆了。目前，实际保存在天津自然博物馆的尚有1547件。这些标本，除了邱占祥、黄为龙、郭志慧（1979年）对其中的鬣狗化石作过报道外，一直没有系统研究过。这既是件憾事，也是一件幸运的事，使我们可以新的眼光和今天的知识水平对庆阳三趾马动物群重新进行研究。

"过去很长一段时间内，人们都把保德作为中国三趾马动物群的典型代表。德日进早在1922年的简报中就提出了一个观点，即庆阳动物群有自己的特点，它和保德动物群的不同，或是由时代的不同，或是由动物地理区系的不同所造成的。

"从目前我们对我国的三趾马动物群的认识来看，华北东、西部的三趾马动物群确实有一些差别。庆阳和保德的动物群的差别究竟有多大？这只有通过对庆阳标本的系统研究（最好能够把保存在巴黎的标本一并研究）才能解决。

"桑志华采集的庆阳标本还有一个很大的优势，即其层位容易判定。桑志华的标本主要是在两个地点崖壁上采集的，地点和层位很容易寻找和判定，完全可以通过古地磁等手段对其地质年代作更精确的测定。保德的情况很不同。该地的小地点很多，产化石的坑道很长而且复杂，师丹斯基的化石又是在洞口购买的，其真正的层位很难准确判定。现在应该是用庆阳的动物群组成和更精确的地质年代来反推和验证保德动物群的性质和时代的时候了，而不是相反。

"桑志华是中国古哺乳动物学开创时期一位不容忽视的人物，他为我国古哺乳动物学的诞生和发展做出了不可磨灭的贡献。"①

① 邱占祥：《桑志华和他的哺乳动物化石藏品——试谈桑志华藏品中哺乳动物化石的历史及现实意义》，《天津自然博物馆建馆90周年文集》，天津科学技术出版社2004年版，第6—7页。

“中国今天还有如此丰富的可供对比和进一步研究的新生代[①]晚期的哺乳动物化石，这主要归功于桑志华，而不是安德森（Johan Gunnar Anderson）”[②]。

在20世纪20年代，中国的古生物学尚处于启蒙阶段时，桑志华在甘肃庆阳发掘了三趾马动物群，包括象类、奇蹄类、偶蹄类等7大类别，涵盖了三趾马动物群的主要成员，这些珍贵的标本大都陈列在北疆博物院。桑志华不仅是第一个对中国三趾马动物群化石进行系统发掘的科学家，而且“可以说，中国的古哺乳动物学从此开始了一个新纪元”[③]。

6 中国旧石器时代考古学的肇始

最初，古猿成群地生活在热带和亚热带森林中。就目前国内外发现的化石来看，只有猿人时期才懂得到洞穴里居住，在这之前过着树居的生活。后来，随着气候的变化，有一部分古猿被迫下到地面上来，开始慢慢直立行走，从使用天然工具发展到能制造工具。与此同时，在体质上，包括大脑都得到相应的发展，出现了人类的各种特征。这一时期的主要工具就是石器。

石器，对于研究人类是非常重要的。猿人通过用一块石头敲打另一块石头等方法，使石块产生锐利的边刃、尖端或把手，形成多种类型的石器，以便于使用。考古学家将人类只会用打制方法制造石器的这一段时期，称为旧石器时代。旧石器时代是人类开始诞生，并向现代人演进的历史时代，在社会发展阶段上属于蒙昧时期。旧石器时代的重要标志是生产工具为打制石器，人类的体质具有原始特征。社会生产力低下，人类主要从事狩猎、采集生产。旧石器时代在地质时代上属更新世，旧石器时代延续的时间很长，从

---

① 新生代（Cenozoic Era）是地球历史上最新的一个地质时代，时间从6500万年前中生代末期恐龙灭绝开始，一直持续至今。新生代被划分为三个纪：古近纪、新近纪和第四纪。新生代晚期是新生代最晚的一段时期，其标志性的地质事件是青藏高原的隆起。

② 邱占祥：《桑志华与中国的古哺乳动物学》，《天津自然博物馆八十年》，天津科学技术出版社1994年版，第45页。Johan Gunnar Anderson，又译安特生。

③ 邱占祥：《桑志华与中国的古哺乳动物学》，《天津自然博物馆八十年》，天津科学技术出版社1994年版，第44页。

大约 300 万年前至距今 1 万年前，也就是说二三百万年的时间，占据人类发展史的 99%以上。

在 20 世纪 20 年代之前，中国在史前研究方面还是一片未经开发的处女地。自 1840 年鸦片战争以来，外力入侵致国门洞开，一些西方的科技界人士纷纷涌入中国探险考察，企盼着在这片古老神秘的大地上发现旧石器，破解人类起源之谜。其中，最为知名的应属德国地理学家、地质学家李希霍芬[①]。李希霍芬因此名声大振，受到德国威廉二世的赏识与嘉奖，先后担任柏林地理学会主席，当选为国际地理学会主席以及德国、法国科学院院士，一时享誉全球。

然而，就是这位大名鼎鼎的自然科学家，在 1882 年断然提出中国北方“不可能有旧石器”的结论[②]。从此，国外一些专家学者对中国是否有过旧石器时代，是否存在原始人类，是否能找到史前文化遗址，开始持怀疑态度。

在欧美，学术界对有关人类起源与演化的争论从未停止，对中国是否存在旧石器，更是众说纷纭，莫衷一是。

任何科学的结论都不是为个人的主观意志所左右的。“1913 年，美国传教士埃德加（J. Edgar）即在湖北和四川的长江沿岸寻找过石器时代的文化遗物。在断断续续的调查中埃德加找到了一些石器，但这批标本多为新石器时代的产物，且没有地层记录，因而在学术界未产生多少影响”[③]。

桑志华是非常幸运的！恐怕他当时无论如何也没有想到：1920 年 6 月 4 日，他在甘肃庆阳以北 55 公里的辛家沟位于黄土底砾石层发现的一件由黑色石英岩打制成的石核[④] 属于旧石器晚期；1920 年 8 月 10 日，他在甘肃庆

① 李希霍芬（Richthofen, Ferdinand von，1833—1905），德国地理学家、地质学家。1868—1872 年多次到中国考察旅行，调查地质、矿藏、黄土、海岸性质与构造线分布等，足迹遍布多个省区。通过长期实地考察，他把地理学与地质学沟通起来，对地理学方法论和自然地理学研究作出重要贡献。1877—1912 年出版的《中国》(5 卷，附地图集 2 卷) 是第一部系统阐述中国地质基础和自然地理特征的重要著作，并创立了中国黄土风成说。

② 张森水：《中国旧石器文化》，天津科学技术出版社 1987 年版，第 7 页。

③ 张森水：《中国旧石器文化》，天津科学技术出版社 1987 年版，第 336 页。

④ 石核（lithic core），考古学术语，是指在打制石器时，用作石器毛坯或用于生产石片的石制品，常见于旧石器时代遗址中。在原始石器工业中，人们为了得到用于制作石器的原料，需要对石核进行打击处理，进而从石核上剥离出石片。

阳赵家岔位于黄土石层发现的2件石片，属于旧石器中期。这3件人工打制的旧石器，被考古界称为是中国首次出土的旧石器，也是中国最早发现的旧石器标本。

桑志华于1920年在甘肃庆阳发现的三件旧石器，以无可辩驳的事实，改写了中国没有旧石器的历史，具有里程碑意义。

古人类学家、中国科学院院士、中国科学院古脊椎动物与古人类研究所研究员吴新智指出：“如果从1903年德国古生物学家施罗塞尔（M. Schlosser）记述一颗可能属于人类的左上第三臼齿化石算起，中国的关于人类起源和进化的探索，今年正好是100周年。但是这件标本是德国医生哈白勒（K. Haberer）从北京中药铺的龙骨中买到的，科学家对其出土地点和层位一无所知。从1913年到20世纪30年代，美国传教士埃德加在湖北和四川省的长江沿岸采集了不少石器，但也是材料稀少，记录不详，出土地点和地层不明……古人类学首先需要发现研究的材料，然后研究其各方面的特征，结合其所在的地点和层位才能阐释其在进化上的意义，进而将人类的起源和发展过程理出头绪和规律。狭义的古人类学的研究材料包括古人类身体的遗留物，主要是骨骼和牙齿的化石及其印迹。它又称人类古生物学，属于自然科学。广义的古人类学的研究内容还包含古人类所制造和产生的文化遗物，是一门涉及自然科学与社会科学的边缘科学，必须与第四纪地质和古哺乳动物

中国出土的第一块旧石器时代石核（1920年6月4日甘肃庆阳辛家沟）

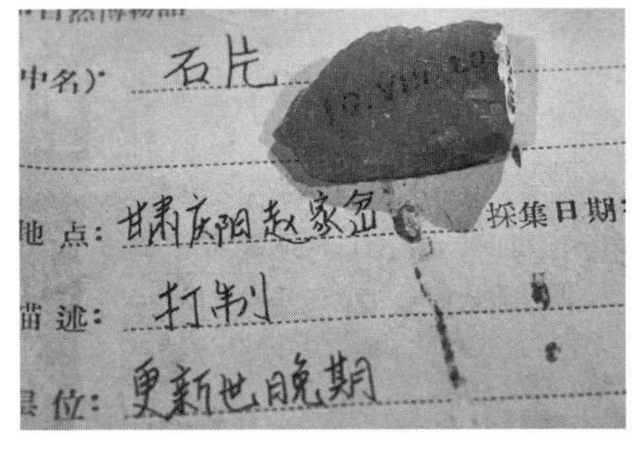

甘肃庆阳赵家岔石片（1920年8月10日）（天津自然博物馆收藏）

紧密地结合，进行研究。中国古人类学创建初期的主要研究机构是天津的北疆博物馆。1920年，该馆馆长、法国天主教神甫、古生物学家桑志华（E. Licent）在甘肃省东部庆阳的黄土层和黄土底部砾石层中发现了3件旧石器，中国的广义古人类学研究这才能算是有了真正的开始”①。

甘肃庆阳赵家岔石片（1920年8月10日）（天津自然博物馆收藏）

中国考古学会（隶属中国社会科学院考古研究所）旧石器考古专业委员会主任、中国科学院古脊椎动物与古人类研究所研究员高星指出：“1920年6月，时任天津北疆博物馆馆长的法国古生物学家桑志华（E. Licent）在甘肃庆阳地区东部的黄土和黄土底砾层中发现3件打制石器。因为这3件石器出自更新世②地层，有可靠的年代学依据，无可辩驳地证明中国存在更新世人类遗存，从而被公认为中国旧石器时代考古学的开端”③。

人类学家、考古学家、台湾“中央”研究院院士，美国科学院院士张光直（1931—2001）说：中国化石人类与旧石器时代文化研究，可以说是自1920年法国桑志华神父在甘肃庆阳辛家沟黄土底砾层中发现旧石器肇始的。

20世纪20年代，享誉世界的老牌研究机构巴黎自然历史博物馆，以科学的精神面对物种的发现与研究而著称。1928年，该博物馆的古生物部主任布勒、古人类学家步日耶（Henri Breuil）、桑志华和德日进在法国出版的第一本研究和介绍中国旧石器时代的专著——《中国的旧石器时代》这样评价：“1920年桑志华神父在庆阳府北部进行发掘时还发现了2件类似的石制

① 吴新智：《德日进在中国古人类学的创建时期》，《第四纪研究》2003年第4期。

② 更新世（Pleistocene），亦称洪积世，地质年代单位，属第四纪的早期，时间从约260万年前到1.17万年前。这一时期的显著特征为气候变冷、有冰期与间冰期的明显交替，绝大多数动、植物属种与现代相似，人类也在这一时期出现。

③ 高星：《德日进与中国旧石器时代考古学的早期发展》，《第四纪研究》2003年第4期。

品（现保存于天津北疆博物院），‘它们出自同一层’，这两件石制品原料皆为浅色的小型石英岩砾石，与油坊头的石器类似，掺在含化石的结核中。庆阳府与油坊头距 250 千米，我们推测在这个范围内——尤其是范围内的砾石层与黄土层中——可能还存在许多古人类的文化遗物”①。

一个人成就的伟大，往往不在于他意料之中，而是出乎他的意料之外。桑志华无疑成为发现中国旧石器时代文化遗存的第一位科学家，中国旧石器时代考古学、古人类学由此肇始。

桑志华在甘肃庆阳发现三件旧石器的一年之后，即 1921 年 8 月，安特生与奥地利的师丹斯基在一位村民的指引下，来到鸡骨山，就是现在的北京猿人洞。当时的洞顶洞壁已坍塌，形成了一个小山头，就在这个新地点进行考察时，他注意到堆集物中有白色带刃的脉石英碎片。之后，发现了周口店“北京直立人”，后来又称为“北京人”。

自桑志华在甘肃庆阳发现三件旧石器后，这片黄土地又接连不断地给人们带来惊喜。至今，中国已发现旧石器时代遗址两百余处，新石器时代遗址七千多处，这些遗址大部分集中在黄土高原。

黄土高原是中华文明最重要的诞生地。在亚洲大陆的东部，很多地方似乎比这片黄土更适合人类生活，我们的祖先为什么会选择这里作为最早的家园？看似贫瘠和单调的黄土，其实隐藏着中华古代文明所有的基因和密码。

① ［法］布勒、步日耶、桑志华、德日进著，李英华、邢路达译：《中国的旧石器时代》，科学出版社 2013 年版，第 20 页。

第九篇
最早发现中国旧石器时代人类遗存

1922年，世界考古史上发生了两件重要大事，一件是埃及法老陵墓的发现；一件就是内蒙古萨拉乌苏河流域“河套人”门齿的发现，这是在中国出土的有可靠地点和地层记录的第一件人类化石，它填补了晚期智人的空白，打破了寂静的亚洲大地，揭开了中国乃至东亚人类演化研究的序幕。近一个世纪以来，一批批中外专家学者，追随桑志华的足迹蜂拥而至，力图破解人类起源与进化之谜，萨拉乌苏沙漠大峡谷，变得越来越神秘莫测……

1 第一次在“小桥畔”发现少量化石

很久以前，萨拉乌苏河上游有一座非常简易的桥梁，上面铺设了两块坚固木板，用结实的绳子紧紧绑在一起，以方便行人和牲畜通过，被当地人称为“天桥板”。来自比利时的传教士把这座小桥附近的地区翻译成颇具浪漫情调的称谓“小桥畔”，并传播开来。但是，当地人从来不这样称呼，它好像是传教士的专利。

萨拉乌苏地处内蒙古乌审旗黄河支流无定河的上游，发源于陕西省西北部的白于山北麓。这片位于鄂尔多斯高原的东南洼地，有一条源自陕北黄土高原、全长约100公里的萨拉乌苏河（蒙古语“萨拉”是“黄色的”，“乌苏”是“水”的意思），河水向北进入内蒙古后蜿蜒穿行于毛乌素的茫茫沙海中。

桑志华第一次踏上这片土地是1918年5月。他清楚地记得：在那次长达一年半的西部考察中，他翻山越岭穿越内蒙古鄂尔多斯南部，戈壁、荒滩、沙漠、沙尘暴，一路奔波，一路采集稀有植物。经杨胡台，走进形态各异的沙丘地带，如火的阳光把沙丘变成金色的海洋，沙丘像海浪一样起伏不平。桑志华感觉阳光太耀眼，被晒得眩晕，地形也变得朦胧了，一阵狂风刮起黄沙，它几乎不向高空上升，只是在头部盘旋，使眼睛变得模糊。当他驻足沙漠之中，见到那些生长在滚烫沙漠中的胡杨仍然郁郁葱葱，即便是因恶劣环境干枯的胡杨在暴晒的沙漠之中依然傲然屹立，顿时感到了心灵的震撼。他采集了胡杨这种生命力极强的植物标本。

1918年5月26日，在翻越了一座座荒山后，桑志华远远地看见小桥畔教堂塔尖的十字架。

这里与欧洲树木成荫、凉爽的居民区大相径庭。为防止土匪骚扰，来自比利时圣母圣心会的神父们把这座教堂用一个高高的方形土围墙围住，只露出教堂的小钟楼顶端。

桑志华风尘仆仆地走进小桥畔教堂的大院，掌管鄂尔多斯南部天主教传教会的德·维尔德主教和前几天从刚果调来的朗布莱切特（Lambrecht）神父真诚热情地欢迎他的到来。大家一见如故，聊得很投机。桑志华很感慨，朗布莱切特神父经历了从棕榈树到摇曳的柳树，从茂盛的丛林到炽热的沙漠草原，从热带到冷风习习、尘土飞扬的地方，这是多么大的变化啊！

小桥畔教堂建在萨拉乌苏（位于今鄂尔多斯市乌审旗）河岸的高地上，河水上涨对教堂没有任何危险，住在河边山坡上窑洞的居民也从未受过洪水威胁。

小桥畔教堂是中西合璧式建筑，小钟楼、院墙、房脊、门楼，都是中国式的，窗户中西结合。教堂主祭台设在大厅前端，一侧是女教徒区，另一侧是男教徒区。传教士的住所是用轧实的土建成，外墙再砌上砖，屋顶盖有瓦片，房间用石灰刷墙。起初，他们住在河流岸边山坡下的窑洞，都是在浅黄色砂质土壤地带挖成的，土壤很密实，呈层状，已有二三百年的历史，虽已废弃，但仍很坚固。

小桥畔教堂

桑志华很惊讶地发现这里种植了谷子、荞麦、黑豆、油菜、土豆等。德·维尔德主教告诉他，由于自然环境差，有的庄稼需要重复播种两三次，要么是大风把种子连土一起刮走了，要么是由于干旱，种子不发芽。这里的冬天很冷很长，这对种植农作物来说是另一个困难。每年九月份，白色霜冻就侵袭了晚播作物。冬天，雪下得不多，也不大，很快就融化了。大都是西南风吹来的雪，西北风把雪刮走，就像刮走黄土一样。–20℃的低温期很少，而且持续时间很短。谷子可长到 1.3 米高，高粱长不好，很少种。没人种大豆，德・维尔德主教今年想试种一下，可是种子在路上被土匪劫了。

小桥畔教堂、宁条梁教堂、毛团库伦教堂，都建在属于鄂尔多斯教团的土地上。

这片土地是1900年义和团运动后归教会所有。这片地很大，向东有2里多，而向西延伸很远，有一天半的路程。土地归天主教传教会所有，没有分给教徒们。这样，土匪也不敢公开干扰。教会与教徒采用土地收益分成制，用实物来支付，30%的收入归教会所有，其收入足以支付传教事业的所需经费。德・维尔德主教称鄂尔多斯的神父们是"大地主"，但这种称呼只不过是开了一个玩笑而已。干旱时，很难利用河水进行灌溉，教会打了30米深的井。这里大部分的中国内地移民，无论是天主教徒还是异教徒，大都来自榆林府和陕西北面。德・维尔德主教认为：洗礼并没有改变入教牧民的本性，必须要考虑到他们养马的爱好，教会也因此为他们留出了空间。

目前是太平时期，回族部队元帅马福祥执掌着宁夏府和阿拉善地区，其领地不断扩大，向北一直延伸到三道河（三盛公，在磴口），直到黄河西北方的转弯处。马福祥的部队还占领了距小桥畔不远的宁条梁以及鄂尔多斯与陕西交界的地方，并建立了回族武装势力。这次小小的侵占行动是得到北京政府许可的。不久之前他们还跟土匪在小桥畔西面打过仗，士兵都相当勇敢，当地人和传教士都为之欢欣鼓舞。

当时，小桥畔附近的马匹几乎都被土匪们抢走了，极少数农牧民只能将没被抢的马卖掉，以免遭受掠夺。

德・维尔德主教对鄂尔多斯的情况了如指掌，详细而具体地介绍了土地、种植、气候、人口、治安、政治、军事、社会等情况。他说，从前在西夏时期，这里人口密集，后来成吉思汗带兵占领了此地。当时这一地区的中心城市是城川（也称波洛巴尔嘎松），内蒙古天主教传教社团就设在这里。现在，也能在社团附近看到这个城池空荡荡的一片废墟，在沙丘脚下到处能看到废墟的碎片，偶尔还能找到金子做成的饰品和珠宝。德・维尔德主教给桑志华看了一把铜制小刀和一个通身雕镂的漂亮的铜制花瓶，都是在这些地方找到的。桑志华对眼前这位欧洲的内蒙古学家，心中充满了敬意。

听说有的神父在小桥畔附近发现了一些化石，桑志华吃过中午饭后，就急着要出去转转。路过教会花园，桑志华见到一对非常可爱的羚羊、两只秃鹫，臭烘烘的灰色鼹鼠，跟欧洲的鼹鼠一样挖洞，这些都是德·隆巴尔德（De Lombaerde）神父饲养的。

羚羊

秃鹫

他们骑马到达萨拉乌苏河边，这是传说清朝皇帝康熙曾打猎的地方。

河岸边有些沙丘，很可能生成于西夏初期，因为近年的开垦沙化严重而逐渐升高。山坡的植被破坏了，柳树的老根完全露出来。桑志华说：应该植树造林！

看到前边奔跑着几只羚羊，桑志华异常兴奋。德·维尔德主教告诉他，在小桥畔西北方向约 10 里的地方，羚羊更多，每群都有几百只，但羚羊行走的路线以及它们逗留的地点，都非常不规律。稍远处，一群羚羊甩动着又黑又长的尾巴，成双成对在悠闲活动。近处，有人拿着破旧枪支，躲在丘陵后，采用包围羊群的方式猎杀羚羊但没有成功。迎面遇到一个身上佩带新式武器的骑兵，好像也是捕杀羚羊的，可是他的打扮还是清朝末年的。

1918 年 5 月 26 日下午，桑志华首次在小桥畔附近发现“龙骨”。他勘察后发现：“从地质学角度看，值得关注的是这一带有许多化石。在南面的山里，化石也很多，但几乎找不到一具完整的小型动物的骨架。我在这里采集一些漂亮的标本，后来 1922 年我又在此工作，所采集的标本丰富了北疆博物院古生物部分的收藏”①。德·维尔德主教带领桑志华去考察萨拉乌苏河。红柳河西岸（距宁条梁东约 30 里）毛团库伦教堂的弗兰肯（Francken）神父，也专程赶来与他们一起考察。

从小桥畔教堂出发，他们沿着河岸向西来到萨拉乌苏河的上游。

---

① Emile Licent, *Dix Années (1914–1923) de séjour et d'exploration dans le bassin du Fleuve Jaune, du Paiho et des autres tributaires du Golfe du Pei Tcheu Ly*, Tientsin: La Librairie Francaise, 1924, p.686.

据当地人讲，这条小河从未清澈过，尤其是洪水泛滥时，水流带来了米色的混浊物，沙子和黄土一起进入河里，所以蒙古族人称其为“萨拉乌苏”（蒙古语“黄水”的意思）。当地人也称这条河为“红柳河”。

德·隆巴尔德神父解释说，红柳是“一种骆驼吃的藜科植物”，中国人叫“沙蓬”。从小桥畔向西的萨拉乌苏河两岸，生长着茂密的小灌木红柳，红彤彤的随风摇曳，它是沙漠中能够见到的最艳丽的生命，在荒原中总是生机盎然。一望无际的红柳，好像把河水都映红了，所以称萨拉乌苏河为“红柳河”。

鄂尔多斯民间流传着“红柳河”的传奇故事：从前这里有一个湖，一天，湖的土坝被一头猪撞裂了，于是湖水流了出来，形成了最初的河床。后来，有一位蒙古王子追赶猎物到此，淹死在了河里。这个古老的故事被写成了歌，一直在大草原上传唱着。

一行人来到一座小桥（即“小桥畔”），看管员走过来收过桥税，一看到德·隆巴尔德神父熟悉的面孔，马上说，神父们的“过桥税”已经“预交”了，然后帮助牵牲口过桥。据德·隆巴尔德神父讲，有时河水上涨，把小桥木板冲开了，人们就要在对岸等一个晚上，直到桥修好为止。

过了小桥，来到萨拉乌苏河的对岸。桑志华发现峡谷的峭壁并非都是同一种地层，也有一些带状灰岩和泥灰岩（白泥），白泥可用来粉刷室内墙壁。

1918年5月27日，桑志华第二次在中国野外发现“龙骨”。“往萨拉乌苏河下游时，我们发现在河水上方几米处有几层砂砾岩：在红色砂岩板中，我们找到了一颗马的牙齿化石、一些蜗牛属的化石、一些椎实螺化石，这是在含大型骨化石层的砂砾岩之上发现的，是河流沉积，不属于里面含有小结核的黄土”①。桑志华把这里作为以后挖掘化石的重点地区。

随后，桑志华参观了教会孤儿院。这里有一百多名中国孤儿，由几位中国“妈妈”抚养，蒙古族的女教徒管理。来中国后，他每到教会驻地，都去孤儿院看看，因为在这个小天地总能找到一种幸福快乐的感觉。返回教会简

---

① Emile Licent, *Dix Années (1914–1923) de séjour et d'exploration dans le bassin du Fleuve Jaune, du Paiho et des autres tributaires du Golfe du Pei Tcheu Ly*, Tientsin: La Librairie Francaise, 1924, pp.688–689.

单整理了一下行李，桑志华又回到上午发现化石的那个地方仔细勘察，详细记载地层构造。

在多彩晚霞中，桑志华从西北方向欣赏广袤荒原中凸起的小桥畔教堂，高大庄严，别具特色，像一个坚固的堡垒。

2 牧民旺楚克带来的惊喜

桑志华在小桥畔附近发现了含有化石的地层后，由于没有任何准备，尤其是没有开发这片区域的“通行证”，他只能把地层掩埋好，等待条件成熟再来发掘。

四年后，1922 年 5 月 28 日法国驻华公使傅乐猷（A. Defleurieux）来天津法租界出席医学军官学院开幕仪式。借此机会，桑志华请傅乐猷公使解决了到内蒙古萨拉乌苏发掘化石的通行证和执照问题。之后，桑志华积极筹措资金，做好各方面的发掘准备。

1922 年 6 月 19 日，桑志华从天津出发，经山西北部五台山、宁武森林地带，过陕西榆林，又经过一个多月的长途跋涉，于 7 月 30 日傍晚，到达内蒙古鄂尔多斯南部天主教社团驻地——小桥畔。他此行就是为了发掘萨拉乌苏河岸的化石。

夜幕下，小桥畔教堂尖尖的钟楼触摸着天空。桑志华想起第一次来这里与德・维尔德主教恋恋不舍告别的情景。当时，他坚定地说：“不是永别，而是再见！”敲开教堂大门，桑志华见到了久别重逢的神父们，德・维尔德主教仍然像以前那样精力旺盛。

为了帮助桑志华搞好发掘化石的工作，7 月 31 日，小桥畔教会德・维尔德主教请来德・隆巴尔德神父、弗兰肯神父、莫斯塔尔特主教，就如何发掘化石进行了认真而热烈的讨论，提出了许多想法。

德・维尔德主教介绍了内蒙古牧民旺楚克几个月前在他家附近采集化石的情况。他建议先去那里看一看，然后再决定发掘计划，大家表示同意。

8 月 1 日清晨，他们一起前往城川传教会，去看牧民旺楚克已采集到的化石。

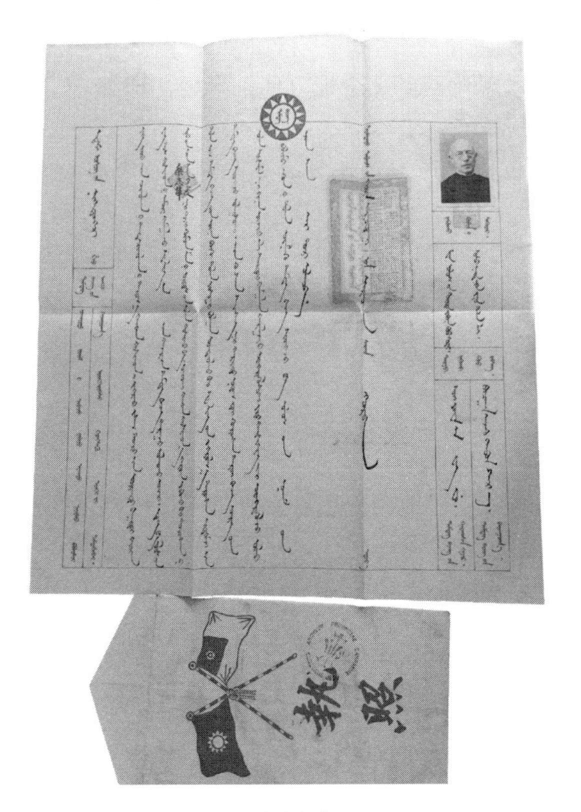

桑志华的执照

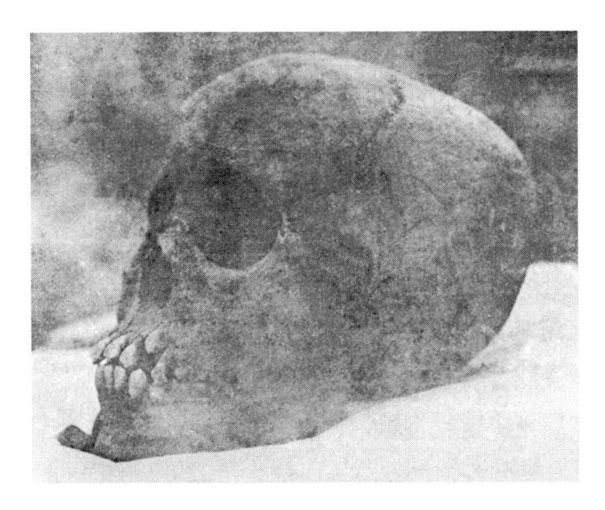

旺楚克儿子发现的人类头骨

城川，位于鄂尔多斯市西南部，地处蒙、陕、宁交界处，在无定河流域上游，素有内蒙古“南大门”之称。

在城川教会，桑志华仔细察看那些化石：有一个几乎完整的披毛犀骨架；两个完整的犀牛头骨；在碎屑堆中找到的可能属于野牛的一个骨头；骨骼部分很多且有代表性，可以很容易装配成骨架；一些横截面是三角形的角，很大很重；一些鹿角，一些大象的脊椎和肱骨，一个骨盆，一个肩胛骨，一些骨盆的碎片，还有很多长骨。

除此之外，还有牧民旺楚克的儿子巴图巴亚发现的人类头骨。

桑志华想去发现人类头骨的地方勘察，由于这个地区正发生军事冲突，没有成行。

桑志华倍加小心，与神父们一起密切关注军事冲突的状况，城川教会莫斯塔尔特主教派人去拜访相关方面，力争早日发掘化石。同时，桑志华招募了发掘化石的民工，在当地购买了铁锨、十字镐、试纸、胶水、固定骨架用的木板等，为发掘化石做各种准备工作。

四天后，当地军事冲突趋于平稳。

3 首次在中国大规模发掘晚更新世哺乳动物群化石

1922年8月5日，旺楚克来到城川教会看望桑志华，还带领桑志华一行前往萨拉乌苏河谷看他发现化石的地方。他告诉桑志华，这个人类头骨被埋在沙子里，是在两个硬沙层之间（仔细查看，可以发现这个地层和那些老的砂岩一样），上面那一层形成了一个顶板。他估计河流从发现头骨的地方慢慢向后延伸，两年间后退了4.5—5米。那么，骨架上哪儿去了？

桑志华与几个神父一起讨论这里的地质构造，旺楚克坚持说这片土地含有化石。

据桑志华记载：我们一起到了他发现化石的地方。“他（指旺楚克）是一个基督教徒，有一串念珠，在隆重的场合才戴在脖子上，与他谈话内容从来只限于化石。他虎背熊腰，很结实，声音洪亮，看起来精力充沛，办事很认真。他是一个很严肃的人，人们说他从来没有笑过，我认为这是言过其实！因为很快我们就成为好朋友。旺楚克出身名门，属于社会名流，在当地很有影响力。他是一家之主，当他回到家里时，所有的人——他的妻子、儿子、儿媳、女婿和小孩子们都过来给他叩首”①。

8月7日早晨，桑志华一行到萨拉乌苏河流域发掘化石。为了绘制路线图，桑志华和随从骑着骡子先走。过了一会儿，德·隆巴尔德神父、莫斯塔尔特主教和弗兰肯神父带领招聘的民工才赶上来。

绕过淤泥堆积的河床，他们从萨拉乌苏河右岸穿过大方滩草原，经过一个很陡的下坡，到了两个大的砂质紧凑的黄土残山附近。

与几个神父商量后，桑志华决定在旺楚克儿子发现人类头骨的地方和他家发现化石的牧场这两个地点同时发掘。

营址选在旺楚克家的旁边，桑志华指挥大家搭建帐篷。

---

① Emile Licent, *Dix Années (1914–1923) de séjour et d'exploration dans le bassin du Fleuve Jaune, du Paiho et des autres tributaires du Golfe du Pei Tcheu Ly*, Tientsin: La Librairie Francaise, 1924, pp.1510–1511.

旺楚克（中间）一家人

8 月 7 日午饭后，桑志华继续对发现了人类头骨的地方进行勘察。毫无疑问，桑志华希望在这里能够实现破解人类起源之谜的梦想。他能够如愿以偿吗？

发掘队伍聚集在一个砂质大山坡，除了几个神父招聘的民工，还有旺楚克带来的七个儿子和一个女婿。

“旺楚克和儿子指着相同的地方，并确定这就是他们发现人类头骨的地方。具体地点是在一个高 1.5 米小陡坡的脚下，它由淡黄色的沙子构成，被一个砂岩峭壁环绕。在这个峭壁的上面，还有一个峭壁在河谷陡岩的山坡上层层叠起，剖面形成了一个巨大的垂直锉，似乎很难相信人头骨是从这个山坡上滚落下来的，既没有摔成碎片，下颌骨也没有掉下来。或许它在一个土包里，准确地掉到峭壁小陡坡的脚下。需要补充的是，这个头骨摇摇晃晃的牙齿只缺了一颗”①。

令人不解的是：头骨里面土的颜色比周围沙子的颜色要深，难道是因为它被包裹起来所以很少被雨淋和脱色？桑志华的脑子里出现了一个个

---

① Emile Licent, *Dix Années（1914–1923）de séjour et d'exploration dans le bassin du Fleuve Jaune, du Paiho et des autres tributaires du Golfe du Pei Tcheu Ly*, Tientsin: La Librairie Francaise, 1924, p.1513.

问号？

旺楚克用手指向发现人类头骨的地方

在紧挨着人类头骨的地方，又发现了一根马的肋骨和一部分肩胛骨，它们不像头骨那么坚固，但比头骨更容易钙化。头骨不是很坚硬，在干燥后，骸骨的碎片变得更结实了。

发现人类头骨更加准确的位置是在位于一个阴暗的沙带的顶上，旺楚克带人挖掘的时候，桑志华作了标记。

桑志华派人在同一条水平线上其他地方的松软砂层中去找，在更大范围的一个陡坡上翻动沙子，希望找到人类骨架的化石；如果可能的话，能够证明旺楚克与他儿子指定地点的正确性。

在旺楚克儿子发现头骨附近的一个斜坡上发现了一个墓葬，又找到一些头骨的碎片，里面的骨骼因风化而裸露。遗憾的是，那些骸骨是白色的，而不像那个头骨那样是浅黄色。

在旺楚克的指挥下，全家 8 人各有分工，一切工作有条不紊。

桑志华绘制了发掘现场的地形图。然后，桑志华安排其他民工开采其他化石点。

桑志华来到紧邻旺楚克家农场的 C 点，亲自发掘出七匹小马的头骨和骨架。他想：怎么解释同一物种的这么多骨架集中出现在这里呢？是不是陷入沙中被埋没？他让几个牧民继续在这里开采。

莫斯塔尔特主教推荐的蒙古族青年牧民巴彦聪明、机智、勇敢，他从人类头骨发现地拓展高 12 米的一个沙质峭壁上的 B 点，找到了马骸骨化石，峭壁的顶端由沙质紧凑的黄土构成。

在 B 点上游方向的 D 点，找到了两段动物的下颌骨化石。

在同一峭壁海拔 1496 米处，发现了一个完整的犀牛骨化石。

在营地偏东方向的G点，找到了横截面为三角形的大型牛科骸骨。

晚上，神父们分别返回教会驻地，桑志华带领挖掘队伍继续工作。

8月8日，桑志华对C点发掘工作做了具体指导后，他来到营地西北方向的F点，一个由多个小泉眼汇聚的河沟里，他发掘出一个犀牛头骨，通过一米多深的流沙艰难地把它运到对岸。

旺楚克和他的儿子巴图巴亚，在E点采集了一个大而完整的披毛犀牛头骨和一部分动物骨架化石。

其他点也采集到了很多动物骸骨。

8月9日上午，在C点除了出土那七匹小马的骸骨外，桑志华又发现了一个小型啮齿动物的头骨。午后，桑志华绘制地层的剖面图。临近傍晚，他回到了C点。当看到几个蒙古族民工不顾他的反对，已经在悬崖下面凿出一个1.5米的低矮岩洞后，他十分生气。桑志华怕上面的悬崖坍塌带来危险，经检查悬崖还很坚固，这才放下心来。他要求民工更加细心地雕琢完拱顶后，用长工具发掘化石。

"8月9日，汉族挖土工已经开始清除位于旺楚克儿子发现人类头骨的地方下面的一个满是流沙的斜坡。民工们在这里又发现了一些人骨。这些骨头好像是一个成人的。可是，旺楚克儿子发现的那个人类头骨是一个正在换牙的孩子。另外，在这堆骨头里还找到了一个打碎了的涂釉层的器皿，但是没有找到头骨。这些骨头上粘着的沙子和那些在旺楚克儿子发现的头骨里的沙子是一样的。骨头和头骨的质地也是一样的"①。

8月10日，在C点地层上方的砂砾层又发现了化石。

在发掘现场，不断听到许多社会局势不安的消息。为安全起见，8月11日，桑志华把第一批贵重的4大箱化石，运到小桥畔教堂，亲手交给德·维尔德主教保管。

8月12日早晨，桑志华冒着大雨，乘坐满载三个大箱子给养的马车急忙返回挖掘现场，一想到德·维尔德主教等神父们绞尽脑汁为他们准备了面粉、高粱米、蔬菜和木板、钉子等，心里就热乎乎的，备受感动。

---

① Emile Licent, *Dix Années (1914–1923) de séjour et d'exploration dans le bassin du Fleuve Jaune, du Paiho et des autres tributaires du Golfe du Pei Tcheu Ly*, Tientsin: La Librairie Francaise, 1924, p.1514.

在营地西南王连仲又发现一个新的I化石点，他在旧河道圆锥形沉淀物下，还找到一个犀牛的头骨和其他化石。

I化石点

在营地西北方的F点，发现大半个反刍动物的盆骨，还有其他的一些骨头。

在营地北边的K点，位于一个满是泥浆的小水湾旁边的沙土质峭壁里，发现了一只鹿角和其他一些碎片。

旧河道圆锥形沉淀物

在营地北面残山顶端的J点，发掘了一颗大象牙化石、一些脊椎骨、一个肩胛骨、一些肋骨、一些长骨、一个长牙的根部，还有许多小型哺乳动物（啮齿目）和羚羊下颌骨、角和其他骨头。

桑志华将这些化石打包成几个大箱子。

8月14日，桑志华指挥民工切开J点由坚硬砂质黄土构成的残山山嘴，在两个被砂子隔开卵石带的贫瘠砂层，发现了很多长骨、下颌骨和其他小型哺乳动物的化石。

在营地南边，B点和I点之间，又发现了一个新的化石点，找到许多化石。

8月16日，“为了准确地完成绘图工作，我需要多次穿过河流。有着丰富经验的蒙古族人旺楚克要我小心突如其来的洪水。一般情况下，在洪水来临之前的一段时间，河水开始冲走岩石的碎屑，这意味着洪峰将至。但是，过河并不总是很方便的。就像今天在上午约 11 点，巨大的洪峰呼啸着冲过来，那泥沙俱下的浑浊巨浪卷裹着许多树枝柴草瞬间占满了巨大的河床时，我正在从左岸到右岸的过程中，差点被突如其来的洪水卷走，在 5 分钟内，河面升高 1.5 米，浅滩上游 100 米处，一匹没来得及迅速离开的马陷在滩上，只有头露在水面上”①。

8 月 17 日上午，桑志华再一次来到 J 地点。“我发现 J 点地层的砾石层看起来相当复杂。在这个砾石层发掘了很多大象、羚羊和啮齿目动物的化石，但也出土了绳纹陶和上了釉的陶器碎片；人工打磨过的石器，一枚人牙；马牙化石、一些珍珠、一块石器和一枚清康熙时代的铜钱。这套含化石的地层是经过再沉积的，所以含有不同年代的甚至是现代的材料。当然，所有的大象骸骨仍然保存在当时死亡时的位置上。我给这个地层拍了一张照片”②。

再沉积地层

这一天，桑志华又装了 4 大箱化石。

当晚，德·维尔德主教不顾严重的洪水，专程来告诉桑志华，周边地区军事局势很紧张，听说宁条梁那些不明身份的士兵制订了一个抢劫马匹的计划，提醒桑志华先把采集到的化石藏到一

① Emile Licent, *Dix Années (1914–1923) de séjour et d'exploration dans le bassin du Fleuve Jaune, du Paiho et des autres tributaires du Golfe du Pei Tcheu Ly*, Tientsin: La Librairie Francaise, 1924, p.1517.

② Emile Licent, *Dix Années (1914–1923) de séjour et d'exploration dans le bassin du Fleuve Jaune, du Paiho et des autres tributaires du Golfe du Pei Tcheu Ly*, Tientsin: La Librairie Francaise, 1924, p.1517.

个安全地方，早点撤离。

面对一次次洪水的困扰，再加上动荡不安的严峻局势，桑志华心急如焚。他一边做着撤离的准备，一边抓紧时间继续发掘化石。

8月18日，在J地点和其东北的N地点，采集了一些牛科的骸骨和鸵鸟类动物化石。在G地点采集了水牛化石。在营地东北方向，发现一个新的O化石点，找到一个完整的犀牛骨架（带头骨）。这个地点的剖面和J地点都很接近。

桑志华这样记载：

"总之，在萨拉乌苏河两岸发现的动物化石和石器，除了J点之外，都是在原地发现的；而J点地层混合了多个年代，有的是原地埋葬的，有的或多或少可能与河水上涨、河堤移动有关。清康熙时代的那枚铜钱，也是在J点找到的。据此，我们可以想象萨拉乌苏河谷形成的速度。假设它在河水沉积那些含化石的沉积物时就已经被带到了这个地方，也就是说大约在1700年前；现在的河水比发掘点的地方低11米，那么要以稳定的速度冲刷出60米高的峡谷，应该用了大约1200年。或者它也极有可能是在过了康熙时期很长一段时间后才被带到这个地方的。那么，那个时期地图的准确性就完全说得通了。萨拉乌苏河注入的那个湖可能会被填满，或者在最近这段时间，这湖的北岸才切割成现在这条河的河谷。

"这样一来，曾提到过的那个溺水王子的传奇故事，对于我们现在所在位置的河流历史也可以有另一个版本：王子被水卷走了，但没有死……他曾嘱咐儿子死后要将他埋在河边某个地方作为河神，以防止河流的冲刷。可是，他儿子违背了他的意愿，因此河水冲刷出这些又深又大的峡谷。从这一传说中，我们可以看出人们对河水的这种巨大的开凿能力感到畏惧。

"据神父们说，萨拉乌苏河在小桥畔地区的部分，12年加深了一两米。看管小桥人补充说，自从他到达后的10年以来，加深了2丈（20英尺）"①。

8月19日下午，德·维尔德主教派人通知桑志华：宁条梁的士兵到了萨拉乌苏河岸，距营地只有1.5公里。当晚9点，莫斯塔尔特主教专门派信使

① Emile Licent, *Dix Années (1914–1923) de séjour et d'exploration dans le bassin du Fleuve Jaune, du Paiho et des autres tributaires du Golfe du Pei Tcheu Ly*, Tientsin: La Librairie Francaise, 1924, p.1518.

(A) O 化石点位于山顶上

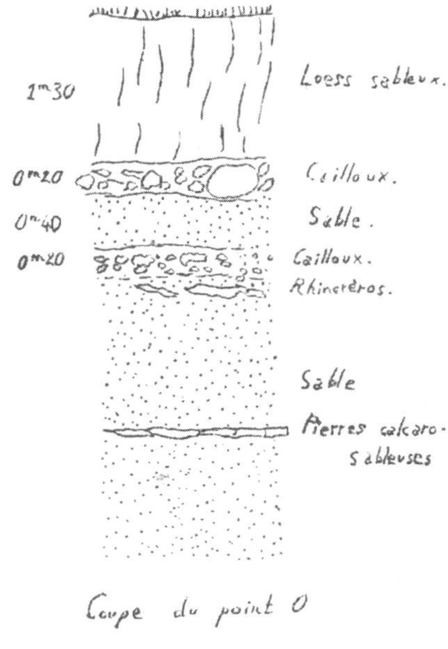

(B) O 化石点剖面图

带来了一封信，动员桑志华马上撤离，返回小桥畔。

8 月 20 日天刚亮，桑志华急忙让王连仲等人为采自不同地层的化石编号，尤其是那些在 J 点和 N 点发掘的。然后，把化石装了 5 大箱子，连同大型工具临时藏在一个岩洞里，打算下午或者第二天再来运走。

为了快速撤离发掘现场，桑志华带着王连仲等去了小桥畔教堂，旺楚克带其他民工去了他家躲避。

一踏进小桥畔教堂大门，德・维尔德主教就迎上来对桑志华说：中午请宁条梁部队首领吃饭，他刚从榆林府回来，带回了 1500 个银元发给士兵们，散落抢劫的士兵正在被召回部队去北方打仗。

桑志华深深地叹了一口气说：“看来现在的局势没有那么危险了，我们不再耽搁，马上动身返回挖掘化石现场”。

从 8 月 22 日，桑志华组织大家做好发掘化石的扫尾工作。

8 月 24 日，在 C 点又发现了小型马科动物的骸骨，包括头骨和一条完整的尾骨，还有其他动物的骸骨。

在 J 点，又发现了大型啮齿类化石。在一个砾石层发掘了鹿角、羚羊角

（A）A 化石点

和牙齿，一只食肉动物的爪子，一个食肉类的头骨，一些犀牛的牙齿等。在J点西边的Q点，也发现了一些动物骨化石。

按照桑志华的要求，旺楚克带领家人在找到人类头骨的地层继续挖掘。同时，挖掘A化石点北边的很大一片面积，在微蓝色粗糙的砂层，发现了野马骨头、犀牛骨头、羚羊角，大的反刍类动物和鹿角化石，但是没有完整的骨架。此外，还发现了燧石钻具。在A点，还发现了一片巨大的鹿科角化石，其中一个鹿角伸展在一个平面内；在那里还发现了食肉动物的颅骨和很多其他的骨骼化石。

在营地南边B点，7个民工发现了一些小型马的化石，其中有一条很长的完整尾骨，还有一些其他物种的化石。

8月25日，在C点上方的悬崖黄绿色砂质土中，发现了一个小马头骨。在砾石层里，发现了一些鸵鸟类动物、一些食草动物的牙齿化石和一些骨骼碎片。

在营地东北方的T点，发现了一块燧石、一些犀牛的脊椎骨。

"我（指桑志华）让他们在发现人类头骨地方的水平区域和上方重新进行挖掘。在这个地点以下三米的地方，找到了一个很大的扁平骨，在同一水平位置，还有很多不结实的骨碎片。像我们已知的那样，这个地点化石含量丰富。另外，在同一个斜面上，莫斯塔尔特主教发现过犀牛。"①

---

① Emile Licent, *Dix Années (1914–1923) de séjour et d'exploration dans le bassin du Fleuve Jaune, du Paiho et des autres tributaires du Golfe du Pei Tcheu Ly*, Tientsin: La Librairie Francaise, 1924, p.1521.

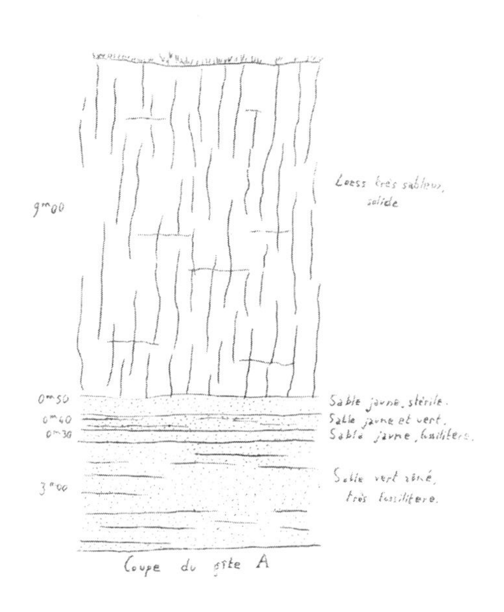

(B) A 化石点剖面图

26 日上午，“在 A 点，绿沙还提供了大量化石材料，但是没有完整的骸骨：像是堆放碎骨的墓地。”桑志华来到这里，让旺楚克一家结束采集工作，旺楚克不理解为什么不继续发掘？“让人饶有兴趣的是旺楚克断言，从 A 点向北，深处会有大量化石。”桑志华诚恳地对旺楚克说，“我决定以后再来。今年，时间不够，而特别是缺乏资金来源，我不得不停止工作：运输已经收集到的化石将会带来很大开销。此外，我认为有必要对萨拉乌苏河流域的上游进行发掘。”“我还必须丰富一下博物馆的动物收藏和植物收藏，这些都需要继续对鄂尔多斯南部地区进行考察”①。

桑志华补拍了一些照片：桑志华和发掘队居住的两顶帐篷，旺楚克的家（位于营地南边残山上），临近萨拉乌苏河滩处的 O 化石点，O 化石点出现黄色砂层断裂的黑色凸起带等，使萨拉乌苏河岸含化石地层的资料更加完整。

桑志华在萨拉乌苏河谷采集的化石和石器共 33 大箱。他们于 1922 年 8 月 26 日结束了挖掘工作，27 日回到小桥畔教堂。

这一年的 8 月，因为桑志华在萨拉乌苏流域的科学考察中，揭开了它蕴含的中国第四纪晚更新世遗址的神秘面纱，而当之无愧地成为萨拉乌苏文化遗址的发现者，成为中国近代地质学、古生物学和考古学的开拓者。

邱占祥这样评价：“桑志华的第二批重要的哺乳动物化石采自内蒙古伊

---

① Emile Licent, *Dix Années (1914–1923) de séjour et d'exploration dans le bassin du Fleuve Jaune, du Paiho et des autres tributaires du Golfe du Pei Tcheu Ly*, Tientsin: La Librairie Francaise, 1924, p.1522.

克昭盟乌审旗萨拉乌苏河旁的小桥畔。这个地点是桑志华1922年发现的（有可能更早，但我没有在文献中查到确切日期），时代属更新世晚期[①]，化石非常丰富，共发现30余种，且有完整的披毛犀和野驴的骨架、王氏水牛、狍（麅）的头骨等。至今，萨拉乌苏的化石仍然是我国最重要的晚更新世哺乳动物群的代表”[②]。

刘东生指出："萨拉乌苏是中国第四纪陆相地层中，特别是生物地层学系统中一个标志名称。在中国有泥河湾（早更新世）、周口店（中更新世）、

两顶白色的帐篷

旺楚克家像一个天然堡垒

旺楚克家下方的萨拉乌苏河谷岩壁的堆积物和阶地，与O化石点一样

O化石点出现黄色砂层断裂的黑色凸起带

① 更新世晚期，从约12.6万年前到1.17万年前。

② 邱占祥：《桑志华和他的哺乳动物化石藏品——试谈桑志华藏品中哺乳动物化石的历史及现实意义》，《天津自然博物馆建馆90周年文集》，天津科学技术出版社2004年版，第7页。

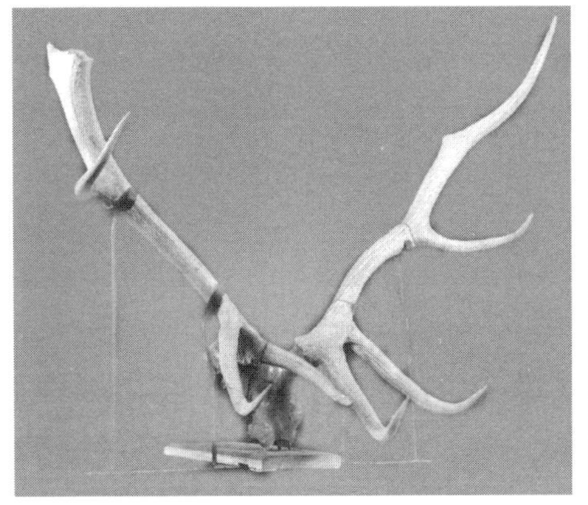

萨拉乌苏加拿大马鹿

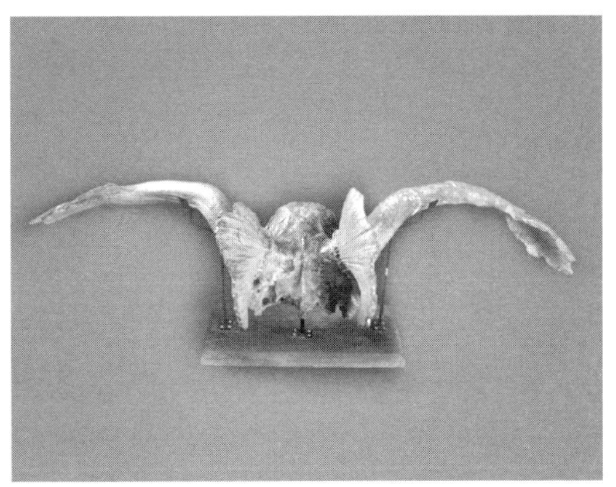

河套大角鹿

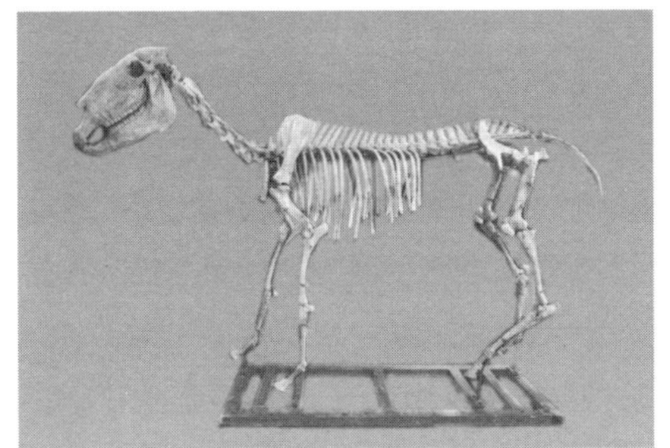

野驴的骨架

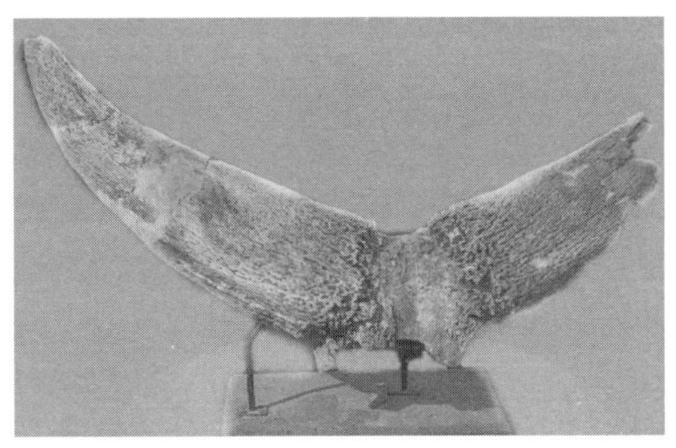

为纪念牧民旺楚克命名的“王氏水牛”

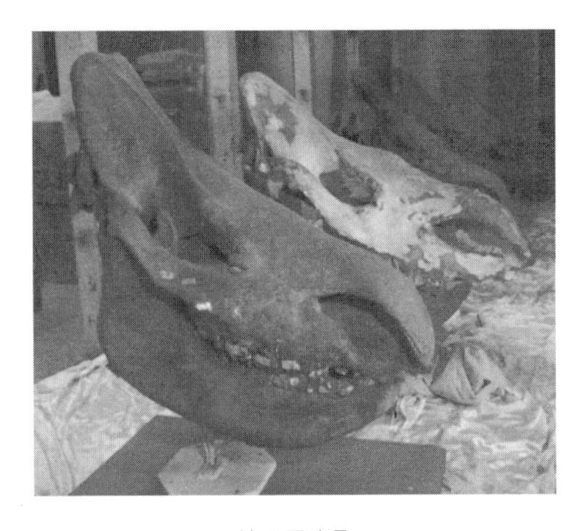

披毛犀头骨

萨拉乌苏（晚更新世）三个代表不同时代的地层名称。这三个第四纪标准地层是在科学上规定了的。那就是说，从命名之日起，以后所有晚第四纪（即晚更新世）地层需要以萨拉乌苏（组）为标准进行比较。这就是萨拉乌苏之所以有名和吸引人们来此的缘故之一吧！更何况从去年（2005）起国际地层委员会发起了讨论世界第四纪地层命名问题的建议，现在人们更需要从萨拉乌苏来寻找解答。”①

吴新智指出：“1922 年法国神父桑志华等在现今内蒙古自治区乌审旗的萨拉乌苏河流域发现了哺乳动物化石，其中有一颗人类门齿，这是最早在科学期刊报道的我国更新世人类身体的遗物之一。后续的研究表明，这个动物群可以作为我国北部更新世晚期动物群的代表，萨拉乌苏建造被认为华北更新世晚期的标准剖面。”②

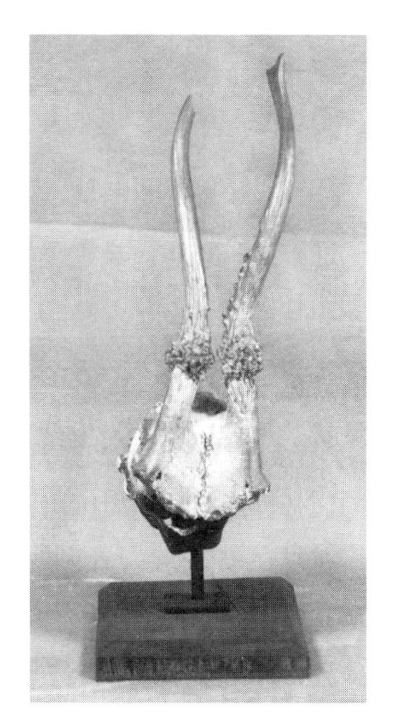

狍（麞）的头骨

吴新智院士提到的桑志华在萨拉乌苏河流域发现的一颗人类门牙，是在 C 点地层剖面发掘的，而在当时桑志华并不知情。在整个发掘工作中，桑志华除了关注旺楚克儿子发现人类头骨的地层，他去的次数最多且亲力亲为的地层就是 C 点了！这也许正是命运之神对他的眷顾吧！

4 确认水洞沟化石地点

从内蒙古萨拉乌苏把 33 箱化石运回天津，在今天是非常简单的事。然而，在交通闭塞、兵荒马乱的 1922 年，谈何容易？当时，那里没有公路，没有火车，即便有一些好走的沙土路，强盗又经常在那里打劫。

如果租用当地牧民的牛车，仅草原路途就需要十二天，草原上战乱刚过，散兵游勇还在四处游荡，太不安全了，只能放弃。桑志华到城川传教会请神父们帮助租牲口和马车，由于萨拉乌苏河水上涨，必须绕路到宁夏，车

① 董光荣、李保生、陈水志主编：《萨拉乌苏河晚第四纪地质与古人类综合研究》序一，科学出版社 2017 年版。

② 董光荣、李保生、陈水志主编：《萨拉乌苏河晚第四纪地质与古人类综合研究》序二，科学出版社 2017 年版。

夫对运输费用要得很高，最终没有达成协议。几天后，还是等来了小桥畔德·维尔德主教雇的车辆。此次需要运输的除了 33 箱化石外，还有旧石器和动植物标本，共计 52 大箱！

把这么多的沉重的东西运出大草原可不容易，这三天的马车运输，历经兵匪窥探与骚扰，桑志华与王连仲用不可思议的枪法狩猎黄羊，震慑住了一切不怀好意者。

桑志华带领车队途经花马城、聂家梁、沙岗、牛毛井，1922 年 9 月 11 日到了白泥井子。

18 日，桑志华看到路边长满荒草的长城，它呈现一个很大的“之”字形，远处的阿拉山时隐时现。

早在 1919 年，比利时籍主教肖特（R. P. Schotte）神父曾给桑志华写信说：“在红山堡，可能是今日之横山堡（明长城宁夏镇重要关堡，位于今宁夏回族自治区灵武市境内，旧名红山堡）附近，在黄土之下 10—12 米处发现了他不认识的五六个动物牙和头骨的碎片，同时还有一块像是加工过的石块”[①]。根据地图资料，桑志华认为，他们可能到了肖特神父信上说的横山堡附近。于是，他打算利用这次把化石运回天津的机会，绕道去水洞沟确认化石地点。

穿过一个山沟，在砂质黄土悬崖的边缘，桑志华见到被切割成悬崖的残山和两条河流，其中一条河叫清水河，另一条激流的河床有很多红色石英石、石灰石、片麻岩和石砾，这两条河流是小萨拉乌苏河，通向宁夏。

清水营村位于清水河岸边，村西边有一个垛墙和堡垒，这里距黄河岸边约 35 公里。

19 日早晨，桑志华一行走到清水河岸边，越过许多支流，经过一个狭长沙丘地带，在黄沙坡前面，有一条河流布满了钙化的砾石，走过一个干涸的河床，到达石坝村。

顺着河谷密林间的小道，桑志华来到一个大峡谷的河流前，河床满是蓝色石灰石的砾石。这条河流位于水洞沟前面，河水宽阔清澈，激流奔腾，水

① Emile Licent, *Dix Années (1914–1923) de séjour et d'exploration dans le bassin du Fleuve Jaune, du Paiho et des autres tributaires du Golfe du Pei Tcheu Ly*, Tientsin: La Librairie Francaise, 1924, p.1537.

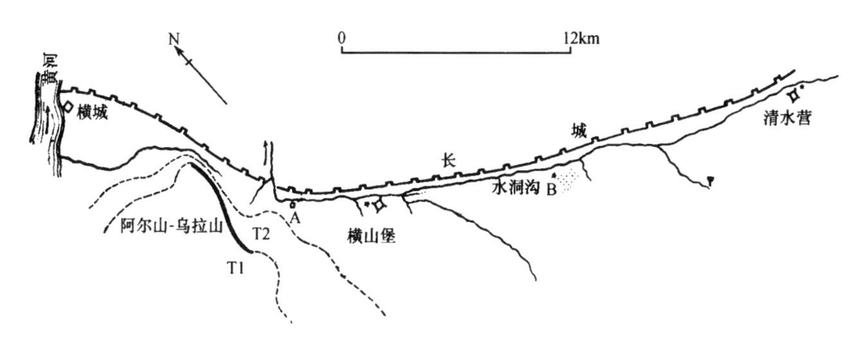

T1及T2为100米和50米阶地（洪积锥），二者由阿尔山-乌拉山麋棱化的山脊隔开；A为水洞沟客栈；B为扰动黄土，含较多的旧石器碎屑

水洞沟盆地地形图

里含有石英石，从北边内蒙古境内一个长城的缺口流出。

桑志华“在水洞沟河流右岸，发现了两个很大的黄绿色土岩层被一个红土的地层分隔开，这让我想起了萨拉乌苏河的化石地层。但是，我不可能停下来仔细勘察，无法辨别出任何明显的化石。我又去了左岸，是非常沙性的黄土残山，因没有时间仔细勘察，也不能说明任何情况。这里很不安全，又要抓紧时间赶路，只好等到以后再来勘察”①。

此时，虽然桑志华在水洞沟河流右岸发现了很像萨拉乌苏河谷的含化石地层，但是，由于他带着大量化石需要运回天津，且这里很不安全，只能仓促确认水洞沟化石地点后，简单做了标记，马上赶路。

桑志华一行离开水洞沟，朝着阿拉山的方向，进入茫茫无际的大草原。

为了相对安全些，桑志华决定改走水路，从萨拉乌苏河直下黄河到包头。结果伴随他的仍是一路风险，一路艰辛。

天黑下来，运送化石的车队赶到横城，客栈老板告诉桑志华，一个高官的侄子刚到宁夏，要征用5条船，结果所有的船工都逃走了。桑志华听后担心运化石的车辆被征用，使返回天津的计划搁浅。天蒙蒙亮，桑志华就派人去小桥畔请求德·维尔德主教的帮助，并通知车队马上离开客栈。

---

① Emile Licent, *Dix Années (1914–1923) de séjour et d'exploration dans le bassin du Fleuve Jaune, du Paiho et des autres tributaires du Golfe du Pei Tcheu Ly*, Tientsin: La Librairie Francaise, 1924, p.1537.

正当车队整装待发的时候，几个全副武装的士兵突然出现在桑志华面前，最担心的事情终于发生了！无论桑志华怎么解释，这些士兵都要奉上级命令征用运化石的车辆。桑志华只好让车夫卸下车上的化石和行李。向导小声告诉桑志华：这次真的走不了，除非“大出血”。桑志华的兜里没剩多少钱，更不想破费，思忖片刻，他从包里拿出所有证件走到士兵面前，非常严肃地编了一套谎话：这些车夫和车辆正在为教会服务，承担从宁夏到小桥畔的运输任务，你们长官免除了他们的劳役，你们最好要听从我的解释！不然，我会向马鸿宾将军报告！这些士兵看到这个蓝眼睛、大鼻子的外国人似乎很有来头，就放行了。

20 日，桑志华带领车队渡过黄河，来到宁夏府天主教会，施拉姆（Schram）主教和舒特（Scheut）神父、坎贝尔（Cappelle）神父热情接待了桑志华。他们向桑志华介绍了严峻的局势，提醒桑志华一定要格外小心。

中午，小桥畔教堂的德·维尔德主教专程赶来告诉桑志华：宁夏府驻军是回族马鸿宾① 将军统领，他已打过招呼，桑志华可随时拜访。这一消息，使桑志华激动万分。

下午 4 点，马鸿宾将军像去年一样热情接待了桑志华，表示愿提供一切帮助。他还要派一位大阿訇带 20 个士兵用小船顺流而下把化石运到包头。这种小船是用牛皮做的筏子，到达目的地后，把牛皮折叠起来，如果不把它卖掉，可放到驼峰上带回去。这样一来，桑志华的 52 箱物品的大部分可以装在一艘大船上，小部分放在大阿訇的小船上运往包头。

22 日清晨，马将军还亲自来到黄河岸边为桑志华送行。24 日上午，赶上了大阿訇装运化石的小船。这时，刮起了西北风，越刮越大，船无法航行，只能停靠在石嘴子对岸的一个峭壁旁。桑志华利用这一时间，到峭壁上采集了一些植物标本。两个小时后，桑志华让船工起航，由于风大浪急，航行的船摇摇晃晃，十分危险，又被迫停靠岸边。

桑志华真没有想到走水路也凶险，历经黄河险滩、大风大浪、历次搁浅。

---

① 马鸿宾（1884—1960），回族，他的叔叔马福祥成为呼和浩特部队元帅后，马鸿宾统领宁夏府。

25日凌晨1:30，桑志华被巨大的波涛声吓醒了！狂风卷起的巨浪，随时有可能刮断缆绳，把船掀翻在黄河。桑志华要求船工们加固缆绳，不许睡觉，随时应对不测。天蒙蒙亮，风逐渐弱下来了。5:30，船在营子山前排队等候通过。

一个小时后，开始航行。这时，又刮起了强劲的西北风，船员艰难地把船靠在了岸边。桑志华拿起猎枪上了岸，在一个悬垂的沙丘，打了一只小野兔，还看到了一个狐狸洞。

回到船上，风力不但没有见小，反而在这片水域掀起了巨浪，小船摇摇晃晃随时都有被巨浪吞噬的危险。只能靠边等待，17:30，风力稍微小一点，桑志华要求船工开船，一直航行到21:15才抛锚休息，这里距磴口下游10公里。

领航员和船工自开船航行以来，风雨相接，浪涛相伴，昼夜兼程，昨天又与狂风巨浪搏斗了一天，大家都是又困又累，精神紧张，身心疲惫。

26日凌晨2:30，船工刚睡下一会儿，就被桑志华叫醒，要求起航。他们有点抵触情绪，拖延了半小时。桑志华开始发火："我威胁领航员说要罚他的钱，因为他多次强调并夸大了把船停下来的理由：下船买粮食、风大、浪大等。这还没有算上离开的时候装船过慢耽误的时间。我的领航员称呼我为'大人'（ta jenn），直到航行的终点我都对他很冷淡"①。

9:00，一股很强的东北风使船难以航行，每前进一步，船工们都会付出艰辛的努力。领航员几次提出靠岸，桑志华都不同意。领航员站在船头，与船工们一起，迎风破浪，征服了一个又一个激流险滩，缓慢前行。14:20狂风卷起巨浪，小船面临被吞没的危险，只能靠岸。一小时后起航。距离黄河岸边10公里的地方，出现了连绵不绝的矮丘，一直延续到三盛公高地。

下午，大风又刮起来，一直持续到9月27日凌晨4:00。桑志华要求船工半小时后必须出发，因为他要去宁夏府拜访万弗乐肯（Van Vlerken）神父和劳尔（Lauwers）神父。他们利用桑志华的这条船装运4000磅的生石膏，顺路送到包头济慈（Zech）神父的制模工厂。这些石膏主要用于制作雕像和带耶稣像的十字架。

① Emile Licent, *Dix Années (1914–1923) de séjour et d'exploration dans le bassin du Fleuve Jaune, du Paiho et des autres tributaires du Golfe du Pei Tcheu Ly*, Tientsin: La Librairie Francaise, 1924, p.1541.

用骆驼把化石运到船上

生石膏装好了，但西北风掀起的巨浪，使船无法启程。这时，一个船工发现运载化石的大阿訇的小船搁浅在一个河滩上，桑志华要求大家马上卸下货物去解救他们。紧张战斗了一个多小时，救出了小船，又把货物重新装上，已经是19:00。这时，风刮得更厉害了，所有人筋疲力尽。河面上的船都抛锚休息了。

28日凌晨4:20起航。经过一夜的西北风，河面上结了一层薄薄的冰。黄河在这个地方依然蜿蜒曲折。领航员估计，三盛公和黄羊码头之间，走水路的路程是陆路的两倍。

上午10点，桑志华上岸去拜访威尔塔恩滕（Verstraten）神父，让船停靠三盛公附近。

威尔塔恩滕神父介绍了三盛公一带混乱可怕的治安状况，还说有70多个“强盗”，距离他们的船很近。听到这个消息，桑志华心里十分紧张。他请威尔塔恩滕神父与当地驻军首领商量：能否为桑志华派几个士兵护送运化石？开始答应派两人，过了一会儿又说，因为士兵没有过冬的衣服不能来了。桑志华害怕化石被抢，船只被扣，更怕遭到袭击，马上返回船上。

29日凌晨4:00启程，航行至晚上。次日凌晨3:30起航，经过一个停了18艘船的码头后，看到了土城这个古老的小城。这时，刮起了西风，船顺风顺水行进很快。

18:30，一阵猛烈的西风将船刮到了岸边。因为没有来得及把两个沉重的木桨搬到船上，致使木桨从固定的架子上脱落下来，掉到水里。船工们冒着狂风，下到齐腰深冰冷的水中，费了很大工夫，才把一双木桨捞上来。暴风一直持续到晚上，狂风巨浪拍打着船帮发出难听的声响，船工们一次次用绳子和木桩固定住船。凌晨 1:00，他们要挪动系缆绳的木桩时，把领航员吓了一跳：河岸向后退了四五米，差一米的距离木桩就要被冲走了。桑志华自言自语：危险是无法预料的！

10 月 1 日凌晨 4:55 起航，风稍小了一些。16:30，在距离包头 120 里时，风停了，平静的河水像一面明亮的镜子。桑志华坐在船头欣赏着梦境般的画面：船尾上方一轮殷红的太阳正在徐徐降落，过了一会儿，夕阳照亮了整个天空，宛如乌拉山黑色城墙尽头的一个大火炉，要把那些红色的火带到船上，真是美极了；抬头望去，一群迁徙的大雁排着整齐的队伍，唱着歌儿飞向南方；船两边野鸭、野鹤欢快地在浪涛中嬉戏。在西边最后的光亮中，一大群鸟在天空形成了一片厚云，它们远去的叫声和黄河的波涛声汇合成一片震耳欲聋的嘈杂。

连续几天，风平浪静，1922 年 10 月 2 日到达包头港口——南海子。桑志华发现这个港口停靠的船比 1919 年少了很多，数了数总共 47 艘，大概排了三四里长。

经历千难万险，总算到达包头。包头天主教会本堂济慈神父派万乌斯特（Van Oost）神父早已在岸边等候。桑志华指挥所有人员把大小船上的化石箱子和石膏全部卸下船，按照合同支付了船工的劳务费。

济慈神父组织车辆把 52 个大箱子运到离铁路车站较近的廿四项地教堂，临时存放在费怀永（Van Dyck）神父的公馆。桑志华感叹：铁路的发展让我不必像 1919 年那样乘马车去呼和浩特了。在公馆，桑志华遇到了级别最高的教区主教斯特吉（Stragier）神父以及德舒特（De Schutter）神父、内里斯（Nellis）神父。听他们说，在包头目前 1 银元值 3 个大洋 900 个铜钱，为了付税，应该把钱换成银锭子而不是银元，这是内部税率，桑志华兑换了一些钱。

8 日，万乌斯特神父预料到包头火车站缺少工作人员，特意带来了十多个壮劳力装卸化石。火车站大楼正在建设中，火车没有一、二等车厢，只有两个三等车厢，还有一个车厢的车窗没有玻璃，也没有灯，条件很差。

因为桑志华强调那些装化石的大木箱非常珍贵而被收了极高的运费，桑志华咬牙付出，却发现这些宝贝被装在了运送牲口的露天敞篷车箱中，干脆等于与畜生混装了。

火车站的工作人员没人理睬桑志华的不满抗议，但却因祸得福：一群乱兵强行搭车，一个个全都关注乘客们的行李，没人理睬骡马肚皮下的大木箱。

9日，在呼和浩特火车站，因为有宁夏府驻军马福祥元帅的关照，桑志华所有行李包裹记了2等税，化石箱子记了4等税。工作人员态度和蔼地让王连仲打开一个箱子查看是否有“宝石”，桑志华极力解释这是些古生物的东西。

从包头出发后，桑志华经满洲里、绥远、张家口、宣化、怀来等地区，1922年10月12日，他与化石和石器一起回到天津。

5 出土中国第一件人类化石

10月的天津，秋高气爽，气候宜人。桑志华穿越了被誉为中国最大的沙漠峡谷——内蒙古乌审旗境内的萨拉乌苏沙漠大峡谷后，满载而归，回到天津。

桑志华将这次从萨拉乌苏采集来的大量化石和石器，暂存在天主教崇德堂。他看着这些珍贵的标本，沉浸在无比的喜悦之中。此时，由于没有经过研究鉴定，桑志华并不清楚这些化石是首次在中国晚更新世地层中发现的动物群化石，也不知道这些石器是史前人类加工过的旧石器，更没有想到他还发现了一枚人类门齿，邂逅神秘的“河套人”却全然不知。

这枚儿童的门齿化石，是桑志华1922年在萨拉乌苏流域旺楚克家农场附近旧石器时代地层约500米处发掘的。但是，由于这枚小小的人类门齿夹在动物牙齿化石中，当时并没有被发现。

1923年5月23日，受桑志华邀请，德日进到达天津，共同组成一支法国古生物考察队。在等待中国西部局势稳定的那段日子里，桑志华与德日进一起整理研究他在1922年在萨拉乌苏流域出土的材料时，偶然发现了夹杂在鸵鸟蛋片和羚羊牙齿化石中的一枚小小的、石化程度很深的人类牙齿化

旺楚克家农场位于中央

石。面对突如其来的重大发现，桑志华和德日进都十分惊喜。

为慎重起见，他们邀请了北京协和医学院解剖科主任步达生[1]进行鉴定。

经步达生研究后确认：这是一枚七八岁小孩的左上外侧门齿，根据牙齿的石化程度，认定它正是属于制造和使用那些旧石器的“河套人”。

为了准确核实河套人牙化石的出土地点和地层，1923年8月，桑志华、德日进法国古生物考察队来到萨拉乌苏流域旺楚克家农场附近C点发现人牙化石的地层进行深入勘察。“我们可以确定它来自更新统地层。这枚上门齿石化程度很高，发现于距旧石器地点500米左右处更新统砂层和近现代河流阶地砾石层交界处（图9，C点），与旧石器属同一层位。这枚门齿与伴生的羚羊牙齿化石和犀牛化石时代相同，可能是从砂层中被冲刷出来的”[2]。

桑志华在“内蒙古的萨拉乌苏地层，在中国第一次发现人类化石（即河

① 步达生（Davidson Black，1884—1934），加拿大解剖学家。北京猿人学名的命名人。1919年来华任北京协和医学院解剖科神经学和胚胎学教授，1921年任该科主任直至逝世。1926年秋获悉在周口店发现人牙化石的消息后，即与中国地质调查所所长翁文灏等筹办周口店遗址的发掘，1927年春开始正式发掘。1929年，与翁文灏等协商，成立中国地质调查所新生代研究室，由步达生任名誉主任。他对人类进化问题有浓厚兴趣，主张中亚是人类的摇篮。其著述内容涉及神经解剖、河套人、北京猿人等。

② ［法］布勒、步日耶、桑志华、德日进著，李英华、邢路达译：《中国的旧石器时代》，科学出版社2013年版，第15页。

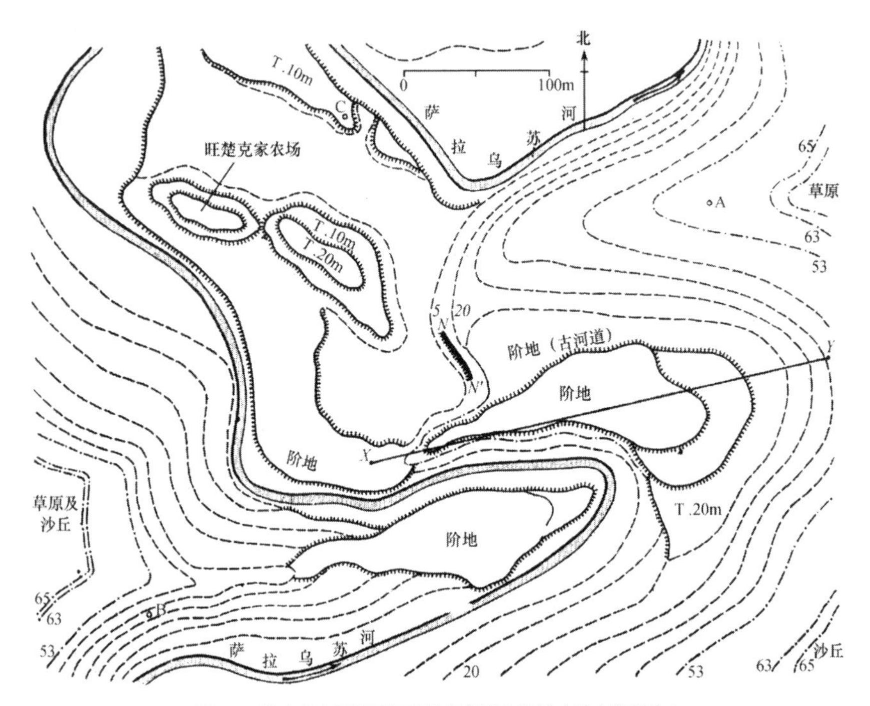

图9 旺楚克家农场附近的萨拉乌苏河地形图（桑志华测绘）

A和B.位于砂层中的测量基点；C.采集到人牙的地点；NN'.旧石器时代地层发掘面；XY.图8所示剖面的方向。图中晕线（┴┴）表示萨拉乌苏河下切形成的晚期亚黏土阶地上的等高线，点虚线（—·—·—）表示崖壁上凸出来的标志层（含球蚬及扁卷螺的黏土层）

套人门齿）这一重大发现在他的刊物已有报告（NO.62）”①。

1927年，桑志华、德日进、步达生在中国地质学会志发表论文：《记一枚可能是更新世的产于萨拉乌苏的人类牙齿》②。它介绍了桑志华、德日进在整理桑志华1922年在萨拉乌苏河谷出土的材料时，偶然在羚羊牙齿及鸵鸟蛋碎片中惊讶地发现了一枚人类的左上侧门齿，石化程度很高。这件标本

① 陈锡欣、郑宝芳、李国良：《栉风沐雨八十春》，《天津自然博物馆八十年》，天津科学技术出版社1994年版，第50页。

② E. Licent, P. Teilhard de Chardin, D. Blcock, “On a Presumably Pleistocene human tooth from the Sjara Osso Gol Deposits”, *Bulletin of the Geological Society of China*, 1927, 5 (3–4), pp.285–290.

是人牙化石毫无疑问，因为它出自更新世砂岩与萨拉乌苏现代阶地的玄武岩砂砾或多或少地混合的地方。然而，这件标本的石化程度及与很多无疑是动物骨骼（犀牛、象类等）的化石伴生，使我们确信这件标本的时代是更新世。

桑志华在萨拉乌苏河流域出土的“河套人”牙齿化石，是中国乃至亚洲迄今已知的第一件旧石器时代人类遗骸。桑志华的这一重大发现，震惊了世界考古界。

吴新智指出：“一颗幼儿的左上外侧门齿——这是在中国出土的有可靠地点和地层记录的第一件人类化石”①。

“萨拉乌苏地区发现的第一件旧石器时代人类标本——人牙化石，也是亚洲的首次发现”②。

“桑志华的第二批重要的哺乳动物化石采自内蒙古伊克昭盟乌审旗萨拉乌苏河旁的小桥畔……同时发现的还有一颗人的门齿和大量石器。同时在同一地域，在宁夏的水洞沟地点发现了更多的石器（时代稍晚）。这是我国在更新世地层中首次发现的人类化石和大量石器，其意义自不待言”③。

刘东生指出：“1922 年法国桑志华（Emile Licent）神父在科学考察活动中，在萨拉乌苏流域发现了古人类遗存和动物化石。1923 年桑志华邀请法国古生物学家德日进（Pierre Teilhard de Chardin）一同再次来到这里进行考察和发掘，获得了更多重要的科学发现。他们发现的古人类牙齿被加拿大人类学家步达生（Davidson Black）教授命名为‘The Ordos Tooth’，‘鄂尔多斯牙齿’这一科学上还不十分肯定的名字，以后裴文中先生将其所代表的人类称为‘河套人’，其所制作和使用的石器称为‘河套文化’。”④

---

① 吴新智：《德日进在中国古人类学的创建时期》，《第四纪研究》2003 年第 4 期。

② 尚虹、卫奇、吴小红：《关于萨拉乌苏遗址地层及人类化石年代的问题》，《人类学学报》第 25 卷第 1 期。

③ 邱占祥：《桑志华和他的哺乳动物化石藏品——试谈桑志华藏品中哺乳动物化石的历史及现实意义》，《天津自然博物馆建馆 90 周年文集》，天津科学技术出版社 2004 年版，第 7 页。

④ 董光荣、李保生、陈水志主编：《萨拉乌苏河晚第四纪地质与古人类综合研究》，科学出版社 2017 年版，第 68 页。

裴文中[1] 首次提出“河套人”、“河套文化”和“河套文化时期”的中文专门术语，同时特别指出“河套本非一定指政治区域，约指黄河弯曲以内，长城以北之地域。本文中所言各地，颇多在现时之宁夏及陕甘北部者，若按自然地理之区分亦可列于‘河套’之内。据此，他将甘肃庆阳、陕西榆林油房头和准格尔河流域以及山西保德与陕西吴堡发现的旧石器统归于河套地区黄土底部砾石层之石器。但强调指出，真正属于代表旧石器时代中期的河套文化地点只包括水洞沟和萨拉乌苏河之两岸”[2]。

20 世纪 20 年代初，在中国内蒙古地图上都很难见到这条沙漠小河——萨拉乌苏河的身影。然而，却因为桑志华在这里意外地发现“河套人”牙化石和大量哺乳动物化石而闻名世界。

“研究表明，出土于萨拉乌苏遗址的、曾在鄂尔多斯高原书写过远古人类历史的古人类群体，生活在距今 7 万 ~3 万年前的晚更新世的某一个时期，体质特征属人类进化史上的晚期智人阶段，在探讨亚洲古人类的演化过程、中国乃至东亚现代人的起源等课题方面具有重要的学术地位。”[3]

解决中国现代人起源的关键，就是靠发掘距今 10 万年至 5 万年前的古人类化石。

邱京春指出：人类经历了南方古猿、猿人（直立人）、早期智人、晚期智人等阶段，发展为现代人。人类进化的第三个阶段是古人（早期智人）阶段，第四个阶段是新人（晚期智人）阶段。“新人是古人的后裔，但在发展上又有了新的飞跃。这种飞跃首先表现在新人的体质结构和形态，除去某些

---

① 裴文中（1904—1982），河北省丰南人，中国考古学家、古生物学家。1929 年 12 月 2 日，在周口店首次发现著名的北京人头盖骨化石。从 1931 年起，他首次通过研究确认石器、烧骨和用火灰烬的存在，从而明确北京人的文化性质，将北京人的研究纳入考古学研究的范畴。1933—1934 年，他主持发掘山顶洞遗址，又获得旧石器时代晚期的山顶洞人化石及其文化遗物。1935 年留学法国，师从法国考古学家 H. 步日耶攻读旧石器时代考古学。中华人民共和国成立后，做了大量的考古和研究工作。他在研究总结中国旧石器时代文化的基础上，又对中石器和新石器时代作了综合研究，对中国石器时代考古学的发展作出积极贡献。

② 董光荣、李保生、陈水志主编：《萨拉乌苏河晚第四纪地质与古人类综合研究》，科学出版社 2017 年版，第 14 页。

③ 董光荣、李保生、陈水志主编：《萨拉乌苏河晚第四纪地质与古人类综合研究》，科学出版社 2017 年版，第 68 页。

细节外，非常像现代人，他们已属于智人种，即现代人种。新人化石所显示的体质特征是：身材比较高大；四肢的特点是前臂比上臂长，小腿比大腿长；直立行走的姿势和现代人一样，不像古人那样弯腰曲背；颅骨高度增大，额部隆起，下巴突出；平均脑量与古人相同，但大脑皮层的结构更复杂化。新人开始出现于最近十万年内，即更新世晚期的中叶。这一时期的文化是处于旧石器时代的晚期或新石器时代初期。在我国的华北主要有山顶洞人、内蒙古的河套人（萨拉乌苏）；在华南有广西的柳江人和四川的资阳人等。这些新人化石头骨显示黄种人的特征。"[①]

然而，随着时间的推移，究竟是谁发现了"河套人"却演绎出许多不同的版本与说法。一些传媒甚至学者，把发掘"河套人"牙化石的功劳记在德日进的头上，是违背客观事实的。因为1922年德日进还在法国。

只要翻阅桑志华公开发表的一系列文章和后世一些专家学者的文章，就会得出正确结论。

邱占祥指出："桑志华（在萨拉乌苏）所发现的化石（包括石器）的详细研究结果已于1928年以布勒、步日耶、桑志华和德日进的名义正式发表。但是这部著作在材料的来源上没有给以明确和正确的交代，似乎主要是1923—1924年（法国古生物考察队）联合考察时发现的。桑志华在其《十年行程录》（1919年P. 1109—1113）和《二十年行程录》（1920年P. 1559—1560）中都对此表示了不满，并一再申明，大部分化石都是联合考察之前就已经采集到了，而且正是这些发现才导致了他和德日进的合作，德日进是作为被邀者的身份参加这一考察，而不是相反。从上面的叙述可以看出，萨拉乌苏哺乳动物的发现和采集靠的主要是桑志华。桑志华的功劳不应该被模糊或抹杀"[②]。

不知什么原因，这个问题一直引起争论！或许是1928年布勒、步日耶、桑志华、德日进的《中国的旧石器时代》一书起了误导作用，或许是有人习惯于人云亦云，或许是有人善于编造演绎故事，或许有人肆意抹杀桑志华

① 邱京春：《人类进化的四个阶段》，《北京人》2006年第3期，第23页。

② 邱占祥：《桑志华和他的哺乳动物化石藏品——试谈桑志华藏品中哺乳动物化石的历史及现实意义》，《天津自然博物馆建馆90周年文集》，天津科学技术出版社2004年版，第7页。

"河套人"左上门齿（模型）

的功劳！时至今日，有悖客观事实的"信息"仍在公共平台堂而皇之地传播，不得不让人感到遗憾。

不仅如此，命途多舛的还有桑志华发现的这枚"河套人"牙化石。

多年来，在北疆博物院一个精制的玻璃柜子里展示着一枚"河套人"牙化石，记载着这一化石是1922年桑志华在萨拉乌苏河岸发掘的。

然而，这枚来自萨拉乌苏的"河套人"牙化石却是一个仿品！当你走近了仔细观看这枚牙齿，无论如何也想不到是假的，即使是专业人员也难以看出它的破绽，制作的逼真程度不得不令人叫绝！

关于这枚牙齿的身世和丢失始终是一个谜。多年来，这枚最重要的国宝"河套人"真牙不知何时破壁而飞，这早已成为中国史前人类考古史上丢失之谜的一桩悬案，至今没有任何消息。

2003年，笔者在时任天津自然博物馆馆长孙景云的陪伴下，参观北疆博物院（当时作为库房不对外开放）藏品。当我怀着对人类祖先崇敬的心情，仔细欣赏这一珍品时，从中科院调来天津自然博物馆专门从事化石研究四十余年的研究员黄为龙告诉我："这是假的，是一个模型，真的让德日进送到法国去了"。他望着我惊诧的目光，进一步解释："当初我们和你一样，一直以为是真的。直到1964年裴文中教授来我馆参观后，才将此谜揭开。早在1937年裴文中教授和德日进神父到广西玉林去考察时，德日进就告诉他'河套人'牙化石早被送到法国，你们这里放的只是模型。我们现在看到的这个'河套人'模型是步达生制作的，达到了以假乱真的程度。"

如今，裴文中院士、黄为龙研究员已经辞世多年，无法核实。但是，2004年黄为龙研究员等发表的一篇文章也证实了这一说法："遗憾的是，天津自然博物馆现存的'河套人'牙齿，实际上是步达生制作的模型，十分逼真。我馆始终作为珍品保存。直至1964年裴文中先生来馆后，才将此谜揭开，裴文中对黑延昌说：1937年我和德日进去广西玉林时，我问他'河套人’牙究竟在哪儿？他告诉我说：早被送到法国了，你们这里放的只是模型”①。

不翼而飞的“河套人”牙化石，至今下落不明！

裴文中（右二）与黄为龙（右一）在研究中

1922年，桑志华在中国首次从萨拉乌苏流域更新世地层中出土的人类化石，填补了人类进化第四个阶段新人（晚期智人）的空白，揭开了中国乃至东亚人类演化研究的序幕。此后，北京人、山顶洞人等相继被发现，使中国成为世界古人类四大进化链之一。

桑志华于1922年在萨拉乌苏发掘的完美披毛犀骨架，曾漂洋过海从中国到了遥远的法国巴黎自然历史博物馆。如今，它作为珍贵的古生物化石标本陈列在那里，每天吸引着来自世界各地的考察、考古、探谜者的目光。

桑志华发现的萨拉乌苏史前文化遗址（河套人），2001年6月被国务院列为全国重点文物保护单位。这一遗址是迄今中国发现的最大沙漠峡谷（长34公里），有罕见的旱地自然奇观。蜿蜒曲折的萨拉乌苏河谷连续的地层剖面，与出土的古人类化石、丰富的旧石器和古脊椎动物化石，不仅为中国乃至东亚人类演化的研究提供了珍贵的资料，而且也是一个人类古生物学和地质学的天然博物馆。

多年来，萨拉乌苏大峡谷作为人类共同拥有的自然与文化遗产，吸引了国内外的古人类学家、古生物学家、考古学家、气候专家、植物学家、动物学家、社会学者、文化学者等前来考察与研究，其自然、文化、生态等方面的价值越来越凸显。

---

① 孙景云、张丽黛、黄为龙：《德日进与桑志华在中国北方的科学考察》，《天津自然博物馆建馆90周年文集》，天津科学技术出版社2004年版，第16页。

“萨拉乌苏和水洞沟这两个地点的发现也是导致桑志华和代表法国巴黎自然历史博物馆的德日进在该地区进行长达两年的共同考察与发掘的直接原因”[1]。

① 邱占祥：《桑志华和他的哺乳动物化石藏品——试谈桑志华藏品中哺乳动物化石的历史及现实意义》，《天津自然博物馆建馆90周年文集》，天津科学技术出版社2004年版，第7页。

第十篇
法国古生物考察队成果丰硕

水洞沟和萨拉乌苏这两个具有欧洲莫斯特和奥瑞纳文化特征的旧石器遗址，在横贯欧亚大陆的黄土地带——东方亚洲的第一次出现，不仅再一次否定了德国地质学家李希霍芬中国北方“不可能有旧石器”的推断，而且得出了中国旧石器时代古人类与西方早期的古人类生活在同一时期的结论，引发了远古时期中西方人类文化相互碰撞的火花，而这一闪光点是20世纪初桑志华来华寻找人类起源时所触发的。

1 组建古生物考察队

历来，古老神秘的中国就对欧洲的思想家、诗人和科学家充满了诱惑力，他们相信有关人类的谜题可以在这片广袤的土地找到答案。

幸运的桑志华在来华五年后，即 1919—1920 年，在甘肃庆阳以北辛家沟和赵家岔发掘了丰富的化石和石器。这时，他急切地意识到：对这些物品的研究已经成为迫在眉睫的大问题。于是，他想到了法国古生物学家、巴黎自然历史博物馆古生物部主任布勒，请这位著名的古生物学家帮助研究鉴定。据桑志华记载：他曾“为了研究之用，多次（1921 年 10 月）向法国发送了一些采自甘肃庆阳辛家沟和赵家岔的较为重要的化石标本”①。

布勒

布勒把研究鉴定的任务交给了他的学生德日进神父。

巴黎自然历史博物馆是享誉世界的老牌研究机构，注重以科学的精神面对物种的发现与研究。

布勒是坚定的无神论者，脾气是出名的暴躁又不友善。但对德日进这位

① Emile Licent, *Dix Années（1914–1923）de séjour et d'exploration dans le bassin du Fleuve Jaune, du Paiho et des autres tributaires du Golfe du Pei Tcheu Ly*, Tientsin: La Librairie Francaise, 1924, p.1559.

小他 20 岁的耶稣小同乡却充满了爱怜。他把非常著名的凯尔西（Quercy）地点的一大批始新世的哺乳动物化石交给德日进研究。德日进既有才干又十分努力，他的第一部专著《凯尔西的肉食类化石》于 1915 年发表在《法国古生物志》上。1914 年，第一次世界大战爆发，德日进应征入伍为医护和担架员。由于在战斗中表现英勇，曾获战功章，并获授“法国荣誉勋位团骑士”称号。1918 年 5 月，德日进从前线回来。1919 年开始随著名古生物学家布勒学习，1922 年获得地质学科学博士学位及地质学教授资格。来华前，在巴黎天主教大学任教时，德日进以其思想的新颖和敏锐在巴黎地质学界名噪一时，并很受青年欢迎。

德日进接受布勒导师交给的研究甘肃庆阳标本的任务后，曾于 1921 年数次致信桑志华，要求提供更多信息。由于桑志华正忙于北疆博物院的筹建和到内蒙古萨拉乌苏考察的准备工作，耽搁了回信。

1922 年 8 月 13 日，桑志华在内蒙古萨拉乌苏发掘了大量哺乳动物化石和旧石器，明显感到经费不足，研究力量不够，迫切需要法国相关方面的协助。他在想：如果能组成法国古生物考察队，对这个地区的化石进行深入考察、研究、论证、鉴定，古人类学和古生物学的文献将会大大丰富。于是，当晚桑志华在野外帐篷里给德日进写了一封简短的信，真诚地邀请他来中国协助工作，而且他相信，德日进的导师布勒也一定会对这些新发现感兴趣，如果德日进不能来，也可派一位像德日进神父一样有经验的人。

德日进（前排中）与导师布勒（前排右一）在一起

桑志华把信寄出后，对带领他找到化石地点的牧民旺楚克说：明年（指 1923 年）萨拉乌苏这个地点的开采可能由法国古生物考察队接手，进行彻底的发掘与研究。

德日进收到桑志

华的信后，马上向布勒导师作了汇报。桑志华在甘肃庆阳、内蒙古萨拉乌苏发现大量化石和旧石器的消息，早已引起了法国巴黎自然历史博物馆、巴黎天主教学院及有关方面的浓厚兴趣。布勒作为国家自然历史博物馆的生物部主任，当然更清楚桑志华在华发现这些化石和旧石器的科学价值。布勒马上表态：希望德日进前往中国与桑志华一起发掘和研究这些化石。

德日进也感兴趣。正巧，1922 年 8 月他在比利时布鲁塞尔参加第 13 届国际地质大会，碰到刚刚担任中国地质调查局局长的翁文灏。在彼此交谈中，德日进得知此时正是中国古生物学发展的大好时机，翁局长希望他来华。不过，德日进心里想：巴黎才是实现他天主教义与生物进化论融合在一起的伟大使命的地方。

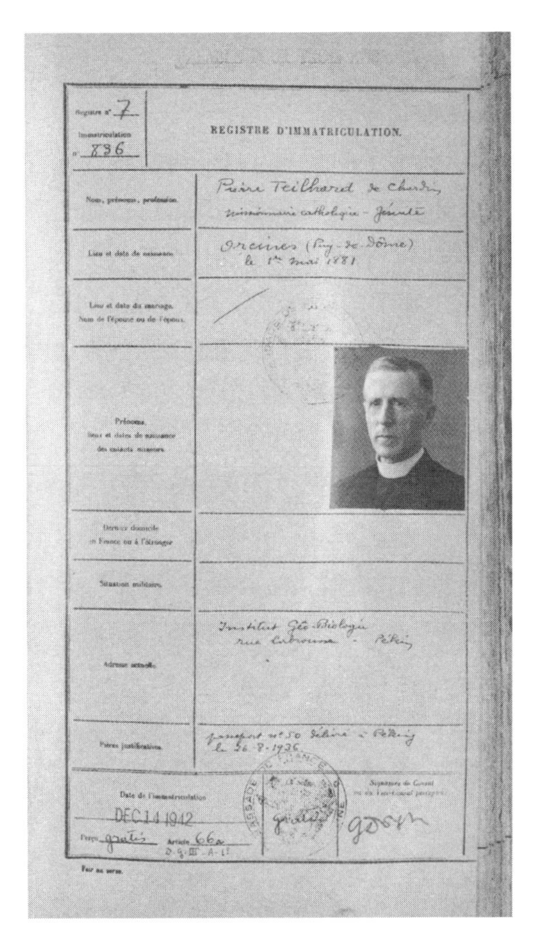

REGISTRE D'IMMATRICULATION.

Registre n° 7

Immatriculation n° 836

Nom, prénoms, profession. Pierre Teilhard de Chardin, missionnaire catholique - Jésuite

Lieu et date de naissance. Orcines (Puy-de-Dôme) le 1er mai 1881

Lieu et date du mariage. Nom de l'épouse ou de l'époux.

Prénoms, lieux et dates de naissance des enfants mineurs.

Dernier domicile en France ou à l'étranger.

Situation militaire.

Adresse actuelle. Institut Géo-Biologie rue Labrousse - Pékin

Pièces justificatives. passeport n° 50 délivré à Pékin le 26-8-1936

Date de l'immatriculation DEC 14 1942

Perçu gratis　Article 66a D.G.III-A-11

Signature du Consul ou du fonctionnaire délégué.

Voir au verso.

德日进在法国驻北京公使馆的登记表

回到巴黎后，德日进对是否前往中国犹豫不定。布勒却坚定地认为：中国这块未开垦的处女地蕴藏着发现人类化石的极大可能，明确要求德日进接受桑志华的邀请去中国。德日进毕竟是布勒的得意门生，尽管心里不是很愿意去中国，但是既然导师明确表态了，作为学生只能服从。正在此时，德日进公开发表的几篇文章惹恼了欧洲耶稣会高层。可以说，德日进是在教会和导师的双重作用下决定来中国的。10 月 6 日，德日进致信桑志华表示接受邀请，并询问到中国考察探险："需要准备哪些东西？" 11

月22日，桑志华回信："就像一个旅行者，只要准备好食物和日用品就行了"。

具有丰富野外科考经验的博物学家桑志华与研究能力较强的古生物学家德日进的合作，可谓是强强联合、珠联璧合。两人的目的一致：互取所长，共同探索。这无论对北疆博物院还是对两位献身于考古事业的科学家来说，都是一件大好事。

中国有一句古话：好事多磨！这对最佳组合从一开始就经历了诸多无法预料的不和谐。

德日进来华前已是法国知名的地质学家、古生物学家。布勒提出让自己的学生德日进任队长并负责组织实施。对此，桑志华坚决不能接受。"德日进一来就在领导权问题上和桑志华发生了矛盾。桑志华对这一点非常恼火"①。

桑志华认为，他已经发掘了甘肃庆阳、内蒙古萨拉乌苏大量化石和旧石器，他还发现了宁夏"水洞沟"这个地点，北疆博物院做了所能做的一切准备。因此，"我（桑志华）将是法国古生物考察队的领导人"②。

布勒对此不以为然，觉得事情完全弄颠倒了。在布勒的眼中，桑志华根本不是考察队的领导，他只能做"向导"并帮助德日进工作。对此，桑志华"曾多次在文章中直言不讳地指责巴黎自然历史博物馆和德日进本人，声称他才是所有这一切的负责人"③。

对于究竟由谁担任"法国古生物考察队"的领导人的问题，几封电报往返于中国与法国之间。后来，桑志华与布勒达成以下协议："我（桑志华）是法国古生物考察队的领导人。孤份标本均归属巴黎自然历史博物馆，因为是该博物馆提供的经费。重复标本将保留在北疆博物院，北疆博物院负责将

---

① 邱占祥：《桑志华与中国的古哺乳动物学》，《天津自然博物馆八十年》，天津科学技术出版社1994年版，第45页。

② Emile Licent, *Dix Années (1914–1923) de séjour et d'exploration dans le bassin du Fleuve Jaune, du Paiho et des autres tributaires du Golfe du Pei Tcheu Ly*, Tientsin: La Librairie Francaise, 1924, p.1559.

③ 邱占祥：《桑志华与中国的古哺乳动物学》，《天津自然博物馆八十年》，天津科学技术出版社1994年版，第45页。

其中几件转交北京地质处”[①]。

然后，桑志华与巴黎天主教学院就德日进来华工作的问题进行协商。据桑志华记载：“正像我在我的《10年报告》第1559页和随后几页中所讲的那样，与巴黎天主教学院伯德里亚尔院长一起进行的首次商谈开始于1922年。当时德日进神父是该学院的教授，我们商谈的内容是：派遣德日进教授与作为北疆博物院院长的我一起组成古生物考察队”[②]。

“1922年12月22日的信件具备合同价值，而1923年2月的电报答复设定内容表述已被接受。通过这一段文字，人们会看到合同是如何在北疆博物院这边被坚持的”[③]。

“考察队在法国由巴黎天主教学院组织而成，经费资助来源于巴黎自然历史博物馆、法兰西科学院和公共教育部。于是，我们当时有了35000法郎”[④]。

经费直接拨给北疆博物院，由法国驻华公使傅乐猷监管。巴黎天主教学院继续为德日进神父发薪水；北疆博物院则负责提供考察队所需的装备和助手。

1923年2月组成了桑志华—德日进法国古生物考察队。

随后，桑志华收到一封德日进来自法国的电报：“将去一年，何时出发？”

2月28日，桑志华回电报：“5月15日到。”

按照桑志华的计划，考察的主要地点是内蒙古萨拉乌苏河谷。但是，这

---

① Emile Licent, *Dix Années (1914–1923) de séjour et d'exploration dans le bassin du Fleuve Jaune, du Paiho et des autres tributaires du Golfe du Pei Tcheu Ly*, Tientsin: La Librairie Francaise, 1924, p.1559.

② Emile Licent, *Onze années (1923–1933) de séjour et d'exploration dans le bassin du Fleuve Jaune, du Paiho et des autres tributaires du Golfe du Pei Tcheu Ly*, Tientsin: Mission de Sienhsien Race Course Road, 1935, p.1.

③ Emile Licent, *Onze années (1923–1933) de séjour et d'exploration dans le bassin du Fleuve Jaune, du Paiho et des autres tributaires du Golfe du Pei Tcheu Ly*, Tientsin: Mission de Sienhsien Race Course Road, 1935, p.1.

④ Emile Licent, *Onze années (1923–1933) de séjour et d'exploration dans le bassin du Fleuve Jaune, du Paiho et des autres tributaires du Golfe du Pei Tcheu Ly*, Tientsin: Mission de Sienhsien Race Course Road, 1935, p.1.

时城川传教会莫斯塔尔特主教来信说：这一带军阀混战，已经持续了一段时间，人们面临死亡危险，对教徒们的态度也不好，不适合野外考察工作。桑志华马上于1923年3月16日给德日进发了一封电报："因骚乱会耽搁开采。"

当时，桑志华并不知道，德日进已经于1923年4月6日在马赛乘山脉号船（Cordillère）离法，一个月后，"5月17日，他到了上海"[①]，吊唁来华传教去世的姐姐。

1923年5月17日，桑志华收到德日进神父从上海发来的电报："我从巴黎到上海刚刚下船，我将于21号乘火车去天津"[②]。

1923年"5月23日，抵达了天津"[③]。桑志华"第一次在北疆博物院见到德日进时高兴得直跳脚，因为和德日进的计划已经成形"[④]。桑志华认真详细地给德日进介绍中国地质地貌和已经发掘化石的情况，一起讨论研究考察队的具体计划和准备工作。

德日进给朋友写信："在天津，我发现了一个慈善中心，尚未发展起来，但必将快速成长：类似震旦大学，只是尚不完善，但已建造起来，并从九月份起招收一些学生。我前来协助桑志华（Licent）神父的博物馆是一座三层的建筑物，里面古生物学的珍品正等待着我"[⑤]。

万事俱备，只欠东风。一切工作准备就绪，就等着小桥畔的消息来确定具体的考察时间。桑志华打算尽快出发，他相信有上帝的保佑，有小桥畔和城川神父们的帮助，挖掘化石工作一定会非常顺利。

就在这时桑志华收到城川传教会莫斯塔尔特主教1923年5月15日写的信："局势仍然动荡不安，法国驻华公使傅乐猷要求中国外交部给陕西政府

---

① H. Madelin：《从利玛窦到德日进》，《科学与人文进步——德日进学术思想国际研讨会论文集》，2003年，第128页。

② Emile Licent, *Dix Années (1914–1923) de séjour et d'exploration dans le bassin du Fleuve Jaune, du Paiho et des autres tributaires du Golfe du Pei Tcheu Ly*, Tientsin: La Librairie Francaise, 1924, p.1559.

③ H. Madelin：《从利玛窦到德日进》，《科学与人文进步——德日进学术思想国际研讨会论文集》，2003年，第128页。

④ 邱占祥：《德日进与桑志华及北疆博物院》，载《天津自然博物馆论丛（2015）》，科学出版社2015年版，第15页。

⑤ H. Madelin：《从利玛窦到德日进》，《科学与人文进步——德日进学术思想国际研讨会论文集》，2003年，第129页。

下令保护考察队，还要他给宁夏的马鸿宾将军下令去解救我们，但是，只能在我们遭到袭击的情况下实行。这个举措是微不足道的，我们获得安全的唯一办法是远离那些军人（因为那些军人继续搞阴谋来对付我们）……让我给你们建议什么时候来，是十分困难的。你们 7 月份来这里情况有可能好转，但也可能情况更糟糕！如果是那样，你们发掘化石行动会遇到很多烦恼”①。

收到这封信后，桑志华与德日进不敢贸然行动，只能在天津耐心等待。

2 意外发现三盛公化石

鉴于萨拉乌苏河流域小桥畔局势动荡，桑志华如实向法国布勒教授等作了推迟出发时间的报告。同时，他与城川传教会的莫斯塔尔特主教保持密切联系，并到北京请法国驻华公使傅乐猷强势干预中国外交部，为早日考察作出积极努力。

1923 年 6 月 12 日，桑志华—德日进法国古生物考察队终于从天津出发，踏上了奔赴内蒙古萨拉乌苏的征途。

为了节约经费，桑志华没有从天津或献县组织庞大的挖掘队伍，而是决定到当地组织。考察队成员除桑志华、德日进外，还有王连仲和献县天主教会两个忠诚的身强力壮的年轻人保罗和于枚，他们只带了野外考察必备的工具、帐篷、行李等。

考察队从天津乘火车到北京，又从北京转火车去张家口，整条线路都处于非常混乱的状态。

13 日，在张家口换乘至呼和浩特的火车是一列小型的混合火车，没有一、二等车厢，考察队与其他旅客挤在装满了人和行李的车厢里，又脏又乱，非常不舒服。当天下午到达绥远省会归绥（今呼和浩特市），这里海拔 995 米，晚上十分凉爽。

在绥化，桑志华做的第一件事情就是登门拜访驻军元帅马福祥。马元帅

① Emile Licent, *Dix Années* (*1914–1923*) *de séjour et d'exploration dans le bassin du Fleuve Jaune, du Paiho et des autres tributaires du Golfe du Pei Tcheu Ly*, Tientsin: La Librairie Francaise, 1924, pp.1560–1561.

热情地接待了他，回忆起 1919 年在宁夏府的相见，仍然记忆犹新。桑志华说明来意，请马元帅帮助考察队解决到萨拉乌苏采集化石所需的通行证和马车队。马元帅答应的非常痛快！当然还有一个因素，时任中国地质调查局局长翁文灏给马福祥将军的信中介绍了桑志华与德日进的身份与前往此处的目的。马元帅介绍了该地区局势动荡不安的情况，建议改变行程路线，先到包头，然后到黄河湾的北部考察。马元帅当时还给包头田司令亲笔写了一封关照法国古生物考察队的信请桑志华交给他。马元帅尽力为考察队提供所需的一切便利，还配备了两名士兵。

“绥远省华洋赈灾分会”副会长费永祥神父为桑志华此行，特意给包头驻军司令田树梅写信，以求给予便利。

接受马元帅的建议，桑志华与德日进商量后，决定顺黄河而上，经武川、大青山、阿尔山、乌拉山等地，绕一个大圈。这条路相对安全得多，基本上处于马元帅掌控的势力范围。

16 日，到达内蒙古武川阴山北麓，清澈山泉从虎山流下来，形成一个天然山渠，又流入武川东部，延伸至大青山北部的草原，这一美丽的景象十分迷人。

晚上，住宿何家鼓楼天主教会万皮尔（Van Peer）神父家。桑志华发现他的身体不太好，也不像以前那样健谈了。听说 40 多个土匪刚刚从这过去。他们将要去的鄂尔多斯也传来几百土匪与军队混战的消息。携带粮草的考察队，要平安无事地到达目的地是很难的！桑志华和德日进都感到十分不安。

为安全起见，桑志华和德日进先乘二轮马车，再乘火车到包头，去拜访包头驻军田司令，以获得关照和所需装备。

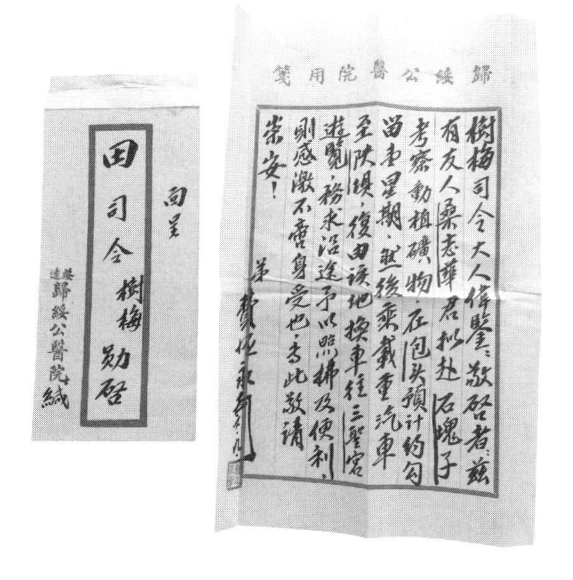
面呈
田司令樹梅勛啓
歸綏公醫院緘

歸綏公醫院用箋

樹梅司令大人偉鑒：敬啓者：茲有友人桑志華君擬赴石拐子考察動植礦物，在包頭預計約勾留壹星期，然後乘載重汽車至陝壩，復由該地換車往三聖宮遊覽，務求沿途予以照拂及便利，則感激不啻身受也。專此敬請
崇安！
弟 [illegible]

费永祥神父给包头驻军司令田树梅的信

路上，又得到军队与土匪发生战斗的消息，还听说几个月前，土匪抢劫了2万到3万银元，他们心里非常紧张。

20日，考察队终于到达包头。桑志华和德日进拜访了田司令，一见面，桑志华把马元帅和费永祥神父分别写的亲笔信交给田司令。田司令热情接待了他们，考虑到那里的匪情，坚决反对他们穿越鄂尔多斯，要求考察队走黄河北岸的路线。田司令慷慨地送给考察队马匹骡子，还派两个士兵护送。

考察队严格按照田司令要求的路线朝着黄河北岸的方向行进。田司令派的两个护送士兵都是回族战士，一个高大魁梧、乐观向上，很机灵，把一切安排得很好；另一个比较持重，外表与众不同，佩一把短枪，骑在一匹漂亮的黑马上，非常帅气。经过一天的长途跋涉，进入昆都仑沟。

他们确定了工作方式：桑志华负责测绘线路，德日进从两边观察岩石、地层，如果发现化石地层，桑志华再重复观察一次。然后，两人把讨论的结果标注到地图上。

进入大青山北部峡谷，向西走了一段，出现了一个自西向东起伏绵延的大平原。德日进从白色石灰石中提取出纤维的矿物质和云母大理石，对硅制岩石也取了标本。继续向北部的山脉前行，起伏的山坡呈现出与乌拉山整体的相似性。

勘察乌拉山后，他们来到大佘太（Ta Chen Tai），这是一片平坦的山谷底部，生长着燕麦和大麻，还有一个军事要塞，有驻军200多名。两个回族士兵在附近农场找到了住宿的地方。

从25日上午，桑志华和德日进骑着马行进在一望无际的草原上，到处是“草甸”，低矮的山丘被高高的菊科植物、蒿属植物和开着白花的小灌木丛覆盖着，很难辨别出前进的方向。只有通过指南针，才能在北面的山群中，分辨出东西走向的平行山脉。

在两个回族士兵的引领下，考察队马不停蹄地朝南面的道路走去，这是一条最好走、最省时的路。三天后，来到离黄河有八九里的杜家地。

这里有长势不错的农作物，开着紫花的豆角和小扁豆，也看到整齐的村庄。

一条水流湍急、宽约15米的大河拦住考察队的去路。两个回族士兵跑了很远的路找来一条船，帮助大家渡河。到了对岸，能够清楚地看到西北方

考察队通过一座简易桥

向的二狼山（Chara Narin Oula），它被当作地标。

离开了高山，穿过了草原、浅滩，7 月 1 日，考察队到达三盛公（Saint-Jacques）天主教堂（今内蒙古自治区巴彦淖尔市磴口县城所在地）。

三盛公天主教堂是河套地区最早建成的传教中心，也是外籍传教士最早落脚的地方。威尔塔恩滕神父在家热情地接待了桑志华和德日进一行。他介绍了河套地区政治、军事、经济和社会等情况，还说这一地区虽然属一个回族组织管辖，但实际由天主教会掌控，完全可以保证考察队的安全。听罢，桑志华一直担惊受怕的心才算放下来，他让两个护送士兵返回部队，并给了小费。

卡佩尔（Cappelle）神父说，有人在黄河另一岸 80 里处的鄂尔多斯西部边缘，在三盛公天主教堂东南处发现了化石。这使桑志华与德日进兴奋起来，马上想去看。卡佩尔神父接着说，到达这个地点，需在渡口（镇）渡过黄河，熟悉这个地方的人很少。在三盛公教堂与渡口之间有一个圣・于贝尔（Saint-Hubert）小教堂，那儿有一个蒙古族青年可能知道这个地方，可是他外出了，一两天后才回来。

这一天下午，城川传教会莫斯塔尔特主教安排的一个蒙古族向导骑马穿过鄂尔多斯东部，到三盛公教堂与考察队会合。他说，一路没有遇到土匪和士兵，由他负责带考察队到达萨拉乌苏河谷。

因得知这里有化石的消息，桑志华和德日进不想马上离开去萨拉乌苏，而是要立刻去渡口。

经过一番周折，7 月 5 日，桑志华和德日进与圣·于贝尔小教堂蒙古族青年人和向导相聚，一起出发去渡口。蒙古族青年人说，人们发现化石的地点不止一个，至少有三个，桑志华和德日进觉得希望更大了。

晚上又下起雨来，黄河水位上升了。

6 日，考察队沿着黄河岸边向南行进。一小时后，来到一座山前，黄河的水道在这里被切开了，由此进入一条大沟，山坡主要由红色砂黏土构成。

登上一个多石的山丘，桑志华与德日进发现山后有一条充满沙子的河流。他们登上第二座山，绕到另一条河流前，拐了一个直角，走上了一条崎岖小路。夜幕降临，向导已经迷失了方向。桑志华和德日进商定：暂停冒险行动，就近搭帐篷过夜。后来，听从蒙古族青年的建议，在三条沟壑交汇处的蒙古包旁搭起帐篷，这里饮水方便。

当晚，蒙古族青年和向导没有与桑志华打招呼就悄悄地离开了。桑志华误以为他们因没有找到化石地点，非常羞愧地离开了。这样一来，寻找化石地点变得更加渺茫。

7 日清晨，考察队又一次来到前一天走过的那座山谷勘察：德日进登上了山谷的最南端，桑志华查看地质状况，还是没有找到化石地点，在采集植物标本时，却第一次发现结果的野杏树。

傍晚，考察队回到帐篷，意外地发现蒙古族青年和向导回来了！他们身边还多了一位身穿紫红色衣服的僧人。这个僧人知道哪儿有“龙骨”。桑志华非常激动地感慨：蒙古族年轻人和向导真是可爱！

听从僧人的建议，晚饭后他们收起帐篷，回到昨天行走的路线，把帐篷搭建在离化石点约一里的地方，附近有一眼水质极好的井。

宽阔的山坡由风化的钙质大颗粒白砂构成，里面混杂着红色砂黏土，这里含有大量化石

热情的僧人带他们来到化石地点。那是一个很宽阔的山坡，由沙化十分严重的红色砂黏土构成，呈现出许多直径相当大的圆锥体，形成一种很奇特的效果。它上游河谷没有任何特殊的东西，但在红色砂黏土构成的对面，可以看到高大的白沙地质构造。

桑志华与德日进仔细勘察后发现：在有些颗粒很大的白沙里，混杂着数量不多的红色砂黏土，表面有许多被风化的钙质鹅卵石，里面含有大量化石。桑志华与德日进在其他夹有红色砂黏土的沙子或柔软砂岩里，也找到了犀牛骸骨和小啮齿目动物牙、骨头和鱼的椎骨等。但是，非常糟糕的是，这些化石很脆，小小的震动就成为碎片。夜幕完全降下来，他们只能返回营地。

8 日继续发掘，桑志华和德日进发现："在一条顶端崩塌的河流边缘呈现出一个有趣的剖面，看到了三层白砂层交替在红层中出现。许多化石就埋藏在里面，找到了一块长而完整的犀牛的骨头。这里的化石非常丰富，发现了鬣狗、犀牛、大象、羚羊、食虫目、小的啮齿目动物和一只野兔大小的啮齿目动物"①。

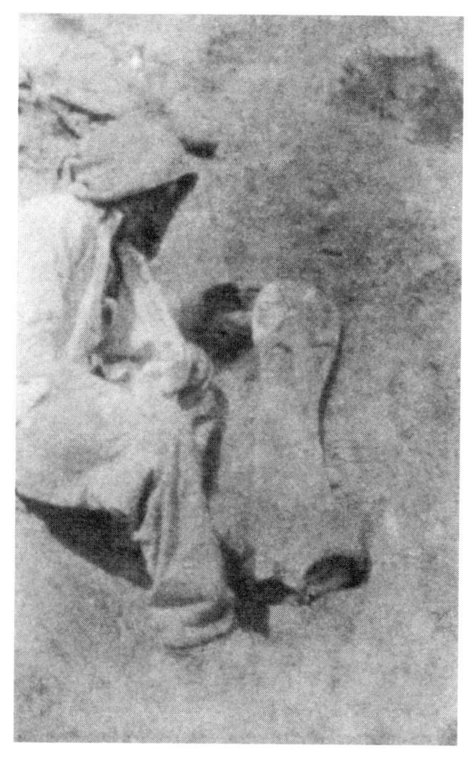
发掘了一颗很精致的犀牛臼齿

9 日，在同一座山谷，也是三盛公天主教堂对面的地方，桑志华和德日进"发掘了一颗很精致的犀牛的臼齿，是俾路支兽（亦即'巨犀'）的化石，为了避免其摔成碎片，我用面粉和麻纸把它包裹起来，花了几个小时才完成。这个牙

① Emile Licent, *Onze années (1923–1933) de séjour et d'exploration dans le bassin du Fleuve Jaune, du Paiho et des autres tributaires du Golfe du Pei Tcheu Ly*, Tientsin: Mission de Sienhsien Race Course Road, 1935, p.25.

王连仲捕杀了非常漂亮的雌鹿

齿和昨天发现的长骨化石都保存在巴黎博物馆，还要铸一份模件给北疆博物院”[①]。

为了便于发掘工作，他们把帐篷又搬到含有化石地层的附近，不远处的黄河水能饮用。晚饭后，王连仲用猎枪打死一只非常漂亮的雌鹿。深夜，桑志华听到了雌鹿的幼仔在陡坡上哀怨的叫声，可怜的小东西叫得很凄惨，两天后幼仔从山上消失了，它已经长大了，应该可以吃草了。

10 日，考察队的人发现山谷下游河道的岩石也出现同样的岩层。桑志华与德日进勘察后发现：这些红色砂黏土层和砂层与前两天发掘的含化石地层是相同的，一直延伸到其冲积平原的出口。在这些硅化严重的砂岩层里采集化石的难度很大，之前所用的方法在这里并不适用。

11 日，考察队回到昨天发现的这一地层，桑志华与德日进又向东走了约 7 千米，发现沟壑露出地面的岩石中有白沙重复出现，倾斜度总是相同，在那里发掘了大象、犀牛、啮齿类动物的骨头、鱼的椎骨和壳龟等化石。下午，桑志华从东面和东南面为整个含有化石的岩石拍照。

12 日，黄河水上涨了三英尺。为了抓紧时间前往萨拉乌苏，他们结束了化石的采集工作。桑志华非常感谢卡佩尔神父让人从三盛公天主教堂带过来三个空箱子，采集的化石装满了两个箱子，剩下一个空箱子期待新发现。

13 日早晨，考察队准备奔赴萨拉乌苏，一个僧人拿来了两个漂亮的大象脊椎，可惜由于时间关系，只能以后再去化石地点。向导带来了赶着几匹骆驼的亲戚，桑志华向他租了一匹骆驼驮运两箱化石。

① Emile Licent, *Onze années (1923–1933) de séjour et d'exploration dans le bassin du Fleuve Jaune, du Paiho et des autres tributaires du Golfe du Pei Tcheu Ly*, Tientsin: Mission de Sienhsien Race Course Road, 1935, p.26.

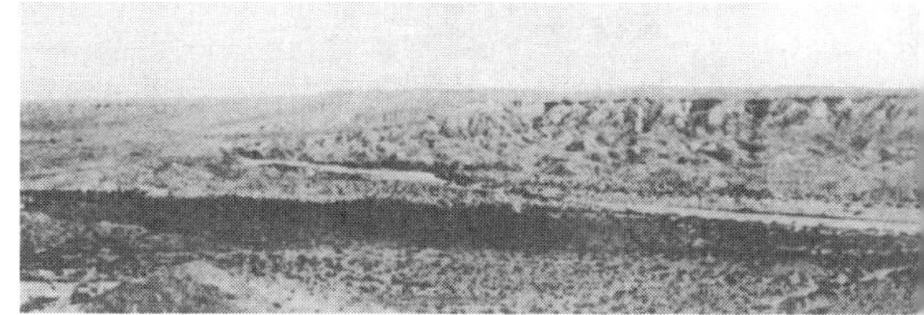

整个含有化石的地层

“根据Cappelle（卡佩尔）神甫提供的信息，德日进与桑志华在三盛公（Saint-Jacques，开始称为三道河）处黄河对岸找到了化石产地。化石产于产状倾斜的红色砂黏土层中的砂层中。化石相当丰厚。他们花了5天时间采集到一批化石，其中有个体很大的犀类，其上颊齿有拳头大小，许多很大的肢骨；一类牙齿像安琪马的奇怪的奇蹄类，一类下裂齿带强壮跟座的猫类动物，以及很多小哺乳动物化石，其中有一种像兔子大小，但其颊齿呈椭圆管形。由于没有发现真马和真象化石（也没有发现三趾马化石），德日进认为这个动物群应该介于三趾马和真马动物群之间，是上新世的”①。

“三盛公这个地点的化石其实是渐新世②的，这一点不久后就为古生物学界所熟知。但德日进是费了很大的工夫才认识到这一点的……德日进和桑志华于1924年在中国和法国地质学会志发表的关于鄂尔多斯的两篇文章中都持原先的观点。但是在法国地质学会志文章之后又增加了一篇‘补充观察’，其中就采用了三盛公属于渐新统③的新观点。在法国地质学会1924年11月17日的简报上，德日进还专门就此作了说明。到1926年德日进单独发表的该地区的第三系的哺乳动物化石描述时，就完全采用了后一观点”④。

① 邱占祥：《德日进与桑志华及北疆博物院》，载《天津自然博物馆论丛（2015）》，科学出版社2015年版，第7页。

② 渐新世（Oligocene）是地质时代中，古近纪的最后一个主要分期，介于始新世与新近纪的中新世之间。渐新世被认为是一个重要的过渡时期，大约从距今3400万年前至2300万年前。

③ 渐新统是渐新世的沉积地层，多为连续沉积，形成的泥岩、粉砂岩有时可厚达400余米。

④ 邱占祥：《德日进与桑志华及北疆博物院》，载《天津自然博物馆论丛（2015）》，科学出版社2015年版，第7页。

3 水洞沟富含旧石器时代地层

从1923年7月14日，考察队离开三盛公化石点后，沿着黄河向南行进。黄河东岸的桌子山（位于今内蒙古乌海市的东部）由远至近，巍峨壮观。

连日来，考察队走荒原，过沟壑，登山坡，经历沙尘暴，遭受暴风雨，

跌宕起伏的桌子山

行进中的考察队

雄伟壮观的乌拉山

人疲马乏。尽管如此，桑志华、德日进还是一直对沿路出现的前寒武纪[①]地层进行了勘察，桑志华还采集了大量植物标本。

21 日，考察队从黄河岸边雄伟壮观的乌拉山跨过长城，来到属于银川的横城，进入宁夏灵武地区水洞沟附近的沙丘地带。

前边的路每走一步都十分艰辛。一条狭窄的沟让考察队形成一条相当长的钩形队伍。紧接着进入一条裂缝过道，山路已毁坏，骡马载着人和物要攀登 30 多度的陡坡，随后是下坡，人和物几次险遭坠落，十分危险！ 20 多分钟前进不到 500 米，马和骡子累得喘着粗气，走不动了，大家只好原地休息。还没等站稳，一场意料不到的灾难把大家吓呆了：乌云般的蚊子猛烈地向他们袭来，包围了骡马，所有人都在摇头、跺脚、晃全身，骡马也摇头摆尾，人和牲口都面临非常危险的处境。经过仔细观察，桑志华发现这是一条水沟，底部非常潮湿，是蚊子的巢。必须马上离开！每人抓了一把草，一边驱赶蚊子，一边迅速撤离。经过 20 多分钟的快速行进，躲开了那些黑压压的可怕蚊子，来到一片草甸，又进入沙丘和荒原。他们渡过一条流水丰盈的河，绕过一个高大的方形塔楼，在草丛中翻越了长城，到达横山堡的东北角。

晚上十点半，疲惫不堪的考察队终于找到一家客栈。见到老板，桑志华和王连仲瞬间想起，去年运化石返回天津时就是住在这个客栈，而后到水洞

① 前寒武纪（Precambrian）是地质时代中，对于显生宙之前数个宙的非正式涵盖统称，原本正式的名称是隐生宙，但后来拆分成冥古宙、太古宙与元古宙三个时代。前寒武纪开始于大约 45 亿年前的地球形成时期，结束于约 5 亿 4200 万年前。

沟。王连仲催促开饭时，不见老板人影，只好找其他人去准备吃的东西。原来，这个老板骗过王连仲！去年，等待从石坝（Cheu pa）来的车队时，这个老板带着载有化石的骆驼队去横城大赚了一笔。

22 日，桑志华与德日进去西面看了看地质状况没有什么收获。早在 1920 年，思科托（Schotto）神父曾给桑志华一块在水洞沟发现的人工打磨过的石器。因此，1922 年 9 月 19 日从萨拉乌苏运送化石返回天津时，桑志华专程到水洞沟勘察。他发现这里的地质构造很像内蒙古萨拉乌苏流域地层，很有可能含有化石和石器。但由于时局动乱，怕车上的化石被劫，没时间仔细查看。晚饭后，桑志华建议德日进一起去水洞沟看看可能藏有石器的地层。

经过一条又一条火红色土壤的沟壑，穿过山口，沿着去年桑志华走过的石坝路前行。距水洞沟 1 里处，多岩的石灰质山丘远离了这条路。穿过平行方向上的长城，通过一个褶皱前的沟壑，桑志华用手指着前边说，“水洞沟石器地点就在那道褶皱后面。”

“我与德日进走近观察：它是由带鹅卵石层的泛绿色的砂质黏土形成的地层。德日进挖掘了一个点，取出一块被切割的很好的带有鱼刺的石头，又取出另一块也很好，接着是一系列骨头的碎片。几分钟后，我和德日进在一道有五六厘米厚的地层中发现了一系列古人类用过的工具。无疑，我们来到了一片旧石器时代的地层，这儿的东西多极了！”①

长城脚下的旧石器地层

23 日早晨，他们迎着朝霞来到长城山脚下发现旧石器的地层，发掘化石。桑志

① Emile Licent, *Onze années (1923–1933) de séjour et d'exploration dans le bassin du Fleuve Jaune, du Paiho et des autres tributaires du Golfe du Pei Tcheu Ly*, Tientsin: Mission de Sienhsien Race Course Road, 1935, p.43.

华绘制了地层的平面图和剖面图。

下午，他们来到水洞沟河岸，河岸是陡壁，大多是含有化石的红黏土，并夹有白胶泥板，上面覆盖着黄沙。居民在黄沙中开凿洞穴居住。在红黏土中，他们发现了三趾马骨头的碎片和一块啮齿目动物的下颌骨。

长城脚下水洞沟 1 号地点发掘现场，右边站人的位置为该地右边界，左边两个人的位置为其左边界

含旧石器的地层嵌在红黏土的小沟中，高出的地方有很多大块鹅卵石，这儿的石英石或多或少有些坚硬，硅化石灰岩和火石很稀少。或许是原始人类在这里找到了制造生产工具的原材料。土地里有打磨过的石块，无疑这是湖中的沉积物，红土形成了河岸，堆积在陡壁脚下。

山崖红黏土中夹有白胶泥板，里面含有化石

来到水洞沟 1.5 千米处，他们看到一道很大的灰色含沙的黄土质陡坡被分成了几个部分，沟的底部有水源，清澈见底。

红黏土分布在水洞沟河岸含有石器的地层向上游延伸 150—200 米。在河对岸峡谷的同一段中，有一个被鹅卵石带切断的黏土质的岩壁竖立着，在很多地方形成了真正的砾岩。在河对岸，鹅卵石的河床在红色黏土之上，厚达 1.5 米。其上游，在岩壁的底部发现了炭质的土。在薄的岩层中，发现很多打磨过的石器。

鹅卵石带形成了砾岩

返回客栈，桑志华与德日进发现客栈下面的岩石被侵蚀得七零八碎，有的被切割过了。

24日，他们决定暂时离开水洞沟，借小桥畔附近暂时无战事的机会先去萨拉乌苏，继续桑志华去年（1922年）在萨拉乌苏河谷的发掘工作。然后，再回水洞沟，用较长时间进行系统发掘。

上午11点，考察队到达清水营。下午，勘察连接水洞沟的河谷地区。26日上午，见到聂家梁（在清水营和花马池之间）北部的岩石，与中国北方其他地方一样，有粉红、嫩绿、红色、棕色等多种颜色，在细黏土中含鲤形鱼类①、介形类② 和硬鳞鱼类③ 等化石。

考察队继续东进，五天后，到达城川。

---

① 最早的鲤形鱼化石发现于亚欧的古新统及始新统，因此有人认为鲤形目起源于亚洲北部白垩纪的狼鳍鱼类（Lycopteridae）。

② 介形类（Ostracods）属于甲壳类动物的一个分支，地质历程从寒武纪一直持续到现代，共包括有约6.5万个种，其中现生种只有1.3万个，其余5.2万个皆为化石种。介形类动物个体微小，壳长一般在0.5—4.0毫米，地理分布广泛，海水、淡水等多种生境均有分布，以底栖类群最为常见。

③ 硬鳞鱼类（Ganoid）是辐鳍鱼中最原始的一类，其内骨骼多为软骨，体被斜方形坚厚硬鳞。最早出现于泥盆纪，在晚古生代及中生代初期繁盛，新生代衰落，只有少数代表如鲟、白鲟、多鳍鱼等延续至今。

4 再次系统发掘萨拉乌苏河岸旧石器时代人类遗存

1923 年 7 月 30 日下午来到城川传教会。此时，克莱斯（Claeys）神父临时代替莫斯塔尔特主教作为蒙古族教徒的本堂，他对考察队的到来表示真诚的欢迎，并提前为考察队做好了挖掘化石的准备工作。

被桑志华称为不知疲倦的“古生物学家”的蒙古族牧民旺楚克，与桑志华久别重逢非常高兴，他还带来一个遭风化而有点古色斑的人类的颅骨。

8 月 1 日一大早，考察队到达萨拉乌苏河岸化石地点。桑志华主要负责组织发掘和采集化石，德日进侧重地层研究。桑志华指挥民工在距旺楚克家很近的地方支起帐篷。把大家分成几个小组，然后到指定位置去挖掘采集化石。桑志华忽然想起，去年 8 月，就是在这里写信向德日进发出邀请，此时终于如愿以偿！

德日进同意桑志华提出的把采集化石的重点放在旺楚克儿子发现人类头骨的地点。因为去年走得匆忙，许多化石没有挖掘出来。

2 日，重新开采发现人类头骨的地层，同时对旺楚克家农场附近的 A 点重新进行挖掘，旺楚克说这里有取之不尽的化石。在去年王连仲发现犀牛化石点的下方，他们发现了一个新的化石地点，发掘了两个犀牛的头骨。

3 日，桑志华带德日进去萨拉乌苏河流的上游去勘察。在蜿蜒曲折的古老河道中，发现了沼泽和清澈的水塘，在一处荒原与山丘之间捡到了一些陶器碎片。

4 日，桑志华与德日进来到发现人类颅骨层位上游 30—40 米处，找到了人类头骨和一些动物骨的碎片。

A 点一道小斜坡崩塌了，旺楚克对桑志华说：“如果继续开采，黄土质的岩壁可能会塌陷”。桑志华让施工人员清理了松动的沙土，继续开采。在去年发现野驴化石的 B 点，发现一些犀牛化石。在去年发现横截面为三角形牛化石的 G 点，发现了两副动物肋骨化石。在 R 点和 A 点地层之间两个斜坡的平台上，发现了一块片麻岩的鹅卵石。

5 日，桑志华与德日进到城川这座古老的城市去考察。它位于萨拉乌苏河下游，占据西北角，在其一侧，碎片、砖头和瓦片中掺杂着碎骨片，覆盖在大片的地面之上。城墙已经倾斜，被河水冲击了一个缺口，墙上长着草，S 点城墙形成一个低矮的土堆。

城的东南角有一个喇嘛寺，院子里生长着百年老树。参观喇嘛寺后，两人沿着萨拉乌苏河岸返回时，发现在一个很深的峡谷中，峡谷两侧堆积黄土质的平台，与坚固的钙化砂岩形成 10—20 米高的峭壁。

乌云遮住了天空，紧接着暴风雨降临，他们见到两个固定帐篷的木桩被折断，民工们费了很大工夫才修好。

这一场大雨，导致几个化石点出现塌方，其中 G 点地层崩塌，下降了 3—4 米。

7 日早晨，天气晴朗，各化石点都不断发掘出化石，桑志华拍摄了一组化石点资料。

小桥畔德·维尔德神父分两批送来招聘的 15 名民工，其中 3 名是蒙古族木匠，负责制作装化石的箱子。

连日来，已经出土了七八只犀牛化石，还采集了马、野驴、羚羊、鹿、骆驼、狼、啮齿目动物蛋壳化石的碎片。王连仲还挖出一个完整的犀牛头化石，遗憾的是没有颈的顶部。

10 日，桑志华与德日进来到发现人类头骨的地点查看。旺楚克说，颅骨是在河边一个很高斜坡上 3 英尺深的地方，可是崩塌物盖住了它。桑志华指导民工挖出了一个岩层，岩层下面有淡黄色的沙子，其颜色酷似岩层的颜色，中间有不太厚的蓝色土层，将砂岩和沙子上下分离开来。挖到与去年发现人类头骨的地方相同的高度时，沙子看起来与之前也是一样的。他在砂

旺楚克家牧场附近 A 化石点

岩层下的1米处，发现了犀牛的一块颌骨化石。

这一天，桑志华让人将8大箱化石运到小桥畔，晚上又装满4个大箱子。

旺楚克儿子发现人类头骨的地层

11日早晨，桑志华与德日进又来到旺楚克儿子发现头骨的地点，从这里取出一个约7—8厘米的颅骨碎片，旁边是碎骨片化石。看得出来这些碎片是原始土壤中的，好像自古以来没有被翻动过，桑志华让继续深挖两英尺，仍然没有收获，只是在陷下的沙子里找到两块瓷碎片。

12日是礼拜天，桑志华与德日进在一座像祭台一样的小山丘上做了弥撒后，到萨拉乌苏河岸上游勘察。这里水位很低，他们发现了一些小打火石和很粗糙的瓷碎片，无疑是新石器时代的。

旺楚克带着儿子和王连仲等去了15里远的地方打猎，遇上4个强盗。听说一个蒙古族人受了伤。桑志华就带上装有碘和灭菌药的箱子，去给他止血包扎。

13日，旺楚克的弟弟旺迪昌（T’ichang）在A点上游找到了一根骆驼的骨头和一个长1.1米的很美丽的野牛角。桑志华发现这一地点含有丰富的

“旺楚克剖面”

化石，高兴地说：这个 A 点，从此叫“旺楚克剖面”。

14 日下午，桑志华与旺楚克及他的儿子、女婿回到城川，顺便去拜访他家，桑志华看到一家三代其乐融融的感人场面。

8 月 15 日，风和日丽，是城川蒙古族教徒的节日，桑志华与德日进也来到城川小城，与大家共度欢乐的节日。人们穿着鲜艳的节日服装，红色、绿色、蓝色，五彩缤纷，鲜艳夺目，颈部佩戴着亮晶晶的白银或红彤彤珊瑚珠的项链。

在寺院举行隆重的仪式后，前往大草原举行赛马比赛。这是独特又壮观的场面：人们穿着鲜艳服装，骑着一匹匹高头大马驰骋在大草原上，你追我赶，勇往直前，展开一幅美丽的画卷……桑志华与德日进是第一次欣赏异国草原的绮丽风光与民族风情，赞不绝口！桑志华情不自禁地说：“这就是蒙古族人：有智慧，有胆识，敏捷迅速，崇尚颜色，感情非常外露而虔诚！”

祭台前，所有蒙古族教徒列队站好，每人露出手腕，在铜锣音乐和枪鸣声中，行跪拜礼。

桑志华多想有个大底片照相机，把这一切全都记录下来！可惜他没有！他只能尽量抢拍下这一节日所有重要的活动场面。

16 日，桑志华与德日进在萨拉乌苏河谷的山丘发现了新石器时代瓷器碎片。旺楚克的弟弟旺迪昌给桑志华送来一筐草原上生长的非常好吃的蘑菇。小桥畔的德·隆巴尔德神父专程为考察队送来了蔬菜和粮食，还送来了一小批哺乳动物的骨骼化石。

骑马高举着旗子的年轻人在队伍最前面，衣着盛装的妇女们紧随在队伍后面

17 日，在萨拉乌苏河的右岸，营地南面发现了一个新的化石层位。桑志华与德日进赶到那里，发现这个层位与之前萨拉乌苏河岸发掘的层位基本

优胜者在草原上奔跑着返回寺院

相同。他们认为：这个被切割成的峡谷的地层完全是更新统[①] 的砂质及黏土堆积，属于黄土系统，其中包含的动物化石，以及此堆积在陕西黄土高原上的水平过渡层已经证实了这一点。在这个层位，发现了新石器时代火石和很粗糙的瓷碎片，也发现了一些骸骨。

德日进仔细研究这个层位的地质构造，在一个很大的岬角高处发现了野驴化石岩层，在河右岸更往南一点的峡谷的半高处发现了扁卷螺，它的最后一道卷包得十分紧。

王连仲在通往城川的一个浅滩找到了一个青铜剑尖和人的枯骨。

其他层位，继续发掘出各类动物化石和石器。

蒙古族教徒行跪拜礼

① 更新统是更新世形成的地层，又可分为下更新统、中更新统和上更新统。第四纪冰川遗迹均发生在更新统。

18 日，A 点（旺楚克剖面）出土了两个犀牛头骨和一个鹿的下颌骨（是第二块）。在绿色沙之上，找到了很多加工过的小石英和燧石，这是真正建立在古土埌之上的“旧石器火塘”。在发掘出来的众多变化多样的骨头里，还混杂着一些加工过的石块，可能是一些厨房的用品。这个地方好像有猎人居住过，大部分含骨髓的骨头已经折断了，犀牛颅骨中的牙齿也断了，无疑是用它们做工具。

经过仔细勘察研究，桑志华与德日进认为：“蒙古族牧民旺楚克家附近的地层堆积中，现代草原的古土壤地面下 55 米深处存在一个横向延伸 200 米左右的连续的旧石器文化层。在此处上游大概 2 千米处，我们发现有一套沿河出露的地层与上述旧石器文化层看起来十分类似（也有可能就是上述地层的延伸）。尽管在此处发现了一些碎骨，但我们不能确定这套地层中是否含有古人类的文化遗物。因此，我们无法确定旧石器文化层在水平方向上的延伸范围……仅在一个地点（图 9，B 点）我们发现了一些用较坚硬岩石打制、形态不规则的石片和一些鸵鸟蛋（Struthio lithus）碎片及几块犀牛牙齿化石。这些石片（原料为颗粒较粗的砂岩，石片特征不明显）中部分可能是从陡崖上部滑落下来的；其余表面带有一层胶结的砂粒，与鸵鸟蛋壳碎片上附着的物质类似，这可以作为萨拉乌苏河流域地层堆积中部（垂直方向）存在一个旧石器文化层的证据”①。

在 A 化石点采集化石

桑志华为含有化石的地层拍照，并与德日进商定将 A 点的发掘工作一直向北延伸。

21 日，在 A 点取出一块带有漂亮犬齿的骆驼颌骨、一个旋角，还发现了许多鹿角，它们被折断做成石器的柄

① ［法］布勒、步日耶、桑志华、德日进著，李英华、邢路达译：《中国的旧石器时代》，科学出版社 2013 年版，第 17 页。图见本书第 330 页。

汉族民工正在采集 120 片碎片

或棍棒。在向北延伸的地方，发现了一块加工过的燧石。

22 日，旺楚克在 A 点取出一个很老的犀牛头化石，牙齿全都被磨损了。王连仲采集到了两块野驴的头骨，其中一个很小。

桑志华发现：由绿土层构成的整个岩层形成了一块向北面连绵的高地。在南面，岩层渐渐结束了。在岩层上或者是它表层下面一点，切割过的黑色石英石以及石核有很多，还有一些零散的骨碎片。更低的地方，是大块的零落的碎片，绿色的土在大块的红棕色沙土和带状的灰沙之上。汉族民工发现沙质岩壁上，在其裂缝中间有很多小哺乳动物的骨骼和很多加工后的石英和黑色石英岩块，他们采集了 120 片这种碎片。一个汉族民工还在绿沙土的深度上找到了一块很漂亮的燧石块和一块人类颅骨。

此时此刻，桑志华与德日进有些兴奋与激动，正如他们所说："萨拉乌苏河河谷剖面上的旧石器发现实属偶然，因为当时我们的目的是寻找化石。在我们的主要发掘者——蒙古族牧民旺楚克的指引下，我们在距他家农场不远处（河谷谷底以上 7 米左右高处）的地层中发现了大量的哺乳动物骨骼碎片。而令我们惊讶的是这个地点的动物化石都极其破碎，无一保留有完整的骨架（但是夹在砂层中间的黏土层内出土了犀牛、牛和蒙古野驴的完整骨架），这些化石包含的种类众多，可能大部分作为食物被古人类利用，最后堆积在一个类似桌子的平面上（位于松散的交错砂层之下，黏土一砂层的顶界面之上）。随后，我们在这个地层中发现了一些极小的石片和石英岩石器，这使我们意识到萨拉乌苏同水洞沟一样，是一处旧石器时代的人类居址"①。

23 日早晨，下起了大雨，13：45，萨拉乌苏河流浪潮汹涌，水位上涨很快。河水上涨时，岸上所有发掘工作没有受到影响，但是河水退去的时

① ［法］布勒、步日耶、桑志华、德日进著，李英华、邢路达译：《中国的旧石器时代》，科学出版社 2013 年版，第 13—14 页。

G 化石点下游对面的水位

J 化石点靠近上游的水位

候，渗水涌了出来，使沙子产生运动，几处地点出现了塌陷问题。

几天前遭受强盗枪击的阿尔撒郎（Arsalang）的父亲来拜访桑志华，他曾为其儿子包扎过伤口，但因没有药治疗，这位年轻人失去了生命。桑志华把老牧民请进了帐篷，为安慰这位善良的老人，还把工地上的旺楚克叫来陪老人说话。实际上，老人已经来过一次了，路上还遇到桑志华，怕打扰他的工作，出于礼貌什么都没说。老人是专程来感谢桑志华的，带来了两只羊、一大瓶黄油和蒙古族人称为“二美”（eurme）的奶酪和馅饼，桑志华深受感动。

桑志华提出要去家里拜访他，可老人怕添麻烦，带着始终陪伴他的小孙子悄悄离开了。蒙古族家庭成员互相爱护，对于别人为他们的痛苦作出的一点关心，就心存感激。这件事给桑志华留下了极为深刻的印象！

A 化石点南边发现野驴化石的地层降低了 1 米的高度

这一天，小桥畔的德·维尔德主教给桑志华送来了鼹鼠、跳鼠（一整窝）和一条蛇等小啮齿类动物，至此桑志华已经采集到 22 种这个地区的小动物标本。

24 日，由于萨拉乌苏河水不断上涨，桑志华与德日进商定：把所有东西打好包，准备第二天撤离。

上午，桑志华来到收获了十分丰

富动物化石和旧石器的A点。他发现地层南边陡坡越来越有塌陷迹象，就在很近处监视着，并派人注意沙土运动的状况。他对旺楚克说，如果沙土运动得太快，就不能再向深处挖了。

河水上涨时A点仍然处于高位

下午，旺楚克陪着桑志华去看望阿尔撒郎的父亲。这位善良的老人住在一个坚固的窑洞里，非常热情地用奶茶和小麦做的煎饼招待桑志华。他们交谈了半个多小时，桑志华感到他的到来给老人带来了安慰，更加感到蒙古族人对外国人的友好。

25日，考察队收起帐篷，准备撤离。旺楚克与桑志华告别时说："你们走后，我们要继续向北开采A点。"桑志华嘱咐他："要谨慎些，安排监管的人注意安全。"

从1923年7月31日至8月25日，桑志华—德日进法国古生物考察队收获颇丰，在萨拉乌苏河流域发掘出旧石器地层中的动物化石和石器，共装了26箱，特别是发现了A点（旺楚克剖面）是一处旧石器时代的人类居址。

"萨拉乌苏旧石器地层中的动物化石都呈明显的棕色，而且石化程度较高，包含以下几个种类：象属未定种（*Elephas* sp.）、披毛犀（*Rhinoceros*

在A点北部洞穴的岩壁上出土了许多小啮齿类动物化石和打磨过的燧石

tichorhinus）、野驴（*Equus hemionus*）、马属未定种（*Equus* sp.）、诺氏驼相似种（*Camelus* cf. *C. knoblochi*）、大角鹿变种（*Cervus megaceros* var.）、加拿大马鹿（*Cervus canadensis*）、普氏羚羊（*Gazella prjewalskyi*）、恰克图转角羚羊（*Spirocerus kiakhtensis*）、盘羊（*Ovis ammon*）、原始牛（*Bos primigenius*）、狼（*Canis lupus*）、洞鬣狗（*Hyaena splaea*）、獾（*Meles taxus*）、中华鼢鼠（*Siphneus fontanieri*）、索氏五趾跳鼠相似种（*Allactaga* cf. *A. sowerbyi*）、沙鼠未定种（*Gerbillus* sp.）、田鼠（四个种）、麝掘鼹（*Scaptochirus moschatus*）、鸵鸟蛋（*Struthio lithus*）、秃鹫、毛腿沙鸡（*Syrrhaptes paradoxus*）、山鹑（*Perdix*）……动物化石中数量最多的种类是马、羚羊及牛，其次是犀牛和鹿。羚羊的数量尤其丰富，我们收集到了近三百件角心及大量破碎的骨骼和下颌。鹿类发现最多的是鹿角残片，而且几乎都是鹿角侧枝的角基部分，可能是人类（据步日耶的观察）有意将其敲砸下来并当作锤子或大头棒使用。在旧石器时代人类活动面以上几米处发现一具完整的水牛骨架，但在活动面上获得的骨骼碎片中似乎没有水牛的化石”①。

“我们对萨拉乌苏河流域的旧石器地层进行了一个多月的发掘。发掘面有 200 米长，由于害怕塌方，在陡坡上的发掘深度只达到 10 米左右就停止了。然而在整个发掘面延伸的范围内，旧石器时代古人类活动面的特征基本相同。此外，我们在最北边的发掘处发现了许多填满沙子的裂隙，其中含有十分丰富的石制品、鸟类及哺乳动物的骨骼以及更大的动物化石，如完整的犀牛头骨”②。

5 发现油房头的化石与石器

1923 年 8 月 25 日，桑志华与德日进带着运输化石的车队前往小桥畔。途中，他们在城川传教会午餐时，莫斯塔尔特主教突然想起榆林府教会安肖

① ［法］布勒、步日耶、桑志华、德日进著，李英华、邢路达译：《中国的旧石器时代》，科学出版社 2013 年版，第 15—16 页。

② ［法］布勒、步日耶、桑志华、德日进著，李英华、邢路达译：《中国的旧石器时代》，科学出版社 2013 年版，第 14—15 页。

尔布神父曾告诉他油房头有化石的消息，并交给桑志华一张陕西榆林府安神父写的卡片，上面写着：在陕西北部的油房头基督教区附近有化石层位。桑志华与德日进随即决定到油房头勘察。

傍晚，桑志华与德日进到达小桥畔教会驻地，做去榆林府西南油房头的准备工作。

28 日晚上，桑志华与德日进到达新卧昌（Sinn houo tchang），它位于靖边堡（Tsing pien pou）县城北部 18 里处，有一个兵营。

31 日，在油房头村见到了等候他们的彭神父。彭神父热情邀请桑志华与德日进去家里做客，探讨古生物学的问题。

晚饭后，彭神父带领他们去一个含化石的地点，它位于教会驻地东面 2 里的一个红土山沟中。这个山沟又深又窄，很像是一条胡同，桑志华与德日进非常容易地就找到了三趾马和无角犀牙齿化石和骨骼化石。

这个地层剖面自下而上是：

（1）浅绿色的砂岩层，钙质板状结构，夹有脉状煤层，因而人们在此处开采煤，以增加收入；黑色的片岩以及片状砂岩中含有大量蕨类植物的化石，它们属于侏罗纪或者是白垩纪的。

（2）钙质结核层，结核形状不规则，含有碧玉。

（3）红色土，沙质严重，含三趾马化石。

（4）钙质小砾石层，砾石径两至三厘米，其中找到了一些被粗加工的石英。

（5）黄土层，一直到达山谷的最高处，黄土切入红土和钙质小砾石层中。

化石层位于红土层的中部，堆积厚度不大，但界限明确，化石都有破碎纹，与甘肃庆阳发现的那些化石一样。

桑志华还找到了一片陶瓷碎片，有细绳纹，同在萨乌拉苏河流域找到的一样。

9 月 1 日，桑志华与德日进要去勘察位于一条大河岸边的山谷。他们登上这一山谷的顶部，发现在古老的黄土堆积地层，随处可以找到陶瓷碎片和小块燧石。

德日进在附近的山上找到了一枚磨光的斧柄。王连仲则在刚刚看过的地

油房头附近被侵蚀切割的黄土地貌

层中发掘出一个相当完整而漂亮的无角犀头骨化石，下颌带有很长的獠牙（这个化石已被收藏在天津北疆博物院）。

桑志华与德日进来到这条大河的下游，发现河岸岩石同上游一样，也是砂岩结构。他们进入一条距油房头约 4 里的山谷，在靠近红土结构的山顶，发现了一些动物牙齿和骨骼化石。

村民拿出从山沟里发现的陶罐，桑志华买了 40 多个。有一些陶罐绳纹，式样很原始，是新石器时代的。其中有 7 个样式很奇怪，像桶，带有罐子的脚，出水处有颈。

2 日上午，彭神父带领桑志华与德日进来到藏有化石的两条山沟，红土层达到了非常高的程度。在河床红土层和浅绿色砂岩层之间，他们发现一块啮齿动物的颌骨，在红土层和黄土层之间的底砾层找到了一些犀牛骨化石。在山顶，桑志华找到一些非常特别的陶器，有的绘有大量彩图，有的则被轧制成凹凸花纹。下午，他们翻过了油房头的山谷，向南前行，发现红土层沙质很重，上面的黄土层已经侵入到很深的地方了。

3 日，彭神父又带桑志华与德日进对总长 70—80 里的河岸进行勘察，向下游走了 6 里后，进入一座小山谷。他们找到了无角犀、三趾马、羚羊的颌骨和龟类的化石。这里各种化石分布得很广，还找到了大量的大型蛋化石碎片。

下午，突如其来的一场大暴雨，中断了发掘工作。有人提醒：油房头河流很有可能会涨水，它将淹没返回小桥畔的所有道路。情况十分危急，必须赶在“洪水咆哮”之前离开，他们快速通过可以涉水的地方。

洪水非常猛烈，17：10，巨大的洪水挟带着岩屑倾泻下来，浪涛可高达 2 米。17：35，涨水渐渐退去；17：40，河水又开始汹涌地暴涨，涛声震天，令人胆战心惊！

由于这场洪灾，几乎淹没了油房头附近的道路，桑志华与德日进只好提前将行李打包。

油房头黄土高原典型剖面，上部为黄土及其底砾层

5日，桑志华与德日进向热情、亲切、友好的彭神父告别。尽管他们在油房头逗留的时间较短，但收获很大。“实际上，我们仅对油坊头（榆林府南部的一个小村）附近四五千米内的底砾层进行了四天的调查，共发现6件可以确定的石制品（刮削器、盘形器、石片），其中部分为砾石层中原地埋藏，部分出自砾石层崩塌堆积。这些石器或石器的碎片相距很远，零星分布在圆形的钙质结核中，是这些结核中唯一的岩石。这些石器全部由十分坚硬的白色或灰色砾石打制而成，平均尺寸与鸡蛋差不多，与地层中的其他岩块不同。事实上，在砾石层中除了人工打制品外，我们没有见到任何相似的石块”①。

油房头附近的一条黄土冲沟

6日，桑志华与德日进一行远离了洪水淹没的地方。

次日凌晨，顺路去考察一个煤炭矿场。他们看到：为了把煤炭运上来，

① ［法］布勒、步日耶、桑志华、德日进著，李英华、邢路达译：《中国的旧石器时代》，科学出版社2013年版，第19—20页。

桑志华与德日进一行离开了洪水淹没的地方

工人们背着煤筐从深达70英尺的矿井壁上逐级攀登，然后，在一个很窄的梯子上艰难地向上爬行，而梯子放在一个砂岩上。粗糙雕出的一个个小石阶，没有任何保护措施，相当危险。煤矿老板不允许工人停下休息，这些苦役的劳动强度非常大。开采出的煤炭堆积在一边，毛驴把它们运走。每头驴子所运出的煤炭可以卖到300个铜钱。

他们还路过一个叫李记界（Ly ki kiè）的生产陶瓷的地方。

返回的山路陡峭而多溪，因洪灾变得十分难走。连日来，考察队过河流，登峭壁，绕瀑布，翻山谷，涉河流，还经常冒着大雨前行，历尽艰难险阻，6天后回到小桥畔。

6 悲伤的消息

1923年9月9日，身体疲惫的桑志华与德日进返回小桥畔教会驻地，还未来得及放好行李，就听到了一个令人悲伤的消息：

桑志华离开旺楚克家牧场附近A点地层不久，就出现了大面积严重塌方，旺楚克的女婿贝亚尔芒尼埃和一个汉族民工被埋在崩塌的石块沙子中。

旺楚克非常伤心，哭着对桑志华说："当时大家都慌了，那些埋在他们身上的沙子有几英尺厚，很不好铲除，救援的速度又非常慢，后来发现救援人员方位也搞错了，先是救出了汉族民工，他仅仅是胳膊受了些伤。大家找到贝亚尔芒尼埃的时候，他还活着，就是呼吸困难，人们没有办法抢救他，他再没有醒过来”[①]。

桑志华伤心至极！他很遗憾自己没在现场，判断旺楚克也没在现场。在桑志华看来，旺楚克既温和又服从，一切都会进行的很好。本应该停止这个地点的发掘工作，这样就可以避免在“旺楚克剖面”开采将近结束的时候出现任何不测。

王连仲也感到非常震惊与伤心，他同贝亚尔芒尼埃一直保持着非常深厚的友谊，这位逝去的蒙古族朋友，还曾为他学习蒙古语给予过很大帮助。

10日上午，在小桥畔教会驻地，桑志华与神父们商量如何处理旺楚克女婿的后事。这时，德・维尔德主教对桑志华说：“几个赶骡人将从萨拉乌苏河‘旺楚克剖面’采集的整整六箱化石和六箱石器运到这里，这是旺楚克负责的队伍。在当时那种环境与氛围下，这些价值连城的东西突然到来是多么令我们激动啊！”[②]

此时此刻，桑志华对这位善良忠厚的蒙古族牧民充满了感激之情！家里出了这么大的事情，自己又如此悲伤，还在诚实守信，尽职尽责，真是令人敬佩！

11日，桑志华在克莱斯神父的陪同下前往城川旺楚克女婿贝亚尔芒尼埃家，去处理善后事宜。路上，克莱斯神父向桑志华详细介绍了蒙古族人去世后的习俗。

“当我和克莱斯神父走进贝亚尔芒尼埃家门口后，旺楚克万分悲痛地、表情凝重地对家人做了介绍。贝亚尔芒尼埃三个未成年的孩子依偎在母亲的身旁，呜呜哭个不停，整个家里笼罩着悲伤、沉闷的气氛。依据蒙古族的习俗，父亲去世，他的所有儿子将归属这位死者的兄弟；他的女儿们只要还没

---

① Emile Licent, *Onze années (1923–1933) de séjour et d'exploration dans le bassin du Fleuve Jaune, du Paiho et des autres tributaires du Golfe du Pei Tcheu Ly*, Tientsin: Mission de Sienhsien Race Course Road, 1935, p.70.

② Emile Licent, *Onze années (1923–1933) de séjour et d'exploration dans le bassin du Fleuve Jaune, du Paiho et des autres tributaires du Golfe du Pei Tcheu Ly*, Tientsin: Mission de Sienhsien Race Course Road, 1935, p.70.

有定亲，也是如此。如果死者没有兄弟的话，他的孩子们将由部族分支的长老所监护。而贝亚尔芒尼埃有三个孩子，小儿子和两个姐姐。旺楚克收养了他的两个女儿。小儿子巴尔罗被死者的兄弟领走了，又回到奥托克部落，而他的两个姐姐则留在了旺楚克所属的乌斯琴部落。”①

桑志华心里非常难受，他提出给予必要的补偿为贝亚尔芒尼埃的遗孀生活提供一些保障，以及确保他的孩子们能够得到他的馈赠，旺楚克代表家属表示感谢。

桑志华表示要偿还旺楚克从去年以来所有工程的欠款，希望旺楚克允诺他今后在“旺楚克剖面”继续发掘化石，如果有必要的话，将请他亲自督导工地。此时，桑志华看到旺楚克的面部表情十分痛苦。

桑志华寻找一些话题，与旺楚克谈了很长时间，内容是他的家庭和孩子，以及这片土地的丰厚资源。这又引起了旺楚克对死者的想念与痛苦……

后来，桑志华为了纪念旺楚克一家对萨拉乌苏河流域发掘化石作出的重大贡献，将该地采集的水牛化石，命名为王氏水牛（Bubaluswansjocki）。这是因为旺楚克的汉名为王顺，桑志华以为他姓王。王氏水牛化石标本，现保存在天津北疆博物院。

12 日，桑志华心情沉重地回到城川教会驻地，恰巧赶上鄂尔多斯传教会南部地区传教士每月一次例会，各地神父们都来了。桑志华把德日进引荐给大家，结识许多新老朋友。然而，一个个坏消息接踵而至。几个熟悉的神父告诉桑志华，旺楚克的女婿贝亚尔芒尼埃因挖化石死亡的消息，遭到人们议论，影响很坏。

神父们怕当地士兵会作出什么不利的事情。为了安全，桑志华与德日进决定马上分两路出发：派厨师于迈于 9 月 14 日晚上，带着 10 辆马车和 10 匹骡子，马上赶往小桥畔装上化石和石器等物品，赶往宁夏水洞沟与考察队会合；桑志华与德日进于 9 月 15 日早晨，由王连仲赶着这群拉行李箱的骡子，急匆匆离开城川，前往小桥畔教会驻地。

---

① Emile Licent, *Onze années (1923–1933) de séjour et d'exploration dans le bassin du Fleuve Jaune, du Paiho et des autres tributaires du Golfe du Pei Tcheu Ly*, Tientsin: Mission de Sienhsien Race Course Road, 1935, p.71.

7 堪称远东第一例的发现

在小桥畔神父们的帮助下，考察队租到了运输车辆，雇到了 6 名挖掘民工。桑志华与德日进于 1923 年 9 月 15 日离开小桥畔教会驻地，直奔宁夏水洞沟。

16 日，到达花马城（现为盐池县）。考察队的几匹骡子突然跑了，冲进了一座庭院中，几个蒙古族人端着枪冲了出来，情况十分危险！桑志华马上赶到，说明原因，深深地表示歉意。过了一会儿，蒙古族人的首领来了，之后又来了一位地方长官，经过沟通，这场危险的风波才平息下来。为了表示友好，桑志华为他们合影留念。

经过长途跋涉，考察队于17日到了聂家梁（Niè kia leang）客栈。之前，桑志华在这住过两次，印象不错。这次，他与老板商量路上要带的食物和饲料，老板为难地说，前几天深夜，一伙土匪多次来抢劫，没有吃的东西了。

18 日天蒙蒙亮，考察队抓紧时间离开，穿越了一片沙漠，他们夜宿清水营。在这里，黑色大蚊子非常恐怖地在桑志华与德日进蚊帐周围成群地飞舞着，没有蚊帐的民工要想保护好自己不被叮咬，可不是一件轻松的事。

花马城蒙古族地方长官与士兵合影

19 日，经过一片甘草地，考察队来到宁夏水洞沟。

桑志华与德日进勘察后发现：水洞沟黄土盆地是由一条与长城平行的叫水洞沟的小溪自东向西下切[①] 形成，西边是黄河，

① 下切（down-cutting）是指流水对河床垂向的侵蚀切割作用，导致河流河道在基岩中的垂直切割。当河流上游的来沙量小于夹沙力时，水流垂向的侵蚀切割作用强，使河床高程逐渐降低。

南边是阿尔山—乌拉山的山脉高地，东边是花马城地区的山丘，北边的边界较模糊，大概到鄂尔多斯高原一带。

在峭壁上敲碎两块体积庞大的岩块

眼下，水洞沟这条小溪已经干涸了，河床从正南方穿过这片旧石器时代的地貌，底部遭到破坏的峭壁容易坍塌，但石器层露出来了，更容易发掘。

他们分工与之前一样，桑志华主要负责组织发掘和采集化石，德日进侧重地层研究。

1—1.5 米宽的护坡道

从 20 日开始，桑志华组织大家敲碎峭壁上两块体积庞大的岩块，把崩塌物运走，清理出一条 1—1.5 米宽的护坡道，完成大约 44.9 米 ×12 米的发掘面。他们发掘了大块石砧[①]，石砧的周围有很多打击痕迹，还有很多加工石器时打下的石片。这些石制品及加工废料堆积成了角砾层[②]。

① 利用碰砧法或砸击法打制石器时，垫在下面的体积较大的石块被称为石砧。

② 角砾是粒径大于 2 毫米具棱角的岩石或矿物碎块。角砾岩比较粗糙，可以见到明显的砾石，主要由暴露在地表的岩石经机械风化作用形成的粗碎屑，未经搬运或只有短距离搬运堆积而成。

23 日清晨，桑志华与德日进去勘察水洞沟西面的山谷。爬上覆盖着硅钙质的鹅卵石震旦系[①] 的小山，他们看到水洞沟的河谷。稍远处，长城在另一个山坡，城墙很低，破坏严重。近处，可以看到红黏土底部被破坏的地方。

西面的山，绵延着一片郁郁葱葱的丘陵地区，中间有一座露出黑色岩石山脊的小山，呈“人”字形。它的山脊由糜棱岩质构成，其构造十分神奇。

在这座山的东部，是一个锯齿状的平台。这个平台是石英质和硅化钙质的鹅卵石冲击构造，下层是插入绿色岩层的红黏土层。更高还有一个平台，在糜棱岩后面蓝色的石灰岩上含有较多的石器碎屑，山脊后方是大块花岗石。整个地区被混合着砂质黄土（这无疑是风和水侵蚀黄土后的残留物）的鹅卵石覆盖着。

桑志华与德日进沿着一条汇入水洞沟的溪流，来到距客栈下游 10—15 分钟路程的地方，发现砂质黄土地层，一直延伸到客栈下面。

桑志华在长城外侧发现了一个相当宽阔的新石器地层，采集到 5 把破损的磨光斧头和许多加工过的燧碎片。

在客栈附近发现的砂质黄土层

德日进在客栈南边 150 米处砂质黄土和灰色砂岩层中，发现了 3 处旧石器地点，与萨拉乌苏的地层非常相似。

相当宽阔的新石器地层

24 日，趁着光线好，桑志华站在长城

① “震旦系”一词首次被用于系一级的年代地层单位名称是由 A. W. 葛利普在其 1922 年发表的《震旦系》一文中正式提出的。震旦系即指震旦纪形成的地层。震旦纪是元古宙晚期的最后一段时期，位于显生宙寒武纪之前，其时间下界尚有争论，一般认为开始于约 8 亿年前，结束于约 5.7 亿年前。

旧石器时代的地层，从南面流过来的河水，正在冲刷这个地层。近景有三个小宝塔和一个佛骨墓

红黏土在被毁坏长城的尽头，形成了一条带，左边还可以看到磨棱岩的山脉

近处是荒原；稍远处，带有红黏土的圆顶山向北延伸

的一个角度，从工地东北角向西南和西北方向拍摄了三张旧石器时代地层的全景照片。

桑志华与德日进在客栈西南面那个很大的旧石器时代遗存，发掘了大量旧石器和化石。

一个牧民把桑志华与德日进带到一个黄沙窑洞边，说一个当地医生曾在这里挖过二三十箱“龙骨”，可是这个医生去世了，不可能获得详细资料了。在窑洞边和洞底，他们看到巨大骨骼破碎而成粉末状的残留物，骨头有海绵状结构，进而推测可能是一个大象头。在窑洞入口旁，还发现一块石英碎片。

晚上，去调查距清水营几里那个地层的人回来了，调查结果是在红色土砂岩中有很结实的骨化石，位于12—15米长的岩层里，在3—5米厚的泥灰岩下面。

25日，几个挖掘点继续工作，收获颇丰。下午5点，桑志华在3号点黄土质山顶上发现了一块燧石，黄土上是杂色的土，黄色的、泛绿的、泛黑的沼泽土。

客栈西南很大的旧石器时代遗存

26日，德日进在1号地点上游100米处，发现打磨过的旧石器，这是一个很宽阔的旧时器时代的地层，有五六十米长。桑志华在1号地点采集到散落在黄土中的一些石器，然后，又指挥民工在2号地点、3号地点后面挖了一道沟，便于挖掘工作。

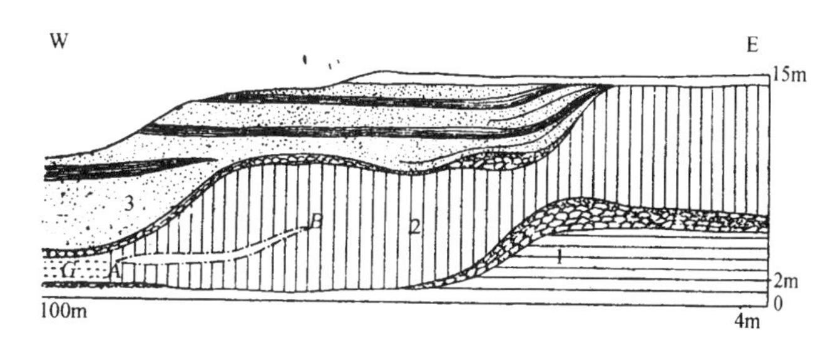

1.红土；2.黄土；3.黄土期后河流相沉积物；A、B是含石器的层位

（A）水洞沟1号地点剖面图

（B）1号地点上游100米处发现打磨过的旧石器

晚上，城川传教会的神父们送来了质量很好的装石器和化石的箱子。

27日，各个地点的挖掘工作仍在紧张进行。2号地点的地层已经延伸到1号地点的附近，石器时有时无。3号地点有一个障碍物影响发掘，桑志华指挥

3号地点的障碍物

民工推倒这道黄土质峭壁，大块的黄土掉下来，形成一片片乌云。4号、5号地点石器也很多，民工们鼓足干劲加快工程进度。德日进对各个地层进行研究，桑志华测绘了地层图。

28日的一场雨使气温急剧下降，贺兰山脊上覆盖着雪，冬天即将来临。桑志华与德日进离开水洞沟，来到之前（1923年9月24日）派人勘测的距清水营几里的那个化石地点。此地红土上是鹅卵石、砾石、白色沙子，在上面还有黄土，桑志华在红土中取出了动物骸骨，德日进在沙子和砾石层中发现的动物牙齿居多。“这个动物群后来知道应该是渐新世的。”[①]至此，水洞沟的挖掘工作全部结束。

推平黄土质峭壁

1923年9月19—28日，桑志华与德日进带领考察队在水洞沟进行了大规模的挖掘，取得了丰硕成果。除哺乳动物化石外，考察队采集的旧石器

① “《鄂尔多斯地区地况的观察补充》，德日进（Teilhard de chardin）和桑志华（Licent）著。Bull Soc Geol 法国第四卷，第24章，第462页。”此为原书注释，见 Emile Licent, *Onze années (1923–1933) de séjour et d'exploration dans le bassin du Fleuve Jaune, du Paiho et des autres tributaires du Golfe du Pei Tcheu Ly*, Tientsin: Mission de Sienhsien Race Course Road, 1935, p.79。

距清水营几里的化石点

标本有上千件。

在发现水洞沟旧石器时代化石后，德日进非常高兴："我想这种发现在中国甚至在远东都是第一例。所以这可能是我立刻要向步日耶（Breuil）和布勒（Boule）汇报的一个真正的发现。"①

桑志华与德日进对水洞沟旧石器时代文化遗存的研究成果，体现在1928年布勒、步日耶、桑志华、德日进法文版《中国的旧石器时代》著作中：

"1号地点，是诸地点中遗物最丰富的一个，位于水洞沟村的正对面……如剖面图所示，1号地点完全处在黄土层中，靠近纯粹的黄土与淡水沉积层的交界处。该地点的地层延伸有20米长，从剖面上看，位于黄土顶界下12米深处。若考虑到水洞沟河岸呈缓坡状并在不断升高的地貌特征，则该地层应在黄土顶界下20多米深处（图5）。

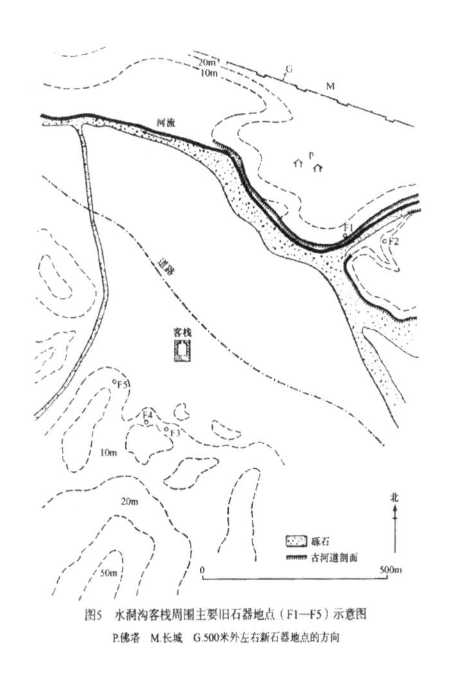

图5 水洞沟客栈周围主要旧石器地点（F1—F5）示意图
P.佛塔 M.长城 G.500米外左右新石器地点的方向

① H. Madelin：《从利玛窦到德日进》，《科学与人文进步——德日进学术思想国际研讨会论文集》，2003年，第129页。

“1号地点的文化遗存与欧洲的经典遗址完全一致：在层位清晰的人类活动面上分布着上百件石片、石制工具，其间还混杂了碎骨和用火的遗迹；文化层厚约50厘米，其中文化层上部的石制品最丰富，石制工具几乎将人类活动面铺满，如同餐桌上的饕餮盛宴。相比之下，位于其下几厘米的层位石制品少得多，但发现了四周布满灰炭屑的火塘。文化层上下也零星发现了一些石器。除此之外，底砾层以上的整个黄土地层都未见任何石器。

“我们发现的石制工具中的大部分，如尖状器、边刮器、端刮器、雕刻器等均具有早期文化的特征，属于欧洲莫斯特晚期或奥端纳早期。而有一些用优质原料加工而成的工具，其精致程度可以与欧洲驯鹿时代的器物相媲美。同时我们发现遗址中的石制品不仅数量很多（仅1号地点出土的石制品就达300多公斤），而且尺寸较大，如9厘米×11厘米和8厘米×17厘米的刮削器、13厘米长的石叶。如此大的数量和尺寸说明，古人类在黄土底砾层和周围的高地上能够找到丰富的硅质岩作为制作石器的原料；而周围巨大（如人头大小）的河卵石则被用作石核或石砧。

“动物化石方面，我们发现了蒙古野驴的骨骼碎片（主要是牙齿）、犀牛（一颗碎臼齿）、鬣狗（半颗前臼齿）、羚羊、非洲羚羊（或盘羊？）、牛、大量鸵鸟蛋碎片，但未见人类化石。

“1号点一直发掘到底部。由十人组成的工作队挖掘了12天，共挖掉900立方米黄土，同时以科学方法对80多平方米的文化层依次进行了发掘和清理。”①

“距1号地点100米、位于水洞沟村的对面的2号地点……此地点主要有两个文化层，上下两层之间有2米的间隔（下层比1号地点的文化层高4米）。尽管2号地点的文化遗物没有1号地点丰富，但这两层里仍然包含了较多的石片和工具（同时混有动物骨骼、牙齿和用火痕迹），它们在水平延伸达100米的范围内连续分布。

“距2号地点500米，位于水洞沟村背后的3号地点、4号地点、5号地

① ［法］布勒、步日耶、桑志华、德日进著，李英华、邢路达译：《中国的旧石器时代》，科学出版社2013年版，第8—10页。

点（参见图5），这三个地点的规模较前两个地点小得多。其中3号、4号两个地点我们发现时已经有一部分被侵蚀掉了。所幸5号地点仍完好无损，而且文化遗物丰富，保留有一些用火遗迹和碎骨，因而具有特殊的意义：在黄土地层中，烧过的灰烬形成了一个边界清楚的灰黑色遗迹，面积4—5平方米左右；文化遗物包括许多石英岩石制品、真马骨骼及鸵鸟蛋碎片。此三个地点与前两个地点的不同在于，在1号、2号两地点内我们发现的大型砾石都是人类搬入的，而3号、4号和5号三个地点的文化遗物都堆积在一个砾石层上，这些砾石可能是从位于地点后面的红土台地上、经黄土堆积表面滚落下来的。这些砾石层可能是当时人类生活的地面，其中的许多砾石都有被风沙磨蚀过的痕迹，证明在旧石器时代某段时间内，鄂尔多斯地区曾属于草原气候或沙漠气候。”①

29日，在宁夏水洞沟野外考察结束的当天，德日进在致导师布勒的信中说：“1923年这一次考察，化石共装运60箱，重约3吨。”②

30日，考察队和所有运送化石与石器的车辆，在宁夏府天主教会驻地会合。施朗（Schram）神父带着桑志华拜见了宁夏镇守使兼新军司令马鸿宾将军，马将军下令为考察队提供一条船。

宁夏黄河岸边做准备工作，最近处为桑志华

10月2日，在宁夏黄河岸边把所有东西装船后，桑志华指挥大家用席子和帐篷布在船上支起了一个棚子。他们用最快的速度，在10月9日抵达

① ［法］布勒、步日耶、桑志华、德日进著，李英华、邢路达译：《中国的旧石器时代》，科学出版社2013年版，第10—11页。图见本书第379页。

② 邱占祥：《德日进与桑志华及北疆博物院》，载《天津自然博物馆论丛（2015）》，科学出版社2015年版，第8页。

包头。

桑志华与德日进带着采集到的所有物品，从包头乘火车到大同府，再转乘到北京、天津。1923 年 10 月 13 日桑志华与德日进二人先行返回天津。三天后，考察队采集的所有物品，包括化石和石器，运抵天津。

8 中国与西方早期的古人类生活在同一时期

桑志华—德日进法国古生物考察队经过四个多月的考察，以图文并茂的形式，展示了内蒙古萨拉乌苏和宁夏水洞沟等地点的地质和地层的考察结果，地层剖面准确清晰，其严谨性和科学性令人深深地折服。

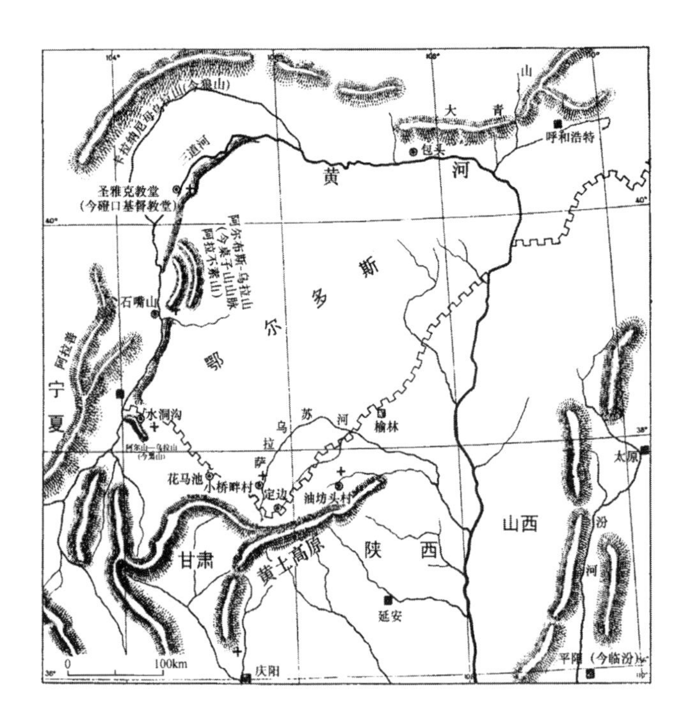

鄂尔多斯附近的旧石器时代地层堆积

1924 年 7 月，桑志华与德日进在天津北疆博物院，对这次法国古生物考察队发掘的化石进行分拣，按照与布勒达成的协议（考察队所得古生物孤份标本归巴黎自然历史博物馆所有）的要求，德日进装运了 49 箱标本；“在德日进的建议下，这批石器标本被运到法国巴黎，送交给当时在史前考古学领域享誉世界的步日耶教授进行研究。”[①]另外，德日进还把他认为最重要

① 高星：《德日进与中国旧石器时代考古学的早期发展》，《第四纪研究》2003 年第 4 期。

的标本放在私人行李中随身带走。

“1924 年 9 月 2 日，德日进乘火车赴上海，然后再转去法国。他带着大量的学术材料，其中有两副完整的化石骨架，一副是犀牛的，另一副是野驴的。这两副珍贵的化石骨架是北疆博物院捐赠给巴黎自然历史博物馆的。其余，很多的数量是借给德日进神父去研究用的，但所有权归北疆博物院。这些捐赠和借用的化石都是 1922 年我从内蒙古萨拉乌苏遗址（Sjara ossor gol）的河床地层费尽力气发掘出来的，与桑志华—德日进法国古生物学考察队没有任何关系。我列了一张清单，德日进拿了这张清单的副本。

“另外，我还把由我和德日进签名的一本《法国古生物学考察队备忘录》交给德日进带回法国。在上面，我详细地表明了北疆博物院权益和科学产权，德日进带走了复印件。

“数月后，布勒先生给我写了信。他在信中写道，我在两年内为法国古生物考察队（包括巴黎自然历史博物馆）做了很多工作，谈到我在一个（他非常了解的）领域是唯一能够领导这方面的领导人。

“布勒先生继续写道：巴黎自然历史博物馆高度重视与北疆博物院之间的这种合作。我由衷地向您表示感谢，感谢您将您于 1922 年精心发掘出的几乎完整的犀牛骨架赠送给了我们。”①

“德日进和桑志华在 1924 年《关于内蒙古和陕北第一次发现旧石器文化的初步报告》中指出：这是在中国第一次发现较多的旧石器，且有人类化石发现（只有一个河套人牙），还有大量哺乳动物化石共生；同时期又在距离不远的宁夏灵武水洞沟和陕西榆林油房头等地发现大量石器，它们代表中国北方旧石器晚期的‘河套工业’或叫‘鄂尔多斯工业’，出产河套人牙齿的地层对于研究人类体质形态和文化发展方面都有重大意义。”②

1924 年 9 月 13 日，德日进乘 Paul-Lecat 号船驶离上海，同年 10 月 15 日抵达马赛，随即乘车返回巴黎。

---

① Emile Licent, *Onze années* (*1923–1933*) *de séjour et d'exploration dans le bassin du Fleuve Jaune, du Paiho et des autres tributaires du Golfe du Pei Tcheu Ly*, Tientsin: Mission de Sienhsien Race Course Road, 1935, pp.188–189.

② 孙景云、张丽黛、黄为龙：《德日进与桑志华在中国北方的科学考察》，《天津自然博物馆建馆 90 周年文集》，天津科学技术出版社 2004 年版，第 16 页。

在法国著名古生物学家布勒教授主持下，经过著名史前考古学家步日耶和桑志华、德日进的共同研究，再一次彻底否定了德国地质学家李希霍芬中国北方“不可能有旧石器”的推断，得出了中国旧石器时代古人类与西方早期的古人类生活在同一时期的结论。

之前，对中亚地区“我们欧洲有一个传统观念认为这个巨大的地质板块可能是众多原始游牧民族的发源地。当然，我们没有任何证据能证明这个传统认识，因为到目前为止我们对整个中亚的史前史仍然一无所知。我们唯一知道的事实是，在这些被人类占据的区域如蒙古、中国、日本，在有些区域的地表散布着不计其数的石器，与欧洲一样，这些石器时代的产物也充满了神秘甚至迷信的色彩。不过，因为这些地区的遗存没有超过新石器时代的范畴，所以我们过去一直认为旧石器时代在这些地区是不存在的。”①

“中国的更新世与其他地区的更新世没有本质区别，只有量上的差异，也就是说，中国受冰川作用较小，受其他强烈地质作用和径流作用的影响也比较小，相反，此地发育了相对稳定及亚风成的陆相沉积物——黄土。”“根据他们的观察，中国所谓的黄土实际包含不同时期的堆积，而德日进和桑志华观察的主要是第四纪黄土，所以其厚度与李希霍芬估计的不一致。换句话说，在德日进和桑志华以及其他地质学家的考察之前，学界并不知道在中国第四纪黄土之前还有成因类似但年代更早的土状堆积，而是将下部属于上新世和中新世的偏红的土状堆积均归入了黄土之中。所以从这个意义上说，德日进和桑志华的观察结果是一个重要的新认识。另外，美国古生物学家在蒙古也发现了特征非常罕见的化石，埋藏这些化石的堆积与黄土的成因相似，但更古老一些，它们共同说明，在亚洲喜马拉雅大褶皱带以北存在一些地质条件相对稳定的区域，这些区域为古生物及人类的演化提供了有利条件。”②

桑志华和德日进在内蒙古萨拉乌苏和宁夏水洞沟等几个不同地点发掘的

① [法] 布勒、步日耶、桑志华、德日进著，李英华、邢路达译：《中国的旧石器时代》，科学出版社2013年版，前言第ii页。

② [法] 布勒、步日耶、桑志华、德日进著，李英华、邢路达译：《中国的旧石器时代》，科学出版社2013年版，前言第iii页。

大量古生物化石，主要有三个显著特点：一是包括大量已绝灭或迁徙至别处的种类；二是与欧洲第四纪中期的动物群十分类似；三是大部分动物代表了黄土层形成时期广泛分布于亚洲中部及北部的种类。从性质上看，萨拉乌苏动物群是中国整个黄土时期的主要动物群之一，其中包括许多独特的种类（如水牛和转角羚羊）。“中国黄土地层里的某些动物与欧洲黄土地层的动物几乎是同时存在的，尤其是当我们考虑到如此遥远的距离（约 8000 千米）的时候，就越发会觉得这两个地区的动物群异常地相似。具体而言，我们在鄂尔多斯的动物群里不仅发现了鼻孔分开的犀牛、真马、马鹿和大角鹿，而且发现了大型原始牛类、（法国常见的）狼和洞穴鬣狗。”[①]

同时，通过对萨拉乌苏河流域、水洞沟、甘肃庆阳、油房头地层出土的旧石器研究，他们发现了“有些地点似乎是古人类围绕火塘建立起来的真正的居住遗址”[②]，各种散落的食剩的动物骨骼，作为工具的各种石制品如石核、尖状器、砍砸器等，由石叶加工而成的端刮器、雕刻器、钻具等。其范围很大，位于南北两端的地点分别是北边的三盛公地点和南边的庆阳地点，两者相距 500 千米，而包含所有化石地点的区域不小于 3 万平方米。

“总而言之，经过 1923 年的调查和发掘，我们确定中国存在旧石器时代：我们发现了许多古老的旧石器时代遗物，它们埋藏在黄土和与黄土同时代的其他堆积中，分布范围从庆阳府经榆林、萨拉乌苏河至宁夏府一带，即整个鄂尔多斯南部及甘肃和陕西北部。”“目前我们能做出的结论是：鉴于亚洲的黄土堆积与欧洲的黄土堆积在岩相和包含的化石动物群上都具有连续性，可以认为中国旧石器时代的古人类应与西方莫斯特或奥瑞纳早期的古人类生活在同一时期。从石器工业来看，目前发现的中国旧石器时代石制品中全部是欧洲常见的工具类型，所不同的是中国的旧石器工业包含了欧洲不同阶段文化类型的组合（莫斯特文化、奥瑞纳文化和马格德林文化），而在欧洲，这些文化类型常常出自不同的层位。因此我们认为，在旧石器时代中国的古人类可能属于一支规模很大的人群，这支人群不止一次形成迁徙的浪

---

① ［法］布勒、步日耶、桑志华、德日进著，李英华、邢路达译：《中国的旧石器时代》，科学出版社 2013 年版，前言第 v 页。

② ［法］布勒、步日耶、桑志华、德日进著，李英华、邢路达译：《中国的旧石器时代》，科学出版社 2013 年版，前言第 v 页。

潮，向西到达欧洲”[①]。

“我们欧洲旧石器工业中存在的前后相继且相互独立的‘面型’并不是从本地起源而后独立发展起来的，而是从欧洲以外的某个中心点发源，通过几次连续的传播分别到达而后在时间上相互续接的结果。所以，根据我们的观察和研究，地处亚洲腹地的鄂尔多斯地区正是一个石器生产的大作坊，诸多不同的‘面型’正是从这里发源而后以不间断的方式一步步向外扩散，最终到达遥远的目的地——地处西端的欧洲半岛。”[②]

1928 年，法文版《中国的旧石器时代》在法国出版发行，在全世界考古界引起轰动。

吴新智指出，布勒、步日耶、桑志华、德日进合著的《中国的旧石器时代》一书，是“涉及广义古人类学 4 个基本要求（人类化石、古文化、哺乳动物化石和第四纪地质）、研究中国材料的第一本专著的编写”。“经研究，水洞沟遗址的文化相当于欧洲旧石器时代中期莫斯特（Mousterian）文化向旧石器时代晚期奥瑞纳（Aurignarian）文化过渡时期的文化。这是中国旧石器时代地点在文化性质上可以与西方古文化进行比较精确对比的第一个遗址，至今仍旧是一个具有经典型性的地点”[③]。

刘东生指出：内蒙古萨拉乌苏和宁夏水洞沟这两个旧石器地点，“它们是具有西方欧洲莫斯特和奥瑞纳文化特征的旧石器遗址，这些文化在横贯欧亚大陆的黄土地带——东方亚洲的第一次出现，正如古人所说的‘石破天惊’，从此它引起了远古时期东西方人类文化相互碰撞的种种故事”[④]。

新中国成立后，中国专家学者对内蒙古萨拉乌苏、宁夏水洞沟两个旧石器地点进行深入研究，天津自然博物馆的研究员孙景云等认为：“萨拉乌苏河动物群有 3 具十分完整的披毛犀骨架化石，许多骆驼、野猪、野驴、野马、狼等化石，一种早已绝迹的纳玛象的化石，各种不同种类的鹿、野牛、

① ［法］布勒、步日耶、桑志华、德日进著，李英华、邢路达译：《中国的旧石器时代》，科学出版社 2013 年版，第 21—22 页。

② ［法］布勒、步日耶、桑志华、德日进著，李英华、邢路达译：《中国的旧石器时代》，科学出版社 2013 年版，前言第 vi—vii 页。

③ 吴新智：《德日进在中国古人类学的创建时期》，《第四纪研究》2003 年第 4 期。

④ 刘东生：《东西科学文化碰撞的火花》，《第四纪研究》2003 年第 4 期。

水牛的角，完整的和破损的鸵鸟蛋壳和羚羊角等共有40余种，其中有1个新属和4个新种，动物群和人类化石的地质年代为晚更新世中期，距今4万年左右。从动物数量和种类来看，河套一带原是一个草原——森林环境，不像现在这样干燥，湖泊面积也比现在广阔。”①

“据（天津自然博物馆研究员）陈锡欣等（1994）的考证，大约有100多箱萨拉乌苏的标本，包括一具披毛犀的完整骨架，被运往了巴黎自然历史博物馆。现在保存在天津自然博物馆的还有1188件，其中包括完整的披毛犀和野驴的骨架。应该说，萨拉乌苏哺乳动物化石还有进一步深入研究的必要和可能。首先是布勒和德日进在1928年的专著中对哺乳动物化石的描述十分简略，例如对披毛犀骨架的全部描述加测量只有5页。现在欧洲的披毛犀骨架已有很详尽的研究（如Borsuk-bialynicka，1973年）。简单地对比就可以看出萨拉乌苏的披毛犀和欧洲的有相当明显的不同。萨拉乌苏的披毛犀和野驴的材料非常丰富，对于弄清它们和其他地区及层位的披毛犀和野驴的异同，确立它们的确切的分类地位，研究它们的个体变异、性别差异和区分年龄发育阶段等，都是难得的好材料。”②

中国考古学家、地质学家包括裴文中、贾兰坡、吴汝康和张森水③、高星、李彦贤、黄慰文、周昆叔等，多次深入内蒙古萨拉乌苏、宁夏水洞沟进行调研和发掘工作，收获很大。

“1956年内蒙古文化局派人前往乌审旗萨拉乌苏河进行调查，次年内蒙古博物馆汪宇平报告他在该河15米高的阶地上发现人类的顶骨和大腿骨，1961年，他又报告在这个地区发现另一块顶骨。1962年，汪宇平在乌审旗调查时，当地农民博音图交给他一个已破成三块的面部连着额骨的人类头骨化石。据博音图说是女社员在河谷深处开辟坡地时在地面下约60厘米深处得到的。此处距离1956年发现顶骨处大约150米，但层位稍高些，主要是砂质黏土与石

① 孙景云、张丽黛、黄为龙：《德日进与桑志华在中国北方的科学考察》，《天津自然博物馆建馆90周年文集》，天津科学技术出版社2004年版，第16页。

② 邱占祥：《桑志华和他的哺乳动物化石藏品——试谈桑志华藏品中哺乳动物化石的历史及现实意义》，《天津自然博物馆建馆90周年文集》，天津科学技术出版社2004年版，第7—8页。

③ 张森水（1931—2007），浙江仙居人，考古学家，中国科学院古脊椎动物与古人类研究所研究员，长期从事中国旧石器时代遗址的考古发掘。

灰质结核交互层，据说常有化石碎片出现。1963 年中国科学院古脊椎动物与古人类研究所李有恒等在陕西省横山县雷惠农场境内无定河南岸靠近河岸处的二级阶地中下部的全新世堆积中，发现了人类左眼眶外侧大部连着左侧脑颅前部的一块化石。在这种堆积中还有灰色的陶片和属于萨拉乌苏系的动物化石如巨驼、大角羊等。所以李有恒认为这件人化石可能也属于萨拉乌苏系，后来被二次沉积到较晚的地层中。1978 年和 1979 年中国科学院沙漠研究所的董光荣等在杨四沟湾萨拉乌苏河岸发现六块人类化石，包括两块完整的额骨、一块额骨残片、半个小孩下颌骨、股骨和胫骨各一根”①。

1960 年，中苏（俄）两国古生物联合考察队在水洞沟文化遗址进行二次发掘，出土石器约 2000 件，后经分析研究认为，这个遗址的文化时代定为约三万年前的旧石器时代晚期较为合适。

1963 年夏，在裴文中教授临场指导下，对水洞沟文化遗址又作了第三次系统发掘，从旧石器时代地层中，除发掘出野驴、犀牛、鬣狗、羚羊和鸵鸟等动物化石外，还发现了人类用来缝缀兽皮衣物的骨锥和显然是装饰品的穿孔鸵鸟蛋皮。这些考古发现，不仅为人们描绘出了一幅水洞沟人的原始生活图景，而且说明三万年前水洞沟气候温湿，水草丰美，草原辽阔，鸟兽成群，自然景观十分壮丽。

1980 年，宁夏博物馆与宁夏地质局联合考古队在遗址开展第四次发掘。

1988 年初，水洞沟文化遗址被国务院列为重点文物保护单位。

2003—2007 年，宁夏文物考古研究所和中国科学院古脊椎动物与古人类研究所联合组队，对此遗址进行连续数年的系统发掘。

“水洞沟文化‘好像处在很发达的莫斯特文化和正在成长的奥瑞纳文化之间的半道上，或者是这两个文化的混合体’，而‘大距离迁徙的同化影响’被认为是造成这种文化趋同的原因”②。至今，水洞沟文化遗址仍然是高度吸引国内外学者眼球、不断生产新的学术命题和成果的热地，仍然是推动中国旧石器考古及相关学科发展、促进东西方学术交流的引擎。

---

① 吴汝康、吴新智主编：《中国古人类遗址》，上海科技教育出版社 1999 年版，第 155 页。

② 高星、王惠民、关莹：《水洞沟旧石器考古研究的新进展与新认识》，《人类学学报》第 32 卷第 2 期。

第十一篇

叩开泥河湾“古生物地层博物馆”

泥河湾这片浩瀚的远古动物栖息之地，经过漫长沉寂后，犹如一座“古生物地层博物馆”，最早叩开这座博物馆大门的是桑志华。从1924年至1929年，他先后6次在泥河湾盆地发掘了新生代晚期（距今约300万年至100万年）大量哺乳动物群化石，填补了中国新第三纪和第四纪过渡阶段的一个关键空白。这里的化石可与欧洲维拉方期的动物群相比。从此泥河湾蜚声国内外。如今，泥河湾盆地作为远古遗址，已经成为研究东北亚早期人类文化迁徙的关键地点。这里，是人类诞生演化成长的摇篮。

1 初次采集少量骨化石

据桑志华记载：位于北京西部约 100 公里的桑干河[①] 流域北面有一条泥河子，当地人称它"泥河湾"。

20 世纪初，泥河湾是一个只有十几户人家的小村，外界几乎无人知晓。自从传教士发展村民赵氏成为天主教徒后，就吸引了周边农民入教并来此居住。1911 年，泥河湾附近 25 个自然村教徒增至 1200 余名，樊尚（Ernest Vincent）神父被任命为泥河湾教区第一位本堂。在他的努力下，于 1912 年建成泥河湾教堂。樊尚神父传教活动中，得知泥河湾地层盛产"龙骨"，便对收集"龙骨"发生了浓厚兴趣。

1921 年 3 月，来华科考 7 年的桑志华发表了《召告传教士以及有关采集与寄送自然史物件之说明》（*Appel aux Missionnaires et renseignements pour la récolte et l'envoi d'objets d'histoire naturelle*）的小册子，目的是动员中国北方传教士提供动植物标本和化石以及相关资料，以在 1922 年创建的北疆博物院收藏或展出。

樊尚神父是首批响应桑志华"召唤"的传教士。3 个月后，他就带着在泥河湾发现的"龙骨"，包括一颗猛犸象牙齿、一大块鹿角、半块犀牛长骨、一个带前额的水牛角和一些蚌科化石，专程来到天津拜访桑志华[②]。

樊尚神父告诉桑志华，这些"龙骨"是在其住处附近发现的，愿意将这

① 桑干河，永定河的正源，全长 437 千米，流域面积 23944 平方公里，多年平均年径流量约 117 亿立方米。桑干河含沙量大，有"小黄河"之称。主要支流有壶流河、御河等。

② Emile Licent, *Onze années（1923–1933）de séjour et d'exploration dans le bassin du Fleuve Jaune, du Paiho et des autres tributaires du Golfe du Pei Tcheu Ly*, Tientsin: Mission de Sienhsien Race Course Road, 1935, p.192.

些“龙骨”赠送北疆博物院进行研究，还真诚地邀请桑志华前往泥河湾做进一步考察。之后，樊尚神父又向北疆博物院寄去了一些蚌科化石。

由于1922年桑志华忙于在内蒙古萨拉乌苏河岸发掘化石和旧石器，1923年又与德日进组成法国古生物考察队发掘内蒙古萨拉乌苏、宁夏水洞沟两个旧石器时代遗存，再加上创建北疆博物院，他拖延了赴泥河湾的计划。

1924年7月6日，桑志华与德日进在结束内蒙古东部考察返回途中，已把泥河湾定为下一个考察目的地。桑志华原计划顺路拜访已调任张家口教会的樊尚神父，不巧，当时他不在张家口。两人便乘火车返回天津。

之后，德日进带着化石返回法国，桑志华决定到泥河湾考察。由于樊尚神父不能陪同，就为桑志华提供了从宣化府到泥河湾和东水地较为详细的行程资料。

1924年9月10日，桑志华从天津出发，乘火车经丰台，到宣化府。透过车窗，他看到沿途许多地方被淹没，在这个多雨的夏天，华北平原多数河流涨溢出来。桑志华来到宣化府天主教会，受到于斯曼（Huysmans）神父兄弟般的热情接待，以每天3.60美元的价格租了一辆马车（两匹可怜的瘦马），还参观了教会花园和其所属的中学及孤儿院。

12日早晨天气凉爽，但是秋季的太阳只要一升起来就变得炎热。桑志华乘坐马车前往泥河湾，行进在坑坑洼洼的坚硬河床上，他感觉痛苦不堪。为了绘制地图，桑志华只好下车步行，顺路参观了距宣化府北部大约一千米的鲕状灰岩状的铁矿。

沿着一条面向东方的山岭攀登，山岭是淡蓝色硅质灰岩（可能是前寒武纪的），是一种喷发性斑岩，大部分露出地面。在山脉的南部斜坡顶端有粗糙不平的石英岩。

在山顶上形成了石灰岩岩穴

桑志华站在桑干

河岸边，看到河床很宽，河水分成几条支流，有深有浅。向导引领桑志华一行在河水较浅的地方，涉水来到对岸。

松散的沙岩中有一条峡谷。这条峡谷的悬岩上呈现出红色、棕色、浅蓝、白色等不同颜色的坚硬砂层。

晚上住宿南屯天主教会，王神父非常友好地接待了桑志华。恰巧，格雷戈里（Grégoire）神父两天前从宣化府出发，此时也到了这里。

13 日，桑志华前往泥河湾村，这是樊尚神父曾告之的含化石点之一。经过一条穿越了平原的狭窄小道，他们来到一条水流湍急的河边，河床布满了碎石和淡蓝色的石灰岩块（含有二氧化硅），很有可能是前寒武纪的。桑志华将这个湍流称为沙河，意思是“沙子河”。沿着西边一个朝东南向的峡谷，桑志华到达泥河湾村。这个小村坐落在桑干河支流的一条小河湾，面朝北峰，背靠布满黄土的灰绿色沙质峭壁。

位于泥河湾村南面的天主教堂坚固漂亮，巍巍矗立，周边的山丘景色优美独特，旁边是桑干河。教会雅克·郭神父外出了。桑志华曾在北京见过他，这位神父对古生物学很感兴趣，他曾告诉桑志华在泥河湾一个岔道的溪涧里，被称为海螺沟（Hai louo keou）的地方有蚌类化石。

桑志华一行四人在泥河湾村北面的山丘，收集了一些动物骨骼化石。但在河湾边的峭壁上却一无所获。狂风骤起，一场暴风雨夹杂着冰雹打在脸上，衣服马上湿了，他们跑到一个哨兵房躲雨。桑志华担心河水上涨，就冒雨从桑干河的浅滩趟过，约晚上七点返回泥河湾驻地。

暴风雨过后，桑志华来到下沙嘴（Hia cha tchoei）王神父住处。院子里的葡萄藤上结满了硕果，神父们曾用这些葡萄酿酒，但味道有点苦涩不太好喝。一个青年给桑志华带来两件牛科类化石，一个鹿角根部，一个犀牛肩胛骨，这些化石是在泥河湾东北角的溪谷发现的。

14 日雨过天晴，桑志华再次涉水经过水深约 0.6 米、宽约 50 米的桑干河到对岸调查，跟随这个青年去发现化石的地方，这些河流或湖泊之前的岸边线，有石英砾岩、砾岩层和砂岩层，砂质黄土滩是相当低的，黏土质黄土阶地形成了现在的土质表面。在泥河湾东北角的溪谷下游有很多沉积物，深涧里条纹清晰的砾岩内部是紧密的，蚌科化石就隐藏在粗糙的砂砾卵石之中。

在长度不到 500 米的海螺沟上游，桑志华发现了小动物残骸化石。翻过一座小圆丘后，桑志华来到高于泥河湾村 54 米的东部黄土峭壁，这是一个含粉细砂层、中粗砂层、砂砾层以及小砾石层的地层带。在黄土峭壁顶峰，桑志华找到保存完好的椎实螺（Limnée）和扁卷螺（Planorbe）地层，发掘一块碎肋骨及一些已石化的骸骨。

一个村民在距泥河湾村以东 800—900 米的一个峡谷发现了化石。晚饭后，桑志华来到这个地方，在峡谷入口的小溪中，捡到几根富含矿物质的长骨化石。经勘察，桑志华认为这些化石原处应该是来自小溪高处较老的地层那些布满白云质灰岩、砂岩、砾岩的地方，转到西北 90—95 米高处，是完全由灰白色砂质黏土组成的山包，在这里发现了一些石化的碎骨片。

桑志华想去东水地，有人告诉他有 30—35 里的路程。返回泥河湾村，乘坐马车向东水地进发，经下沙嘴、头马坊和二马坊，穿过一个驻有警察和军队的旧城，过东窑头和西窑头。此时天色变黑，不便行驶，只好住在西窑头村一个农场。

15 日，来到地处深邃峡谷的东水地，一位天主教徒为桑志华带路，去含有化石的地方。他们上虎头梁，登上矗立着一座佛塔的小山丘，在附近找到那些风化了的骸骨。在通往东水地峡谷的深处、接近桑干河的地方，桑志华找到了一个完整的蚌化石。

离开东水地，桑志华穿行在一条长满植物的崎岖峡谷，表面是一层泛白色的浅蓝色土壤，峡谷峭壁蓝白相间的岩层上面被白云质灰岩覆盖，类似的岩层一直延伸到峡谷中部，清晰可见。

向北返回，这条路虽然宽敞，却很难走，布满了沙子、碎石和晶体岩石块，还有许多激流险滩，或是盘踞于沟壑中，或是与平原齐平，一直下冲到北山，沿途有多个军事岗楼。

桑志华看到桑干河峡谷的贝壳沉积处（圆砾岩和砾石）紧靠着以片麻岩为岩体的斜坡，斜坡细晶灰岩构成了平原的边缘。这片峡谷向北延伸至最高峰，向西到桑干河的支流壶流河（Hou liou ho）。

在壶流河床，桑志华发现了含有蚌科化石的地层，它揭示了河水、湖水对地质地貌的影响。桑干河干流经常猛烈地冲刷着河道，流经其支流壶流河时，逐渐变得蜿蜒曲折，然后在北山和南岩阶地间徘徊，随后堆积于泥河湾

峡谷峭壁被白云质灰岩覆盖

的东部。这些前寒武纪白云质灰岩混杂片麻岩和其他晶体的岩石，以及平原的砾石与急湍中的鹅卵石，诉说着北山岩石形成过程中的变迁。

伴着清凉的北风，下起了小雨，经化稍营和金家庄，夜宿西官庄一个小旅店。

17 日，途经大黑沟一带黄土状堆积区，中午到达南屯教会。王神父对桑志华说，在小南山的一个沟壑，他的长辈曾发现一头水牛角和鹿角化石。这一天，天气非常寒冷，小南山披上了皑皑白雪。桑志华在连接前寒武纪白云质灰岩的山坡上进行勘察，发现含有椎实螺、扁卷螺化石的地层，还找到一块难以确定物种的易碎化石。

这一次，桑志华的考察工作一直延伸到四合营（Si ho ying）。

桑志华的桑干河之行，初步了解了泥河湾地质地貌，粗略勘察了一些含化石地层，收集了村民送来的化石，发现了少量动物骨化石。桑志华将真正的系统发掘安排在翌年。

1924 年 9 月 18 日，桑志华返回天津。随后，出版了法文版《桑干河阶地调查记》的小册子。他以叙事风格详细记述了 1924 年 9 月 10—18 日首次来到泥河湾勘察并采集少量骨化石的情况，图文并茂，共 14 页。为了让自己发现泥河湾含化石地层的贡献能够得到科学界的认可，桑志华把这本小册子广为寄送。

2 几经周折再赴泥河湾

在精心做好各项准备工作后，1925 年 4 月 14 日，桑志华第二次前往泥河湾进行大规模发掘工作。

4月的北京，风和日丽，万木吐绿。但是，桑志华没有心情欣赏这美丽的风景，在丰台换乘到新保安火车时，发现自己的行李没有随行，想下车，但火车启动了，只好坐到下一站广安门，乘人力车返回丰台。桑志华质问火车站副站长："我买了一张从天津到新保安的行李车票，你们为什么没把行李放在火车上？"这位副站长解释说："不知道您的行李放在何处。"桑志华取到行李后，只能等晚上的一趟火车。

天黑了，桑志华上了一辆带棚子的火车（货车），车厢不分什么等级，车厢里放着木制长凳。桑志华在凳子上坐了一夜，4月15日早晨抵达新保安火车站。

新保安是一座小镇，城墙还好，商业比较发达，东西街道上的店铺很多，街道上的人也不少。利用寻找马车的空当，桑志华看了看火车站北面的山峰，是由前寒武纪时期的石灰岩构成的，往北倾斜，碎石很多。

几乎用了一天时间，桑志华才与来接他的教徒联系上。这位教徒是双树子村天主教堂派来的，他赶着四匹骡子拉着的坚实大车，桑志华和随行人员上车，从新保安镇南门出来，穿越一片平原，过了曹家房，进入一片平沙丘，在混浊的沙尘中，颠簸着驶向泥河湾附近的双树子村天主教堂。

路旁的柳树开始吐出嫩芽，树枝随风摇曳，到处是春天的气息。他们到达洋河岸边，由于去年山洪填满了河床，河上没有桥，只能趟水过河。河宽200多米，湍急的水位上涨的厉害。两个车夫先从车上下来，涉入水中，探寻可以过河的路线。40分钟后，他们在河水较浅的地方插入一根杆子，就像路标一样，准备在这里渡河。

经桑志华同意，车夫大声吆喝并挥舞鞭子赶着牲口过河，四匹骡子似乎同时发出尖叫的声音，马车奔腾在河水中，水一直漫到车轴的位置，几乎就要浸过马车的底部。马车艰难地到达河对岸。

桑志华远远望见两个穿汉服的人在看着他们，其中一人还戴着望远镜。走近一看，迎接他们的是1917年在杨家坪苦修院见过的德·默尔路斯神父和1917年就见过的双树子村本堂神父劳伦张（Laurent Tchang）。

桑志华是第二次到双树子村天主教会。这一次还意外见到了保定府副本堂刘神父。在德·默尔路斯神父和张神父极力挽留下，桑志华多呆了一天，参观德·默尔路斯神父的杰作——哥特式建筑风格的大教堂。

双树子村教堂

桑志华还清楚记得1917年8月18日在杨家坪苦修院第一次见到德·默尔路斯的情景，他们聊得很投机。德·默尔路斯初来中国是传教士，后来发挥其设计建筑师特长，在中国建造了几座漂亮的哥特式教堂。因此，他经常与木匠、铁匠、石匠打交道，对中国工匠充满了敬意。德·默尔路斯认为，虽然这些工匠工具简陋，但是工作起来非常投入、认真，手也很巧；他们的师傅教授的工艺不是很好，但这些工匠靠自己的悟性与细心，学习掌握技能。如果他们的师傅教得很好，且工具齐全，他们能成为很棒的工匠，比欧洲工人取得更好的效果。德·默尔路斯神父还认为：中国学徒工是师傅的小奴仆，而他们却把师傅视为父母感恩孝敬，有些师傅对徒弟的忠心耿耿并不领情，技术秘诀大都对他们保密，只是当作跑腿儿的，如果本人聪明，注意观察，那还可以把技术学到手，实际上师傅在剥削他们的劳动。

当时，德·默尔路斯神父让桑志华看了他设计的双树子村天主教堂的图纸，而今这座教堂已巍然矗立。

走进教堂大厅，蓝色纹理的白色大理石柱子支撑着大厅的建筑结构，空间宽阔，结构轻巧，采光很好，墙面上装饰着欧洲古老手法绘制的壁画。教堂的窗户给人以庄严纯净的感觉。圣器室是教堂的杰作，它的设计、雕塑、制作都是由一个专家团队负责的。

在教堂附近，德·默尔路斯神父还设计建造了一所十分漂亮的学校和神父住所，一个由中国宗教人士管理的孤儿院，他们还开了一所女子学校。

双树子村400余户人家，其中有100户是天主教徒。教徒的生活十分安逸，有几个教徒甚至称得上是百万富翁。有意思的是，他们的父母或祖父母从直隶南部移居到这里的时候只是仆人罢了。他们运用自己的聪明才智改变这一窘境：既不吸鸦片，也不赌博，而是开办造纸厂，用麦秆造纸，这种包装用的粗纸在整个中国北部都十分有名。

晚上，桑志华在教会驻地查看租来的车辆。雇来的赶骡人来找桑志华说："明天不能上路，因为有一头骡子肩膀上有一处脓肿"。桑志华问："脓肿是不是早上突然长出来的？合同已经签了，必须去找一头骡子代替才行……"桑志华又多给了一个坐洋还说了一些好话，脓肿一下子就好了。桑志华明白了，赶骡人是想要一点小钱。

1925 年 4 月 17 日清晨，桑志华告别了德·默尔路斯神父和张神父，前往泥河湾。

3 村民喇有计鼎力相助

沿着去年行走的路线，赶往去年勘察过的化石地点，它位于宣化府的西南面、桑干河中游沿岸。

桑志华乘坐马车行驶在颠簸的田埂小路，途经辛兴堡、太府村、大西庄村，他见到农民用刚刚解冻的混浊河水灌溉庄稼。

桑志华前往南屯教会，进入一条由前寒武纪白云质灰岩形成的相当深的峡谷，峭壁狭窄，非常难走，行李箱几次撞到岩石上，到峡谷端口时，白云质灰岩变成了水平走向。

接着又进入一个河谷，两边的山坡上都是长形或圆形突起的地形构造，上面覆盖着混有碎石的黄土，远一点是泛红的黄土。到达高处，是深度变质的流纹岩区，其中有蓝色泥质片岩，构成了相当壮观的圆形地貌。

桑干河泥浆似的河水

爬上第一个山口，再向下，是一个陡坡，之后是含铁量十分高的硅钙质层。从陡坡至河谷底部，是由前寒武纪时期的变质岩

泛红的黄土

圆形地貌

构成的，岩石向东南倾斜 20 度。

很快到达第二个山口，这个山群壮美的小路十分艰险，桑志华一行小心翼翼地经过含燧石的带状硅质灰岩和流纹岩。经测量：它们高于桑干河 510 米，海拔 1105 米。

下了陡峭的下坡，跨过一个从东北方向下去的河谷，他们攀登到比前两个稍微高一点的第三个山口，整个山坡和靠近南屯的地方都是黄土质的。

他们一直下到南屯，因为传教会的王神父外出传教两天后才能回来，而桑志华带着车队人马有诸多困难，只在这住了一个晚上。

4 月 19 日早晨，桑志华一行沿着去年秋天走的那条路前行，在一座寺庙前停了下来。寺庙后边有一条蜿蜒曲折的河流，被称为“十八盘”（Cheu pa p’an）。

桑志华对寺庙之东河边出露地层画了简图并记载如下：“红土，延伸约 500 米（1）；紫色的页岩层，向北倾斜 30 度（2）；红色的硅质灰岩，鼓泡状（含 *Collenia*，聚团藻）（3），与前面的地层整合接触；红色的硅质灰岩（4）；绿色板岩，软而呈块状，带窝状白—淡绿的粉状岩（5）；覆盖在细密的蓝色页岩上（7）。在小河流的底部出露一片红色花岗岩（6′）；走过一段红土（8）后，又看到该层花岗岩，伴有被红色伟晶岩脉断续分开的暗绿色的硅质岩（6）。这一剖面延续约 1 千米长，灰岩是前寒武纪的，坐落在前寒武纪和太古代界限之上。整体说来，这里主要是第四纪或第三纪末期的红

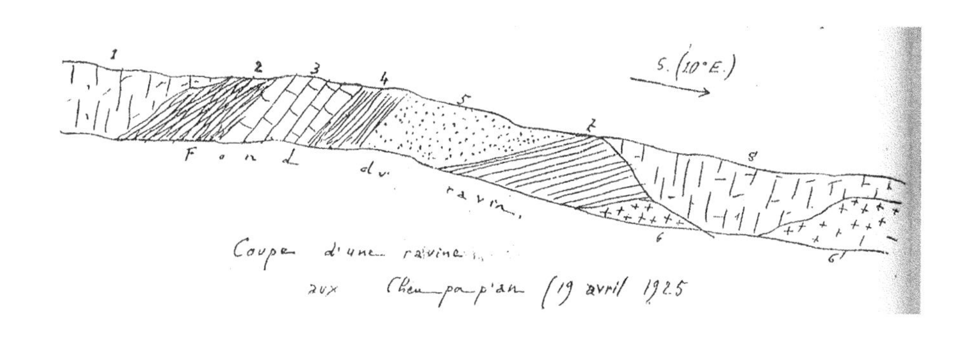

桑志华绘制的剖面图

土。第一层更可能是第四纪的，而第八层可能更老。”①

桑志华从寺庙东部的河流岸边向上游走向通往上沙沟（Chang cha keou）的那条路，来到去年初步考察过的一个地层，进行勘察并绘制了简图。在淡红的黏土沙层之下为一含带状砾石的沙层；再下为砂砾岩层，其下是相当细的黄砂，靠近底部有一些椎实螺。桑志华找到一块并非出自原层位的化石。再向下游的地方，整个河岸都是由红土构成的。

再下行，到达左岸出露的一片片麻岩，相连接的是前寒武纪的红色石英岩，再低一点，石英岩变成蓝色。

由于下沙沟正处于干涸期，一个低矮的岛凸现出来。桑志华上了这个岛，看到大暴雨形成的高位河水侵蚀了由松散的土（包括沙子、砾石、红土和黄土）构成的高峭壁

峭壁底部由松散的土（包括沙子、砾石、红土和黄土）构成

① Emile Licent, *Onze années (1923–1933) de séjour et d'exploration dans le bassin du Fleuve Jaune, du Paiho et des autres tributaires du Golfe du Pei Tcheu Ly*, Tientsin: Mission de Sienhsien Race Course Road, 1935, p.210.

1号化石点

的底部。他仔细观察了最新崩塌物，惊喜地发现了马、犀牛、猪、羚羊等化石，这些化石是从红土层中掉下来的。夕阳西下，已来不及大规模发掘。桑志华把这里标记为1号化石点。

桑志华觉得这个化石点非常重要，因为棕红色的黏土，有的地方砂质很重，第一眼看上去非常像甘肃庆阳（1920年发掘出许多化石）出土三趾马动物群时期的黏土，但它们地质构造截然不同。它是从第三纪到第四纪的过渡阶段，桑干河台地上的这些沉积应该使用“三门系”这个名称。

在下沙沟上游左岸，绿色与紫色的砾岩峭壁底部构成的凸坎处，桑志华从水中捡到一块鹿角化石的碎块。

太阳落山了，为了不耽搁车队赶路，桑志华决定明天再回到下沙沟。

桑志华发现有几个人一直跟随在后边，听不清在说什么。经过下沙沟村时，一群人围了上来，带来了满满两筐“龙骨”（化石），要卖给桑志华。其中一筐是一位年长农民的，他很认真地与桑志华谈“龙骨”的价格。他叫喇有计，在当地很有威望。喇有计说：“你们选出最想要的，再商量价格。”桑志华询问这些化石是从哪挖来的？喇有计回答说：是在下沙沟村丘陵上发现的。桑志华高兴地说：“明天一定派我的随从王连仲来下沙沟买你们的化石，我也来，你们可以帮助挖掘化石，我会给你们小费。”村民们半信半疑望着桑志华的马车离开了。

夜幕降落，伴着明亮的月光，桑志华一行来到泥河湾教会驻地，雅克·郭神父仍像以前一样热情地接待了他们。

20日早晨，雅克·郭神父带桑志华到泥河湾东面的狼洞沟（Lang tong

狼洞沟 7 号化石点

k'eou)，有村民曾在这儿发现了大象化石。因为下了雪，在高一点的地方，冷气还形成了白霜。桑志华勘察后，把含有丰富化石的狼洞沟标记为7号化石点。

这一天，桑志华派王连仲去了下沙沟，了解昨天喇有计等村民所说化石点的信息，让他以低廉价格购买一筐化石。同时，让王连仲带人到下沙沟1号化石点进行初步开采，发掘的化石十分诱人。

根据1号化石点的发掘和喇有计等村民提供的化石信息，桑志华预感到：下沙沟北部、东部等地层含有大量化石，他决定把下沙沟作为发掘化石的重要地点。

21日，桑志华与雅克·郭神父一起带着车队来到下沙沟，见到了喇有计。他带桑志华来到一个化石点，它位于下沙沟村后一个很短的峡谷边缘，位置相当高。桑志华勘察后，发现含有大量化石，标记为下沙沟3号化石点。

他们在不同地方找到了分布的动物骸骨，通过对这里地层的仔细勘察研究，桑志华得出这样的启示：很有可能在这些湖相地质构造中找到化石，随着湖水的涨退，有很多动物的尸体被沙化的岩石和淤泥埋在下面。沙子下陷堆积时，它们陷入流沙中，而沙子是松散的，河水和黄土沉积可能填满了这些缝隙，封闭结构就这样形成了。

从这一天开始，桑志华用无液气压计来测量含化石地层精确的海拔高度，看看这个很厚的湖相沉积中是否有多个化石层。后来还编制了这些地层的海拔高度表。

在3号化石点的河右岸，桑志华发现了新的化石点，标记为4号点。在更西北向的小沟里也发现了化石，标记为5号点。

桑志华让喇有计雇用民工，他凭着他在村里的威望，不到半天就把几十个壮劳力组织起来了，一些少年也加入了挖掘工作。

为了保证化石的完整，桑志华对参加挖掘的人员进行了培训，教授并演示基本方法。开始，他们力气过猛，掌握不好挖掘的度。桑志华多次把地层含有的化石指给他们看，并嘱咐：千万不要碰化石！工作几天后，大家基本上掌握了要领，所有隐约看见或猜想会有化石的地层把握得都非常好，操作技术提高很快。

喇有计带领村民挖出了反刍动物头骨等许多动物化石，还采集了一个完整的剑齿虎头骨。当然，也不可避免地因为个别民工缺乏经验而毁掉了一些好化石。桑志华认为下沙沟的村民十分友善且工作认真，他们还打算把之前采集的化石都卖给他，心里更高兴。

4 巴尔博到泥河湾与桑志华会面

1925年4月21日，巴尔博（George Brown Barbour，1890—1977）教授来找桑志华。

据桑志华记载：“紧张忙碌了一上午，我返回泥河湾，在那儿见到了北京燕京大学的巴尔博教授。这位地质学家正在研究张家口地区（泥河湾在张家口以北约65公里）[①]的地质，他对泥河湾周边的地质情况很感兴趣，希望能在这里找到一些自然地理学的答案。他在张家口看到了早在1921年6月被樊尚神父指定要提供给北疆博物院的化石材料，以及我当时记下的一些信息；樊尚神父还向我建议找时间一同前往该地区考察。然而，正如我在《桑干河阶地调查记》的引言所提到的，我先是在陕西考察（1921），然后是内蒙古萨拉乌苏化石的发掘（1922），再是与德日进神父组成法国古生物考察队（1923）进行考察，因此我一直无法回应樊尚神父的邀请。直到1924年

① 原文如此。泥河湾在张家口南，此处应为桑志华笔误——译者注。

9 月，我才能出发到泥河湾。

“当时巴尔博先生比我早几天到达。这位地质学家知道樊尚神父收集的化石是要提供给北疆博物院的。这些化石中就包含蚌科化石，樊尚神父还给我寄过其中的几个样品。巴尔博先生采集到若干蚌壳化石，便获得该属种以他的名字来命名的回报。

“另外，他还在发表于《中国地质学会志》的一篇报告中写道‘希望邀请我与他合作’，共同考察桑干河的湖相沉积。

“我一直认为，既然相关消息的优先权是属于北疆博物院及其院长的，那我完全可以自由决定是否前往以及何时前往；如有必要，按理说，桑干河考察本应跟随我去做，而且应当是在去泥河湾之前。

“巴尔博先生对泥河湾的这第二次考察持续了三天半，从古生物学的角度来看，并没有在泥河湾的地层上取得任何进展。

“是我这一年发掘出古生物化石群使得‘三门系’的新年代得以牢固建立起来。我在该地区绘制的剖面图，确认了在下沙沟和泥河湾村存在着介于红土和黄土底层之间的砂土沉积层，从而正式确立了这些地层属于第四纪早期。此前，该地层的年代一直未能确定。”①

4 月 22 日，桑志华在桑干河岸边的海螺沟，勘察了含蚌化石的地层。去年（1924 年 9 月），他曾在其下游 50 米处发现这类化石。

桑志华给巴尔博看了这几天在下沙沟 3 号化石点采集的完整剑齿虎头骨化石。

“23 日，我与巴尔博先生到泥河湾村西北部进行了一次远足。我上次已经来过这个被水流冲蚀而成为沟壑的地方。这些阶地的顶部肯定还被流水夷平过，比泥河湾村高出 57 米。

“来到下沙沟上游右岸，我们在几乎正对着下沙沟的沙地中挖掘出了小的双壳类化石。在我已经标记的 3 号化石点，我们挖掘出了一些反刍动物的头骨。

“来到我已经标记的 1 号和 8 号化石点，我们又重新仔细地测量了 4 月 19 日我画的剖面。自下而上依次如下：碎屑，2 m；砂和紫色风化砾石，1 m；豆

① Emile Licent, *Onze années (1923–1933) de séjour et d'exploration dans le bassin du Fleuve Jaune, du Paiho et des autres tributaires du Golfe du Pei Tcheu Ly*, Tientsin: Mission de Sienhsien Race Course Road, 1935, p.214.

下沙沟 8 号化石点

白井子在白色峭壁脚下的湖相沉积地层

状细砾石，30 cm；黏土层，15 cm；紫红色砾石，10 cm；向上游延伸的含化石的红层（8号地层），1.30 m；棕色砂，15 cm；夹棕砂层的红土，60 cm；层状沙质黏土，1.60 m；淡绿色砂层，30 cm；棕红色黏土，底部含化石，1.30 m；砂砾层，3.5 m；红黏土，60 cm；淡灰绿砂层，1 m；棕红色黏土，1 m；层状绿砂层，1 m；棕红沙质土，2 m；红色黄土（?），1.50 m。这些地层均为水平分布。”①

24 日，桑志华与巴尔博前往桑干河河谷西部入口进行考察。在去往泥河湾河谷的路上，经过一个叫白井子（Pai ts’ing ze）的小村庄，它建在白色峭壁脚下湖边的台地上。

桑干河东北部形成环形沙嘴，对面是一个小沟壑。沟壑最深处是柳沟（Liou keou）小村，阶地上悬崖高耸，农民在整块黄土阶地的梯田上种植庄稼。

渡过桑干河之前，桑志华把峭壁的轮廓速描了下来。柳沟河沟的两侧基部都被水掏凹进去。可以看到，河谷底的砾石层相当厚，与海螺沟含有蚌类化石的地层相似。桑志华在沉积黄土边缘灰色细沙条带中发现了一块骨化石碎片，扁卷螺和椎实螺。再往东，桑干河右岸，在湖相沉积层之上仍是厚厚的黄土层。

他们爬上了一个位于桑干河大环形沙嘴南部谷底的小黄土高地。河谷入

① Emile Licent, *Onze années (1923–1933) de séjour et d’exploration dans le bassin du Fleuve Jaune, du Paiho et des autres tributaires du Golfe du Pei Tcheu Ly*, Tientsin: Mission de Sienhsien Race Course Road, 1935, p.215.

河谷入口的红色太古代片麻岩

口处是红色太古代片麻岩，在附图的底部，可以看到有一座高峰，无疑是前寒武纪的白色灰岩，分层清晰，向左倾斜 16 度。

他们发现一大块红色泡状粗面岩。这块岩石可能是经桑干河漂流而来，源自张家口或者大同府的桑干河上游。之后，返回下沙沟发掘现场，桑志华见到红土与三趾马化石都已坍塌成块。

“巴尔博教授明天就要出发去宣化府，我帮他找了两头骡子，每天每匹骡子骡夫竟然要价 4.5 银元（坐洋），真是恬不知耻的敲诈勒索！后来这些家伙自己都承认一天一匹骡子按斤运货最多只能挣到 1.75 银元（坐洋）。”①

1925 年 4 月 25 日早晨，巴尔博乘坐桑志华为他租的骡车，去了宣化府和北京。

5 勘察泥河湾盆地“河湖相沉积”地层

告别巴尔博，桑志华回到下沙沟发掘现场。

桑志华一边监督挖掘工作，一边绘制 5 号化石点剖面图。该剖面自下

① Emile Licent, *Onze années (1923–1933) de séjour et d'exploration dans le bassin du Fleuve Jaune, du Paiho et des autres tributaires du Golfe du Pei Tcheu Ly*, Tientsin: Mission de Sienhsien Race Course Road, 1935, p.216.

下沙沟 3 号化石点

Coupe 2 du 25 avril 1925
(Atlas, Feuille 31.)

桑志华绘制的剖面图

而上依次为：黄沙，2.5 m；紫色砂，0.5 m；砾石层，10 cm；黄沙，2 m；绞结很硬的砂层，下面含有化石，1 m；之上又为黄色细沙，2—3 m。桑志华发现下沙沟的湖相沉积与泥河湾的一样，都被多条溪涧切割开来。

桑志华回到泥河湾发现鸵鸟蛋化石的地方，又发现了许多碎片。然后，沿着大河谷朝南行进，看到峭壁被风蚀了，岩石疏松，其中一处峭壁高达近 30 米。

桑志华画了剖面图，自下而上依次为：碎屑，2 m；淡蓝色砂层，0.30 m；蓝绿色砂层，0.50 m；棕红黏土，0.50 m；黄砂 0.50 m；棕红黏土 0.30 m；黄砂，0.30 m；棕红黏土 0.10 m；黄沙，0.30 m；棕红黏土，1 m；棕色细沙，中夹一层含砾绿色沙层，0.50 m；棕红黏土，1 m；中夹两层棕色沙带的绿砂层，0.30 m；棕红黏土，0.30 cm；绿砂层，0.30 m；棕红黏土，0.50 m；灰沙层，0.15 m；紫红色小卵石，0.30 m；灰沙，0.30 m；紫红卵石沙层，0.70 m；淡绿沙层，0.50 m；红黏土，0.40 m；淡绿黄沙，0.40 m；红黏土，1 m；绿沙，0.20 m；棕红黏土，1.40 m；紫红印石，0.70 m；绿砂，0.3 m；紫红卵石，0.20 m；层状淡黄细沙层，1 m；淡黄色细沙层，0.40 m；紫红卵石，0.30 m；淡绿黄砂层，0.50 m；棕红黏土，0.50 m；黄绿沙，0.50 m；浅黄沙，0.40 m；棕红黏土，0.30 m；层状绿沙，0.50 m；紫红色小砾石及沙层，1 m；层状淡绿黄砂层，0.70 m；浅白泥灰质带，0.30 m；棕红黏土，1 m；浅白泥灰岩，1m；淡红耕土，1.60 m（以上均为水平分布）。从剖面可以看出，泥河湾的棕红黏土较多，比下沙沟多很多，这种岩性主要分布在东部和南部，快到顶部时呈现出第三岩相——泥灰岩相，该岩相在泥河湾村后面（北部）更多。可以归纳为：剖面图中的三处岩相都非常规则的交替形成。

找到了横穿岩相的侧道，桑志华往南步行 20 分钟，棕红黏土所占空间更多。再后，棕红土在河流之上构成了高达 10 米的峭壁。在后一点上，棕红土被淡绿灰砂岩所覆盖，形成凸缘。继续向南步行 1 里，95%的山丘都是由棕红土形成的，砂岩凸缘也变多起来。

桑志华画了剖面图，其剖面自下而上依次为：1. 坍塌物，4 m；2. 棕红土，底部 0.5 m 颜色很深，3 m；3. 棕红土，顶端 0.50 m 发白，2.50 m；4. 层状淡绿砂层，0.40 m；5. 棕红土，0.25 m；6. 紫红卵石和沙，0.25 m（这一层在右边消失）；7. 紫红细卵石，1 m；8. 白细沙，向上变淡绿色，0.30 m；9. 紫红卵石，0.35 m。——B 处，可以看到红土层下面还有层状卵石和淡绿色砂层。第 9 层之上出现第 10 层黄土，黄土冲刷湖沉积层成沟。

26 日，雅克・郭神父告诉桑志华，有人在距泥河湾东北部 10 公里处的山上找到了朱砂。

上午，两人一起到泥河湾村后面那个从北向南的沟壑去考察。沙质黄土在这里发育很好，至少在低水位时是这样。一小股流水把一个相当大的土堆切割开。右侧小山沟侧面有这种地层，这里是在淡绿色湖相黏土层之上，沙层高出沟壑底面 18 米，而这个大沟壑的基底是由紫

比大沟壑高出 18 米的沙层

一座高高的峭壁

黄土覆盖的湖相沉积地层

红色卵石构成的。桑志华猜想：大沟壑的河谷好像在黄土沉积之前已经存在了，河谷之后再次被冲刷侵蚀到原来的底部，大约高出18米。在旁边小山沟中的黄土层只在大沟壑的80—100m处发育，这证实了他的猜想。

桑志华与雅克·郭神父回到桑干河峡谷，继续往上爬，河谷的尽头约4千米，他们只能走到那儿，因为那里山沟的状态很特殊，其断面都呈极窄的V字形。那儿没有黄土，也没有卵石、红土和泥灰岩。砂岩分层清楚，层理很细，有黄色与绿色的条带；在高处为更厚的淡黄色和很薄的玫瑰色的地层。由于解冻现象引起了许多大崩塌，使得谷底十分狭窄，满是淤泥，行进十分困难，最后变得几乎不可能，甚至危险。

下午，在泥河湾的上游处，他们涉水到达桑干河南岸。走到岑家湾（Tch'eng kia wan）村上游的山坡，见到峭壁山脚下有水源，步行半小时，在高于泥河湾河流43米处，发现一处新石器时代地点，有许多陶器碎片，还有相当多的刮削器。

在新石器时期的地层下是湖相地层，它和此地含砂量大的黄土构成了一座高高的峭壁。更远处一点，另一个由黄土覆盖的湖相沉积地层的接触面比刚才那个的起伏更大，可以清楚地看到细砂层向结实黄土层的过渡。

晚上，桑志华把新石器时代发现的火石给雅克·郭神父看。郭神父说，在火石沟（Houo cheu keou）有许多这样的硅质灰岩，火石沟位于泥河湾的南面，这条山沟有丰富的水源流入桑干河，油坊（You fang）村后也有丰富的水源。

雅克·郭神父认为：桑志华找到的陶瓷碎片以及新石器时代的石块肯定年代久远，因为他从来没有看过这种东西。在玉宁城（Yu ning tch'eng）以南，在八达岭（Pa ta ling）东 50 里，通往南口（Nan keou）山顶处有许多类似的陶瓷碎片①。

27 日，桑志华与雅克·郭神父一起去位于桑干河峡谷口的上游、石匣（Cheu shiang）以东的和尚坪（Ho chang p'ing），然后进沟考察。沟内主要是前寒武纪及寒武纪等时代的老地层，地形非常陡峻难走。

到达桑干河峡谷的凹地边缘 500 米前，他们发现桑干河峡谷比和尚坪台地海拔低 270 米，桑干河扼住整个峡谷。走了一会儿，桑志华见到了石英石、红色花岗岩、白色石英石。步行向前 2 里，是一个十分壮观的斜坡构造山峦。

桑干河峡谷的凹地边缘

从峡谷延绵的醒目台地更加壮观。依次经过白色结晶大理石岩层，灰绿色硅质岩石，到达高高的峭壁，它沿着上一层岩石被削出了切口。

再往前，非常艰险，无法通行，桑志华开始感觉疲劳，由于没带床具，当晚必须返回泥河湾村天主教会。有人告诉他这里到泥河湾的距离很短。但实际上，走了 35 公里，其中 20 公里是山路。郭神父骑马，桑志华步行，晚上九点多才疲惫不堪地返回泥河湾。

28 日早晨，有人送来象牙化石。这些化石是在泥河湾东面的白井子挖洞时发现的，一块象牙还好，另一块长 40 厘米，已成碎屑。

---

① Emile Licent, *Onze années (1923–1933) de séjour et d'exploration dans le bassin du Fleuve Jaune, du Paiho et des autres tributaires du Golfe du Pei Tcheu Ly*, Tientsin: Mission de Sienhsien Race Course Road, 1935, p.219.

斜坡构造的山峦

壮观的台地

跌宕起伏的河谷

有人告诉王连仲，在下沙沟西偏北方向的大轱辘（或葫芦）沟（Ta kouo lô keou）河谷发现新化石。桑志华勘察后，标记为9号化石点，但遗憾的是挖掘者把三个动物头骨都损坏了。在下沙沟4号化石点，王连仲找到了他们在4月22日发现的漂亮的剑齿虎头骨的一个大犬齿。这些很坚硬的长骨化石经过搬运后破碎成这样实在是很奇怪的。1号化石点的长骨化石也是同样情况。

4月29日，在5号化石点附近，发现了一块象的大骨化石，在附近淡绿沙中找到另一块骨头和许多椎实螺。往东北一点，桑志华勘察了标记为10号化石点，又发现三处化石点，但含化石的红棕色黏土层尚未解冻，开采工作难度很大。

桑志华到泥河湾村西部桑干河峡谷勘察地质地貌。他发现黄土是在坍塌的湖相堆积的破碎面之上。

靠近泥河湾村西北面的桑干河峡谷，形成一个大半圆形，一条大河从南面小五台山① 流过来，即壶流河（Hou liou ho）。桑志华登上壶流河分隔开来的台地顶部，经一条羊肠小道，跨过湖相地层一条狭窄的裂缝。这儿的湖相地层为泥灰岩淡蓝色，往高一点被13米厚沙质黄土覆盖。

桑干河北部连绵的山峰

继续向前，到达高出桑干河峡谷172米处，站在这个高度，可以欣赏桑干河北部连绵起伏的山峰，也可以看到桑干河峡谷东部由于湖相沉积形成的台地被侵蚀的纵横沟壑，还可以看到这个湖被下沙沟和泥河湾的沙土、黏土、砂砾和泥灰岩沉积填满时黄土才刚开始沉积。桑志华设想，这些沉积物可能是在相对较干旱的时期形成的（因为在湖相沉积物中找到了石膏，虽然很少），后来潮湿期突然来临，湖向东溢出，切割了桑干河峡谷的片麻岩和灰岩层，门槛降低，湖水得以轻松地冲刷湖相沉积。

十八盘山口的通道

桑志华经过十八盘，进入通往南屯的山口通道。这里一点也不比和尚坪和泥河湾村以南的片麻岩高地高，甚至还更低

① 小五台山位于河北省蔚县与涿鹿县交界处，是冀北山地的组成部分。因五峰凸起，又有东五台之称，为别于佛教名山五台山，故名小五台山。海拔2870米。东西长约40千米，南北宽45千米。为褶皱断块山。有东、南、西、北、中五台，其中最高者为北台。小五台山动物资源丰富，生长以桦、柳、椿和油松、云杉、侧柏等针阔叶混交林。有兽类、两栖、爬行动物30种，鸟类56种，昆虫1500余种。

点。凭直觉，桑志华感到在这里应该能找到桑干河峡谷打开之前的更老的湖相沉积物。

绕过一座峭壁，桑志华到达一条东北偏北方向河流的尽头，台地被冲刷景象使人印象深刻。从这个方向看，十八盘通道的右边，仍然是泥河湾村及和尚坪的片麻岩台地。

“4 月 30 日，我再次到泥河湾。下午，我去桑干河上游的油坊村。在那儿，一个充满砂子的圆形凹坑边，我发现了磨制的石英石块和许多绳纹陶器碎块，还有一个断裂的磨得光滑的石斧。这些发现都是在黄土里，高出河流 20 或 25 米。”①

5 月 1 日，桑志华回到下沙沟发掘现场，

在下沙沟村东面大水沟（Ta choei keou）支流岸边，桑志华发现标记为 11 号的化石点。这里有许多小化石，猫（?）、鸟等。含化石地层像蓬蒂期红土一样，破裂成多少是垂直的片状。挖掘这一化石点的工作量很大，采集了许多化石。

在 3 号、4 号化石点，化石在黄沙内的灰色沙质结核中，在化石层之上还发现了椎实螺。

5 月 2 日，桑志华到桑干河的支流壶流河谷一带考察。壶流河流淌在新石器时代的 13 米高的台地上。这个台地由细细的灰砂构成，上面覆盖着卵石，宽 250 米，向西南方向延伸。桑志华在卵石中找到了年代久远的黑瓷碎块。

下沙沟 3 号、4 号化石点发掘现场

① Emile Licent, *Onze années (1923–1933) de séjour et d'exploration dans le bassin du Fleuve Jaune, du Paiho et des autres tributaires du Golfe du Pei Tcheu Ly*, Tientsin: Mission de Sienhsien Race Course Road, 1935, p.225.

这儿还有许多玄武岩卵石，它是从山西北部大同地区的河流冲到桑干河的。

沿着桑干河谷走到岑家湾（Tch’eng kia wan）的上游，桑志华见到人们通过筛洗沙子收集小煤块，它们被河流从大同地区冲到这里的。

5 月 3 日下午，桑志华到泥河湾村西部的沙河（Cha ho）考察。中国北方很多河流都起沙河这个名字，就是含有沙子的河流。

沙岩凸起结构一直到半山坡

沙河（泥河湾的西侧）和东城之间，桑干河靠近壶流河交汇处，桑志华发现湖畔地形的根基是微青色泥灰岩。第一套沉积地层出现在黄土河床之前；第二套还在发展中，上下叠加的两套沉积形成后，河床的很多地方都将黄土地层抬高了，同时又深深被地削平被侵蚀剥离，泥河湾的北部、下沙沟以及岑家湾的东南部更为明显。

3 日下午，下沙沟、泥河湾挖掘化石的工作全部结束，然后打包装车，临时存放在泥河湾天主教会。

4 日，桑志华带领满载化石的一辆汽车和一辆三匹骡子拉的大车，离开泥河湾。

1925 年 5 月 5 日，在宣化府天主教会伊斯芒斯（Huysmans）神父的帮助下，桑志华买了三等座车票却坐在二等位置，并成功地将所有化石一起装上列车，返回天津。

6 下沙沟化石点遍地开花

在天津短暂停留 15 天后，桑志华于 1925 年 5 月 25 日第三次急匆匆奔赴泥河湾盆地，继续发掘化石和进行地质调查。

从天津乘火车先到丰台，再赴宣化。令桑志华沮丧的是，乘坐丰台至宣化火车时，把 9X12 照相机落在车厢里。照相机对于桑志华来说，比随身携带的武器还要重要，因为他必须把所勘察的地质、地层以及挖掘化石的情况随时拍摄下来，作为重要资料保存。

当桑志华发现照相机丢失时，火车已经开走了。他急得满头大汗，迅速跑到火车站公用电话亭，给丰台火车站打电话。不巧，一部占线，另一部话务员不接电话。好不容易接通了，这时一个士兵突然出现，抢走他手中的电话。当电话重新回到他的手中时，那列火车已经到了终点站。桑志华返回丰台车站，找到乘务员说：“我的照相机丢了，乘务员应负有责任。”乘务员回答：“当时人太多，没有看到”。桑志华非常气愤，也很无奈。

26 日，桑志华再到丰台火车站询问照相机的下落，乘务员和乘警都说不能对此承担责任，因为：“当时车上人太多了，也没有人看到那架照相机”。为了寻找丢失的照相机，桑志华给天津交通监察员写了求助信，后来（1925 年 6 月 4 日）收到回信：“我已经写了很多份关于那架照相机的寻物启事，但遗憾的是，没能找到关于它的任何线索。”

带着行李的王连仲已先到了宣化府。桑志华心里有些懊悔，只能乘一辆过路的火车从丰台来到宣化府。透过车窗，桑志华看到张作霖和冯玉祥的部队正在向张家口转移，这两方军阀的敌对状态已经持续整一年。

27 日，宣化府天主教会伊斯芒斯神父很不容易租了一辆马车来车站接桑志华，车夫非常害怕牲口被部队征调。

28 日，桑志华到达下沙沟。这一次，桑志华直奔喇有计家。上次桑志华在喇有计家住宿，深深感受到全家人的朴实、真诚、热情。临别时，桑志华特意为喇先生全家拍了一张合影，在天津冲洗后带来送给他们，全家都很高兴。上次住过的房间，喇先生提前让家人打扫干净，并把墙壁粉刷了，还腾出一间平时堆放杂物的房子，供桑志华使用。

桑志华从心里感激喇先生，他说：“我曾给您写过一封信，告诉什么时候回来，遗憾的是邮递员没有送到。”

桑志华得知：喇先生的祖先是回族，在下沙沟同样姓氏的人很多，大家你来我往，彼此情感很深。

本来，在下沙沟喇先生就颇有名气，再加上一个外国人住在他家，名气更大了。一些村民来看望他，有些人还打算在古生物学方面与他合作，住在这里的桑志华掌握了大量的有关化石点的信息。

下沙沟喇先生一家

桑志华看到村民如此热情，干脆把喇先生家作为办公室，把能够提供新的化石地点的人编为勘察队，把愿意挖掘化石的人编为挖掘队，两支队伍同时工作，各司其职。

为了抓紧时间挖掘化石，桑志华委托泥河湾天主教会的雅克·郭神父、王连仲、喇有计分别带着下沙沟村民，对化石点进行开采。

5月29日，桑志华跟随下沙沟村民组成的勘察队，去新的化石点。王连仲对8号化石点进行重新发掘。他取出一个双角已被破掉的头骨枕部，一种大动物的指节骨和一些长骨。位于下沙沟东南部的四旱沟（Seu han keou），标记为13号化石点。这里曾发现过一个马的头骨。桑志华采集了一个小羚羊的头骨、颈骨和半个下颌及其他骨头。这些化石产于含有灰砂的黄砂中。

下沙沟北部一个地点标记为14号。化石在黄砂层中包含在灰色、淡绿色砂岩包块中，许多化石已经破碎，不在原来的位置了。

5月30日，下沙沟东北部地点标记为15、16号。15号化石点埋在厚2米、砂化严重的红土中，红土在黄—淡绿色沙之上。红土则在紫色砾石层之下。

6月1日，在王连仲指挥开采的15号化石点，桑志华取出一个保存完好的大三趾马头骨化石，长达64厘米。他让一村民用麻纤维纸和木屑把它包起来，用河水清洗干净。

在离5号地点不远处发现象类长骨；在16号地点发掘出反刍类动物的一个蹄骨；发现了第17号地点（在15、16号之间），其中有马类的骨头和食肉类动物的粪化石。

2日，在15号地点发现一个反刍类头骨和三四块长骨。

完好的体型高大的三趾马头骨化石

3日，桑志华去拜访郭神父，然后去15号地点，后又到和尚坪考察。

4日，到东官庄去看发现披毛犀头骨的地点。

5日，桑志华勘察和尚坪地质后，来到15号化石点。王连仲给他看昨晚他刚发现的一个反刍类动物漂亮的大头骨，但已被某人在夜晚打碎了，还说有人破坏了化石地层。桑志华听后非常生气地说：破坏者要对自己的行为负责！

离开15号化石点，在下沙沟东南，在四旱沟的一个山谷中，发现了18号化石点。

“中午，我要求见这个村的村长，向他说明15号化石地层被人为破坏的事实。我要求赔偿全部费用，包括：赔偿所有的劳动报酬、雇用民工和支付地租的费用。否则，我就会报警。”①

此外，桑志华感觉有人动过气压计和一台照相机，他怀疑是厨师干的。

经过一番工作，桑志华排除了流动作案的可能，确定这是下沙沟村民干的。为此，桑志华专程去泥河湾天主教堂与雅克·郭神父商量，两人一致同意报警。

6日，桑志华听雅克·郭神父说，一个村民在狼洞沟峭壁脚下挖掘一截象牙化石，这个峭壁位于泥河湾北面河流交汇处不远的地方。

在5A号化石点发掘出具有扁平侧枝的鹿角，认为还有第2支鹿角，且有头骨。左角80厘米长，如果是完整的话，可能还应再加20—30厘米。尽管化石非常脆，如果把它装架起来，它会是北疆博物院藏品中最完美的化石之一。

① Emile Licent, *Onze années (1923–1933) de séjour et d'exploration dans le bassin du Fleuve Jaune, du Paiho et des autres tributaires du Golfe du Pei Tcheu Ly*, Tientsin: Mission de Sienhsien Race Course Road, 1935, p.239.

桑志华报了警。当晚六点刚过，两名警察来到喇先生家找桑志华了解情况，桑志华坚决要求赔偿。两个小时后，警察就在下沙沟找到了损坏化石的两个青年，他们不是故意的，心里很害怕。村里一位知名人士来找桑志华说，这两个青年纯属意外损坏了化石，他们一无所有，什么都赔不了，两个青年表示要诚恳地向桑志华道歉，并保证以后会约束自己的行为。桑志华认为：既不赔偿又不惩罚，实在不能接受。这时，警察沉默、下沙沟的人也沉默，没有一个人提赔偿、惩罚的事。

正在发掘一个完整鹿角连同头骨化石

7日，“警察来到喇先生家，并告诉我这两个人吓跑了！我说他们应该跑不远，因为我刚才还看到其中的一位，我建议警察把他们的农具全部没收，直到他们自首。村长提议说，让他们支付两位警察住宿客栈的费用，以作为惩罚。后来得知是其他村民替这两个青年支付了费用。我根本无法理解村长的这一做法，还给了警察小费。如果这两个青年下次再犯，将赔偿两倍罚金。”① 从此，这两个青年再也不敢在桑志华居住的下沙沟村露面了。

晚上，“我去泥河湾教会，与雅克·郭神父共进晚餐，提起对下沙沟两个人破坏化石的处理，我还很生气，在这个地方，当地警察连纠正错误的审判都无法实现”②。

8日，在5A地点又取出很多碎骨，还有6块象类的腕骨或跗骨。

---

① Emile Licent, *Onze années (1923–1933) de séjour et d'exploration dans le bassin du Fleuve Jaune, du Paiho et des autres tributaires du Golfe du Pei Tcheu Ly*, Tientsin: Mission de Sienhsien Race Course Road, 1935, p.240.

② Emile Licent, *Onze années (1923–1933) de séjour et d'exploration dans le bassin du Fleuve Jaune, du Paiho et des autres tributaires du Golfe du Pei Tcheu Ly*, Tientsin: Mission de Sienhsien Race Course Road, 1935, p.240.

9 日，桑志华辞退了那个厨师。“他是从宣化府来的，在村子中有只狗叼走了厨房的一块肉，他就对这只狗的主人破口大骂，村民纷纷指责他。人们还说厨师自称医生，看一个病人就收 10 块大洋。我也认为他有很多的问题，王连仲在的时候，他没有帮上我任何忙，仅仅是每天做三次每次半个小时的饭，剩下的时间不是给别人开药方，就是蒙头大睡。在六天内，他用掉了 13 斤肉，可能他的确是为我改善了伙食，也可能是他中饱私囊了。此外，他还握有我房间的钥匙，然而，在我房间里摆放的气压计和一架照相机又是如何被弄乱的？我已经和他说了三次，让他给我的皮鞋打蜡，然而在说第四次后，他却让王连仲做了这件事。最终，我辞退了这个厨师，他的离去让所有人感到心情舒畅。”①

10 日，桑志华在从石匣回下沙沟路过 5 号化石点时看到，化石是在一个很硬的白—黄色砂岩层之下发现的，砂岩硬结成很多 70—100 厘米大小的块状，含化石层则是黄—淡绿色的硬砂。在 5A 地点，今天采集到一个很好的牛类的头骨、一个小的鹿角和不少分散的碎骨片。这些骸骨碎片引起桑志华的思考：难道是那些食肉动物咬碎的？如果是这样，碎片上应该有齿痕？难道是古人类把这些骨头敲碎来提取骨髓？但遗憾的是，没有找到任何古人类的痕迹。

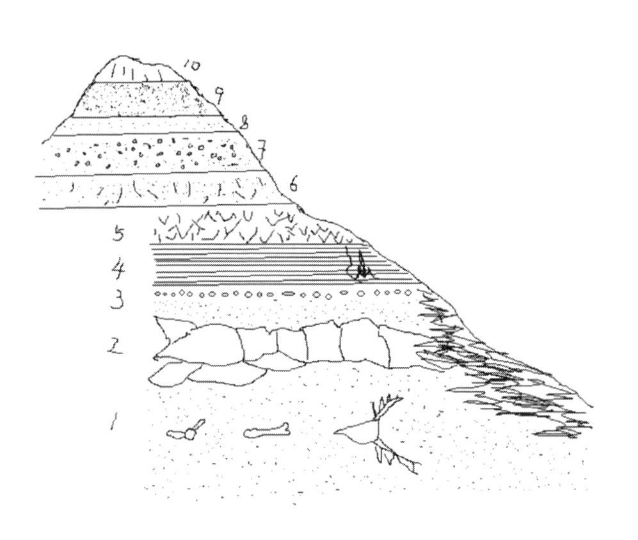

5A 号化石点地层剖面图（下沙沟）（1925 年 6 月 11 日）

11 日，桑志华画了 5A 地点的剖面图。

这个化石点的地层从下至上依次为：1. 化石层，黄色的砂层；2. 厚度达 1 m 的非常坚硬的黄白色细砂岩块；3. 一层薄薄的卵石层；4. 含

① Emile Licent, *Onze années (1923–1933) de séjour et d'exploration dans le bassin du Fleuve Jaune, du Paiho et des autres tributaires du Golfe du Pei Tcheu Ly*, Tientsin: Mission de Sienhsien Race Course Road, 1935, p.241.

壶流河左岸的山坡

大量云母的极薄层理的黄绿色沙，厚度达 1.2 m；5. 棕红色的黏土，厚 0.8 m；6. 黏土质砂，厚 1.5 m；7. 含结核的灰色砂，厚 1.3 m；8. 浅灰色的黄沙，厚 1 m；9. 结核状浅白色的沙，厚 2.5 m；10. 地表土。

在 11 号化石点出土了一个马的下颌，一个鹿的头骨和一个下颌支，还有些长骨。这些化石或是埋在黄沙里，或是在棕红土壤中，或是嵌在灰色沙粒结核之间。这个化石点分布较广，扩展到 10—25 平方米。

12 日，在 9 号化石点取出许多化石，桑志华从中发现了头骨、颌骨、牙齿等碎片，觉得非常惋惜。

13 日，在 5 号化石点挖出了一个漂亮的羚羊头骨，带有螺旋状角，长 31 厘米，如果加上尖端，可能有 34—35 厘米。

连日来，桑志华穿梭于各个化石点之间，见到大家都在尽职尽责，并不断听到各种化石破土而出的好消息，兴奋不已。截至 6 月 14 日，在下沙沟发掘了披毛犀、大象、鹿、马、羚羊、羊等种类繁多的化石，装满 19 箱。

15 日，桑志华前往壶流河一带勘察，沿着又深又窄的峡谷向东南方向前进。

又深又窄的莲花池山谷

为补充体力，桑志华让来自下沙沟的新厨师，为他做一份有营养的午餐。这位厨师准备了三个煎鸡蛋、一个面包和蔬菜，桑志华一算，用掉了0.3法郎。

美丽的棱柱形黄土冲积层

17日，桑志华到达莲花池（Lien hoa tcheu）。18日又到达更南边的西合营（Si ho ying），在附近一直考察到25日。在西合营以北桑志华发现了一处美丽的棱柱形黄土冲积层，其中呈浅红色的老黄土厚度为4—5米，与萨拉乌苏河谷的堆积层十分相似，是属于桑干河三门期[①]沉积。桑志华发掘了哺乳动物遗骸，包括：脊椎骨、长骨、椎骨、碎骨以及大量蚌科化石。

26日，自西合营向泥河湾返回，途中在壶流河谷的东窑头（Tong yao t'eou），桑志华在含蚌科化石的地层找到一块骨化石和一块牙齿化石。他画了剖面图：黄土层3覆盖在层状黄土层2之上，就好像被储存起来，而这个壶流河谷在山谷开凿之前就已经冲刷出了河床1（泥灰岩、沙子和砂层）。

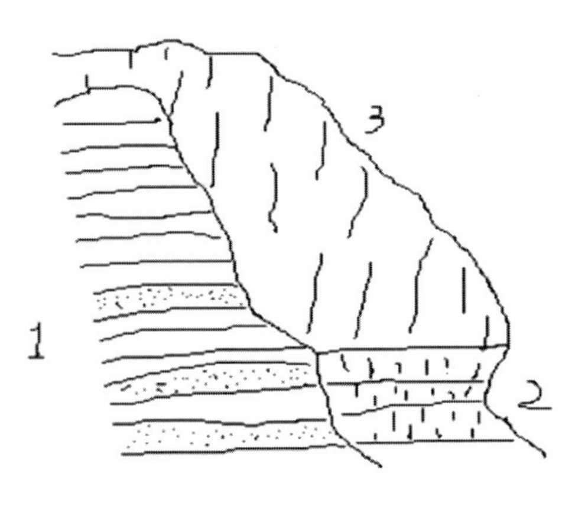

东窑头附近的剖面图（1925年6月26日）

27日，桑志华先到泥河湾。村民修建河堤时发现一件巨大的象牙化石，说是长达3.5米。开始误把它当成树根，刨了几下，才认定是象牙但已经晚了。王连仲已经测量了象牙留在峭壁上的印模，确如村民们所说的那么长。桑志华打算把象牙化石碎片带回天津后重新

① 三门期（Sanmen stage）是华北山区地文期中的一个堆积期，时代为更新世早期，与"泥河湾期"相当。因最早在黄河三门峡地区研究而得名。

拼组。回到下沙沟得知，村民新发现了两个化石点，标记为22、23号。22号化石点位于下沙沟村东北部一个小河谷，在黄沙层出土了一个鹿角和碎片化石。23号化石点位于石匣山谷，化石也是埋在黄沙之中。在这个地层西侧，有一座高15米的小山头，在长满杂草的斜坡上，暴露出相当多的骸骨碎片。

在微微变红的黄土中发现化石

28日，有人在下沙沟东北面的曹家坪（Tchao kia p'ing）发现了犀牛化石，桑志华乘骡车赶到此地。他登上曹家坪村南面的山谷进行勘察：这一山谷深度为80米，黄土厚度可达25—30米；在黄土之下，岩层颜色越往下越红；黄土被两层细砾分开，一层是在表面以下3米，另一层是在表面以下10米，不存在“结核”现象。桑志华发现了两个犀牛角和颅骨化石，以及其他动物骸骨的化石碎片。

农忙季节到了，许多村民申请回去耕种自己的土地，开采中断了，桑志华打算返回天津。

桑志华在下沙沟开采化石的工作全部结束，总重量为1280千克，共装满28个大箱子，一些易碎的化石被单独打包，装入他随身携带的旅行箱中。桑志华租了三辆马车，每辆车有三匹健壮的骡子拉着，从泥河湾运到宣化府，每60公

三匹骡子拉的马车棒极了

斤1块大洋。

29日，桑志华坐上了马车。这三辆马车棒极了！桑志华坐在车上感到非常舒服，甚至可以在上面看书和写字。

7月2日，桑志华兴致勃勃乘火车满载而归，装有化石的货物箱于3日晚上到达天津。

7 奇伟无比的云冈石窟

1925年8月10日，桑志华踏上第四次去泥河湾的旅途。这一次，他要直达桑干河上游、大同府以南的山西北部地区考察，希望找到更多有关泥河湾盆地的有价值信息，更希望在山西北部发现古生物化石和旧石器。

路上，他透过火车的车窗，看到杨村和廊坊之间的大运河将它的三角洲全部淹没了，茫茫一片。人们用沙袋围成堤坝，挡住汹涌奔腾的河水，运河两岸抽穗的高粱一半被浸泡在洪水中……

11日中午，桑志华到达大同府。这座古城的城墙保存得非常完整，城门是中国传统塔楼，同北京的那些城门、城楼非常相似。街道平坦。在城市

古城大同府城墙和传统塔楼

西北靠近火车站的地方有一个工厂，白天生产面粉，晚上发电照明。

大同府天主教会的巴西里奥·普塞罗（P. Basilio Puccello）神父又一次热情接待了他们，并为其提供一辆骡车。

从12日开始，桑志华向南走，前往桑干河上游的山西北部地区考察。翻越桑干河峡谷岸边那片辽阔的大平原，桑志华发现通往西宁县（阳原县）和泥河湾山口的农作物长得很好。他们经过秀丽村（Siou li ts'ounn），跨过一条蜿蜒曲折的河流，走在一条类似于泥河湾地质结构的土地上。这里几乎没人走过，右侧山谷好像是白色灰岩层，也可能是寒武纪[①]或者是前寒武纪的变质岩。

在山口另一边，一条渐变的下坡路将他们引向新台窑（Sin t'ai yao）。他们被带到红色沙质构成的贫瘠山梁和一条山溪，一场刚刚过去的大暴雨，使这条山溪的水位上涨，用了一个多小时，才跨过这条溪流。桑志华在这条山溪下游宽阔浅滩的黄土层中，发现了蜗牛化石。

到九台窑（Kiou t'ai yao）时，夜幕降临。这里的夜市贸易活跃，旅馆人满为患。找不到旅馆，他们只能到桑干河岸边的南营子（Nan ying ze）住宿。

桑干河峡谷

① 寒武纪（Cambrian）是显生宙的开始，距今约5.4亿年至4.9亿年前，可再分为早寒武纪、中寒武纪、晚寒武纪。作为显生宙最早的地质时代，寒武纪生物空前的繁荣昌盛，可谓动物演化史上的大爆炸。

到泥河（Ni ho）之前，桑志华见到非常多的白色灰岩质大卵石，这里有一条深达约6米的小河，被称为“泥河子”（Ni ho ze），泥河就此得名。这是一个真正像内蒙古萨拉乌苏河谷的地层。

在一个封闭的环形小山谷，有一个神头（Cheng t'eou）镇（属朔州），它虽然贫穷却很洁净，整个村庄的景致美丽而奇特，尤其是那些清澈充盈的山泉，几乎从山谷所有坚硬的峭壁涌冒出来，最终流向村边的桑干河。16日，桑志华翻过一座绿色的小山谷，发现一条从桑干河岸边通向岗庄北面的路。“穿过几片荒芜而干硬的土地后，越来越靠近桑干河了。”在那儿，桑志华发现了一段新石器时代的石磨辊，这与他1924年在林西（Linn si）发现的那些石磨辊极为相似。还在人们刚刚挖的一条水渠残渣中发现了一些陶器的碎片。“我们在桑干河峡谷缓缓前行，峡谷位于这些山脉的山脚下，层叠的砂质黄土中有一些窑洞。这些山脉是寒武纪时期或前寒武纪时期的。”①

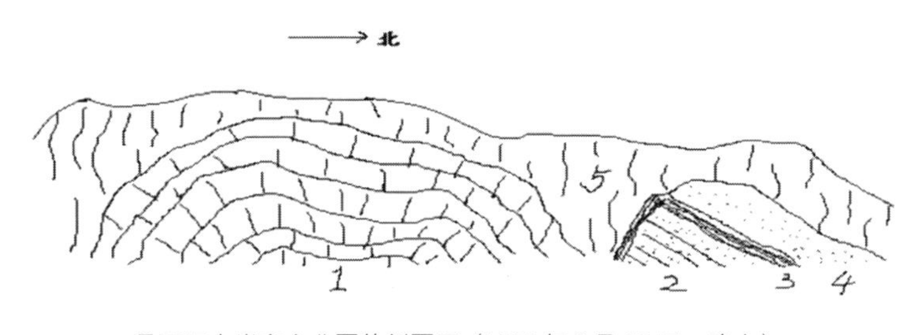

桑干河右岸康庄北面的剖面图（1925年8月16日，晚上）

从泥河向东北，至距朔州东北25里处，到达康庄。越过河谷，桑志华绘制了剖面图：灰岩1在南面抬升，之后向北倾斜，先是10度，后45度至更多；至大约600米末端插入至黄土5之下；自3—400米至更远，先是出现了层状粗砂岩2，向北倾斜20度；之后是块状砂岩4。层状砂岩和块状砂岩被页岩3分开，页岩为富含碳质的砂质黏土，含丰富植物化石，只是种类相当单一（侏罗纪）。

在朔州北面的井坪镇（Ts'ing p'ing，今平鲁）北面山谷底部可见红土层，厚可达10米，上面是黄土。桑志华绘制了一个很有趣的剖面：它几乎完全被

① Emile Licent, *Onze années (1923–1933) de séjour et d'exploration dans le bassin du Fleuve Jaune, du Paiho et des autres tributaires du Golfe du Pei Tcheu Ly*, Tientsin: Mission de Sienhsien Race Course Road, 1935, p.270.

掏空，约 15 米深，在白色砂质黄土 1 中；底部是白色灰岩质的大砾石；黄土冲刷红土 2 成沟，而红土又冲刷砂岩（侏罗纪?）成沟。红土层可能是蓬蒂期的。

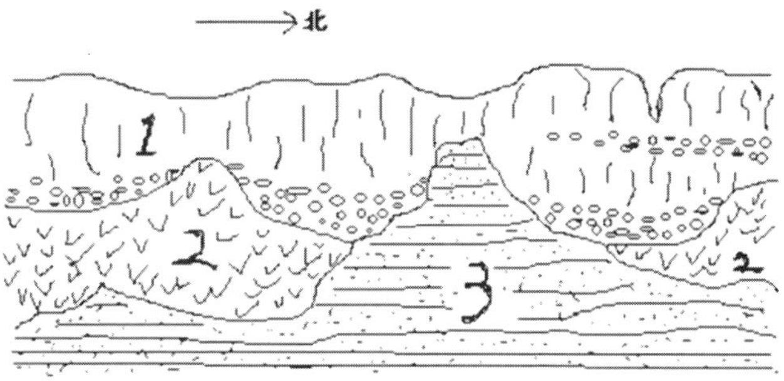

井坪镇北面山谷的剖面图（1925 年 8 月 18 日）

因下雨，桑志华放弃去邺家堡（Iè kia p'ou）和太子山，前往围屏堡（Wei p'ing p'ou）避雨。

快到围屏堡峡谷入口处，桑志华发现这片峡谷曾被山洪冲刷过，其片麻岩结构层位于棕红色的土壤之下，他在红土层找到了动物肋骨、头骨化石和一些化石碎片。

走出这一峡谷，是一片平原，桑志华又发现了红色沙土，在土壤深处找到了泥灰岩黏土，就像内蒙古萨拉乌苏河谷的泥土，也像下沙沟和泥河湾村附近的泥土。站在这片古老的土地上，蜿蜒曲折的小河在草丛间不深的硬沙河道上缓缓地流动着。

小河勾勒出弯弯曲曲的线条，水中的淤泥很多。河流岸边有一座高 4 米的峭壁，它是由湿地的黄绿色沙子构成的，类似于下沙沟和泥河湾的地质结构。

21 日，过了单家堡（Chan kia p'ou），沿着一条凹陷的小路，远离了这条铺满玄武岩的小河，桑志华见到了圆丘的山头，勘察后发现玄武岩层可能是第三纪。

玄武岩结构的圆丘风景非常优美，而这种美景至少延伸了 10 公里。

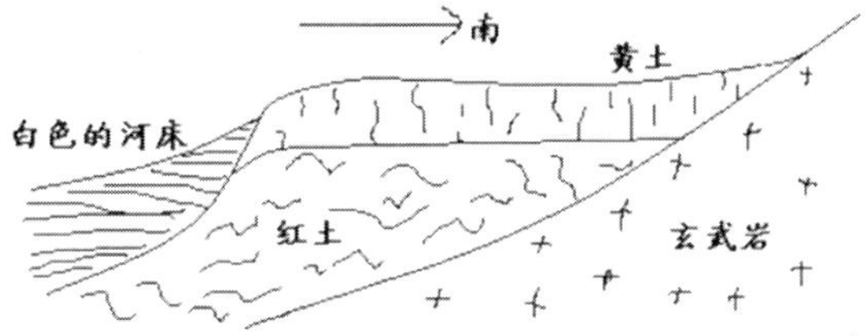

单家堡东南侧的剖面图

22 日，到达勇士堡（Young shi p'ou）。这里有一条河水充盈的大河，河床上有淡黄色和白色灰岩卵石、硅质的卵石、石英质的卵石、片麻岩卵石、砂岩卵石。桑志华站在一片寒武纪时期和太古时期[①]土地上。

木质结构三脚架测量点（山西北部）

一座遥远而古老的小城，它的西北角有一个缺口，从那里延伸出去，就是秋高山（Kiou kao chan）。北门保存得很完好，呈半月形状。这是当天桑志华见到的第三座城池的废墟了。

23日，桑志华来到云冈石窟。它始建于北魏文成帝和平年间（460年），历经七八十年建设而成，距大同约16公里。云冈石窟是在侏罗纪砂岩中人工开凿出的石佛古寺，依山而建，东西绵延1公里，大小造像艺术群五万一千余尊。各石窟都雕刻成巨型的大佛祖塑像及在它之下的小佛像，但不包括石像身后的光环。“这项具有高度艺术价值的巨大工程在许多方面都引起了我极大的兴趣去研究，但是，它超出了我的探究能力。我只能从实际出发，提出云冈石窟距离大同府和北京并不遥远，乘坐火车可以轻易地到达（当然是在和平时期）。”[②]

西部石窟全景

桑志华在石窟每座造像前驻足观看，从岩石艺术的角度去欣赏，并做了简要描述：

在他住的客栈对面，矗立着一座宝塔，塔顶是由上釉的瓦片和上漆的木材构成的楼阁，楼阁

① 太古时期是地球历史上最古老的地质时代。一般指距今46亿年前地球形成到25亿年前原核生物（包括细菌和蓝藻）普遍出现的这段地质时期。

② Emile Licent, *Onze années (1923–1933) de séjour et d’exploration dans le bassin du Fleuve Jaune, du Paiho et des autres tributaires du Golfe du Pei Tcheu Ly*, Tientsin: Mission de Sienhsien Race Course Road, 1935, p.282.

云冈石窟雕像

庇护着巨大的石雕佛像，约 17 米高，雕饰奇伟，气势磅礴。在西面，有四五个石窟从岩石中被开凿出来，庇护着众弟子造像，每尊雕像，线条流畅、技法娴熟。窟内四壁雕满佛龛造像，是形态各异的宗教人物。这些宏伟岩石雕像，不是非常巨大，但比例非常匀称。那些含一尊或者两尊一二尺坐像的小石窟，就数不胜数了，手掌大小乃至一尺大小的雕像如蜂巢一样密布在崖上。

第五窟位于云冈石窟中部，窟前有五间四层木构楼阁，玻璃瓦顶，颇为壮观。石窟为椭圆形，分前后室，后室北壁本尊为释迦牟尼坐像，高 17 米，是云冈石窟中最大的佛像。窟内四壁雕满佛龛造像。窟门两侧，刻有两佛对坐在菩提树下，顶部浮雕飞天，线条优美。石窟外形墙壁几乎所有地方，都有众多菩萨造像构成的精美的浮雕，栩栩如生。

桑志华一边欣赏一边赞叹：石窟、雕像、壁雕、浮雕都完美无缺地在同样的岩石中完成，而年代又是那么久远，真是一个奇迹！

桑志华发现其中一处石窟雕像被破坏了：它们有的缺少头，有的缺少一只手，有的缺少一只脚。遭到破坏的原因是人们为了将其改成适合居住的房子，各种简陋的小屋，不仅破坏了石窟和围栏墙，还不让游客进入。这种野蛮粗俗的做法，激起了人们的愤慨，一组群像上面有这样5个字：“美丽的，是的”。美丽的东西需要保护。

在客栈和寺庙的东面，仍然有大约500米长的石窟带。这工程的宏伟之处，就在于开工前并没有一个完整的计划，而完工后却既有考古价值，又具备雕刻艺术价值。

这一次，桑志华通过对桑干河盆地的源头、大同府以南的山西北部的考察，了解到与泥河湾地层相关的许多有价值的地质构造，也发现少量动物化石和新石器。

1925年9月7日，返回天津。

8 德日进第一次到泥河湾

1926年9月21日，桑志华第五次到泥河湾盆地。与以往不同的是，这一次，他与德日进一起来到这里，这是德日进第一次，也是唯一一次来泥河湾考察。

两年前，桑志华—德日进法国古生物考察队在内蒙古萨拉乌苏、宁夏水洞沟等地发掘大量旧石器和化石。按照协议，德日进带着一批化石返回巴黎，一面研究和分析他所带回来的中国标本，一面在天主教学院教学。这时的德日进在科学界已有一流声誉，在宗教界更有一批年轻的崇拜者，认为他是可以改革传统教义的代表人物。德日进在宗教界日益扩大的影响使得他与教会之间的矛盾不断升级，因此，他选择回到中国。

1926年6月，德日进从法国返回天津北疆博物院后，见到桑志华从泥河湾采集的这么多化石（重约5吨），非常震惊，于是，把主要精力放在研究泥河湾的标本上。

6月22日，二人乘火车从北京赴宣化。车站里停满了军用列车，其中有运送军官和士兵的客车。有一列火车正在装货，里面塞满了货物，还有几节车厢专门装牲畜，而旅客们就被安排在这些装牲畜的车厢里，根本没有坐的地方，人们带着沉重的行李挤在车厢里。

中午 12 点半，火车开动了，缓慢地到了南口。他们得知火车要在南口（北京西北部，今北京昌平区）停留 8 个多小时，旅客必须下车等待。整个车站乱七八糟，一些下级军官擅自指挥军车在车站里停靠，乱上添乱。

南口，前一段曾是炮火纷飞的战场。东北军（张作霖）和主力军（吴佩孚）联军，与革命军（冯玉祥）展开“残酷可怕”的激烈战争，此时已趋于平静。利用等车时间，桑志华与德日进去看战争后的南口是什么样子。除了几处屋顶被掀翻，看不到炸毁的铁路，残破的城墙，弹坑累累的土地，有一些战壕，但更像是为了军事演习而修建的，没有被炸过的痕迹，而且保存完好。后来听一个参加战斗的营长说，这不是真正的战争，实际上是比哪一方人多势众，子弹多的就是赢家，就像在戏台上演大戏。其结果更不可思议：双方默契般暂时休战！桑志华无比赞叹这种不流血的仁慈交战方式。20:45，终于让乘客上车了。一个负责检票的士兵，手提一盏马厩里用的灯，踏过行李，甚至踩着别人的脚，扯着嗓子喊：“检查车票！”桑志华感觉很不舒服，厉声问：“你是不是大脑有问题，是不是没有学过怎么对别人说话！”士兵看了桑志华一眼，走到站台之后，小声问身边的同事，会不会检举他粗暴地对待外国人。

通常，南口到宣化的火车只需 6 个小时，而这次用了 12 个多小时。23 日上午，到达宣化府天主教堂。于斯曼神父带桑志华、德日进来到教堂。眼前是一幅凄凉的景象：在这最炎热的夏天，2000 多难民挤在教堂里，每个角落塞满了箱子、包裹、自行车等。这些东西一部分是郭明昆将军的，其他是那些逃走官员存放的。院子里有 70—100 头牲口（马、骡子和驴），是当地百姓为躲避军阀强制性征用而藏在这

宣化府教堂

里的。南郊小教堂的情况也是一样。这些教堂成为避难所，外面插着法国国旗作庇护。此外，神父们还成立了一个委员会，公开保护教堂以及教堂院里所有的东西。

据于斯曼介绍：这座城市没有政府，也没有一个真正的权力机关，各个部队都在争夺这个地区的管辖权，你上他下，更换频繁，谁都不负责任。部队士兵不住在城外军营，因为那些破房子没有修好，也因为住在军营里容易暴露，怕遭到袭击。士兵都住在村民家，吃喝费用全部由老百姓承担。今年的庄稼收成也不好，今冬明春百姓的日子将会很难过。农田耕种没有牲口，因为骡子、马和驴都被无偿征用了，还有四轮畜力车，除了那些破的不能再用的，都被卖到很远地方；而牛和其他的家畜都被宰杀吃掉了。宣化府发生了严重的物价暴涨，一盒火柴一度卖到 8 文钱。这里民不聊生，土匪猖獗，于斯曼提醒桑志华、德日进这次考察要格外小心。

桑志华对德日进说：到处兵荒马乱，如果去了甘肃，也可能会遇到同样的麻烦。德日进表示赞同。

桑志华请于斯曼神父帮助租骡子和马车。他走遍了周围村庄，找了许多人，也没有租到骡子和车，最后只能把自己三匹骡子和一辆马车借给考察队作为交通工具。天不亮，考察队就出发了。由于昨晚下了雨，路不好走，再加上于斯曼神父的三匹骡子很瘦，他们行进非常缓慢。这也不能怪牲口，人都没有吃的，更何况它们呢？路途艰险，还要翻过一座山，三匹骡子步履沉重，速度越来越慢。桑志华把车上的人一分为二，人下车步行，卸掉车上一半行李，分两次翻过这座山。在爬坡较劲的时候，幸好遇到几个农民牵着两头牲口经过，在他们的帮助下，才度过十分艰难危险的路段。

晚上住的小客栈，没有人吃的东西，更没有牲口饲料，王连仲到附近找了一些食物，他们深深感受着战争的残酷。

25 日晚，桑志华带德日进住在下沙沟喇有计家，老朋友喇先生也租不到骡子。

26 日，桑志华满怀期望来到泥河湾天主教堂，雅克・郭神父也不能解决骡子和车辆的问题。前不久，张作霖部队的士兵牵走了雅克・郭神父的两匹马，一个军官立下字据说是借，至今没有归还。

连续几天，他们勘察了十八盘、下沙沟和桑干河岸边地层。雅克・郭神父带他们到距泥河湾村东一里的一条冲沟，发现大量化石碎片。一个少年带他们由此继续向东，在那里发现了犀牛等化石。

26日，桑志华与德日进返回下沙沟喇有计家。这时，一个士兵站在村子最高处，朝空中放了六枪。然后，他毫不费力地从村民家牵走了两匹马，村民没人敢动。这个士兵来到喇先生家，桑志华对他说是来寻找“龙骨”的，他没有牵走那三匹瘦骡子。

听喇有计说：所有小商小贩都不敢摆摊，甚至自己都不敢吃卖的东西，不管是村民家里的，还是在街上卖的，士兵见什么抢什么，许多无辜百姓被士兵用枪打死。不少妇女带着孩子躲进山里，有些被活活饿死。对于百姓的死活，桑志华与德日进无暇顾及。他们抓紧时间去勘察桑志华1925年曾发掘过的3、4、9、31、32、33、34号化石点。

黄土堆积构成悬崖凸出部分

发现鸵鸟蛋化石的地方，位于3、4号化石点之东。从这个地方可以看到，在石匣之东，砂和泥灰岩与带姜状结核的红黏土之间的界限。不过，这里在1925年并没有发现化石。

棉地沟是31号化石点。该沟从下沙沟右沟分出，在石匣沟的上游。去年发掘过野猪、水牛、马、鬣狗和鹿等化石。这次桑志华发现一块碎骨化石上有咬痕。

下沙沟村背后的阶地

32号化石点地处下沙沟东北方向的河谷，此地出产过犀牛、马、反刍类及獾。三门期的砂砾层以及黄土堆积构成悬崖，桑志华与德日进发现，在红黏土、砂土或白色泥灰岩层，几乎到处可以找到变得十分坚硬的化石。在这里，喇有计带领村民又发掘了板齿犀、真马、三趾马、两只大的鹿角、一个鹿头和獾等反刍动物化石，还把一块十分漂亮的马头化石采集出来。

34 号化石点没有再发现化石，桑志华与德日进勘察了下沙沟村及其背后的阶地。

他们对三岔口和桑干河交汇处进行了勘察，从所处阶地朝东方向见到这些红色土地比和尚坪的地势更高。

10 月 2 日，在下沙沟东北方向的 21 号化石点，桑志华向德日进介绍了他去年在红褐色黏土中发掘马、反刍类和很多鼢鼠类头骨化石的情况。

3 日凌晨 5 点半，砰砰！响起四五下枪声，住在喇先生家的桑志华、德日进几乎同时被枪声惊醒，原来是土匪在村里打劫，有的村民跑到喇先生家躲避。早餐后，桑志华把枪留给王连仲，与德日进一起去泥河湾找雅克・郭神父。他们三人来到位于泥河湾东面的 33 号化石点，发掘出一个狼的化石，其中包括三只狼脚部骨骼、上颌（头骨已经成碎片了）、几颗下牙和一部分脊柱化石。

渡过泥河湾村以南的桑干河，他们去火石沟河谷口，在距谷底上方 6 米的绿砂滩下 1 米处，找到一块象的骨化石。

红色土地比和尚坪地势更高

狼洞沟位于泥河湾村的东面，一个村民给桑志华、德日进送来一个短角野牛的头骨化石，勘察后标记为 35 号化石点。

4 日，王连仲在下沙沟河谷神父们栽种葡萄树的山坡上，发掘了马、鹿、狼、象和犀牛等化石，这些化石都嵌在由于山体滑坡而形成的片状黄沙里，被标记为 36 号化石点。

5 日，局势更加动荡不安，桑志华、德日进结束下沙沟、泥河湾发掘化石的工作。桑志华让王连仲和喇先生把所有化石点都掩藏好，等待以后再来开采。

这次采集的化石共装了五箱，找一辆马车把化石运到宣化府都非常困难。其原因：牲口大都被张作霖部队的士兵牵走了；路上也不安全。费了很多时间，好不容易找到一辆车，要价 25 银元，比平时高出五倍。桑志华不愿意出高价，又派人到处去找车，还是没有结果。最后，桑志华决定：把一部分行李和五箱化石装到于斯曼神父借给他的那辆马车上，到宣化府后，马车空着返回下沙沟再把所有东西拉到宣化府。

返回途中，桑志华带德日进沿着去年他考察过的路线，对泥河湾河湖沉积的黏土、黄土、砂等地层又进行了勘察。这些地层分布在泥河湾东部的和尚坪，三岔口北部的赵家坪，南部的小东沟（Siao tong k'eou）等。在三岔口的北面，这些地层的高度为 150 米，比泥河湾的地势还要高。正是很厚的湖相碎屑沉积的巨大力量，抬升了三岔口北部的地势，而泥河湾的三门系堆积则为呈浅红色的老黄土，但不是水平方向分布的。这里在桑干河流的冲刷下形成了冲积平原，泥河湾这个小村庄就建在平原上。

8 日深夜，桑志华与德日进带着五箱化石到达宣化府。进入北门时，一个城门站岗的士兵用枪瞄准了他们，桑志华握紧手中的短筒手枪，死死盯着这个士兵，这个士兵很快回到岗位上，把枪托朝前扛在右肩上。

这一次桑志华与德日进来下沙沟、泥河湾考察，由于赶上地方战乱，实际上真正的勘察时间只有 9 天（1926 年 9 月 27 日至 10 月 4 日和 10 月 7 日）。

9 日早晨，桑志华与德日进乘坐了第二趟从宣化至丰台的列车，在三等车厢找了落脚的地方，车厢里坐满了懒洋洋的张作霖部队的官兵。为了让军车先过，列车开开停停，10 小时后到达丰台。

1926 年 10 月 10 日，桑志华与德日进从丰台返回天津。

9 化石的聚宝盆

泥河湾盆地神奇的地质结构和已经发掘的大量古生物化石，像磁石一样吸引着桑志华，听说宣化府的局势趋于平稳，桑志华于 1929 年 6 月 18 日，第 6 次来到泥河湾。

前几次，桑志华主要对泥河湾的西部、北部、南部峡谷以及桑干河盆地的源头——山西北部进行了勘察，对地质构造和藏有化石的情况有了基本了解。这次他重点要对泥河湾东部河谷进行勘察，以发掘更多古生物化石。

从天津到北京的火车缓缓而行。透过车窗，桑志华看到杨村（位于北京与天津之间）秋小麦正处于幼苗期，遭受着蝗虫的威胁，农民挖了壕沟加以阻拦，没有奏效，又插上小红旗阻止，撞落的蝗虫被掩埋在沟里。

途中有一辆火车载着士兵前往天津，据桑志华记载："1929 年 6 月 18 日，我到北京转车后，发现有轨电车司机和工人正在罢工。所有的车都接到指令在原地待命，人们在车上贴上了很多反帝国主义的标语。这种电车只运行了几年，而在此之前是黄包车夫把道路堵的水泄不通，看来交通工具越多，人们越没办法通行！事情起因于这些外国工商企业，他们驻扎在中国境内，受益越来越丰厚，却并不进行利益分红（中国政府和中国人民都火了），这不得不给外国企业提个醒：任何一桩生意都必须考虑风险成本。"①

在北京，桑志华还听到了几条消息：美国第三亚洲探险队中止在中国戈壁地区的考察，因为中国政府对他们提出许多要求，所以决定回国；新疆地方政府拒绝瑞典古生物学家进入该地进行实地考察；与此相反，从山西传来电报说德日进和中国年轻的古生物学家杨钟健已经获准进入山西地区进行研究；在周口店，又发现一颗北京猿人的牙齿化石。

北京有轨电车工人罢工游行

坐在二等车厢的桑志华看到，有的士兵背着六袋炸药，这本应该是禁止的，每当列车员查阅士兵通行证时，只要一个军官说几

① Emile Licent, *Onze années (1923–1933) de séjour et d'exploration dans le bassin du Fleuve Jaune, du Paiho et des autres tributaires du Golfe du Pei Tcheu Ly*, Tientsin: Mission de Sienhsien Race Course Road, 1935, p.620.

句话就可以了。尽管如此，桑志华感觉相比 1926 年去宣化府乘车环境改善了许多。这辆列车竟然有三等车厢！旅客并不是很多，可以随便坐，列车员很有礼貌，乘客穿戴得整齐得体。

火车头吐着浓烟，一路奔跑。车厢里又热又燥，幸好到怀来时下了一场暴雨，才大大缓解了炎热。

19 日到达宣化府。21 日晚到达南屯。南屯教会田神父也来了。这次我们就入住他家。22 日，桑志华来到下沙沟，在其上方三门系地层中发现了一段犀牛的肋骨；有人提到有两个新化石点。23 日，桑志华派王连仲又去核实这两个点。桑志华的第二个仆人鲁二带回来从狼洞沟东边的一个沟中发现的两段很大的象门牙化石。24 日，王连仲在下沙沟以西 10 里的一条沟中的一个化石点，在黄土中找到了一个带牙齿的犀牛头骨，保存还可以。

25 日，桑志华想再去看看石匣上游桑干河内部的情况。第一次到这里是 1925 年 4 月 27 日，当时由于河谷水位较高，无法勘察。这次水位下降，他发现河水流淌在白色灰岩地层上，步行到达一个硅质灰岩大峭壁，峭壁顶端有一种被当地人称为“朱砂”的中药，实际上是一种红色矿物。因太危险不能攀登峭壁，无法采集到样本。往前走约 400 米，见到一段漂亮的大理石化的白色灰岩层，桑志华想：它是否属于五台山系呢？再往前，是黑色（闪岩）岩脉，岩石的节理闪耀着铁质光芒，这些岩石很容易脱落。

趟过一条浅河，桑志华一行打算到河对岸十二弯庙（Cheu eull wan miao）里歇息一会儿，顺便吃点东西。刚上岸，枪声响了！人群中爆发一阵狂叫。这次桑志华没有带任何武器，他看到持枪人朝考察队走过来，这些人配有老式毛瑟步枪和毛瑟手枪。王连仲迎了上去，听不清说了什么，这些人好像惧怕泥河湾天主教会的神父，最终相安无事。

26 日，在泥河湾和狼洞沟发掘到不少化石。27 日，王连仲从下沙沟回来，带回一些化石。他在石匣找到一个上颌骨，且肯定还有很多化石，但当地人不准他挖。在海螺沟，鲁二在红土里发掘出了几个犀牛的趾骨、一只马蹄和象的骨头。28 日，在该地又挖出了一个犀牛的趾骨。29 日，在泥河湾西北一个小村子中，有人保存了一个完整的鸵鸟蛋，但不肯出让。

30 日，继续在泥河湾以东地区的那个黄土尖柱的地方发掘，有一个很大的带下颌的马头，还有这种马的半个下牙床。通过对泥河湾含化石地层的研究，桑志华发现：这些化石不是在白色泥灰岩层出现的，因为泥灰岩应该是在很宽但又不深的死水里形成的，水流太小，冲不走动物的尸体也漂不动动物的骨骼。相反，大量的化石都出自红色黏土中，毫无疑问这是泥流带来的，那些或多或少含有砾石的砂岩层也带有化石，这可能是水流漂移动物骸骨时沉积下来的。至于那些大小不一的圆砾中，也能找到动物骨头的碎片。值得一提的是，在海螺沟发现的蚌科化石是怎么进来的，是活着进来的，还是由于其外壳虽经滚磨而不破碎？桑志华相信前者。

在泥河湾驻地，桑志华收到几个小伙子送来的几块化石，这是在泥河湾村北面采集到的。一位村民带来一只大象臼齿化石，说是在桑干河岸边的油坊村附近发现的。

7 月 1 日，村民告诉桑志华在泥河湾村以北 6 里地的一斗泉（I tout tch’uan）发现了化石。在去化石点的半路上，桑志华采集到一些石化很重的化石，其中有两枚牙齿，一枚是犀牛牙齿。

在回来的路上，狼洞沟一人带桑志华去看一个地方，他曾在那里发现很多骨化石，因迷信恐惧，又埋了回去。桑志华在这里勘察后，找到一块新石器时代动物化石的碎片。这是一个犀牛头骨，已碎成 10 块，没有找到牙齿。

2 日，桑志华到下沙沟查看王连仲挖掘化石的情况，仅 7 月这两天采集的化石就装满 9 个箱子，箱子的规格为 1 米 ×0.5 米 ×0.35 米。

有黄土尖柱的地方今天发现了一个啮齿类化石的窝。一斗泉那片出过犀牛头骨的田地的主人希望他们继续发掘，但一些农民认为挖掘化石会破坏当地的“风水”。桑志华带了另外两个人到一斗泉，又找到一些化石。这两个年轻人方位感很强，动作迅速，也没有什么恐高症，表现得十分勇敢，爬上爬下的，灵活得像山羊。

3 日，一个农民找到桑志华说，8 年前曾发现一个硕大无比的头骨，上面还带有巨大的牙齿（有可能是犀牛的），是在泥河湾西南部 5 公里的大田洼（Ta tien wo）村附近发现的。晚上派去大田洼的人回来了，说化石点不在大田洼，而在离西寨村 3 里的地方，他们选了最好的化石装了满满一袋，其中有大象的股骨头。

多年与中国农民打交道的桑志华，变得越来越精明。他心里十分清楚：“这种小心谨慎并不是毫无意义的。这些天，当地气候十分干燥，农民一直在盼望着下雨。如果再这样毫不加掩饰地进行挖掘，很有可能会激起农民的不满情绪。这是因为化石被人们称作‘龙骨’，发掘工作本身就被认为会扰乱雨水的影响力。这样，如果龙因为人们打扰了它的骸骨而心生不满，就会发怒，进而拒绝下雨。那该怎么办？！这些属于原始的想法深深地扎根在一大批农民的脑子里，因而会被‘党部’即抵抗外国人委员会利用，来引起公众舆论的暴发反对我，我必定不能受到当局的保护。另外还有一部分人有利欲熏心的想法，希望得到一大笔赔偿金。”鉴于此，桑志华一直保持低调谨慎的态度。此外，“我还知道这些化石地点有许多的限制，要用当地人自己来挖掘比较合适，因为他们也是奉我的意愿行事，会把他们所发现的东西统统带回给我，不论是整块的骨头，还是一些碎片等。”①

5 日，桑志华到泥河湾西 20 公里的东城教堂，去拜访杜（Tou）神父，期待发现新的化石点。杜神父提供了许多很有价值的资料，他说有人在桑干河南面，距东城 15 公里的地方，在黄土层发现了保存完好的鸵鸟蛋。在东城南的榆林关村（Yu linn koan，今属张家口市阳原县马圈堡乡）天主教堂附近也发现过化石。

东城教堂的杜神父

出于安全考虑，7 月 7 日桑志华组织大家把所有采集的化石打包，共 30 箱，共计 2820 斤。他派王连仲监督三辆四轮马车，把化石运到宣化府天主教会。

8—10 日，桑志华一直在东城附近考察几个化石点。11 日，来到了榆林关村。12 日，根据当地人的要求，桑志华又去 1925 年曾经去过的下瓦窑村的煤矿地点去勘察。休息一天后，从 14 日开始直到 25 日都在榆林关村和附

① Emile Licent, *Onze années (1923–1933) de séjour et d'exploration dans le bassin du Fleuve Jaune, du Paiho et des autres tributaires du Golfe du Pei Tcheu Ly*, Tientsin: Mission de Sienhsien Race Course Road, 1935, p.631.

近的马家堡考察泥河湾地层及黄土中的化石产地。

14 日，桑志华观察到榆林关村右岸峭壁的地层剖面：上面的黄土有 6 米厚，中间夹着许多碎石子，底下的红土厚达 9 米，也夹有许多碎石子，在这两个土层中间，是纯净的红土，厚度大约有 6 米；越往上游走，红土的厚度越薄，直到消失，这层红土可能是三门系。在榆林关村背面的宋家庄村附近，桑志华发现了一处含鼠类化石的地点，采取水洗法收集到一批鼠类化石碎片。向东 2 里，又在砂质黄土中发现一个漂亮的鼢鼠头骨。在一个叫老马坪沟（Lao ma p’ing keou）的地方发现了鹿类化石，还有鸵鸟蛋皮。到沟的尽头在右岸有一含有大量化石的发臭的袋状体，化石很硬，石化强，化石表面呈碎裂花纹状，有黑红色的光泽（有可能含有铁、锰）。

15 日，桑志华绘制了老马坪沟的剖面图。一个村民给桑志华带来四块非常坚硬的骨头化石，并说榆林关村东面 2 公里处有很多化石。这些化石是一个不完整的骨架，用了两个多小时才挖掘出来。

16 日以后几乎天天下暴雨。桑干河的水位不断上涨，再加上盗匪（兵匪）出没，桑志华决定结束挖掘工作。

住在榆林关村的日子里，每天早晚都有四五个人来看望桑志华，还要与鲁二一起吃饭，并说这是对桑志华神父的尊重。在桑志华看来，这是很不愉快的事情。这些人完全是为了满足自己的好奇心，他们对桑志华的饮食起居、兴趣爱好都十分感兴趣，没完没了问些十分琐碎的小事，以及许多荒唐可笑的问题。他们讲的当地方言，桑志华也根本听不懂。他对鲁二说：从今天起，你要告诉这些人，神父想安安静静地吃饭！几个人满足了好奇心之后走了。

17 日，桑志华租好马车，准备返回太原府，然后回天津。但是，一场强烈暴雨阻挡了去路。

清晨，厚厚的乌云不断被闪电扯开一个个大口子，轰鸣雷声在头顶炸开，倾盆大雨从天而降。半小时后，河水猛涨，咆哮着拍打到礁石上，整个榆林关村几乎被淹没了，许多人家房顶漏水，随时有被毁坏的危险，梯田也变成了一片片水洼地，很多田埂已经塌陷了。

晚上，又是第二场暴雨，20 分钟内，降水达到 2.7 厘米，一棵大树被暴风雨连根拔起，顺着水流被冲到了东面的低谷中。桑志华冒着大雨从激流中提取流水的样品，其中至少十分之三是泥土。水流的速度达到每小时 12 千米；河水深1.5米，宽20米。根据这些数据，他估算：这两条河流每小时（在涨水期间）能顺流冲走216000立方米的泥，这还没算上一些砂砾和石块。如果乘上每年涨水的次数（4—5次），就能得出相当于拆毁一座丘陵的体积。

20：20，第三场暴雨降临，像前面两场一样猛烈。激流带来了震耳欲聋的声响，农民的山羊已经被洪水冲走，一切都糟糕透了。桑志华房间的屋顶有四五处开始漏雨。21：10，下了第四场阵雨。夜里，不少村民来看望桑志华，对他冒着危险来回奔波测量河水的流量非常惊讶，村民们很想知道能得出什么结果。

18日，有人拿来一个头骨化石，是在东南2—3里一个叫"猪咀沟"（Tchou tsoei keou）的地方找到的。这个地方的地层和老马坪沟是一样的。王连仲在这个沟下游4米处又找到一个新化石点。这个地点的土质比上一个地点的更臭，它们是在同一水平上。王连仲发现了爪兽的两个肢体的骨头。

20日，因为还想到一斗泉去勘察一下化石点，这里的工作只能暂时停下来，动身去桑干河边的马圈堡。桑志华想："如果接下来几年我能够再回来，到时候安全形势和工作条件有所好转，我将更深入地挖掘泥河湾的新地点和榆林关的丘陵。"①

21日继续下雨，凌晨还在打雷。此时，桑干河的水位超过了历史最高水平。村民说，如再等两天水位还是降不下去，西边的洪水就会不断涌来，房屋和农田都将被冲毁。

9：45，又下起了倾盆大雨，洪水漫溢到许多农田，白茫茫一片。许多房屋倒塌，河面上漂浮着木板、木头、树枝和一些家具，有人在打捞一些东西。在河岸上，可以捞到来自大同府的煤块，一个人两小时能捞四筐。

下午，天空布满了云，西边还在下雨。天阴沉沉的，所有的山峰都被云雾缭绕着。

7月22日和23日，过不去桑干河，仍在马圈堡。25日，终于趟着齐腰的河水过了桑干河，来到东城教堂。

25日，王连仲运送化石从宣化府回来了，他告诉桑志华：路上碰到

① Emile Licent, *Onze années (1923–1933) de séjour et d'exploration dans le bassin du Fleuve Jaune, du Paiho et des autres tributaires du Golfe du Pei Tcheu Ly*, Tientsin: Mission de Sienhsien Race Course Road, 1935, p.643.

三四百人的队伍，不知道是土匪还是士兵，正在朝这个方向走来。杜神父赶紧把东城天主教会的大门关闭。26 日清晨，杜神父看到有一队步兵从西边过来，大概有 500 多人，但他们只是绕城而过，没有进城的意图。

杜神父带桑志华到了集市上，桑志华买了不少很有地方特色的小商品，其中不少来自日本。

28 日，经过几番讨价还价，按照一匹骡子每次驮 280 斤，每天走 40 公里计算，4 个马夫、8 匹骡子每天共计 9 美元。因急于上路，桑志华先付了 40 美元的定金，但没给小费。

据桑志华统计：这次运送化石 2240 斤，再加上一个月前（1929 年 7 月 7 日）已经运到天津的，第六次来泥河湾共采集化石 5060 斤。

29 日，启程返回。

30 日，桑志华一行准备从原阳县过桑干河，途中顺便考察一斗泉、西合营（位于蔚县）的地质地貌。令他没有料到的是，到达桑干河岸边时，路桥被洪水冲毁，他携带的一箱收集品也被冲坏了。他们只能沿着桑干河岸寻找过河的地方，只见许多房屋是用土建成的，筑有拱顶，可能因为木料短缺，人们才设计出这种风格。三天后（8 月 2 日），还是不能过河，只能返回东城天主教会。

8 月 3 日，听说东水地有一个地方可涉水而过，桑志华派人去看了看，根本不行。他又得到消息：在桑干河与壶流河交汇处有一条小船可以把化石箱和行李摆渡过去，牲口则可以趟水过河。桑志华要求大家立即出发，因为他害怕又有新一轮的涨水。4 日晚上，到达西合营传教会，皮埃尔·夏（Pierre Shia）神父接待了他们。6 日，由于旅途疲劳，桑志华病倒在上营庄（Chang ying tchoang）村。

身体稍有好转，桑志华打算在返回天津途中，顺便深入勘察小五台山（河北蔚县）的地质地貌。

10 深入勘察小五台山地层

科学研究就是探索真知。随着桑志华先后 6 次（1924—1929 年）到泥河湾盆地勘察，发掘了大量古生物化石，尤其是1925年8月考察了大同市和朔州市相关地区后，他认为非常有必要对小五台山的地质地貌重新深入勘察，而这一次携带了三角测量仪，使定位点和距离等数字更加精确。

1929年8月8日，桑志华再次（第一次是1917年8月8日）攀登小五台山，随行的有王连仲、一个导游、一个车夫和5个挑夫，他们带着帐篷、炊具、箱子、工具和几个装植物标本的袋子。

沿着小五台山陡直的岩石攀登到铁林寺，再往上400米，桑志华站在一块大岩石上俯瞰：整个平原光秃秃的，河网密布，远处连绵起伏的群山与桑干河的流水连在一起，山脚下是桃花埔（Tao hoa pou）。

攀登到小五台山北台2625米处，桑志华发现山顶覆盖着一条东西走向的闪片麻岩（到处都是这种岩石），也有一些圆砾岩。继续向上攀登，山峰陡峭。桑志华感到有些恐怖甚至晕眩，但还是一鼓作气，没有停下来歇息。下山时，桑志华一边采集植物标本，一边捕捉昆虫，走得特别慢。

经过东边峭壁上的一条崎岖小路，见到坐落在北面山坡一块高高凸出的岩石上的铁林寺，整体建筑很宏伟，东南面高出寺庙几百米的山崖向下倾斜，看上去头昏目眩。桑志华一行走进铁林寺，所有房屋都是用粗糙的石头垒成，缝隙连接得很不好，和尚们热情好客，虽然话不多，但待人真诚实在，每个房间都干净宽敞。

在铁林寺铜质菩萨前，有6人虔诚地祈求神灵风调雨顺、吃穿不愁。铁林寺大和尚允许考察队在寺门厅后面搭建帐篷，桑志华很是欣慰，觉得这样很安全。白天，他们顶着烈日，去爬山勘察，采集动植物标本，累得筋疲力尽；晚上回到帐篷，很想睡觉。可是，铁林寺20多个和尚念经至很晚，抑扬顿挫地念念有词，还不断敲击着牛皮鼓、铃铛等，使桑志华难以入眠。

小五台山全貌

8月10日，天刚亮，

桑志华叫醒了王连仲，要求他们马上拔营下山，前往石门。桑志华站在铁林寺的岩峰上朝北（下山方向）俯瞰：蓝天白云下平原风景壮丽极了！路上，他采集了许多植物标本，还碰到一头鹿，遗憾的是距离有些远。

他们走在通往杨家坪苦修院的路上。12年前，桑志华曾到过那里，当时是为了躲避张勋复辟后的北京战乱，而这一次完全是为了考察地质地貌。一路上，道路崎岖，非常难走，行进速度很慢。

郭家堡（Kouo kia pou）位于一片黄土之上。三门系河湖沉积地层没有延伸到这里来，但是河床中堆满了闪长岩石块。黄土上的庄稼长得茂盛，荞麦盛开小白花，还有燕麦、小米、芸豆、亚麻等。流向山口的河水冲蚀掉了许多石灰岩，但是河床和河堤还是建在黄土之上的，而并不是建在石灰岩上。

在天儿岭（Tien eull ling）附近，山路上再次出现了闪长岩。站在天儿岭山顶，远处风景一览无余。

桑志华顺着一个很深的峡谷下山，这条峡谷是在一层含有很多卵石和白色灰岩的洪积层中，下边是斜长闪岩和砾岩。

石门子（石头门）得名于这个村前面一道狭窄的隘谷。一道洪流从这个隘谷经过，谷地旁边有一条山道，那儿的岩石是闪长岩和含燧石白云质灰岩，还有一点砾岩。继续向前，是一片黄土地。黄土之下的基岩是斑岩和石灰岩，一直延伸至太平铺（Tai ping pou），村南面有一块很厚很大的花岗岩，非常壮观。

苦修院附近流水冲蚀地貌

距离杨家坪苦修院20公里时，下起雨来。但听说苦修院附近河流在上涨，不能趟水过河，只能住宿在一个糟糕透了的小客栈，为了躲避臭虫，桑志华把住的房间调换到草料库。

12日早晨出发，桑志华

苦修院四周是树木覆盖的花岗岩石坡

发现从包家沟村的山口到杨家坪苦修院，整片地区几乎都是花岗岩，偶尔出现一些闪长岩和安山岩。

杨家坪苦修院专门负责接待的沙内（Victor Charvet）神父热情欢迎桑志华的到来。院长还是冬·茂尔·伟沙尔神父，而弗兰斯瓦（François）神父则成了这里的医务人员，同时还负责果园。

桑志华重点考察杨家坪苦修院北沟（Pei keou）和辛庄子（Sinn tchoang ze）两个村的地质地貌。

登上杨家坪苦修院东北方向海拔 1800 米的东岭峰，桑志华看到苦修院附近河流的上游，流水冲蚀现象很典型，以花岗岩为主，偶尔出现一些安山岩地层，这里广袤无垠，但要耕作真是太贫瘠了。站在这里，可以看到东北方向的苦修院，听说当地人打算在往上两里的河面上建造一个水坝。桑志华认为，建水坝最佳的地点应在左岸花岗岩质峭壁与右岸大花岗岩石块之间的大柳树下面。

22 日，登上西岭花岗岩山 1630 米处，桑志华见到几乎所有的岩石上都覆盖着一层白色的斑，这是地衣的杰作。这些岩石，或是前寒武纪的白云质灰岩，或是寒武纪、奥陶纪石灰岩，它们与安山岩连在一起，而所有的石灰岩都位于花岗岩之上，山顶也是花岗岩，这些花岗岩应该属于第二纪① 的，它是与小五台山系相连的。

① 第二纪，是地质学研究早期划分的年代地层单位，最早由意大利地质学家 Giovanni Arduino 提出，随着地质学的发展该名词已不再使用，相对应的地质时代现被称为中生代（Mesozoic）。中生代是显生宙的三个地质时代之一，介于古生代与新生代之间，年代为 2.51 亿年至 6600 万年前，可分为三叠纪、侏罗纪和白垩纪三个纪，因爬行动物（尤其是恐龙）繁盛，又称爬行动物时代。

几乎所有岩石上都覆盖白色地衣

在杨家坪苦修院附近，桑志华采集了许多植物标本和昆虫标本。

30日，桑志华赶往沙城（Cha tch’eng，位于怀来县）火车站。这是张家口至北京的铁路线，火车一路颠簸抵达北京丰台车站。31日晚，返回天津。

历史中常常会有一些令人惊奇的发现。87年后，中国科学院古脊椎动物与古人类研究所研究员卫奇在《泥河湾盆地考证》一文中写道：

“桑志华在1925年8月11—26日到大同市和朔州市考察过，1929年8月8日涉足河北蔚县小五台山，如果他主导有关的研究，也许泥河湾盆地的界定当初就已经与桑干河盆地重合了……泥河湾盆地就是桑干河盆地，地域包括河北省张家口市的阳原县和蔚县部分、山西省大同市的城区、矿区、南郊区、新荣区、大同县、阳高县、浑源县和广灵县，以及朔州市的城区、应县、山阴县和怀仁县部分，面积达9000平方公里，桑干河及其支流壶流河从西南向东北蜿蜒流过，贯穿整个盆地”①。

11 首次发现正定西南叶里三门系化石

桑志华于1928年、1929年两次来到正定府西南叶里，发现了三门系化石。

亨利·塞尔神父是植物学家，1928年用4个多月的时间帮助桑志华把北疆博物院的植物标本按照国际标准整理分类，并做了目录。他在正定府西

① 卫奇：《泥河湾盆地考证》，《文物春秋》2016年第2期，第3—11页。

南叶里附近山区采集植物标本时发现了化石，桑志华得知后，便一同前往。

由于火车晚点，1928 年 11 月 16 日凌晨一点半，他们到达正定府火车站。这一天，雪下得很大，到处银装素裹。正定府天主教会夏耐神父一直在车站耐心地等待他们。桑志华一行深更半夜走进正定府，街道上空无一人。

由于正定府天主教会施卡万（Schraven）主教外出，夏赫尼（Charny）神父、达马尔（Damar）神父、赛斯卡（Ceska）神父和雷米（Remy）神父，接待了桑志华一行。

桑志华第一次到正定府是 1914 年 3 月，当时为了买骡子急匆匆赶到天主教会，代理主教巴鲁迪神父和植物学家夏耐神父接待了他。这次重逢他们格外高兴。

巴鲁迪神父已经把自己住的小院建成了植物园，有各种树木和花卉，长得非常茂盛。

上午，夏耐神父带着桑志华和塞尔神父游览了正定府。桑志华印象最深的是古朴典雅的寺塔楼。夏耐神父介绍说，寺塔楼有 80 余年历史，高约 85 米。桑志华仔细观看：塔身分内外两层，内层与外层是通过拱形走廊相连接的。他们一层一层向上攀登，站在塔顶俯视，正定府这座人烟稀少的古城和广袤的平原一览无余。

21 日，夏耐神父带着桑志华和塞尔神父骑马前往正定府西南部的一个小村庄，因为不久前他在这里发现了鸵鸟蛋化石，并把它送给了北疆博物院。

桑志华发现，经过的沟壑坡上，有各种各样的岩石，其中有发亮的石英岩，也有一层很厚的角闪岩。在一座小塔前面，见到一层白硅岩，其间夹有棕褐色云母片，厚度为 10—20 米，上面还有一层石英片麻岩。这里也有耕地，总体上腐殖土不厚。

正定府寺塔楼

返回时走了另一条路，桑志华看到分

布在山上的红色石英岩与云母状石英片麻岩。他认为，这一带方圆 4 公里岩层形成于前寒武纪，同属于五台山地层系。

22 日突然降温，天寒地冻，冷风刺骨，冰厚达 6 毫米。他们乘马车前往塞尔神父发现的化石地点。在位于凤凰楼（Fong hoang lô）村西部约 5 公里处，桑志华看到很多石英矿层里含有赭石和角闪石，还有美丽的页岩。

夏耐神父带领他们来到信仰天主教的田家休息。这是一个大户人家，很富有，靠做买卖和出租耕地致富，一家人非常热情地接待他们。男主人送给桑志华两颗滚珠，是用村子南面开采的大理石做成的，光滑漂亮。男主人的老祖母说：“这可不能白给，你们要留下与我们一起吃饭”。桌子上摆满了丰盛精美的菜肴。夏耐神父讲，田家平时很节俭，这么铺张是很少见的。桑志华非常荣幸结识了田家，在寒冷的冬天，主人的盛情款待，使他们感受到了温暖。

告别了盛情的主人，他们前往绛里南部天主教一个传教点，经过 10 个多小时艰难跋涉，走了大约 35 公里，到达目的地时天已经黑了。

从一个小巷子拐进去，见到了传教点。这是两间小平房，一间作教堂，另一间狭小而简陋，是陈（Tchen）神父的卧室。27 日上午，陈神父带领桑志华一行前往南叶里，大约 18 公里路程。

穿过一片起伏的片麻岩，进入一个雄伟壮观的大峡谷。两边是悬崖峭壁，壁上岩石已被流水冲刷成棱柱，中间有带斜度的平台，延伸至 475 米高，两边宽度四五千米。峭壁的底层是厚 15—20 厘米的前寒武纪石英岩，结构粗实。往回走了两里，沿途风景秀丽迷人：右边是高大的白色石英岩柱，左边是峭壁。这里曾是军事要塞。桑志华没有想到，在这条不起眼的小

右边是白色石英岩柱，左边是峭壁

河上能有这么雄伟壮观的要塞，使人流连忘返。

据陈神父介绍，去年张作霖的军队进入山西，在前面的山上建筑了许多炮台，对面则是阎锡山的炮兵部队。阎锡山是山西的统治者，在这里建筑了许多防御体系。战争声势浩大，周围居民首先听到的是两队互相漫骂，之后炮声大作，炮弹飞落到村子里。这场战争没打出什么结果，也没造成平民伤亡，因为村子里的人都躲到防空洞里了。防空洞就在这峡谷上，两边都有出口，村民吓坏了。有一个炮弹就在他们眼前开了花，战争结束后，他们才回到自己的村庄。

下午，"我们沿着一条小河的岸边考察，这条小河汇入安叶里河。沿途底坡都是由寒武纪的红色片岩组成的，具有波痕。上面是破碎的钙质圆砾岩阶地，在下面红土地层中发现了一个第四纪化石"①。因为天寒地冻不适宜发掘化石，桑志华记下了这个化石地层。

他们爬上了由鲕状石灰岩构成的最高峭壁，发现在这条河的源头有一个洞，里面有一个已经倒塌的寺庙，在岩石上雕刻一尊巨大的菩萨像。岩洞的旁边还有雕刻在峭壁上的小菩萨，据夏耐神父考证，这属于宋代的杰作。夏耐神父对大同府云冈石窟的雕刻艺术很有研究，其声名远扬。

菩萨整个面部塑像高 1.2 米

桑志华认为，这些大型作品雕刻艺术的魅力在于其画面的朴实性，只用几条线便勾画得非常逼真，表情和姿势都给人深刻的印象。在旁边的峡谷峭壁上，他们还发现了另一个岩洞，里面也有许多美丽的雕像。

在返回南叶里的路上，他们又看到被炮弹炸的岩坑和战壕，也令人印象深刻。

28 日，陈神父带桑志华等来到滹滹泉，泉水取名于水流湍急发出的滹滹声。水流在此形成了一个瀑布，瀑布分上下两段，总高度达 105 米。这个

① Emile Licent, *Onze années (1923–1933) de séjour et d'exploration dans le bassin du Fleuve Jaune, du Paiho et des autres tributaires du Golfe du Pei Tcheu Ly*, Tientsin: Mission de Sienhsien Race Course Road, 1935, p.575.

壮观的景点，位于南叶里西南部 13 里处。在两个大瀑布前面小河的拐弯处，有一个美丽的山村。

峰回路转，绕过一片陡坡，他们站在一个最佳位置观察下瀑布：巨浪般的瀑布从山上直泻下来，响声震耳，经过狂泻之后，水流形成众多的水道，喷射成雾状，之后宛如纯白奶酪的波纹又展现了泉水的温柔，顺着斜面缓缓流动。

南叶里村后小河左岸含有化石的地层

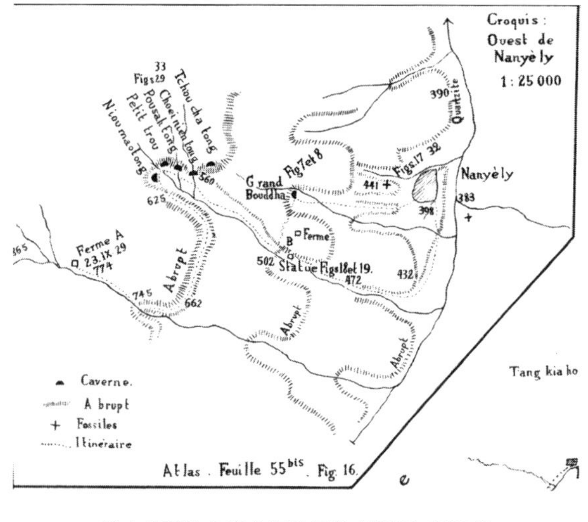

桑志华所绘含有化石地层的剖面图（草图）

攀登到观看滹滹泉上瀑布的地方，它不像下瀑布那样飞流直泻，而是温顺地沿着岩石往下流，犹如绿绒衣上的一拢白发，在一片烟雨迷蒙中，潺潺的水声展现着迷人的魅力，细润清爽。一个水塘，聚拢了上瀑布所有的水流，然后往下冲形成了下瀑布。

再往前走 50 米，到达瀑布的顶端，这里好似一个很大的湖。这是滹滹泉的源头，一条条小溪在白皙如珊瑚骨的岩石上流淌着，青绿水草恰到好处地点缀着它。

桑志华一行陶醉于此，尽情享受好山好水好风景。这儿有许多有趣的植物，桑志华发现了水田芥，具有抗败血病的功效。石家庄到太原府铁路集团公司采用插条包装带入法国的水田芥。这种植物在直隶和山西的钙质水中大量繁殖，几乎每条河里都有，还蔓延到田里。

29 日早晨开始下雪，雪越下越大。因为路不好走，桑志华一行只在南叶里村后面的小河岸边勘察，发现了一个含有化石的地层。在一块大圆砾岩上堆着一层棕红土，细腻柔软如蜡，里面埋藏着许多化石，上面还有一层黄土。桑志华画了一张草图。

尽管桑志华很想发掘，但是他们没有任何工具，化石上边的那层圆砾岩必须用炸药才能炸开，这可能会引起崩塌。再加上冰天雪地也很难把化石剥离出来，他决定等到翌年九十月份再来发掘。

大雪越下越厚，直到晚上才停，寒冬真的来了。

返回天津前，桑志华要去德国人开的井陉煤矿看望总工程师卡梅尔（Kramer）。不久前，卡梅尔给桑志华寄了奥陶纪石灰岩化石，他们将共同研究井陉煤矿地质构造，谈论彼此感兴趣的话题。

两周后，桑志华于 1928 年 12 月 13 日返回天津。

1929 年 9 月 11 日，桑志华第二次来到河北正定府西南叶里化石地点。他甚至认为去年勘察的两个化石地层与周口店猿人遗址有一定相似。

桑志华直接来到井陉煤矿，受到总工程师卡梅尔先生的盛情款待。他陪着桑志华前往去年勘察的南叶里化石地点。

天主教陈神父应桑志华的要求，买了火药，租了几头驴，带着两位熟悉使用火药的采石工，一起来到南叶里化石地点。

21 日，王连仲和两名采石工对南叶里化石上面的圆砾岩实施爆破，桑志华发现埋在深红色细而滑蜡质土的动物骸骨已经开裂，但红土还是包住了裂缝的衔接处。王连仲取出一些动物牙齿和骨架化石，还有一个很小的犀牛头骨。桑志华觉得这里的地层与甘肃庆阳辛家沟的红黏土基本相同，似乎这些动物骸骨被细土掩埋之日起，就受到冰的影响，水分被吸干后，骨骼内壁裂

卵石和含鲕石的寒武纪石灰岩层

开了。

23 日，桑志华在向导带领下朝南沿着南叶里河而上，发现了垂年洞、菩萨洞里漂亮精美的石像雕塑。在菩萨洞，有一尊漂亮的大菩萨石像重约 3000 磅，但其右脸残缺不全，旁边还有八尊小石像。桑志华想要拯救这些唐朝艺术品，一种办法是用栅栏将山洞围起来，一种办法是将石像运到某个博物馆，但苦于没有足够的资金和时间。

在菩萨洞底层横跨一片布满卵石的红黏土上面，桑志华发现了一些散落的化石，包括齿类化石。

有人告诉桑志华：南叶里南部青峰山清理砖窑时，在红土和黄土里找到了化石。两天后，桑志华带着发掘队伍赶到这里，在几米深的红色土壤里，果然发掘到化石。

10 月 8 日，“我们在黄南岗山坡脚下发现了一处化石地层。上面是卵石和含鲕石的石灰岩层属于寒武纪。我马上组织发掘，采集了许多三叶虫化石”①。

桑志华用了一个月发掘南叶里化石，还采集了许多植物标本，曾几次与陈神父一起用网捕鱼，捕到一条漂亮的六须鲇鱼。

1929 年 10 月 17 日，桑志华返回天津。

1930 年，桑志华在中国地质学会上发表了《河北正定府西南叶里之三门系化石层》②。

12 泥河湾蜚声国内外

1924—1929 年，桑志华先后 6 次前往泥河湾盆地进行实地考察，并发掘了大量古生物化石。相关研究成果除了发表在《中国地质学会志》和北疆博

① Emile Licent, *Onze années (1923–1933) de séjour et d'exploration dans le bassin du Fleuve Jaune, du Paiho et des autres tributaires du Golfe du Pei Tcheu Ly*, Tientsin: Mission de Sienhsien Race Course Road, 1935, p.683.

② Licent, "The Nan Ye Li Sanmenian Fossiliferous Deposit", *Bulletin of the Geological Society of China*, 1930,7, pp.101–104.

物院刊物的若干篇文章，最有代表性的当属德日进与皮孚陀（Jean Piveteau）合著的《泥河湾哺乳动物化石》（1930 年发表于《法国古生物学年报》第 19 卷）。该书记述了桑志华 1924—1926 年前 5 次采集的 42 种哺乳动物标本，其中鉴定到种的 18 个，包括 10 个新种。这些化石与欧洲中晚上新世动物群十分相似，但有明显特色的亚洲动物群，并定为泥河湾哺乳动物群。这在法国乃至世界地质考古界引起轰动。从此，泥河湾蜚声国内外。

“泥河湾哺乳动物群的发现是桑志华对中国新生代地层古生物学的最重要的贡献，而且这一丰富动物群的整体面貌早在 1930 年即已清晰地呈现在世人面前。它填补了中国新第三纪和第四纪[①]过渡阶段的一个关键的空白。这一动物群在生物地层学中的独立地位已被国内外的地学工作者所普遍接受。动物群中的一些独特的成员，例如三门马、双叉四不像鹿、布氏真枝角鹿、古中华野牛、泥河湾巨颏虎等，早已为地层古生物学家所熟知。由于这是一个可能有古人类活动的时代，加之泥河湾附近地层出露非常好，泥河湾可以说从一开始被发现起，就一直是古人类学家十分关注的一个地点。”“现在已经很清楚，泥河湾地区新生代晚期产哺乳动物化石的地层的时间跨度相当大，估计不少于 300 万年。”[②]

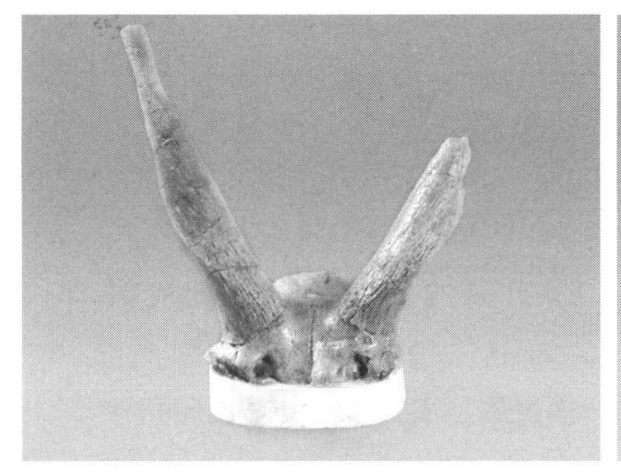
翁氏转角羚羊

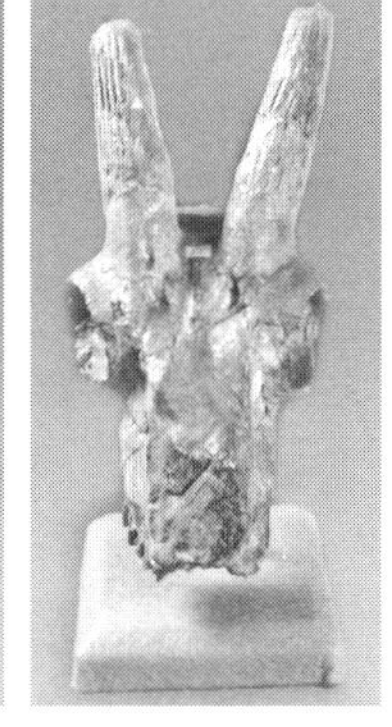
中国羚羊

这批化石中只有很少的几件标本（主要是鬣狗类的）赠送给了法国巴黎自然历史博物馆。其他大部分留在了北疆博物院，现藏于天津自然博物馆。主要有

① 第四纪（Quaternary Period）最早由意大利地质学家 Giovanni Arduino 于 1759 年提出，是地质时代中最新的一个纪，位于新近纪之后，包括更新世和全新世，时间从约 260 万年前开始，一直延续至今。

② 邱占祥：《桑志华和他的哺乳动物化石藏品——试谈桑志华藏品中哺乳动物化石的历史及现实意义》，《天津自然博物馆建馆 90 周年文集》，天津科学技术出版社 2004 年版，第 8 页。

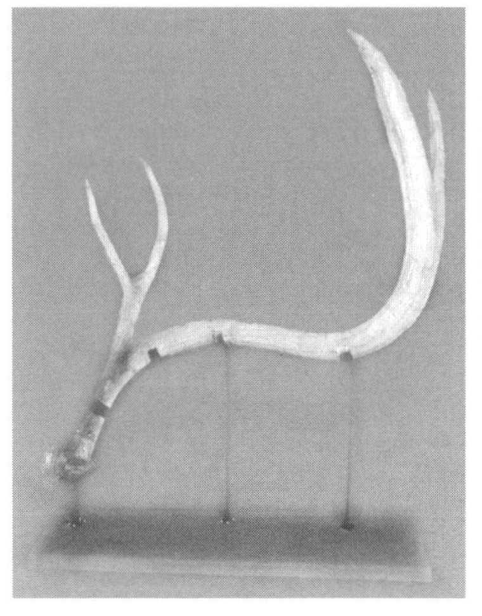

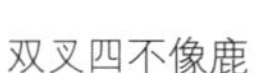

双叉四不像鹿

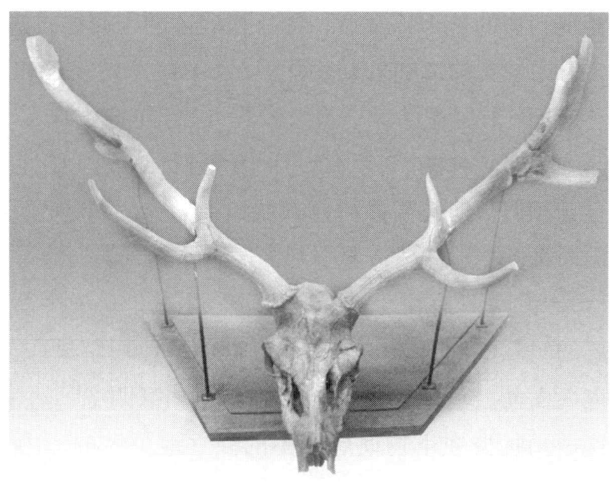

布氏真枝角鹿

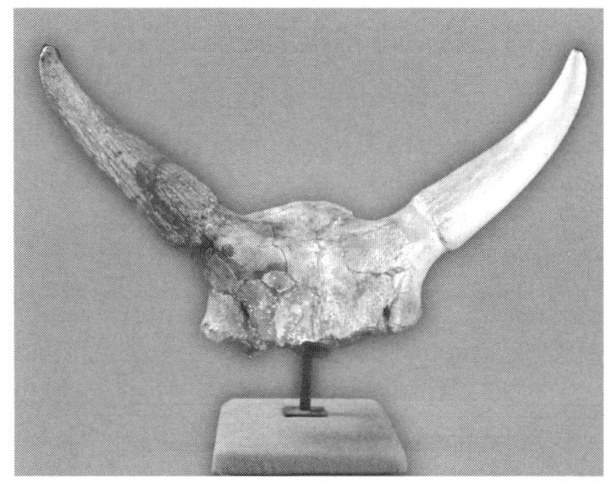

古中华野牛

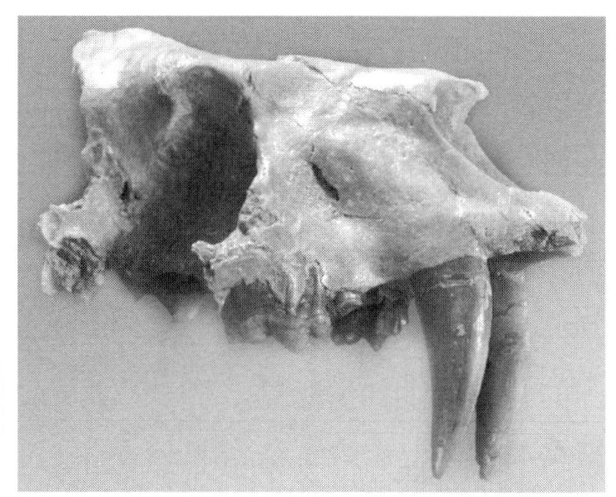

似锯齿似剑齿虎

犀牛、马、板齿象、鬣狗、狼、翁氏转角羚羊、中国羚羊、野牛、水鹿、三趾马、剑齿虎等。动物中的一些独特的成员，例如三门马、双叉四不像鹿、布氏真枝角鹿、古中华野牛、泥河湾巨颏虎等，早已为地层古生物学家所熟悉。其中“双叉四不像鹿”是中国目前所知的最早有记录的四不像鹿化石。“布氏真枝角鹿”虽在亚洲不显著，但在桑干河地区品种非常丰富，有着六种不同类型的角，与欧洲鹿类有着密切关联，它在中国的发现，扩大了鹿的地理分布。“古中华野牛”部分头骨及两角，是中国最古老的牛科，属于一种非常原始的类型，是中国第四纪的指示性化石。“似锯齿似剑齿虎”是泥河湾动物群的重要成员，在泥河湾地层中是比较常见的一种化石，如此完整的头骨标本在中国属于首次发现。

现存天津自然博物馆2193件泥河湾标本中的化石，有一部分是德日进与皮孚陀1930年研究过的，还有一大部分化石没有研究，包括1929年所采集的标本。“单从哺乳动物化石的研究讲，虽然后来也有某些学者涉及对原鉴定的修订（例如Schaub，1934；Eisenmann，1975；邱占祥，2000等），但是仍有许多工作需要进一步做。”“这需要对每一件重要的化石，根据原始档案资料（桑志华日记？）、化石、围岩的性质和特点，逐一追索其产出地点和层位。只有这样才能使泥河湾哺乳动物群的鉴定、组成和其性质的判定位于坚实的基础之上”①。“经中国科学院古脊椎动物与古人类研究所黄万波和天津自然博物馆研究员黄为龙提议，组成新生代地层考察小组，对泥河湾盆地进行调查，确定泥河湾分为上、下两部分地层，上部为早更新世中期，下部属于更新世早期②或上新世晚期，证实桑志华所采泥河湾标本是有地点、有地层、有科学记录的。”③

1963年和1965年，中国科学院古脊椎动物与古人类研究所太原工作站王择义在泥河湾盆地发现了峙峪遗址和虎头梁遗址，首先打开了泥河湾盆地旧石器时代的大门，同时在中国第一次从地层中发现了细石器，解决了东亚大陆细石器多年无地层根据的困惑。

1972年，中国科学院古脊椎动物与古人类研究所的盖培在泥河湾村上沙嘴发掘一具早更新世纳玛象头骨化石（标本展示在河北省博物馆）的时候，意外从象头化石下面捕获1件石核，率先从“泥河湾层”中发现旧石器，实现了中外科学家近半个世纪的梦想，真正揭开了泥河湾盆地早更新世的旧石器时代。

同年，盖培和卫奇在泥河湾盆地虎头梁地点发现旧石器。之后，许多专

① 邱占祥：《桑志华和他的哺乳动物化石藏品——试谈桑志华藏品中哺乳动物化石的历史及现实意义》，《天津自然博物馆建馆90周年文集》，天津科学技术出版社2004年版，第8页。

② 更新世早期，约260万年前到78万年前。

③ 孙景云、张丽黛、黄为龙：《德日进与桑志华在中国北方的科学考察》，《天津自然博物馆建馆90周年文集》，天津科学技术出版社2004年版，第17页。

家学者来到泥河湾勘察，发现了旧石器遗址群和哺乳动物化石等，从而揭开了在这个著名盆地寻找亚洲最早人类足迹的历程。

1981 年，卫奇等在泥河湾盆地东缘桑干河右岸发现了东谷坨旧石器遗址，包括石核、石片，石器中以刮削器数量最多，还发现具有修理痕迹的动物骨片，其年代距今约 100 万年。

2002 年初，河北泥河湾被列入国家级自然保护区，其面积 1015 公顷。至今，这里一直是中外地质、古生物、古人类学家们频繁考察的重点地区，争相察看中国第三纪晚期及第四纪"古生物地层博物馆"，期待着人类化石的出现。

"在泥河湾盆地，晚新生代地层恰似一部深邃的历史经典，他不仅记录着数百万年以来的沧桑巨变和生物的演化，还蕴藏着大量远古人类活动的信息。经过将近一个世纪的科学研究，旧石器时代考古和地层古生物方面已经获得了举世瞩目的辉煌成果。盆地的旧石器时代遗存，数量众多，遗物丰富，形成一个更新世从早到晚完整而连续的古文化剖面，堪称世界考古之奇观。美国印第安纳大学旧石器考古学家 Nicholas Toth 评说：泥河湾盆地是真正的'东方之奥杜威峡谷'。作为坦桑尼亚人而且在奥杜威峡谷工作大约 15 年的地质学家 Jackson Njau 说：'泥河湾盆地是奥杜威峡谷在东亚的卓绝典范'。诚然，在中国乃至东亚，发现的早更新世旧石器绝大部分集中在泥河湾盆地，目前发现的时代最早的黑土沟遗址已经追索到 177—195 万年前的较早时期，其文化具有鲜明的地域特色，它可以作为 Nihewanian（泥河湾文化），与旧石器早期的非洲 Oldowan（奥杜韦文化）和欧洲 Abbevillian（阿布维利文化）在世界考古学上并驾齐驱。"①

① 卫奇：《泥河湾盆地考证》，《文物春秋》2016 年第 2 期。

第十二篇

翻开山西榆社化石
“地层编年史”新篇章

亘古连绵的太行山脉，见证了远古时期榆社盆地河湖相沉积的形成与变迁、生物进化和古生物化石形成的过程，磁石般吸引着桑志华多次前往。遗憾的是，十几年过去了未见“龙骨”的踪影。但是，功夫不负有心人。时隔18年，桑志华终于在山西榆社盆地发现并系统发掘了丰富的新近纪晚期的哺乳动物化石，其化石种类多、数量大，地层连续时间长（距今约600万年至200万年）。它犹如一部古哺乳动物“地层编年史”为世界所知晓。

1 远足大同和太原

作为博物学家，桑志华把在中国的第一次远足科考地点选定大同。它位于山西省北部大同盆地的中心，地处阴山、燕山、吕梁山、太行山北方四大山脉的交叉通道，是中部鸟类南迁通道，桑干河自西南向东北横贯整个地区，具有独特的地质地貌。为了解这里的地质地貌，他在天津用12天做准备工作，包括随行人员、野外炊具、猎枪（持证）及博物学家必备的物品等。

1914年7月16日从天津乘火车，次日下午六点多到张家口。经过一段非常难走颠簸的路程，18日桑志华到达山西大同天主教会，巴西里奥·普塞罗神父给予了非常友好的款待，并为这次考察做了精心安排。

第二天早晨，桑志华就骑着骡子来到大同西部的一座山上，采集植物标本，捕捉昆虫。

两天后，桑志华乘火车到阳高县天主教会。应普塞罗神父的要求，优果里诺（Ugolino）神父安排通晓点拉丁语的高若士（Joachim Kao）教士作为翻译兼导游陪同。为了路上安全，高教士动员他的叔叔一同前往。后者是一个勇敢的猎人，他只有一杆土枪和一把老式手枪，虽然武器原始，但枪法很准。

几天后，桑志华一行沿着黄草口和四棱山攀向云门山高峰。这是一条杂草丛生、崎岖不平的山间小路，不少地方是高教士青少年时代走过的。在攀一处陡峭的山崖时，所有人都气喘吁吁，唯有看上去消瘦的高教士，速度快又有耐力。

山坡上树木葱葱，植物繁多，清澈的激流顺着花岗岩流淌下来，水量相当丰富。桑志华采集了许多植物新品种，在他看来同一山上的不同海拔都有它独特的植物学价值。时至中午，高教士和他的叔叔一无所获而归，而桑志华觉得比他们幸运，除了收获植物和昆虫标本外，令伙伴们惊讶的是，他用一支短枪一发子弹捕杀了一只鹁鸪。

路过一片绿草茵茵、长势茂盛的庄稼。随行的搬运工为省力，把装有粮食、蔬菜、食品的箱子放在草地上、庄稼上划行。桑志华气愤地说："你的发明会损坏庄稼，箱子里装有生鸡蛋，会打碎的。"他打开箱子，果然两个鸡蛋有一点裂，蛋清沾在蔬菜上。桑志华说："在山区长途旅行，两个鸡蛋就是一顿饭，至少是一次小吃"。从此，搬运工再也不在庄稼或草地上划行箱子。

他们登山越岭到达云门山宝塔，弥漫在空气中的米粥香味扑面而来，人人感到又饿又累。几个和尚端着米粥，送给桑志华等人。这是用小火长时间熬的黍米粥，热乎乎的非常好吃，所有人都非常感动。搬运工从布兜里拿出"油面"，这是用燕麦粉在油里炒熟的食物。其中一位壮汉把一个面团送给桑志华吃，还说："吃了这些东西，很长时间不感觉饿。"桑志华尝了尝，有点扎胃，很难消化。来自直隶的随从，从来不做这种食物。

桑志华登临黄羊尖顶峰，无限美景一览无余，远眺山峰突兀，近看怪石嶙峋，一片片白云轻抚着连绵起伏的山峦徐徐飘过，脚下草木葱绿，野花点缀，如同一幅壮观迷人的画卷。

8 月 1 日，桑志华满载着在四棱山收获的一批植物标本，返回大同府天主教会。在普塞罗神父的陪同下，桑志华游览了大同市。

大同是一座历史文化古城，城市介于内外长城之间，三面环山，两边夹水，形成天然屏障。大同约 15 万居民，有 300 名是天主教徒。当地居民被分为"口里人"和"口外人"。口里即为长城关口以内的，口外便是长城关口以外的。住在口外的人每逢春节等重大节日时都回来与家人团聚。

这座城市很有商业气息，商人因特别懂礼貌而闻名于世。所到几家商店，都客气地请顾客围着中式小圆桌坐下，接着就上茶、递烟（英美烟草公司在这个时候垄断着中国市场），不管生意是否谈成，他们都非常热情。

大同商铺外表朴实，甚至很少有门脸，但商品丰富，陈列整齐，商人与顾客相处融洽。一个叫梅里恒（Mei li henn）的基督教徒是一个批发商，主要从天津、北京进货，商铺面积很小，堆积的货物箱和包裹箱占了很大空间。

大同的卫生很糟糕，传染病肆虐，斑疹伤寒流行。这个城市人的寿命短，老人很少。

桑志华花 2 块银元买了三捆中式烘干的马皮，物价与法国相比惊人的低廉。还买了一个存放采集物的箱子，这个式样独特的箱子像一个棱柱形的大鼓，用全白皮子缝制，涂上绿色、红色、棕色、黑色的漆，再用铁板来固定绳索，箱子本身很轻，但装的东西很多。

3 日，桑志华到大同以西山坡上采集植物标本，这是玄武岩的典型地貌。返回教会驻地后，普塞罗神父建议他去大同以南拥有森林的宁武府、中国北方著名寺庙五台山去考察。桑志华马上拟定计划，连夜做好出行准备。

无法预料的是第一次世界大战爆发，他突然被法国驻天津领事馆紧急召回，原计划在大同几个月的科考被中途停止，只能立即返回天津，听从命令在华“服兵役”。

这位神父接受了扛枪站岗守大桥的任务，心里却一直想着山西丰富的动植物标本，几个月后，终于得到一次休假的机会，他马上向法租界部队司令沃特拉维尔上校呈上到山西考察的报告，获得批准。

1914 年 10 月 2 日，桑志华乘火车过石家庄前往太原。这是他第二次到山西。北方的秋天，气候宜人，丝丝的凉意令人感到舒爽。这是华北平原收获的季节，也是植物凋零的开始。一路上，桑志华透过车窗，满眼秋色：田边生长的垂柳在随风摇曳，树叶已经出现了斑斑黄色。零零散散的农民在挥镰收割成熟的高粱和豆类，绿油油的小麦田，给荒凉的原野增添了少许生机。平原上常见的星状紫色小花遍地盛开，编织成茸茸的花地毯。男男女女正在棉花地里，采集雪白的棉花。

过了正定和滹沱河就到了石家庄。过去，这是一个不起眼的村庄，在地图上都找不到。自从修建了京汉铁路和正定府到太原府的铁路后，石家庄就成为一个商业发达的交通枢纽。现有一千多户居民，两个火车站所在的城区，有很多大规模的商铺，都是中国人开的。

在石家庄，桑志华住的旅店是天主教徒王先生经营的，他会讲一点法语，两人交流起来方便许多。第二天，桑志华结账时，王先生分文不收，还把桑志华送到石家庄火车站，使桑志华深受感动。

“太原的铁路线由法国人经营，汉口的铁路也由法国人经营，高层管理人员都是法国人……我难以抑制内心的激动，高兴地上了这列火车。列车长来到我身边小声亲切交谈，没有任何拘谨，脸上挂着微笑。”“法国制造的漂亮车厢比他以前在中国看过的任何车厢都更加舒适，大家用法语交谈，这种感觉同在法国一模一样”[①]。

列车长告诉桑志华，由于今年 7 月从石家庄至太原府的一段铁路被洪水冲断大约 20 公里，无法到达终点站芦家庄，只能在一个临时车站下车。本来约好太原府教会的神父到芦家庄接站，这一改全乱了，桑志华真不知该怎么找到太原府教会。

火车呼啸着到达“娘子关”，这是直隶与山西军事管辖的分界处。一个士兵来到火车上例行检查，他看了桑志华的护照和行李，又看了携带的枪支，因没有武器携带许可证，受到警告。在火车上，桑志华立即给法国驻天津领事宝如华写信，请他尽快把武器携带许可证寄到太原教会，并委托列车长邮寄。

过了“娘子关”开始下雨，越下越大，火车在寿阳县的一条河流交汇处的临时站点停了下来。这个地方是茫茫田野，前不靠村，后不着店，自己带了这么多行李，语言又不通，从这到芦家庄还有 20 公里的路程！桑志华一筹莫展。

正在他为难之际，列车长走过来，把修复铁路工程的庞先生介绍给桑志华。庞先生热情地为桑志华找了一家旅店住宿，厨师能讲几句法语，饭菜有点像西餐。

4 日，厨师为桑志华雇了一辆两匹骡子驾辕的马车去芦家庄，原定早晨 6 点出发，结果车夫迟到一个多小时，车上有个席子做的凉棚，车夫把桑志华的褥子放在车头充当座位。两匹骡子跑起来脖子上的铃铛响个不停，桑志华的心情好了起来。

吉人自有天相。桑志华在乘坐芦家庄到太原的火车上，身边一位中国乘客稍通法语，热情地请他喝茶、吃糖块、吃葡萄。火车到站后，他的下属来接他，得知没人接桑志华，他马上派了一个上尉把桑志华送到太原天主教

---

① Emile Licent, *Dix Années* (*1914–1923*) *de séjour et d'exploration dans le bassin du Fleuve Jaune, du Paiho et des autres tributaires du Golfe du Pei Tcheu Ly*, Tientsin: La Librairie Francaise, 1924, p.70.

会。后来，桑志华得知，这位先生是山西军队的一名高级军官。

太原市约15万居民，有8个城门，城区只占三分之二，城西北部是一片沼泽地。天主教会位于该城北门的西北角，晋北宗座代牧马西（Massi）主教接待了桑志华，并用整整一天时间，陪同他参观欧式建筑风格的教堂、传教士住所、修道院、法英语学校和医院、托儿所、孤女院等。

在太原的传教士中，不乏工程师、自然学博士、人种学家等。他们对这里的山山水水、一草一木非常熟悉。根据教士们提供的信息，桑志华打算由近至远进行实地考察。

这个季节的山区夜晚很凉，马西主教特意安排几个修女为桑志华缝制了一件絮了棉花、加了皮里子的大衣，来抵御山区寒冷。

10月9日，桑志华在两个神父的陪伴下前往距太原府东北方向35.5公里的天主教圣母堂（Cheng mou tang）附近考察。通向圣母堂的小路相当难走，只能骑骡子。他们用5块大洋租了三匹骡子（两天），包括木制鞍子，坐垫足够长也比较舒服，只是吊马镫的皮带不够结实。

赶骡人为了节省时间，带他们走了直达路线，绕过两条山沟的河床，两次经过山脊，进入一条很深很窄的山沟，在陡峭的羊肠小道上行李擦着陡崖过去。一路上，后面始终跟着一个胳膊上挎着篮子的壮汉，篮子里装着一团细铁条，这样一个来路不清的人，让他们担惊受怕。

晚上，到达天主教圣母堂。老仆人李先生对桑志华说：你们最大的麻烦是携带的枪支，散匪们想偷，大股土匪会抢，遇到大兵会以非法持械理由干脆没收。

圣母堂坐落在两条干涸的山沟之间，山上到处是蓝黑色的石灰岩，杨树、橡树和灌木丛很多，朝北的方向可看到十分开阔的五台山全景。几天来，桑志华采集了一些植物和蘑菇标本。晚上，还布置几个捕捉啮齿类动物的夹子，为了防止夹子被盗，特别在上面用草做了掩饰。早晨发现只有一个夹子抓到了一只仓鼠。

12日，随从王连仲从献县赶来，桑志华非常高兴，他在日记中写道：王连仲是一个忠诚、负责、勤恳、手巧的人，不知疲倦地提供非常好的服务。

这几天，由于没有持枪证，桑志华虽然带了枪支，但不敢打猎。13日，在东黄水村一家小旅店，桑志华收到太原教会寄来的信，其中有法国驻天津领事宝如华寄来的“武器携带许可证”以及附信，劝说桑志华不要去直隶与山西交界地区，因为那里经常有强盗出没。

桑志华认为：盗贼这一行好像是一种“生意”，盗贼团伙从来不拼命的，他们总是要留一条后路，以便逃之夭夭。武器似乎是容易被盗的物品，不过还得带着它，它既能保证自己的安全，也能对盗贼起到震慑作用。

东黄水村位于一个倾斜的山谷中，依山傍水，风景秀丽。三三两两的白色绵羊散落在没有农作物的山坡上，牧羊人驱赶羊群的牧羊铲同欧洲一样，而直隶人用长柄鞭子驱赶羊群的方法在这里没有用武之地。这一带中式风车十分普遍，它以自然风为动力，没有进料斗，也没有分离筛，人们用手将谷物与草的混合物放至风车中，粮食在风车旁落下来，而草被吹到更远的地方。

有了持枪证的桑志华返回天主教圣母堂，专门向在此居住 20 多年的老仆人李先生询问哪座山上动物多？还让他画一张行走路线草图。根据李先生提供的线索，桑志华一行到山上去打猎，捕获了一只鹫、几只白颈乌鸦、几只红嘴红爪鸡，看到了狐狸巢穴，发现了狼粪和野猪留下的脚印。

这个季节，上午 9 点到下午 4 点温度适宜，但是夜里很凉，桑志华因关节炎怕凉，晚上王连仲为他烧炕。烧之前，先在房间地上挖一个火塘（坑），在上面盖一块方石，下面有一条烟道通向炕。他先是点着劈柴，放上大同煤块，火旺时把掺了土的煤饼糊在上面，再用火钩子在煤饼上面捅几个小洞，然后盖上方石。深夜，桑志华感到头疼厉害，耳鸣、恶心、全身无力、呼吸困难，迷迷糊糊意识到是煤气中毒，拼尽全力挪动身子朝窗户爬去，把窗户打开，慢慢地好受了一些。天亮后，王连仲到桑志华的房间才知道是煤气中毒，把他背到另一个房间，下午体力有所恢复。

第二天早晨，返回太原府天主教会，小路两边农民们都在打谷场上忙着。桑志华看到人们用很轻的连枷打燕麦，连枷头是五六根长约 1 米的薄片用皮绳连接成窄窄的栅栏状，再用铆钉固定一端，通过一个孔穿过手柄。

连续几天下雨，桑志华一边恢复体力，一边整理采集来的植物标本。在教会花园里，桑志华采到几场雨后长出来的蘑菇。在一株黄麻的秆上，他发现了数百个在吮吸并还能积极分泌的螽蟖。

天晴了，桑志华向马西主教提出要到山里去打猎，主教让巴西里奥神父

米歇尔发现的鸟巢

买来一块羊羔皮，请方济会嬷嬷把这块毛茸茸的皮子缝在桑志华的大衣里御寒。

20日，桑志华在米歇尔·西亚佩塔（Michel Chiapetta）神父的陪伴下，前往太原西部山区。

过了汾河向西前行，大片稻田长势良好。自从民国政府让士兵吃大米后，水稻种植就在这个地区推广开来。

路上，米歇尔·西亚佩塔神父向桑志华介绍这里的地质地貌和风土人情：山区民风淳厚，信教的乡民也不在少数，但首先要学会“老鼠式居住方式”。这里的传教士和当地居民一样，大多居住在被洋人们称为“窑子”的洞穴里。老鼠式居住方式？桑志华马上体验到了：开始住在“窑子”里提心吊胆难以入睡，但一觉醒来大为赞赏：冬暖夏凉，简直是人类最佳居处！

天气晴朗，大雁排成“人”字形向南边飞去。摩斯塔尔达神父在圪僚沟迎接桑志华一行，这个小村地处西山脚下的丘陵地带，土沟弯弯曲曲，长满荆棘，途中王连仲在黄土悬崖上捕获了一只小黄狼。晚上，他们住在圪僚沟的窑洞里。

为收集动物标本，摩斯塔尔达神父带桑志华和米歇尔·西亚佩塔神父去拜访好朋友约瑟夫（Joseph）。约瑟夫是一个基督教徒，也是猎人兼标本制作者。每到秋冬两季，他都要上山狩猎，其他时间动手制作鸟类和哺乳动物的标本，特别是擅长制作皮子。

来到约瑟夫家，桑志华惊奇地发现满屋都是塞了棉花的各种动物标本，以鸟类为多，墙上挂着约瑟夫打猎的照片。大型动物标本的制作，带来了不菲的经济效益。桑志华委托约瑟夫为他制作两只石貂、两只黄鼠狼、两只翠鸟以及其他鸟类标本，供收藏研究之用。

桑志华与约瑟夫商定要到马鞍山[①]打猎，所有费用由桑志华支付。除了

① 位于山西省太原市交城县。

桑志华、约瑟夫和王连仲外，还雇了当地五个猎人。约瑟夫带了两支射速极快的好枪，其中一支毛瑟枪是崭新的。

约瑟夫打猎照片

28日早晨，桑志华与约瑟夫一行人出发了。远远望去，马鞍山浓雾弥漫，爬山一小时，每个人浑身上下都湿漉漉的。上午十点多太阳出来了，凛冽的西北风把雾气吹散了。桑志华气喘吁吁地登上一座山峰，仙境般的风景尽收眼底：山岚瘴气随风飘动，平原上星星点点的村庄时隐时现，连绵起伏的山峦层层叠叠依稀可辨；平视南面的山峰，覆盖在上面的皑皑白雪在阳光照耀下熠熠发光；抬头仰望更高处，连绵起伏的山峰与蓝天白云相连分外壮观。

连续爬过三个陡峭曲折的山坡，通过四条河谷，向下游走了大约三里后，来到一个山口，听到河水的声音就像火车开过铁道。绕过一个山谷，这时，桑志华蓦然发现附近就是汾河，沿着右岸向上游走，看到河中有四趟木筏，随波逐流，在阻挡水流的岩石旁擦身而过，十分奇妙。

黄昏时，在河滩泥泞的路上，找到一家又小又脏的客栈住宿。这一天，他们走了四十多公里山路，非常疲劳。约瑟夫提醒大家要关好门窗防小偷，但是桑志华根本顾不上，进屋后一头倒在床上睡到天亮。

下了一夜雨，早晨停了，但云层把马鞍山压得很低，顶峰好像耸立在河谷尽头，以此为路标，他们径直向马鞍山进发。进入一条狭窄的河谷，小路是在石灰岩上开凿出来的，两边是高高的峭壁，走在最前面的赶骡人声嘶力竭地喊着，避免在这条狭路上与对面过来的人相撞。骡子们走在这样的路上，由于害怕，比任何时候都驯服听话。下午，下起小雨，马鞍山也变暗了，从远处看山坡上全是黑压压的树林，走到近处只不过是互不相连的几片树林。晚上，住宿约瑟夫熟悉的一个小村庄，对于他们和牲口来说这个环境再好不过了。

30日，天气晴朗，正式狩猎开始。五位猎人爬上山坡，大声吆喝着驱赶动物，把石块踢得乱飞，从坡顶快速向下走来。桑志华、约瑟夫和王连仲蹲在沟底守候。一头小野猪从山坡上被驱赶下来，朝着沟底跑来。桑志华瞄准射击，约瑟夫迅速开枪，小野猪栽倒在干涸的河沟。三个人过去检验，桑志华开枪打穿了它的躯体，而约瑟夫的子弹打碎了它的脑袋。这一天驱赶狩猎只收获了这头小野猪。回来路上，王连仲扑杀了一只松鼠科的小动物。

次日，被一场中雨困在驻地。利用几次雨停的机会，桑志华在一条小山沟采集了几种植物标本。

11 月 1 日，桑志华与约瑟夫一行在浓雾中上马鞍山打猎。原以为浓雾很快会散去，中午攀登至主峰时，雾气依然环绕在头顶，始终未见动物的踪影。返程途中，他们拐弯攀登西边山峰，只见用中文写着“马鞍山”，其海拔为 2293 米。还去了附近的狐爷庙，听小和尚说，北边三里远的地方，有两只豹子经常出没。

2 日，一场寒冷的细雨下了整个上午。下午桑志华去一条小山沟采集了许多蕨类植物、蘑菇和苔藓。

3 日，天气晴朗，约瑟夫又招募了三个猎人，继续攀登马鞍山，前往小和尚说的地方。他们看到了一头母野猪和八头小猪，大公野猪足迹和粪便也不少，稍远处有几只狍子，到处都是野鸡、岩鸡（山鹑）、野兔，还有相当数量的喜鹊和斑鸠。遗憾的是，除了王连仲打死一头野猪外，没有收获大的动物，只带回一些小动物。

桑志华把这头野猪给了约瑟夫，结果他却用来款待了所有人。照中国人的说法，一连四天吃“大肉”。肉是好极的，吃久了也腻了，但从营养角度讲，野猪是一种十分宝贵的美味食品。

返回驻地时，桑志华见到马鞍山的峰顶依旧覆盖着昨天夜里凝结的白霜，朦胧的月光使星光变得暗淡，这预示着夜晚会刮西北风。

4 日，桑志华一行再次登上马鞍山的东峰，从峰顶俯瞰太原一览无余：北边到了汾河和黄河的分水岭，圣母堂北边的五峰山清晰可见；东边是汾河和太原府以南平原的分水岭。

在东峰寺庙里有一些被烟熏黑的土炉子，约瑟夫告诉桑志华：今年中国农历七月初五，在这里举办过一次马匹（包括骡子和驴）大型交易会。桑志华觉得，将如此高海拔的山峰作为交易会的场地，那情景一定充满诗情画意。

山坡上种植了土豆、扁豆等蔬菜，黄土梯田的粮食生长茂盛，因为这里地势高，雨水丰沛。

晚上月光如水，桑志华让大家去布置捕兽夹。为了能找到这些动物，又不让别人知道，桑志华在每个夹子 5 步的地方挂一张纸条。

经过猎人侦探，寺庙北边的山坡上发现了豹子的脚印。太阳落山后是捕捉豹子的最佳时间。下午，桑志华租了一只小羊羔作为诱饵。豹子比预想来得快多了，桑志华正在找一个藏身之地埋伏时，王连仲惊恐不安地说豹子已经下来了。豹子在小羊羔前停下来，瞪着双眼准备扑过去，桑志华让王连仲立即开枪。正在这时，豹子好像撞见一只猫，迅速退回到它跳出来的矮树林。王连仲开枪射击了，但没有打中。他们又埋伏起来，等待了很长时间，但豹子再没有出现。

猎人又开始从山上驱赶猎物，一头野猪从山上下来了，恰好约瑟夫在那里设伏，他没有及时开枪，而距离稍远的桑志华枪响了，野猪瘸着腿朝前跑了。几次狩猎后，桑志华发现：野猪是从山上往下跑，射手在下边；打狍子正相反，狍子是从下往山上跑，射手在山顶，后一种狩猎更危险，特别是要当心不被旁边的射手误伤。这里的猎物很多，只不过它们被枪声吓跑了。

10 天过去了，气温达到零摄氏度，山上阴冷，开始下雪了，细小的雪片夹杂着雪粒打在脸上，一小时后是密集的鹅毛大雪。桑志华突然想起从天津出发时，法国驻天津领事提醒他不要到山西偏远的地方，以免发生危险。考虑到严冬将至，如果下雪，难以下山。桑志华决定结束这次有趣的狩猎，立即返回太原府和天津。

猎手们出发时曾许诺村民等着吃野猪肉，结果败兴而归，这已是第二次让村民失望了。桑志华认为：尽管没有收获大猎物，但驱赶是相当成功的，还是对猎人的付出加以报偿。

晚上，桑志华与约瑟夫请大家会餐，喝了“烧酒”，一种用高粱酿制的酒，要温热了喝，23 个铜子（约 2 毛）一斤。

按照欧洲人的习惯，约瑟夫作为狩猎队临时财务总管对支出一目了然。这次狩猎共 10 天，除了约瑟夫及其骡子（12 毛半的饲料）费用外，都由桑志华负担，主要包括：雇猎人每人每天 2 毛；背猎物袋每人每天 4 毛；每头骡子每天 8 毛（12 毛等于 1 元）；其余的开销：小麦面粉 37 毛、小米 2 毛 5、鸡蛋3毛，西葫芦、南瓜和白菜2毛，油6毛、盐2毛、葱和蒜头2毛、住房9毛、取暖和做饭用煤4毛5。桑志华很满意，如果不是约瑟夫管账，凭他初来乍到的外国人身份，购买东西的价钱一定很贵。

11日，天气依然阴沉，没有风，山上的雪约7厘米厚，他们下山返回圪僚沟，下坡路特别滑，每走一步都异常艰难，十分危险。夜幕降临，天空黑乎乎的压在头顶上，在黑暗中他们摸索着走在深山沟的边沿。桑志华坚信骡子的视力和脚力都比人好，让大家紧紧牵住缰绳，人不离鞍，深夜到达圪僚沟见到了摩斯塔尔达神父。又经过两天艰难跋涉，回到天主教圣母堂。桑志华病倒了，高烧昏迷，两天后才醒过来，感觉头疼得厉害。可能是因在天冷路滑的山崖走了几天，神经太紧张，休息几天后，终于恢复了体力。

9天后，桑志华离开山西，于1914年11月21日返回天津。

2 晋南种类繁多的植物群令人赞叹

几个月后，桑志华“服兵役”又一次得到轮流休假的机会，他这次安排去晋南考察，主要目的是为应付民国政府农商总长交代的考察煤、铁矿等，判断其储量和开采前景的任务，顺路采集动植物标本。

桑志华（左一）与火车站管理人员交谈

1915年6月8日乘火车到邯郸，再向北到张庄（Pei Tchang Eull Tchoang）教会，迎接桑志华的西蒙·李神父已经为他租好了骡子和大车。

桑志华在李神父的陪伴下，到武安县高村教会拜访莫尼卡蒂主教，在他的带领下路过白砂煤矿，参观了彭城的峰峰煤矿。

越过一处黄土高地后，眼前出现了太行山的雄伟轮廓。整个山坡布满枣树，这个季节，正是枣树的盛花期，嗡

山坡上的村庄和梯田

嗡的蜜蜂酿制出美味的枣花蜂蜜。

桑志华攀登合涧沟西面的一座山，山坡全是蓝色石灰岩地貌。在一条清澈的小河附近遇到一个青年，手中拿着一只从上游峭壁的鸟巢中逮的小秃鹫，桑志华买下了这只秃鹫。

向前走不远，桑志华惊讶地发现一条隧道："1915年6月18日7：15，我们来到一座桥涵，这在中国是很少见的。隧道穿过石灰岩，长有40米。负重的骡子勉强可以通过，我的旅行箱有时会与洞壁摩擦，幸好在漆黑的洞里骡子没有害怕，要不然真会是一场灾难。人们利用河岸左边的一个大角打通了山脚，沿左岸向前延伸，急流在这个没有小道的峡谷地带绕过那山脚，展示了上游的隧道出口。出了隧道，到达了一段壮观美丽的小径。借助一座漂亮的石桥，我们越过了急流，开始走上右岸的峭壁小路，这是由于左岸的峭壁高度达50—100米，而在右岸，急流在大石块间跳跃前行激起浪花。急流另一头的峭壁也很高，这个峡谷最多只有40米宽，大约有10里长。峭壁小路本身也是含鲕石的石灰岩铺成的，在某些地方，路是用一些很奇妙的方法建在峭壁突出的地方。在天然倾斜的岩石向外向内给小路争取到了足够的宽度，给予骡子更安全的保护，石板路被牲口蹄子磨得很光滑。我都不禁有些羡慕这些骡子了，赶骡人不断地提醒和鼓励它'AHO''YI'，这些洪亮的声音在峡谷内回响，就像在一条长廊内一样，没有一头骡子在发亮的石块上失足。峭壁的突出部分不是到处都能行走的，需要时常下到河床并多次穿越河床。夜幕降临，弯弯的月亮并没有照亮昏暗的峡谷，黑色的岩壁上生长的灌

蓝色石灰岩地貌

木丛使高处的斜坡变得阴暗。在峭壁间，我们听见小秃鹫轻轻的鸣叫声”①。桑志华用两天时间，在这块宝地采集植物标本，捕捉昆虫、鸟类和四足动物。

穿过山口长势旺盛的松树林，到达南沟天主教传教会。听神父们说，教区的居民几乎都吃不饱！从外表看，这里的男女老少面带饥饿状态，他们甘愿忍受贫困，也不愿意离开山区。

桑志华雇用的骡夫每顿饭都以土豆为食，他便假装随意摆放些糖果、面包、肉干等美食做品行测验。没想到食物不见减少，骡夫却反过来关心他的饮食，每次见面都问：您吃了吗？桑志华学着用汉话回问大伙：您吃了吗？任何人都回答吃过了，但桑志华知道他们根本没有进食。这下，桑志华是真心实意地准备了食物，骡夫们却仍旧不吃。王连仲告诉桑志华，因为事先讲好不管饭，骡夫们不会占雇主这种便宜。桑志华大为感慨，以扣发工钱作为威胁，骡夫们这才吃了他准备的饭食。

没想到第二天一早，一个骡夫送来一只颜色罕见的黄鼬，这是骡夫觉得“欠情”，夜里没休息捉到标本作为回报。桑志华拿出半串铜钱给他，但骡夫认为猎物应该属于工具的主人，猎物是借用桑志华的捕鼠夹捉到的，所以拒绝收钱。

桑志华坚持支付报酬，骡夫怯生生地提出索要捕鼠夹子。桑志华为难了：这是野外捕获啮齿动物的工具，还真离不开它。王连仲给桑志华讲了“授人

---

① Emile Licent, *Dix Années (1914–1923) de séjour et d'exploration dans le bassin du Fleuve Jaune, du Paiho et des autres tributaires du Golfe du Pei Tcheu Ly*, Tientsin: La Librairie Francaise, 1924, pp.124–125.

以鱼不如授人以渔”的中国寓言，桑志华醒悟了，愉快地赠送了捕鼠夹。

晋南教区代表教廷的蒂麦（Timmer）主教与桑志华是同学，为人慈善、坦诚。6月23日下午，桑志华专程到潞安府（今长治）天主教会拜访他。老同学相见分外高兴，回忆起在荷兰求学的快乐时光，非常开心。蒂麦主教叮嘱桑志华晚上要穿暖和些，否则不能待在外面。这里海拔一千多米，一年四季都要点火炉子。

早晨，蒂麦主教陪着桑志华游览潞安府。这座古城的城门上有中式建筑风格的小钟楼，正方形的城墙还算坚固，城门破烂不堪，道路两侧长着四五百年高大古老的树木。欧式建筑风格的教堂雄伟漂亮，教会大厅墙上挂着一块烫金横匾，引起了桑志华的浓厚兴趣。蒂麦主教给他讲述了这块横匾的来历：

潞安府城门上的小钟楼

潞安府近邻是平阳府（今临汾），都位于山西南部。1912年袁世凯在北京就任中华民国临时大总统后，共和军于当年6月12日晚上，向驻扎在平阳府的“保皇军”发起进攻，而平阳府的驻军几次击退了共和军的进攻。数次激战后，共和军没有攻进城门，撤到几里以外等待援军。双方箭在弦上，一触即发。

战争，给两座城市居民带来了灾难。当地一名重要官员拜托马西安·代尔克（Marcien Dercks）主教作为调解者介入此事。这位官员乘坐插着法国国旗的马车，把代尔克主教送到冲突地点。他分别找到两军驻军首领做工作，经过两天谈判，双方终于达成协议：保皇军仍驻扎在平阳府，共和军停留在平阳府以外的西南阵地，报北京政府后准许。

“后来，由于山西督军的请求，中华民国临时大总统袁世凯给马西安·代尔克主教寄来了二等功的银质勋章”①。为此，代尔克主教分别收到了

① Emile Licent, *Dix Années (1914–1923) de séjour et d'exploration dans le bassin du Fleuve Jaune, du Paiho et des autres tributaires du Golfe du Pei Tcheu Ly*, Tientsin: La Librairie Francaise, 1924, p.130.

路边的小神坛

潞安府、平阳府赠送写有烫金大字的荣誉横匾。

桑志华与蒂麦主教依依惜别，他在两名神父的陪伴下到五龙山（长治南约10公里）考察。这是潞安府风景之首。五龙山气势巍峨，传说很久以前，这里的天空出现过"五条巨龙"，因而得名。从东至西的寺庙建筑群雄伟壮观，参天巨木，茂密山林，漫山遍野的植物，给桑志华带来了无限乐趣。

路上，车辆不断。桑志华发现四个穿着漂亮衣服的女人挤在一辆车上去赶集，那是一幅生动的画面！他立刻拿出相机，从大车上跳下来单膝跪地仔细对焦准备拍照。此刻，赶车人突然勒紧马缰绳，从车上跳下来，双膝跪下冲着桑志华行礼。原来赶车人以为桑志华是在给他行礼，所以立刻下车还礼，桑志华极为感动。

7月1日，到洪洞县境内汾河岸边。这条从北向南流淌的河流，像一条青绿色的光带，把晋中从北到南分成两半。

在洪洞县天主教会，桑志华见到许多中国教徒，他们说，当地官员为求雨发布了"禁肉令"，以表示对苍天的虔诚。由于平民百姓很少吃到肉，所以对他们来说无所谓，但是对富人和旅行者来说，这一禁令就很难忍受了。

几个教徒陪着桑志华到山上采集动植物标本。突然，有两只秃鹫在空中盘旋，一位教徒说：在天津一把由秃鹫尾巴做成的扇子值7个银元。桑志华听到后很不高兴，马上驳斥说："你们不会想到我采集植物标本，不是为了制药；收集动物的皮，不是为了制皮衣；搜集昆虫，不是为了赚钱；而人们以为神父不会做买卖，实际上是错了！我所收集的动植物标本，尽管有些很值钱，但我仅仅是为了观赏和研究！"①

7日，住宿在大平地村一个客栈，桑志华房间里除了一个砖垒的炕和没

---

① Emile Licent, *Dix Années (1914–1923) de séjour et d'exploration dans le bassin du Fleuve Jaune, du Paiho et des autres tributaires du Golfe du Pei Tcheu Ly*, Tientsin: La Librairie Francaise, 1924, p.138.

有点燃的炉灶外，还有一把椅子、一个水壶（壶上有一根很长的红铜管插在火里）、一盏简陋油灯，在桑志华看来这样的条件相当不错。

晚饭后，桑志华与王连仲准备为白天收获的两只狍子剥皮，客栈老板看到后简直被吓坏了！他说，自己是本地人，是不信教的。但是，当地人把狍子奉为神圣动物，是不吃狍子肉的。客栈老板坚决不同意桑志华在客房宰杀狍子，这不仅是因为猎物的血会弄脏屋子，更重要的是不吉利。而桑志华以外边没有灯光为由坚持在房间操作。客栈老板惶恐地看到狍子在流血，桑志华马上铺了一张防雨油布，把狍子放在上面剥皮，防止血弄在地上。桑志华抬头看，客栈老板早已吓得不见踪影。由于太晚了，桑志华只剥了一只狍子的皮，让王连仲把没有剥皮的另一只狍子扔到山下喂野兽。

距大平地村东南约 8 公里的山上树木茂密，桑志华采集了小橡树、松树、桦树、美国木豆树，还有欧洲山树等树木标本，他对中国北方矮树丛留下非常美好的印象。

桑志华一行向南，经平阳府，走到了靠近谷底的贾庄镇。镇上有一个重要天主教传教士组织，驻扎着 1000 多骑兵和步兵。这个镇的建筑风格独特，小型楼台亭阁，显示出汉族风格的优雅。西门街有一个粮食大集市，人头攒动，熙熙攘攘，而北门街荒无人烟，像是坑坑洼洼的乡村小路，有的地方已成废墟。

前行不远，一座小宝塔前有一支求雨迎神仪仗队，带的“道具”都靠在墙上，有红绿旗帜、狼牙棒、长枪、鼓、钹等，这些人的头上都套着杨柳枝编制的圈圈，分散着坐在地上吃便餐。这支仪仗队无疑给荒芜寂静的乡村，增添了一道亮丽的风景。

进入平原地区后，桑志华看到辽阔而富饶的山西平原，有些激动。“我不能不为

桑志华住在条件相当不错的客栈

广阔的平原所展现出来异乎寻常、争奇斗艳的植物群而感叹不已：村内外绿树成荫，郁郁葱葱的垂柳随风摇曳，尤其是那些罕见的高大柳树直插云霄；长满一串串‘榆钱’的榆树挺拔瑰丽；长着酷似梨树叶子的杨树，在微风中哗哗作响，仿佛在歌唱；结满了果实的枣树连成一片；生长茂盛的灌木丛，开红花的玄参科，单叶植物的小禾本科，开着白色花和灌满浆的萝藦科植物，小小的刺茎菊科类植物和藜科植物，特别像法国北部的农耕者种植的一种棉花。田野中的牵牛花，开着紫色的小莴苣；带刺的茄科植物，还有田边种植的蓖麻等。那些美丽的萝藦科植物，叶子酷似欧洲夹竹桃，但终端呈粉红色枣状形，像是日本的假漆树；而白萼补血草则在所有黄土地的平原上都能见到，这种草生命力极强，属于灌木性的马鞭草科，喜长在坟地边；那小紫菀在初春显紫色，之后便变成了白色，一种仿佛从完全成熟的土地中生长出来的有着白色聚伞花序的紫草科植物；质地坚硬、有着羽状叶子的绿色毛茛科植物，其果皮上布满了尖的毛刺……麦子已收割完毕，各种各样的高粱正在成长，尤其是红高粱，像一片红海，好看极了。这些植物真是姹紫嫣红，绚丽多彩”①。

经隆化（临汾东南约 50 公里）、沁水（又东约 25 公里）、阳城（又东约 25 公里），18 日到达泽州（又东约 30 公里）。这天早晨异常闷热，上午黑压压的天空从东南方向卷向北面，随着电闪雷鸣，罕见的暴雨犹如厚实密集的雨帘顷刻间撒向太行山，桑志华一行无处躲藏。傍晚，雨过天晴，空气格外清新，夕阳瑰丽壮观，多彩云层的周围仿佛镶上了闪闪发光的金边。远处，绵连的群山时而被涂上玫瑰红，时而淡紫色，时而火红色；近处，陡峭的山坡上满是水，这些水被梯田薄薄的田埂拦截，显得晶莹剔透，就像镶嵌在金子里的巨大的珍珠层，美不可言。

21 日，他们赶往清化镇，这是秦汉铁路线的最后一站。路上，许多外形粗糙的独轮小车，行走起来发出吱呀声。这源于非铁制作的车轴，车轮滚动时木头相互摩擦。小车的载重量分压轮子两侧的支架上，车夫推车必须两腿保持平衡，遇到不平的路跌跌撞撞，步履蹒跚，再也没有比这更费劲的步

---

① Emile Licent, *Dix Années (1914–1923) de séjour et d'exploration dans le bassin du Fleuve Jaune, du Paiho et des autres tributaires du Golfe du Pei Tcheu Ly*, Tientsin: La Librairie Francaise, 1924, p.145.

姿了。

桑志华住宿的旅店服务颇似欧洲，服务人员非常礼貌地为客人开门并问候客人。墙上挂着一本贵宾签到簿，里边有旅客的题词和名片，服务人员请桑志华在上边写下自己的名字，他以不会写中文为理由婉拒。在桑志华看来，诸如此类的服务和礼仪，与欧洲一样都是要客人掏钱的。

因昨夜下了大雨，桑志华早晨起来看到旅店院子变成一片汪洋。粪坑被淹没在水中，如果找不准位置，就会掉进去。村庄的路全部被水淹没，人们将裤腿卷到膝盖上，都光着脚在水中行走。

22 日下午，桑志华赶往邯郸火车站，西蒙·李神父专程赶到这里为他送行。7 月 30 日，桑志华返回天津。

第三次来山西，桑志华采集了大批动植物标本。后来，经亨利·塞尔神父整理，共计维管植物标本 427 种，未归类的植物 49 种。

3 解州药铺出售“龙骨”

桑志华第四次来山西是 1916 年 4 月 21 日，也就是结束“服兵役”的两周之后。前三次，他分别考察了山西的北部（大同）、中部（太原）、南部（长治至洪洞），这次考察重点是西南地区。

火车沿着京汉线向山西方向前进。车窗外是绿油油的麦田，黄澄澄的油菜花，白色的梨花，粉红色的桃花，淡粉色的杏花，这些色彩缤纷的花瓣被春风吹落在与嫩绿色交织的田野里，令人心旷神怡。

稍远的地方，沟渠纵横交错。人们站在沟渠边，双手操作纤绳从沟中提水至水桶，浇灌土地。这种原始古老的方式，节奏很快，再也没有比这种令人疲劳的“游戏”更迷人的了。

桑志华在山西最南边的李河火车站下了车。这里距河南焦作无烟煤矿很近。该矿高管都是欧洲人，斯皮兰盖（Jean Splingaerd）总经理来接站并安排在他家住宿。其父亲保罗斯皮兰盖（Paul Splingaerd）是比利时政府高级行政官员。

安格拉尔（Anglares）工程师带领桑志华参观焦作无烟煤矿，一直走进

540 英尺的最深坑道，矿工们正在用水泵排水，那是两股从地下奔涌而出的水流，矿工在井下挖煤的条件非常艰苦、非常危险，有一个砂岩和钙质岩已完全裂开，随时威胁矿工的生命，但没有任何防护措施。在矿工们惊讶的目光下，桑志华提取了不同型号煤样品和岩石标本，采集了生长在支撑坑道木柱子上的蘑菇以及昆虫标本。

桑志华与神父们一起在焦作无烟煤矿过复活节，巧遇法国安格拉尔一家，更有意思的是，他的夫人与桑志华是老乡，此刻相聚在河南一个具有魅力的小镇，无比兴奋，使人陶醉，大家度过了非常有趣的一天。

到达怀庆府（今河南沁阳市）后，意大利米兰驻外使团吉拉布朗比亚（R. P. Gérard Brambilla）主教为桑志华派了一名向导，租好几头骡子和大车，供桑志华到晋西南地区考察中使用。

吉拉布朗比亚主教陪同桑志华拜会了怀庆府区长，区长承诺：在他管辖以及邻近的济源县地区，不会遇到强盗，一定保证桑志华的安全。

这位区长果然没有失信。出了区长所辖地界，马上遇到麻烦。在山西皋落镇（古城西北约 20 公里）一个基层收税员为得到一些小费，提出为考察队提供服务，而桑志华的傲慢与小气惹恼了这位税收员。当晚，一位中士军官带 6 名士兵背着上了刺刀的枪，来到桑志华的房间，其理由是怀疑证件有假，还要征收骡子和车辆税。刺刀使骡夫们乖乖交了骡子和车辆税，桑志华拿出执照和民国政府授予的"农林谘议"聘书（已经过期），还高声抗议："我要把你们告到政府！"却引来院子看热闹人的阵阵哄笑。

经过闻喜县到夏县。5 月 8 日，桑志华登上圆形黄土山顶后，由缓坡下山。"整个地区的地形如波浪般起伏，有很多树，柿子树最多。这个地区的整体面貌尤其是地形，使我想起了自己

山西黄河的出口是一个狭窄、深邃而陡峭的峡谷

的家乡，非常亲切。我的家乡与山西南部地区一样，侧柏天然生长，数目众多”①。

13日，桑志华一行到解州镇（今运城市盐湖区）。城东的街道上几乎全是中药杂货店，空气中弥漫着草药的特殊气味，这是解州的一大特色。持续一个月的大型药品集会，使这个“药品大仓库”显得热闹非凡，周边地区、整个省乃至邻省的药店老板都正在此地采购。

有人公开出售“龙骨”，这是骨头化石（第三纪或第四纪），可以将其捣碎用来止血，也可以当补药服用，商人们都声称自己的货可以信赖。此时的桑志华意识到，山西是盛产龙骨的地方，却无法了解到龙骨的发现地点。

桑志华到相距20公里的虞乡县（今属永济县）南山去勘察，没有发现化石地层，拾取了一条河流中的一些小石头，包括石英岩、片麻岩和斑岩等。但从植物学角度而言，这座山还是很富饶的，采集的植物很有特点。蝉的幼虫像唾沫似地吊在石竹上，一堆唾沫中就能找到五个。

桑志华计划下一站去蒲坂府（今永济市），它地处华北、西北、中原三大地域连接处的山西省西南端，从这过黄河去陕西。但是，听客栈人说，蒲坂府已经戒严，只有东门开着，无法通过。对此，桑志华也是半信半疑。

傍晚，虞乡县警察局长来客栈看望桑志华，他询问过黄河去陕西的事宜，好像警察局长就是为此事来的。局长说：蒲坂整个地区滞留很多人，一片混乱。这就是战争！他劝考察队返回解州。桑志华不想原路返回，仍然滞留在虞乡县。头两天赶上下雨，他就整理采集的标本。天晴了，上山去采集植物标本。但是，令他心烦的是：不断听到蒲坂地区战乱越来越严重的消息。

19日早晨8点，警察局长又来到客栈，桑志华意识到他的来意，急忙解释说：“我之所以没走，是因为这里有许多植物要采集，还有很多东西要打包。”局长很为难，一脸焦虑地对桑志华说：“这一带有很多土匪从蒲坂府过来，据说离这里只有30公里，相当危险……你们必须马上离开！”

桑志华心里明白，这位警察局长是因为怕他们出事而承担责任，所以希

① Emile Licent, *Dix Années (1914–1923) de séjour et d'exploration dans le bassin du Fleuve Jaune, du Paiho et des autres tributaires du Golfe du Pei Tcheu Ly*, Tientsin: La Librairie Francaise, 1924, p.206.

望他们走得越快越好，走得越远越好！善良的警察局长问桑志华：“您去哪儿呢？”桑志华答：“去解州如何？”局长说：“好啊！行啊！那里的部队有很多兵。”

为路上安全，警察局长提出派一队骑兵护送，被桑志华婉言谢绝了。20分钟后，他派一名警察送来4支中国蜡烛，以表示特别关照。蜡烛是油脂做的，看上去像一根吸管，呈圆锥形，烛芯用一根线贯穿油脂柱体，如果始终保持亮度，隔一会儿要把燃烧的烛芯剪掉。通常，桑志华在荒山野岭住宿，晚上都是点油灯写笔记的，一盏昏暗的煤油灯或菜油灯也就足够了。桑志华懂得：在普遍没有电灯的边远山区，蜡烛算是高级品了，即使在有油灯的地区，蜡烛也是有钱人的照明器具。他向这位好心的警察局长表示了深深地谢意！

桑志华决定朝北走，经过五天的“急行军”，23日到达绛州天主教方济各会，梅西奥（Melchior）神父是法国人，桑志华一行受到热情接待。

为保证考察队的安全，梅西奥神父提出带桑志华拜访绛州县长金舟先生。金先生是满族人，出身皇族，是光绪皇帝的表弟，会讲几句西班牙语。他曾作为驻马德里公使团的随员在西班牙工作三年，还在巴黎呆过七天，曾去过华盛顿。这是一次很有趣的访问。

26日下午，桑志华在梅西奥神父的陪同下走进金县长的家：宽敞明亮的大客厅，华丽的地毯和典雅的家具，显示了主人的身份与品位。金先生举止儒雅，热情好客，谈笑风生，令人心情愉悦、无拘无束。金县长是一位讨人喜欢的长者，也很富有，但无任何奢华。他有4个儿子和6个女儿，都是一个妻子生的，其中两个女儿已经结婚。这是一个很高尚、很和睦的家庭。顺便说一下，老贵族家庭的上层中国人一点儿都不讲排场。

金县长对梅西奥神父和传教士们极尽美言。梅西奥神父称赞金县长公平公正地处理了好几桩案子，是一位廉洁奉公的官员。金县长谦虚地说自己还不够精通法律，就专门聘用了一位职业法官当参谋。此外，他还重新审理了许多作出判决的冤案，得到了民众拥护。

在与金县长的谈话中，涉及了当前的政治、军事局势。金县长告诉他们：现在南方各省都在与北京政府和平谈判，大多是闹独立。陕西的动乱是政治性的，矛头主要指向袁世凯，而山西太原府的督军阎锡山，则梦想着宣布山西独立。民国政府农商部部长周自齐先生，因在袁世凯保皇党复辟活动中被牵连而辞职。金县长建议桑志华等一段时间再去蒲坂府，那里实在是不安全。

桑志华当即表示接受金县长的建议。他向金县长提出能否为考察旅行兑换些美元。金先生回答说：“很难！太原府督军命令要严查交通银行发行的纸币，这家银行在上海和天津已经关门。”尽管如此，他愿意为桑志华向太原府提出申请。此外，金县长提出自己无偿地借给桑志华一笔钱，桑志华非常感谢，但没有接受，理由是他以后的行程和处境都还不确定。

临别前，金县长邀请桑志华和梅西奥神父去参观衙门的花园。他们点燃香烟，漫步在花园的小路上，花园的面积相当大，路径、凉亭、盆景，看上去非常惬意，花园中囊括了30多种中国北方小灌木和生命力很强的草本植物，各种花卉，争奇斗艳，目不暇接，使人心旷神怡。在靠近出口的一个亭子里，有准备好的汤和点心，金县长亲自为桑志华和梅西奥神父盛上汤，温馨典雅，非常合乎欧洲人的口味。

回来的路上，梅西奥神父不停地向桑志华夸赞这位金县长。这位罕见的官吏不仅为民众谋福利，而且还向可怜的穷人施舍，他曾通过传教士向穷人分发钱物。

次日，金县长回访了桑志华，谈话内容与氛围，始终非常融洽。他告诉桑志华：已经收到来自太原府的回电，同意为桑志华兑换所有的纸币。桑志华深知这件事的难度，连连向金县长表示感谢！

28日下午，桑志华专程向金县长辞行，这位非常可敬、淳朴的金县长以及他的家庭给桑志华留下了美好印象。晚上，金先生派人给桑志华送来兑换的所有款项，并附带他的名片和一段祝福话语。

告别金县长和神父们后，桑志华一行踏上了新的征程。30日晚上，到达河津县（隶属山西省运城市）。这个县城的城墙维护得很好，城周围都是全副武装的巡逻队！东南两个城门都关了，他们从完全被士兵控制的西门进入。客栈都被士兵占满了，警察局长为考察队找了住宿的地方。

距县城15里的黄河岸边就是“龙门”，它位于晋陕大峡谷最窄处，因其跨越黄河东西两岸，形如门阙得名。这里很不太平，目前，龙门附近的黄河禁止各种船航行，或抛锚或被拉上岸。

山西龙门塔和煤港的全景

晋陕黄河最窄处隔河相望的两座塔

山西（右）、陕西（左）间黄河最窄处航行的船

桑志华打算在龙门渡过黄河，但听说，那里已被70多名士兵占领，外加10名警察，因为黄河对岸的陕西山顶已被600多“土匪”和溃逃士兵占领，经常向对岸开枪射击，所以山西加强了对龙门塔的保卫。

晚饭后，桑志华来到龙门塔附近看看虚实，确实重兵把守，不能靠近。但是，他的行迹已经引起士兵的警觉，驻守龙门塔的一个连长向桑志华走来。他身穿芥末色绿军装，白手套，腰挂军刀，仪表无可挑剔，气质很高贵。他与桑志华聊起来，这位连长籍贯北京，正规军校毕业，不抽烟不喝酒。连长邀请桑志华到龙门塔上共进晚餐。桑志华担心对岸射过来的子弹，连长笑着说：“没有那么危险！只是早晨开枪，上午十点就停了。”“你们没有人员损失吗？”“还没有，既没有死的也没有伤的”“这么打有多长时间了？”“一个月了！”

桑志华婉言谢绝一起晚餐，约定明天下午5点一起喝茶。第二天，他跟随连长的脚步，攀登到龙门塔顶一个漂亮的小亭子，这里只能容纳10名哨兵，所有哨兵肩上的步枪都装有子弹，刺刀插在枪尖上。一个哨兵走下来，为桑志华腾出一人站立之地。桑志华发现山西龙门塔的对面——陕西地界也有一座漂亮的塔，两座塔分别矗立在陡峭山崖而又狭窄黄河（不到40米）的两侧，隔河相望，近在咫尺。这一段黄河的水很深，湍急河水从两座塔之间流过时，惊涛拍岸，雪浪滔天，还带着咆哮的漩涡。桑志华向远处眺望，景色雄伟壮观：上游是连绵的峡谷，下游是黄河宽阔的水面，这是世界上最大的河流之一。桑志华问连长夜里关不关塔门？他说不关门，有三条船可提供渡河服务，但必须按规定时间在哨兵的监视下过河。

山西煤港的船

煤港就建在山西龙门塔的脚下，在和平时期，它庇护着二三百条船只，那里

帐篷中的桑志华（右）与王连仲

还建有一个造船厂。

在连长的帮助下，桑志华选了最佳角度，拍了一组照片。为了让桑志华拍黄河对岸陕西的塔，连长命令龙门塔全体哨兵撤下来15分钟，桑志华向连长表示真挚的感谢！

之后，经大宁、隰州（今隰县），桑志华一行前往洪洞县。

王连仲听口音遇到几个同乡——四个献县的小商贩，每个人一根扁担挑着两个大柳条筐，筐里装着小木盒子，外包油纸，里边好像是铜首饰。这样的相遇是一个快乐的时刻，因为中国人的“老乡情结”很重。

有许多人朝着距洪洞县城北约3里的地方走。突然，听到人群中大声呼喊：你们看！我们到了老家！桑志华顺着这些人指的方向去看，是一棵“大槐树”。

远远望去，“大槐树”下聚集着许多人。桑志华还清楚记得，第一次路过这里是1915年，陪伴他的洪洞教会西尔万（Sylvain）神父讲了“大槐树”的故事，他不以为然，一笑了之。这次，他临时决定跟随这些人去看个究竟。这里聚集了各种口音、各种打扮的男女老少。桑志华非常好奇地与他们聊天，很多人专程从直隶、山东、河南等地来的，十分敬仰这棵大槐树，给它磕头，嘴里还念念有词“到老家了”。然后，“歇歇，喝茶”，在“大槐树”周围的10座小塔的其中一座里放上茶。10座塔是来自不同地区的人修建的。

这棵著名的老家——大槐树的新枝长势很喜人。树旁有一座亭子，后面藏着一座大纪念碑，大路从树前穿过。塔建在路上。26日晚上，当地名叫李娃子的年轻骡夫来看望桑志华，谈论起“大槐树”，非常自豪地称自己是“大槐树”下出生的人。桑志华问他：为什么这么神圣？这个年轻人用很确信甚至有点神秘的语气说：“在很久以前，光城山是一处树木茂盛、庄稼丰收的地方，泉水从石头的三处大缺口流出，清澈见底，小麦、稻子、玉米长势喜人，是一片乐土，这个地区人口稠密。但是，中国的很多地方，如直隶、河南、山西、山东等都很荒凉。大约在明朝，一位大官来到此地，在‘大槐树’下召集居民开会，动员人们离开这里，‘移民’到外地。生活幸福的人们不愿意离开这块土地，不去开会。为了吸引民众，这位大官灵机一动，宣称他在树下挖出了很多财宝。于是，许多人都赶过来观看。这位大官命令当地衙门强行把他们送往外地，从此落户他乡。但是，这些人的后代无论身处何方，都没有忘记自己的故乡——‘大槐树’，以‘大槐树’下的人为自豪。”

前往山西北部途中

“1916年11月4日，我结束了山西南部为期6个月的科学考察，除了动物标本外，采集了维管植物463种”①。

4 成为曹锟的朋友

1922年6月19日，桑志华第五次去山西，重点考察山西北部，过五台

① Emile Licent, *Dix Années (1914–1923) de séjour et d'exploration dans le bassin du Fleuve Jaune, du Paiho et des autres tributaires du Golfe du Pei Tcheu Ly*, Tientsin: La Librairie Francaise, 1924, p.287.

山，到宁武府森林采集动植物标本。当天傍晚，途经保定府“圣伯多禄圣保禄天主教堂”。

这座教堂由法籍传教士始建于1901年（清光绪二十六年），位于保定市中心，毗邻直隶督军府，是典型的罗马式建筑，气势恢宏，风格典雅，可容纳千余人。

法籍主教富成功（Joseph-Sylvain-Marius Fabrègues，1872—1928）热情真诚地接待了桑志华，负责财务的尼埃神父为桑志华租了骡子和大车。

保定位于太行山东麓，冀中平原西部，有“京畿重地”之称。在主教富成功和大修道院的费科尔（Ferreux）的极力挽留下，桑志华在保定逗留了四天。

富成功主教兴致勃勃地带领桑志华参观由他创办的一所小学（开设法语课）、一所女子中学（寄宿）和一所医院，这些机构的设施都十分先进。他告诉桑志华，保定督军曹锟对教会事业的大力支持，促成了这片土地的廉价转让。看得出来，富成功主教对曹锟督军印象颇好。他边走边介绍：保定府位于大清河水系的中上游，它是由西北方向25里处的大量水流汇集而成的。曹锟督军曾打算开发这个地区，但因为岩石不够坚固，支流太分散而没有成功。保定府的防御壁垒固若金汤，此时城市版图已经向南扩建了三四里。一条天津直通保定府的铁路正在修建，施工初期沿着河岸北边展开，后来曹锟

工人正在为督军公园垒院墙

工人为果园填土

督军把线路改为向南了。

在城市道路上能看到一些机动车，而人力车随处可见。还能看到曹锟从张作霖那里抢来的一定数量的机动卡车和大炮。

在城市中心有一个十分古老的公园，古树随处可见，树的品种很多，还有桥梁水榭、山石怪岩等。这里还有一个庞大的图书馆，设计精良，拥有大量藏书。

曹锟大兴土木建设这座城市，开辟了一条从火车站直通西门的道路，拓宽了西门大街。在城市南部，他建了一个大公园（也叫“督军公园”），汇集了南北园林之精华，里面有楼台轩馆、水榭曲廊、山岩假石；有一个大果园种植了梨树、杏树、桑树等；有一个动物园，饲养着黑熊、非洲豹、狮子、印度虎、鬣狗、水獭、猴子等；有个大鸟笼，养了许多种鸟。因曹锟喜欢戏剧，公园里建了一个戏剧院和茶馆，还为他自己建了一个私人楼阁。这个公园确实很吸引人，他们走进即将竣工的公园，看到正在施工，动物园的小黑熊向他们展示优雅的动作。这是一种生活在青岭（位于山西）高山树林中的黑熊。富成功主教说，在建设公园的过程中，曹锟督军每天都会用几个小时，亲

动物园里的小黑熊

自指挥，亲自监督，包括树种在哪，动物放在哪，事无巨细，全权负责，为这个公园倾注了许多精力和心血。

按照预约时间，富成功主教带桑志华到保定府拜见督军曹锟。曹锟身材中等，肩膀宽厚，穿着短上衣，举止谦逊朴实，与他们谈话时，语调抑扬顿挫，表情活灵活现，手势丰富生动。交谈中桑志华得知许多奇闻逸事，还有最近发生的一些政治、军事大事件的内幕以及名人鲜为人知的秘密等。在军旅生涯中，吴佩孚将军曾在曹锟将军手下任上尉，还打赢了长辛店战役。曹锟让吴佩孚负责组建一支真正的全国规模的军队，还要疏通黄河以保证通航。最令富成功主教和桑志华感到惊讶的是：曹锟督军即将成为第五任中华民国大总统，确切来讲，他将在 1923 年底当选。

曹锟谈到了公园以及森林的树种，询问桑志华能否帮他建一个供学习研究用的园林，他认为好的树木应该得到很好保护。桑志华同意这个令人欣喜又有实际意义的提议，并表示应该返回已经游览过的森林地区，好好研究那里的树种。

告辞时，曹锟亲切地对桑志华说：“我今天又交了一个新朋友”，并向桑志华承诺：如有什么需要尽管向他提，或是给他写信。桑志华愉快地接受并表示感谢。

回到教会驻地，教士们已经为桑志华找好了骡子和马车。但是，对于租用合同中涉及雨天和酬劳的条款，桑志华认为是不合情理的，一小时后，双方按照桑志华的意见，达成协议。

富成功主教向桑志华展示了一本植物图集，有 500 余种植物，记录了遣使会大卫神父的收集，是由巴黎博物馆送来的，这本图集能够帮助桑志华辨认以前见过的植物。

出发前，桑志华去孤儿院看望了圣・樊尚德保罗的修女和那些孩子们，他得到了她们最真诚的祝福。在这里遇到了博比（Beaubis）先生，他送给桑志华一个引路器，便于路上使用，并预祝旅途愉快。

桑志华一行 6 人，包括王连仲和一个来自献县的厨子，3 个车夫赶着 7 匹骡子，前往晋北。

5 采集五台山植物标本750余种

采纳保定府富成功主教的建议，桑志华去考察地质古老、地貌奇特、生长着许多植物的五台山①。

1922年6月24日早晨，桑志华一行精神饱满朝着五台山方向出发了。因昨晚下了大雨，他们小心翼翼地走在黄土淤积而形成的垄沟，一不小心，落入一个混合着污泥的水坑，驾辕骡子好像受到刺激，三辆马车先后陷入泥潭，桑志华组织全体人员费了九牛二虎之力，才从深深的泥坑中把它们救出来。

路过唐县大洋乡十八渡村时，这里的大人小孩称桑志华为“老爷”（这是一种对官员的称呼），他心里感觉很美。

阜平是座小城市，约有一百多户人家，商业发达，桑志华一行与一位到五台山朝圣的人同住一个旅馆。这位蒙古族朝圣者喜欢在每年秋冬季节来此参拜，因为天气凉了，便于携带黄油和熏肉等食物。

王连仲在矮树丛

距离五台山越来越近，风景也越来越美。龙泉关（今阜平县西）是一个只有几户人家的小村，却保存着一个古代要塞，山坡上长满了橡树、栗

① 五台山，中国四大佛教圣地之一，位于山西省东北部五台县境内。山体由五座山峰环抱而成，峰顶皆平坦宽阔，如“垒土之台”，故名。平均高度2000米，五座主峰海拔都在2500米以上。北台叶斗峰海拔3058米，是华北最高峰，素有“华北屋脊”之称。地质构造属五台断块。植物资源丰富，以冷中生草本植物为主，主要树种是落叶松、杨、桦等，与林木伴生的台蘑亦为珍品。五台山有很多古老的寺庙。东汉明帝首先在台怀镇修大孚灵鹫寺（明称显通寺），此后历朝也不断修建，形成庞大的寺庙群，最多时达300余座。

十八渡村

树、松树和灌木，很像一座美丽的花园。

登上绿色覆盖的山坡，桑志华发现了大量昆虫。这时，两个中国男孩走过来，彬彬有礼地向桑志华问好！一个14岁，一个13岁，两个小家伙显然对大鼻子神父捕捉小飞虫着了迷，竟然提出要跟随桑志华做助手！

年龄小的男孩看上去有些腼腆，怯生生地不敢接近洋神父，年龄稍大的男孩竟然当面教导弟弟，“别害怕，难道中国人与欧洲人不是兄弟吗？”桑志华在日志中这样记载。

小男孩高兴起来，开始跟随大男孩一起帮着桑志华采集植物和昆虫标本，桑志华一面认真带领两位小助手工作，一面询问两个孩子现在做什么，孩子们回答：“念书。”也就是上学。

能把欧洲人视作“兄弟”，桑志华内心泛起“受宠若惊”的感动，这纠正了他之前形成的认识，现在他认为中国乡民并非愚昧无知，有时候中国孩子的见识超过了好多欧洲“兄弟”！桑志华在这天的日志中欣喜感叹：“对他们受到的良好教育，我将留有美好的记忆！”

桑志华把两个小男孩带回了自己的住所，在他们手中塞满了糖果。桑志华还不得不解释“辞退”两名小助手的原因：你们目前的唯一任务是念书！

站在生长着大片桦树林的山坡，桑志华见到露出四个金色尖顶的寺庙，就像中国北方很多高山地区一样，树林是

寺庙正面有四根六人高的立柱

寺庙的庇护。金色尖顶的寺庙映入眼帘，表明已经进入五台山宗教区域。

快到前石佛村，一条河流岸边树木繁茂，桑志华走进去采集昆虫标本。这时，草丛中出来一个穿着破旧的男孩，一句话也没说，就帮助捕捉昆虫。再往前走一段路，因水流冲过而异常难走，男孩主动牵一头骡子帮助他们前行，桑志华深受感动。他让王连仲了解男孩的情况：这个男孩 14 岁，他妈妈前不久去世了，他身无分文只身一人离开北京，步行来到五台山找做小生意的哥哥。男孩一天没吃饭，桑志华马上给他面包吃，还留他在小旅馆吃了顿饱饭。

到达台怀镇，进入群山峡谷间两座雄伟的寺庙，桑志华发现，在沟壑下游、在山顶、在谷底都是寺庙，一座高耸入云的巨大佛塔——大白塔矗立其中。这座洁白浑圆的大白塔是五台山的象征，也是标志性建筑，吸引了很多远道而来的朝圣者。在低矮长廊的转经筒旁，朝圣者一边走，一边用手去转动经筒，以祈求吉祥。寺庙驻扎的武僧，手持棍棒在平坦的空地上练武。

巨大佛塔

在杨林街找到一家旅馆住宿，它位于五台山大白塔寺庙的东侧，店铺林立，到处摆摊设点，熙熙攘攘，是一条商业街。桑志华非常喜欢摊位摆放的神像样品，做工非常精细，没想到他购买时，老板却推荐了一尊劣质品，桑志华很生气地指责他不尊重神像，然后转身离去。

顺着一处陡峭的山口，桑志华爬上河流左岸的一处高峰，大致可以看到五台山寺庙的全貌。五台山是由东西南北中五大山峰组成：北台山，在五座山中最高，顶广平；河流右岸是中台山，顶广平，巅峦雄旷；河流左岸是西台山，顶广平，月坠峰巅，中台山和西台山的山峰，是构成五台山这片高地的重要组成部分；东台山被称为望海峰；南台山山峰耸峭。

五台山寺庙群

五台山附近的村庄和土地，都是寺庙领地，以租赁的方式掌管。

进入一片美丽的树林，落叶松居多，还有冷杉和桦树，但树龄都比较小。桑志华在这片树林中采集了各种有趣的植物，其中大黄最多，教徒卖大黄可以挣很多钱。还收获了野鸡、野兔、山鹑等小动物。

为拍摄一组全景照片，桑志华攀登到海拔 2080 米的山峰，可惜中台山和东台山几乎全被云雾遮住了，南、北、西三座山也是烟雾迷蒙，所有的山峰都凹凸有致，连绵起伏，景色壮观。

7 月 1 日，天还没亮，在向导的引领下，桑志华一行去攀登东台山和北台山。路上，遇到很多朝圣者，他们大多前往大白塔方向。

通往东台山的小路弯弯曲曲，山坡上蓝色小鸢尾正在开花，是华北平原植物中最早开花的一种。桑志华在片麻岩石上向上攀爬，感觉北风吹在脸上，有点冷。越向上攀登，风越猛烈，身上的汗水被大风一吹极其难受，非常寒冷。他费力登上一处陡峭的片麻岩质石块，穿上了棉大衣。然后，艰难地登上了海拔 2715 米的顶峰。这里四处弥漫着雾气。山顶上狂风呼啸，好像倾盆大雨即将来临，桑志华抓紧时间拍照。但是，风太大，每次拍都需要固定两三次机位，只得趁风小一点抢拍。上午 10 点多，雾气渐渐散去，桑志华走进东台山上的一座寺庙，一个和尚告诉桑志华：500 年前，寺庙很高大，是由方丈大和尚掌管的。由于管理不善，这座古寺倒塌消失了，后来人们重新修建拱顶房，用的材料是砂岩石，看上去比较漂亮。

前往北台山途中，经过中台山和北台山之间的峡谷，狂风怒吼着，攀登至半山腰，桑志华用望远镜看到约 5 公里外的山顶积雪还未融化。他发现，在北台山这个路途遥远、艰险又极为偏僻的寺庙，和尚们不缺食品和生活用品。信徒从山下给他们带来土豆、粉丝、水果干、柴火等，大和尚还拿了蚕豆给桑志华几个人吃，这些蚕豆是用盐水浸泡过的，炒熟后味道非常好，但必须有一口好牙。

7座寺庙小塔

一处中国式住宅小院，引起桑志华的浓厚兴趣。院子里的住房非常矮小，东面堆满了柴捆，南面是马房和几个小店铺，桑志华走进窄小昏暗的住宅，这是三间屋子，右边是卧室，炕上铺了很厚的毛毡；左边是厨房，中间屋子开了一扇门。进入这扇门后，迎面正中摆设的铺着蓝、红、黄三色桌布的祭台上供奉着金色佛像，而祭台前搭建的木板已被压得摇摇欲坠。一批内蒙古来的朝拜者，尽管由于路途遥远看上去十分疲惫，但他们仍然十分虔诚地在祭台前上香拜佛。

从山上下来，桑志华放眼远眺，东北方向是一座座树木繁茂的高山。据

宁武府附近村庄许多用石头砌成的拱形房子

考察队在渡黄河

向导讲，那些高山的北坡也被森林覆盖着。走到半山腰，太阳照在身上暖和多了，风好像也小了，他们脱掉了棉大衣。下山的路上，桑志华采集了许多植物标本。

桑志华一行前往刘峪儿，过了几个山谷，再往北走，到达海拔 1925 米处。南台山下游正在建的一座寺庙，仿佛悬挂在陡峭的山坡上，周围树木稀少，一股清澈的河水在沟壑流淌着。

即将走出五台山区域，桑志华回头望去，五台山连绵起伏，景色蔚为壮观。

桑志华在陕西府谷县黄河岸边

8 日，桑志华一行来到宁武府的一家旅店，桑志华遇到一位来五台山做生意的直隶人，他叫春德甫，常来这里收购狼皮、母羊皮、山羊皮、豹皮（灰豹和花斑豹）等各种动物毛皮。他说：宁武府城西的马龙山脉上有许多鹿、野猪等大型动物，还有老虎，但是人们不敢捕杀，因为它们的头上有“王”字。桑志华用一周时间在宁武森林采集了大批动植物标本。

15 日，结束在山西考察，来

到黄河岸边，准备渡河去陕西。这一段河床宽约 900 米，河水深约 600 米，脚下的山西保德县，与黄河对岸的陕西府谷县[①] 隔河相望。桑志华决定从这里渡过黄河。

后来，法籍助手亨利·塞尔神父整理了桑志华在五台山采集的植物，共有 750 多种花草和蕨类植物。

6 阎锡山大开绿灯

1932 年 5 月 23 日，桑志华一行前往内蒙古鄂尔多斯考察。他考虑到在山西汾州（今汾阳）租骡子和大车更省钱，先乘火车经石家庄到太原，再到汾州。火车很慢，来自沈阳（满洲里）张作霖部队的士兵伸直躺着占据了大部分座位。后来，警察把他们集中到几个车厢后，乘客舒适了。

这次来太原，桑志华发现许多方面发生了重要变化。主干道两侧的店铺，生意兴隆，看起来很有活力。交通工具由马车变成了汽车和人力车。中美委员会建立了一种汽车服务，桑志华想租一辆汽车载他、随从和行李到汾州府，但高额的费用实在负担不起，最后选择乘坐公共汽车，两个随从带着他的行李坐公共卡车。在公交站下车后，人力车夫们马上把桑志华围住，价格竞争相当激烈。桑志华上了一辆人力车，车夫的脚步相当快，两天跑 20 公里的路程，价格很便宜。令人好奇的是，人力车夫们几乎都是从直隶来的。

桑志华了解到：在山西督军阎锡山[②] 失宠后，银行钞票下跌到自身价值的二十分之一。重掌山西大权的阎锡山，刚刚乘坐日本的飞机回来。其时，在军事上，山西省正处于一种复杂而尴尬的境地。国民党的军队占领了许多

① 府谷县，陕西省榆林市辖县。位于省境东北端，陕西、内蒙古和山西 3 省（区）交界处。地势西北高东南低，呈阶梯状。属大陆性季风气候，半干旱区。地处黄河中游，水资源丰富，水质好。名胜古迹有明长城遗址、千佛洞、悬空寺、七星庙等。

② 阎锡山（1883—1960），山西五台人，中国军阀。1905 年在东京加入中国同盟会。1911 年武昌起义后被举为山西都督。北洋政府期间支持袁世凯，任山西省省长。1927 年任国民革命军北方总司令。1929 年任陆海空军副总司令。1930 年与冯玉祥、李宗仁等讨蒋，失败后逃往大连。1932 年任太原绥靖公署主任，重新掌握山西军政大权。

汾州哥特式天主教堂（东侧）

城市，其中沈阳部队占领了石家庄以东的铁路线。在太原府，军队也是混杂的。山西省政府官员和军队没有任何关系，而山西省主席徐永昌给部队经费太少，无力管理山西军队，从南部到太原省会可能有4万人逃离他的控制。

28日，到了汾州天主教会，副本堂里欧（Liou）神父热情接待桑志华一行，告之租骡子和大车一事委托了20公里之外的王神父。寒暄几句后，里欧神父忧伤地说，从前汾州府是一个富饶地区，居民过得舒舒服服，不少人家藏有许多文物和书籍，但因有些人吸食鸦片变穷了，他们把家中的珍贵古玩纷纷卖掉，以维持生活。

为收集文物藏品，桑志华在副本堂里欧的陪伴下，逛逛汾州府商业街。五家卖古玩的店铺货物品种丰富，有古代陶瓷、金银首饰、玉制品、锦缎、刺绣等，是名副其实的古董，桑志华爱不释手。为压低价格，他没有马上购买。次日上午，他们又来到店铺“砍价”，这真是一场博弈游戏，为了迷惑卖家，仍然不买。晚上，又来店铺讨价还价，把价格降到三分之一甚至四分之一，桑志华廉价买下了许多古董。这都是纯粹的中国艺术珍品，其中有汉朝、宋朝和清朝乾隆时代的瓷器。

29日，副本堂里欧陪着桑志华去位于汾州府西北部的杨家庄，看王神父租的骡子和大车。

向前走了2.5里，在杨家庄南部的山坡上发现第四纪的地层覆盖在古生代地层之上。在右坡有灰岩砾石层，红土渐变为玫瑰色土，总共约50米，黄土盖在红土之上，厚20米。砾岩好像覆盖在红色和玫瑰色土之上，它们可能是第四纪或蓬蒂期的砾岩。山脚下居民的许多拱形的房子是用石头砌成的，一个防卫塔俯瞰着它们。

31日，桑志华一行离开山西境内，从山西七口渡黄河至陕西，然后去鄂尔多斯南部考察，发掘了一批化石和石器。

离开鄂尔多斯，桑志华于1932年8月11日从陕西宋家川过黄河到山西，被挡在了一个峡谷的出口，受到严格检查。“这时，一个哨所执勤的上尉出现了。我把证件交给了他，并告诉他，保护我的几个士兵刚刚再次渡过黄河，他们已经与你们的一位官员进行了接触。这个上尉坚持打开箱子。我让他注意，我的护照的保护范围包括所有行李，再就是我还有方便通行证。这个上尉看了看我的附有法文和中文的护照，过了一会儿，向我提了一个令人吃惊的问题：这是一本法国护照啊？我问他是否能读懂用中文写的部分，是否看到了中国外交部的红色大印。我补充说，部队军官无权检查护照和行李，这是警察与海关的事情”①。

这个上尉坚持要检查桑志华的箱子。桑志华示意与上尉一起到黄河岸上去谈，交涉了45分钟。上尉还是履行了自己的职责，打开了两个行李箱和一箱子化石，问化石是怎么回事？

桑志华很冷淡地回答：“我就是做买卖的。”然后又说：“我的随从刚刚渡过黄河，他们已经和你们的一个负责人沟通了这件事情”。

两个小时后，上尉同意桑志华带着行李离开。桑志华很生气地说：“我要就此事给山西督军写信，你这个上尉将会受到斥责的！”

“在这次突然的造访中，上尉还问我是否在画中国地图。我回答说，中国地图早在12年前就画完了。他问我是否有武器，我说护照上都注明了。耽误了我们两个小时。出发的时候，上尉为我们安排了两位陪同人。我生气地对他说，看来我只能为他们服务了”②。

8月12日下午，在山西永宁州（今吕梁）的进口处，又被士兵拦住了，桑志华又一次出示了相关证件。一个上尉又要打开箱子检查，他坚决不同意，并说上一站已经检查过了。桑志华所说的上一站是陕西，而这一站是山西。双方僵持不下，另一个长官说：需要给上级打个电话汇报。过了一会

---

① Emile Licent, *Onze années (1923–1933) de séjour et d'exploration dans le bassin du Fleuve Jaune, du Paiho et des autres tributaires du Golfe du Pei Tcheu Ly*, Tientsin: Mission de Sienhsien Race Course Road, 1935, p.950.

② Emile Licent, *Onze années (1923–1933) de séjour et d'exploration dans le bassin du Fleuve Jaune, du Paiho et des autres tributaires du Golfe du Pei Tcheu Ly*, Tientsin: Mission de Sienhsien Race Course Road, 1935, p.950.

儿，没有检查，他们同意放行。

那位长官还说，“这是最后一次在山西地界被检验了，因为太原府下了命令，可以免检，继续旅行”。这一番话，倒让桑志华莫名其妙。后来得知，警察局请示了山西督军阎锡山：同意放行。

本来，桑志华打算经太原乘火车提前赶回天津，但因洪水泛滥无法前行，那些适合骡子、四轮车及汽车通行的道路都不能走了，他回到汾州天主教会，归还骡子和马车。

桑志华还想买些古董。在神父们的安排下，古玩商们带着古董来到汾州教会度假休养地。

这些古玩商急于出售的意愿比他去年 5 月看到的还强烈，虽然他们嘴上说“价格好商量”可仍然不停地“讨价还价”，想卖一个好价钱。

古董是否历史久远对桑志华来说意义不大，他想要的是那些反映中国风土人情、工业生产活动的具有民族性的代表作。如果这些作品还刻有历史的烙印，那就更好了。他不是专门研究中国古董的，不想花太多的钱买这些东西。

唐神父不慌不忙地仔细察看古董，精心挑选，讨价还价，尽全力帮助桑志华。桑志华故意装出不急于买，而是让神父们“砍价”，整个过程持续了三天之久。

多次与中国古玩商打交道的桑志华，总结出一套对付他们的方法。桑志华对唐神父说：“买古董千万不要太草率，不要一开口就敲定一个价，千万不要说我不想要。对待这些商人不能心急，要表现得文雅至极。如果您正好发现他们思路有些紊乱，那您就慢条斯理地向他们解释发生错误的原因，但绝对不能说他们欺骗了您。带着这种小心谨慎的心理，您就可以买到无数珍奇异宝，用相当于建议价的三分之一或二分之一买到珍品，甚至您什么都不买也能与古玩商成为好朋友”。

唐神父由衷地佩服：“桑神父真的太厉害了！”桑志华说：“那是因为我去年 5 月份在讨价还价过程中受到了深刻启发。”

三天后，古玩商们心里开始焦急，桑志华终于用 116 坐洋（皮阿斯特，在当时相当于 5.50 法郎）的最低价，买到 53 件古董，无论从年代还是艺术的角度而言，都是价值连城的珍宝。四尊小雕像青铜器，是汉代的；一个小青铜器，是古玩商从榆林带来的，也是汉代的；一个白色的细颈小瓶，是宋朝的；四幅白色大理石上饰以人物像的壁画，可以追溯到明朝；一个蓝色的花瓶，高 28 厘米，制作于乾隆年间。其他花瓶属于明朝至清朝。两幅惟妙惟肖的彩色人物肖像画，非常漂亮。一些涂上旧漆的古董：一个帽架，一个用来放首饰或贵重物品的小盒子。还有两个很大的青铜扣子，其中一个是镀银的。在清末民初及近代的工艺品中，有一套非常精美的冷盘餐具；有碎裂纹珐琅装饰，工艺精湛的红陶茶壶；有一个约一英尺高，陶土制成的大香炉，装饰得相当华美。在中国刺绣品中，有一幅缫丝版画是丝绸制的，其中每幅图案，花朵或树叶都是单独编织出来，再用经纱和纬纱把它们缝合起来，十分精美。花钱不多买了这么多珍贵宝贝，桑志华非常开心。他决定再利用几天时间，去买些古董。

18 日，弗朗索瓦·利乌主教陪同桑志华到教会附近的一个古玩市场。有 3 家规模大的古董店，其中一家经营资本达 2 万美元。这家店雇了 12 个伙计，每人每月的工钱固定在 5 美元。伙计们微薄的工钱随着经营业绩按一定比例涨幅。每个伙计每年可轻松地挣到 100 美元。虽然这不是一笔很大的数目，但在中国足以让他们衣食无忧了。

19 日，桑志华又买了一尊汉代的精锐部队随从士官的青铜器像，一尊美妙绝伦的白瓷仕女小雕像，三尊立在金光钓鱼竿上的小雕像和一组绘在纹帘上的丝绸八仙图。

20 日晚上，桑志华又来到古玩市场，前两天谈的买 30 来件古玩需 240 美元，最终以 150 美元成交，其中有两件是道光年间的精致细颈小瓶。

桑志华在古玩市场“淘宝”满载而归。他对弗朗索瓦·利乌主教说：“我来中国 18 年，看到了中国文物流失海外的严重情况。在通常情况下，记录这些古董制作工艺或真实性的关键信息对经销商来说是无关紧要的，他们被追逐利益的愿望所驱使，忘记了它的艺术价值。因此，一些有非凡价值的杰作遭到了骇人的贬值和挥霍。”主教也有同感。

桑志华写道：“我们可以用下面一个事实来评定中国古文物流失海外的程度：一个北京的古董收藏者带着一批价值达 250 万皮阿斯特的收藏品去欧洲，畅通无阻。而我在汾州府所购买的古董至少还留在中国，如果北疆博物院（黄河—白河博物馆）是一座历史博物馆或艺术博物馆，那我可以轻而易举地从这里带走四十多箱宝物，实际上我现在只装了六箱”①。

桑志华要把 30 个平均每个重 100 斤的箱子运到太原府。由于道路泥泞，汽车无法在已坍塌的公路上通行，四轮运货车也不能通行，甚至连骡子也不能走，只能指望那种黄包车了。唐神父帮桑志华租了 10 辆，每辆均装 300 斤，120 公里的路大概需要走两天时间。

桑志华从神父们那里得知：汾州府除了 500 多“革命军”士兵外，还有一些其他军团的士兵，据说当地的军阀正打算封闭该区域。他感到局势的严峻，这次携带了这么多的化石和文物箱子，如果没有阎锡山督军下令和当地政府的支持，只靠教会的力量是远远不够的。

1933 年 6 月 6 日，桑志华第十次来到山西。他从天津乘火车直接到太原，只用了 24 小时，已经好久没坐过如此快的火车了，好像有些不适应。

这一次，桑志华在山西的时间长一些，特别需要当地官员的支持。桑志华到达太原天主教会后，马上见到了希尔温斯特（Silvestre）神父，他深受山西省长阎锡山的赏识。

希尔温斯特神父带领桑志华专门拜访了山西省议员潘岭左先生。这位潘先生曾在英国留学学习化学，妻子是法国人，他会说英语和法语。潘先生愿意帮助桑志华去拜见权倾一方的山西省长阎锡山大帅，想办法搞到一张山西的特殊通行证。

6 月 9 日，桑志华收到潘先生一张便条：山西省长阎锡山大帅于 10 日上午 9 点接见。他高兴极了！真的没有想到这么快。

这一天，桑志华与潘岭左议员以及希尔温斯特神父，提前到达大帅府等候。

阎大帅热情欢迎桑志华的到来。简单寒暄后，桑志华对去年他在黄河岸边携带行李（1932 年 8 月 11 日）阎大帅给予的关照表示感谢！在桑志华眼中，阎大帅平易近人又十分谨慎。阎大帅马上同意发放山西特殊通行证，并给予全面关照和保护。

---

① Emile Licent, *Onze années (1923–1933) de séjour et d'exploration dans le bassin du Fleuve Jaune, du Paiho et des autres tributaires du Golfe du Pei Tcheu Ly*, Tientsin: Mission de Sienhsien Race Course Road, 1935, p.956.

阎大帅对桑志华的考察表现出浓厚兴趣。他们就树林问题聊起来。桑志华直言不讳地谈到了太原面临的主要隐患是汾河，因为经常洪水泛滥。为什么引发洪水？道理很简单，就是砍伐树林，下雨时引发严重的水土流失，大量的泥土被冲到汾河中，堵塞河道，从而使上涨的河水无法自由流动，最终威胁到汾河两岸的城市与村庄，其中最危险的就是太原府。

听了桑志华的话，阎大帅笑着说："你是一个能够预言灾祸的人。"他问桑志华："需要多长时间来重新植树呢？"桑志华说："植树造林确实需要很长时间，其实对于山西许多地方来说，首先要做的不是植树造林，而是要保护好现有植被，如果能做到这一点的话，25 年后，荒山野岭一定能够重披绿装。"桑志华从阎大帅惊愕的目光中意识到，25 年似乎太长了。

阎大帅话锋一转，问起了天津天主教会、北疆博物院等，他似乎对这些非常感兴趣。谈话轻松愉快，十分得宠的希尔温斯特神父担任翻译，中文相当流利。

时间过得很快，桑志华起身告辞时，阎大帅亲切地说："你多去山里走一走、看一看很有意思，前不久我还骑着毛驴回了趟老家（位于五台山南侧）。"

桑志华马上说："我去过五台山，地貌奇特，花草茂盛，风景优美，在北疆博物院藏有 750 多种采自那里的花草和蕨类植物。"阎大帅紧紧握着桑志华的手大声感叹道："我真是枉为土生土长的五台山人啊！竟然没有发现身边有这么多财富"①。

从阎大帅官邸出来，桑志华心里踏实了，今后再也不用担心携带化石箱子的问题了，安全也有了保障。

7 繁峙、浑源地区的新石器

这一次，桑志华将重点考察晋西北地区，有了阎大帅下令颁发的特殊通

① Emile Licent, *Onze années (1923–1933) de séjour et d'exploration dans le bassin du Fleuve Jaune, du Paiho et des autres tributaires du Golfe du Pei Tcheu Ly*, Tientsin: Mission de Sienhsien Race Course Road, 1935, pp.985–986.

行证，一路通畅无阻。

为系统了解山西的地质自然情况，1933年6月11日，桑志华去太原自然历史博物馆参观。该馆坐落在一个大寺庙，可自由进出，桑志华只见到一头狮子、两头野猪、几头鹿和一头麝鹿标本，制作得很差。还有很少一点植物，几件昆虫标本也十分破旧。岩石和矿物陈列倒不少，都贴有标签，但是没有排序。

太原府的大街上，行人中学生和士兵占了将近三成，学生们被关进考场，由士兵看着开卷考试。

距教会不远处有一棵几乎干枯了的老槐树，桑志华从满树的红色飘带判断，这株老树一定是被当地人奉为神灵！

6月12日，太原府被汾河上涨的洪水淹没，汽车、马车都无法通行。神父们在距城外7公里以外的沙沟租到骡子和大车，桑志华雇了几辆黄包车，载着自己和王连仲及行李，赶往这里。通往沙沟的小路坑坑洼洼，黄包车颠簸得厉害，桑志华无法画出从太原府到沙沟的线路图来，只能对着太原教堂的方向，在指南针上设置了两条瞄准线标出一个大致概念。天气突变，他们在夹杂着冰雹的大雨中到达目的地。所幸有传教士弗艾狄神父的热情接待，使他们很快忘记了旅途的疲劳。

13日，桑志华一行离开沙沟，踏上向晋北方向的路程。经过一个个跌宕起伏的沟壑，来到形成于二叠纪的紫色岩石地段，到达1744米高的山口。15日，在周山庄找了一家客栈住宿。

16日，中午雨停了，桑志华到周山庄北部一座山上采集动植物标本，发现山顶岩石可能形成于新石器时代，这些岩石有鞘翅目动物的印记。他沿着覆盖在这片麻岩上的黄土地走了大约两个半小时，突降暴雨，一路小跑去

太原府被洪水淹没

新石器时代麻岩上的黄土地

岗头（Koan t'eou）避雨。到岗头之前，在黑色碎石堆中发现一些可能形成于寒武纪的石英，但由于大暴雨，无法证实自己的推测。一大早，桑志华到岗头村附近地区勘察，期待着有新发现，结果未能如愿。

18 日，桑志华一行进入荷叶坪亚高山草甸平原，这里杂草丛生，龙胆、灵芝等野生药材品种很多，石竹和覆盆子含苞待放，蓝色百合、紫罗兰已盛开，一种开白色小花的植物沿着地面缓缓地向前延伸着，无论是岩石上还是山坡上，都没有一丝蕨类植物的痕迹。在海拔 2000—2300 米这个高度，植物生长得很慢。穿过了一小片黄色落叶松林，它们都是从被焚烧过的树桩上新长出来的。快到山脊，山脊上的石头看起来好像是一种红色的纹路紧密的花岗岩（可能是伟晶岩），有一片桦树和落叶松混杂林。但遗憾的是，这片森林的四分之三已经被破坏了，树木的平均直径不超过 25 厘米。因为山坡上到处都是树木被焚烧过的残骸，桑志华采集植物标本和昆虫后，双手和衣服都被弄得黑乎乎的。

按照指南针的方向，桑志华一行向吕梁山脉管涔山[①] 进发。这座山森林资源丰富，是华北落叶松的原生地，桑志华此行目的，就是采集珍贵的动植物标本。管涔山沟壑纵横，山势险峻，每过一个陡峭狭窄的隘口都很艰难，稍不留神就会掉进万丈深渊，他们必须小心翼翼地在陡坡上爬行。

① 管涔山又称燕京山，是汾河与桑干河的发源地和分水岭，是山西全省山脉的枢纽。山跨五寨县、神池县、宁武县和朔州市。

墙面是赭石红的绘画

阎锡山的牧场

一道从山上倾泻下来的湍流通过草丛和灌木丛的过滤变得十分清澈，流到森林地段。山的背面，是风景秀丽的村庄，所有房屋错落有致地排列在山腰上。

沿着一个陡坡向上攀登，桑志华蓦然发现这是阎大帅的牧场，饲养了几千只羊，公羊与母羊被严格地分开。海拔1744米的山口之前，是一大片森林，树丛中盛开着红玫瑰、百合花和其他野花，桑志华采集了植物标本，捕捉了昆虫。

21日天刚亮，桑志华一行向山峰攀登。从住处直线距离约9公里，几乎是正西位置，他们沿凹凸不平的北坡艰难爬行，海拔2000—2300米高度的植物，生长很慢。他们采集了许多蕨类植物和显花类植物，其中一株杯状的百合花十分新奇，这是一种比较罕见的植物。向导告诉桑志华，在药店，这能卖个好价钱。

接近山顶时，不是在攀登，真可以用“跳”来形容。在花岗岩的石头上，他们不停地从这一块跳到另一块。一定要非常小心，否则随时可能掉进很深的山洞里，向导说山洞里有许多蝰蛇和七英尺长（约两米多）的游蛇。值得庆幸的是，没有一个人掉到山洞。当他们气喘吁吁登上山峰后，山顶的片麻岩窄得几乎站不住人，高度计显示海拔2935米。

桑志华站在山峰俯视：西面是鄂尔多斯黄河上游拐弯处的那片黄土地；

用木筏安装狼牙闸门

东面群山拔地而起，汾河从山群中穿过，哺育着太原那片平原，还看到人们正在水面上安装木筏制成的狼牙闸门；南面是连绵起伏的群山，距离猫儿顶较近的地区生长着郁郁葱葱的树林，在一片薄雾中若隐若现，使人充满了无尽的遐想；向北看，雄伟壮观的五台山与晋北以及内蒙古交界的景色尽收眼底，风景如画。

下山途中，桑志华收获了丰富的植物和昆虫标本。

7月1日，太阳刚刚升起就被厚厚的云层遮住了，一道道沟壑在乌云笼罩下变得灰蒙蒙的，这些乌云在西北风的吹动下越飘越高，忽隐忽现似仙境。负责阎大帅牧羊场的管理人员来看望桑志华。他说去年冬天看守羊群的牧羊犬咬死了8只豹子，其中一只豹子的长度约8尺。这是一只迷途的豹，一些人揪住豹的耳朵和尾巴，另一些人把它勒死了。豹皮卖给了皮草商，只剩下一些骨架。桑志华买了两副：一副斑点花豹的，一副雪豹的。

从牧羊场经过，桑志华买了当地农妇制作的一双鞋，是用6层厚的帆布手工缝制的，鞋面用纱线绣上了十分漂亮的规则图案，鞋底用麻线密集缝合而成，厚约8毫米，相当结实。他还买了一件奇怪的牧羊人服装，是一种露着线的毡衣，好像是朝圣的服装，一直拖到膝盖，再配上当地独特的雨伞，桑志华穿戴上试了试，觉得很有意思。

高神父徒步翻山越岭来看望桑志华，他背着猎枪不是为了狩猎，而是为了路上安全，还绕远多走了5公里，给桑志华带来透明的岩石标本。他带桑志华去采集岩石标本的地方，经勘察，除了几片碎骨片，没有发现化石。

7月20日，桑志华在高神父陪伴下去汾河上游距静乐县城南1公里的天柱山。这有一座寺院，殿阁巍峨，古木参天，风光秀丽。22日，桑志华在美丽的松树林里，找到了相当丰富的植物种类，还见到了从天津专程来找

从静乐县城东南门进入

他的汤道平（M. Trassaert）神父。汤道平是天津工商学院物理学教授，喜欢打猎，利用暑假来找桑志华。他已来此等候两个星期，再过两周就要开学，他将返回天津。

8 月 3 日，向导带着桑志华、汤道平和高神父等攀登管涔山主峰芦芽山①。

山脚下沟壑纵横，怪石嶙峋，植物茂盛。绕过多处大小瀑布，向上攀登，云雾萦绕，峰峦重叠，泉水四溢，那些盘根错节的树根嵌于高崖悬壁花岗岩上的景致奇观，更是难得一见。一个山口下方，是一片郁郁葱葱的天然牧场，就像一个天然公园，森林密布，芳草丛生，鸟语花香，各种珍贵树木、各种珍贵植物，使桑志华流连忘返。又经过一个险峻隘谷，倾泻而下的瀑布声把他们带到一个山泉激流的湖边。向西前行，大家艰难地爬上一个背斜山谷，那里被青草和厚厚的植被覆盖着，潺潺的泉水在花岗岩间流动着，汇入一股最大的激流中。通过几个岩石堆积而成的山崖（它们之间的缝隙令人畏惧），桑志华站在一块巨大岩石上，高度计显示海拔 2687 米。

此情此景，桑志华由衷赞叹：这里的美丽景色完全可与阿尔卑斯山相媲美！在高海拔的山上，阳光充沛，矗立在陡峭山崖的落叶松巍峨挺拔，触摸着蓝天。松涛树林间到处生长着矮小有趣的植物，盛开的五颜六色的小花像一张色彩斑斓的地毯将山顶覆盖；稍远处，崖沟跌宕，那些石英岩质砂岩构成的高原草地，映衬出挂在花岗岩峭壁上的层层白色地衣。

下山途中，行进速度很慢，桑志华收获了龙胆、灵芝和野鸡、狍子等许多动植物标本。

16 日，桑志华等第三次攀登芦芽山，再次进入那个植物茂盛的天然牧场。从树枝缝隙间看到云雾缭绕下芦芽山锯齿状的高峰，蔚为壮观，桑志华

① 芦芽山，位于山西省宁武、岢岚、五寨等县境内的管涔山林区。

采集了秋天开花的菊科植物群标本。由于前一天的冰雹，很多鲜花植物开始衰败。来到一个延伸到芦芽山北部的高台地，在左边山坡寒武—奥陶纪的灰岩形成了一个陡坎，在其上是石炭—二叠纪的煤层，其倾斜的产状使其底部一直延伸至荷叶坪和芦芽山的顶部。在高台地的顶部则由石英砂岩覆盖。石英砂岩如果不是侏罗纪或三叠纪的，那就是前寒武纪的。如是前者，那么高原的抬升和此后背斜的形成都是在侏罗纪之后。

17日，在海拔2480米处以南，他们经过一个花岗岩山脊裂缝处时，发现了大片的落叶松根植于白色花岗岩的高坡上。

20日，汤道平返回天津。桑志华一行到宁武西南约20公里的马营海①。这一高山湖泊像一颗明珠，镶嵌在管涔山北面的峭壁上，呈环状，周围环绕的岩坡由软性大灰砂岩组成（可能是侏罗纪时期的），而且完全光秃，无植被。湖直径至少1.5公里，湖中央水深可能达10—15米，湖水清澈透明，桑志华等从岸边趟水进入6—7米时，脚已经探不到底了。其东南1500米处还有一个湖，水很浅（大约1米深），向导说它是季节性的湖泊，岸边有很多水生植物。在马营海湖泊的北面山丘上，桑志华找到了一些燧石和新石器时代的碎片。

24日，到达宁武府天主教会。哈林（Häring）主教外出，神学院主任卡尔格（A. Karges）神父热情接待了桑志华一行。

25日，卡尔格神父带他们到荒芜的草原地带去考察。这里有一条朔州主要河流——恢河②，它从一个大峡谷中穿过。在恢河岸边的冲击层下，有一段十分严重的沙化黄土地，大约属于第四纪。在黄土底部，有大量的不是很紧实的卷拢砾石，但是没有找到任何化石。在其他几处，桑志华找到了新石器时代的残留物，尤其是一些颜色粗糙、含有砂砾的心形陶瓷的碎片。继续沿着恢河岸边寻找新石器时代的遗迹，没有大的收获，也没有任何化石。

27日，亚当（R. P. E. Adam）神父带桑志华来到陈家窑天主教会，了解有关化石的情况。斯班（P. V. Spahn）神父说他曾在神池县北部30公里外的小伊场附近找到非常好的三叶虫。这些三叶虫是在寒武—奥陶纪灰岩中找

① 马营海森林公园在宁武县城西南约20公里处东庄乡境内。

② 恢河发源于山西省宁武县的管涔山分水岭村，它向北流到朔州马邑附近与发源于左云县辛子堡村的元子河汇合后为桑干河。

到的。

28日，为了确定三叶虫的来源，斯班、亚当神父带桑志华等前往发现地，用三天时间朝着山西北部繁峙县方向一路寻找三叶虫和化石，一无所获。

9月3日，在繁峙县的一座山脚下，桑志华找到一些新石器时代仰韶风格的陶器碎片。当晚住宿柳一村，因许多人到客栈围观桑志华，他们马上离开，重新回到恢河大河谷勘察。

"我回到了新石器时代的阶地上。这个地方呈现了由红色土构成的砂质平台，风化作用对这里的侵蚀影响很大。我在这里发现了很多碎片，其中很多都是仰韶风格（新石器时代晚期）的，有些很不错的石器和鸵鸟蛋壳碎片"①。

4日，到达地处桑干河支流浑河中上游的浑源县，桑志华在恒山山脉勘察，没有找到任何化石。

11日，在桑干河盆地一个被风和溪流切断的悬崖旁边，桑志华发现了具有新石器时代特点的石器，很多碎片的雕琢，硅质石灰岩的使用，使他想到旧石器时代，但没有样品证明。

9月18日，因为有急事要回天津处理，桑志华乘火车从大同经张家口换乘再往北京。车厢装满了货物，到处都是蜷缩着的乘客，连行李架也未能幸免，几乎没有立锥之地，更无法在车上睡觉。桑志华和许多士兵挤在一起，这种嘈杂和混乱状况一直持续到北京。

桑志华于1933年9月19日深夜12点返回天津。

8 在榆社盆地发掘新近纪晚期哺乳动物化石

历史常常会跟人们开玩笑。山西，是桑志华作为博物学家来华后第一次（1914）远足的调查地，也是他在华期间或专程或沿途考察最多的地区。从

① Emile Licent, *Onze années (1923–1933) de séjour et d'exploration dans le bassin du Fleuve Jaune, du Paiho et des autres tributaires du Golfe du Pei Tcheu Ly*, Tientsin: Mission de Sienhsien Race Course Road, 1935, p.1041.

1916 年桑志华在解州药店见到“龙骨”（化石）后，十几年来他一次又一次满怀期望与憧憬，几乎踏遍山西的黄土高原、高山峻岭、河湖岸边，但始终没见到化石的踪影。

实际上，1931 年，山西榆社化石地点就被中国人刘希古发现，可是桑志华却全然不知。

有意思的是，桑志华于 1932 年 5 月和 8 月前往鄂尔多斯时两次路过山西，分别在太原、汾州等地调查，还廉价购买了许多古董，但没有得到有关化石的信息。1933 年 6 月至 9 月，桑志华用三个多月时间在山西北部和中部考察，只是发现了一些新石器，也没有听到任何榆社化石地点的消息。

刘希古是民国政府地质调查所的采集员，于 1931 年被派往山西东南部调查“龙骨”，他第一个发现并确认了山西榆社这个化石地点群，并向该所领导作了汇报。

山西榆社位于晋中南部，地处太行山深处，在浊漳河谷内，四周群山环绕，以丘陵山地为主，最高海拔 1901 米，最低海拔 961 米，浊漳河纵贯全境，山水相间，风景秀丽。

当时，民国政府地质调查所研究人员杨钟健和法国人德日进得知这一消息后，于 1932 年在山西南部展开了调查。杨钟健关于这次调查的日记在其过世之后发表了，其中记录了这次行程：他和德日进、刘希古三人于 1932 年 7 月 9 日抵达寿阳火车站。他们雇了 6 匹骡子，于 7 月 11 日开始调查之行，至 7 月 27 日，总共用了 18 天穿越了山西南部，到达山西西南。他们在许多地方，特别是在榆社县潭村一户人家中发现了大量的保存尚好的“龙骨”，证实了刘希古的发现……最终抵达山西省西南部的侯马市，从那里乘长途汽车返回北京。

德日进和杨钟健于 1933 年发表了一篇关于他们这次调查之行的简短报告。他们的发现在那个时候被认为是意义重大的，因为这种出产“三趾马动物群”层位的河湖相沉积特点，与广泛分布于中国北方的典型三趾马红土地层截然不同。

桑志华得知山西榆社藏有丰富化石这个令他震惊的消息后，很快放下手头所有事情赶往山西。用中国人的话说，真可谓踏破铁鞋无觅处，得来全不费功夫。

张村发掘化石现场

1934年6月8日，桑志华从天津乘火车至北京，在北京转乘火车至石家庄，转道向西到阳泉，又转向南，沿太行山西侧前行，经昔阳、和顺和左权（当时的辽县），然后又向西，于6月26日抵达榆社县云簇镇的林头村（也称岭头），这里有一个荷兰神父主持的天主教堂。

进入山西榆社盆地，桑志华在林头村东边的黑林沟，开始了首次野外调查和发掘工作。由于他无法承担土地持有者所要求的开采费用，黑林沟的发掘工作只能在7月3日之前匆匆结束。当时，桑志华带了王连仲和鲁二协助他采集标本兼保镖。

7月4—26日，桑志华组织民工在张村发掘化石。7月5日，受聘于天津北疆博物院工作的昆虫学家汤道平神父也来此地参与其中。由于化石很多，开始桑志华雇了十几个民工，后来又增加了一些人，还租了7匹骡子和驴运送化石。被大家称为“老郝”的一个当地农民，在张村发掘化石的过程中起到了非常重要的组织和协调作用。

27日，桑志华到云簇镇，先是在申村及附近大规模采集化石，然后在东部高庄村、南部白海村、西部大马兰村和海银山村收购化石，持续至8月2日。

8月3—10日，桑志华返回林头村做野外发掘化石的收尾工作。这时，他不仅在林头村、张村和申村以及附近地区组织发掘，而且还从村民手中购买了大量化石。其中，有一个叫郝林忠的“龙骨”商人，给了桑志华不少帮助。他是张村东南约5公里的石壁人，经常代表桑志华向当地人购买“龙骨”（化石）。

8月10日，桑志华离开林头村后，前往山西东南部的沁县、潞城、长治等地区考察。然后，从河南省焦作踏上了北返的路，于1934年9月26日返回天津。

1935 年 5 月 22 日，桑志华从天津启程，再次来到榆社县，于 5 月 29 日到达云簇。这一次桑志华没有组织发掘，而是走访了大马兰、赵庄、海银、高庄等地区，并向当地人购买了大量化石。6 月 9 日他在林头村过夜，转天出发去武乡，然后到达长治，再转向西，到霍山地区进行考察。6 月 18 日经太谷返回榆次，6 月 19 日返回天津①。

1935 年，桑志华以天津北疆博物院的名义在中国地质协会会刊发表了《山西中部的上新世湖泊沉积序列》一文。该文提出“山西中部的上新世河湖相沉积物沉积在一片广阔而浅的石炭—三叠纪的由北向南的倾斜地层之上。它向东与太行山连接，向西与恒山背斜接壤。这一沉积区原来可能是连续的，通过断裂与剥侵蚀，被切割为若干个小盆地。可以清晰地辨认的 3 个

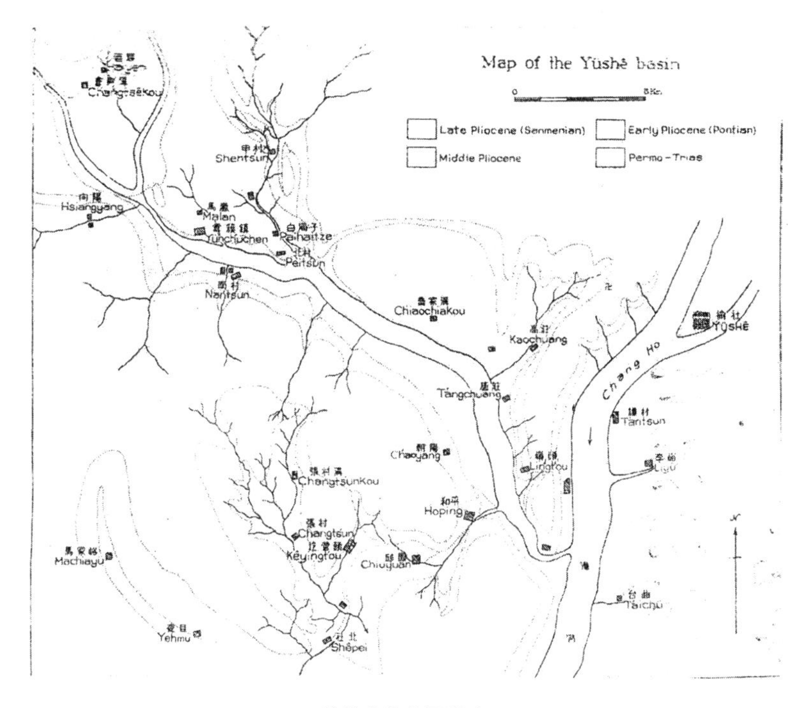

榆社盆地化石地点

① Richard H. Tedford, Zhan-Xiang Qiu, Lawrence J. Flynn (eds.), *Late Cenozoic Yushe Basin, Shanxi Province, China: Geology and Fossil Mammals. volume 1: Histoty, Geology, and Magnetostratigraphy*, Dordrecht: Springer, 2013, pp.16–18.

盆地是：云簇镇盆地、张村盆地和榆社盆地”。

云簇盆地最大，最具代表性，其河湖相地层可分为云簇盆地第1带、第2带、第3带：

云簇盆地第1带，在林头村附近出露最好，为胶结的砾岩和暗红色的砂岩，直接来源于下覆的二叠—三叠纪地层，所含化石为典型的蓬蒂期动物群。桑志华采集的化石名单如下（* 代表化石丰富）：

**Canis*（*Nyctereutes*）*sinensis* Schl.[1]	中华犬（貉）
Parataxidea sp.	副美洲獾未定种
Hyaenarctos sp.	鬣熊未定种
Ictitherium sp.	鼬鬣狗未定种
Hyaena cf. *variabilis* Zd.	变异缟鬣狗相似种
Machairodus palanderi Zd.	巴氏剑齿虎
**Chilotherium* sp.	大唇犀未定种
Rhinocers（*Dicerorhinus*）*orientalis* Schl.	东方犀（双角犀）
**Hipparion richthofeni*	李氏三趾马
Sus erymanthius R. & W.	厄赖曼猪
Cleuastochoerus stehlini Pearson	斯氏弓颌猪
Gazella cf. *paotehensis* T. & Y.	保德羚羊相似种
**Procapreolus* sp.	原狍未定种
Cervavus sp.	祖鹿未定种
Trilophodon wimani Hopwood	维曼三棱齿象
Tetralophodon sp.	四棱齿象未定种
Mastodon borsoni Hays	包氏乳齿象
Stegodon yushensis Young	榆社剑齿象
Stegodon zdanskyi Hopwood	师氏剑齿象

几乎没有长颈鹿（仅有一件掌或蹠骨）是一个奇怪的现象。

云簇盆地第2带，在张村盆地研究得较好。沉积层不那么粗，大部分为典型的湖相沉积：绿色和淡绿色的泥灰岩，含有许多鸟、龟、鱼化石，淡水贝壳（椎实螺、平卷螺、薄壳珠蚌）以及碳化的植物化石。这一地层中还含有小型三趾马、大唇犀、似貘的乳齿象、剑齿象。值得注意的是，“旋角羚羊”（cf. *Antilospira*）似乎是第一次出现，还有一种特殊的河狸（内蒙古二登图动物群的特征化石），梅氏假河狸（*Dipoides majori* Schl.）也是第一次出现。这似乎表明了它的年代为中上新世。在张村附近的一个陡壁上，桑志华和汤道平等发掘的化石如下：

Lutra sp. nov.	水獭新种
**Dipoides majori* Schl.	梅氏假河狸
**Chilotherium* sp.	大唇犀未定种
**Rhinoceros* cf. *orientalis* Schl.	东方犀相似种
**Hipparion* cf. *richthofeni*	李氏三趾马
Moschus sp.	麝未定种
Cazella cf. *blacki* Teilh. & Young	步氏羚羊相似种
Antilospira	旋角羚（两类）
Matodon borsoni Hays	包氏乳齿象
Stegodon yushensis Young	榆社剑齿象

云簇盆地第 3 带，位于第 2 带之上。第 3 带的岩性主要是沙层，然而在沉积中部出现了两层泥灰岩——这是湖泊盛期的产物。在第 2 带和第 3 带之间有“明显的剥蚀间断面”，和这个沉积间断完全相对应的是化石类型的截然变化，亦即上面出现了真马动物群。第 3 带的化石主要是从当地农民手中收集来的，非常丰富，主要有：

Meles sp.	獾未定种（两类）
Canis sp.	真犬未定种
**Canis*（*Nyctereutes*）sinensis Schl.	中华犬（貉）
Felis cf. *lynx* L.	猞猁相似种
Felis cf. *pardus* L.	豹相似种
Siphneus tingi Young	丁氏鼢鼠
Ochotonoides complicidens（Boule & Teilh.）	复齿拟鼠兔
**Rhinoceros* cf. mercki	梅氏犀相似种
Rhinoceros cf. tichorhinus	披毛犀相似种
**Hipparion*（*Proboscidipparion*）sp.	长鼻三趾马未定种，个体很大
**Eqqus sanmeniensis* Teilh. & Piv.	三门马

Camelus (*Paracamelus*) sp.	骆驼（副驼）未定种
Rusa sp.	水鹿未定种
Cervus cf. *boulei* Teilh. & Piv.	步氏鹿（带有鹿角的头骨）
Spirocerus wongi Teilh. & Piv.	翁氏转角羚
**Gazella sinensis* Teilh. & Piv.	中国羚羊
**Bison* cf. *palaosinensis* Teilh. & Piv.	古中华野牛相似种
Ovibovid? sp.	麝牛未定种

桑志华和汤道平根据对云簇盆地所发现的动物群的分析还推测，在第2带和第3带之间还应该有第4带，因为在有些地点，如马兰村，有大的三趾马和野牛共生，但是没有任何真马的踪迹。此外还有一种厚齿板的真象（*Elephas* cf. *planifrons*，平额象）。

根据以上报告的事实，可以得出暂时的结论是，在榆社地区存在着连续的、完整的沉积层，它实际上覆盖了从“蓬蒂期”到“维拉方期”（即三门期）的整个上新世。这是迄今为止在中国发现的最为完整的上新世部分，可能也是目前已知的研究东北亚哺乳动物群演化的最佳地点①。

有人说，山西榆社化石是大自然馈赠桑志华的最后礼物，确实如此。正如邱占祥所说：“桑志华的最后一个重要贡献是发现并采集了山西榆社盆地丰富的上新世哺乳动物化石”。“桑志华虽然在榆社一带工作的时间不长（总共不过2个多月），但他在这里采集到的化石，无论从数量上还是质量上，都超过了他采集过化石的任何一个地点，而且大概是唯一一批基本上没有运出中国的化石。这批标本中的一小部分，在1940年‘北京地质与生物研究所’成立的前后被运到了北京，现藏于中科院古脊椎动物与古人类研究所。这批标本数量很少，主要是一些尺寸较小的食肉类动物，可能是因为德日进当时正在研究它们的缘故。目前保存于天津自然博物馆的标本共2298件”。“我国上新世的哺乳动物化石很少，榆社的标本是其中最重要的一批”②。

① 天津北疆博物院：《山西中部的上新世湖泊沉积序列》，《中国地质协会会刊》1935年2月14日（再版）。

② 邱占祥：《桑志华和他的哺乳动物化石藏品——试谈桑志华藏品中哺乳动物化石的历史及现实意义》，《天津自然博物馆建馆90周年文集》，天津科学技术出版社2004年版，第8—9页。

桑志华在山西榆社盆地（含武乡、沁县、太谷至长治一带）发掘的哺乳动物群化石，曾满装了60大箱运回天津。这些化石门类齐全、种类繁多，数量很大，非常珍贵，包括食虫、食肉、长鼻、奇蹄、偶蹄五大目，尤以三趾马、象、犀牛、羚羊等化石更为突出。“就像一部完整的地层——古哺乳动物大词典，成为中外科学研究重点”①。

贺风（近）三趾马

桑志华为北疆博物院留下一大批极为珍贵的山西榆社地区的标本：原始长鼻三趾马、中国长鼻三趾马、贺风三趾马（近三趾马亚属）、黄河三趾马（近三趾马亚属）、桑氏三趾马（垂鼻三趾马亚属）、意外三趾马（笨重三趾马亚属）、平齿三趾马、窝孔三趾马等。其中，贺风三趾马［*Hipparion*（*Plesiohipparion*）*houfenense*］，为国内发现该种的第一个完整头骨；黄河三趾马新种［*Hipparion*（*Plesiohipparion*）*huangheense*］，目前仅发现于中国陕西蒲城和山西榆社两地的两件标本，该馆占据其一；桑氏三趾马新种［Hipparion（*Cremohipparion*）*licenti*］，在中国仅发现四件，该馆就保存有三件。

在山西榆社地区标本中偶蹄类占有相当的数量，尤其是羚羊类占量为首。馆藏这类标本有许多是属于正模（holotype）标本，有的仅存一件。如：扇角黇鹿（*Dama sericus*）的双角及额骨，短头牛羊（*Boopis breviceps*）残破头骨及左角心，紧旋角羚羊（*Sinoreas cornucopia*）额骨和左角心，厚额中华羚羊（*Sinorys bombifions*）头骨及两角心，细角旋角羚羊（*Antilospira gracilis*）带角的头骨后部等。象类化石是这个地区较丰富的一类，保存的象类化石有师氏剑齿象、包氏轭齿象、平额象、德永象等。山西榆社所采之象类化石，从保存之佳，数量之多与种类之丰富，均堪称国内第一。

由于日本侵华战争等因素的干扰，榆社标本的研究留下了缺憾。“我国上

① 孙景云、张丽黛、黄为龙：《德日进与桑志华在中国北方的科学考察》，《天津自然博物馆建馆90周年文集》，天津科学技术出版社2004年版，第18页。

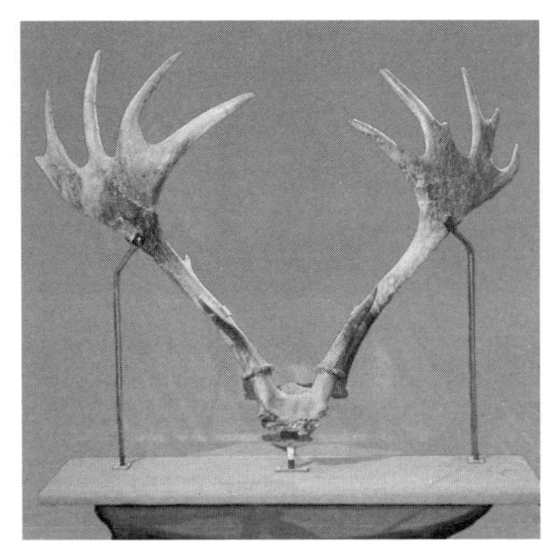

扇角黇鹿

厚额中华大羚羊

新世的哺乳动物化石很少，榆社的标本是其中最重要的一批。1937 年德日进和汤道平在他们关于榆社材料的第一部专著（长鼻类）的前言中透露了他们（可能主要是德日进）的计划，即撰写 7 部专著以完成对榆社所采哺乳动物化石的描述和研究，其中啮齿类拟请杨钟健完成。在德日进完成了其中的前 3 部，即长鼻类、长颈鹿、骆驼和鹿类、洞角类后，由于战争等因素的干扰，德日进和罗学宾（届时为北疆博物院副院长）于 1940 年在北京成立了‘北京地质和生物研究所’，原协作计划也做了修改，即把榆社的化石和现生的属种一并处理。这样，德日进等又发表了啮齿类、鼬科和猫科动物等 3 部著作。因此，榆社化石中的奇蹄目、偶蹄目中的猪科和食肉目中的犬科、熊科、灵猫和鬣狗科就都没有研究发表。这大概是桑志华和德日进的最大遗憾”[①]。

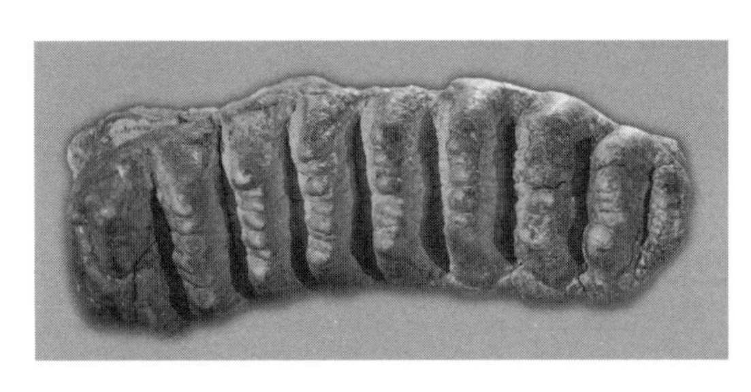

师氏剑齿象

中华人民共和国成立后，中国科学院古脊椎动物研究

① 邱占祥：《桑志华和他的哺乳动物化石藏品——试谈桑志华藏品中哺乳动物化石的历史及现实意义》，《天津自然博物馆建馆 90 周年文集》，天津科学技术出版社 2004 年版，第 9 页。

所（新生代研究室于 1953 年改此）于 1955—1956 年派刘宪亭为首的考察队在榆社地区考察，采集了一部分哺乳动物化石。

走访当地农民（左二为邱占祥）

1961 年 3 月 18 日，山西榆社被国务院确定为“古脊椎动物化石重点保护区”。

自 1979 年始，邱占祥与天津自然博物馆副研究员黄为龙等，组成新第三纪哺乳动物化石研究小组到山西榆社化石点，对山西榆社化石进行再研究，德国人托宾（Tobien）、陈冠芳和李玉清（1986）对榆社的长鼻类化石进行了全面的修订，使榆社化石的研究工作有了新进展。邱占祥还出版了一本关于榆社地区上新世和更新世鬣狗的专著，该专著是基于他在德国访问期间对 IVPP 所收藏的鬣狗标本的研究。

与此同时，从 1987 年中国科学院古脊椎动物和古人类研究所、天津自然历史博物馆和美国纽约自然历史博物馆等单位共同组织了榆社盆地地质（包括古地磁测定）及哺乳动物化石的全面系统的研究。他们发现，“桑志华和汤道平的工作具有相当重要的意义，四十年来其工作一直是榆社盆地沉积地质学与地层学研究的基础。但是，也存在一些模糊和前后不一致的地方。这和我们 1987 年至 1988 年间地质调查结果所证实的真实情况相差甚远”①。

2013 年，戴福德（R. H. Tedford）与邱占祥和弗林（L. J. Flynn）在其共同主编的《中国山西省晚新生代榆社盆地：地质与哺乳动物化石》系列丛书的第一册中，对榆社新近纪晚期的地层和哺乳动物化石的发现和研究历史进行了系统的回顾与总结，在对其化石地点重新核定的基础上，增采了大量小哺乳动物化石，并对云簇盆地的沉积进行了古地磁采样与测定，从而使他们对榆社晚新生代地层和哺乳动物演化的认识前进了一大步。

① Richard H. Tedford, Zhan-Xiang Qiu, Lawrence J. Flynn (eds.), *Late Cenozoic Yushe Basin, Shanxi Province, China: Geology and Fossil Mammals. volume 1: Histoty, Geology, and Magnetostratigraphy*, Dordrecht: Springer, 2013, p.18.

近年来，随着世界上对新近纪古哺乳动物研究热的兴起，榆社这片神奇的土地，再次成为国内外专家、学者关注的焦点。其价值不仅局限于对榆社地区地质结构的演变与古生物化石形成的研究，在更深入探讨现代亚洲温带动物的起源、对古代生物多样性的评估，以及警醒人类面临生态系统的脆弱，如何保护生态环境等方面都意义重大。

第十三篇

再次踏上“黑土地”

从办入“关”手续开始，桑志华已经强烈感受到日本人控制了东三省。这片地域辽阔肥沃的黑土地，山水相连，矿藏丰富，动植物品种繁多，五道泉地层的化石，俄国人建的“哈尔滨满洲博物馆”都使他流连忘返。然而，令桑志华没有想到的是，张作霖大帅被日本人炸死后，东三省正在被日本加速殖民化。

1 多元文化的长春

第一次踏上中国领土是从满洲里入关，桑志华深深地被这片广阔富饶的黑土地所吸引，但真正到这里考察却是他来华 14 年之后。

东北之行，桑志华首选长春。他原以为持有法国护照会畅通无阻，但事实并没有像他想得那么简单容易。

日俄战争后，中国东北地区很多特权都掌握在日本人手里。

从 1928 年 5 月初，桑志华办理东北之行的一系列手续，包括护照、货物免税通行证、允许携带的猎枪和子弹相关证件等，其难度远远超出了他的预料。桑志华只好拜访日本驻天津领事馆领事卡豆，他表示尽力为桑志华提供帮助。

这次办手续的烦琐过程给桑志华留下了深刻印象。他写道：“我们开始交涉通行证和携带武器许可证问题，所带武器是为了打猎和安全的。我给海关写信，以便获得通行证。关于我携带的猎枪证件，默艾格林（T. Moegling）修士去‘高级行政管理部门’办理，但一直没有回音。为此，法国驻天津领事馆为我开了一封介绍信（因为只有护照是不够的），三天之后，默艾格林修士又返回该部门，我的护照被留下，还是没给猎枪证件。”

在漫长的等待中，桑志华心急火燎。近一个月了，桑志华仍然没有拿到通行证。“1928 年 5 月 29 日，我去法国驻天津领事馆询问此事，还是没有收到相关消息。索西纳领事以个人名义给‘高级行政管理部门’官员写了一封信，请其尽快发我猎枪持有证。下午三点，默艾格林修士到法国驻天津领事馆拿到了持枪证。但是，护照却留在了‘高级行政管理部门’。他还要去海关恳求一张方便通行证。”

“我去购买各种车票。默艾格林修士去拿我的护照，被告知要本人亲自去取。他等了好长时间，直到默艾格林修士威胁要走的时候‘高级行政管理部门’才把我的护照给了他。我得到两个‘签字’，居然跑了几个地方，花了至少七天时间。”①

1928 年 5 月 30 日终于可以启程。这一天的中午，桑志华一行从天津乘火车前往满洲里。次日早晨，从满洲里乘火车到沈阳后，又换乘一辆日本火车去长春。

长春，地处欧亚大陆东岸的中国东北平原腹地松辽平原，气候宜人，地势平坦开阔，自然资源丰富。

长春的城墙最早修建于辽国。清朝末年，该城市的重要战略地位开始被政府重视。作为历史遗迹的魁星塔，讲述着这个城市当年的辉煌。沙俄于 1896 年侵入东北，攫取远东铁路筑路权，在长春建起俄国人居住区（铁北二道沟）。1906 年日俄战争结束，在长春的沙俄权益为日帝国所取代，1907 年（清光绪三十三年）东北各地区由军府制改为行省制，长春府隶属于吉林省。1908 年日本为扩大“满铁附属地”，开始建设长春火车站。1925 年分设长春市政公所。自从南满洲里铁路建成后，其支线汇入营口铁路的主线，该地域开始迅速发展，成为铁路交通的重要枢纽。

透过车窗，桑志华欣赏着东北春末夏初的景致，层层山峦和茂密的森

长春魁星塔废墟

① Emile Licent, *Onze années (1923–1933) de séjour et d'exploration dans le bassin du Fleuve Jaune, du Paiho et des autres tributaires du Golfe du Pei Tcheu Ly*, Tientsin: Mission de Sienhsien Race Course Road, 1935, pp.432–433.

林，像一幅幅美丽的画卷从眼前飘过。经过一片草场，一些农民正在种植庄稼。听车上人说，去年日本用船从山东运来了一百多万中国人移民到大恩，还有许多贫困地区的人自己坐火车或沿铁路线走来，他们在家乡无法生存下去，奔着东北地多，举家闯关东，这是无组织的迁徙，更像是失去控制的人口扩散。

31 日下午，桑志华乘坐的火车抵达日式风格的长春车站，这是日本铁路线的终点站。再往前走，就是俄国铁路线了，它与日本的铁路线有一段距离，俄国的铁路线向北延伸。

到长春后，桑志华觉得与 1914 年初来这里相比，已经发生了很大变化：日本占领军将整个长春站分隔开来，其势力有了很大扩张，这是真正的“铁道城”。

此时的长春，已是满洲里北部的一个交通枢纽，在军事、政治和商业上都占有重要地位。

从火车站到长春天主教会，大概有四五公里的路程，车站旁停着许多交通工具，可供选择的车也很多。

俄式敞篷四轮马车，这是俄国人喜欢的舒适便捷的交通工具，与桑志华 1914 年在圣彼得堡看到的一模一样。一匹马被套在车辕上拉着马车，车夫的座位在车帮很高的位置，吆喝着，马跑得很快，也有在车辕旁加一匹快马，这样跑得更快。这种四轮马车的特别之处，就是在车辕之间加了一个弯曲的圆形木架，套在马头上，用于保持车辕之间的距离。车上有脚踏轮，放置在很低的地方，马车的四个轮子很小，行驶起来车轮飞转，轮子用橡胶捆绑在一起，车身上往往溅满了泥点，甚至连顶棚上都是，车的顶棚一般都是翻折起来的。

很多黄包车聚集在火车站，北方人称其为“东洋车”（东洋指的是日本），日本人叫“人力车”。这种黄包车在天津、长春到处都是，多得就像在日本的街头一样。还有几辆非常少见的汽车。车站出口人流如潮，人们说话的声音很大，很容易发生口角。

桑志华选择了一辆俄式敞篷四轮马车，车夫是个中国人，很有礼貌，他帮忙摆放好行李后，以一个很优美的姿势驾车上路。

长春与其他城市不同，它没有城墙也没有城门，进城不需要经过城门，也不需要钻过那些为城门而设的通道。正因为如此，人们把长春称为“宽城子”。

车站前有一个半圆形的广场，主要街道从这里向外延伸，街上有很多店铺，行人熙熙攘攘，这是长春繁华的地方。桑志华的印象是：它不很美，也不太干净。

马车行驶在石子路主干道，穿过日本占领区。日本人在这里建了一个大社区，道路很干净，房屋是西式的，但是局部作了改变，墙壁上没有雕饰，外墙上有屋檐，融入了一些日式房屋的特点。

日本街区比中国街区建设得好，管理维护也好。日本街区都是柏油路面，两边设有槽沟，上面铺着石子，用作排水。中国街区都是土路，黄包车经常深陷在黑泥里，车夫费很大力气才能将车子弄出来。眼下日本街区正在建设一个公共供水管道，许多路面被挖开，交通受到了影响。

位于老城区的长春天主教堂周围是一圈土墙（今东四道街），桑志华的马车快到教堂门口了，但不得不绕路而行。因为一个有权势的军官为方便自己汽车出行，将这条路变成了专线。

长春天主教堂，是典型的哥特式建筑风格。它坚固挺拔，造型美观，两边对称的锥形塔楼托着高高的十字架。

吉尔兰（J. Guérin）神父热情接待了桑志华一行。据他介绍：长春过去是一个贫穷小镇，由于修了铁路线带动了经济发展和城市建设，来自俄罗斯、日本、蒙古、朝鲜的许多人生活在这里，是多国籍、多民族聚集的一座繁华的大城市。

长春由日本人掌控。因为这里的水是咸的，他们在日租界建了一个自来水厂，解决了喝咸水的问题，但禁止中国人使用，还建了一座发电厂，为日租界提供照明。

经过几天的观察，桑志华发现：“日本人几乎不在租界内活动，而是到租界外的车站和社区活动，他们穿着更多的是西装而不是和服”[①]。

在中国人的市场，商贩主要贩卖植物种子，一些农作物被分成不同等

① Emile Licent, *Onze années (1923–1933) de séjour et d'exploration dans le bassin du Fleuve Jaune, du Paiho et des autres tributaires du Golfe du Pei Tcheu Ly*, Tientsin: Mission de Sienhsien Race Course Road, 1935, p.438.

长春的俄式马车

级，供应中外居民，有的出口国外。乡下人也会来买布料（几乎都是棉布）、食品和具有乡村风味的小东西，还有餐具和基本生活品。

当地人以高粱和小米为主食，黄豆被做成"豆腐"，富含植物蛋白质，从某种程度上来讲，它甚至可以代替猪肉。黄豆也被炼成豆油，榨油后的渣饼被用来喂养牲口。用高粱酿制的白酒，在市场销售得不错。

长春有几所中国的中学，有些学生不是很守纪律。

"长春南边的陆路全部由日本人控制，他们管理着长春线和长春—满洲沈阳线。中国人为了摆脱日本人的控制，正在修建一条从沈阳直达长春的铁路线。但是，日本人反对中国人修建铁路，这样他们就形成了对抗。日本人管辖的铁路拒绝为中国人运输修建铁路的材料，因此，中国人修建的铁路只能从南边走。类似这样的矛盾有很多，日本军队占领长春地区，这些都对中日的外交很不利"①。

本来，桑志华计划在长春多呆几天。由于邀请他的吉林天主教会的吉伯

① Emile Licent, *Onze années* (*1923–1933*) *de séjour et d'exploration dans le bassin du Fleuve Jaune, du Paiho et des autres tributaires du Golfe du Pei Tcheu Ly*, Tientsin: Mission de Sienhsien Race Course Road, 1935, p. 443.

特（Gilbert）神父要回欧洲，桑志华决定马上去吉林考察。

2 植物茂盛的长白山

吉林市地处长白山区向松嫩平原过渡地带，四面环山，三面环水，有“远迎长白山，近绕松花江”之势，整座城市由江而来，沿江而走，依江而展，具有山水园林城市特有的魅力。

1928 年 6 月 2 日，桑志华从长春乘坐火车赶赴吉林。这条铁路线是日本人修建和管辖的。

火车上很多乘客是日本人，大多在二等车厢。车厢很干净、很整齐，乘客们也很有礼貌。餐车供应西餐，有日式料理和中餐，品种很多。在车厢里，一些日本商贩挎着一个木制盒子来回兜售瓶装牛奶、冰淇淋、面包和用玻璃纸包装的杏仁小甜点，还有像火柴盒大小的小“篮子”装着米饭、肉、腌制的蔬菜、生鱼片等。还有人卖“清酒”，这是很有名的日本米酒，这种酒入口绵柔，不同于中国的酒辛辣、生猛，所以很容易喝多，民间的说法叫“上头”。

火车穿过山峦起伏的地区，有一条大河在缓缓流动，一望无际的黑色土地上能够看见少量的庄稼，马铃薯生长旺盛，当地人称为“土豆”；还有玉米、高粱和豆类植物，豆子和高粱种类很多，每一种都各不相同。

吉林火车站离市中心很远，在车站与城市之间地势高的地段有一个很大的日本街区，房屋整齐。而中国居民的房屋则是在一片沼泽地中，有的房子残破，墙面歪斜，看起来很快就要倒塌了。

走出火车站，映入桑志华眼帘的是宽阔浩瀚的松花江[①]，波光粼粼的江面上航行着各种船只，两岸有许多房子，还有建在木桩上的板房，大都是渔民、船夫、卖柴人和运输木材的人居住。

这是一个很大的木材港口，堆积着很多木料，有原木，还有方形木块。

① 松花江，中国黑龙江的最大支流。主要流经中国东北地区北部，最终于同江市东北汇入黑龙江。流域面积 55.68 万平方千米，仅次于长江和黄河，居全国第 3 位。渔业资源丰富。

听神父们说，由于上游的树林过度砍伐，已经造成水土流失。在一个很高的江堤下面，停泊着许多木筏，它们是用树干一根一根捆绑起来的，漂流在松花江上运输木材。

吉林与天津、北京相比是一座小城市，除了几条街道还算宽阔外，大多狭窄，交通不畅，地下排水设施很差，整个城市看上去很杂乱。吉林与长春一样，有很多俄式敞篷四轮马车和黄包车，街道两旁的住宅和其他建筑，还有院子的栅栏都是用很厚的木板拼成的，横竖不一，钉在挡板和坚硬的木桩上，显得很不协调。

吉林大约 10 万人口，有汉族、满族、回族、朝鲜族、蒙古族、锡伯族等 20 多个民族。回族有 6000 多人，大多数人生活较为富足。朝鲜族单独形成了一个群落，大都种植水稻。满族的生活习俗在很大程度上被汉化了。北部还居住着赫哲族等，大概有 1000 多人，他们用本部落的语言交流，靠捕鱼和打猎为生。

桑志华来到吉林神学院，看了吉伯特神父收集的化石。然后，在天主教神学院古比热（R. P. J. Cubizolles）神父、拉夸尔（I. Lacquois）神父和神学院总务萨加尔（A. Sagard）神父的陪同下，登上松花江岸边的一座山，遗憾的是山上的树林都被砍伐光了。

吉伯特神父介绍：“吉林以东距离这 500 至 600 里的地方，有一大片从北到南约长 400 里、宽 100 里的森林，生长着参天大树和茂盛的落叶松，因大部分是松树（也称落叶松或黄花松的树林），那里土壤潮湿，动植物种类很多。日本人把一条连接长春和朝鲜的铁路线延伸到那里，还专门在地处长白山南麓的这片树林里设了一个通化（现隶属通化市）火车站。但是，中国人决不允许在通化县城设火车站与这段铁路线连接，他们害怕强盛的日本人把这些树木砍伐运走。”

站在山上，桑志华近距离看到浩瀚的松花江，江面上百舸争流，景色很美。

在松花江岸边，有一座吉林最大也是最具有艺术性的建筑——天主教“耶稣圣心堂”，桑志华与神学院三位神父一起来到教堂。这是典型的哥特式建筑，主体由教堂和钟楼组成，平面略呈“十”字形。教堂前部有 3 座尖塔形建筑，两侧塔高 24 米，中间钟楼高 45 米，塔尖上立有 2 米高的铁十字架，楼内悬挂铜铸大钟一鼎，钟声可传数里之外。建教堂的全部石料是从城东南10公里的山坡采集的上等花岗岩，雇用当地能工巧匠将花岗岩精雕细磨成不同规格的花纹石柱、石门楣、石窗台等用作装饰，非常漂亮。

耶稣圣心堂

步行到松花江边，桑志华看到江面上船来船往，货船、渔船、舢板……出没在波浪里。这些形状各异、大小不一的江上交通工具，既原始又现代、既平稳又灵活、既实用又安全，别有特色。他一边欣赏一边向身边的吉伯特神父询问它们的名称与特点。

有一种非常古老的小船叫"苇葫"。它窄长的形状更像是一艘赛艇，长4—5米，宽度只能容下一人。船舱是用挖空的大树桩做的，周围用坚固的木板衔接起来，远远看去与其他小船没有什么区别，可载10人左右。通常"苇葫"在江水较浅的岸边行驶，这样可以躲避逆流，每当经过水流湍急的山口，船夫靠滑动两支桨安全通过，即使在逆流而上的时候也不费力气。船夫就是坐着"苇葫"，把木材顺流从吉林运送到长春靠岸后，"苇葫"会被转卖给别人。哪里有木筏，哪里就有"苇葫"。

"苇葫"的样子很像赛艇

桑志华要亲身体验这古老的小舟，吉伯特神父选中了一艘"苇葫"准备渡江。在王连仲的帮助下，桑志华跨上"苇葫"。"苇葫"忽然向一侧倾斜，剧烈摇晃起来。船夫示意桑志华赶快坐下，不要慌张，不要动。船夫一脸轻松，手执木桨划

“跨拉”运输长木柴等货物

水，开始在江水较浅的岸边行驶，躲避迎面的逆流，非常平稳。来到深不可测的松花江中央，桑志华心里有些紧张，他抬头看到船夫表情沉稳，依然有节奏地滑动两支木桨，使小船保持平稳，就像一个渔翁悠闲地在江中用渔网捕鱼一样，这才放心。桑志华想：“苇葫”靠岸后，船夫安全地送达了外国人，也会长长地松了一口气。

还有一种船叫“跨拉”，长度和宽度都比“苇葫”大，是用较长较厚的木板做成的，看起来也更坚实一些，可以载10—15人，靠桨划动。“跨拉”主要帮助两岸人们运输体积和重量大一些的成捆长木柴等。有时，人们在“跨拉”之间架起一块木板，再装上一根吊货杆，这样两只“跨拉”就可以被作为驳船了。

除了小一点的木排，还有可载30人的大木排。江面上小船、大船和驳船前后相连，别有一番水乡景色。

长白山自来水厂水泥蓄水池

到达吉林的第二天，桑志华与神父们兴致勃勃攀登长白山[①]。这座山耸立在城市的中轴线上，山势起伏，群峰叠嶂，气势恢宏。登上山顶，吉林市和松花江以及整个山谷一览无余。他们来到“天池”，一潭平静的湖水，在蓝天晴空的映照下，深邃幽蓝，格外迷人。

① 长白山，位于中国东北地区东部。广义长白山为中国东北地区东部山地的总称。狭义长白山指张广才岭、威虎岭、龙岗山脉以东的长白山脉，海拔一般在800米以上。其最高峰为白云峰，海拔2691米，为东北地区第一高峰。长白山脉是中国重要的林业木材基地。药用植物达300余种，产人参、党参、贝母、天麻和五味子等各种名贵药材，“林海”中有东北虎、梅花鹿、丹顶鹤等国家一级保护动物。

长白山东面，自来水厂建造了坚固的水泥蓄水池。从北边看，整个地区高大的树木被砍伐殆尽，只剩下一些小树和灌木，山楂树已经开花了。山脚下种植了一片少见的啤酒花。

种植啤酒花的景象

途中，遇到一些游客去宝塔烧香，宝塔旁有一片古老的树林。桑志华采集了许多植物标本，还收获了多品种的菌科蘑菇。

回到吉林神学院后，桑志华听说，由于南方军阀的排挤，统领东北的张作霖已经离开北平，返回奉天。

6月4日下午，桑志华与吉伯特神父、丁路易（Louis Ting）神父以及三个仆人带着行李，租了一艘“跨拉”，去松花江下游南岸的圣母山（Cheng mou chan）游览。6人挤在小船上，很不平稳，也不安全。小船在离铁路桥一里的地方靠岸。

他们登上树木繁茂的山坡，一座哥特式建筑风格的“露德圣母堂”（Notre Dame de Lourdes）展现在眼前。这座教堂始建于1920年，由法国巴黎耶稣会古若瑟（Cubizolles）神父购地兴建，是天主教徒活动的场所。

桑志华一行被安排在靠近江边的院落，环境幽静，绿树成荫，泉水潺潺，房间收拾得非常干净。放下行李，桑志华与吉伯特神父、丁路易神父一起去圣母山采集植物标本。

圣母山上是墨绿色的变质片岩，它被浅红色的花岗岩矿脉截断了。山脚下有一个小山沟，沙子有黄色的、淡绿色的、红色的、棕色的，其下碎石是第四纪的沉淀物，有的神父曾在那儿找到过一块动物化石。桑志华没有找到化石，但捕捉了蜻蜓、白绢蝴蝶等昆虫。圣母山上树木品种很多，有白色阔叶椴树、白蜡树、枥树、榆树、山楂树、野梨树等，桑志华在灌木丛下找到了很多五加树，还有一片优质的人参。人参是东北一宝，据说能延年益寿，甚至让人长生不老。

攀登上圣母山顶，桑志华俯瞰整个吉林：脚下是茂盛的树林，近处是散落的茅屋，前方浩瀚的松花江水流湍急，江对岸的吉林市区占据了整个山谷，东边的铁路桥一部分被龟山遮盖住（右边），而火车站区在桥的左边，老城区、大教堂、电厂等建筑，面对着松花江呈大“S”形展开。

吉林的白天较热，但夜里很凉。因两天后吉伯特神父要返回欧洲，一行人匆匆结束圣母山的考察，前往“龙潭山”。

他们穿过一座铁桥，桥上有9个间隔为58步的桥墩，总长400—450米，钢筋混凝土结构的桥墩经过巨石加固，可以更好地抵御河中的漂流物，特别是开凌期浮冰的冲击。铁桥上游有一座供行人通过的步行桥，由中国军队看管。

龙潭山巍峨壮观，植被茂密，古树参天，珍贵名木数不胜数。桑志华进入既古老又美丽的乔木林，登上最高峰“南天门”。极目远眺，漫山遍野的花草，红绿参差，黄紫斑驳，色彩斑斓，美不胜收，远远望去像一幅重彩油画高悬于天地之间。

吉伯特神父介绍说，这座山上有建于公元4—5世纪的古城遗址，还有建于清代的龙凤寺、观音堂、龙王庙、关帝庙等古建群。这里香火很旺、游客很多，他们都是来祈祷平安、过上好日子的。桑志华看到，许多人从吉林徒步走过来，非常虔诚地来朝拜。

古城遗址包括城垣、“水牢”、“旱牢”，凭借山势而建，沿山脊夯土碎石筑成，墙壁最高处10米，最矮处仅1米。

站在圣母山顶俯瞰吉林城

“水牢”，亦称“龙潭”，是山城的蓄水池，位于山的西北边最低处，呈长方形，东西长22.8米，南北宽125.75米，深9米多，四周用花岗岩石块砌成。

“旱牢”，位于山的西南边较高处，呈正圆形，直径10.6米，深3米左右，是吉林储备物资的仓库或囚禁犯人的囚牢。

清乾隆十九年（1754），乾隆皇帝游览了龙凤寺、观音堂、龙王庙、关帝庙等，并为观音堂正殿书写了“福佑大东”匾额，并封一棵28米多高、挺直无曲、枝叶翦齐的黄婆罗树为“神树”。此后，每天都有人前来朝拜。

桑志华陶醉于这美丽的景致中。这片自然保护区由于宗教上的神圣而倍受重视，林木、牌楼、水榭、亭台都使人心旷神怡。徜徉其间，脚下是厚厚的落叶，阳光从林隙间泻落，形成一束束光帘。

他们沿着小路走到西北边最低处的“龙潭”。潭水呈墨绿色，水面布满浮萍，显得深不可测，因藏于山洼林荫深处，寒气袭人。当地人说，龙潭的水经过地下一条很长的渠道流入松花江。经过勘探，桑志华认为这只是人们的想象。

龙潭山与圣母山一样，花儿很多，芍药含苞待放，铃花开遍山野。带花纹的松鼠蹦蹦跳跳，不时传来蛙鸣，鸟儿叽叽喳喳叫个不停，更显得山是那

么深、那么静。桑志华采集了许多植物和小动物标本。

下山后，他们来到商业街。最吸引桑志华的是那些中国的老物件。他买了一堆玉制品，包括耳坠、胸针、腰带的搭扣以及小摆设，还买了几件满族服饰、几块绣花织物、几个香囊、一个烟袋和一个扇套。

店员向桑志华推荐一件满族战袍。这是一件古老的军官服装，全身用薄铁片作衬底，镀金铜片做成龙和其他图案，缀有宝石。还有一个镶缀黑色羽毛饰物的头盔，有 1.5 英尺高，报价 70 元。桑志华非常喜欢，看商家卖货心切，故作沉稳不着急买，最后以 50 元成交。他还买了一套满族士兵服。

乌拉海是东北特有的过冬鞋，用一块整皮子做成，鞋里垫上又软又干的乌拉草，非常暖和，穿时用一根皮带把鞋固定在脚腕上。市场上有专卖乌拉草的，每一束可以垫一双鞋。桑志华买了一双鞋和一束草。当地人把乌拉草也当作一宝，认为与人参一样，是苍天对东北人的恩赐。

在一家药店，店主给桑志华看了一根很大的人参，分支整齐，装在一个垫了红丝巾的盒子里。从包装上可以看出，这东西价值不菲，甚至很神圣。经询问，果然是优质人参，报价 200 元！桑志华买了质量稍微差点儿的人参，价格便宜些，也是装在盒子里，还连着叶子，产自吉林东部，店主还赠送了著名的五加科植物的花。

店主又向桑志华推荐了鹿茸。鹿茸是倍受中国人喜爱的补品，价格高的是自然掉下来的老鹿角，春天将发情的鹿杀死取下来的鹿茸更是价值连城，一对连在颅骨上的鹿角标价 800 元！这是卖家为了能卖个好价钱，才不把鹿角从颅骨上卸下来。桑志华觉得物有所值，但太贵了，没有买。他期望王连仲有机会捕猎到鹿，获得有着神奇效果的鹿茸。

1928 年 6 月 5 日晚上，桑志华乘火车返回长春。

3 发现五道泉化石

坐了一夜的火车，桑志华来到长春天主教驻地。早晨，他惊愕地得知：“从沈阳传来一条很重要而又模糊神秘的消息：1928 年 6 月 4 日，奉系军阀首领张作霖[①]大帅乘火车从北平返回沈阳的途中，遭遇袭击，伤得很重！但不知道是谁干的，也不知道是怎么干的，随行人员不少人死了或受重伤”[②]。

他还听说：“实际上张作霖在日本人袭击之后的几个小时内就已经死了。日本人在他所乘专车经过的皇姑屯桥下放了炸药，火车行至时被炸。这座桥是日本人严密监控的，爆炸确实是由火车经过的大桥下面的电控制装置引起的。据说张作霖已经决定放弃以前的政策，要使满洲摆脱日本帝国的控制”[③]。

传教士都非常关注这一重大事件，桑志华更是如此。6 月 7 日中午，他看到报纸报道了张作霖的死讯。“沈阳的一份报纸报道了张作霖的死讯，说他是当场死亡的，其实不是。这个消息已经被封锁三天了，电报、信件以及火车应该都被严密控制了，甚至可能连这些服务都被停止了。实际上这个事件是在这个月的 4 日发生的。这个悲剧的结局应该有着很神秘的内幕。有关袭击的具体情况永远是个谜题，至少对于公众来说是这样。我已经说过了，人们只能更晚些才能知道，而且所报道的消息也并不完整”[④]。

尽管张作霖被日本人害死，令桑志华震惊，然而，他最关心的还是辽河

① 张作霖（1875—1928），中华民国时期奉系军阀首领。字雨亭。奉天海城（今辽宁海城）人。出身贫寒家庭。少时曾入塾读书。1911 年武昌起义后，奉天仍效忠清廷。后被袁世凯任命为第二十七师师长，镇压反袁的国民党人。袁世凯称帝时，被封为子爵、盛武将军、督理奉天军务兼巡按使。袁死后，被北京政府任命为奉天督军兼省长。1918 年 9 月，因拥段（祺瑞）抗黎（元洪）及支持其武力统一政策有功，被任命为东三省巡阅使，并在日本的帮助下控制了辽、吉、黑等省，成为奉系首领。由于张慑于东北人民维护民族权益的反日浪潮，对于日本图谋侵占满蒙权益、控制东北局势的种种要求，未予全部承诺；同时又同美国势力勾结，招致日本方面恼恨。1928 年 6 月 4 日清晨，张乘车由北京回奉天经过沈阳西郊皇姑屯车站附近时，被日本关东军预埋的炸药炸成重伤，当日去世。

② Emile Licent, *Onze années (1923–1933) de séjour et d'exploration dans le bassin du Fleuve Jaune, du Paiho et des autres tributaires du Golfe du Pei Tcheu Ly*, Tientsin: Mission de Sienhsien Race Course Road, 1935, p. 451.

③ Emile Licent, *Onze années (1923–1933) de séjour et d'exploration dans le bassin du Fleuve Jaune, du Paiho et des autres tributaires du Golfe du Pei Tcheu Ly*, Tientsin: Mission de Sienhsien Race Course Road, 1935, p.451.

④ Emile Licent, *Onze années (1923–1933) de séjour et d'exploration dans le bassin du Fleuve Jaune, du Paiho et des autres tributaires du Golfe du Pei Tcheu Ly*, Tientsin: Mission de Sienhsien Race Course Road, 1935, p.453.

流域是否有化石。听神父们说，在五道泉（隶属吉林省四平市）附近有人发现了“龙骨”，于是，在杜伯（Dubos）神父陪同下，桑志华于6月8日乘坐凯兰（Guérin）神父租的马车，去五道泉和莲花山。

艰难行进了25公里，晚上9点多，他们到了齐家瓦房天主教社团，让·李（Jean Ly）神父接待了桑志华一行。

听说这里产“龙骨”（化石），当地人不断倒手转卖“龙骨”。一些流动商贩带着火柴、香烟等东西兑换鸡蛋或其他特产，幸运的话能换到“龙骨”。“龙骨”不用称，但只能换几盒（几百根）火柴。

6月9日早晨，有人给桑志华带来一根已开裂的象牙化石，根部直径15—20厘米，长度为1.2米（因断了），这根象牙完整时至少可以达到2米。这个人本想按重量卖给桑志华，要价一美元一斤（合489.5克），桑志华让这个人去找火柴商贩交换。后来，当桑志华回长春再经过这里时，那个商贩又来兜售，每斤十美分，总重15斤。虽然也就是些碎片，但在科学家眼里是非常有价值的。桑志华给了他两块银元。

吃过早餐后，桑志华一行赶往五道泉。途中，他看到部队士兵，征用马车托运部队的行李，传说要运到沈阳，还有人说是要运去吉林。

进入五道泉后，是一片平原，地势比较低，平均海拔只有35米。准确地说，这是一个被沟壑分割成小山丘的台地，很多溪流把地面冲出深沟，形成山谷，溪流向南流入辽河。

之所以能够形成台地，主要是一些花岗岩的巨石阻挡住了水流的冲击。深沟底部坑坑洼洼，露出深红色的土壤，上面是浅蓝色的，还有砾石层，砾石层上的山坡灰白的黏质黄土层以及黑土。峡谷底部的黑土年代久远，与黄土层属于同一个时期，是沼泽就地形成的积淀物。桑志华在这里发掘了动物化石，还有其他东西。根据化石推断，这里的地层属于第四纪。

听说，雨后或冰融化期后，农民会在峡谷中捡到不少化石。融冰会引起大规模的地质移动，所以化石都不在原地。五道泉有几个当地人知道埋藏化石的地方，但他们不愿意告诉具体位置。

晚上，杜伯神父把桑志华安置在五道泉一个临时住处，而他却走五六里到莲花山去住。

10日早晨，桑志华来到莲花山杜伯神父的住处，看到他把收集的重要

沟壑含砂粗粒黄土

化石进行了整理：一根漂亮的象牙、一些羚羊和牛科动物的角、几个马科动物的牙齿、一些鹿角的碎块等，排列有序。

晚饭后，他们登上向村东延伸的峡谷，它的顶部是杂色的土，有红的、黄的，还有蓝的，而且是砂质的。桑志华找到了几块变黑了的骨头碎片，显然它们是从砂土上面的黑土层掉下来的。玛瑙矿块很多，混在红色和黄色的土壤里的石块中，尤其是山顶上红色的砂质土壤里有很多（很可能是萨眠纪的）。听说只有在涨水后才能找到化石。狭窄的峡谷中，水涨得很高，很吓人，有五六米高，有人说达到了三丈（9 米）。

11 日，桑志华再一次登上五道泉东面的一道峡谷，峭壁下方是沙子和砾石，沙子上面是黑土。河床是干的，由一种大粒的沙子构成，很像花岗岩被风化后形成的粗沙。这让他觉得仿佛置身于陕西和甘肃某些中生代的地区中。

他们来到一段河道，这里的地势比较高，放眼望去，黑土地被河水冲出了 10—12 米深的沟，峡谷的另一头消失在红土地中。

从东北方向延伸的小峡谷

五道泉东边两公里处，峡谷横截面地质剖面图显示：底部是中生代砂质、水平层理的绿色黏土，在山坡和山顶上，可能是三门系的含砂砾红土，上面是一片现代的草原黑土。小沟底部填满了第四纪含化石的黑土，而旁边变为砂质黄土；黑土下部有一些小石子。在红色、黄色、绿色的土里，桑志华找到了很多小石英石子：玛瑙、石英岩等。在五道泉附近的几个沟中，也收集到一堆数量可观的化石。

村里人听说外国人要买“龙骨”（化石），纷纷从家里找出来。一个中年男人给桑志华看了一块鹿角化石，他是从黑泥里挖出来的。一位老人拿给桑志华一块大象股骨的前端，桑志华看了觉得非常有价值，但老人只要求用它换 20 盒火柴。桑志华说：“给你的钱足够买 100 盒的。”这个村子具有典型的高原风貌。

12 日上午，桑志华又回到从东边延伸下来的莲花山峡谷，峡谷前端逐渐插入黑土，有的地方有黄土（黏土质黄土），底部是中生代的蓝绿色和深褐色的岩石。下午，杜伯神父陪着桑志华考察了从东北方向延伸过来的小峡谷。在更靠东边的一个小山沟里，黄土层厚达 4—5 米，底下深褐色的岩石。这一地区黑土是含化石的，属于第四纪，但只存在于地势低洼的湖或沟壑，紧挨着黑土的是洼地边上的黄土。黄土下面经常有一层小石子形成的地基，这层石子地基的厚度可以达到 10 厘米。

有些地方，像五道泉的东北边地区，黄土层上还有含石块的深红色土层。根据桑志华的观察，含化石地层很可能是在峡谷的黑泥下面。但由于峭壁下方被大堆崩塌下来的东西堵得严严实实，因此很难找到仍在原地的化石。这里的人多次跟桑志华说，“在河流涨水之后才能找到化石”。这是由于大水冲走崩塌物后，会侵蚀峭壁下方。成堆的崩塌物大部分是黑色的，是从上面掉下来的现代森林或草原泥土。他们在那里找到了很多核桃壳。

大体上，这个地区的地层显示：绿色、深褐色的湖相地层；沉积物形成的深沟；碎石和沙子的沉积物（三门系），之后是凹陷处的黑泥和更高处山坡上的含砂粗粒黄土；在有些地方，这种黄土覆盖着黑泥；深沟把黄土带上高地，刨平了隐藏在下面的绿色和深褐色的岩层；碎石冲积层或由于冲走了更轻的材料而形成的垂直方向的各种冲积物；这些碎石可能从三门系时期就被带到这里了；近代的草原或森林黑泥层；最近的峡谷对小山谷的侵蚀可达 10 米深。

14 日，桑志华与杜伯神父到镇上卖“龙骨”的地方去寻找线索。五道岭附近的商业中心，是一个四周有低矮围墙的小镇，店铺很多。杜伯神父对这里非常熟悉，带领桑志华逛了几家药铺，希望找到“龙骨”（化石），遗憾的是店铺只拿出了几块不成形的“龙骨”碎片，也没有提供什么化石地点。

回到五道岭，有人早已等候。他拿着一根细长而弯曲的猛犸的牙，要价18元。桑志华接过来看了看，这块化石重18磅（10分钱1磅），最后，加了20分买卖成交。这个人还说长城铺以西十里处有化石。桑志华一行去了那里，没有什么收获。

欣慰的是，王连仲在莲花山西边20里的一个叫石府的地方，带回了从农民手里买来的化石。15日，桑志华与吉伯特神父赶到石府，一个小伙子给桑志华拿来一只鹿角，重4磅，桑志华按市价给了他40分钱。可是45分钟后，这个小伙子气喘吁吁地跑了回来，说他父亲不同意卖。桑志华只好把鹿角还给他，把钱拿回来。吉伯特神父和桑志华多次询问这个小伙子“龙骨”（化石）的地点，但他没讲任何有关化石点的信息。

16日，桑志华去五道泉东北边3公里处成家楼村参观陶器作坊，产品是不上釉的盆，没有什么艺术性。

本来，桑志华想利用河流涨水期仔细研究一下化石的情况，但是需要等很久，只能放弃了。在一处高地表层找到了一些陶器碎片，但不能确定其年代，或许至少有一部分是新石器时代的。无论是在高地上还是在峡谷中，都没有找到石器的迹象，这十分奇怪。尤其是从旧石器时代的角度看，在一个第四纪层被冲刷出这么深沟壑的地方，这种结果就更加奇怪了。

4 勘察圣母山

桑志华乘坐杜伯神父租的农用马车，于1928年6月17日上午返回长春。刚出发45分钟，杜伯神父派来一个骑马的人追上来说，路上不安全，让桑志华马上返回五道泉。

桑志华记载：“1928年6月20日，日本人已经占领了东南方的范家屯（Fan kia tounn）火车站。后来我们获悉：日本人希望利用张作霖去世的消息，引起动乱，进而占领整个地区。但是中国人已经在一段时间内封锁了张作霖的死讯，并逐渐透露这一消息，以避免民众的恐慌和动乱。实践证明，这个方法很有效。在五道泉，人们还不知道张作霖是不是真的死了，但人们传播消息说，那些征调马车的士兵是从齐齐哈尔（Tsi tsi har）来的，部队要更换驻地，因此用汽车把军需品和枪支都运走，不让它们落入日本人手里"[①]。一些村民听说士兵正在征调马车，吓得不敢出门。

6 月 21 日，桑志华去莲花山捕捉昆虫，晚上参加杜伯神父举行的晚餐，这一天是他来华 25 周年纪念日。几位神父一起做饭欢乐有趣，白菜、四季豆、鸡和肉汤，几乎都是用吉伯特神父带来的压力锅做熟的，随着一次次尖锐的、令人兴奋的带有命令性的鸣叫声，一道道香喷喷的菜出锅了！萨加尔神父用"猪油"煎了其他的菜（杜伯神父第一次知道"猪油"），还配上小杯烧酒（高粱酒）。大家相聚甚欢，这种快乐是发自内心的。

局势不断恶化，为避免被土匪打劫，桑志华决定冒雨到长春。接连几天小雨，道路很不好走，三匹骡子拉着一辆大车，艰难前行，45 公里的路程用了 11 个小时，晚上 7 点半到达长春。桑志华见到长春俄国人居住区二道口、日本人居住区头道口都降半旗，对张作霖大帅的去世表示哀悼。但张作霖是怎么死的，却如同神秘的气氛，挥之不去。

27 日，桑志华从长春乘火车再次去吉林，重点考察圣母山、龙潭山，采集动植物标本。阿兰·丁（A. Ting）神父和贝兰（Perrin）神父来接站，告诉桑志华吉林的局势比较平稳。

桑志华一行乘坐"跨拉"渡过松花江，住宿圣母山。山上彩蝶飞舞，色彩缤纷，桑志华连续捕捉两天，收获 50 多种蝴蝶标本。

圣母山紧靠松花江岸边，到江边钓鱼非常方便。萨加尔神父教桑志华一种当地人很原始、很独特的钓鱼方式：没有鱼竿，把钓鱼线系在一根又短又轻的木棍上，而钓鱼线不拴浮子，只是在鱼线靠近鱼钩的地方系上一个重物（铅块或其他东西），钓鱼人手持木棍，一旦有鱼上钩，鱼钩和鱼线就会抖动，这样渔夫就会知道了。一小时后，桑志华钓上了五种不同种类的鱼，还

---

① Emile Licent, *Onze années (1923–1933) de séjour et d'exploration dans le bassin du Fleuve Jaune, du Paiho et des autres tributaires du Golfe du Pei Tcheu Ly*, Tientsin: Mission de Sienhsien Race Course Road, 1935, p.463.

钓到了一只鳌虾。萨加尔神父对桑志华说：松花江的鱼类资源非常丰富，尤其是下游，但是这里的渔业并不发达，渔民的收入也不多。人们主要用渔罩或渔网捕鱼，还有的人用自己组装的非常简单的渔线钓鱼。晚饭的鱼虾非常丰盛，桑志华和阿兰・丁神父、贝兰神父、萨加尔神父、鲁热（Rouger）神父等，都十分喜爱，边吃边聊，为桑志华提供了许多有价值的信息。

30日，桑志华在圣母山驻地看到"松花江对岸出现了一幅奇怪的景象：一个庞大的马车队在沙滩上安营扎寨，带着武器和军需品。经询问得知，可能是从齐齐哈尔调来的军队，要摆脱日本的控制。这支军队是东北军，从长春到吉林的铁路拒绝免费运送军队，所以他们才走公路。因此，农民蒙受了巨大损失。这些可怜的农民为了喂养牲口，拉走了很多秸秆，实际上这东西没有什么营养，牲口的主人只能用自己的钱给牲口加点儿谷类食物，但这根本没有任何补偿"①。

圣母山房屋的门卫给了桑志华一块马长骨化石，说是从松花江江边找到的，可能是从铁质黑泥地层中发现的。

根据这一线索，桑志华连续几天仔细勘察圣母山：从生物学的角度看，它几乎代表了吉林周围所有林木地区。这里的树木品种很多，果实为血红色的可食用小樱桃树，银白色大叶子的椴树，树皮粗糙的大叶子榆树和小叶榆树，白色大叶椴树、小叶椴树，绿色的柳树和黄色的柳树，白蜡树、野梨树、橡树、桦树、山杨、李树、杏树、臭椿、野生核桃树、大叶雌雄异株葡萄等；开着蓝花的龙胆草，花枝上有浅紫色图案的山鸢尾，叶子是大锯齿状的大艾蒿，野生啤酒花、野生苋菜、紫色牵牛花、艾蒿、当归、丁香等；各地移民带来的辣椒等。王连仲在灌木丛下找到了很多五加树。

萨加尔神父还带桑志华参观了战争留下的痕迹，他们从一根横梁断了的桥梁走过去。日俄战争期间，俄国人曾在山顶上修筑工事，现在还能看到战壕和战斗的遗迹。

几天来，不断传来局势不好的消息，住在圣母山上的桑志华深感不安。为了解当前形势，桑志华在阿兰・丁神父的陪同下，于7月4日到松花江对

① Emile Licent, *Onze années (1923–1933) de séjour et d'exploration dans le bassin du Fleuve Jaune, du Paiho et des autres tributaires du Golfe du Pei Tcheu Ly*, Tientsin: Mission de Sienhsien Race Course Road, 1935, p.466.

努胡姆火车站

老爷岭东火车站

江边的木筏

岸拜访吉林当局外交事务专员庄先生。从庄先生的谈话中桑志华了解到两个重大变故：一是“北京”将改为“北平”特别市。这意味着那些推翻清政府的革命党人决定把首都迁往南京。但是，桑志华怎么也弄不明白，北京是中国的都城，南京也是中国的都城，为什么要搬迁呢？二是更换旗帜。由于张作霖之子张学良[①]的“东北易帜”，那面红、黄、蓝、白、黑纵向排列的五色旗，可能于当年年底在东北地区被“青天白日旗”所取代，这标志着国民党北伐成功。

庄先生表示，能够保证桑志华的安全，有什么情况及时沟通。下午4点半，桑志华乘“跨拉”过松花江。返回圣母山驻地时，江水上涨，水位升高。他看到江边运输木材的车辆来来往往，一些套着六匹骡子和马的大车严重超载，有的道路开始拥堵。人们急着尽快到达江边卸货，一些人在木筏上来回跑着装卸木料，一些人站在齐腰深的冷水里，不时用斧头砍断树木的枝杈，以把支撑木材两头的木棍插在里面；还有一些人用钩子把漂浮在

① 张学良（1901—2001），奉天海城（今辽宁海城）人，中华民国时期民主爱国将领，西安事变发动者。1928年6月，其父张作霖被炸身亡后，任东三省保安总司令。12月，宣布服从南京国民政府，改任东北边防司令长官。

在圣母山东南拍摄的吉林城全景

水里的木头一根根拽到河滩上。有约 20 个人把成堆木材用链条固定在没在水里的大车轴上，大家齐心协力往前拉，再借助绳子和撬棍，将木材装上车，实际上赶车人和牲口还是很费劲儿的，整个江岸都回荡着这些勇敢的装卸工有节奏的“了喂！了喂！”的号子声。

在木筏上，有一些老人、女人和孩子用镰刀或一种特别的剪刀来剥树皮，剥下来的树皮——柴火（用于取暖或做饭）属于他们，装卸工给几个小钱。这些可怜的人站在木筏上非常危险，听说昨天一个 12 岁小姑娘掉到了木筏下边，人们在卸完木材后才找到她，已停止了呼吸。

沿着松花江边向前走，登上一个陡峭的山顶，桑志华觉得这不像一条大江的码头。在一排排有木桩地基的小木房里，住着木材商、渔民、船工、木匠、装卸工、打捞漂流物的人、刮树皮的人。他们都以树木和水为生。虽然人们知道，江水上涨会对住在这里的人构成生命威胁，但是谁会考虑靠江生存的小人物呢？处在社会底层的普通百姓也永远不能对政府提出任何要求。

听说圣母山周围有“红胡子”（土匪），经常跑到居民家索要吃的东西，态度粗鲁，还骂人。据说一些逃兵也跑到这里。为了安全，7 月 8 日桑志华离开圣母山驻地，来到吉林市天主教会。晚饭时，他听神父们说，张作霖的继任者还没有选定，有人说东北地区可以保持独立，前提是传播孙中山的“三民主义”革命理论。

16 日，吉林天主教会派人送桑志华从努胡姆火车站乘车，去东边蛟河岸边考察。老爷岭东火车站是用木板建造的。山上的橡树、桦树和落叶松等树林十分茂密。

24 日，雨过天晴，阳光灿烂。桑志华乘“跨拉”又一次到圣母山，站在东南山峰，可以观看松花江和对岸景色：江中漂流着许多木筏，每艘木筏由 18 根树干连在一起，形成一个 5—10 艘的船队，首尾相接，颇为壮观；船队前面有带钩的篙，避免木筏间相互冲撞。江对岸，大片黑土地被森林所覆盖，城市东边有了大发展，旧城区占的地域小了。桑志华拍了一张全景图，让地图资料更加完整。

8 月 4 日早晨，桑志华乘火车返回长春。

5 多次流连哈尔滨博物馆

1928 年 8 月 7 日，桑志华从长春乘火车去哈尔滨。为了悼念张作霖大帅，车站降半旗致哀。这是一个分属日本和俄国的混合火车站，铁轨的尺寸发生了变化：向北是俄国管理的铁路，铁轨稍宽一些，俗称“宽轨”；向南、向东是日本人管辖的铁路，铁轨稍窄，俗称“窄轨”，日本人在满洲铁路网上安了道岔锁。这样一来，从山海关到哈尔滨就要走由日本人控制的这条铁路线。

桑志华乘坐的火车有两种二等车厢，一种是普通软座，一种是可卧软座，乘务员让桑志华上了可卧软座车厢。桑志华觉得并不舒服，因为很多弹簧都扭曲了，这与日本人优雅洁净的火车比起来差远了。

从长春到哈尔滨，火车始终在一片准平原上行驶，黑色土壤向远方伸展，大地广阔无垠。农民们在收割麦子，金黄色的麦田像铺在黑土地上毛茸茸的毯子。

火车到达很大的窑门火车站，车站里大多是俄国人，有警察、雇员、列车长和检票员等，还有很多穿着朴素的欧洲妇女，使人感觉置身国外车站。

在双城火车站，上来一位抱着孩子的俄国妇女，走进桑志华乘坐的二等车厢。这个车厢共三个座位，桑志华坐在挨着门的单人座上，两个可卧软座躺着两个中国人，其中一个把脚收回一点儿，给俄国妇女让出了软座的一个边。桑志华站起来把自己的座位让给了俄国妇女，这个中国人马上坐起来，请桑志华坐在他旁边，另一个中国人仍然躺在那一动不动。桑志华从头到脚观察一遍：此人身穿马甲和西服，系着领带，熨过的裤子，劣质皮鞋。桑志华看着他的眼睛说：“在西方，给妇女让座是礼貌，讲究的衣服并不能代表一个人的教养。”这个人慌了神，马上坐起来。桑志华拿起了一本书看，再也没有说话。

哈尔滨火车站很漂亮。教会的财务总管达西耶（Dassier）神父乘坐汽车来接桑志华。路上，达西耶神父介绍说：哈尔滨是一个年轻的、中外人口混合的大城市。它位于远东松花江的岸边，横穿西伯利亚的北部欧亚通路的分支上，从中国的东部铁路一直到海参崴，还有直通大连和北京的南部铁路。1896 年俄国第一批工程师在离松花江有一段距离的地方，建造了第一个临时火车站。如今这个地区叫老哈尔滨，离现在的火车站 3 公里，中国人叫它香坊。自从俄国建起了铁路管理处之后，他们在松花江北岸建设了欧式建筑风格的新城，中国人叫它秦家岗，已有数万居民了。

“中国区”在铁路经过的松花江南岸也发展起来。傅家甸刚建铁路时，只有几间茅草屋，因一个姓傅的人开了一家小旅店而得名。中国人完全按照“风水”标准，在主河床的河道低处、多沼泽的地方建房，1932 年的大洪水给了这种选址一个教训。傅家甸很富有，商业十分繁荣，但街道很窄，两边都是二三层的楼房，悬挂着布招牌，人行道也被货物侵占了，不过中欧合璧的街景很美。傅家甸非主要街道外观与中国其他地方一样，没有下水道，也没有公共供水。当地建了一个电厂，已经装上了电话，但是与其他地区的通

哈尔滨火车站

哈尔滨俄国人居住区

傅家甸非主要街道

话有时很困难。

傅家甸对面的松花江北岸是一座国际性金融商业新城，街道宽阔，设有十几个国家的领事馆，欧式建筑风格的大教堂，以及纽约城市国家银行、国际储蓄公司、远东银行（又名达尔银行）、香港银行等金融机构，还有铁路管理处大楼和大商店等。这也是一个奇特的国际性居住区，几乎可以见到所有亚欧种族。街区没那么豪华，但非常壮丽，尤其是角街和中国街。从房屋的建筑来看，维护得相对好。但是，因商业设施多，住得很拥挤。

在新城与老城之间，建有很多外国人的别墅，这儿就是马家沟，它得名于一条流过的小河。马家沟是个度假的好去处，是哈尔滨的近郊，很多俄国人在那里有房子。

老哈尔滨此时已是一个工业区，铁路车间在这里建立并发展起来。这个地区没有什么高大的建筑，看上去很一般。松花江对岸松北有一个走私区，吸鸦片的人经常来此地。这里修了路，但只是土路，不是柏油马路。这些完全不同的区域彼此相邻，形成一个整体，却又互有间隔，容易区分。

哈尔滨的总人口 25—30 万，多个国家的人在这里居住，大部分是中国

松花江北岸的新城

新城街景

人，包括满族人和蒙古族人；约有8万俄国人，相当一部分是难民；4000—5000日本人，集中居住在新城；约有4000波兰人，大部分居住在俄国区；有100—150德国人；20多个法国人；几个意大利人；一些朝鲜人，大部分住在乡下，种植大米；还有一些美国人、英国人、希腊人、波斯人等。

哈尔滨这个城市虽然年轻，但它的历史却很古老。“有人曾在哈尔滨发现了20枚罗马帝国时期（117—138）的古钱，其中一枚在旅居哈尔滨的收藏家德米特利耶夫（Dmitrieff）先生那里；另外两枚在俄国满洲研究协会的博物馆里，是有人在挖地基时发现的。或许要证明这些古钱是中国哪个朝代皇帝统治时期流通到哈尔滨的比较困难，但在罗马帝国和远东北部之间一定有直接或间接的联系，或许这些联系是通过草原上的路（戈壁的南部或北部），而不是通过‘丝绸之路’，托尔马切夫（Tolmatcheff）先生已经在白城废墟的土壤中发现了两个考古层。”①

哈尔滨的交通工具很多，有公共汽车、出租车、有轨电车和黄包车。遗

① Emile Licent, *Onze années (1923–1933) de séjour et d'exploration dans le bassin du Fleuve Jaune, du Paiho et des autres tributaires du Golfe du Pei Tcheu Ly*, Tientsin: Mission de Sienhsien Race Course Road, 1935, pp.495–496.

憾的是俄式马车很少，这是参观城市最舒适、最方便的交通工具。公共汽车票价很便宜。有轨电车、公共汽车、出租车的司机是俄国人或中国人。

这么多外国人，可想而知当地语言的复杂性。在哈尔滨有很多中国人学俄语，而学中文的俄国人却很少。所有地方的街道都是中文名字（包括新城），很多司机和黄包车夫也知道街道的俄语名。

达西耶神父告诉桑志华一些俄语或中文的习惯用语，以便出行方便。一般来说“道里”，指的是新城（铁道，简称“道”，“里”是车夫们的话，意思是“里面”“左边”）；“道外”指傅家甸（“外”也是车夫们的话，意思是“外面”“右边”）。

哈尔滨天主教堂坐落在与松花江平行的正阳道，是东西方向的。与这条交通要道垂直相交的有 20 条道路，从西往东编号为 1—20 号，第 6 条路况太差了，是一个真正的大泥潭，汽车根本不能通过。他们只能从第 5 条道路走，这条路虽然也很脏，但是可以通过。

很晚了，桑志华和达西耶神父一行，终于到达哈尔滨天主教会驻地。

8 日，桑志华前往哈尔滨新城东部的法国领事馆，拜访了雷诺（Reynaud）领事，还看望了维埃尔盖斯基（Wiergesky）神父，他是昆虫学家和人种学家，曾在波兰博物馆工作。

桑志华来到哈尔滨“莫斯科大楼”参观满洲研究协会博物馆，非常高兴地见到了苏维埃银行的代理人鲍格尔拜特斯基（Pogrebetsky）先生。他曾来天津参观北疆博物院，再次相见格外亲切。

在鲍格尔拜特斯基先生引领下，桑志华快速参观了博物馆，这里藏品丰富，布展很好。他见到了古生物学家、古生物所主任雅克弗列夫（Jakovleff）先生，经济学家、经济研究所主任马拉瑞斯基（Malariewsky）先生，植物学家斯科沃佐夫（Skvortzoff）先生，动物学家兼秘书长拉什科夫斯基（Ratchkowsky）先生等。

鲍格尔拜特斯基先生邀请桑志华为满洲研究协会会员作一次报告，桑志华愉快接受。

中午，满洲研究协会宴请桑志华，介绍了所属博物馆的情况：该馆是 1922 年建立的，隶属俄国铁路管理处，几年来投入经费高达 42000 元。现在，管理处的经费被削减，过一段可能会取消，博物馆的处境非常不好。中

满洲研究协会博物馆

国有关部门已安排了一位专员准备接管，但还没有开始工作。桑志华了解到其难处，表示随时欢迎他们到天津北疆博物院工作。

斯科沃佐夫先生在帽儿山有一幢小别墅，他热情地邀请桑志华去小住几天。

桑志华与斯科沃佐夫先生和杰姆楚蚩妮（Jemtchouchny）夫人、亚历山德洛夫（Alexandroff）先生一行 4 人前往帽儿山。进入一个小山谷，前面是一片绿油油的稻田，田埂上住着一户朝鲜族人家。桑志华一行登门拜访，见到院里养了鸡、猪，还有一个臼。秸秆顶的土坯房，房间很小，地上堆满了粮食、柴火和劳动工具。主人一家五个孩子，最小的孩子非常可爱。虽然他们不在自己的国家，但在中国生活得很不错。

舂米的臼

然后，他们向帽儿山攀登，桑志华顺路采集了植物标本。返回途中，参观松花江傅家甸北岸的码头。

18 日，桑志华第二次到满洲研究协

傅家甸北松花江上的一个码头

铁路桥

铁路高架桥下人们在江上划船游玩

会博物馆参观。他认为从许多动植物标本看，东北地区的草原、沙丘、沼泽、森林、山脉为其提供了丰富的资源。

27日，桑志华第三次到满洲研究协会博物馆参观。在古生物展柜前，雅克弗列夫为桑志华介绍鱼类藏品，其中有38种淡水鱼来自松花江。雅克弗列夫还是一位出色的动物标本制作师，每一件标本都栩栩如生：一只东北母虎和它的幼崽，虎虎有生气；内蒙古东北部冬天的羚羊，淡淡毛色几乎全是白色的，还有旱獭；东北地区的狼獾、貉、紫貂、雷鸟犬，活灵活现；还有生长在东北地区的四只丘鹬、两只鸱枭、黑色野兔、毛腿沙鸡，在亚洲很罕见；一只在哈尔滨筑巢的红棕色翠鸟，尾部有几根金属光泽的蓝色羽毛，非常漂亮，它们在印度过冬。

植物学家柯兹洛夫（Kozlow）先生给桑志华看了许多植物标本，其中有一系列经过鉴定的木本种类的藏品，包括满洲雪松的球果。

负责爬行动物藏品的博物学家巴甫洛夫（Pavlov）先生为桑志华介绍了几十种爬行动物，其中有一只满洲特有的蝾螈，桑志华在中国第一次见到。

人种学的展览主要包括对蒙古族人、满族人、汉族人等生活的复原，展柜配置得非常好。

一个中国医药展柜，还在研究和鉴定阶段。

托尔马切夫先生和斯维亚特金（Sviatkin）先生负责的考古学展品非常丰富，值得一提的是，考古学小组有 80 名成员。

东北地区经济学是专门一部分，占用了整整一间屋子展示硬毛的黄豆。

满洲研究协会以及博物馆的出版物很出名，已经成为对外交流的“窗口”。

满洲研究协会的植物园，也是桑志华向往的地方。它位于马家沟，与铁路管理处的苗圃离得不远。正在值班的维拉·冯·吕德（Vera von Lude）小姐带领桑志华走进长势茂盛的植物林，许多果树硕果累累，一个水生植物的小池塘有不少鱼。桑志华采集了一种攀缘的野黄豆标本，植物学名字叫紫藤，种植它的经济价值在于可以提供很丰富的优质饲料。

下午，桑志华在返回教会住处的路上，看到大街上游行的队伍，穿着黄色衣服，排成纵队，就是平常走路的样子，没有武器，唱着新的爱国歌曲，有四五个警察跟随在队伍后边。晚上，桑志华又见到老朋友奥斯托夫斯基（Ostrowsky），他是俄国人，任哈尔滨波兰区天主教堂主教，长期在哈尔滨工作，很有影响力。

31 日，奥斯托夫斯基陪同桑志华，去拜访哈尔滨东正教梅道尔（Methode）大主教。桑志华非常谨慎地与大主教讨论人类起源和考古文化的问题。这次拜访非常简单，也非常真诚、有趣。

晚饭后，梅道尔大主教对奥斯托夫斯基神父进行回访，参观了天主教堂，同时要求会见桑志华，继续讨论人类起源和考古文化，桑志华对这位大主教充满了敬意。

哈尔滨索菲亚东正教大教堂

桑志华来哈尔滨考察的消息，很快登载在《哈尔滨日报》上，可见桑志华的名气不小。桑志华去看望主编韦泽（Vezey）先生，他的一个朋友也在座（南满铁路咨询办公室的人），给了桑志华一幅哈尔滨地图和一幅南部铁路网的线路图。“我（桑志华）看到俄国和日本出版的‘东三省’地图，还有明信片，是很不错的图解式作品。我看到美国人对这一地区也非常感兴趣”[①]。

在东正教大教堂的圆形广场，桑志华遇到一支俄国人的葬礼队伍向火车站走去，水晶棺里躺着拉齐耶维奇（Lakiévitch），他是中国东部铁路的布尔什维克方面的管理者，受到革命者的爱戴。他将被送回莫斯科。

在哈尔滨，许多俄国人担任警察，当司机和售票员的也不少。一次，桑志华乘公共汽车，一个俄国售票员用非常流利的法语说：“请上车吧，前边有一个座位。”

桑志华在博物馆遇见一个曾是俄国皇家卫队的上校，他身穿普通的警察制服，衣服很干净，但是磨损很严重，还打了很多块补丁。

达西耶神父对桑志华说，居住在哈尔滨的俄国人身份非常混杂，有铁路工人，有难民，有苏维埃革命党人，也有沙皇时期的没落贵族。那些因修建远东铁路最早来华的铁路工人，有些已经加入了中国国籍。中国人有时利用他们与俄国雇员和代表苏维埃政府的高层人士打交道。

晚上，俄国人在花园里举办了一场音乐会，演唱了俄国和法国的歌曲，大家自娱自乐，不时高潮迭起。整场晚会，给人一种悲伤的气氛，好像是流

---

① Emile Licent, *Onze années (1923–1933) de séjour et d'exploration dans le bassin du Fleuve Jaune, du Paiho et des autres tributaires du Golfe du Pei Tcheu Ly*, Tientsin: Mission de Sienhsien Race Course Road, 1935, p.500.

浪远方的人在表达着漂泊不定而向往新奇的复杂情绪。

9月3日，桑志华第四次到满洲研究协会博物馆，这一次是满洲研究协会请他出面与满洲研究协会的中国管理者协商，希望对博物馆给予支持与帮助。

8日，是一个晴朗的秋日，桑志华与满洲研究协会的中国管理者如约相见。他首先讲了“参观博物馆后的感受和当前面临的现状与问题，展望了天津北疆博物院与其合作的前景。”然后说，“我们与协会保持联系和合作的计划，前提是它必须是自由的。现在，由于管理体制的变更，中国管理者使这个协会受到了拘束”①。

中国管理者十分坚定地说：“哈尔滨是中国的，铁路是中国的，建筑也是中国的，满洲研究协会博物馆的所有藏品都是中国的。所以，协会也应该变更为中国的。成员将由协会选出，但是主席必须是中国人。现在我是主席，是哈尔滨当局把这个任务交给了我，我应履行职责”②。

桑志华再次强调所有藏品是在铁路管理处投入经费后采集的，有些是私人藏品，是属于满洲研究协会的，协会可以自由地选择主席。中国的管理者坚决不同意。桑志华提出，希望开一个会讨论这些问题，中国管理者也没有同意。最后，桑志华说：“我很高兴知道了一些我想知道的细节”。然后，握手告别。

下午3点，满洲研究协会考古学家们等待桑志华的消息。桑志华简要介绍了与中国管理者的谈话情况与结果，表示自己无能为力。紧接着，他从旧石器时代、新石器时代的角度，谈了天津北疆博物院的藏品，欢迎各位专家学者来北疆博物院工作。

10日晚上，报纸上的一条消息引起了桑志华的关注：洛易·夏普曼·安德鲁斯（Roy Chapman Andrews）率领的美国组织的第三次考察团的古生物学成果（85箱）在张家口被中国政府没收了。这一事件是由“国家古文物

---

① Emile Licent, *Onze années (1923–1933) de séjour et d'exploration dans le bassin du Fleuve Jaune, du Paiho et des autres tributaires du Golfe du Pei Tcheu Ly*, Tientsin: Mission de Sienhsien Race Course Road, 1935, p.522.

② Emile Licent, *Onze années (1923–1933) de séjour et d'exploration dans le bassin du Fleuve Jaune, du Paiho et des autres tributaires du Golfe du Pei Tcheu Ly*, Tientsin: Mission de Sienhsien Race Course Road, 1935, p.522.

保护协会”发起的。之后，斯文赫定（Sven Hedin）博士和斯坦因（Aurel Stein）先生带领的考察团，以及法国雪铁龙穿越中国考察团，也遇到类似情况。桑志华意识到，中国政府对考古加大了管理力度。

夜深了，桑志华漫步在松花江畔。作为昆虫学家，他非常欣赏这里的美景：满天的星星，皎洁的月光，一大群白色蜉蝣在水面上飞翔，离水面最多一米高。这些漂亮的昆虫大部分挂着它们还是幼虫时包裹着的皮，逆风飞翔，风大它们会后退一点。夜间，它们会死去，早晨这些白色的精灵就会消失。正如船夫所说：“一宿，死啦！”到了第二天中午，它们的幼虫全身包裹着的“套子”在背上裂开，浮现在水面上，然后展开翅膀在江面上飞翔。这些昆虫的生命虽然只有几个小时，但仍生生不息。

1928 年 9 月 11 日清晨，阳光明媚。桑志华一行带着 19 个采集的动植物标本箱子，从哈尔滨乘火车去长春。他看到掏粪工的独轮车上都罩着布，心想：北京皇城的人们都没有这么讲究。

6 惊讶于日本人开采的抚顺露天大煤矿

沈阳是一座历史悠久的古城，清王朝最早在此建都。辽河、浑河、秀水河流经境内，充沛的水资源孕育了沈阳厚重的城市文明。

1928 年 9 月 20 日，天气凉爽。桑志华一行从长春乘火车到沈阳。为省钱，他乘坐快车，两个随从带着行李坐慢车。透过车窗，可以看到农民正在收割成熟的庄稼，看来沈阳的温度明显比哈尔滨高，庄稼成熟得也要早一些。

面对这片广袤的黑土地，桑志华在思考一个问题：在东北地区听人们说有南满洲、北满洲，为什么有两个满洲？他始终没想明白。在桑志华看来，“日俄战争结束后，从那个奇怪的条约签订之日起，在中国领土上就有了两个满洲，即北部俄国控制下的满洲和南部日本控制下的满洲。日俄之间的争夺是从铁路网开始的，俄国已经占有了东西线，从西伯利亚的国境线通过哈尔滨到海参崴的铁路线，以及从哈尔滨到长春的铁路线。日本人则成为南满铁路的大东家和建设者，从大连和旅顺一直到沈阳和长春，还有通向朝鲜和日本方向的沈阳—安屯（Antung）（音）线，沈阳—抚顺线，从营口、长春到吉林和敦化的铁路线，以及从四平开（Sseu p'ing k'ai）到鞍钢西（Angang ki）的铁路线。日本人野心很大，就是想通过扩大在中国修建的铁路网对付俄国。遭受损失最大的是中国人，建造并完成了从沈阳到吉林的一条直线铁路，与从沈阳到长春和从长春到吉林的铁路线竞争。这条铁路将会成为争执的导火索，但并不是在日俄之间，而是在日俄与中国人之间。因此，利益争夺不只是表现在经济方式、占有土地、修建铁路，更多地表现为威胁和动荡。东北的统治者张作霖，好像不打算与日本人合作了，所以被日本人杀害了。人们不知道还将会发生什么事。满洲是一片奇特的土地，中国人在这片广袤森林和草原上耕种和生活。除了这块黑土地的现象，还有另外一种最广泛意义上的经济和政治现象：那就是日本和俄国之间的战争"①。

"我们乘坐的火车进入日本管辖区。作为日本一侧的东北统治者张作霖大帅，刚刚去世。似乎，他早已不再与日本人合作。人们在思考以后会是什么样子；人们会知道的，也会看到的"②。

桑志华收拢思绪，注视着车窗外的景象。在距铁岭 13 公里的地方，可以看到一个不太高的小山口，山坡蓝色石灰岩构成的圆形山岭一直延伸到靠山屯。火车继续前行，到达辽河的铁岭。

火车准时进站，因发现了一名鼠疫患者，所有乘客必须进行防疫检查。

走在街道上，桑志华发现与 1914 年初来这里时，已经大不相同了。城市之间设有围墙的铁路区、日本城、国际性的大街来往的行人，中国人的数量比日本人多。他已经认不出 1914 年来时走过的路了，它们湮没在城市的新建筑中。但是，沈阳老城以及郊区几乎没有什么变化，虽然人们用碎石铺筑了一些道路，但还是保留着以前的面貌。

沈阳天主教会让・布鲁瓦（Jean Blois）大主教和财务管理阿维利诺

① Emile Licent, *Onze années (1923–1933) de séjour et d'exploration dans le bassin du Fleuve Jaune, du Paiho et des autres tributaires du Golfe du Pei Tcheu Ly*, Tientsin: Mission de Sienhsien Race Course Road, 1935, p.528.

② Emile Licent, *Onze années (1923–1933) de séjour et d'exploration dans le bassin du Fleuve Jaune, du Paiho et des autres tributaires du Golfe du Pei Tcheu Ly*, Tientsin: Mission de Sienhsien Race Course Road, 1935, p.529.

新城的建筑、道路和公共设施

（Vérineux）神父热情地接待了桑志华。阿维利诺神父陪着桑志华来到寓所阳台，这里可看到沈阳城市全貌：老城是方形的，大约 4 里长，四周有高高的围墙，有 8 个城门，相对来说比较小。它四周的郊区被一圈土墙包围着，从西到东的长度是老城的 3 倍。东郊与火车站之间的地域建立了新城，即日本铁路城，约有 35 万以上的居民，其中有 2 万日本人，1700 欧洲人，3000 朝鲜人。新城的建筑、道路以及公共设施，与落后郊区形成了鲜明的对比。

各国驻沈阳领事馆，都建在新城的东北部。为了旅行顺利，桑志华去日本驻满洲领事馆，出示了天津领事加藤先生开具的介绍信。由于林四（Hayashi）总领事回日本度假，副领事千田先生会见了桑志华。千田曾在法国读书，法语说得非常好。他对桑志华说，日本在沈阳有一个警察局，水电供应非常好，所有的事务都井然有序，能够保证桑志华的安全。一小时后，桑志华拿到了给抚顺煤矿矿长、鞍山铁矿负责人和大连地理学院院长的三封介绍信。

北陵

下午，桑志华在植物

学家克布里埃尔神父的陪同下，到沈阳北陵参观。

沈阳曾经有古老的皇家宫殿（建于1625年）。满族第一任皇帝在此建都，后来顺治皇帝迁都北京。桑志华在1914年刚到中国时参观过北陵。这次有非常优秀的植物学家克布里埃尔神父相伴，收获更大。

神道两侧有巨大石兽

他们从南边入口处进入，长长的神道铺着石板，路上绿树成荫，古老美丽的五针松，有三百年的历史了。在路尽头看到了祠堂。在坟墓北边的阴面，有一圈土堤，上面种着非常浓密的灌木。

陵园是一个植物世界：五针松、橡树、桑树、杨树、柳树、侧柏、山楂树、小叶榆树、大叶山榆树等，形成了美丽的乔木林。陵园南边是大片的泥沼地，大多种植了水稻。桑志华在这里采集了植物标本，捕捉了昆虫。

9月21日，桑志华乘火车到铁岭。铁岭是一座古老的城市，听说在8世纪渤海王国时代叫富州，那古老的佛像和宝塔，以及铺着瓦片的屋顶，在默默述说着过去的辉煌。真正让铁岭变得重要的是辽河。辽河流经过这里可以航行。但再往北，河流变窄，小艇很难通过。这些年来，铁岭已经被日本人扩大了一倍，有日本领事区和军事区。

拉玛斯（Lamasse）神父把桑志华接到家里，聊至深夜。他既是传教士又是建筑师，还是优秀的园艺家。铁岭的天主教堂是他规划设计的，属于罗马建筑风格。教堂内部装饰，使人联想起法国南部那些令人肃然起敬的古老教堂。教会驻地花园在他的辛勤耕耘下，松树、桃树、山楂树、丁香树长势茂盛，形成了非常漂亮的树丛。他成功地种植了法国葡萄，葡萄粒是蓝色或白色的，冬天要把它们埋在土里保暖。

第二天清晨，在拉玛斯神父陪伴下，桑志华和王连仲去距鞍山35公里

大煤矿管理处大楼

的靠山屯采集动植物标本。

经巧妙改造后的俄式敞篷马车很适合在乡村小路行使，非常舒适安全，尤其是马车踏板很低，随时可以下车采集岩石、昆虫和植物。

铁岭有许多起伏不大的小山坡，石子非常多，土地贫瘠。经过的村庄都很破败，有的被废弃了，自然生态遭受了日本毫无节制的破坏，很多地方被毁。

下午，刮起了东风，下起了雪。拉玛斯神父带着桑志华到一条大河钓鱼，收获颇丰，还见到一只白鹭懒洋洋地趴在沙滩上。在这住了一周，桑志华收获了许多植物标本，但昆虫很少。

27日，桑志华乘火车绕道从沈阳来到抚顺。吉伯特神父、拉纳（Lane）神父和中国人孟神父，在一个新建的修道院，友好地接待了他。

下午，桑志华在吉伯特神父陪同下，来到日本人开采的抚顺煤矿参观。桑志华拿出日本驻满洲总领事开的介绍信，递给了山口先生。山口是抚顺煤矿的总管，他不仅管理着煤矿，也管理着从抚顺到沈阳的铁路，还管理着煤矿新城——前进寨（Kien tchin tchai）。在技术方面，总工程师栋木先生辅助山口的工作。

前进寨新城由日本的建筑师规划设计，最主要的建筑就是煤矿管理处那座高大的楼房，没有柱子，也没有挑檐，非常实用。这座煤矿新城居住着中国煤矿工人约5万人，日本的管理人员约2500人。

非常遗憾，桑志华晚到了几天，因为他们打算开采一个新的露天煤矿，几天前还专门请了一个德国地质学团队来勘察。如果当时桑志华在，可以共同解决技术难题。山口为桑志华提供了有关煤矿的重要材料，并同意他参观一切想去的地方。

山口说，南边一个巨大煤矿最高部分已经被露天开采了，还有三个露天采矿厂：东边的两个已经开采枯竭了，标着“旧矿”；西边的第三个大煤矿正在开采中，位于前进寨的西南侧，可以去参观。

这个大煤矿的总经理兼工程师栋木带领桑志华和吉伯特神父参观。

桑志华在行程录中记载了所见所闻。“栋木先生站在露天大煤矿沟边上，自豪地介绍：抚顺的煤矿并不是世界上最大的，但煤层却是最厚的。煤层从东到西约15公里长，3.5公里宽，平均厚达40米，最厚的地方达到了120米，全部是可燃煤层。抚顺的矿层有120亿吨的储煤量。目前，夏天每天开采原煤10000吨，冬天则每天开采15000吨。采煤设备总价值1000万日元”。

“前进寨西南边正在开采的大煤矿，大约长2.5公里，宽800米，深度70米，计划再加深加宽。这个大煤矿的露天开采，原煤可达1亿吨，但不需要矿井，也不需要坑道和照明设备。因为，煤层比较高的部分是‘岩矿层’，就是一个40英尺的冲积层（沙子和砾石），向北勘探，‘岩矿层’还包括了一个更厚的油页岩层，这样‘岩矿层’的总量将达到1.6亿吨，通过

难以置信的巨大采煤场

建在煤层上的铁路

销售这些沙子和岩石，为开采煤矿提供所需资金”。

煤矿工人挖土方将达到2.6亿立方米，而巴拿马运河的土方只有这里的一半。

栋木还说：“在西南边30里远处还发现了无烟煤。从大矿沟里抽出的水每分钟达到了16立方米。这并不算多。煤层的总厚度，不包括薄薄的页岩层，有120米”。

经初步勘察，“抚顺的沥青质煤属于第三纪，顶部是渐新世的，底部则是始新世的。不管怎么说，在那里找到了我们认为属于渐新世的植物群”①。

28日清晨，他们沿着大煤矿斜坡走到井下。桑志华惊讶地对吉伯特神父说：“如果不是亲眼所见，这巨大的采煤场简直令人难以置信！”这是一个煤矿的黑色大沟，大沟的两个坡面有七八个阶梯，阶梯建在含沥青的棕色页岩上，总高度约13米，支撑着一条专门运输煤的铁路。

大煤层的西端小湖边都是煤

在大煤矿南岸，工人们正在操作一部庞大的美式疏通机器，力图打开这个矿层。机器把顶部13米厚的“沉淀物”刮走，从斜坡底部弄上来的沙子被用来填埋矿井开采干净的深沟。

在大煤矿北岸，可以看到煤和页岩的交接带，页岩把煤

① Emile Licent, *Onze années (1923–1933) de séjour et d'exploration dans le bassin du Fleuve Jaune, du Paiho et des autres tributaires du Golfe du Pei Tcheu Ly*, Tientsin: Mission de Sienhsien Race Course Road, 1935, p.536.

覆盖了，形成了一个悬崖。工人们用火药炸开页岩，再用蒸汽机械铲协助翻斗车完成斜坡上的分隔工作，而煤层被分裂成大煤块、核级煤和煤粉。桑志华与吉伯特神父都是第一次见到这些先进的采煤设备，赞不绝口。栋木说："日本工业领域还不能生产这种设备，目前还依靠进口。"

大煤层的西端，被一个小湖截断了，湖岸上都是煤。这个湖泊像个漏斗，汇聚到这里的水最终都会干涸。

桑志华在煤里发现不少琥珀粒，直径有一两厘米，有的甚至达到了四五厘米，但没有找到化石。

来自日本的椿小姐和尾崎小姐，是两位研究煤矿问题的年轻地质学家，遇到了桑志华，聊了一些感兴趣的话题。

30 日，桑志华和吉伯特神父在山口的秘书奈美由一陪同下，去参观日本人在抚顺开采的另一个最大煤矿——多哥矿井。

多哥矿井的总管（也是山口的副总管）齐藤先生接待了他们。齐藤一边走一边介绍情况，一起下到矿井。

桑志华看到：这个大煤矿所有设备都是最先进的。大坑道的顶部是混凝土，小坑道的支架非常坚固，深处的牵引设备是用电的双通道，工人用从露天大煤层里挖出来的沙子来填平水坑。

吉伯特神父对桑志华说，如果不是陪着你来参观，天主教会在沈阳这么久，都不知道日本人开采了这么大的煤矿，更不知道还有这么先进的设备。

这时，齐藤请他们向坑道的深处走去。桑志华和吉伯特神父几乎同时惊讶地看到了前面一个非常漂亮的大屋子。进入宽敞明亮的房间，穹顶镀了镍的电灯把房间照得通亮。地下办公室里有严禁吸烟的警示牌，桑志华只好克制自己的烟瘾。在一间办公室，齐藤泡好茶，用日语介绍了多哥煤矿的矿藏、生产及设备等情况。

通过齐藤的介绍，桑志华明白了："抚顺煤炭形成的盆地（包括正在开采的最大'多哥'矿井在内），并不都是属于日本的租界地，整个煤矿的开采还继续向东和向西延伸，它的两端都远远超出了日本租界地的范围"①。

---

① Emile Licent, *Onze années (1923–1933) de séjour et d'exploration dans le bassin du Fleuve Jaune, du Paiho et des autres tributaires du Golfe du Pei Tcheu Ly*, Tientsin: Mission de Sienhsien Race Course Road, 1935, p.539.

10月1日，法国驻沈阳布隆多（Blondeau）总领事刚从日本回来，就会见了桑志华。他说：“沈阳有很多日本驻军，日本军队的统帅刚刚离开这里去东京。日本人在北京等待着法国公使团的秘书。这次高层人士的频繁活动，是与满洲一系列悬而未决的严重问题有关。”布隆多还告诉桑志华，他曾经在沈阳一个日本古玩商那里看到过一个用琥珀和煤精心制作的物件，至今不知道是什么东西，他还叮嘱桑志华要注意安全。

返回沈阳教会驻地的路上，桑志华在“北陵和城市之间，穿过几个练兵场。在那里，中国人正忙于‘训练’很多新兵。由于张作霖的悲剧性死亡而造成的政治和军事气氛，沈阳这座城市仍然被一种未知的威胁左右着”①。

2日，沈阳天主教圣母会安排桑志华参观了神学院。受最近经常性罢课的影响，学院曾经关闭过，经过严格的挑选又招收了75名新生，教授法语和英语。

通往神学院的路上，有一座用蓝色砖建的大宝塔，已经有三年了，由道士维护，张作霖的葬礼就是在这里举行的。

“晚上，看到了一个奇特的现象，中国城里一个非常有威力的发射器发出光束，从四个防区的上空一扫而过。人们感觉到仿佛置身于一个空中军队的威胁之下”②。

应日本人的邀请，4日，桑志华乘坐火车，去鞍山铁矿参观。天主教王神父在力山火车站迎接他。

桑志华发现：这条铁路尽管是一条支线，但火车站非常大，大概是日本人用于运输煤炭。鞍山铁矿那高高的烟囱就在火车站边上，轨道两侧到处可以看到碎煤块。

鞍山铁矿的日本工程师喻野和秘书永井接待了桑志华和吉伯特神父，他们一边走，一边介绍情况：

---

① Emile Licent, *Onze années* (*1923–1933*) *de séjour et d'exploration dans le bassin du Fleuve Jaune, du Paiho et des autres tributaires du Golfe du Pei Tcheu Ly*, Tientsin: Mission de Sienhsien Race Course Road, 1935, p.540.

② Emile Licent, *Onze années* (*1923–1933*) *de séjour et d'exploration dans le bassin du Fleuve Jaune, du Paiho et des autres tributaires du Golfe du Pei Tcheu Ly*, Tientsin: Mission de Sienhsien Race Course Road, 1935, p.540.

鞍山铁矿厂坐落在一座小山丘上，所需铁矿石分别来自南边的千山（Ts'ien chan）、东北15公里的铁石山（T'iè cheu chan）和10公里的奶头山（T'ai keou chan），这些不同的地点从东到南划出了一条弧线，从鞍山东边经过。经初步勘探，矿石的储量达到了两三亿吨，矿产开采量很大。两座高炉日生产能力是250吨，其先进设备的精确性和生产能力十分令人吃惊。这是日本人的方法：先把铁矿石变成极细的粉末，与同样磨成粉的煤和石灰混合，通过研磨和离心，再把铁矿石、煤和石灰的混合物进行分解，这样铁矿石的含铁率高达60%。

两个高炉每天的生产能力为250吨

铁矿石主要是磁铁矿，这里铁含量最多可以达到55%，平均铁含量为35%—40%，还有褐铁矿。

提炼铁矿石使用的焦炭，是用80%的抚顺煤和20%盆子河（Pen hi hou）附近的煤混合物制造而成的。盆子河位于东北边安屯沿线上。

下午，他们到了鞍山以南的千山。千山含磁铁矿石的岩石，与厚度达1米的石英矿脉在一起，铁矿脉一直延伸到东边的山脉。

5日，参观辽阳东北的煤矿，这个煤矿位于鞍山与沈阳之间。到

铁矿脉一直延伸到东边的山脉

处都有“土匪”，山上的小树林就是他们的一个据点，日本兵曾围剿过一次。为了路上安全，一队负责煤矿治安的日本兵来接桑志华和吉伯特神父。

日本中岛总工程师在办公室接待了桑志华和吉伯特神父，告诉他们这个煤矿正在进行勘探，并将扩大开采工作，恳请桑志华博士给予帮助，还提供了有关煤矿的资料。中岛“对于不能亲自陪桑志华考察表示歉意，因为刚刚发生了一起事故，50 多名中国矿工死于爆炸，要指挥把尸体从井底运上来，埋葬他们”①。

中岛让他的副手山崎陪同桑志华考察，他请桑志华根据这个盆地北部边缘的原始资料，画出地质剖面图。煤矿地层在灰窑村（Hoei yao）附近，大约 7 公里，有 1 小时 10 分钟的路程。根据勘探，桑志华提出向西倾斜的坡度是 30 度；700 尺深度以下，地层变为水平的，可在斜平面进行开采。

山崎为表达谢意，请桑志华和吉伯特神父参观日本殖民学校，在那里喝了茶。山崎先生抽调 20 多名个头高大的学生到北边一座山上，帮助桑志华寻找和收集岩石标本。

这座山顶是由大粒砂岩构成的，在西南边和东北边的山坡上，一些中国煤矿正开采着在同一水平线上的竖直煤层，总共有 12—16 层。

学生们每一次找到岩石，都会喜悦地尖叫。到下午 1 点，共收集了两筐岩石。有人来送饭，山崎请桑志华和吉伯特神父用餐。桑志华看到，送饭人拿来了装着饮料的军用水壶、喝水杯子和面包，还有在日本火车上看到的“食物筐”，里面装着米饭、鱼、肉、罐装蔬菜以及“米酒”。丰盛的午餐对早已饥肠辘辘的桑志华来说，真是一个惊喜！桑志华问山崎：那 20 多名学生吃什么？山崎说，学生们在出发之前已经吃过了，回去再吃。

吉伯特神父与桑志华到邻近高家台的王神父家，并一起用了晚餐，住宿条件不是很好，但非常温馨。晚饭后，桑志华与王神父聊到了鞍山的铁矿和抚顺的煤矿。王神父说：“日本人在中国挣了很多钱啊！我注意到在抚顺的日本租界以外，还有很多空地，也都让日本人占据了。中国人不懂先进技

---

① Emile Licent, *Onze années (1923–1933) de séjour et d'exploration dans le bassin du Fleuve Jaune, du Paiho et des autres tributaires du Golfe du Pei Tcheu Ly*, Tientsin: Mission de Sienhsien Race Course Road, 1935, p.543.

术，希望他们很快学到”[①]。

7 在大连海滩采集标本

大连山地丘陵多，平原低地少，具有海洋性特点的暖温带大陆性季风气候，是东北地区最温暖的地方，冬无严寒，夏无酷暑，四季分明。自然生态环境优越，适宜动植物的生长发育，生物资源较为丰富。日俄战争后（1905），日本取代了俄国在这里的统治地位。因为已经进入了“关东租界地”，桑志华办理了签证。

1928 年 10 月 8 日早晨，下了一点儿雪。桑志华乘坐邮政火车去大连。他的两个仆人和行李以及装着采集品的箱子，乘坐随后的一列慢车。火车经过千山时，桑志华想起了日本人在那里开采的铁矿石。

一路上，桑志华一直望着车窗外的景色，一大片反射着落日余晖的水域，是一个深海湾，四周是高山，这些山直插入半岛内。离山坡不远是一片平原，长了一层藜科植物，像铺着连绵不断的红地毯，看上去含盐量很高。

火车沿着海岸行使，前面出现了一个非常美丽的小海湾，被高山环抱。大海和山脉都是墨绿色的，土壤是红色的，有石灰块，这里的风景就像是一幅水彩画。太阳落山时，火红色的光倾泻而下，笼罩着一座高山的黑影。火车进入黑暗的市区，烟雾笼罩，闪烁的星辰点缀着大连的夜景。

火车终点站位于夫石弥台（Fushimidai）。车站的一位主管指挥一群穿着制服、打着蓝色领带、戴着红色饰带的服务生，为一、二等车厢的旅客提行李，他们态度和蔼、服务有序。

美国传教士蒂百加尔（Tibesar）神父在火车站迎接桑志华，然后乘汽车到教会驻地。路上他提供了许多有价值的信息和资料。

桑志华拜访了南满铁路管理处的秘书宫下先生，他把教礼师小田先生介绍给桑志华说：如需要，大连有 300 名日本天主教徒（初学教礼者相当多），

---

① Emile Licent, *Onze années (1923–1933) de séjour et d’exploration dans le bassin du Fleuve Jaune, du Paiho et des autres tributaires du Golfe du Pei Tcheu Ly*, Tientsin: Mission de Sienhsien Race Course Road, 1935, p.542.

大连是一座欧式建筑风格的美丽城市

可以提供各种服务，还承诺可以介绍桑志华想认识的所有人。

大连依山傍海，建筑风格以欧式为主，居住着许多外国人，整个城市很漂亮，也很现代。大连现有人口21.1万，其中中国人13万、日本人8万、俄国人300多、英国人50多、德国人30多、法国人20多、美国人20多，还有其他一些国家的人。大连港口码头有4330米长，有明显的标志性入口。它可吞吐29艘总吨位为22万吨的轮船，30万吨的轮船也可以进入，拥有4000米的防波堤，圈住了14万平方米的盆地。

宫下先生把桑志华介绍给南满铁路处负责人富士先生。桑志华注意到：当富士对宫下说话时，宫下非常恭敬地弯下腰，很文雅，但是也很有尊严，这是对权威的尊敬。富士为桑志华在大连大开绿灯，可随意进入各个部门参观考察，包括博物馆、地质学院、渔业协会、高等技术学院等。

大连港口标志性入口

桑志华在宫下的陪伴下，来到一个博物馆大厅。大厅正前方墙上挂着大连地区矿物资源的大地图，看上去地矿资源一目了然。

在古生物厅，摆放着一系列化石，其中有些标本来自日本，包括橘石类。一些象门齿，与桑志华在吉林五道泉发现的相似。还有三趾马化石（蓬蒂期），应是北京赠送的，因为在满洲找不到这种动物化石；有一块在内蒙古东北西乌珠穆沁草原捡到的陨石，重 68.868 公斤，42.42 厘米 ×24.54 厘米 ×21.21 厘米；等等。

在矿石展厅，展出了东北地区的矿产和岩石，有钦州南山的石炭纪矿层和一些大叠层组织的大理石，有很多稀有的矿物结晶，还有石棉、石墨、硬大理石和很多耐火材料，堆得很满。

在煤矿及其衍生物展厅，用抚顺煤制作的精致物件占据了一个展柜。

除此之外，还有一个经济展厅，主要有磁铁、滑石、石棉等；有谷物、鱼类（松花江鱼类）、毛皮、纺织物（丝绸）等；树木有 31 种标本，还有瓷器和朝鲜玻璃杯，这种杯子颜色是白的。

一部分展品的标签是用英语和日语写的，一部分标签只有日语。

在桑志华要求下，宫下先生为桑志华提供了一些有价值的信息，但是原则上不允许他在旅顺以及大连周围的地区拍照。在大连城市的一些地方，桑志华看到了写着“禁止进入”的通告。

宫下先生和阿卡斯加瓦先生陪着桑志华去南满铁路的地质学院参观。学院主管村上先生介绍了“满洲南部地质和矿物资源”的研究，送给桑志华一张比例尺为 1∶200000 的地图，还有一张 1∶400000 的地图，但已经坏了，只剩下一些片断。该学院出版了一本名为《满洲地质和煤矿观察》的日文杂志，桑志华预订了这一刊物，并带走了 1924—1928 年出版的全部杂志。

晚上，教礼师小田来和桑志华聊天，用英语交谈，他对大连地图作了讲解，这使桑志华进一步了解了这个城市及其周边地区的主要情况。

10 日早晨，阳光明媚。早餐后，蒂百加尔神父陪着桑志华参观了传教士住处附近的一个动物园。这里养着虎、豹、狼、鹿、猴子、黑熊、棕熊、山羊（很常见）、刺猬和海豹；还养了一些鸟，如孔雀、鹤、鹰等，园内装有警报器。

他们登上北山坡，看到一个收废品的地方，这里居住的都是中国人。

在海边，日本人正在实施一项大的工程：疏浚海底，填平海边的水塘。桑志华与蒂百加尔神父都想不出这是干什么用的。此时，宫下先生来接他们去参观渔业，但他也不知道。

日本建在大连市区西端的重要工业区

蒂百加尔神父对桑志华说：日本建在大连市区西端的重要工业区，实际上并不属于日本租界地的范围。

渔业学院的建筑相当小，既没有水沼也没有养鱼塘，刚刚新建了一座实验楼。因总管外出，副总管中岛先生接待了桑志华。他介绍说：“这里包括我共有四位研究员，其中一人负责渔业工业，一人负责海洋化学，一人负责养渔业，我负责海洋学。”基地还有一项主要工作，就是每天对大连海域水流、水温、海浪以及船只航行情况进行监测。统计汇总后，把每月每年的情况都标在图上，并与青岛、日本之间标出的曲线进行比较。

中岛接着说：“这个机构坐落在大连城市南边的海口，保护着大连半岛的另一侧。”实际上，这不仅仅是一个渔业学院，也是一个监控基地。

中岛正致力于满洲淡水鱼的研究，还去了哈尔滨和吉林，带回来大量的松花江鱼类样本，至少有超过 150 种淡水鱼。

桑志华提出要看看学院的鱼类藏品。中岛先生带他们来到一个仓库，里面大约有藏品一百多种，除了鱼类，其他海生动物很少，还有一些鱼干等海洋商业产品，但都没有得到很好的保存，好像被丢弃在这里。中岛解释说，这是因为它们以前用于研究，现在研究结束了。学院的图书馆很小，大部分书籍是日文的。

下午快两点的时候，海水退潮了。根据中岛的说法，潮水涨落很有规律，每天两次，与北石里海湾完全不同。

几天来，中岛带桑志华到海滩采集标本，海洋植物非常丰富。桑志华在海里捕了几种鱼，收获了一只 2.5cm × 3cm 的大水母，完全是透明的。还见到一只海豚，但距离太远了，无法捕捞。

星星海湾的沙滩更美。西边是有斑块的黑色石灰岩，深入海中二三百米，形成了高三四米的一块十分奇特的大岩石。桑志华登上这块岩石，看到海里的生物非常丰富，于是脱下鞋赤脚到海里，找到了几种贝壳。为了捕捉鱿鱼，蒂百加尔神父给桑志华弄来了一种带尖钩的细铁棍，把它们从躲避的缝隙里弄出来。王连仲在海边捕鱼，收获很大。

在星星海湾的休闲区域，建了一幢幢美丽的别墅，其中不少是中国下野达官居住的：曹锟、段祺瑞、徐世昌，这些人都担任过中华民国的总统。

距大连约三里的小平岛

沙滩上，有一位日本人一直尾随着桑志华。开始他没在意，后来引起了他的警觉。问他为什么跟着，这个人说对桑志华的工作感兴趣，还告诉桑志华不少有用的信息。两人分别时，桑志华才知道他的真实身份是日本便衣警察。桑志华深深感到：日本在大连的特务工作做得很严密。

15 日，桑志华乘火车赶到半岛北部的三十里堡。阿卡斯加瓦先生告诉他那里有一个含三叶虫化石的地层。

路上，桑志华发现了一个石灰岩的岩层，可能是属于前寒武纪，日本的地质学家们叫它大鲕粒叠层也不是没有道理的。三叶虫地层位于一个小河谷中，这条河谷切断了含有三叶虫化石的含碳棕色页岩。小小的急流向南流去，可以看到很多巨大的卷曲的石灰岩石块，构成相当奇特。

返回三十里堡火车站的路上，桑志华发现了一个石灰质页岩的地区，在那里看到了一块叠层结构的孤立的大石块。

16 日早晨，日本教礼师小田邀请桑志华乘汽车去旅顺参观。

汽车经过了两条隧道和位于峡湾之上的大桥，沿半岛的南坡行进，山坡上生长着各种树木，有松树、橡树和刺槐，碧蓝的天空和海上的风景瞬息万变，一路风景很美。

旅顺共有人口 1.8 万，其中日本人占了 8000 人。日本人的行政区、法院、博物馆、学校、海事基地等设在这里，关东日本管理人员大都在这里居住，这是一座名副其实的“日本城”。

这座城市分为旧城（东半部分）和新城（西半部分）。新旧两个城被一座高山隔开，山上耸立着日俄战争（1904—1905）的纪念碑。矗立在新城的几座高大的白色建筑犹如豪华宫殿，在松树翠绿的掩映下俯瞰着整个半岛。而中国人居住的旧城破烂不堪。

旅顺这座城市充满了战争的记忆，记录着俄国人为期 11 个月的守卫和日本人的进攻。旅顺之战日军损失 2.3 万人，俄军损失 1.9 万人，2.6 万人被俘虏。桑志华在山上转了转，看到了俄军曾经建造的巨型防御工事，整个封闭的小海湾布满了大炮，似乎还鸣响着隆隆的炮声。

与大连相比，旅顺比较

前寒武纪的岩层

巨大的卷曲的石灰岩石块

孤立的大石块

寂静，港口只有一艘客轮和一艘运煤船。桑志华在安宁的港湾采集海洋植物标本。下午，参观了市政博物馆：

一楼是鸟类展厅，藏品很漂亮，但是对于满洲来说，并不全。

二楼展厅是新石器时代的东西：平滑的双孔刀、各种形状的斧头、20种用坚硬页岩制作的石箭骨针、10来个空心脚的容器、几个用来装肉的石槽、带有绘画的陶器等，所有这些构成了收藏系列。桑志华最感兴趣的是人种学部分：古老的铁器，如铁箭、剪刀、刀子等数量很多；很多形式各异的青铜模子；十分漂亮的玉指环，尺寸很大；古钱币、石碑残片；陶瓷制品占据了很大空间，有烧制的泥土瓷器、上釉的瓷器、用烧制泥土做的一系列小雕像，分别用红、白、蓝三种颜色作装饰。

三楼是自然史展厅，藏品也很丰富：植物学、哺乳类、鸟类学、昆虫学等。大部分鸟类没有制作成标本，而是被塞满棉花，平放着，用来做研究，这也是最好的收藏方式。还有大量的蜻蜓，大部分昆虫还没有鉴定。

最后，桑志华浏览了海洋产品的展厅，有贝壳、鱼类等。实际上这是一座自然博物馆。遗憾的是这些藏品标签都是中文的，没有英文和法文。

走出博物馆的时候，桑志华看到老师带领着日本学生来参观。他认为，这种做法应该在欧洲广泛推广。

当晚，桑志华乘火车返回大连。来时他们乘坐的是公共汽车，因汽车公司与铁路公司有协议，人们可以随意选择这两种交通工具，票价没有任何区别。

铁路线的北线建在石灰石地层上，道路简陋，十分颠簸。桑志华透过车窗看到：蓝天与大海相连，景色美极了！杨树变黄了，冬天临近了。

8 与德日进一起到东北考察

时隔一年后，桑志华又一次到东北考察，与他同来的有德日进。1929年5月3日，他们从天津乘火车抵达长春，换乘另一列火车去吉林。

下火车后，桑志华发现：从去年开始，中国人就动工修建吉林到沈阳的支线铁路，一大堆枕木铺在一片石灰岩地面上，工程进展很慢。来吉林车站

一大堆木材铺在石灰岩地面

火车横跨松花江时岸边的景致

接他们的阿兰·丁神父告诉桑志华：中方早就与日方签好了有关这项新铁路的协议。但是，日本人说这条铁路的修建会给他们原有的那两条铁路带来很大竞争压力，因此，拒绝在日方管辖的铁路线运送物资。中方无奈，只能先从沈阳这一头动工。

桑志华和德日进以长春为枢纽，或乘火车、或乘汽车、或乘马车、或步行，奔走于吉林、哈尔滨、沈阳地区之间，穿梭于松花江两岸，重点勘察古生物化石和动植物群。一个月后，他们除了采集动植物标本，以及从一些传教士那里看到一些新石器时代的标本外，没有太大收获。与前一年相比，桑志华明显感到这里在许多方面发生了很大变化。

中国哈尔滨当局下令：俄国铁路处隶属的满洲研究协会博物馆，于1929年5月24日下午4点正式闭馆，古生物学家雅克弗列夫、植物学家柯兹洛夫、经济学家马拉瑞斯基和地理学家阿奈赫（Anert）先生没有受到波及。

15日，桑志华和德日进来到牡丹江[①]两岸考察，渡口上呈现繁忙景象。他们乘舢板来回渡江两次，江水很深，水很清澈，流速也很快，没什么回流

① 牡丹江，松花江支流。满语称“牡丹乌拉”，意为“弯曲的江”。发源于吉林省敦化市牡丹岭北侧，向北流入黑龙江省，经宁安市、牡丹江市、海林市、林口县，在依兰县依兰镇西附近汇入松花江。全长726千米，流域面积37万平方千米。

牡丹江渡口的繁忙景象

区。河床底部有许多玄武岩，河岸两边长满了植物，以莎草居多。桑志华采集了植物标本。

28日，桑志华与德日进到五道泉附近的一个地方去寻找化石，去年他来过这里。时隔一年，村民不像以前那样主动卖化石，而是抵制他们开采。要么就付一大笔开采费，要么他们打着“国民古文物保护协会”的旗号，拿着镐、铁锨和铲子自己来挖掘化石。

6月4日，桑志华与德日进在哈尔滨教会的财务总管达西耶神父陪同下，到哈尔滨西北部的呼兰城。这里有中国政府新修的一条铁路，从北部横贯黑龙江。在松花江岸边新区下火车后，坐轮渡过江，再乘马车进城。

呼兰教堂雄伟宏大，有两座高高的塔楼，四周树木郁郁葱葱。吕阿尔（Duhart）神父接待了他们。

这个城市约有人口10万，多为农民，乡土气息很浓。有些屋顶盖着瓦，有些铺着稻草麦秆。主要工业品是陶瓷。

他们来到位于黑龙江省中部松花江支流的呼兰河岸，乘舢板船到下游高达9—10米的峭壁勘察。它是由黄褐色的沙质土构成的，高处有些地方是灰蓝色沼泽地黏土，长满了小扁卷螺；低处一些地方有含铁的红砂土，所有这些都是在第四纪形成的。在上游地段，河岸地形轮廓很分明，里层是僵硬的红砂石，中间是砂质灰土，顶层是厚达1.5—2米的黑土。在这砂质灰土中，桑志华和德日进发现一块牛颌骨化石，还发现了一些大象牙碎片。

呼兰教堂

闲暇时间，桑志华和德日进在吕阿尔神父的陪伴下到呼兰河[①]钓鱼，桑志华钓到了一些黑蚌，河里虾的种类也很多。

吕阿尔神父的管家与四个正在捕鱼的渔民商量，先借用两小时渔网，然后视情况再延长时间。让德日进没有想到的是，只用了两个小时就捕获了十四五种鱼，鲤鱼居多，还有鲈鱼、大须鱼、细鳞鱼、刺鳑鲏鱼等。渔民的要价比较合理，管家连连说这个价钱很便宜。

当他们横渡松花江时，江面一片死寂，与去年百舸争流的场面形成了强烈反差。警察采取了限行措施，除了为车站服务的船只可以通行外，其他任何船都禁止通行。这是因为松花江一直很不安全，前段时间一伙强盗驾着汽艇拦截了一只装满贵重货物的小船，人和船都被放了，货物被劫走了。

1929 年 6 月 10 日，回到天津的桑志华，对东北三省两年来的考察形成了一个总体看法：

“从经济角度看，东北三省本应是中国的福地，是中国的希望之乡，但事实上并非这样。在没有开发这片土地之前，这里气候湿润，东北准平原上的草地和东部山区都沉积着几千年的腐殖土，其肥沃程度显而易见。但是在大肆的砍伐、毁林开荒之后，这里的水土流失现象特别严重，到如今腐殖土只剩下薄薄的一层了。吉林山区和五道泉山区的树林都被砍伐得不成样子了，森林惨遭蹂躏，不是合理地对它进行开发利用，而是像在其他地方一样

① 呼兰河，松花江支流，位于黑龙江省中部。源出小兴安岭西南坡。上游克音河、努敏河等支流汇合后称呼兰河。

先毁后焚，就等于彻底灭绝它。松花江和牡丹江的淤塞也只是冰山一角。长此以往，草原将被沙化，山上会变得光秃秃的，什么也没有，陆地上的林区面积会越来越少。

“这里的矿产资源丰富，煤矿可以开采到古生代、中生代和第三纪的煤层，加莱湖（音）煤矿出产的是第四纪的褐煤。在黑龙江北部还有一些金矿。铁矿并不是很多，主要分布在沈阳以南的鞍山盆地上。

“从国内政局方面看，东北的土匪强盗横行猖獗。城郊、车站、铁路沿线的不安全隐患时常发生，社会秩序很混乱。夏季，土匪们以小分队形式躲在高粱地里，冬天则集体出动。这些土匪强盗很厉害，但是很容易就能把他们辨认出来，因此游客尽量不要走偏远地带。这里还有一些妥协措施：农民们给他们交点保护费，小贩和商人也或多或少出点钱财，张作霖就曾是匪帮头目。这样至少他们就不会被抢劫或绑架了。至于那些行政官员，他们之间的勾结由来已久。更别提那些士兵了，他们一会儿是和平的使者，一会儿是强盗，在其驻军地行窃。

“从国际局势来看，东北可以称为是‘远东地区的巴尔干’。在满洲，俄国的势力范围多在北部，日本则在东南边。在日本的庇护下连朝鲜也混了进来，在中国领地的峡谷里种植水稻。

“美国对‘远东地区的巴尔干’也很感兴趣，因为日本如果在满洲强大的话，其在太平洋上的势力会增加，这就会影响到美国的利益。而英国和欧洲其他国家在东北的利益处于次要位置。

“日本人尽管一直受到中国人的排斥，但是在这里还是活跃的。当然俄国人也一样，尤其是那些俄国难民也经常受到中国人的排斥。有人预测，到时候（1932—1933 年我出版行程录的时候），日本人终究不堪忍受中国的排斥而打道回府。

“但事实上这是不可能的，美洲对日本闭门谢客，欧洲也不欢迎他，他只能寻求在亚洲的扩张，要想扩张首先就是要占据周边国家和地区的领土。日本人口在膨胀，必须寻找新的出路，而此刻，他们已经训练有素，并且敢作敢为，他们的士兵都很出色。不久前（要是我没有记错的话就是 1911 年），他们制定了《大东亚共荣圈计划》（注：我见到过这个计划书），现在正是实现它的时候，因为欧洲正忙于从一战中恢复过来，他们的注意力正集中在新政治格局上（注：他们不敢得罪两大帝国），而此时的美国也正在遭受严重的经济危机。

"日本提出的《民族同盟》的计划根本不可能解决东北的问题：他们在东北各有各的利益，谁也不认为自己是一个外来侵略者，并为争夺利益而挑起战争。整个中国都处于极度混乱状态，因此，各国都在采取适当的措施保护自己的利益。"①

然而，桑志华毕竟不是研究国际问题的专家，也不是研究日本问题的专家，更不是预言家。日本侵略者不但没有在1932—1933年"打道回府"，而是变本加厉制造事端，加快了侵略东北地区乃至全中国的步伐。

9 看到天津难民营

桑志华在科考探险的大本营天津，记录了自1931年9月18日以来日本侵略中国的事情。

1931年9月17日下午，桑志华从外地考察回到天津后，把注意力全部放在了整理刚刚搜集到的大量标本上。九一八事变②没有引起天津法租界人们的格外注意，因为中国的土地上，几十年来枪炮声从未断绝。桑志华也仅仅在1931年9月19日留下了这么一行字："昨天晚上，日本人轰炸了沈阳

① Emile Licent, *Onze années (1923–1933) de séjour et d'exploration dans le bassin du Fleuve Jaune, du Paiho et des autres tributaires du Golfe du Pei Tcheu Ly*, Tientsin: Mission de Sienhsien Race Course Road, 1935, pp.616–618.

② 九一八事变，1931年9月18日，日本关东军突然袭击沈阳的事件。9月18日夜10时余，日本关东军自行炸毁沈阳北郊柳条湖附近一段南满铁路，反诬系中国军队所为，制造所谓的"柳条湖事件"。以此为借口，突袭中国军队驻守的北大营和沈阳内城。其时，南京国民政府正在南方全力"围剿"中国工农红军，坚持对日不抵抗政策。19日8时30分，北大营、沈阳内城相继为日军占领。中午东大营及附近地区也同时失守，沈阳陷落。同日，日军还攻占营口、凤凰城、鞍山、抚顺、安东（今丹东）、长春等20余城。至12月下旬，东北军被迫撤往山海关内。1932年2月5日，日军占领哈尔滨，东北三省全部沦陷。九一八事变是日本企图变中国为其独占殖民地的开始，也是中国各阶层人民进行抗日战争的开始。

的军工厂，并攻占了这个城市”[1]。桑志华毕竟是一个来华科考探险的自然科学家，对于其他国家之间爆发的战争不那么关注，他最关心的是在黄河流域以北的科考活动是否能继续，所以不在意日本国旗插在了哪个城市的房顶上。

桑志华看到路过天津的列车被愤怒的中国学生强行占领，学生们要搭乘火车到南京国民政府请愿，抗议日本侵略东北，而中国警察则执行政府命令：坚决阻拦。

九一八事变的余波已经波及天津，日租界的日本驻军与中国士兵开始发生零星交火。日军在一个早上开火示威，随即解释这种开火属于“和平示威”；中国人宣布“抵制日货”，实行真正的“和平示威”！

紧接着，“日本人雇佣的汉奸攻击了中国的天津警察局，那些人要求1901年的《辛丑条约》恢复效力，并且在离城市（天津）10公里的地方建立一个区域，不许中国士兵进入。”

事实上，日本人在东北地区已经恢复了令中国人感到羞辱的“二十一条”，尤其是关于东北部分。

令桑志华气愤的是日军对于他继续科考的影响以及对他属员的敲诈勒索。几个月前，桑志华派北疆博物院的研究助理植物学家柯兹洛夫、博物学家巴甫洛夫和年轻的大学生斯特莱尔科夫（Strelkow）前往哈尔滨西南部顾乡屯（Kousiang tounn）发掘化石。1931年10月6日，他们回到天津，非常生气地向桑志华汇报了被敲诈勒索的事情。本来，他们带着有效期6个月的护照，然而，进入和离开哈尔滨时，日本人收取护照费21.40美元、拍照费4.80美元、暂住费10.10美元，前前后后每人的手续费高达41.48美元，这相当于125.40中国银元，简直就是掠夺！为此，桑志华亲自写信向哈尔滨当局提出了抗议。

1931年11月10日深夜，桑志华听到大炮和机枪声，连续两个夜晚都是这样。12日，为了以防万一，法、英军队驻扎在租界的南边边界。天津城里宵禁戒严，上午11点到下午1点半不能上街，所有商业活动都被停止，商

---

① Emile Licent, *Onze années (1923–1933) de séjour et d'exploration dans le bassin du Fleuve Jaune, du Paiho et des autres tributaires du Golfe du Pei Tcheu Ly*, Tientsin: Mission de Sienhsien Race Course Road, 1935, p.866.

难民营

店、银行和商业机构无法营业，连黄包车也特别少。13日深夜，仍然有枪声。15日，有传闻说，在日租界度过了最后一段日子的末代皇帝溥仪得到日本人的扶持，在满洲当皇帝。在天津，日本人雇佣的汉奸攻击中国警察局，有了结果：“日本军队根据1901年签订的《辛丑条约》驱逐中国士兵于市区10公里以外，中国警察将在几天内解除武装，不能有步枪，只有手枪。”

那段时间，枪声炮声不断，有时甚至彻夜不停。一次一枚日本炮弹就落在直隶总督府不远处。

12月26日，日本部队侵占天津，至少有两千人，全副武装，还有大炮、机枪，部队推进的速度相当快。

一年后，中国东北地区战争局势发生了根本性的变化，桑志华这样记载：

“1932年1月4日，有报纸报道，日本已经占领了沈阳西南部的金州府（K'in tcheou fou）。”①

“1933年3月14日，北京产生了一阵恐慌，‘国民党中央执行委员会’将撤离北京。一个科学研究协会派了一个主要成员请求我（桑志华）将他们

① Emile Licent, *Onze années (1923–1933) de séjour et d'exploration dans le bassin du Fleuve Jaune, du Paiho et des autres tributaires du Golfe du Pei Tcheu Ly*, Tientsin: Mission de Sienhsien Race Course Road, 1935, p.881.

的三十几个箱子藏在北疆博物院。皇家紫禁城里文物珍品也迅速转移了，有4000个箱子转移到南京和上海，1931年3月30日运走4000个，再分两批送走8000个，最后又进行了第五次运送。其中有一些我认识的欧洲古董商，他们在北京对于古代京城的文物长期进行掠夺活动，现在北京人终于进行了反抗。听说这些珍品将暂放在上海中国银行的地下室里。

"1933年4月20日，据说在满洲的哈尔滨、长春和沈阳附近发现的很多化石都将被运往日本东京。这不仅从军事和经济角度上，而且从科学和技术角度上来看，都是日本人在占领东北地区后进行系统勘探的一个开始"①。

"1933年4月23日，日军占领了热河以南的长城通道，紧接着，又占领了北京东面不远的通州（T'ong tcheou）、山海关（Chan hai koan）、永平府（Young p'ing fou）和滦河（Loan ho）地区，八架日本飞机飞过北京上空，驻守北京的部队（国民党军队）则匆忙撤退了"②。

---

① Emile Licent, *Onze années (1923–1933) de séjour et d'exploration dans le bassin du Fleuve Jaune, du Paiho et des autres tributaires du Golfe du Pei Tcheu Ly*, Tientsin: Mission de Sienhsien Race Course Road, 1935, p.971.

② Emile Licent, *Onze années (1923–1933) de séjour et d'exploration dans le bassin du Fleuve Jaune, du Paiho et des autres tributaires du Golfe du Pei Tcheu Ly*, Tientsin: Mission de Sienhsien Race Course Road, 1935, p.971.

用木杆和芦苇编织的席子搭建的简陋帐篷

在天津，由于人们害怕战争，超过十万人离开了中国居住区，躲进了租界里。天津东方军舰修造厂从1901年成为法国占领区，这时已经成为规模很大的难民营，人们来自东北、通州、芦台等地区，都是为了躲避战争。

1933年4月25日，桑志华来到天津的难民营。他看到难民营面积非常大，估计难民至少有六千多人。人们用木杆和芦苇编织的席子搭建了简陋的大帐篷，男女老少挤在里面。在帐篷外，还有不少人陆续到来，有的男人推着坐着老人和孩子的小车，有的妇女一手拎着包裹一手领着孩子，有的一家几口携带各种各样的东西跌跌撞撞走来，到处拥挤不堪。在帐篷外一个角落，桑志华看到有人十分焦急地找家人，他们走得匆忙，家人走散了。在另一个角落，本村或熟悉的难民聚在一起，他们用小车围成一个圆圈，盖着席子就睡在小车里，把带来的牲口也圈在里面。

法租界官员负责维持秩序，工作人员在道路两旁放置了一些车子，间隔出几个区域，防止人群过多聚集，暴发传染病。在某些角落，空气已经开始散发臭味了。

桑志华碰到了法国耶稣会的詹森（C. Jansen）神父、遣使会会士圣马丁（D. Saint-Martin）和主治医师伯尔纳（Bernard），他们负责这里的消毒工作，工作量很大，任务繁重，非常累人。

在南部，建立了一个更大规模的难民营。如果下雨的话，比较容易染上伤寒，因为难民营地势较低，其中一部分还有被淹没的危险。

“到1933年4月29日，难民人数估计将达到3万多人”①。

---

① Emile Licent, *Onze années (1923–1933) de séjour et d'exploration dans le bassin du Fleuve Jaune, du Paiho et des autres tributaires du Golfe du Pei Tcheu Ly*, Tientsin: Mission de Sienhsien Race Course Road, 1935, pp.972–973.

第十四篇

享誉世界的北疆博物院

距中国万里之外的桑志华，来华之前就锁定了到黄河以北这片陌生而神秘的地域——北疆“探宝”，还立下“军令状”——在中国建一座博物馆。这是桑志华的梦想。然而，一切从零开始。这位来自法国的动物学博士，不惧困难，白手起家，励精图治，苦心经营，先后用八年时间（1922—1930），建成中国唯一专门从事古生物学、古人类学、旧石器考古学及相关生物地层学和古环境学研究的学术机构——北疆博物院。它吸引了世界各国专家、学者前来参观考察。在20世纪二三十年代就已享誉世界。

1 创建黄河—白河博物馆

在中国北方创建一个博物馆，是桑志华的梦想。早在来华之前的1910年，他就拟订了在中国北方考察地质、矿物、古生物、植物、动物以及人种学等，并创建一个博物馆的计划。这个计划得到法国耶稣会总会、法国香槟省和耶稣会中国直隶东南教区的批准。实际上，这对于桑志华来说，就等于立下了“军令状”。

桑志华离开法国后不久，欧洲就爆发了第一次世界大战，而中国又处在内战中。这个计划能不能顺利实现？会遇到哪些困难？一切都不得而知。

对于第一次踏上中国土地的桑志华来说，他有的仅仅是教会的“一纸批文”，没有经费，语言不通，对这个陌生的国度知之不多，困难是可想而知的。

按照计划，桑志华到达中国后先到天主教耶稣会直隶东南教区中心献县张家庄，进行为期三个月的汉语培训。其间，他考察了献县的地质、动植物、农业等，为实施项目进行热身。

然后，桑志华从天津周边地区开始，由近及远采集植物和昆虫标本，收获颇丰。

回顾这段历程时，桑志华写道：“刚来中国时，对我而言，一切都是新的。起初，因担心交通堵塞或安全问题，只是在天津及周边地区收集一些资料和标本，获得一些旅行经验。实践证明，一切都很容易接受。我开始考察黄河白河流域与其他流入北直隶海湾的支流地区，没经历什么困难就到滦河边界了。这时，我计划到中国内地——山西大同第一次远足探险，设想了许多意想不到的问题。为此，在天津精心准备了12天。实际上没有一件事让我投入到冒险中去。从那之后，直至前十年的考察探险中，我确定了发掘地质学、岩石学和古生物学作为主旨目标，除此以外，收集沿途碰到的所有形状的动植物学的标本”①。

天津是桑志华科考探险的起点，也是他收藏各类标本的大本营。从1914年起，桑志华在直隶（包括天津、北京、河北）、山西、陕西等地采集动植物标本，而后运到天津，存放在“崇德堂”。

在多次往返途中，桑志华发现：西方派驻中国北方各地的教会机构自成系统、形成网络，大多身为神职人员的传教士本身也是植物学家、自然学家、博物学家等，他们长年累月生活在偏僻的荒郊野外，不辞辛劳经常徒步拜访当地教徒，对该地区的地形地貌、自然条件了如指掌。其中许多传教士表示对采集动植物标本很感兴趣，但不知如何发挥作用。为发挥这些传教士的特点与优势，桑志华借鉴欧洲博物馆收集标本的做法，于1921年以法文编写了《召告传教士以及有关采集与寄送自然史物件之说明》（*Appel aux Missionnaires et renseignements pour la récolte et l'envoi d'objets d'histoire naturelle*）的收集“指南”小册子，并以法国耶稣会献县教区的名义发行，动员中国北方所有的天主教徒，把收集的矿石、化石、动植物标本送（寄）到天津来。为了保持标本的完整性，桑志华在这本小册子中，分为植物、动物、地质矿物和古生物、人类学物件四部分，并就各领域的标本如何采集、制作、包装和运输作了详细说明。这好似一张大网罩下，网络触角深入到各个传教据点，半个中国的各种地质宝贝源源不断向天津集中，效果极佳。

桑志华来华八年采集和收集各类标本，到1922年已经占满崇德堂的13个宽敞的房间和地下室，以致一些标本无法容纳。创建一个博物馆，已经非常紧迫地摆上了桑志华的重要日程。但是，天津法租界内并没有合适的地块。

第一次世界大战的结束和德国的战败为博物院的选址创造了条件。北洋政府虽然武装接收了德租界治安管理，但因拒绝在《凡尔赛和约》上签字，在法律程序上还未完成对德租界的收回。尤其城建用地，天津德租界暂时成了“八不管”地带，法国教会加快建院步伐，抢先在原德租界马场道（今属河西区）破土。

---

① Emile Licent, *Dix Années (1914–1923) de séjour et d'exploration dans le bassin du Fleuve Jaune, du Paiho et des autres tributaires du Golfe du Pei Tcheu Ly*, Tientsin: La Librairie Francaise, 1924, p.38.

“当时法国耶稣会直隶东南献县教区、天津代牧区主教文贵宾（S. E. Monseigneur Jean de Vienne）神父拟在天津建立一所高等学府——工商学院。他建议桑志华把博物院建在校园内，并作为一个独立机构与学院分开。两家毗邻，在协作方面可能更为便利”①。

桑志华的梦想即将成为现实。他冥思苦想，将其用法文命名为：Musée Hoangho Paiho（黄河—白河博物馆），中文命名为：北疆博物院。

“1922 年 4 月 22 日上报法国香槟省（Champagne）耶稣会长邦迪埃勒（Bonduelle）和直隶东南部耶稣会长德博韦（Debeauvais）同意，并得到了耶稣会天津教区负责人德·维埃纳（Mgr. de Vienne）的资助，耶稣会买下了天津马场道原来隶属于德国租界的一块地，兴建北疆博物院”②。

桑志华一边四处奔走，筹集资金，一边对欧洲许多博物馆进行研究，结合实际情况，形成了北疆博物院的规划设想。

为了建一个高标准的博物馆，桑志华聘请“远东地区地产信贷建筑局”局长比内（Binet，比利时籍）先生担任规划建筑师，并精心绘制了一张草图，在草图基础上，形成了一个平面图。

按照桑志华的设计，博物馆占地 300 平方米，建筑总长 33 米，高 21 米，为三层楼房：

一楼为地质学展厅（包含矿物学、岩石学、古生物学）和工作室，在南面凹进去的部分还有暗房。

二楼为动植物学展厅，在一楼暗箱和办公室的上面。动植物学展厅与实验室高度为 6 米。为便于研究工作，把藏品以最小的容量分门别类地装入小盒子和箱子里，这样既安全可靠又取用方便。

三楼设一个大厅，在动植物展厅的正上方，里面摆放诸多陈列品和各种设备；另外还有一间物品研究室。在办公室上方有个小平台，通向在实验室

① Emile Licent, *Vingt deux années d'exploration dans le Nord de la Chine, en Mandchourie, en Mongolie et au Bas-Tibet* (*1914–1935*). *Le Musée Hoang ho Pai ho de Tientsin*, Tientsin: Mission de Sienhsien Race Course Road, 1935, p.4.

② Emile Licent, *Dix Années* (*1914–1923*) *de séjour et d'exploration dans le bassin du Fleuve Jaune, du Paiho et des autres tributaires du Golfe du Pei Tcheu Ly*, Tientsin: La Librairie Francaise, 1924, pp.1438–1439.

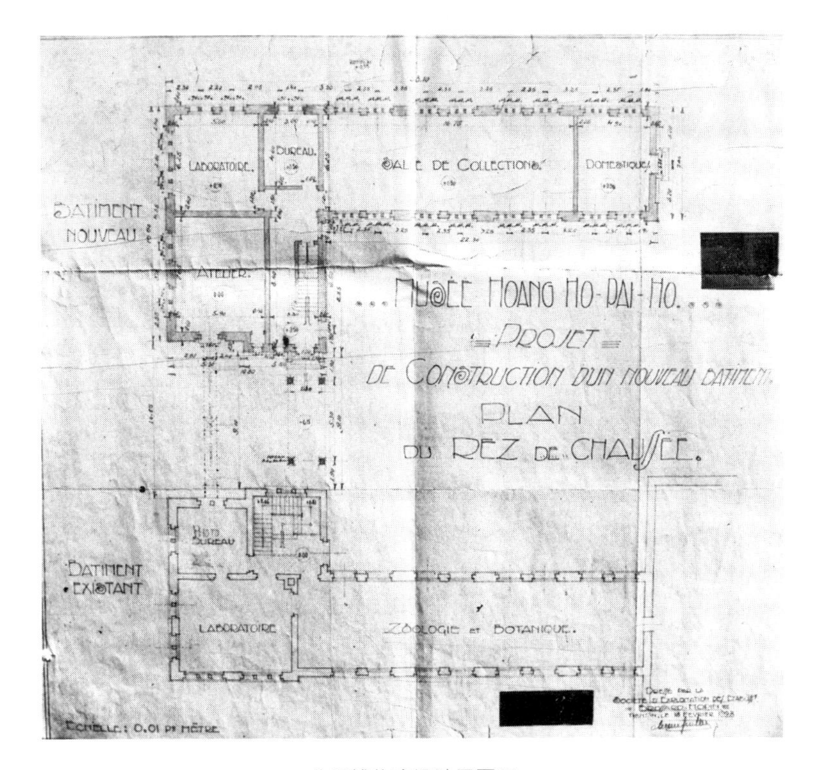

北疆博物院设计平面图

和预备厅上方的大平台。

楼梯宽敞通透，建在暗房和办公室与动植物展厅之间的拐角处，有不同的楼梯直接通向每个大厅。

窗户都建在高处，以便采光充足；窗户装双层玻璃，使藏品不受尘土、强风的侵蚀，还能保温；暖气片和电灯尽可能安装在同样高的位置，为摆放家具腾出更多的空间；安装防盗门，以防盗窃。所有电线都包在管道里，锅炉房和煤仓在工作室下面的地窖中。

在距门口往西 45 米处专门预留了一块土地，其中一小块凸起，打破了整个建筑北面的单调形象。

北疆博物院平面图中，正北是马场道，使参观者从马路上就能看到。

由于资金紧张，所建博物院面积不大，是个研究性的而非展览性的。但是，建成后计划开设一个临时展览厅，展览一系列的研究性收藏。同年将在

用钢筋水泥对地基进行加固处理

博物院南门对面建造一栋房屋供职员居住。

1922 年 4 月 25 日，阳光明媚，刺槐和槐树绿意盎然，北疆博物院（北楼）正式破土动工。

从测量开始，到打桩、夯实地基、制作门窗等，桑志华每天在施工现场，督促检查。开始，工程进展顺利，所需水泥通过沈阳至天津铁路线从唐山运往天津。两周后，由于这条铁路线挤满了溃逃的北洋军和紧随其后的直隶军，运输水泥中断，浇筑地基工程被迫停止。桑志华心急如焚，请求法国驻天津领事索西纳帮助解决问题。一个星期后，水泥终于运到了工地。

由于战乱交通不便或货源紧缺，建筑材料常常供应不足，被迫停工，过几天又恢复施工。就这样，断断续续施工。两个月后，北疆博物院的房墙垒了一人多高，各项工作紧锣密鼓地有序进行。

一切安排就绪后，桑志华于 1922 年 6 月 19 日离开天津去内蒙古萨拉乌苏考察。同年 10 月 13 日，满载而归的桑志华高兴地看到北疆博物院的整个建筑基本竣工，他放下行李，就对工程质量进行验收，结果极为不满。

桑志华是一个特别较真儿的人，尤其对履行合同更是一丝不苟，租个骡子都锱铢必较，更何况寄托着他全部梦想和倾注心血的北疆博物院！桑志华手持合同，逐一对照，发现了许多问题：一些配置不齐备，缺少一扇密封很严的关闭收藏大厅的铁门；馆内装修存在一些缺陷，大门和窗户使用的合页，合同上写了三个，只装了两个；合同规定门厅玻璃用带星状的花玻璃，而装了一般玻璃；门支架太小，它的螺钉只有 1 厘米，木头梁没有地方放置，有的根本就没放；进口插销塞金属片板没有达到 1 毫米厚，长插销太大了，用 1.5 厘米的螺钉才顶得住；很多玻璃都太窄了，很难闭合；锁的位置放得不好；散热器的后面没有粉刷；所有的电闸没有成一条直线，一些电线还是裸露的；地板本该是在石板上放置的打磨过的水泥层，而实际是打磨后的水泥石板；方砖上的图案没按合同要求而用最简单的几何图案；排水沟在模板后面的背坡上；屋顶还不够倾斜，在下雨的时候会积水形成水坑；排水沟合同规定 2 米深，实际只有 1 米；下水道口没有盖生铁盖子；等等。总之，桑志华要建成的博物院，不仅仅能对藏品进行收集、研究、储存和陈列，还必须尽最大努力提供最好的环境，包括光度、温度、湿度、灰尘度和污染度，把每一件物品的损耗减至最低程度。

为此，桑志华要求按照合同立即返工，时间不得超过一个月，没有任何商量的余地。

为便于督促检查，桑志华干脆直接搬进“新居”，尽管整座大楼无水无电，展厅与储藏室之间的大门还没有安装。他利用这段时间，雇了四辆马车，用了整整 18 天，把放在崇德堂的藏品全部搬到新建成的北疆博物院。

11 月 11 日，桑志华独自攀上北疆博物院大楼楼顶，法籍助手亨利·塞尔神父和王连仲不解地看着他。一会儿，中法两面国旗在楼顶上迎风飘扬。

站在楼顶，桑志华放眼望去，白河奔涌向前，黄河在他心中奔腾。他难以抑制内心的激动，讷讷自语：“路漫漫其修远兮，吾将上下而求索……我心中的上帝！阿门……”

这是一座砖混结构的欧式三层建筑，高 21 米，“包括三个实验室，一个办公室，一小间影像暗室，两大间藏品库和一大间作业室，除影像暗室外，各面积为 21.56 平方米。其设施比较先进，采用防盗、防火、防尘和防震功能，具有防盗门及双槽窗户，窗户密闭而又能自然通风。”“建筑物的造价连同水、电及采暖设备总共耗资 30000 块大洋（当时折合 30 万法郎）”[①]。

升起中法两面国旗的第三天，桑志华亲自在这所建筑物四周植树，还计划陆续种植 250 个以上品种的草本和灌木类植物，桑志华的目的极为明确：要将北疆博物院的四周变成一个“植物学花园”！

桑志华把北疆博物院当成了自己的家，精心美化、装饰这个新家。为验收返工后的工程质量，他在这里住了一个冬天，带领下属把大量标本拆箱、

① Emile Licent, *Vingt deux années d'exploration dans le Nord de la Chine, en Mandchourie, en Mongolie et au Bas-Tibet* (*1914–1935*). *Le Musée Hoang ho Pai ho de Tientsin*, Tientsin: Mission de Sienhsien Race Course Road, 1935, p.18.

从南面拍摄的北疆博物院

布展，还要为这些珍贵的化石“净身”、涂胶，以免展出时受到腐蚀损坏。

1923 年 1 月 8 日，所有的内部装修和藏品整理都结束了。桑志华兴奋地举起相机从不同角度定格这一刻。

受桑志华邀请，德日进来到天津，组成法国古生物考察队。他们于 1923 年 6 月 12 日至 10 月 25 日在萨拉乌苏、水洞沟文化遗址发掘了大量旧石器和古生物化石，并运回天津。

随着标本增多，桑志华感到应该有一个陈列馆，让更多人了解北疆博物院的藏品。他们用五个多月时间整理化石和动植物标本，完成布展等各项工作。

1924 年 4 月 3 日，北疆博物院举行典礼，展出桑志华在甘肃庆阳（1919 年、1920 年）古生物化石和旧石器、内蒙古萨拉乌苏（1922 年）发掘的古人类化石、古生物化石和旧石器；同时展出桑志华、德日进法国古生物考察队（1923 年）在内蒙古萨拉乌苏、宁夏水洞沟文化遗址发掘的大量旧石器和古生物化石。这些是最惹人注目、最有意义的藏品。当天，桑志华主持召开了相关学术会议，桑志华、德日进先后作了演讲报告，受到了与会者的好评。

第二天，北疆博物院向来华的外国人正式开放。天津租界中热心于这项事业的各国人士接踵而至。值得一提的是，“意大利驻津领事加伯里埃尔

(Gabrielle) 先生，代表意租界当局向北疆博物院捐助 500 银两（约合 740 美元)” [①]，以表示对桑志华科考探险工作的热心与支持。

由于受各方面因素的制约，桑志华此时建成的北疆博物院北楼，只不过是第一期工程。即使如此，这座楼房的建成，基本解决了所有标本的存放问题，空间布局的扩大具有了存放、研究、展示的功能。从此，欧洲的一些学者相继来到北疆博物院，对古人类化石、古生物化石和旧石器以及动植物标本等进行研究，并发表研究成果。随之，北疆博物院在中国和国际学术界声名鹊起。

每天参观北疆博物院的人络绎不绝，各国访问学者日益增多。桑志华明显感到：日常的研究工作受到很大干扰，同时大型标本安放和整理也需要场地，尤其是教育界多次希望博物院向公众开放，这种呼声越来越强烈。

考虑到这些因素，再加上有关方面的大力支持，桑志华从 1925 年 3 月 20 日开始筹划再建一个公共陈列室，将藏品向公众开放。他认为：

（1）现有博物院没有足够的空间存放藏品。把公共陈列室建成后，不仅藏品有了空间，而且有价值的物品也能得到更好安置。

（2）由于没有公共陈列室，许多藏品放在柜子、抽屉、盒子和箱子里，有人来参观，只能从里边拿出来，很不方便，也浪费了专业人员的时间。建立公共陈列室后，减少了很多工作量，专业人员也有很多时间用于科研。

（3）建一个公共陈列室需要花很多钱，而当时桑志华手中没有这笔钱。后来，意大利租界捐赠 500 银两，法租界同意分 8 期拨给该馆 1299 美元，这样基本建设经费就有了保障。

（4）高等学府工商学院、南开大学的学生们，希望能够看到、用到馆内藏品，有了公共陈列室后，藏品不仅用来展示，也在一定程度上促进了教学。

公共陈列室的建筑，需三层楼。第一层和第二层将建两个漂亮的长 16 米、宽 12 米的展厅，展柜用钢制的，装配 6 米的玻璃，至少 10 个藏品架，等等。

---

① Emile Licent, *Vingt deux années d'exploration dans le Nord de la Chine, en Mandchourie, en Mongolie et au Bas-Tibet (1914–1935). Le Musée Hoang ho Pai ho de Tientsin*, Tientsin: Mission de Sienhsien Race Course Road, 1935, p.39.

桑志华心中孕育的公共陈列室日臻成熟。但是，由于他在河北泥河湾发现了古生物化石，从1925年4月14日至5月5日，桑志华把时间和精力都放在了发掘化石上，公共陈列室的设计被搁置下来。

从泥河湾考察回来后，桑志华利用在天津短暂停留的时间，不断完善公共陈列室整体设计方案：要装置特殊窗户，以防止天津春季刮风所夹带的沙尘，特别是夏季大暴雨导致的渗水现象；窗口与大门尽可能地形成对角线，这有利于正常的通风和房间的清扫；窗户上安装厚玻璃，并直接将它们封在钢筋混凝土结构之中。

1925年5月9日，北疆博物院第二期工程（公共陈列室）开始启动，但是由于受经费、运输等诸多因素影响，公共陈列室的施工进度十分缓慢。再加上桑志华几次返回泥河湾去采集化石，他只能利用运回化石的短暂时间，查看工地，督促工程进度。

桑志华在华科考取得的重大收获，受到法国政府的关注与重视。1926年6月，法国外交部秘书长菲利普·贝特洛（M. Philippe Berthelot）以外交部的名义赠予北疆博物院13000法郎（当时比价：10法郎等于1块大洋），主要用于购买实验室设备和作为外出考察经费，同时还赠送桑志华一架无线发报机。当时，中国官方把发报机作为战时违禁品，桑志华担心旅途携带会带来麻烦，始终没有带过。法国外交部赠予北疆博物院的经费，无疑是雪中送炭。桑志华加快了公共陈列室的建设步伐。

整个建筑委托法国永和营造公司（Etablissement Brossard-Mopin, S. A.）工程师柯基尔斯基（J. Koziersky）设计施工。这一工程严格按照桑志华的要求，坚持了高标准、高质量。

柯基尔斯基在中国第一次采用具有美学外形的中心牛腿柱式的钢筋柱的铁骨架结构：四根钢筋混凝土的柱子支撑着同样是钢筋混凝结构的石板，从楼顶辐射至围墙，每根柱子支撑四分之一的石板重量，就像一把倒置的雨伞，石柱就像是垂直放置的伞柄，钢筋柱头厚达40厘米，而在墙体上只有8厘米，从而使墙壁不承受压力。通过天花板上的尖脊可以看见“雨伞”的各个关节，这是一种十分具有建筑美的建造方式。

为保证通风采光好，将公共陈列室的门与大厅可以打开的两扇窗作为通风口，走廊比较高（离地板2.75米），空出约3米的墙面；自然光从天花板洒下来，照到整个大厅，很明亮。另外，所有窗户尽可能紧挨天花板，这样既为摆放陈列柜留出空间，也不影响室内明亮光线。

为适应天津气候条件，桑志华对门窗、玻璃、展柜等都坚持了高标准、严要求，并进行了独出心裁的新设计和制作。他从法国斯特拉斯堡冶金厂（Forges de Strasbourg）定制钢窗，配置了开滦矿务局所属秦皇岛耀华玻璃厂生产的厚玻璃，用水泥砂浆把平板花玻璃直接封在钢筋混凝土的窗框上，然后用水泥弥缝。这样，既避免春季沙尘暴侵袭进入的尘土，又防止了暴风雨的袭击。为防御火灾危险，安装了厚厚的具有防火性能的铁门。这些装置，效果一直非常好。

第二期工程（公共陈列室）竣工

1927年5月初，公共陈列室拔地而起，它位于北楼西侧，与北楼相连通，这样使北疆博物院建筑群的长度增加100米。公共陈列室由石砖和钢筋混凝土筑成，楼基由石头砌成，古朴典雅，坚固挺拔，建筑工程造价26000块大洋。

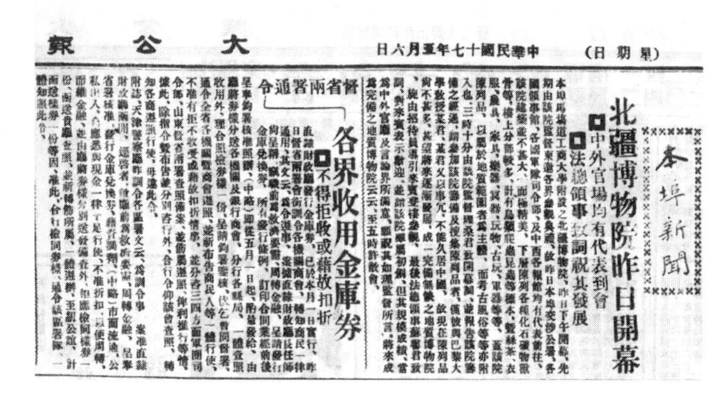

大公報

中華民國十七年五月六日 （星期日）

本埠新聞

北疆博物院昨日開幕

中外官場均有代表到會

法總領事致詞祝其發展

督省兩署通令

各界收用金庫券

不得拒收或藉故扣折

《大公报》的报道

12月，从法国斯特拉斯堡冶金厂定做的可以拆卸的藏品展柜运抵天津。桑志华带领工作人员用五个多月完成了公共陈列室的各项布展工作。

1928 年 5 月 5 日，北疆博物院隆重地举行了公共陈列室开放仪式。驻天津租界的英国、美国、德国、比利时、奥地利、日本、苏联、法国领事馆领事和军队司令部代表，中国直隶省公署的官员、北洋大学、南开大学，还有中西各大报馆、企业以及其他学校的代表等出席，《大公报》等中外报刊进行了报道。

法国驻天津领事索西纳主持了这一仪式，直隶省东南教区代牧主教维埃那（S. E. J. Vienne）致辞。中国地质局局长翁文灏委托他的弟弟莅临会场宣读贺信："您和您的同事，特别是您和德日进神父：你们的辛勤工作对推进中国北方的科学认识产生了极大的作用，北疆博物院陈列着大量的具有重大科学价值的收集品，我们对它的建成和开放表示由衷的祝贺！"①

桑志华介绍了公共陈列室的主要展品，并指出"因人员较少，故现在陈列品尚不充足，期望将来逐渐发展成一个完备无缺的博物馆"。他表示：

（1）在不影响科学研究工作的前提下，向公众展出北疆博物院最有价值的收藏标本。

（2）向公众展出的标本，基本代表了中国北方动植物类群，可以满足在校学生和公众对自然科学的兴趣。人种学的收藏几乎全部陈列在展柜里。地质厅的岩石标本几乎全部陈列出来。古生物学展厅陈列的是蓬蒂期、三门期和第四纪中期的标本。不久之后，将展出中国旧石器时代的标本，包括甘肃庆阳、内蒙古萨拉乌苏、宁夏水洞沟等地收集的物品。

（3）十分珍贵的藏品，因必须做好防盗工作，所以存放在一个由铁和玻璃制作的展柜中。此外，还有一些展品体积很大、易碎，北疆博物院正在为它们腾出足够空间。

向公众开放的陈列室包括一个大厅、两个展厅，建筑面积为 12 米 ×15 米。展厅共有展柜 82 个，其中 10 层格子的 21 个、11 层格子的 61 个。为帮助观众了解展品，北疆博物院出版了一本《参观指南》的小册子，作为提示。

一楼陈列古生物学、考古学、地质学等标本。用壁式展柜 43—82 号分门

① Emile Licent, *Onze années (1923–1933) de séjour et d'exploration dans le bassin du Fleuve Jaune, du Paiho et des autres tributaires du Golfe du Pei Tcheu Ly*, Tientsin: Mission de Sienhsien Race Course Road, 1935, p.431.

别类摆放，主要展出哺乳动物化石、旧石器、矿物、岩石等。哺乳动物化石标本展出了甘肃庆阳叠齿祖鬣狗、三趾马、萨摩麟头骨、三趾马牙齿等化石；内蒙古萨拉乌苏马鹿、野猪、王氏水牛、盘羊、普氏羚羊等化石。体积过大，不能放进展柜的，就陈列于展厅中央两个大玻璃柜中。例如，内蒙古萨拉乌苏披毛犀的骨架化石、野驴和长颈鹿的骨骼化石、鹿科的各种角化石等。

二楼陈列动物学、植物学和人文学藏品。按壁式展柜 1—42 号摆放。近 400 种鸟类标本，占用了二楼靠墙玻璃柜的上层架格。人文类藏品，囊括了在内蒙古、甘肃、青海、西藏、山西、河北、天津等地收集的民俗物品 3000—3500 件，包括服装饰品（服装、靴鞋、帽子、首饰、妇女小脚鞋等）、手工艺品（音乐、绘画、石刻、木刻、戏剧头盔等）、古老战争武器（盔甲、刀和剑等）、宗教用品（佛像、藏香、香炉等），还有劳动用品、家用器具、狩猎用具等，真可谓五花八门、丰富多彩。一些大型动物标本，如豹子、老虎等，陈放一楼玻璃柜中。还有特大型标本，如象牙等，悬挂在墙上或天花板上。

三楼有实验室，并放玻璃器皿、旅行用的装备、图书资料等，为北疆博物院研究工作服务。

所有展品标签都用法文，其中有的加上中文和英文标题。

公共陈列厅开放时间为：每星期三、六、日下午，票价成人 0.3 元、儿童 0.2 元。除了个人观众外，每年约有 40 批次中小学生集体参观。

为了便于观众参观，桑志华组织编写了法文版《参观指南》；还让助手把从中国北方搜集来的约 400 多个科植物，制作了显花植物图集；结合展览，举办有关自然科学讲座，深受参观者

北疆博物院外景

欢迎。

公共陈列厅对外开放后，桑志华意识到现有的展厅已经不能满足藏品的增多和研究工作的深入开展。他积极争取各有关方面的支持，在法租界天津市政土地局的慷慨帮助下，于 1928 年 5 月奠基建设南楼，这次施工速度较快，只用了一年时间便基本建成。

南楼包括三个实验室、一个办公室、一个图书馆和两个地质收藏库房。其建筑风格与北楼一致，由法国永和营造公司设计并施工，总建筑面积 1640 平方米。1929 年 4 月 5 日，桑志华从不同方向为北疆博物院拍摄了几张照片。

随着北疆博物院影响的日益扩大，愈来愈得到法国驻华公使馆的重视和大力支持。1929 年 5 月 11 日，"我就收到法国驻华公使玛德（Martel）伯爵就参加泛太平洋会议之事写来的信，并通过使节转告我将与会"[①]。

桑志华在北疆博物院楼前

1930 年 2 月 3 日，桑志华设计了一种更方便观众的参展方式带领大家布展：把植物摆放在玻璃平板上面，标签贴在茎秆底部，形成"公众植物图集"，参观者无需拉动抽屉翻看就得知植物名称。此外，因为标本没有被固定在分隔开的叶片上面，填充物大大减少了，光线可以穿过一个架子照到下面的架子上，光照得到了很大改善。

在北疆博物院的建设过程中，法国驻天津领事馆和法国驻天津银行等部门在财力等方面鼎力相助。天津法租界市政委员会在法国驻天津领事梅礼蔼（Jacques Meyrier）倡导下，全体委员一致通过决议，1929—1930 年为

① Emile Licent, *Onze années* (*1923–1933*) *de séjour et d'exploration dans le bassin du Fleuve Jaune, du Paiho et des autres tributaires du Golfe du Pei Tcheu Ly*, Tientsin: Mission de Sienhsien Race Course Road, 1935, p.599.

北疆博物院拨款5000银元；1931年又拨了3000银元。1930年4月27日，法国驻华公使韦礼德（H. A. Wilden）以公使馆的名义，为北疆博物院捐赠两万法郎。这笔捐款将极大地帮助这一年的考察①。28日，中法工商银行经理巴达克（J. Bardac）先生向北疆博物院捐赠一台冶金显微镜、一台矿山测高无液气压计、图书馆书架以及一台用于岩石精切割的仪器等，总价值两千美元②。至此，经过8年的艰苦努力，凝聚着桑志华智慧与心血的北疆博物院整体建筑与内部设施，才算竣工。

北疆博物院，从1922年春动工，到1930年才大功告成。南楼与北楼之间以封闭式天桥廊道相连，使整个建筑外形呈"工"字形格局。远远望去，南北大楼相互呼应，颇为壮观。

因藏有甘肃庆阳、内蒙古萨拉乌苏、宁夏水洞沟、河北泥河湾、山西榆社等古人类化石、古生物化石和旧石器以及一大批动植物等珍贵标本，20世纪二三十年代，北疆博物院就已享誉世界。

桑志华作为北疆博物院的院长，每天乐此不疲地忙碌着，直到1938年离开中国返回法国。

2 独一无二的科研机构

实现了在中国建一所博物馆的梦想，桑志华并不满足。这是他追梦的第一步，他最终的目的是要建一流水平的科研机构。"桑志华对于北疆博物院的规划，是将博物馆视为一个研究中心，而不是一个单纯的陈列室。因此在当时博物馆发行的一些法文出版品上，有时可以看见博物馆的全名写成Musée-Laboratoire Hoangho Paiho（黄河—白河博物馆—实验室）。这样

---

① Emile Licent, *Onze années (1923–1933) de séjour et d'exploration dans le bassin du Fleuve Jaune, du Paiho et des autres tributaires du Golfe du Pei Tcheu Ly,* Tientsin: Mission de Sienhsien Race Course Road, 1935, p.702.

② Emile Licent, *Onze années (1923–1933) de séjour et d'exploration dans le bassin du Fleuve Jaune, du Paiho et des autres tributaires du Golfe du Pei Tcheu Ly*, Tientsin: Mission de Sienhsien Race Course Road, 1935, p.702.

的博物馆观念在 1920 年代初提出，其实颇为先进。因为现在法国学界一般在谈论博物馆—实验室（Musée-Laboratoire）这个概念时，都会以 1930 年末期成立的人类博物馆（Musée de l'Homme）为例，并且认为当时的两位主事者，Paul Rivet 和 Georges Henri Rivière，是这方面的先导。从桑志华在 1920 年代初就使用这个名词看来，这个概念的渊源应该还要更早。也因为这个概念，桑志华将博物馆分为公开与私存两部分，所谓私存部分，其实就是保留给研究者研究的系列收藏的部分，桑志华称之为研究博物馆（Musée d'études），而公开的部分只选最完整、最具代表性的标本陈列，桑志华称之为公共博物馆（Musée Public）"[①]。

当北疆博物院的硬件设施具备后，能不能把它作为一个聚集专家学者的平台，对发掘采集来的古今物种进行研究，形成一批享誉国内外的科研成果，是桑志华面临的又一个难题。

为此，桑志华在创建北疆博物院的过程中就提早筹划，邀请或聘请相关研究人员，购置或接受捐赠的科研设备，至 1929 年建立了 6 个实验室、1 个研究室、1 个图书室和作为研究使用的藏品库房。

实验室设备有：8 台不同功能的显微镜，包括 3 台大型显微镜、1 台切片显微镜、1 台双筒显微镜、1 台双筒昆虫学显微镜、1 台大型矿物学显微镜、1 台金相学显微镜；5 台放大镜，包括 1 台大的和 4 台小的解剖放大镜；4 台显微切片机；2 个恒温箱；1 个消毒锅；1 架精密天平；1 台岩石膜机；等等。

地形学仪器设备有：1 台经纬仪；2 个大型精密马表；1 件六分仪；高程计、航空高程计、罗盘、测斜仪、矿山气压表和一部无线电台等。

影像暗室设备有：配件齐全的 7 架照相机；1 架小型电影摄像机；2 架显微照相机；1 台放大机，用于投影和显微研究。

还有处理化石用的成套工具，为制作存放标本的纸盒所需的裁纸机、压榨机等。

除了配备实验设备和仪器外，桑志华还提供研究的环境，营造研究的氛围，并亲自授课。

---

① 戴丽娟：《在"边缘"建立"中心"——法国耶稣会士桑志华与天津北疆博物院》，《辅仁历史学报》2009 年第 24 期，第 241—242 页。

昆虫标本制作室

桑志华向工作人员讲授昆虫学

图书馆

Vingt deux années d'exploration
dans
le Nord de la Chine,
en Mandchourie, en Mongolie et au Bas-Tibet.
(1914 - 1935).

Le Musée Hoang ho Pai ho
de Tientsin.

北疆博物院期刊

为体现北疆博物院特点和适应研究人员的需求，建立了图书室。桑志华不断购买相关书籍，为研究人员提供书目提要，还制作了 8000 多张书目卡片，以便科研人员查找。截至 1935 年，北疆博物院的图书价值约为 10 万块大洋。

北疆博物院的期刊不对外发行，这一做法，曾引起许多专家学者的不理解。桑志华认为：本院作为一个地域性博物馆，许多东西尚在研究之中，再

南面的实验室

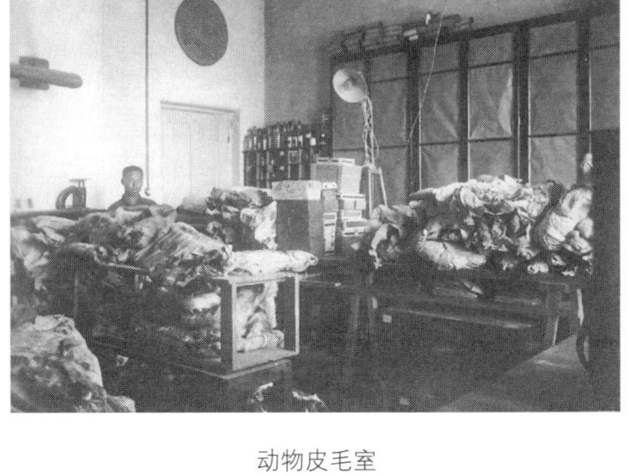

动物皮毛室

照相机

古生物化石大厅

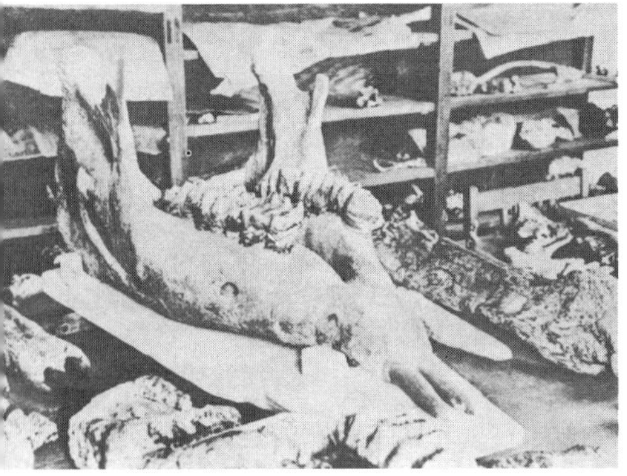

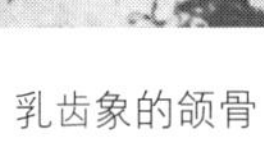

乳齿象的颌骨

实验室

加上人力物力有限，只能作为内部刊物，如确实需要，可购买，或本院为其提供影印件。

受多方面因素制约，北疆博物院的科研人员也经历了一个从无到有、由少到多、相对固定的过程。

在1914年桑志华来华前，法国耶稣会总会就为他选定了两位协助者——卫特朗（J. Witlrant）神父（负责地质学）和佩罗神父（负责生物学）。不幸的是，佩罗神父于1915年在第一次世界大战中牺牲了。

1920年，桑志华有了第一个正式属员，这就是来自法国的耶稣会士亨利·塞尔神父。他1915年来华，对中国丰富的植物非常着迷，足迹踏遍北京、河北、山西等北方的荒山野岭，识别、收集了相当数量的品种。1920年，亨利·塞尔因病来天津住院，病愈后到北疆博物院参观，当他看到这么多摆放整齐的植物标本时，产生了浓厚兴趣，便来到北疆博物院工作。这对于塞尔神父而言是一种乐趣，而对于桑志华则是莫大帮助。塞尔神父采用国际上标准的系统分类方法，把标本按目、科、属、种进行分门别类，为后来植物标本的分类工作奠定了良好基础。一年后，亨利·塞尔回到法国。1928年又来到中国，此时北疆博物院不仅藏品丰富，而且已经享誉世界。1930年夏天，亨利·塞尔再次来到北疆博物院工作，并与桑志华一起去宣化府东部的永宁县采集植物标本。同年7月9日他独自去考察，7月28日桑志华与他会合，这次考察一直持续到9月2日。1931年11月20日，桑志华收到一个令人悲痛的消息，这对于北疆博物院也是灾难性的：亨利·塞尔神父在山上采集植物标本时，从骡背上跌落山谷，不幸罹难。桑志华悲痛万分，他在日记中写道："我失去了一位忠诚可靠的朋友，一个知己就这样突然去世了，他对北疆博物院留下来的空白无法填补。"

比利时籍天主教司义斯（G. Seys）神父，于1921年来北疆博物院工作，负责对鸟类藏品进行科学整理与研究。之后，他分别于1927年、1932年、1934年三次来院继续从事这项工作，以国际上公认的系统分类方法对鸟类进行了分类，为后来北疆博物院的鸟类标本管理提供了借鉴。

桑志华于1922年发现了内蒙古萨拉乌苏和宁夏水洞沟两个重要考察地点，邀请德日进来华合作。1923年，德日进奉派来到中国，正式加盟桑志华在中国的科考工作，随即组成"桑志华—德日进法国古生物考察队"，联袂北上，在水洞沟和萨拉乌苏进行了长达两年的发掘研究工作。之后，断断续续一直工作到1929年。其间，德日进为北疆博物院出版物撰稿①。同时，德日进或独著、或与桑志华合著，在国内外刊物发表了一系列科研成果。尤其是1923年，他们在宁夏水洞沟和内蒙古萨拉乌苏发掘两个史前文化遗址后，法国著名古生物学家布勒、古人类学家步日耶、桑志华、德日进著述出版了《中国的旧石器时代》。这是第一本研究和介绍中国旧石器考古遗存的专著，引发了对远古时期东西方人类文化相互碰撞的探讨，使北疆博物院成为当时国际上著名的研究机构之一。随之，德日进在国际学术界的声望进一步提升。与此同时，北疆博物院也名声远扬，成为许多专家学者向往的地方。

1928年，中国直隶省献县教区耶稣会会长、北疆博物院的发起人之一金道宣（R. Gaudissart）神父卸任后，主动来到北疆博物院，负责植物标本的管理，编制了系统的标本目录。

法籍著名昆虫学家、鞘翅目专家杜歇诺（J. Duchaine）1928年至1929年在北疆博物院工作期间，对大量的鞘翅目昆虫进行分类研究，识别出非常多的种类并定名。他不仅是当时世界上鞘翅目权威专家之一，也是值得桑志华信赖的同事与朋友。

桑志华还邀请了三位曾在哈尔滨“满洲研究学会”博物馆工作的苏联科学家来北疆博物院工作，加强研究力量。1929年春天，植物学家柯兹洛夫、博物学家巴甫洛夫和古生物学家雅克弗列夫先后到达。柯兹洛夫主要从事植物蜡叶标本的整理与研究②；巴甫洛夫负责鞘翅目、爬行类、两栖类标本整理与研究③；雅克弗列夫研究鱼类、哺乳类④等。他们都是桑志华的出色合作者。

年轻的大学生斯特莱尔科夫1930年5月18日来北疆博物院工作。他是巴甫洛夫的朋友，英语水平很高，极大地方便了桑志华与三位苏联科学家的

① 见北疆博物院出版物第33、39—44、47a—50、52—56、56a—62、65、66、68—73、75、76、81、84、86—88、92、100、109号。

② 见北疆博物院出版物第16、18、22、24号。

③ 见北疆博物院出版物第11、12、13、23、32号。

④ 见北疆博物院出版物第9、10、26、28、29、35号。

沟通。他在天津度过了整个夏天。鳞翅目的研究成果发表在北疆博物院出版物第7号和第25号上。

1930年，法国耶稣会士罗学宾（Pierre Leroy）神父应聘来北疆博物院工作，成为正式在编人员。由于罗学宾的到来，北疆博物院开始对海岸带生物进行研究，并与法国《海洋动物志》建立了联系。他经常到环渤海地区采集动物标本，丰富了北疆博物院的馆藏。一年后，罗学宾回国，在法国南锡大学跟随吕西安·居埃诺教授攻读博士学位，与桑志华成了同门师兄弟。1936年，罗学宾重返北疆博物院工作，1946年回国。“罗学宾不仅是一位杰出的生物学家，更是一个善良的人（或许过分善良）。他心思细腻、彬彬有礼、亲切和蔼、谈吐得体、擅长外交，除了战争和洪灾，罗学宾拥有压倒一切困难的能力”①。

汤道平在昆虫标本制作室

韩笃祜修士在古生物修复室

在桑志华聘用的所有研究人员中，物理学家、法国耶稣会士汤道平原是天津工商学院矿物学教授，1933年曾跟随桑志华到野外采集标本，1934年参加了桑志华对山西榆社的发掘后更是

① Claude Cuénot, “Le Révérend Père Émile Licent S. J.”, *Bulletin de la Société des études indochinoises*, Saigon, 1966, p.57.

喜欢上了古生物。1935 年，汤道平又一次跟桑志华来到该地，并收集了大量化石。后来，德日进与汤道平合作出版了有关山西榆社化石的三部著作，但作为汤道平顶头上司的北疆博物院院长、亲自领导组织汤道平在山西榆社挖掘化石的桑志华在著作中没有任何体现。

另外一位合作者是植物学家、法国耶稣会罗瓦（J. Roi）神父，中国名为王兴义，也称王神父，他在欧洲从事植物学研究，1936 年 9 月来北疆博物院工作。

北疆博物院除了专业研究人员外，还有辅助工。1928 年，中国直隶省献县教区耶稣会会长鄂恩涛（P. Bornet）神父，派遣修士王永凯（J. B. Wang）担任博物院设施和藏品的养护工作。1935 年 11 月，韩笃祜（H. Haser）修士被派来接替王永凯的工作。他懂德语、英语和汉语，还兼管出版和照相，各方面干得十分出色，作出了很大贡献。

在编人员中，有 6 位辅助工负责藏品的具体管理（安装标本、贴标签等），还有一位中文秘书。

在聘任的外国人中，有一个苏联工程师给桑志华留下的印象不太好。据

北疆博物院工作人员（前排左一为金道宣；后排左四为桑志华，左七为德日进）

他记载："1929 年 12 月 30 日，我通常会把一件毛皮大衣放在本院楼梯下面的衣架上，晚上离开时发现大衣丢了。同一时间，我的秘书看见一个男人，先把一个包裹扔到围墙外，然后从围墙的门上翻了过去。经调查，这个男人是我刚刚聘任几天的苏联人。他是一个有文凭的工程师，并懂得法语、英语和德语，曾经来过几次，请求给他一份工作来帮助他。我让他在图书馆里负责把杂志中的文章题目制成卡片。因不了解，我当然要监视他，为了更容易办到，我让他呆在一间被隔开的、闲置的，并且没有放仪器装置的实验室里，可是他把纸、笔和一切我给他使用的东西都拿走了。据别人提供的消息，我得知他是一个没有职业的难民，越来越懒，成为小偷。之前，他试图入室盗窃时就被捉到过几次。几个月之后，他又回来了，在进入一间屋子盗窃的时候被当场抓获，报警后两名警察把他押到了警局，之后我再也没见过他"①。

作为北疆博物院院长，桑志华除了探险考察、发掘化石、采集标本、管理院内行政事务外，还主持出版该院期刊 51 期，并亲自撰写了许多文章②。

桑志华、德日进和北疆博物院研究人员在国内外各类公开刊物和北疆博物院期刊上发表主要著述 74 篇，内容涉及古人类学、古生物学、旧石器、地质学、动物学、植物学、岩矿学等，引起了中外专家学者的高度关注。

桑志华撰写出版发行的《1914—1923 年黄河白河及其流域十年勘察记》（四卷，1924 年法文版）、《1923—1933 年黄河白河及其流域十一年勘察记》（四卷，1935—1936 年法文版），较为详细地记录了在华科考探险期间发现古生物化石、旧石器和采集动植物标本的情况；记录了当时他目睹的中国黄河流域以北的政治、军事、经济、社会状况以及所到之处的气候、环境、地貌和风土人情等，还穿插了手绘地图和当时拍摄的照片，生动具体，栩栩如生。

桑志华除了"独自研究大量新石器时代标本"外，还主持"新石器时代显花植物和蕨类植物、哺乳动物（鸟类的研究已经完成了大部分）、爬虫

---

① Emile Licent, *Onze années (1923–1933) de séjour et d'exploration dans le bassin du Fleuve Jaune, du Paiho et des autres tributaires du Golfe du Pei Tcheu Ly*, Tientsin: Mission de Sienhsien Race Course Road, 1935, p.695.

② 见北疆博物院出版物第 A. C. D. 1、2a—5、9、10、14、19、30、37、40—43、47、48、51、56、57、61、62、65—67、81、86、91b、93 号。

类、两栖类、鱼类、鳞翅目昆虫标本”的研究。其中有些研究是与雅克弗列夫、柯兹洛夫、巴甫洛夫、斯特莱尔科夫合作完成的。

北疆博物院的藏品，“就哺乳动物化石而言，有四个重要地点是他（桑志华）发现的：甘肃庆阳（三趾马动物群）、内蒙古萨拉乌苏（更新世晚期哺乳动物和石器）、河北泥河湾（相当于欧洲维拉方期动物群）和山西榆社（上新世哺乳动物群）。这些化石的绝大部分都保留在中国，主要是在北疆博物院，亦即现在的天津自然博物馆，有一小部分保存在北京，古脊椎动物与古人类研究所。只有很少一部分流散在国外，包括现在巴黎自然历史博物馆的一个萨拉乌苏的披毛犀的骨架。”[①]这四个地区古脊椎动物群化石的完整和丰富是世界罕见的。“桑志华是中国古哺乳动物学开创时期一位不容忽视的人物，他为我国古哺乳动物学的诞生和发展做出了不可磨灭的贡献”[②]。“中国古人类学创建初期的主要研究机构是天津的北疆博物院”[③]。

法国驻天津领事索西纳为桑志华授勋

法国政府及有关部门对桑志华在华科考和创建北疆博物院取得的成就，给予表彰和奖励。

1925年5月17日，法国驻华公使馆公使戴马泰尔（de Martel）伯爵专程从北京来天津北疆博物院，参观桑志华利用公使馆和天主教会给予的经费

① 邱占祥：《桑志华与中国的古哺乳动物学》，《天津自然博物馆八十年》，天津科学技术出版社1994年版，第44—45页。

② 邱占祥：《桑志华和他的哺乳动物化石藏品——试谈桑志华藏品中哺乳动物化石的历史及现实意义》，《天津自然博物馆建馆90周年文集》，天津科学技术出版社2004年版，第6页。

③ 吴新智：《德日进在中国古人类学的创建时期》，《第四纪研究》2003年第4期。

在黄河以北进行自然科学研究的成果。桑志华还了解到法国巴黎地理学会（Société de géographie de Paris）将对他的《1914—1923 年黄河白河及其流域十年勘察记》颁发“皮埃尔 – 费利克斯 – 富尼埃”（Pierre-Felix-Fournier）荣誉奖。

1927 年 4 月 9 日，法国驻天津领事馆为桑志华举行授勋仪式。法国驻天津领事索西纳先生代表法国政府授予桑志华“铁十字骑士勋章”（Chevalier de la Légion d’Honneur）。

1927 年，中华民国政府为桑志华颁发五级金穗勋章。

3 学术交流的平台

桑志华利用一切时间研究标本，撰写文章，以展现标本的科学价值，还创造条件，把北疆博物院打造成一个学术交流的平台，吸引了世界各国著名专家学者接踵而至，并给予高度评价。

1924 年 7 月 28 日，第三届美洲亚洲考察团主席安德鲁斯，为研究旧石器时代的藏品来北疆博物院参观、交流，收获很大。

11 月 29 日，来自瑞典乌普萨拉大学（Uppsala）的植物学家哈利 · 斯密斯（Harry Smith）教授，经太原府大学教授尼斯托（M. Nyström）介绍，专程来天津参观北疆博物院，还送给桑志华一些山西植物标本。

1926 年 6 月 17 日，第三届亚洲考察队美国古生物学家谷兰阶（M. Granger）、史前历史学家内尔森（M. Nelson）、古生物学家马修（M. Matthew）等，来北疆博物院参观。他们对中国的旧石器和以三趾马动物群为代

桑志华与前来参观的学者

表的化石产生了浓厚兴趣，向桑志华咨询了许多专业问题。

1926 年 12 月 25 日，法国科学院常务秘书、巴黎自然历史博物馆矿物学教授 A. 拉克鲁瓦（Alfred Lacroix），在日本东京参加“泛太平洋会议”后，来天津北疆博物院参观，受到桑志华的盛情接待。A. 拉克鲁瓦一边看展品，一边半开玩笑地责怪桑志华为什么没去参加这次会议。桑志华回答，没有收到正式邀请函。由于没能出席这次大会，失去了一次结识众多科学界人士的机会，桑志华感到有些遗憾。

人种学家兰甘（Lingren）女士经天津法租界博加特（Borjates）先生和卡拉（Khalkhas）先生介绍，于 1929 年 3 月 1 日来到北疆博物院参观，并向桑志华请教了许多问题，他诚恳地给了兰甘女士一些建议。

1929 年 11 月 26 日，桑志华还热情接待了两个来自天津“河北博物馆”的工作人员。他们来北疆博物院学习如何布置博物馆的藏品，桑志华非常认真地进行讲解。

日本东京帝国大学教授、天理教管长（教主）中山正善带着 7 名门徒，于1930年3月2日下午5点从奈良县出发，来华考察宗教在华情况。来华前，日本著名东方学家石田干之助叮嘱他，一定要到天津看一下北疆博物院，对于研究黄河和白河流域的文化，很有科学价值。

中山正善一行 8 人，于 1930 年 3 月 31 日沿着英租界的马场道，找到了北疆博物院。站在门口，映入眼帘的是：左门柱挂着天津工商学院的匾牌，右门柱挂着北疆博物院的匾牌，旁边张贴告知：北疆博物院逢周三、六、日对外开放。尽管中山正善一行到达时间是周一，桑志华还是热情地接待了他们，并详细介绍了每层楼的藏品。中山正善在参观了地质学、古生物、动植物标本，以及具有中国民族特色的服装，还有华人常吃的食品、天津婚礼塑像模型等后大为感慨：真不知法国教士来中国是为了传教，还是研究学问；是施行洗礼，还是培养学者？桑志华引领他们参观像仓库一样的研究室，中山正善见到许多昆虫标本，惊讶地喊出：“原来咬我手的是这种虫子呀！”参观后，所有人都觉得大开眼界，每人还得到了一本桑志华编著的介绍北疆博物院的小册子。

还有一些日本资深教授带着学生来北疆博物院参观，向桑志华询问了许多具体问题。桑志华注意到日本教育非常重视“看得见的东西”，经常组织参观博物馆及其他艺术、科学机构的活动。他在哈尔滨考察博物馆期间，几乎每次都能碰到日本老师带着不同年龄、层次的学生进行参观。

“在康乃尔大学任教的知名昆虫学家（James G. Needham）在准备一份由北平静生生物调查所出版的中国蜻蜓类研究专书期间，也曾经到北疆博物院调阅标本”。①

1930 年 5 月 5 日，圣母圣心会的塞伊（Seys）神父来访三天，该会是北疆博物院鸟类学研究合作伙伴，这次主要是确定他最近研究中所获得的鸟类物种。两人散步时发现，由于北疆博物院周围的树木生长茂盛，在这里栖息的鸟也增多了。

4 普及自然科学的“窗口”

北疆博物院公共陈列室于 1928 年 5 月对外开放，慕名来参观的人越来越多，除了专家学者外，还有外交人员、政府官员、大中学生、天津租界居民、宗教界人士等。这些人来自欧洲、美洲、亚洲等不同的国家，有的是专程来的，有的是在天津租界居住，有的是在中国逗留一阵子，还有一些研究者是为了要一些标本（在研究人员的许可下），用作私人收藏。

1929 年 2 月 28 日，桑志华在北疆博物院接待了许多女参观者，她们多为天津租界的美国人和英国人，是“天津俱乐部”的会员。桑志华亲自担任讲解员，没有想到这些女士对化石如此感兴趣。参观结束时，桑志华希望她们留下姓名写入名册，并向女士们保证不会拿来制造什么花边新闻，逗得大家一片笑声。

1930 年 4 月 28 日，哈尔滨博物馆馆长古迪沙赫（Gaudissart）来拜访桑志华并参观北疆博物院。他是一位富有经验的养蜂者，与桑志华探讨在中国北方如何养意大利蜂，他担心引进意大利蜂会使本地蜂群遭到蹂躏。桑志华不同意他的看法，还举例说，不久前发现了一个蜂窝，蜂群来自献县，与天

① 戴丽娟：《在“边缘”建立“中心”——法国耶稣会士桑志华与天津北疆博物院》，《辅仁历史学报》2009 年第 24 期，第 245 页。

前来参观的学生

津蜂群相处很好。

自 1932 年 1 月 21 日开始，桑志华连续几天在北疆博物院接待了几个中国青年昆虫学家。他们带来了南方昆虫标本，期望能与桑志华"合作"。但是，桑志华认为中国北方标本更重要，对南方昆虫不感兴趣，没有同意交换标本的合作。他的做法使这几个中国青年觉得不可思议。

一位来自鄂尔多斯柴达木的王子——耶庆太（Ya ts'ing tchai），于 1932 年 1 月 19 日到北疆博物院参观。在接待中桑志华认为，他是代表国民党来天津反对那里的中国布尔什维克的，他是日本人非常尊贵的客人，说一口流利的中文，是一位神秘的人物。

王子说，明天派人给桑志华看一块有趣的石头，这块石头从天而降，是从他的家乡草原上发现的，很神圣。第二天，一个人带来了石头，这是一块圆柱形的麻片岩，有 48 厘米长，两头很圆且光滑，带石头的人出价很高。桑志华说，这是一个非常漂亮的标本，但他不会购买如此贵重的物品。站在旁边的王连仲小声对桑志华说，前不久，在高家营子附近，见过跟这个一样光滑的石头，只是没有这么圆，重 60 斤，卖主只要 2 个银元。

晚上，桑志华给高家营子天主教努依茨（Nuyts）神父写信，请他先买下来，3 月 15 日带给桑志华。

1933 年 2 月 9 日，内蒙古沃特史霍夫（Otcherov）王子，在俄国皮毛商舒班（A. Tchoupin）的陪同下，参观北疆博物院。桑志华亲自接待。这位王子的名字是他在圣彼得堡（Pétrograd）上大学时取的，俄语说得非常棒。王子还有一个中文名叫延青多尔吉。

沃特史霍夫王子善于看地图，对每一件陈列品看得非常仔细，都能准确说出地理位置，还不时询问。桑志华问王子："为什么去看'茶卡盐湖'（Onumetsjin）那么困难？"王子非常认真地说："这个盐湖在 20 万平方公里的柴达木盆地中，它在蒙古族人的心中是十分神圣的，是一个圣湖。"桑志华问："我能不能在您管辖的范围进行寻找发掘化石的工作。"他思索了一会儿说：“到时候再看情况。因为我需要考虑人民的意愿，但是一般来说蒙古族人对待这种工作都是相当厌恶的”[①]。桑志华表示理解。

商人舒班曾来过北疆博物院，并对桑志华有所帮助。这次又给桑志华带来了一只金黄色的老鹰、一只大黑鹫、一只狐狸和一只榉貂。

随着北疆博物院的影响不断扩大，许多中国北方传教士直接赠送各种标本，驻天津的一些企业和居民主动送来一些小动物，也有买卖活动。

保定府的沙尔维神父多年来送给桑志华很多标本，1930 年 5 月 7 日又寄来一批来自直隶省阜平县、平山县的岩石，对研究这里的地质地貌很有价值。

青岛的巴代尔（Bartels）神父，于 1930 年 5 月 8 日给桑志华寄来了山东东部附近成套的岩石，有花岗岩、灰绿岩、流纹斑岩等。

内蒙古的范·麦勒克贝克（C. Van Melckebeke）神父，于 1932 年 1 月 18 日寄来了从萨拉乌苏河谷收集的几箱化石。这个地方正好在桑志华 1922 年进行勘探地点的北面大约 70 公里，也是 1923 年桑志华与德日进法国古生物考察队一起勘察的地方。这些化石与桑志华采集的动物系是一样的，但是有些标本值得进一步研究。为了说明化石地点，范·麦勒克贝克神父专门寄来一张详细的图表。桑志华通过图表发现：这个地方的萨拉乌苏峡谷正在逐渐侵蚀一座高耸的沙质峭壁，每一次塌方都会露出一些化石来，如两头鹿，一些羚羊，大量犀牛、马、牛、水牛等。有一处大象骨，包括两块胫骨、一块肩胛骨、几根肋骨和十几块椎骨。接下来，又出现了另一块肩胛骨与一些骨盆碎片。由于有塌方的危险，且因发掘工作所需的挖土工程和移动式支架工程耗资巨大，未能成行。

家住塘沽的兰岛（Landau），在海边捕到一只海鸥，于 1929 年 3 月 4 日专程到北疆博物院送给桑志华。这只海鸥好像病了，面对猎枪口它无力逃生。

天津有轨电车公司的巴代诺斯特（Paternoster）和斯普林格尔（Splingaerd），于 1930 年 5 月 5 日为桑志华送来一个砂岩器皿。这是在直

① Emile Licent, *Onze années (1923–1933) de séjour et d'exploration dans le bassin du Fleuve Jaune, du Paiho et des autres tributaires du Golfe du Pei Tcheu Ly*, Tientsin: Mission de Sienhsien Race Course Road, 1935, p.969.

法租界学校的师生来北疆博物院参观

隶西部一座古墓中发现的，这座墓地大约建于汉朝，那时佛教界开始实行火化。

听说天津一座公园卖饲养的梅花鹿，桑志华来到这里。他看到这些可怜的梅花鹿被圈在极其狭窄封闭的围场里，一只老公鹿被囚禁在笼子里，目的是为了切割它的鹿茸以制成恢复体力的药品，另一只雌鹿受了伤。桑志华要买鹿皮和颅骨。饲养者出价一只鹿30美元，理由是从鹿身上可提取很多药物。

自从公共陈列馆对外开放后，桑志华的接待任务很重，占去了大部分时间，甚至没有时间对采集来的东西进行整理。但是，他乐此不疲，合理安排时间，努力使来访者有所收获。在他看来，北疆博物院作为普及自然科学的“窗口”，其目的就是让更多的人了解自然史与物种知识，公众的认知度提高了，在国内外和社会上的影响就大了。

1933年3月4日，法国驻华公使韦礼德陪同法国汉学家伯希和专程到天津参观北疆博物院。

5 瑞典王储专程造访

1926年10月22日，中国地质学会为欢迎史前学家、瑞典王储古斯塔夫·阿道夫亲王和路易斯王妃（La Princesse Louise），在北京协和医院报告厅举行了一次学术会议。

中国地质调查局局长翁文灏用法语致开幕词，介绍了最近的发现并充分肯定了桑志华等在内蒙古萨拉乌苏、宁夏水洞沟和陕北发现的旧石器地点。

桑志华这一重大发现，不仅引起阿道夫亲王的高度关注，而且在学术界引起强烈反响。

这次会议有三部分内容：一是梁启超先生作中国考古学及其学术发展前景的报告；二是德日进代表桑志华作有关中国旧石器和新石器的报告；三是安特生和他的瑞典同事在中国考古取得的收获，并宣布了他和师丹斯基在整理周口店的动物化石中发现两枚人类臼齿化石。

会后，阿道夫亲王走近桑志华表达了到天津参观北疆博物院的愿望，桑志华非常激动。在桑志华的心目中，他迎接的尊贵客人不仅仅是瑞典的王储，更是一位杰出的史前学家。

1926 年 11 月 12 日，天气晴朗。阿道夫亲王和王妃从北京乘专车抵天津，访问北疆博物院。桑志华很早就站在北疆博物院门口，热情迎接亲王及其王妃的到来，主要陪同人员有：瑞典驻华领事馆代办雷尤匀福德（Bon C. Leijohuhnfond），瑞典受聘于北洋政府矿政顾问安特生博士，瑞典驻天津龙（Long）领事、拉格勒里斯（M. Lagrelius）等。

阿道夫亲王在桑志华的引领下来到一排排展柜前，不时驻足详细观看藏品。桑志华介绍了自己在甘肃庆阳发现的三趾马动物群化石和旧石器；在内蒙古萨拉乌苏发现的一枚七八岁小孩的左上外侧门齿（经步达生鉴定为“河套人”）和旧石器以及哺乳动物群化石的情况；介绍了他和德日进神父组成的法国古生物考察队在内蒙古萨拉乌苏和宁夏水洞沟旧石器时代文化遗存发掘的旧石器和古生物化石等；还介绍了北疆博物院的动植物藏品和出版物的情况，以及他 1924 年出版的法文著作《1914—1923 年黄河白河及其流域十年勘察记》。亲王听得非常认真，仔细观看每一件藏品，不时提问，桑志华一一详细解答，亲王非常感兴趣。

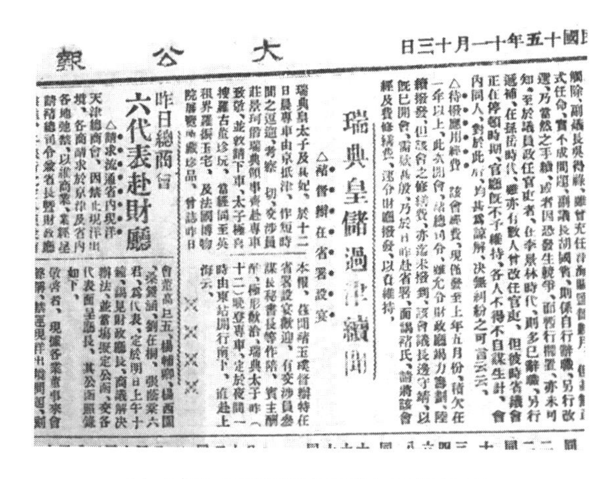
大公報

民國十五年十一月十三日

瑞典皇儲過津續聞

△褚督辦在省署設宴

瑞典皇太子及其妃、於十二日晨專車由京抵津、作短時間之逗遛、考察一切、交涉員莊景珂偕瑞典領事赴專車致敬、並敦請下車、太子極為搜羅古董珍玩、當經同至英租界玉宅、及法國博物院展覽藏珍品、曾誌昨日本報、茲聞褚玉璞督辦特在省署設宴歡迎、有交涉員參謀長秘書長等作陪、賓主酬酢、極形歡洽、瑞典太子昨（十二）晚登專車、定於夜間十一時由東站開行南下、直赴上海云、

昨日總商會六代表赴財廳

《大公报》报道了瑞典皇储与王妃来天津

参观结束后，阿道夫亲王对桑志华的科考发现和创办的北疆

博物院，给予高度评价。

次日，《大公报》报道了皇太子及王妃参观北疆博物院的新闻。

6 绝大部分藏品留在中国

藏品是博物馆的标志，也是其历史文化与文明的体现。“早在 1920 初期的一篇文章草稿中，桑志华就已经写道：‘出土于中国的应当留存于中国’（Tirés du sol chinois, ils resteront en Chine）”[①]。这是桑志华创建北疆博物院始终坚持的原则。

为保护好北疆博物院的藏品，桑志华非常执着地索要任何人从北疆博物院借走的各种标本。他曾给合作伙伴德日进写信让他归还借用的河套人牙齿化石和其他标本（1929 年 9 月 11 日）；与巴黎自然历史博物馆生物部主任布勒产生冲突；直接找到法国驻天津领事梅礼蔼反映此事；专程去北京向法国驻华公使玛德伯爵陈诉理由；给法国外交部写了一份报告；等等。可以看出，桑志华的原则性很强，一根筋似的认真到底，只要是有协议契约的，就一丝不苟地去履行。经过桑志华坚持不懈的努力，绝大部分藏品终于留在了天津北疆博物院。

为了追回他自己发掘的本该属于北疆博物院的各类标本藏品，桑志华不仅付出了许多时间和精力，而且也得罪了法国方面他曾经的伙伴与合作者。

桑志华 1925 年 10 月至 1926 年 6 月返回欧洲，与布勒教授有这样的对话。当时，布勒埋怨桑志华“没什么东西”给巴黎博物馆，而桑志华则说：“我给巴黎自然历史博物馆留下了一些罕见的标本，包括一具完整的披毛犀骨架，为采集这些标本我花了很多钱。我不能掠夺北疆博物院所收藏的经多次野外发掘从中国各地花重金收集到的标本。特别是 1920 年发掘出土的一系列化石，当时我在甘肃庆阳府一带（见《1914—1923 年黄河白河及其流域十年勘察记》）的含三趾马的蓬蒂纪红色黏土中寻找化石。此外，众所周

① 戴丽娟：《在“边缘”建立“中心”——法国耶稣会士桑志华与天津北疆博物院》，《辅仁历史学报》2009 年第 24 期，第 250—251 页。

知的原则是独特的古生物标本只能留在原产国家。”①

“他们争执的根本原因在于：桑志华当时需要巴黎自然历史博物馆帮助鉴定化石标本，因此给其寄出了不少标本。为了争取到援助和出版考古报告，桑志华还需要布勒的帮助。但对于布勒来说，他打算将这些标本储藏起来，北疆博物院（黄河—白河博物馆）已经相当出名了，他不愿这些标本被拿走。在桑志华担心布勒会独占这些标本的时候，布勒选择了拒绝在桑志华期待已久的收据和清单上签字。于是，两人的隔阂越来越大”②。

最令桑志华头疼的是：寄给或带去巴黎自然历史博物馆做鉴定的标本，一去无回。为索要这些标本，桑志华请法国驻天津领事梅礼蔼帮助解决。梅礼蔼领事只是安慰了桑志华，表示无能为力。

于是，桑志华于 1929 年 9 月 10 日，给法国外交部写了一份报告，题目是：《处理天津北疆博物院和巴黎自然历史博物馆的关系》。桑志华收到了法国外交部秘书长巴塞罗（M. PH. Berthelot）先生的回信，信中明确回答了他在报告中提出的一些问题。以下是桑志华的记载：

> 我在信上说：1922 年，我给巴黎自然历史博物馆寄去一箱蜡叶标本，其中有 4027 件维管植物，并提出或由他们或委托他人给这些植物命名分类，这样有利于馆藏植物标本的研究，也可以增加命名的权威性。但是，六年后，这项工作才勉强做起来，到如今我只收到大约 600 个植物名称……
>
> 之后的 1927 年 2 月至 5 月，我又先后几次给巴黎自然历史博物馆寄了六箱蘑菇，但一直没有收到任何回执。我给曼甘（Mangin）先生去信询问，他始终没有答复。我向邮局申请核查的时间也过了，这些蘑菇标本就这样无影无踪了。
>
> 在给外交部的报告里，我还提及我小册子上面已经发表的内容，题为《旧石器时代的中国发现纪实》。

---

① Emile Licent, *Onze années (1923–1933) de séjour et d'exploration dans le bassin du Fleuve Jaune, du Paiho et des autres tributaires du Golfe du Pei Tcheu Ly*, Tientsin: Mission de Sienhsien Race Course Road, 1935, p.298.

② Claude Cuénot, "Le Révérend Père Émile Licent S. J.", *Bulletin de la Société des études indochinoises*, Saigon, 1966, pp.42–43.

信的最后，我要求外交部要切实保障天津北疆博物院的正当权益。这样的话，我才有可能与巴黎自然历史博物馆继续合作。

外交部秘书长巴塞罗阁下回复我说：他们已经确定了900件植物标本的名称和类别，但是因为植物学的工作量太大，所以他们没有及时完成任务，但是接下来的那些会在指定的时间内寄给我。至于那些蘑菇，他们从来就没有收到过。他们也从未跟我提及过有关旧石器时代的一些事情，也没有提及要把那些旧石器时代的化石包裹箱寄回给我。

1929年9月11日，巴黎自然历史博物馆植物学实验室给我写了一封信，这封信是我在野外考察时收到的。信中这样写道：勒贡特（Lecomte）教授得知我（桑志华）给外交部写了信。因为这个博物馆的通讯员太不负责任，致使您要断绝与巴黎自然历史博物馆的一切联系。他得知之后，委托我给您寄来这张补充的植物命名单，余下的部分将如期寄至天津北疆博物院。落款是某专员。他说，这七年里寄过来的命名单里面总共有900件，实际上我（桑志华）寄去的是4000多件。至于这封匿名信的措辞和逻辑，我不想发表任何没有意义的评论。但是，读者们可以因此得知我与巴黎自然历史博物馆相处的尴尬与困境。

我坚持要把上述信件内容写下来，想说明这责任不该由我来承担，今后我与他们的合作还可以继续，但必须建立在一个更严肃更认真的基础之上。在既定的时间和条件下收到信件后，我得看看这些条件是否可以实现，而且在邮件到达之前要有一个通知，所有的邮件必须经过确认后才可以寄出去，而且如果这些标本不被作为研究使用的话，我将不会再为他们整理和提供。

至于我成为巴黎自然历史博物馆成员的提名，我认为这只是一个有目的性的提名，而且它只是一个免费的头衔而已。[①]

桑志华得知法国外交部长到了北京，马上放下手中所有的工作。“1929年10月22日，我（桑志华）从天津乘火车去北京，冬天还没有临近：昨天，

---

① Emile Licent, *Onze années (1923–1933) de séjour et d'exploration dans le bassin du Fleuve Jaune, du Paiho et des autres tributaires du Golfe du Pei Tcheu Ly*, Tientsin: Mission de Sienhsien Race Course Road, 1935, pp.667–668.

温度计显示最低温度是 10 度，今天早晨，露水很多，也是 10 度。我拜访了到访中国的法国外交部长玛德伯爵，向他陈述了我曾向法国驻天津领事馆提过的那些要求，还补加了我与巴黎自然历史博物馆关系的一篇报告。我倍加小心，避免出现任何差错，以免引起不必要的指责或影射。最终，我的条件全部得到了批准”①。

从大使馆出来，桑志华心里非常高兴，感觉积压在心里的问题一下子得到了解决。

随着中国人民的觉醒，对中华民族的文物保护意识增强了。桑志华记载：“1929 年 4 月 13 日，一大早我就得知一个消息：我在前面已经说过，有 85 箱化石被察哈尔政府扣押在张家口。这 85 箱化石是‘美国第三亚州探险队’收集的。被扣押下来的化石在‘国民古文化保护委员会’的指导下运往北京，但据说其中部分已经被损坏，有些箱子已经被打开。北京政府虽然已经同意放行，并在上面贴上‘龙骨’的标签。但却开出了一些条件：如果美国人还想继续在中国发掘和研究化石的话，就必须任用中国的三名古生物学家一同研究，发掘的化石可以带回美国，但是必须有中国人的监护，研究结束后要全部返回中国。在这种条件下，美国人正在考虑是否有必要继续在中国的研究”②。

“1930 年 3 月 29 日，据可靠消息称，‘国家文物保护学会’的主席是北京警察局局长。这个领域的人们不仅希望文物能留在中国，还希望是由中国人来对文物进行研究。我认为外国学者的帮助还是有用的，事实上也是非常实用的。我也考虑过，如果资料分散到不同国家是否就不安全了。

“有人问我是不是不愿与中国专家一起进行勘探活动。我的旅行考察需要节约成本，而结队旅行毫不利于节约。如果能力足够，分散行动可以有更为丰富多样的收获，可以相互补充。其次，我们还不能忽略文化观点的差

---

① Emile Licent, *Onze années (1923–1933) de séjour et d'exploration dans le bassin du Fleuve Jaune, du Paiho et des autres tributaires du Golfe du Pei Tcheu Ly*, Tientsin: Mission de Sienhsien Race Course Road, 1935, p.688.

② Emile Licent, *Onze années (1923–1933) de séjour et d'exploration dans le bassin du Fleuve Jaune, du Paiho et des autres tributaires du Golfe du Pei Tcheu Ly*, Tientsin: Mission de Sienhsien Race Course Road, 1935, p.589.

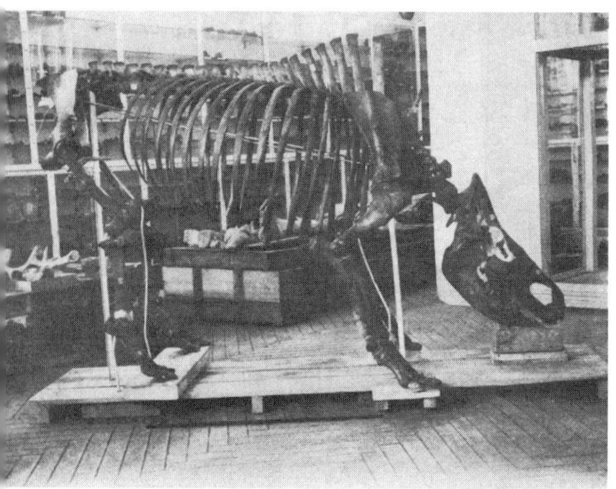

古生物对外展厅的犀牛化石

岩矿标本

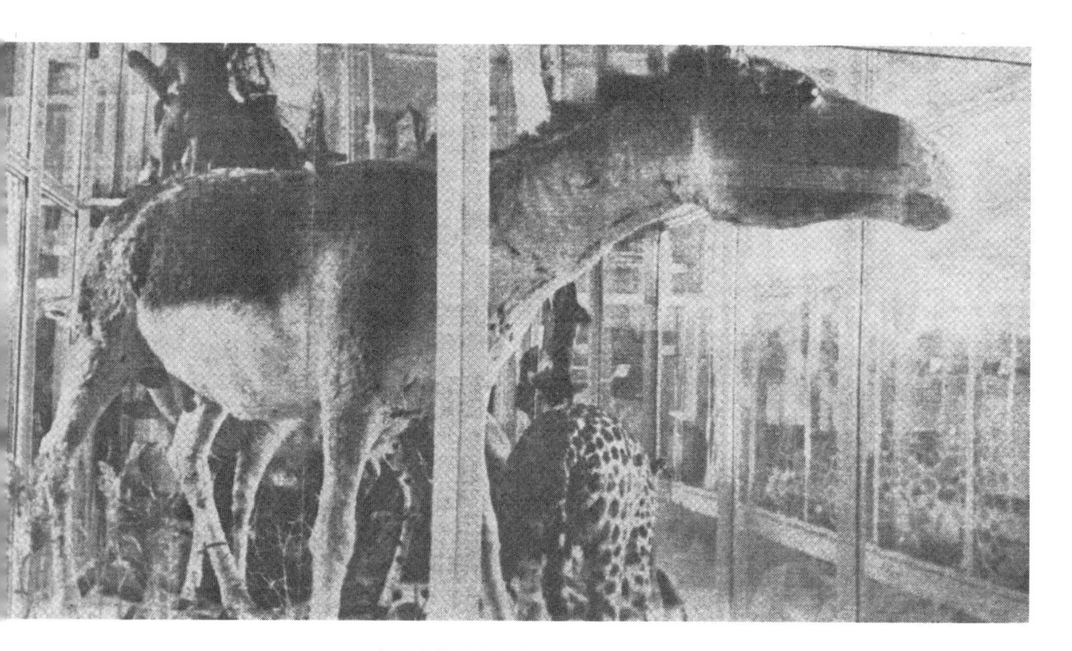

青海湖的哺乳动物——野驴

古生物陈列

昆虫、软体动物、爬行动物标本

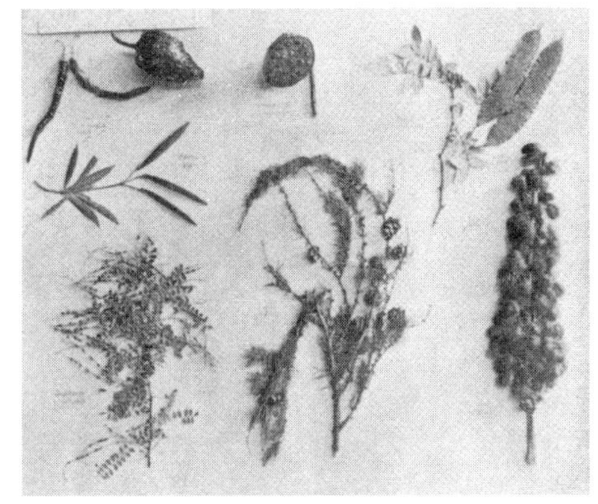

植物标本

人种学藏品

服装和艺术品展示

库房标本

异：比如，我通常住在传教士那里；出于慎重，我无法强迫这些传教士多接收一名或几名同伴；同样，也不清楚我已经习惯旅行饮食制度和长途旅行的进度能否与我的同伴相适应。我觉得以各自的方式旅行是大有好处的，可以避免繁重的额外开销或者拘束感。

“最后，关于一些信息，我觉得为了那些新发现去大肆宣传做广告是没用的，尽管这些新发现很重要，最终也只不过为科学难题的解决提供一个局部途径。而它们的出土和获得它们的途径，没什么要紧或者根本不重要。方法论固然重要，但是方法的应用和取得成功还是更有价值的。”①

邱占祥曾在1994年撰文说：“桑志华在中国呆了整整25年（1914—1938）……北疆博物院（亦即黄河—白河博物馆）可以说是他花了四分之一个世纪的时间，呕心沥血，从无到有，一人操办起来的。根据桑志华本人的估计，1935年北疆博物院的动产和不动产的总值大约是一百万美元。就哺乳动物化石而言，有四个重要地点是他发现的：甘肃庆阳（三趾马动物群）、内蒙古萨拉乌苏（更新世晚期哺乳动物和石器）、河北泥河湾（相当于欧洲维拉方期动物群）和山西榆社（上新世哺乳动物群）。这些化石的绝大部分都保留在中国，主要是北疆

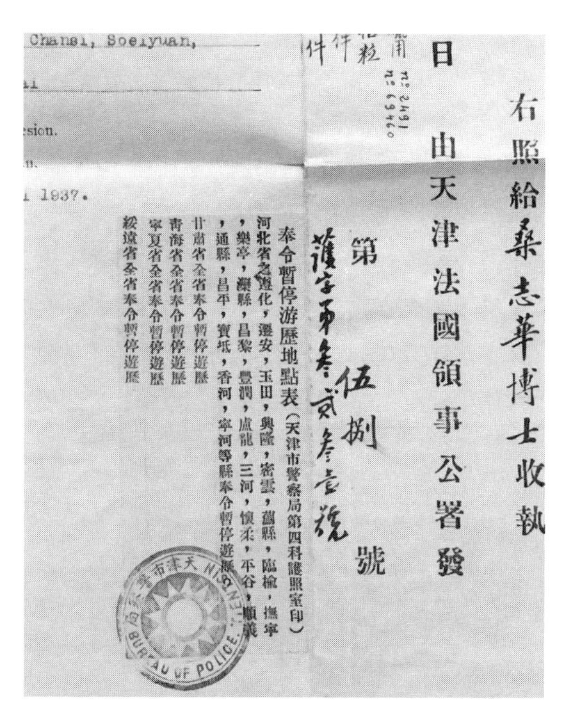
Chansi, Soeiyuan,

1937.

右照給桑志華博士收執

日由天津法國領事公署發

第伍捌號

護字第叁貳叁壹號

奉命暫停游歷地點表（天津市警察局第四科護照室印）

河北省之遵化，遷安，玉田，興隆，密雲，薊縣，臨榆，撫寧，樂亭，灤縣，昌黎，豐潤，盧龍，三河，懷柔，平谷，順義，通縣，昌平，寶坻，香河，寧河等縣奉令暫停遊歷

甘肅省全省奉令暫停遊歷

青海省全省奉令暫停遊歷

寧夏省全省奉令暫停遊歷

綏遠省全省奉令暫停遊歷

BUREAU OF POLICE

1937年七七事变后，桑志华的护照添上了被限制旅行的区域

① Emile Licent, *Onze années (1923–1933) de séjour et d'exploration dans le bassin du Fleuve Jaune, du Paiho et des autres tributaires du Golfe du Pei Tcheu Ly*, Tientsin: Mission de Sienhsien Race Course Road, 1935, p.698.

— 16 —

Visas

Reproduire dans chaque visa le nom du titulaire du passeport.

kontrolní stanice ČSD.
25 XI. 1938
PŘÍJEZD

Majitel pasu:

43295 Popl.:

VSTUPNÍ VISUM
JEDNORÁZOVÉ-

Platí pro cest

do Československé republiky

do 193

Vídeň, dne 22. XI. 1938 19

Generální konsul:

GENERÁLNÍ KONSULÁT ČESKOSLOVENSKÝ

— 17 —

Visas

Reproduire dans chaque visa le nom du titulaire du passeport.

Grenzpolizeikommissariat
EIN 23. XI. 38. 20
Wien

GRENZBESCHEINIGUNG ERTEILT.

Gültig bis zum 15. XII. 1938

RM 50.— f. d. Zeit vom 24/11. 38

aus Reiseverkehrs-Sonderkonto gezahlt.

Wien, den 24. Nov. 1938

Länderbank Wien
Aktiengesellschaft

Grenzpolizeiposten
28 11. 193
Einreise

1938 年桑志华被迫回国

博物院，亦现在的天津自然博物馆，有一小部分保存在北京古脊椎动物与古人类研究所。只有很少一部分流散在国外，包括现在巴黎自然历史博物馆的一个萨拉乌苏的披毛犀的骨架。中国今天还有如此丰富的可供对比和进一步研究的新生代晚期的哺乳动物化石，这主要归功于桑志华”①。

1937 年七七事变爆发，日军悍然发动了全面侵华战争。当时，桑志华正在鄂尔多斯附近进行野外工作，11 月回到天津，日军封锁了天津英、法租界。随着日军对租界的管控越来越紧，北疆博物院的研究工作基本处于停滞状态，此后的野外采掘工作也被中断。

1938 年 5 月，桑志华被迫离开他为之奋斗达 25 年之久的北疆博物院，离开天津返回法国。

---

① 邱占祥:《桑志华与中国的古哺乳动物学》,《天津自然博物馆八十年》，天津科学技术出版社 1994 年版，第 44—45 页。

第十五篇
对外交流与合作

博物馆是人类文明的宝库，每件藏品都是文化的象征。桑志华作为一个科学家和北疆博物院院长，不仅善于发挥本馆的收藏、陈列、展示、研究的功能，还特别注重与各国学术组织、大学、科研院所和专家学者的交往合作，为中法乃至世界古生物学、古人类学、旧石器考古学及相关生物地层学和古环境学的研究，作出了积极贡献。

1 屡次在中国地质学会宣读论文

中国地质学会是由一批海外留学回国的学子创立的，是中国建立最早的学术团体之一，也是国际性学术组织。它成立之时，正处于中国地质学的起步阶段，也是多国科学家来华考察、进行学术交流与合作的活跃时期。

1922 年 1 月 27 日，丁文江主持筹备中国地质学会第一次会议。创立会员共 26 人，其中包括两名外籍学者：葛利普（Amadeus William Grabau，1870—1946，德裔美国地质学家、古生物学家、地层学家）和安特生。同年 2 月 3 日举行会议，通过学会章程，推选章鸿钊为第一任会长，这标志着中国地质学会正式成立。3 月 2 日举行第一次会议，除创立会员 26 人外，还有被推举的正式会员 36 人，其中包括桑志华。

桑志华从 1914 年来华科考探险，1919—1920 年在甘肃庆阳发现三趾马哺乳动物群化石；1920 年首次在中国（甘肃庆阳）发现了中国第一件旧石器；1921 年最早在中国（内蒙古萨拉乌苏）发现中国旧石器时代人类遗存，被公认为中国旧石器时代考古学的开端。这些研究成果，奠定了桑志华该领域的学术地位。

桑志华正在工作

1923 年 6 月 5 日，中国地质学会召开第二次大会。桑志华邀请第一次来中国天津仅半个月的德日进（1923 年 5 月 23 日来津）一起到北京参加这次学术盛会。会议由中国地质学会理事长丁文江主持，会员增加到77名（68名正式会员和9名准会员）。会上宣读了桑志华的论文《关于在甘肃东部和内蒙古的新生代脊椎动物化石》[①]，在与会学者中引起强烈反响。

1924年1月5日，中国地质学会在北京召开为期三天的会议，桑志华、德日进宣读了《中国北方旧石器时代遗址的发现》[②]和《关于鄂尔多斯北部、西部和南部边缘的地质报告》[③]，这两篇论文引起与会专家学者的极大关注。

这次会议后，德日进逗留北京几天。他对在戈壁滩进行考察的美国古生物学家格兰治（Granger）博士产生了极大兴趣，并给这位朋友写了一封信，从信中可以看出中国地质学会的盛况。"借我曾同您谈到过的小型地质学会议之机，我在北京这座迷人的城市逗留了6天。与会人员相当多，且来自天南地北（如：中国人、美国人、法国人、英国人、瑞典人、俄国人……），但气氛很好。许多学术报告都带来了重要的新事实。——地质工作在这里的发展与在巴黎盆地久泡不前的状况真是天壤之别！——现在中国地质学研究还处于黄金时期。但是，这里和别处一样，地层和化石的清查造册工作不久将大体完成。我常想，若不能拓宽研究对象、更新方法的话，我所研究的学科到下一代就会枯萎。应该设法对地球进行更深入、更综合的研究，将其当作一个具有特殊机械、物理、化学特性的整体去看待。——我们应当搞清楚的是这些特性，而不应对那些只对地球很小地区产生影响的细节穷追不舍。如果能再活一次，我会选择研究地球动力学或者地球化学。——这次来北京，我仍像前几次那样没有时间游览。我估计来不及游览故宫和天坛就要回法国了。——对此，我只有一半的遗憾。对我来说，与直接近距离接触那些令人景仰的东西并仔细地观察它们比起来，置身于其氛围中一样令我高兴。在北京，我所喜欢的是身在古老中国的心脏的感觉。而最美好的回忆要

---

① E. Licent, P. Teilhard de Chardin, "Cenozoic Vertebrate Fossils of E. Kansu and Inner Mongolia", *Bulletin of the Geological Society of China*, 1923.

② E. Licent, P. Teilhard de Chardin, "On the Discovery of a Palaeolithic Industry in Northern China", *Bulletin of the Geological Society of China*, 1924, 3（1）, pp.45–50.

③ E. Licent, P. Teilhard de Chardin, "On the Geology of the Western and Southern Ordos", *Bulletin of the Geological Society of China*, 1924, 3（1）, pp. 37–44.

数夜间乘坐黄包车回家了，车子在昏暗曲折的小巷中穿梭，好美好美的星空下，衬着弯弯的小房顶和扭扭曲曲布满乌鸦巢的老树”①。

1924年7月25日，在中国地质学会会议上宣读了桑志华与德日进的考察报告《直隶北部和蒙古东部的地质报告》②，会议还吸收德日进为中国地质学会会员。

1927年，桑志华、德日进、步达生的论文《记一枚可能是更新世产于萨拉乌苏的人类牙齿》发表在《中国地质学会志》上③。桑志华对中国旧石器时代人类牙化石——即晚期智人“河套人”的重大发现，在世界考古界引起强烈反响。

1927年2月，在中国地质学会年会上宣读了巴尔博、桑志华、德日进题为《桑干河沿岸泥河湾层之地质研究》的论文，最终发表时题目改为《桑干河盆地沉积之地质研究》④。德日进、桑志华题为《山西西南部地质之底部地层》的论文也在会上宣读，并发表在该年会志第1期上⑤。同年的会志第2期刊登了桑志华、德日进的《天津之近代海相沉积及其下伏之淡水沉积》一文。

1929年2月13日，在为期两天的中国地质学会年会上，宣读桑志华在东北考察的论文《满洲里东部古熔岩观察报告》，后刊登在1929年3月出版的《中国地质学会志》(第8卷第1期)⑥。

1930年3月27日，桑志华参加中国地质学会会议，他提前两天到北京

---

① H. Madelin：《从利玛窦到德日进》，《科学与人文进步——德日进学术思想国际研讨会论文集》，2003年，第130页。

② E. Licent, P. Teilhard de Chardin, “Geology of Northern Chihli and Eastern Mongolia”, *Bulletin of the Geological Society of China*, 1924, 3 (3–4), pp.399–407.

③ E. Licent, P. Teilhard de Chardin, D. Blcock, “On a Presumably Pleistocene human tooth from the Sjara Osso Gol Deposits”, *Bulletin of the Geological Society of China*, 1927, 5 (3–4), pp. 285–290.

④ C. B. Barbour, E. Licent, P. Teilhard de Chardin, “Geological Study of the Deposits of the Sangkanho Basin”, *Bulletin of the Geological Society of China*, 1927, 6 (1), pp.1–7.

⑤ E. Licent, P. Teilhard de Chardin, “On the Basal Beds of the Sedimentary Series in S. W. Shansi”, *Bulletin of the Geological Society of China*, 1927, 1, pp.61–64.

⑥ E. Licent, “Observations sur les Laves de la Mandchourie et de la Mongolie Orientale”, *Bulletin of the Geological Society of China*, 1929, 8 (1), pp.51–58.

拜访步达生博士，当时步达生正在对 1929 年中国古人类学家裴文中先生在周口店发现第一个北京猿人头盖骨化石进行研究鉴定。

1930 年 3 月，在中国地质学会会议上，桑志华宣读自己的论文《河北正定府西南叶里之三门系化石层之研究》①。德日进宣读了桑志华和德日进合著的论文《吉林黑龙江的地质考察报告》，刊登在该会的会志上（第 9 卷第 1 期）②。

会后，桑志华应邀在国立北平研究院和国立中央研究院参加一些专家学者的活动。

4 月 1 日清晨，桑志华与大家一起参观了位于北京西直门外的“三贝子花园”（中央农事试验场）。桑志华发现，他曾在 1915 年看过的许多收藏品已经消失了，由于缺少资金，温室里只种植着一些供研究的植物，动物园的规模大大缩减了。人工饲养的青海高海拔地区的牦牛，根本不适合北京干热的气候，它们经过混血杂交后，最后只剩下“半牛”（pan niou），即保留了牦牛一般的体型及又厚又长的毛，牛角却变成与华北地区的牲畜一样。

刚刚建立的北平研究院（1929 年 9 月），是由发起和组织赴法勤工俭学运动的李石曾③先生牵头组建的，地点在“三贝子花园”。这里有一大批从欧洲学成归来的年轻学者，其中留法学者多一些。北平研究院的生物学研究门类较为齐全，主要从事动物学、植物学和生理学研究。桑志华看到他们正在制作中国植物标本集，还看到一本从法国带回来的植物标本集。

中午，桑志华应邀出席了一个宴会，这里有很多知名人士：原北平大学代校长李书华、中国地质调查局主任翁文灏博士、海丁（Sven Hedin）博

① E. Licent, “The Nan Ye Li Sanmenian Fossiliferous Deposit”, *Bulletin of the Geological Society of China*, 1930,7, pp.101–104.

② E. Licent, P. Teilhard de Chardin, “Geological Observations in Northern Manchuria and Barga Hailar”, *Bulletin of the Geological Society of China*, 1930, 9（1）, pp.23–35.

③ 李石曾（1881—1973），名煜瀛，字石曾，河北高阳人，中国社会教育家、故宫博物院创建人之一。1902 年赴法学习并从事研究。1917 年回国，任北京大学生物学、社会学教授。1920 年在北京创办中法大学，并在法国里昂创办分校，任董事长、理事长兼代理校长。1925 年 10 月 10 日故宫博物院成立，任该院理事长，兼中央古物保管委员会委员、国立北平大学校长等职。1929 年筹建北平研究院，任院长。

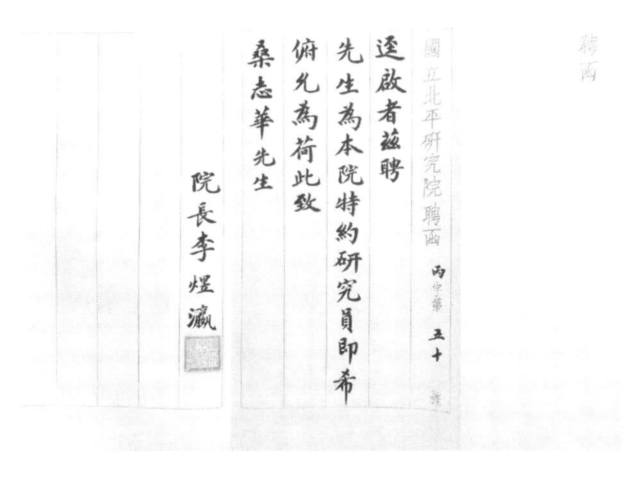

國立北平研究院聘函　丙字第五十　號

逕啟者茲聘

先生為本院特約研究員即希

俯允為荷此致

桑志華先生

院長李煜瀛

桑志华被聘为北平研究院特约研究员

士、德日进神父、曾在克莱蒙费朗（Clermont-Ferrand）留学的植物学家刘慎谔（曾任北平研究院植物研究所所长）、曾在里昂留学的动物学家楼（Lou）等，几乎所有人都讲法语。桑志华得知自己将被国立北平研究院院长李煜瀛聘为特约研究员非常高兴。这个研究院与法国科学院不同，前者是由年轻学者组成的，后者是由作出杰出贡献的资深学者组成的。

10 月 5 日，桑志华在北京参加中国地质学会会议。上午，利用空隙时间游览北海公园，他拍摄了团城上漂亮的白皮松和一条林荫小道上的双叶银杏树。“下午，德日进和杨钟健宣读论文，部分使用汉语。他们对在张家口新疆之间发现的十几处新石器遗址做了报告。其中，多个遗址值得做更为细致的研究”①。10 月 6—7 日，桑志华继续参加有关会议。

1932 年 10 月 9 日，桑志华应中国地质学会翁文灏会长邀请，去参观中国地质局建立不久的地震观测站，站长龙相齐（E. Gherzi）曾担任上海徐家汇观象台气象部主任。地震观测站位于北京城外的一座山坡上，那里是地质结构十分复杂的花岗岩区域。地震观测站只有两台大的地震仪，用于预测强烈地震。

1935 年中国地质学会会议在北京召开，桑志华在会上宣读论文《山西中部之上新世湖相地层》，后刊登在《中国地质学会志》第 14 卷第 2 期②。

① Emile Licent, *Onze années (1923–1933) de séjour et d'exploration dans le bassin du Fleuve Jaune, du Paiho et des autres tributaires du Golfe du Pei Tcheu Ly*, Tientsin: Mission de Sienhsien Race Course Road, 1935, p. 961.

② E. Licent, M. Trassaert, “The Pliocene Series of Central Shansi”, *Bulletin of the Geological Society of China*, 1935,14 (2), pp.211–220.

地震观测站和站长的房子

1936 年，德日进与桑志华合作发表文章《山西东南部爪兽新遗骸》①。

作为北疆博物院院长的桑志华与德日进一起，为初建时期的中国地质学会的学术发展作出了重要贡献。

2 寻求与欧洲科研院所合作

1925 年是桑志华来华旅居考察的第 12 年，在此期间，他没有回过欧洲。可以说，桑志华用 11 年时间，已经建成了享誉世界的一流博物馆，超额完成了来华之前上报法兰西耶稣会高层的目标任务。

桑志华认为，北疆博物院的藏品需要深入研究，必须继续得到法兰西耶稣会和政府的大力支持，与欧洲科研院所、大学建立联系、寻求合作，与专家学者进行学术交流，要让他们了解这里的藏品，以便获得各方面的经费支持。出于这样的考虑，加之回家看望年迈母亲的愿望，促成了桑志华的返欧之行。

1925 年 10 月 7 日，桑志华从天津出发，1926 年 6 月 5 日回到天津。这八个月中，两个月是路途时间，六个月是在欧洲停留的时间。

① E. Licent, P. Teilhard de Chardin, "New Remains of Postschizotherium from S. E. Shansi", *Bulletin of the Geolgical Society of China*, 1936, 15, pp.421–428.

桑志华首先回到祖国法兰西，然后去了意大利、英国和比利时，在这几个国家作短暂停留。他所到之处，都受到了热情的接待。

在法兰西外交部，桑志华受到了极其热情的欢迎。外交部秘书长菲利普·贝特洛（M. Philippe Berthelot），外交部对外事务处主任马科斯（M. Marx），以及卡耐（M. Canet），分别会见了桑志华，都表示要支持帮助北疆博物院和桑志华与德日进在黄河流域的考察项目。

在罗马，天主教教皇庇护十一世陛下亲切接见了桑志华，对中国北方天主教传教士为北疆博物院收集藏品所起的作用非常感兴趣，为此延长了会谈时间。

传教圣修会长红衣主教范·罗桑（Van Rossum）及其总干事米格尔·玛切迪（S. G. Mgr. Marchetti）会见了桑志华，对北疆博物院的发展表示赞赏。

耶稣会总会长沃迪弥·勒杜斯基（T. R. P. Vlodimir Ledokwsky），先后两次亲切会见桑志华，充分肯定他在华考察取得的丰硕成果，并表示对他所付出的艰辛与汗水会铭记心中。

LE PÈRE ÉMILE LICENT

Compagnon et mentor du Père Teilhard

Le Père Emile Licent, S.J. (Photo Procure des Missions, Lille).

PAR C. CUÉNOT, docteur ès lettres

EMILE LICENT était né le 16 décembre 1876 à Rombies (Nord). Son père, instituteur, exerça, quelques années avant sa mort, la charitable charge de trésorier du Conseil de fabrique de sa paroisse. Licent lui dédiera sa thèse de doctorat.

Le jeune Licent fit ses études secondaires de la 6ᵉ à la Philosophie (1888-1895) au Collège de Saint-Amand-les-Eaux (assez proche de Rombies) où il suivit, pendant plusieurs années, les leçons de divers professeurs jésuites. Passionné des sciences de la nature, il avait, dès l'âge de douze ans, conservé dans des boîtes et cartons, les plantes et des coquilles qu'il collectionnait avec soin pendant ses loisirs. Tout jeune encore, le 12 décembre 1895, il entra au Noviciat Jésuite de Gemert (en Hollande)... Le détail de son curriculum serait un peu fastidieux. Il suffit d'en relever quelques détails caractéristiques. D'abord Emile Licent passe sa licence ès lettres à Lille (1899-1900), puis il prépare sa licence ès sciences pratiquement seul et l'achève en 1906. De 1910 à 1912, il travaille à son doctorat ès sciences à Gemert avec le P. Pantel, sous la direction du biologiste Lucien Cuénot (de Nancy) - recherches sur les Homoptères supérieurs (groupe de cigales).

Licent commence donc sa car-

法国报刊发表桑志华的文章

法兰西亚洲委员会主席爱弥尔·塞纳（M. Emile Sénart），以及干事霍华德沃（M. Froidevaux），向桑志华表示提供援助。

桑志华组织了多场研讨会，其中一场是应巴黎地理学会总干事格朗狄迪埃（M. Grandidier）的要求在这个学会举行的。法兰西学院的教授佩里奥（M. M. P. Pelliot）、马斯佩罗（H. Maspero）和布吕纳（J. Brunhes），都希望和桑志华合作，研究北疆博物院的藏品。

桑志华先后参观了伦敦博物馆、英国基尤皇家植物园、布鲁塞尔皇家博物馆、布鲁塞尔皇家植物园、巴黎古人类学研究所、鲁汶大学、索邦大学、南锡大学、里尔大学以及斯特拉斯堡大学等。对此，法国报纸杂志纷纷作了报道。

在法国南锡（Nancy），桑志华拜访了攻读博士学位时的导师吕西安·居埃诺教授，他既是桑志华的挚友，也是桑志华的学术顾问。

桑志华这次欧洲之行的主要目的之一，是为北疆博物院寻找一些合作伙伴。桑志华的上级希望尽快促成一些合作，为此桑志华带上德日进神父。

在罗马，桑志华与人类学的奠基人、将担任拉特兰（Latran）新建的人类学博物馆馆长的施密特（Schmitt）教士进行了会谈，并制定了一些合作项目。

在基尤皇家植物园，桑志华受到了伊勒（M. A. W. Hill）园长的热情款待。桑志华所寄出的很多植物标本，鉴定结果已经出来，这种合作还将继续下去。

伦敦博物馆植物馆的研究馆员伦德尔（A. B. Rendle），同意寄给桑志华详细的植物鉴定名录。

在巴黎，桑志华与乔尼（J. de Joannis）相见很多次，他是从事印度支那鳞翅目动物研究工作的。

桑志华拜访了巴黎自然历史博物馆古生物部主任布勒教授，提出“我（桑志华）要带回与巴黎自然历史博物馆交流用于研究的化石标本。布勒教授觉得我留给巴黎自然历史博物馆‘没什么东西’。实际上，我给巴黎自然历史博物馆留下了一些罕见的标本，包括一具完整的披毛犀骨架，为采集这些标本我花了很多钱”[①]。布勒不同意桑志华与他们一起研究那些（桑志华送给巴黎自然历史博物馆的罕见的标本）化石，桑志华非常不理解，也很生气，两人不欢而散。

随后，“我（桑志华）拜访知名的史前考古学家亨利·步日耶教授。不知什么原因，他也有不希望我加入研究的想法。他让我（桑志华）去看看由摩纳哥阿尔贝王子所建的巴黎古人类学研究所收藏的一部分藏品。他已经完

---

① Emile Licent, *Onze années (1923–1933) de séjour et d'exploration dans le bassin du Fleuve Jaune, du Paiho et des autres tributaires du Golfe du Pei Tcheu Ly*, Tientsin: Mission de Sienhsien Race Course Road, 1935, p.298.

成了我们在宁夏水洞沟和内蒙古萨拉乌苏地层中发现的旧石器的研究，研究成果将于 1928 年末发表”①。

桑志华提出在巴黎自然历史博物馆古生物部学习几天的请求，最终得到了布勒教授的同意。在巴比埃（Barbier）先生的指导下，他认真学习掌握了对骨骼化石的修复技术。

“这次欧洲之行，对我（桑志华）来说，极大的不幸是永远再也不能见到自己亲爱的母亲。我这次回国，本来希望在分别了 12 年之后好好看望年迈的母亲，可她却于 1925 年 9 月 22 日永远离开了人世。我见到的是一座坟墓，我万分悲痛，回想起母亲生前的音容笑貌，一切历历在目。她尽心尽力地养育着她的两个儿子，其中一个儿子——欧仁·黎桑（Eugène Licent）教士，成为法兰西修道院院长，而另一个先在耶稣会实习，然后去了中国，一去就是 12 年，没有回家一次。这是我同母亲的第三次分别，而这次也是最后一次分别了。她生前没能看到我就离开了人世，一定有许多叮嘱的话要说。然而，这一切都没有来得及。我为母亲修了一座墓碑，她的慈祥容貌和对她的颂词已经在世界上甚至在上帝面前被庄严地刻下痕迹：她的灵魂将与我们同在……她展现出谦逊而勇敢的精神，辉煌而非凡的睿智，尽心完成了作为母亲和妻子的责任。同时，多亏了她，我所有的规划才能顺利进行。我能给母亲做的，就是全心全意投入到工作当中，如此虔诚地将工作的成果献给这位和蔼而坚强的母亲”②。

在欧洲期间，桑志华购买并接受捐赠北疆博物院的设备。“我必须改善实验室的仪器设备。我将在返回中国时寄上四十多箱，尤其是仪器”③。

① Emile Licent, *Onze années (1923–1933) de séjour et d'exploration dans le bassin du Fleuve Jaune, du Paiho et des autres tributaires du Golfe du Pei Tcheu Ly*, Tientsin: Mission de Sienhsien Race Course Road, 1935, p.298.

② Emile Licent, *Onze années (1923–1933) de séjour et d'exploration dans le bassin du Fleuve Jaune, du Paiho et des autres tributaires du Golfe du Pei Tcheu Ly*, Tientsin: Mission de Sienhsien Race Course Road, 1935, p.299.

③ Emile Licent, *Onze années (1923–1933) de séjour et d'exploration dans le bassin du Fleuve Jaune, du Paiho et des autres tributaires du Golfe du Pei Tcheu Ly*, Tientsin: Mission de Sienhsien Race Course Road, 1935, p.298.

3 应邀赴日本学术交流

日本人岛村是远东考古学会的秘书长，他于1928年1月邀请桑志华到日本参加第二届年会，被婉言谢绝。原因有两个：一是当时北疆博物院的经费紧张，节省费用成为重中之重；二是桑志华作为院长除管理行政事务外，还整理藏品，接待参观者，根本没有时间赴日本。

1929年，法日学院院长西尔万·莱维教授又邀请桑志华访问日本，在信中说了很多好话："远东考古学会坚持要见您，对您考古工作取得的丰硕成果以及对法国耶稣会为科学事业作出的贡献表示崇高的敬意！您在途中的大部分旅费由法日学院承担，真诚欢迎您的到来。"

1930年10月初，岛村又一次真诚邀请桑志华，盛情难却，桑志华同意于1930年11月8日、15日在京都远东考古学会年会上作《关于发现中国旧石器和哺乳动物化石的报告》。1930年11月3日，桑志华登上日本"近海游船会社"船舶公司的一艘大轮船——北嶺丸。

为旅途方便，岛村专门安排亨利·伏莱耶尔-哈什曼（H. Floyar-Rajchman）少校陪同桑志华。伏莱耶尔-哈什曼是波兰驻日本使馆的海军专员，负责调查远东各国的军事力量，曾参加过许多大规模战役。

三天后，桑志华到达日本下关。下关在门司（Moji）港对面的日本内海进口水道上，海上往来船舶很多，有一座山峰俯瞰这里的风景，控制着日本内海狭长的大门。这是设防的地区，禁止拍照和写生。

7日中午时分抵达神户。神户与京都是毗邻的城市，桑志华乘火车到达京都。

为了做好第一场演讲报告的准备工作，桑志华于1930年11月7日清晨，去拜访了京都皇家大学考古系的教授滨田，他向桑志华介绍了法语翻译年轻博士山口雹一。这是远东考古学会的岛村为了与桑志华合作，提供的特别服务。据了解，当时京都和东京已经有很多人会讲法语，除了法国耶稣会传教团的教士们，还有京都皇家大学法语系的师生。

1930年11月8日上午，在东京地理学会主席细川先生的主持下，桑志华在京都皇家大学作了《关于远东旧石器时代》的演讲，报告持续了2个半小时。桑志华讲述了北疆博物院关于中国旧石器时代的一些研究工作，在报告的结尾，概括了今后研究的总体想法。

山口甩一博士一段一段地翻译，拉长了报告时间，好在幻灯片打破了沉闷气氛。山口甩一提前了解了桑志华的演讲稿和幻灯片的内容，这使他在翻译时得心应手，也为报告增色不少。桑志华对这位年轻博士的认真态度和尽职尽责的敬业精神，表示感谢。

桑志华非常喜欢台下全神贯注的听众，尤其是年轻人都认真作笔记。这不只是出于好奇，还因为桑志华讲到很多具体细节。

法国在日本的天主教会盛情接待了桑志华，他在瓦涅（A. Vagner）神父和杜苏（Duthu）神父陪伴下，游览了京都著名景点岚山（Arashi Yama）和清水寺（kiyomidzutera）。桑志华注意到，在众多的小摆设中有许多狐狸造型，这是中国古老制陶工业的产品，是对某种祭祀崇拜的表现，在中国一些地区非常流行。

11日，远东考古学会的秘书长岛村先生陪同桑志华乘坐火车去奈良（Nara）游览。桑志华还作为贵宾参观了奈良的皇族宝藏博物馆——正仓院（Shoso-in），那里有许多古代留下来的物品，展示着日本原始文化的发展脉络。桑志华发现，尽管受到中国文化的巨大影响，但日本文化仍保持甚至张扬着显著的民族特色。

奈良中式建筑风格的亭子

13日，日本Kashlwa Oyama亲王邀请桑志华去参观他的博物馆。亲王是杰出的史前学者，收藏了许多史前物种，还用其藏品为桑志华制作了新石器时代物种的典型系列。桑志华对这位高贵而富有才华的亲王表达了感谢与敬意！

一位年轻的日本历史学者松

本信弘来拜访桑志华。他将担任桑志华另一场学术报告的翻译，法语讲得很好，两人认真地做了准备。

15 日，桑志华在日本东京大学人类学院作了第二场报告，题目是《关于北疆博物院藏品——中国旧石器的报告》。报告大厅座无虚席，有专家教授、学生和考古爱好者，都在认真做笔记。其中一些学者对这一领域颇有研究。报告刚结束，纷纷举手争先恐后提出问题，桑志华一一作出解答，会议持续了 4 个半小时。桑志华同松本信弘的合作非常默契，虽然时间较长，但会场气氛始终非常活跃，桑志华感到十分欣慰。

在东京逗留期间，桑志华还拜访了一些史前专家学者和机构。东京与日本其他地区一样，各种各样的私人物种收藏非常丰富：考古学的、人种学的、艺术的等等。在松本的带领下，桑志华参观了荣一先生的私人博物馆。

18 日，桑志华在松本的陪同下，参观了浅间山（Asama-yama），这是日本最为活跃的火山之一。

19 日，日本皇太子邀请桑志华参观他发现的贝壳堆。皇太子指挥他的随从河野带着几个工人，先挖出一个几平方米大、深至古贝壳层的土沟。各

日本皇太子与桑志华（左二）站在贝壳堆发掘现场交流

日本皇太子请桑志华共进午餐

种各样的贝壳、大量陶器碎片（其中有不少体积较大）、动物骸骨和一些打磨的石器被发掘出来，摊在地上。皇太子对桑志华说，你随便挑选，想要什么就拿什么，而他自己则专心地给贝壳和各种物品贴上标签。随后，皇太子和桑志华、法日学院哈格诺尔（Hagenauer）、加斯帕多（Gaspardone）四人，进行发掘。桑志华发现这里有新石器时代炊具的残骸，夹杂在第四纪略带沙质的地层中，至少 15—20 米厚。在发掘过程中，贝壳堆的物品十分脆弱，一碰就碎。皇太子带来的发掘工具是削尖的薄竹片，既坚硬又柔韧，他轻轻地把土拨开，基本不损坏藏在里面的物品。从出土的贝壳、鱼骨和大型动物骸骨来看，他们断定：很久以前这里是一个渔村，渔民也是猎手。

中午，皇太子邀请桑志华到一座漂亮的日式农场共进午餐。

下午，继续挖掘。为了完整取出一副女性骨骼，大家小心翼翼地忙碌了几个小时。由于骨头软得就像奶酪，必须马上包起来，否则肯定会变硬。夜幕降临，皇太子微笑着对桑志华说："正是因为您的到来我们才能有这样的发现。"

皇太子决定把这一副女性骨骼，暂时存放在日式农场。但是，农场主很迷信，也很害怕，拒绝保管。皇太子等人反复做工作，告诉他这是重大的考古发现，农场主才勉为其难地答应了。桑志华向皇太子告别时，皇太子给了他一些日本新石器时代具有代表意义的出土文物，使研究资料更加完整。桑志华认为，欧洲对于日本史前学家的研究非常陌生，或许是因为日语难学的缘故。

桑志华应邀参观了日本东方博物馆。该馆的藏书令桑志华感到震撼！

“东方书店的保管人石田先生很礼貌地接待了我（桑志华），他和蔼可亲，亲自向我介绍了这处馆藏丰富的图书馆。该图书馆创建人是岩崎男爵。之前，他在北京买下了莫理循（1912—1920 年为中华民国总统政治顾问）博士那座著名图书馆的藏书。之前，我（桑志华）曾接受莫理循博士的邀请，来到他在北京的私人住宅，受到了非常友好的接待。莫理循博士带着我参观了他的图书馆，我看到许多有关中国自然历史的高价值的书籍。莫理循博士把这座图书馆卖给岩崎男爵后，这些价值连城的 24000 册藏书，还有同样数量的欧洲和美国的书籍，运到日本东京的‘东方图书馆’。这里有 20000 册中文书籍，实际上这是一座亚洲的图书馆。其中，中国和日本的占首位数量，尤其是对于汉学家们来说，是最为重要的资料”①。

11 月 25 日，桑志华从神户港乘坐 Hokurei maru 号轮船启程，29 日返回天津。

4 周口店猿人遗址带来的伤感

1931 年 9 月 30 日，法国史前考古学家亨利・步日耶教授致信桑志华。他在信中说，应中国地质局局长翁文灏先生和步达生博士的邀请，来华考察周口店北京猿人遗址② 及出席中国地质学会举办的北京猿人研讨会，希望届时前往天津参观北疆博物院。桑志华非常高兴，马上回信欢迎步日耶教授到来。

步达生博士正在图克斯坦（Turkenstan）参加“雪铁龙”穿越亚洲探险活动，他把接待任务交给了桑志华。

10 月 19 日，桑志华收到从大连发来的电报：步日耶教授乘坐“赛特

① Emile Licent, *Onze années (1923–1933) de séjour et d'exploration dans le bassin du Fleuve Jaune, du Paiho et des autres tributaires du Golfe du Pei Tcheu Ly*, Tientsin: Mission de Sienhsien Race Course Road, 1935, p.771.

② 周口店北京猿人遗址，是中国重要古人类化石遗址。位于太行山脉与华北平原的接壤处，距北京城西南 48 公里。自 20 世纪 20 年代以来，在这一地区先后发现了 20 余处脊椎动物化石，成为世界著名的史前遗址群。在一个不大的地区内，人类化石、旧石器时代文化遗物和动物化石如此集中和丰富实属罕见。

中法义兴轮船公司

舒·马吕”轮船由大连到天津，预计第二天一大早到达塘沽。为准时接站，桑志华提前一天乘火车赶到塘沽。

中法义兴轮船公司船行老板刘先生是桑志华的好朋友，专程开汽车到塘沽火车站接桑志华去他家住。道路颠簸，非常难走，刘先生说：“我们有汽车，但是却没有汽车行驶的平坦马路。”

10 月 20 日上午 9 点，“赛特舒·马吕”轮船抵达塘沽港口，步日耶教授夹杂在一大群拥挤的穷苦人中上了岸。步日耶说：“从法国出发，取道西伯利亚，到中国沈阳后，又乘火车去大连。在沈阳与山海关之间，火车非常不准时，土匪抢劫时有发生。到处是逃离东北的难民，他们因害怕日本人而背井离乡，外出逃难。”①

步日耶看到的现状，正是日本侵略中国东三省造成的恶果。

20 日下午，桑志华与步日耶从塘沽乘火车赶往天津北疆博物院。

展厅中陈列的甘肃庆阳的旧石器和晚中新世后期三趾马动物群化石、内蒙古萨拉乌苏“河套人”牙化石和更新世晚期哺乳动物群化石、宁夏水洞沟

---

① Emile Licent, *Onze années (1923–1933) de séjour et d'exploration dans le bassin du Fleuve Jaune, du Paiho et des autres tributaires du Golfe du Pei Tcheu Ly*, Tientsin: Mission de Sienhsien Race Course Road, 1935, p.868.

的旧石器、河北泥河湾新生代晚期哺乳动物群化石等，深深地吸引着步日耶教授。他一边观看，一边听桑志华如数家珍的介绍，对北疆博物院收藏的这些珍贵标本，给予高度评价。

21 日，桑志华陪同步日耶来到北京，翁文灏和步达生博士早已等候在车站迎接，他们一起乘车到了中国地质局。步日耶教授是应邀来鉴定北京周口店猿人遗址出土的旧石器。发现北京人第一个头盖骨的中国古人类学家裴文中为步日耶准备好了在北京周口店第一地点出土的旧石器。步日耶教授马上对此进行研究。这些石器是莫斯特类型的，与猿人化石伴生，共生的动物群化石很丰富。动物群的时代是德日进在北疆博物院确定的，时代介于桑志华根据泥河湾动物群建立的三门期和内蒙古第四纪中期萨拉乌苏动物群的时代之间。步日耶教授充分肯定了北疆博物院收藏的泥河湾动物群和内蒙古萨拉乌苏动物群标本对确定周口店第一地点动物群地质年代所作的贡献，认为北京周口店猿人打磨和使用的旧石器表明北京猿人的智慧已经达到了一个新水平。

22 日晚，翁文灏为步日耶教授举办欢迎宴会，来宾大多是中外知名人士。

23 日上午，桑志华和中国地质局的杨先生陪同步日耶教授参观故宫，欣赏了皇家各种珍奇异宝，瓷器、绘画、金银制品、漆器等。下午，他们又出席了中国地质局举办的欧洲旧石器时代的研讨会。

27 日，步日耶教授在中国古人类学家裴文中、翁文灏、步达生和桑志华的陪同下前往周口店猿人遗址考察，随行的还有巴尔博博士、杨钟健、李济（考古学家）和文学家李先生，大家带着行李分乘 3 辆汽车。过了长辛店和房

把开采的石灰石放在磨盘形状的露天仓库中

周口店煤矿

山县后，路很难走。周口店是一条铁路的终点站，这条铁路与北京（西南方向）至汉口的铁路线相交于琉璃河。通过永定河一座桥时，因这座桥建得不结实，他们必须下车步行过桥。

28日，他们到周口店遗址南侧的含化石地层去考察，这里不含北京猿人化石。

继续向前，东北方向的整个山谷全是煤矿。一条满是红土的石灰岩裂缝中有许多三门期的小型啮齿类动物化石，他们采集了很多。

北京猿人遗址在龙骨山的北坡上，南坡是采石场。当初是人们在北坡采集石灰石时才发现了北京猿人遗址。

桑志华把小型啮齿动物化石送给裴文中先生

下午，步日耶教授观察了一个北京猿人灰烬层，呈透镜状，最厚处达6.7米。在灰烬层中还发现了一些烧焦的骨骼和打制得很好的石英石，底部还有一些形状不规则的片岩石。桑志华也找到了两块打制过的石英。灰烬层的颜色很杂（火红色、灰色、粉红色等），其中至少有3层是黑色和炭黑色的。

29 日，桑志华仍然帮助步日耶教授寻找打制过的石英和烧骨。他们在裴文中和杨钟健的带领下去考察北面的小山丘，在那里发现了一些石英地层，山丘整体上属于石炭一二叠纪砂岩，也发现了“菊石”，这是一种已经灭绝的化石。

30 日，步日耶教授在周口店猿人遗址的堆积中发现了一个具有法国朗格多克地区文化风格的石盘。猿人遗址的西面有一条一二百米充填着红土的裂隙，没有发现骨头化石，也未发现任何打制过的石器。

裴文中邀请步日耶教授，用 4 天时间对周口店猿人遗址的地层、猿人的洞穴、猿人的头骨等进行深入考察研究，还观察了大量旧石器和古生物化石。

在离开周口店北京猿人遗址返回北京的路上，“我心中不免有些伤感，想起大约在 1917 年长辛店传教士迪卡姆曾邀请我来周口店地区进行地质研究，当时认为像甘肃和萨拉乌苏这些较远的、不容易去的地方应该先去，而周口店和泥河湾这样很容易去的地方可以暂时放一放。当然这样做的结果是有些重要的发现让别人抢了先”①。

31 日上午，步日耶教授继续研究周口店北京猿人遗址出土的文物。下

周口店北京猿人遗址

① Emile Licent, *Onze années (1923–1933) de séjour et d'exploration dans le bassin du Fleuve Jaune, du Paiho et des autres tributaires du Golfe du Pei Tcheu Ly*, Tientsin: Mission de Sienhsien Race Course Road, 1935, p.873.

午，桑志华陪同步日耶教授应邀参观李济在河南安阳收集的商代文物。商朝人把想占卜的事情刻在龟甲兽骨（主要是肩胛骨）上，骨板用火烧后刻写甲骨文。骨板上面记录了提出的问题及答复，涉及朝廷大大小小的事件。从这些甲骨文中可以看到商代的记事。从出土的文物可推断出它的历史时间以及商朝迁都安阳的时间大约是在公元前 1300—1200 年。通过对甲骨文的研究可以发现许多珍贵的史实。从殷墟出土的陶器中还可见仰韶文化（属于新石器晚期）的遗风。

11 月 1 日，步日耶教授继续研究，不需要桑志华陪同，他利用这一空闲时间，又一次参观北平西黄寺[①]（1915 年他曾来过）。从远处就能看见寺院里高大树木和班禅塔。走进寺院，桑志华发现寺院的一部分被部队占领了，另一部分正在修复中，工匠们正在为走廊的梁柱涂抹金色、蓝色、红色的油漆。

寺里最美的建筑是班禅塔，它占了大半个寺院。整座塔身由白色大理石砌成，塔尖是由镀金的铜铸成的。周围环绕石栏，前后各有白石牌坊一座。塔上下为八角形，饰以金顶。塔的 4 角配以小塔 4 座，每座塔上通刻佛像，闪闪发光。与老侧柏树形成强烈对比。细看，塔的每一部分，都是一件独具匠心的艺术精品。

西黄寺的班禅塔

下午，桑志华游览了北海公园。在一个大湖里，他采集了荷花以及多种其他水生植物。钓鱼的人告诉他湖里鱼的种类不是很多，绝大多数是鲫鱼。桑志华认为从

① 西黄寺，位于北京德胜门外黄寺大街。清顺治九年（1652）建成，西藏五世达赖和六世班禅进京皆驻此。六世班禅于乾隆四十五年逝于此寺，故在寺中建清净化城塔安葬他的衣履。

生物学角度来研究北海公园和颐和园，将是一个很有趣的研究课题。

班禅塔的底座

2 日，桑志华参加了步日耶教授在北京主持召开的关于旧石器时代早期的分期及旧石器时代早期工业的研讨会。

3 日上午，桑志华参加了中国地质学会举办关于北京猿人的专题研讨会，步日耶教授出席。发现第一个完整北京人头盖骨的中国古人类学家裴文中和北京协和医院解剖系主任、加拿大解剖学家步达生分别作了报告。步日耶教授作了总结性报告。他说，通过这一段对北京猿人遗址的实地考察和对搜集文物的研究，北京猿人已能用火，并具有一定规模。此外，北京猿人能够制造多种类型的石器和骨器。

下午，桑志华结束了陪同步日耶教授的工作，于当晚返回天津。

5 与德日进的合作与矛盾

桑志华、德日进两位科学家是法国耶稣会士。他们最初的合作是缘于古生物化石。“桑志华邀请的第一个最重要的科研人员是德日进。如果没有桑志华的邀请，德日进可能永远都不会来中国。他们在 1914 年相识，但现存最早的德日进写给桑志华的信是写于 1921 年 1 月 20 日，在这之前两人其实已经有过通信”①。

1919 年 6 月 6 日，桑志华在甘肃庆阳发现了哺乳动物化石，送到巴黎

① Claude Cuénot, “Le Révérend Père Émile Licent S. J.”, *Bulletin de la Société des études indochinoises*, Saigon, 1966, p.28.

自然历史博物馆鉴定。该馆的古生物部主任布勒把这个任务交给了自己的学生德日进。在法国的德日进为了掌握更多相关信息，给在中国的桑志华写信。德日进很愿意听桑志华大嗓门发出的蛊惑人心的声音，他越来越坚定来中国跟随这位大师。

德日进："您说我过着贵族生活，我在某些方面十分羡慕您，尤其是您的勘察工作。"

德日进："让我说出对您的崇拜之情吧。我们是在欧洲蹒跚前进的孩子。而您在那边已经掌握了快速前进的方法：收集文献，一直坚持尽量多地收集……个人来讲，如果恰好能有一个让我能跟您碰面的机会，我将无比幸福。"

桑志华："您如果可以到中国来该多好！我认为您肯定会成就杰出的事业！……我们可能将更加密切联系这些传教士，让他们将知道的地质层都指给我们。有朝一日，或早或晚，我们将会重新发现'人类'。您对此怎么看呢？您可以了解一下会长们是如何评价的。您要想到这里是中国，以我们外国人特殊的眼光来看的话，尤其从各个方面来看的话，中国是一个全新的国家。您会看到，这里并不全是旷野，因为这里已经开始建博物院了！"

德日进："我对于您的邀请并不是无动于衷。但我如何才能从我的教省和天主教学院中解脱出来呢？……在学院，我几乎不教书，但我担任一个战略性的职位，它让我得以在很多方面高效地活动。若严格地从科学角度讲，没有比在巴黎研究哺乳动物更好的环境了（只要人们把资料寄给我）。所有这一切将我与塞纳河紧密相连，但我另一半的兴趣爱好和能力又使我十分向往黄河"①。

德日进（左）与桑志华（右）

继 1919 年、1920 年桑志华在甘肃庆阳发现古哺乳动物化石和旧石器后，1922 年又在内蒙古萨拉乌苏河岸发现

① Claude Cuénot, "Le Révérend Père Émile Licent S. J.", *Bulletin de la Société des études indochinoises*, Saigon, 1966, pp.28–29.

了古人类化石、哺乳动物化石和旧石器。他给德日进写信，真诚地邀请德日进来中国共同发掘化石。德日进向导师布勒汇报后，布勒“相信关于人类的任何谜题都可以在这块土地上找到答案”[①]，他坚决支持德日进来中国与桑志华合作。

此时的德日进，在导师布勒的提携和自己的努力下，真可谓是如日中天：1920 年，39 岁的德日进被聘为巴黎天主教学院地质系主任后，出版了《凯尔西地点的灵长类》和《法国下始新统哺乳动物化石》两部专著。1922 年，对于德日进来说更是好事集中的一年：3 月获得博士学位；6 月，被法国地质学会授予 Viquesnel 奖（Auguste Viquesnel，1800—1867，1858 年曾任法国地质学会会长）。在授奖仪式上，布勒这位脾气暴躁出名的导师在发表授奖辞时十分动情地说：“在我科学生命的暮年，在为战争残酷地夺去我们众多寄予希望的年轻科学家而倍感悲哀之时，能够看到像德日进这样的法兰西古生物学优良传统的传承人出现，对我是极大的安慰”。12 月，法国科学院又将 Gustav Roux 杰出青年科学家奖授予了德日进。1923 年，德日进被选为法国地质学会副主席。当时，几乎所有的人都看到：一颗古生物学新星正在冉冉升起。

但就在此时，德日进在欧洲天主教耶稣会高层的眼中却成了离经叛道的麻烦制造者。1922 年春，在学术界已小有名气的德日进受比利时 Enghien 镇（位于布鲁塞尔西南）神学院之邀，讲述他研究凯尔西哺乳动物化石的成果。在谈到哺乳动物的进化时，德日进提出了对《创世纪》中有关“伊甸园”“亚当和夏娃”以及“原罪”等新看法。他认为人类是逐渐进化产生的，亚当和夏娃一对夫妻不可能产生出整个人类，特别是对伊甸园和原罪的说法也持怀疑态度。回国后，他还觉得意犹未尽，又发表了几篇文章深入阐述这一观点。然而，德日进的思想和活动，使法国耶稣总会和罗马耶稣总会的主教们很恼火，甚至连梵蒂冈主教也担心起来。耶稣会的主教们决定将德日进逐出欧洲，希望以此来制止这些怪诞思想的传播。他们想到了在中国采集化石的桑志华，也想到了在中国传教而不幸染病死在上海的德日进的姐姐

① ［法］布勒、步日耶、桑志华、德日进著，李英华、邢路达译：《中国的旧石器时代》，科学出版社 2013 年版，前言第 i 页。

(Françoise，1979—1911)。德日进可以去上海吊慰他的姐姐，而在天津则可以和桑志华一起研究古生物化石。

德日进是在教会的巨大压力下，在布勒导师坚定支持下来到中国的。

“桑志华的一封邀请信改变了德日进一生的轨迹”①，“Cuénot在其《德日进》一书中写道：‘这一年（指1923年）是德日进心灵进化中关键性的转折的标志，也开启了其科学生命中最长也是最富成果的一个阶段’”②。

德日进于1923年5月23日抵达天津，桑志华格外高兴。他非常细致地安排德日进的饮食起居，请他看采集的哺乳动物化石。恰巧中国地质学会会议即将在北京召开，作为会员的桑志华与有关方面沟通协调后，请德日进代表他本人在中国地质学会会议上作了《关于桑志华在庆阳和鄂尔多斯南部发现的哺乳动物化石的报告》。自此，德日进开始被中国地质学会的专家学者所熟悉。

桑志华“在1923年促成德日进到中国与他一起进行实地田野工作的机会，这也就是一般所称的法国古生物考察团。但这件事也成了日后他与布勒产生争执的开端”③。同时，为桑志华与德日进合作埋下了隐患。布勒打算让自己的学生德日进任考察队领导，桑志华坚决不同意。桑志华认为，“1922在萨拉乌苏这个地区的东南部，我已经进行过大面积的发掘和收集了一大部分古生物化石和旧石器，这些化石将用于组构人类古生物研究所的档案第四部分，即中国的古生物(1928)。在这些化石中，有一具完整的披毛犀骸骨，其现在已被组装在巴黎自然历史博物馆内；这件披毛犀是北疆博物院赠送给巴黎自然历史博物馆的，而非考察队的发现。另外两具披毛犀骸骨，也是我在去年发现的，将保存在北疆博物院，连同有关第四纪中期的古生物化石资料”④。后来，桑志华与布勒达成以下协议：“我（桑志华）将是法国古生物考察队

① 邱占祥：《德日进与桑志华及北疆博物院》，载《天津自然博物馆论丛(2015)》，科学出版社2015年版，第4页。

② 邱占祥：《德日进与桑志华及北疆博物院》，载《天津自然博物馆论丛(2015)》，科学出版社2015年版，第6页。

③ 戴丽娟：《在“边缘”建立“中心”——法国耶稣会士桑志华与天津北疆博物院》，《辅仁历史学报》2009年第24期，第248页。

④ Emile Licent, *Onze années (1923–1933) de séjour et d'exploration dans le bassin du Fleuve Jaune, du Paiho et des autres tributaires du Golfe du Pei Tcheu Ly*, Tientsin: Mission de Sienhsien Race Course Road, 1935, p.2.

的领导人。那些孤份标本将归属巴黎自然历史博物馆，因为是该博物馆承担了考察经费。重复标本将保留在北疆博物院，我将会安排一些给北京地质处”[①]。1923 年 2 月，桑志华收到布勒的电报：“同意这些条款”。“1922 年 12 月 22 日的信件具备合同价值，而 1923 年 2 月的电报答复设定内容表述已被接受。通过这一段文字，人们会看到合同是如何在北疆博物院这边被坚持的”[②]。

邱占祥认为：“造成这种情况首先和桑志华与布勒之间的矛盾有关。就在德日进和桑志华合作考察鄂尔多斯的第二年春天（1924 年 3 月 11 日），桑志华写信给布勒，称：‘北疆博物院做了它所能做的一切，如去年为考察团合作所做的。在这个考察团中我是领导。’‘不只是 1922 年为 1923 年的考察做了准备。工作早已经做过，多个化石点皆已’部分地发掘过了。‘1924 年的工作已经是我所投身的事业的第二次行动了。只是这一次是您委托我和德日进神甫合作的。’布勒对此大不以为然，觉得事情完全弄颠倒了。在布勒眼中，桑志华根本不是考察团的领导，他只能做该地区的‘向导’工作，而无论如何都不是指导工作。布勒后来（1925 年 3 月 3 日）写信给桑志华，申明了这一点”[③]。

1923 年 6 月至 1924 年 9 月，是桑志华—德日进法国古生物考察队成立后第一次到内蒙古萨拉乌苏进行野外考察。由于当时中国西部地区内乱，他们绕路而行，桑志华对德日进在各方面给予照顾。这一次，桑志华—德日进法国古生物考察队在内蒙古萨拉乌苏、宁夏水洞沟采集了大量哺乳动物化石和旧石器。这段时间是他们在野外时间最长、采集化石最多、合作最顺利的，德日进频繁向自己的导师布勒汇报，信件达 35 封（其中 1923 年就有 20 封）之多。

---

① Emile Licent, *Dix Années* (*1914–1923*) *de séjour et d'exploration dans le bassin du Fleuve Jaune, du Paiho et des autres tributaires du Golfe du Pei Tcheu Ly*, Tientsin: La Librairie Francaise, 1924, p.1559.

② Emile Licent, *Onze années* (*1923–1933*) *de séjour et d'exploration dans le bassin du Fleuve Jaune, du Paiho et des autres tributaires du Golfe du Pei Tcheu Ly*, Tientsin: Mission de Sienhsien Race Course Road, 1935, p.1.

③ 邱占祥：《德日进与桑志华及北疆博物院》，载《天津自然博物馆论丛（2015）》，科学出版社 2015 年版，第 15 页。

桑志华与德日进组成的法国古生物考察队在第一次合作中，专长互补，密切协作，“两位神父合作所得到的可观成果，其重要性不亚于任何大型的考察队”①。

按照桑志华与布勒关于“考察所得的孤份标本归法国自然历史博物馆所有”的协议，德日进满载而归（装运49箱标本，加上私人行李中带了最重要的标本），于1924年10月15日返回巴黎。

就在德日进回到巴黎这段时间，桑志华又在河北泥河湾发掘了大量哺乳动物化石。

德日进返回巴黎后，一方面研究他从中国带回来的化石和石器标本，同时教会也恢复了他在天主教学院的教学。这时的德日进在科学界已有一流声誉，在宗教界更有一批年轻的崇拜者。但是，1925年3月在美国田纳西州通过了不准在学校内讲授进化论的法令，而一位年轻教师Scopes因为讲授进化论而被起诉并被判罚款100美元。德日进清醒地意识到，他要坚持“人类是逐渐进化产生的”思想不变，保住其神父的身份，只有向教会作出妥协。在当时情况下，最好的选择，只能是来往于法国和中国之间了。

1926年6月6日，德日进又一次来到天津。当他在北疆博物院看到桑志华从河北泥河湾发掘出这么多化石（重约5吨），一下子惊呆了！于是，德日进用主要精力来研究泥河湾的化石标本。德日进感觉到这些标本的重要价值，给他的导师布勒写了7封信，并与桑志华进行了第二次合作（1926年6月至1927年8月）。其间，1926年9月21日至10月10日，桑志华与他一起到泥河湾考察，因为土匪扰乱、后勤保障等因素，野外工作时间很短，只采集到7箱化石。不过对于德日进来说，能够亲自观察到泥河湾这一重要化石的地层，已经很高兴了。

桑志华与德日进在第二次合作中，总的来看关系还算融洽，但在是谁发现泥河湾化石问题上产生了矛盾。起因是：1926年6月6日德日进从法国回到天津，他开始研究桑志华在泥河湾采集的化石，并发表文章。桑志华认为，德日进的这篇文章中有两个重要情况与事实不符，曾在科考学术界引起

① 戴丽娟：《在“边缘”建立“中心”——法国耶稣会士桑志华与天津北疆博物院》，《辅仁历史学报》2009年第24期，第248页。

了误解。对此，桑志华很不满意，并在《1923—1933 年黄河白河及其流域十一年勘察记》中专门作了说明①。

早在 1921 年，泥河湾教堂樊尚神父带着在泥河湾发现的“龙骨”(化石)到天津送给桑志华研究，但由于桑志华忙于山西调研（1921 年）、萨拉乌苏化石发掘（1922 年），以及与德日进神父组成法国古生物考察队（1923 年）的考察，直到 1924 年 9 月 10 日至 9 月 18 日，桑志华第一次来泥河湾勘察并粗略发掘化石。1925 年 4 月 21 日，桑志华第二次来到泥河湾在下沙沟发掘化石的第五天，在忙乎了一上午后返回泥河湾，在那里见到了北京燕京大学巴尔博教授。三天后，即 1925 年 4 月 24 日早晨，巴布尔教授离开泥河湾，从宣化府返回北京，但没有取得任何自然地理方面的成果，更没有能够解答泥河湾的化石地层问题。

“在对我（桑志华） 1925 年关于泥河湾发掘的古动物群化石（在其《古生物学概述》这一节中）②，德日进神父犯了两个错误，他写道：‘在 1925 年冬天，桑志华和巴尔博教授在桑干河沿岸采集了数量众多的哺乳类化石’。实际情况是：第一，泥河湾哺乳动物化石的采集不是在冬天，而是两次分别在春天和夏天；第二，巴尔博教授没有发掘任何化石，而是我自己发掘的。我对德日进神父作了说明后，他在中国地质学会的刊物上发表了题为《桑干河沉积物的地质研究》专门修正了这两个错误。但是，令人遗憾的是，德日进神父在法国地质学会（1928 年）的刊物中又犯了同样两个错误，他还是把这一贡献也归功到了燕京大学巴尔博教授的头上”③。

就地质勘察来说，桑志华与巴尔博究竟谁先谁后？这么多年来一些学者各持己见。而泥河湾“古生物地层博物馆”的发现只有桑志华。实际上桑志华、巴尔博、德日进三位科学家作为早期泥河湾盆地的科学开拓者，都作出了贡献。

---

① Emile Licent, *Onze années (1923–1933) de séjour et d'exploration dans le bassin du Fleuve Jaune, du Paiho et des autres tributaires du Golfe du Pei Tcheu Ly*, Tientsin: Mission de Sienhsien Race Course Road, 1935, p.214 .

② 中国地质学会出版，第五期，1 号刊，第 57 页。

③ Emile Licent, *Onze années (1923–1933) de séjour et d'exploration dans le bassin du Fleuve Jaune, du Paiho et des autres tributaires du Golfe du Pei Tcheu Ly*, Tientsin: Mission de Sienhsien Race Course Road, 1935, p.214 .

同行与朋友之间发生矛盾，产生分歧是不可避免的，关键是及时沟通，弥补裂痕，桑志华与德日进好像没有这样做。

一个偶然的事件，使德日进进入中国地质研究所领导层的视野。1926年10月22日，“德日进和桑志华受安特生（J. G. Andersson）之邀参加了1926年10月22日在协和医院报告厅为来访的瑞典王储所举行的科学报告会。在会上德日进也报告了他和桑志华在水洞沟发现的旧石器。最后一个报告是安特生本人所作，报告了瑞典科学家在周口店发现的两颗人类牙齿。步达生（D. Black, 1884—1934）很快就在11月的《自然》杂志发表了这一消息。葛利普则直接将其命名为‘北京人’。德日进很快就给安特生写信，对这两颗人类牙齿的属性提出了怀疑，认为其中那颗定为前臼齿的牙可能是某种食肉类动物的后面的臼齿（这里德日进所指的应该是熊类的第三下臼齿），而另一颗定为臼齿的牙，由于是否像人类的一样有4个齿根还没法确定，所以也不一定是人类的。后来的事实证明，瑞典人的鉴定是正确的。但德日进作为一个有经验而慎重的古哺乳动物学家的形象无疑给瑞典人和步达生都留下了深刻的印象。德日进当然认为周口店的发现十分重要，所以此后他经常往北京跑。在德日进1927年1月20日致布勒的信中提到，安特生和步达生希望他在春天周口店开始发掘时，能对古生物工作起到某种‘监管’作用”[①]。从此之后，德日进为中国北京地质研究所做了大量工作。

恰在此时，德日进遭遇了不顺心的事情。“（他）得知1926年年底，巴黎天主教学院已将他解聘。而在2月20日他给布勒的信中说：一周前他刚收到布勒1月21日给他的信，对他实行了‘断粮’，即不再继续筹资支持他和桑志华在中国的合作考察了。这对德日进无疑是极为沉重的打击，也对德日进后来的工作产生了很大的影响”[②]。

桑志华又一次为德日进提供避风港，正如德日进在1927年6月18日写给桑志华的信中所说：“现在，我得向您说一件很严肃的事情，您暂时不要泄露。我已经得到允许来华与您相见，但我想‘有步骤’地去您那里。我去

① 邱占祥：《德日进与桑志华及北疆博物院》，载《天津自然博物馆论丛（2015）》，科学出版社2015年版，第10页。

② 邱占祥：《德日进与桑志华及北疆博物院》，载《天津自然博物馆论丛（2015）》，科学出版社2015年版，第10页。

年大概设想的计划马上就要开始了。罗马（教会）对我的意向非常担心，然后再加上一张私密文件被泄露出去，有人便想将我从天主教学院中踢出去，博德里（Baudrillard）先生也不能成功帮我解围。这样罗马的人便会主动让我去呼吸一下天津的空气。尽管这是一次艰难的决裂，但我相信一年后，我会紧紧跟在您的身后，然后开心地说‘Felix culpa’（拉丁语，指亚当所犯下的幸运之罪，因祸得福之意）……这肯定是天意。两年前，您还在想办法让我过来，这一次要帮我准备退路”①。

这时，德日进手中的经费已经十分拮据了，桑志华留德日进在北疆博物院继续工作，担任他的副手，给予工资待遇。他们又一次来到1924年曾考察过的张北、辽西及戈壁东南部的达来诺尔湖一带野外考察，但是采集化石上都没有取得很多成就。为了安抚耶稣会的大主教们，德日进于1927年在天津完成了《神境》（*Le Milieu Divin*）一书（当时未出版）。此外，他还不断给里昂教区主教和罗马耶稣总会主教写信，提出他愿意作为游方牧师，在中国待18个月研究古生物，然后回巴黎6个月进行分析。最后，主教们终于同意了。

1927年8月27日，德日进在上海乘船回到法国。

1928年，桑志华与布勒又一次发生争执。起因是：桑志华—德日进法国古生物考察队在中国内蒙古萨拉乌苏、宁夏水洞沟采集旧石器和古生物化石后，研究成果由布勒主持出版，书名是《中国的旧石器时代》。全书分为三部分：一是“地层”，由桑志华和德日进执笔；二是“古生物”，由布勒和德日进执笔；三是“考古学”，由步日耶执笔。该书是第一部法文完整介绍这个领域研究成果的专著，以当时法国史前考古学在欧陆的领先地位，此书出版后在世界领域的科研价值与影响不言而喻，也理所当然地受到相关专家学者的关注。

然而，布勒在此书出版前，没有征求作为法国古生物考察队发起人和领导人——桑志华的意见，而只是给他寄来了一本复印样本，该书的署名顺序和书中一些内容，都引起桑志华的强烈不满。

桑志华记载：“1928年12月13日《中国的旧石器时代》出版了（即巴

① Claude Cuénot, “Le Révérend Père Émile Licent S. J.”, *Bulletin de la Société des études indochinoises*, Saigon, 1966, p.54.

黎旧石器时代人文研究所第四本学术论文集，1928 年出版），著者顺序为：布勒、步日耶、德日进和我。我没有看到初印稿，否则我一定会对布勒先生的引言部分提出很多异议的，并且对其古生物部分要做出很多修正，还有对德日进神父的论述，尤其需要申明的是：发现和采集这些藏品的不是巴黎自然历史博物馆，而是天津北疆博物院，遗憾的是他们只寄给我一本，像对待任何一个普通人一样”①。

至此，桑志华与布勒的矛盾进一步激化起来。矛盾焦点是：在该书署名排序时，布勒把桑志华排在最后，尤其是排在德日进的后边，桑志华坚决不同意。桑志华认为内蒙古萨拉乌苏和宁夏水洞沟的地点都是他发现的，并发掘了大量古生物化石和旧石器。同时，他为这次考察做了充分准备，包括组织协调、地理资料、考察路线等。另外，该书的第一部分遗址的地质构造与层位的分析，也是由桑志华与德日进合作一起完成的。当然，最后出版的《中国的旧石器时代》的署名，按照姓氏顺序排列把德日进排在最后：布勒、步日耶、桑志华、德日进。不过，在这件事之后，布勒再也不理睬桑志华了。

可是，布勒在《中国的旧石器时代》的“前言”中这样写道：“在国家自然历史博物馆、法兰西科学院、教育部的经费支持下，该考察项目得以顺利启动，由德日进神父负责组织实施”。“该考察能顺利完成，得益于德日进先生的同事——桑志华先生的合作与帮助。桑志华是天津黄河白河博物馆馆长，他从 1914 年开始对之前一无所知的黄河流域进行调查，从而为后续科考探明了路线，尤其是他制备的地图和地理资料在考察中发挥了指导性作用”②。布勒的这番话，确实有悖事实，令桑志华难以接受。

“1928 年，布勒、步日耶、桑志华、德日进共同发表了考古报告《中国的旧石器时代》，‘序言’第 111 页布勒的亲笔签名，在日后看来，它就如同藏在花丛里的匕首。布勒在书中公开写道，1923 年法国古生物考察队的勘察‘交给了德日进神父负责’（而当时古生物考察队的领导人是桑志华），

---

① Emile Licent, *Onze années (1923–1933) de séjour et d'exploration dans le bassin du Fleuve Jaune, du Paiho et des autres tributaires du Golfe du Pei Tcheu Ly*, Tientsin: Mission de Sienhsien Race Course Road, 1935, p.586.

② ［法］布勒、步日耶、桑志华、德日进著，李英华、邢路达译：《中国的旧石器时代》，科学出版社 2013 年版，前言第 ii 页。

后又补充道：‘德日进先生得以完成勘察发掘工作需要感谢他的搭档——桑志华神父，天津黄河—白河博物馆（北疆博物院）院长……桑志华的勘察活动为以后的自然科学家们研究铺了路，给他们提供了丰富的地理地质信息’”①。

“桑志华立即采取行动进行反驳，他火急火燎地给布勒写了一封信，信中提到‘科学的耻辱’。桑志华并没有采取布勒的另一位仇家步日耶的做法（步日耶善用虚假至极又非常冷漠的礼貌让对手窒息）。布勒则让德日进来充当刽子手的角色：布勒先生收到了您的来信，信中侮辱的语气深深地侵犯了他，他选择不再‘自降身份给您回信’……”②

“桑志华强调，他不是该队普通的合作者，至少应该和德日进‘平起平坐’。并表示，如果这个‘错误’出版之前不改掉，他将自己来处理。此后桑志华还专门以北疆博物院的名义出版了一个 8 页的小册子申明此事。不过平心而论，布勒在其为该书写的序中，对德日进赞扬有加，其欣赏与满意的心情在文中处处都明白无误地表现出来，而对桑志华的工作却只字未提，确实有欠公允……德日进在桑志华面前一直表现很低调。事实上，德日进对于桑志华在野外工作中表现出的杰出的组织才能、丰富的实践经验，以及娴熟的处理各种复杂和棘手的事件的才智也确实是十分佩服的”③。

“事实上，经过近十年在中国北方的地理和田野考察，桑志华对于考古遗址的调查为后到者省去不少寻找遗址的时间，这的确是有功在先。而且当时华北多处有盗匪出没，若没有相当的组织长途旅行的经验，是没有办法让田野工作团队顺利完成任务的。再加上德日进不谙中文，许多在田野当地发生的事情的确是依赖桑志华张罗。然而，种种这些辛劳在出版的书中皆被布勒略去不提或仅是匆匆带过，难怪引起桑志华的不满”④。

---

① Claude Cuénot, “Le Révérend Père Émile Licent S. J.”, *Bulletin de la Société des études indochinoises*, Saigon, 1966, p.43.

② Claude Cuénot, “Le Révérend Père Émile Licent S. J.”, *Bulletin de la Société des études indochinoises*, Saigon, 1966, p.44.

③ 邱占祥：《德日进与桑志华及北疆博物院》，载《天津自然博物馆论丛（2015）》，科学出版社 2015 年版，第 15 页。

④ 戴丽娟：《在“边缘”建立“中心”——法国耶稣会士桑志华与天津北疆博物院》，《辅仁历史学报》2009 年第 24 期，第 250 页。

"1929年，桑志华就布勒、步日耶、桑志华、德日进的《中国的旧石器时代》一书的话题出版了一本小册子，文中（第4页、第5页）他讲到了'关于最大贡献者的误解'和'明目张胆的独揽'。后来，罗学宾神父正在吕西安·居埃诺教授门下攻读学位，他看见导师拖着沉重的步伐走进教室，径直走到自己面前，然后把桑志华写的小册子扔在了自己的作业上，当时所有的学生都在场。为了让大家都能听到，吕西安·居埃诺教授大声吼道：'任何一个耶稣会士都不该写这样的话'"①！

1929年3月，德日进回到天津。桑志华希望马上与德日进一起去野外考察，先到东北满洲，再到河北泥河湾，还有河北南部一个类似于周口店裂隙堆积的地方。但是，德日进想尽快到北京。一周后，周口店要开始大规模开采和正式批准成立新生代研究室之前，德日进到了北京。他被聘为北京地质调查所荣誉顾问兼任新生代研究室古生物学（不包括人类）研究员，位列杨钟健（室副主任）之后。

这时，桑志华与德日进之间的关系变得更为紧张。据桑志华记载："1929年3月15日，德日进神父从法国返回天津。按照布勒出版《中国的旧石器时代》一书巴黎自然历史博物馆生物部挪用北疆博物院研究成果的事实，我决定今后为我负责的北疆博物院独自工作，因此我变得繁忙起来"②。

德日进在1929年5月7日至6月10日，还是陪同桑志华到东北去考察，主要是在吉林、哈尔滨及内蒙古海拉尔等地寻找中—晚更新世地层的哺乳动物化石。

但是，1929年6月17日至9月10日，德日进已经以中国地质调查所荣誉顾问的身份，与杨钟健一起赴晋、陕两省调查新生代地层及其所含的哺乳动物化石，然后回到了北京。从此之后，桑志华与德日进的矛盾公开化了。

1929年9月11日，这一天风雨交加，桑志华冒着风雨从天津乘火车去

---

① Claude Cuénot, "Le Révérend Père Émile Licent S. J.", *Bulletin de la Société des études indochinoises*, Saigon, 1966, pp.43–44.

② Emile Licent, *Onze années (1923–1933) de séjour et d'exploration dans le bassin du Fleuve Jaune, du Paiho et des autres tributaires du Golfe du Pei Tcheu Ly*, Tientsin: Mission de Sienhsien Race Course Road, 1935, p.588.

北京，然后前往正定府的南叶里考察。

“出发前，我（桑志华）给德日进神父留下一封信，明确提出由他带到北京中国地质调查所的部分用于研究的采集品应该归还给北疆博物院，如我在陈列室看到的：我（1922年）在内蒙古萨拉乌苏（Sjara osson gol）发现的‘河套人’人类牙齿化石①；我在内蒙古东部发现的含鱼化石页岩里的蜉蝣类（这些昆虫化石是我于1919年采集的，并非如作者所说为德日进采集）②；产自宁夏府（Ning hia fou）地区的三叶虫类③，以及产自瓦巴哈特（Wambara sseu）的笔石类标本④，这些都是北疆博物院藏品中的一部分。此外，我希望有一份北疆博物院的古生物标本清单。

“从今以后，德日进将主要在北京的中国地质调查所工作。他将要做许多实地考察，去从事北京中国猿人（注：后来确定为直立人北京亚种）的古生物学研究，以及周口店（Tcheou kou tien）动物群方面的课题研究。这个中国猿人遗址早已被发现。

“在研究周口店动物群之前德日进已经研究了1925年和1929年我在桑干河泥河湾一带采集的三门期动物群，以及我两次在萨拉乌苏遗址出土的第四纪中期动物群，1922年是我独自去的，而1923年是与他组成法国古生物考察队一起去的。

“身为中国地质调查所新生代研究室的正式顾问，应脚踏实地负责哺乳动物群的研究以及指导市政博物馆和中国北部耶稣会联合会在这个领域方面的工作。

“在过去的四年里，我带着他考察了内蒙古萨拉乌苏、宁夏水洞沟、泥

---

① “桑志华、德日进、步达生：《产自萨拉乌苏的可能为更新世的人类门齿》，《中国地质学会志》第五卷，第3—4期。这个门齿是我在1922年采集到的。”此为原书注释，参见 Emile Licent, *Onze années (1923–1933) de séjour et d'exploration dans le bassin du Fleuve Jaune, du Paiho et des autres tributaires du Golfe du Pei Tcheu Ly*, Tientsin: Mission de Sienhsien Race Course Road, 1935, p.669。

② “C. Ping：《中国的白垩纪昆虫化石》，《中国古生物志》乙种，1929年，第13卷，第一册。这些昆虫化石是我于1919年采集的，并非如作者所说为德日进采集。”此为原书注释。

③ “这些化石是威尔德在宁夏府北部采集并由他运回博物馆的。”此为原书注释。

④ “A. Grabau 葛利普：《中国的地层学》第一部，古生代补充，奥陶系，第428—430页。”此为原书注释。

河湾等地区，他得以对中国北部的地质状况已经有了深入的了解”①。

1929年圣诞节之后德日进才回到天津。这时，桑志华与德日进之间积压已久的冲突当面爆发了！在桑志华看来，德日进作为他的副手又领取北疆博物院的工资，却长时间离开北疆博物院，不在北疆博物院从事研究工作，而为中国地质调查所工作，对此他大为恼火，同时还说了一些德日进认为世俗生活中应该报以“耳光”的侮辱性语言。德日进只是沉默相对，但从此和桑志华结束了在“法国古生物考察队”名义下的合作。至1930年9月回法国前，德日进一直在中国地质调查所新生代研究室工作，并迁居北京。

布勒对桑志华的积怨也愈来愈深。“德日进、皮孚陀于1930年发表了《泥河湾（中国）的哺乳动物化石》报告。这个报告主要以桑志华在泥河湾发掘的化石为主要研究对象，一心想报复桑志华的布勒从标题里把桑志华的名字删除掉，并把前言中赞扬桑志华功劳的篇幅也删去了（桑志华毕生都热爱地层勘探）。后来，幸亏皮孚陀在马松出版社编审的时候换了一个校样，才使得前言中的部分赞美桑志华的词得以保留”②。

桑志华与德日进的关系非常有意思，他们因中国化石相知合作，又因与化石相关的问题产生矛盾，甚至分道扬镳。几年后又因中国化石纠缠在一起。

1931年，中国地质调查所采集员刘希古，第一个发现了山西榆社化石地点，马上向当时该所领导作了汇报。1932年，时任中国地质调查局荣誉顾问的德日进和杨钟健考察了这一地区，只是提出了一个识别该地层的地质与动物群的简要报告，没有进行大规模的发掘。

桑志华得知后，于1934年6月26日奔赴山西榆社进行挖掘。又于1934年7月5日至8月8日、1935年5月29日至6月9日，桑志华带着刚从天津工商学院招聘来的汤道平教授作为主要成员加入挖掘工作。据北疆博物院研究员黄为龙1994年统计，天津自然博物馆现存化石标本中，榆社地

① Emile Licent, *Onze années (1923–1933) de séjour et d'exploration dans le bassin du Fleuve Jaune, du Paiho et des autres tributaires du Golfe du Pei Tcheu Ly*, Tientsin: Mission de Sienhsien Race Course Road, 1935, p.669.

② Claude Cuénot, "Le Révérend Père Émile Licent S. J.", *Bulletin de la Société des études indochinoises*, Saigon, 1966, p.44.

点共 2298 个编号，是该馆四大动物群（其他为甘肃庆阳、内蒙古萨拉乌苏和泥河湾）中数量最多的。

1935 年，桑志华与汤道平一起撰写了一篇有关这一发现的简报。但是，在简报中汤道平在自己名字的附注下标明化石系由德日进鉴定，实际上德日进没有参加山西榆社化石的挖掘工作，也不是作者。汤道平的这一"附注"，引起了德日进的浓厚兴趣。

"德日进对榆社化石发现的重要意义当然十分清楚。他虽然没有参加发掘工作，但他却拟定了一个庞大的计划，拟分 7 册研究发表榆社盆地的全部哺乳动物化石（长鼻类，长颈鹿、驼和鹿类，洞角类，奇蹄类，啮齿类，食肉类，猪和其他零星门类）。德日进没有和桑志华合作，而是选择了汤道平"。"德日进对他评价很高，认为他才智极高，且具适应才能。后来（1939年），德日进甚至向巴黎天主教学院的 Gaudefroy 推荐，将汤道平纳入他的矿物学系中。但是实施这一合作计划无疑必须通过桑志华的批准。桑志华可能正忙于在各地采集动、植物标本和博物馆建设，无暇（也可能是无力）顾及对榆社哺乳动物化石的研究，所以同意了汤道平与德日进合作。遗憾的是，我们没有查到有关的证明资料。德日进与汤道平在很短的时间内，于 1937 年 3 月研究完并发表了其中的长鼻类化石，于 7 月又发表了其中的长颈鹿、驼和鹿类化石，1938 年 8 月又发表了其中的洞角类化石共三部专著"①。

"这三部著作的写作无疑是相当仓促的。这一点在德日进 1938 年 5 月 28 日致史泰林的信中也可以得到证实。在该信中，德日进说：'我们这里没有太多文献和可供比较的欧洲的材料。现在也不可能将这些材料运到巴黎或别的地方。我觉得把它们发表出来（哪怕是不完整）比等到更完整些对古生物学更为重要。事实上，如果我不这么做，这些东西会在南京无可挽回地损失掉。但是，我指望您、Schaub、Helbing（也是欧洲研究哺乳动物化石的大家——笔者注），或其他人来纠正它'"②。

"德日进与桑志华发生正面冲突后唯一一篇合作的文章是 1936 年关于在

① 邱占祥：《德日进与桑志华及北疆博物院》，载《天津自然博物馆论丛（2015）》，科学出版社 2015 年版，第 12 页。

② 邱占祥：《德日进与桑志华及北疆博物院》，载《天津自然博物馆论丛（2015）》，科学出版社 2015 年版，第 12 页。

榆社发现的两件名为后爪兽（Postschizotherium）的蹄兔类化石。这两件化石，是一件上颌和一件下颌，大约是1935年或1936年上半年有人寄给桑志华和汤道平的。可能是由于这两件化石太特殊了，德日进也并没有认识其真正的属性（蹄兔类），而是把它们看作一类很特化的爪兽，更不要说桑志华了。这才使得这两位已经伤了和气的朋友又一次联手把这两件化石研究发表了”①。

此后，1938年德日进又一次发表榆社的新发现这类材料时，就是以他个人的名义。

按照中国的古训："和则两利，分则两败。"这句话用在桑志华和德日进的关系之间十分贴切。桑志华与德日进都是地质古生物学家，他们也都是享誉国内外的知名专家，两人各有所长、各有所短。

桑志华的兴趣除了地质化石外，还包括现生的动植物以及矿物，他具有组织协调能力，善于与政府、宗教、军队等高层和社会底层以及各方面人士打交道，特别是兵荒马乱的年代在野外寻找和发掘化石等方面表现出了特殊的才能。德日进在这方面远逊于桑志华，德日进本人对此也非常清楚。一个鲜明的例子是，德日进和杨钟健1932年得知山西榆社这个化石点后，却没有真正找到化石。桑志华得到信息后，于1934—1935年成功地收集和采集了大量化石，使榆社成为中国新近纪晚期最著名的哺乳动物化石点之一。

德日进是法国著名的地质古生物学家，在地层古生物方面的研究能力远远超过桑志华，这也是当时人人皆知的事实。离开了德日进，桑志华的研究工作就会受到严重影响。还以榆社为例，桑志华和汤道平1935年对榆社化石地层和化石的初步研究成果，在水平上就大为减色。化石的鉴定且不说，就是在地层上也出现漏洞，例如文中明明写的是地层向西倾斜，但是在文中所附的地质草图中，地层却以同心圆的方式出露。实际上，与桑志华分手后，德日进只能在别人发掘化石的基础上进行研究。这种脱离挖掘现场的研究，也会带来很多缺憾。由于德日进没有亲自在榆社化石地点进行勘察地质地层等工作，其后来的有关榆社化石的专著也很受影响。

---

① 邱占祥：《德日进与桑志华及北疆博物院》，载《天津自然博物馆论丛（2015)》，科学出版社2015年版，第11页。

今天看来，桑志华与德日进的矛盾与布勒直接有关。布勒钟爱自己的学生德日进，而缺乏对远在法国之外的桑志华在华科考探险的真正了解，加上双方脾气急躁、互不相让，又相距甚远不能当面沟通，而产生了一些矛盾，实际上也有一些误解。比如，在法国古生物考察队领导人的选择问题上，布勒的首选是德日进而不是桑志华，当然最后还是勉强同意让桑志华担任。经过两年多的实践，法国古生物考察队取得了丰硕成果。桑志华记载了布勒写给他的信："他在信中谈到了我（桑志华）在两年中为'法国古生物考察队'提供的'重要帮助'，以及谈到我是这方面唯一的领导人"[①]。

但是，"布勒心中对桑志华的仇恨伴随了他的一生。然而，桑志华认为求人不如求己，他将自己的一切精力全部投入他心爱的北疆博物院，并将在中国黄河以北的勘察称作'法国与中国、科学与信仰'的成果。"

"如何解释布勒对桑志华的不公平待遇呢？魔鬼的辩护者大致这样说：'在桑志华和布勒的矛盾中，桑志华觉察出了一种感觉，这种感觉我不敢去形容，因为可能会显得过于严苛。但这绝不是豁达、不是直率，更不是真诚。桑志华也有缺点，他总是按照自己的想法去处理事情，但他厌恶被别人放冷箭。如果说他为了北疆博物院事业的发展不善于表达他的情感，那么他的粗鲁无礼部分是来自于他的直率。'而上帝的辩护者则会这样说：'依我看来，布勒和桑志华之间矛盾的根本原因是双方都想拥有在中国发掘到的古文物。这两位博物馆文物收藏者都是一样的倔强，因此而不和……布勒和当时大多数人一样，心里肯定会有潜在的反教士情绪，但布勒只会时有时无地表现出来，从不会当着神父的面。他只是针对他不喜欢的人而已……'总之，布勒身上奥弗涅人吝啬小气的特点是众人皆知的，他只是想留住在自己实验室被鉴定的标本；至于桑志华，典型的法兰西北方人倔强的性格，顽固地坚持要把那些属于北疆博物院的标本收回"[②]。

桑志华与德日进的反目，当然也与他们各自的胸怀、素养、性格以及自

---

① Emile Licent, *Onze années (1923–1933) de séjour et d'exploration dans le bassin du Fleuve Jaune, du Paiho et des autres tributaires du Golfe du Pei Tcheu Ly*, Tientsin: Mission de Sienhsien Race Course Road, 1935, p.189.

② Claude Cuénot, "Le Révérend Père Émile Licent S. J.", *Bulletin de la Société des études indochinoises*, Saigon, 1966, pp.44–45.

我价值、社会价值的认知程度与评判标准有关。

桑志华和德日进有一点是共同的，那就是为中国的地质学、古生物学和古人类学以及考古学作出了不可磨灭的贡献。正是中国土地上的宝藏使他们取得辉煌的成就，从而攀登到该领域的世界高峰，并获得了许多荣誉头衔。在桑志华、德日进的科学生涯中，大部分时间和精力是在中国度过的，如果彼此相互尊重、密切合作、扬长避短、优势互补，他们一定会在该领域取得更大成就，对人类科学事业作出更大贡献。

尾　声

1937 年七七事变后，天津这座历史文化名城遭到了日军的狂轰滥炸，各国租界也未能幸免，1938 年桑志华被迫离开中国，返回法国。

法国耶稣会指派罗学宾为代理馆长。然而，处在战争中的北疆博物院，根本无法开展工作。

德日进在 1938 年 6 月 22 日的一封信中明确说：“桑志华已经离开天津回法国了”。与桑志华有些矛盾的德日进，早就看中了北疆博物院哺乳动物化石和旧石器等藏品的研究价值，他主动提出与好朋友罗学宾进行合作，但是日本发动的侵华战争，使他们的任何工作都无法进行。

1938 年 9 月，德日进带着罗学宾一起去了日本、美国，11 月又回到法国，一直呆到 1939 年 6 月。此后，德日进又到美国。两个月后，他们回到

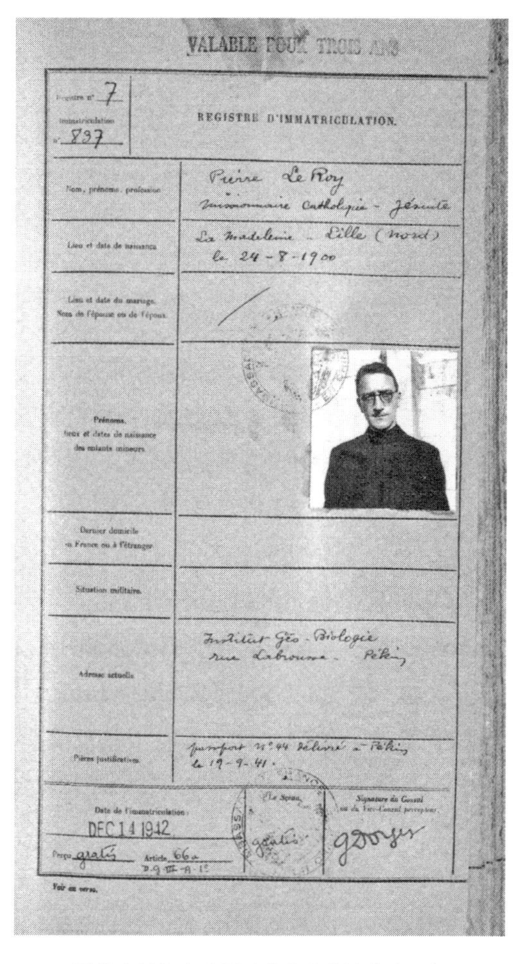

VALABLE POUR TROIS ANS

Registre n° 7
Immatriculation n° 897

REGISTRE D'IMMATRICULATION.

Nom, prénoms, profession: Pierre Le Roy, missionnaire Catholique - Jésuite

Lieu et date de naissance: La Madeleine - Lille (Nord) le 24-8-1900

Lieu et date du mariage. Nom de l'épouse ou de l'époux.

Prénoms, lieux et dates de naissance des enfants mineurs

Dernier domicile en France ou à l'étranger

Situation militaire.

Adresse actuelle: Institut Géo-Biologie rue Labrousse - Pékin

Pièces justificatives: passeport n° 44 délivré à Pékin le 19-9-41.

Date de l'immatriculation: DEC 14 1942

Perçu: gratis　Article: 66a

Le Sceau: gratis

Signature du Consul ou du Vice-Consul percepteur

Voir au verso.

罗学宾神父在法国驻北京公使馆的登记表

中国。

实际上，桑志华走后，“德日进早就开始酝酿改造桑志华的北疆博物院了。德日进逐渐觉得地壳和生物是协同演化的，应该把陆地和生存于其上的生物合在一起进行研究，而不是分开研究，或只是研究的其中之一。桑志华显然是不同意德日进的意见的。桑志华只想把活动局限在黄河流域，而且主要的任务就是采集各种标本。桑志华回法国后，德日进终于可以自由地研究北疆博物院的院藏化石标本，而不必受桑志华的种种牵制了”①。

然而，令德日进没有想到的是：北疆博物院于1939年5月被日军封锁后仅留下一名教士和几位工友看守。1939年8月，天津发生洪水灾害，白河（海河）巨大的洪水淹没了北疆博物院，水深超过一米。

据德日进记载：“最近我在天津待了一个星期，洪灾十分可怕：北疆博物院里的水高达70厘米，去其他房子还需要划船。但和其他街区相比这还不算什么，那里马路上的水都已经涨到了几米。大家都不知道在中国城里淹死了多少人（有人说几千人）……在北疆博物院，许多大件化石（长鼻目动物）都严重受损，许多鹿角也需要修复（由于空气潮湿而断裂了）。关于地质展示厅和古生物展示厅的翻修方面，我则有一个巧妙的想法。”“天津的洪灾严重损坏了标本（长鼻目动物的颌骨和鹿角），我们希望能将主要部分修复好，但还没有着手。没有木炭，冰冷的大厅无法居住。对此，我们打算大规模转移和重建（工商学院也有这一想法）。但我只能晚点跟您说这件事了。当然，您要是以后碰巧遇到桑志华神父，也没必要跟他谈及此事”②。

“德日进开始实施他的改造计划，恰好这时，1940年春，大批‘南方学生’（实际应为流亡学生——作者注）被困在天津无处安排。教会的高层看中了北疆博物院这块地方，就要求新上任的院长罗学宾腾地方……把标本搬到北京去。法国驻华大使Henry Cosme，愿意在大使馆警卫部队营房中拨出一些地方供放标本使用，地址在北京使馆区拉布鲁斯路（Labrousse） 3号。这样，德日进就赶到天津，花了两个月的时间（5—6月）将这些标本搬运

① 邱占祥：《德日进与桑志华及北疆博物院》，载《天津自然博物馆论丛（2015)》，科学出版社2015年版，第13页。

② Claude Cuénot, “Le Révérend Père Émile Licent S. J.”, *Bulletin de la Société des études indochinoises*, Saigon, 1966, p.58.

从北疆博物院正门把化石装箱

把化石装到大车上

运到天津火车站再装上运往北京的火车

至北京。其实，就哺乳动物化石来说，搬运到北京的只是很小一部分。大概只是德日进比较感兴趣而且比较容易搬运的，如榆社的比较小的化石，主要是食肉类和鹿类化石”①。

关于新所的名称，德日进不想用“北疆”这个词，琢磨了一段时间，想用“大陆研究所”（Recherches Continentales）。但是，此时的北京已被日军占领，即使是法兰西籍的德日进起一个研究机构的名称，也必须经过日本管理机构批准。日本人以“大陆”一词含有政治意味，不同意。无奈之下，“最后德日进采用了含义更广的地学—生物研究所（Institut de Géo-biologie）一名”②，才获得批准。

新成立的北京地学—生物研究所，名誉所长由德日进担任，所长是罗学宾，汤道平和罗伊（J. Roi）为研究员，他们对北疆博物院标本的研究又重新开展起来，持续了6年。“德日进最初的关于《地学生物学》杂志的出版

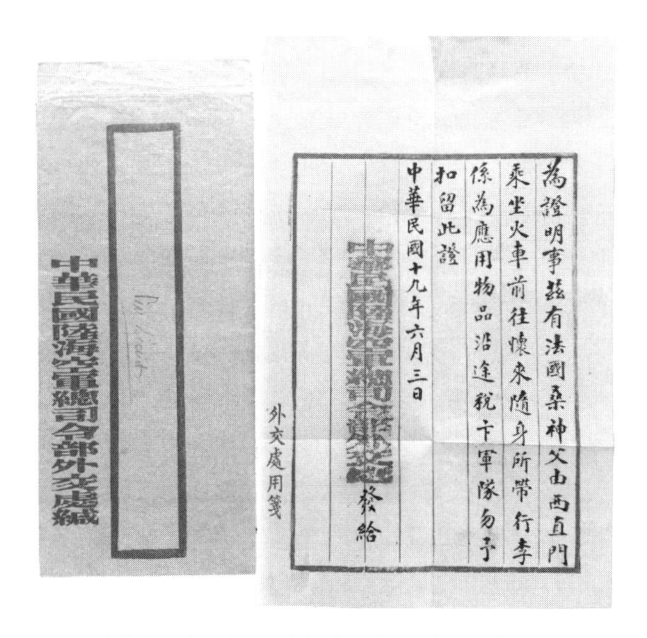
中華民國陸海空軍總司令部外交處緘

為證明事茲有法國桑神父由西直門
乘坐火車前往懷來隨身所帶行李
係為應用物品沿途稅卡軍隊勿予
扣留此證
中華民國十九年六月三日
中華民國陸海空軍總司令部外交處發給
外交處用箋

中华民国陆海空军司令部外交处为桑志华发的证明

① 邱占祥：《德日进与桑志华及北疆博物院》，载《天津自然博物馆论丛（2015）》，科学出版社2015年版，第13页。

② 邱占祥：《德日进与桑志华及北疆博物院》，载《天津自然博物馆论丛（2015）》，科学出版社2015年版，第13页。

计划非常庞大，其中涉及榆社的实际上只有 3 部，即 1942 年以他个人名义出版的《华北上新统和下更新统的新啮齿类》和 1945 年以他和汤道平二人的名义出版的《中国的猫科》和《中国的鼬科》。由于是按照德日进的新思想要求写作的，其中也包括了非榆社地区的化石和现生种。而榆社地区的其他化石，如所有的奇蹄类（包括马和犀科），食肉类中的犬科、熊科、鬣狗科和灵猫科，偶蹄类中的猪类，以及其他一些小的类别，如灵长类等，都没有研究发表”①。

1945 年，中国人民抗日战争暨世界反法西斯战争胜利后，法国耶稣会于 1946 年命德日进、罗学宾回国。回国前，他们将运到北京的北疆博物院的标本委托中国著名古生物学家裴文中代为保管，这批标本后来由中国科学院古脊椎动物与古人类研究所收藏。而天津北疆博物院，法国耶稣会先是派盖斯杰（Alber Ghesquieres，法籍耶稣会会士，曾任天主教天津崇德堂图书馆和工商学院的职员）神父看守（1940—1949 年），又派工商学院院长刘乃仁兼管（1949—1951 年），最后 7 个月（1951 年 2—9 月）派时任工商学院法籍教授明兴礼（P. Jean Monsterleet）神父看守。

回到法国的桑志华虽然躲过了日军轰炸，但因离开了自己竭尽 25 年心血与精力创建的北疆博物院而茫然若失。他原本打算短暂离开，没有想到这一走竟然成为他人生转折的一场噩梦！当他从噩梦中醒来时，才发现自己已深深陷入无法弥补的痛苦之中。因走得匆忙，一些书籍资料也没有带回法国，他每天度日如年，不知所措……

在巴黎圣・阿什尔・雷兹・亚眠市（St-Acheul-Lez-Amiens），62 岁的桑志华开始从事一门新的专业性研究，这完全不同于他在中国坚持了 25 年的研究，一切从头开始。

1939 年，英、法对德意志第三帝国宣战后，战火燃遍欧洲，随后第二次世界大战席卷全球。桑志华又一次在法国被动参战，他被任命为“文书代笔人”，在巴黎格耐尔街（la rue Grenelle）第 42 号汇总战况，起草文书。

1940 年 6 月，为躲避德军炮火袭击，桑志华来到法国南部蒙彼利埃市

① 邱占祥：《德日进与桑志华及北疆博物院》，载《天津自然博物馆论丛（2015）》，科学出版社 2015 年版，第 13 页。

（Montpellier）生活。在那里，他又着手研究雷兹河（Le Lez）的水生植物。

一年后的冬天，战事稍平稳一些，桑志华返回巴黎。巴黎的冬季，寒气袭人。桑志华原本可以坐在火炉旁，边取暖边读报纸，安度晚年，但却选择了继续研究年轻时喜爱的同翅目类昆虫，经常冒着寒风到巴黎自然历史博物馆查找资料。

1942年11月13日，法国政府任命桑志华为巴黎自然历史博物馆专员（在昆虫实验室）和法国昆虫研究协会副会长。从此，他专注于研究叶蝉（Jassidae），对其进行分类研究，一年内收集了1550份标本。还对英国、瑞士、捷克、斯洛伐克等欧洲多个地区进行地质考察。在比利时、英国的图书馆和自然博物馆，经常可以看到桑志华的身影。

1945年，第二次世界大战结束后，桑志华被任命为法国昆虫研究协会会长，并于同年4月23日主持法国生物地理学研究协会的工作。

这时的桑志华每天除了研究昆虫外，还要奔走于大学、科研院所和协会等，作了数场他在中国科考探险和创建天津北疆博物院的学术报告。尽管他每天把工作排得满满的，生活也很充实，但始终没有忘记北疆博物院那些珍贵藏品，返回中国的想法从来没有间断过。然而，严峻的现实一次次让他失望！一天，当得知北疆博物院的重要藏品已经被搬到北京时，他恍惚了，心碎了！从那时起，“桑志华感觉整个世界如同崩塌了一样”①。

1946年，德日进和罗学宾这两位接管北疆博物院的神父回到法国后，桑志华不得不屈服于残酷的现实，他甚至“坚定地认为，自己被召回欧洲是因为有人想偷偷地将他赶出北疆博物院（这是桑志华自己的说法）；他认为回国之前他的命运已经被安排好了，只是没有人敢告诉他（除了隐晦地用双关的方法）”②。桑志华真是欲哭无泪，欲罢不能，有生以来他最心爱的杰作——北疆博物院，只能成为一段悲伤的回忆，随着时间的推移，越来越郁悒。桑志华绝不轻易放弃，还是请求上级批准自己回到天津。

“1948年，桑志华又一次向上级呈上申请，要求返回天津北疆博物院继

---

① Claude Cuénot, “Le Révérend Père Émile Licent S. J.”, *Bulletin de la Société des études indochinoises*, Saigon, 1966, pp.56–57.

② Claude Cuénot, “Le Révérend Père Émile Licent S. J.”, *Bulletin de la Société des études indochinoises*, Saigon, 1966, p.56.

续他的科研事业。法国香槟省（Champagne）耶稣会新任会长就此咨询了一位权威人士，这个人认为桑志华提出的这个申请是合理的：'从科学的角度上来讲，桑志华最后离开北疆博物院带来的是一场灾难。25年来，他考察、发掘、鉴定、分类得到的研究成果都已经被荒废。'但这位权威人士毕竟不是一位对此感到震惊和气愤的学者。他认为：如果桑志华回到天津，可能会与多方面产生矛盾，首先与那些搬走他的藏品并且占用了北疆博物院藏品的神父，还有那些坚决反对外国人在中国进行任何考察活动的中国官员……罗马教廷也建议对桑志华提出的返回天津北疆博物院的要求应慎重考虑。最终，新上任的法国香槟省耶稣会会长采取了谨慎态度，拖了一段时间后，桑志华得到了否定的答复。"①

1952年2月，曾经强健的桑志华因为过度劳累和心情郁闷而心力衰竭，被送进巴黎圣约瑟医院，确诊为肺恶性肿瘤，于当月25日与世长辞，享年76岁。临走之前，桑志华已经将叶蝉分类目录全部完成，留下120152个资料卡，并含有141768个附注。所有这些与他收集的昆虫标本一起，由香槟省耶稣会捐献给巴黎自然历史博物馆昆虫实验室②。桑志华带着对日思夜想的北疆博物院的不舍走了……弥留之际，他的期望与失落、愤恨与无奈、忧伤与眷恋，恐怕也只有他心里最清楚……

时光荏苒，岁月匆匆。2015年9月24日，笔者为探寻桑志华的来华之谜，来到法国巴黎7区桑志华晚年生活的故居。据有关人员介绍：桑志华每天都要看报，除了解时事之外，力求在字里行间寻找来自中国天津北疆博物院的消息，但遗憾的是始终没有找到。桑志华在世后期，经常坐在阅览室的壁炉旁发呆，这位科学家是在想着、念着他尽心竭力创建的北疆博物院和珍贵藏品……

是啊！1914年桑志华来华科考探险时38岁，他在中国整整工作了25年。这是他人生中最美好、最宝贵、最辉煌的时期，是中国这片广袤的远古文明的沃土，成就了桑志华的科考事业与辉煌成就。桑志华在华期间深深被

---

① Claude Cuénot, "Le Révérend Père Émile Licent S. J.", *Bulletin de la Société des études indochinoises*, Saigon, 1966, p.59.

② Claude Cuénot, "Le Révérend Père Émile Licent S. J.", *Bulletin de la Société des études indochinoises*, Saigon, 1966, p.60.

中国的悠久历史和灿烂文化所吸引，他将北疆博物院视如自己生养的一个“宝贝”，充满了眷恋之情。

作为一个语言不通的法国人，在清末民初的大变局中来华科考探险，迎难而上，百折不挠，桑志华表现了很强的生存能力与适应能力。他怀揣“东方梦”，从法国乘坐火车绕道西伯利亚，雄心勃勃来到中国，落脚天津。他不顾旅途疲劳，奔走京津两地向法国驻华使节和耶稣会会长报到。尽管一道道异国风景，使第一次来华的桑志华目不暇接，心中充满了渴望。但是，他顾不上游览荟萃了中华民族五千年文明精华的古都北京，也来不及欣赏现代天津大都市的欧式风情，而是马上奔赴封闭偏僻的乡村野地考察，夙兴夜寐，来去匆匆，席不暇暖，寻觅古人类的踪迹。桑志华的初次科考就领教了兵匪侵扰、关卡受阻、小偷光顾、村民围观、跳蚤骚扰等诸多棘手问题，神父身份在大多乡村用处不大。当时的中国被西方列强侵略与瓜分，政府更迭，军阀混战，民不聊生。外国人出入各地，需要得到当地官吏的批准。为得到一张“通行证”，桑志华寻找门路，疏通关系，终于迈入民国政界、军界门槛，一跃成为大总统袁世凯高级顾问的“座上宾”，得到了“尚方宝剑”，无论走到哪里，一路“绿灯”。然而，好景不长，随着袁世凯称帝下台，所有待遇随之消失。桑志华又费尽周折与新当权者续接关系，在考察中继续享受那些待遇。不料第一次世界大战爆发，他突然被就地征召入伍，从此扛着上了刺刀的步枪在桥头站岗，却趁机调查白河入海口地质水文与当地物产，详细记录气象变化。几年过去了，他只是收获了华北地区一般性动植物标本，未见古人类的踪影，他没有气馁，更没有懈怠，而是深入中国腹地这一大片未开垦的处女地去寻觅。在步履维艰的旅程中，桑志华渐渐懂得民国时期的人情世故，去拜访当地总督、部队首领，还学会与衙门官吏、警察、关卡（负责税费）等打交道，多次化险为夷。为了寻找化石，他深入贫穷简陋的农牧民家中联络感情、结交朋友，实际上绝大部分的化石地点线索，都是这些质朴善良的牧民、农民亲自带着他找到并帮助挖掘的。

作为一个博物学家和地质古生物学家，在崇山峻岭、人烟稀少而又充满艰辛的恶劣环境中，不畏艰险，勇攀高峰，桑志华展示了良好的综合素养和科学精神。民国初年，桑志华选定中国的西部地区作为科考探险的重点，这本身就具有很大的挑战性。且不说战乱、土匪以及少数人对传教士的仇恨，就是原始的自然环境，再加上高原缺氧、紫外线强、交通闭塞，以及少数民族的风俗习惯等，也很难适应。面对诸多困难，桑志华没有退缩，而是一往无前。从 1918 年春开始，桑志华横穿山西中部，经过陕西榆林，跋涉在内蒙古、甘肃、宁夏、青海等地的崇山峻岭，辗转于渺无人烟的戈壁荒滩，披星戴月，风餐露宿，历尽艰险，经历了特大暴风雪、冰雹、寒冷、洪水等自然灾害，几次与死神擦肩而过，而无怨无悔。科考工作的勘察、确认、发掘、采集、运输、存放、鉴定等是一个系统工程，容不得半点粗枝大叶，而桑志华对每一个细节都做到了严谨、细致，一丝不苟。值得一提的是，桑志华在华 25 年的绝大部分时间是在野外度过的。他多年如一日，无论刮风下雨，无论白天野外采集工作多么繁重，无论所处自然环境多么恶劣，夜晚伴灯笔耕不辍，每天坚持写日记：对气象，包括温度、刮风、闪电、打雷、结霜、下雨、下雪等；对野外考察的地质、地貌、行程路线等；对发掘每件标本的产地、地层、参与人员、采集过程等；对当地政治、军事、社会状况以及历史文化、风土人情等，都尽可能详细记载。他还绘制了许多地图，拍摄了许多照片，以求图文并茂。所有这些，桑志华都是在昏暗的油灯下完成的。除了科考研究工作外，桑志华几乎没有其他爱好。如果说，天津九国租界被许多西方人称为“人间天堂”。那么，桑志华既然选定天津为旅居城市，25 年间他也可以享受这一切。但到目前为止，没有发现桑志华去租界娱乐场所的任何踪迹。

作为北疆博物院的院长，在一无所有的艰苦条件下，励精图志创建北疆博物院，多年来呕心沥血，矢志不渝，桑志华体现了对人生目标的执着追求与甘于奉献的精神。早在来华前，桑志华的“梦想”就是要在中国北方建一座博物馆。这就意味着桑志华要在异国他乡，靠一己之力建一座博物馆，还拟订了计划，得到其上级的批准。实际上，对于桑志华来说，就等于立下了军令状。馆内全部藏品由自己收集，这对一个赤手空拳的法国人来说谈何容易！为此，桑志华用 8 年时间（1914—1922 年）在中国黄河以北地区采集了大量动植物等标本，其间，意外在甘肃庆阳黄土地发现了三件旧石器和三趾马动物群化石，改写了中国没有旧石器的历史，开启了中国古哺乳动物学的新纪元，同时被称为第一个在中国发现并对三趾马动物群化石进行系统发掘的科学家；在内蒙古萨拉乌苏河畔地层发现了与旧石器在一起的“河套人”牙化石和古哺乳动物群化石，填补了中国古人类“晚期智人”的空白。桑志华又用8年时间（1922—1930年）分三期建成了北疆博物院。其间，他发掘了宁夏水洞沟、内蒙古萨拉乌苏、三盛公、油房头的旧石器和河北泥河湾，以及山西榆社古哺乳动物群化石（1934年），只是利用运送化石返回天津的时间监督工程质量。“根据桑志华本人的估计，1935年北疆博物院的动产和不动产的总值大约是一百万美元”[①]。截至1938年桑志华返回法国前，北疆博物院共有各类标本20余万件。其中，古生物化石8871件，古人类化石标本3180件，动物标本142783件，植物标本72627件，岩矿标本2000余件，许多标本为世界独有，有1100多件标本已列入世界动物学、植物学、古生物学文献宝库。他主持出版该院期刊51期，带领来自欧洲各国的研究人员在中国、法国、英国、美国、日本等国各类刊物发表文章74篇。1923年，桑志华与德日进联合组成“法国古生物考察队”对内蒙古萨拉乌苏、宁夏水洞沟等地区深入进行考察发掘，他们优势互补，两人合作发表了多篇文章。桑志华著述出版了《1914—1923年黄河白河及其流域十年勘察记》（四卷，1924年法文版）、《1923—1933年黄河白河及其流域十一年勘察记》（四卷，1935—1936年法文版）。他通过文字、照片和手绘地图，详细地记录了采集路线，具体描述了各学科珍贵标本的地理分布位置、形态特征、测量数据、生态环境、资源状况等，至今对考察研究仍有指导意义。他还收集了一大批青铜器、陶瓷、艺术类和民俗等中国文物，为中国的古人类学、古生物学、地质学、动植物学以及考古学作出了不可磨灭的贡献。

作为中国近代中西科学文化交流的开拓者，从对东方十分向往到入乡随俗，桑志华经历了东西方文化的碰撞、磨合与感悟，当之无愧地成为中西科学文化交流的使者。桑志华发现宁夏水洞沟和内蒙古萨拉乌苏这两个不同于一般考察地点的意义在于，中西文化交流从旧石器时代延续至今：水洞沟和萨拉乌苏所具有的欧洲莫斯特和奥瑞纳文化特征的旧石器遗址，在横贯欧亚大陆的黄土地带——东方亚洲的第一次出现，引发了远古时期中西方人类文化相互碰撞的火花，加深了人们对旧石器时代中西文化历史的认识。而更重

① 邱占祥：《桑志华与中国的古哺乳动物学》，《天津自然博物馆八十年》，天津科学技术出版社1994年版，第44页。

要的是，远古时代中西文化交流的闪光点是20世纪初桑志华来华寻找人类起源时所触发的。然后，东西方科学家们从这里再前行。

桑志华一直把北疆博物院作为中西科学文化交流的“桥梁”，把在古老中国发掘的古人类化石、古生物化石和旧石器等各类标本展现出来，吸引了中国、法国、英国、德国、瑞典、意大利、俄罗斯、美国、日本等国的专家学者和社会各界人士以及大中学生前来参观考察，从而引发现代东西方科学文化的碰撞与交流。同时，与巴黎自然历史博物馆、英国伦敦博物馆、英国基尤皇家植物园、布鲁塞尔皇家博物馆、布鲁塞尔皇家植物园、巴黎古人类学研究所、鲁汶大学、索邦大学、南锡大学、里尔大学以及斯特拉斯堡大学等，进行了科研方面的合作与交流。值得一提的是，1926年，杰出的史前学家、瑞典王储古斯塔夫·阿道夫亲王（后来的古斯塔夫六世）携路易斯王妃专程来天津访问北疆博物院，并给予高度评价。所有这些，无疑对传播中华文明起到了非常独特而重要的作用。

桑志华在华科考探险取得的丰硕成果，也得到了中法政府的奖励，1927年4月9日，法国政府授予桑志华“铁十字骑士勋章”（Chevalier de la Légion d’Honneur）；同年，中华民国政府为桑志华颁发五级“金穗勋章”。

1927年4月9日《华北明星报》报道桑志华被法国政府授予“铁十字骑士勋章”时，一位叫唐纳狄的记者说：“‘探险家分为两类：一类是进入一地进行探险和搜集珍异，囊括而归；另一类是将多年的搜集陈列于当地的博物馆中。前一类的探险家使该地区资源与文化日渐贫乏，后一类探险家使该地区资源与文化日益丰富。在多年的新闻工作中，我曾经遇到很多前一类的探险家，昨天我却遇到了一位属于后一类的探险家。’这当然就是桑志华神甫。确实，在我国古哺乳动物学的开创时期，我们确实看到了许多前一类的探险家。安特生所采到的绝大部分标本全都运回了瑞典，只有极少量重复的标本和一部分模型留在了中国。美国第三中亚考察团的绝大部分标本都存放在美国纽约自然历史博物馆的展厅和库房里。还有另一位美国的百万富翁弗里克，把全部从中国买走的化石都作为了个人的私人财产，只是在死后才捐赠给了纽约自然历史博物馆。桑志华在接受采访时曾经表示，他希望他所采集的标本，目前存放在天津的博物馆里，以后，它们也将永远存放在那里；并且除了一些复份的，没有一件运出中国。桑志华虽然不得不赠送些标本给巴黎自然历史博物馆，但他所采集的化石的主体仍然保留在天津”[①]。

如其所说，桑志华始终坚持“出土于中国的文物应该留存于中国”的原则。为此，他与法国著名古生物学家、巴黎自然历史博物馆古生物部主任布勒产生冲突；他到法国驻天津领事馆、法国驻华公使馆陈诉追回北疆博物院藏品的理由；甚至还直接给法国外交部写了一份报告，直到把标本追回。当时，与桑志华先后来华的西方科考人员不计其数，他没有像其他人那样带走全部标本，而是把历年来在中国得到的采集品，除了做科学鉴定和极少部分运到法国外，大部分留在中国天津北疆博物院。

北疆博物院是当时中国唯一专门从事古脊椎动物学、古人类学、旧石器考古学及相关生物地层学和古环境学研究的学术机构，其藏品的科学价值极高，许多为世界罕见，在20世纪二三十年代已享誉世界。中华人民共和国成立后，1951年天津市人民政府接收了北疆博物院，连同20余万件藏品和文物等完好地保存下来。1957年将北疆博物院更名为天津自然博物馆。北疆博物院原址继续保存，其所有标本分类保管。由中国科学院古脊椎动物与古人类研究所和天津自然博物馆专家学者继续研究，他们在国内外发表了新的研究成果，至今仍吸引世界各国的专家学者前来参观考察，一睹这些珍贵藏品的风采。

同时我们也要看到，北疆博物院是在西方列强侵略中国的背景下，在天津租界建立的文化机构，带有明显的文化侵略色彩。因科学鉴定或经费紧张，桑志华不得不把中国出土的“孤份”古脊椎动物等标本送给法国巴黎自然历史博物馆，致使中国的珍贵标本遭受了损失。

人们不会忘记桑志华这位真正献身科学事业的人，也不会忘记桑志华对中国旧石器时代考古学、古人类学、古哺乳动物学、地质学开创时期所作出的不可磨灭的贡献，更不会忘记桑志华创建的北疆博物院以及保留至今的世界仅有的珍贵藏品，在中西科学文化交流的史册上将永远镌刻着桑志华的名字。

---

① 邱占祥：《桑志华和他的哺乳动物化石藏品——试谈桑志华藏品中哺乳动物化石的历史及现实意义》，《天津自然博物馆建馆90周年文集》，天津科学技术出版社2004年版，第9页。

人名索引

主要参考文献

1. 汪敬虞:《赫德与近代中西关系》,人民出版社 1987 年版。
2. 王文泉、刘天路:《中国近代史(1840—1949)》,高等教育出版社 2001 年版。
3. 吴汝康、吴新智主编:《中国古人类遗址》,科技教育出版社 1999 年版。
4. 杨大辛:《津门古今杂谭》,天津人民出版社 2015 年版。
5. 张国刚等:《明清传教士与欧洲汉学》,中国社会出版社 2001 年版。
6. 张森水:《中国旧石器文化》,天津科学技术出版社 1987 年版。
7. 赵永生、谢纪恩:《天主教传入天津始末》,《天津文史资料选辑第二辑》,天津人民出版社 1979 年版。
8. [法] 布勒、步日耶、桑志华、德日进著,李英华、邢路达译:《中国的旧石器时代》,科学出版社 2013 年版。
9. [法] 查理·德·穆特雷西著,魏清巍译:《远征中国日记》(上卷),中西书局 2013 年版。
10. [英] 乔治·奥尔古德著,沈弘译:《1860 年的中国战争:信札与日记》,中西书局 2013 年版。
11. [法] 亨利·柯迪亚著,刘曦、李爽译:《1860 年对华战争纪要:外交史、照会及公文》,中西书局 2013 年版。
12. [法] L. F. 朱以亚著,赵姗姗译:《中国战争纪行》,中西书局 2013 年版。
13. Lou Batières 著,赵洪阳、尹冬茗、沈倖如译:《法国的中国之恋》,十八至二十一世纪法国外交与国际发展部档案馆,2014 年。
14.《天津自然博物馆八十年》,天津科学技术出版社 1994 年版。
15.《天津自然博物馆建馆 90 周年文集》,天津科学技术出版社 2004 年版。
16. 邱占祥:《德日进与桑志华及北疆博物院》,载《天津自然博物馆论丛(2015)》,科学出版社 2015 年版。

17.《第四纪研究》2003 年第 4 期。

18. 高星、王惠民、关莹:《水洞沟旧石器考古研究的新进展与新认识》,《人类学学报》第 32 卷第 2 期。

19. 尚虹、卫奇、吴小红:《关于萨拉乌苏遗址地层及人类化石年代的问题》,《人类学学报》第 25 卷第 1 期。

20. 天津北疆博物院:《山西中部的上新世湖泊沉积序列》,《中国地质协会会刊》1935 年 2 月 14 日。

21. 卫奇:《泥河湾盆地考证》,《文物春秋》2016 年第 2 期。

22. 邱京春:《人类进化的四个阶段》,《北京人》2006 年第 3 期。

23. 吴新智:《德日进在中国古人类学的创建时期》,《科学与人文进步——德日进学术思想国际研讨会论文集》,2003 年。

24. C. B. Barbour, E. Licent, P. Teilhard de Chardin,"Geological Study of the Deposits of the Sangkanho Basin", *Bulletin of the Geological Society of China*, 1927, 6 (1).

25. Claude Cuénot, "Le Révérend Père Émile Licent S. J. ", *Bulletin de la Société des études indochinoises*, Saigon, 1966.

26. E. Licent,"Observations sur les Laves de la Mandchourie et de la Mongolie Orientale", *Bulletin of the Geological Society of China*, 1929, 8 (1).

27. E. Licent,"The Nan Ye Li Sanmenian Fossiliferous Deposit", *Bulletin of the Geological Society of China*, 1930, 7.

28. E. Licent, M. Trassaert,"The Pliocene Series of Central Shansi", *Bulletin of the Geological Society of China*, 1935.

29. E. Licent, P. Teilhard de Chardin, "On the Geology of the Western and Southern Ordos" , *Bulletin of the Geological Society of China*, 1924, 3 (1).

30. E. Licent, P. Teilhard de Chardin, D. Blcock, "On a Presumably Pleistocene human tooth from the Sjara Osso Gol Deposits", *Bulletin of the Geological Society of China*, 1927, 5 (3–4) .

31. E. Licent, P. Teilhard de Chardin,"Cenozoic Vertebrate Fossils of E. Kansu and Inner Mongolia", *Bulletin of the Geological Society of China*, 1923.

32. E. Licent, P. Teilhard de Chardin,"New Remains of Postschizotherium from S. E. Shansi", *Bulletin of the Geolgical Society of China*, 1936.

33. E. Licent, P. Teilhard de Chardin,"On the Basal Beds of the Sedimentary Series in S. W. Shansi", *Bulletin of the Geological Society of China*, 1927, 1.

34. E. Licent, P. Teilhard de Chardin,"On the Discovery of a Palaeolithic Industry in Northern China", *Bulletin of the Geological Society of China*, 1924, 3（1）.

35. E. Licent, P. Teilhard de Chardin,"On the Recent Marine Beds, and the Underlying Freshwater Deposits", *Bulletin of the Geological Society of China*, 1927, 2.

36. E. Licent, P. Teilhard de Chardin,"Geological Observations in Northern Manchuria and Barga Hailar", *Bulletin of the Geological Society of China*, 1930, 9（1）.

37. E. Licent, P. Teilhard de Chardin,"Geology of Northern Chihli and Eastern Mongolia" , *Bulletin of the Geological Society of China*, 1924, 3（3–4）.

38. Emile Licent, *Vingt deux années d'exploration dans le Nord de la Chine, en Mandchourie, en Mongolie et au Bas-Tibet（1914–1935）. Le Musée Hoang ho Pai ho de Tientsin*, Tientsin: Mission de Sienhsien Race Course Road, 1935.

39. Emile Licent, *Dix Années（1914–1923）de séjour et d'exploration dans le bassin du Fleuve Jaune, du Paiho et des autres tributaires du Golfe du Pei Tcheu Ly*, Tientsin: La Librairie Francaise, 1924.

40. Emile Licent, *Onze années（1923–1933）de séjour et d'exploration dans le bassin du Fleuve Jaune, du Paiho et des autres tributaires du Golfe du Pei Tcheu Ly*, Tientsin: Mission de Sienhsien Race Course Road, 1935.

41. Richard H. Tedford, Zhan-Xiang Qiu, Lawrence J. Flynn（eds.）, *Late Cenozoic Yushe Basin, Shanxi Province,China: Geology and Fossil Mammals*, Volume 1: Histoty, Geology, and Magnetostratigraphy, Dordrecht: Springer, 2013.

后 记

经过长期资料积累、消化吸收，我边学习边研究边创作，历经18年艰辛，断断续续，几易其稿，《法国“进士”逐梦东方》一书终于付梓。

创作中，我力求客观公允地介绍法国科学家桑志华在中国科考探险期间（1914—1938年）取得的成就；再现桑志华眼中清末民初的中国政治、军事、经济、文化、社会和风土人情；讲述桑志华无意之中成为20世纪中西科学文化交流的使者，从此引发远古时期东西方人类文化相互碰撞的种种故事。桑志华亲历的半殖民地半封建旧中国积贫积弱的现实，包括租界内外的巨大反差以及他对身边重大事件的观察和认知等，从一个侧面反映了近代以来中华民族灾难深重，陷入内忧外患、山河破碎、战乱频发、民不聊生的境遇。为了原汁原味地还原一个法国人眼中的旧中国形象，书中大量引用了桑志华的日记和文章，读者可以从中看到时代和身份留下的印迹。

对于本书创作，许多专家学者和朋友问我：你是学文科的，又长期在党政机关工作，怎么想起写这么一本书？

掩卷思忖，“萌生”是源于本职工作。2002年，我时任中共天津市委研究室副主任，分管文化处，在研究天津城市文化特点时，得知坐落在马场道的北疆博物院有着80年的历史。出于好奇，我翻阅了尘封久远的桑志华在华期间科考探险的一些资料，深深地为这位法国博物学家献身科学、不畏艰险、百折不挠的精神所感动。我在全国中文核心期刊《历史教学》（2002年第6期）发表了《近代法国传教士对我国北方的科学考察与天津北疆博物院》一文。尽管文章涉及的内容与研究还比较肤浅，但从此之后，一个问题始终在头脑中挥之不去：一个法国人花了25年时间在天津创建了一座享誉世界的博物馆？我应当探究来龙去脉！

由于工作非常繁忙，开始我只是留意收集一些资料。2004年严冬的一个周日，我到北疆博物院（当时是天津自然博物馆的库房）调研，时任天津自然博物馆长孙景云同志热情接待了我。当两位工作人员同时打开北疆博物院那扇厚重而陈旧的大门时，一股浓烈刺鼻的樟脑味伴着冷气扑面而来。这里没有暖气，樟脑是用来保护藏品。自 1951 年，北疆博物院作为库房保存标本已半个多世纪。研究员黄为龙先生兴致勃勃地从柜子里拿出桑志华当年在中国采集的古哺乳动物化石一一介绍，如数家珍。望着这一件件珍贵的藏品，我的心灵深处受到了极大震撼！今天的人们，很难想象那个遥远年代古哺乳动物群生存的自然环境。来自法国的桑志华是如何在中国广袤的原野之下找到它们的？在孙馆长的引领下，我参观了整个库房的珍贵藏品，还看到蒙着厚厚灰尘的桑志华当年使用过的许多物品。

为纪念天津设卫筑城 600 周年（1404—2004 年），应《天津日报》文史版编辑之约，我发表了 8000 余字的《享誉世界的北疆博物院》。此文在中外读者中引起反响。尤其让我感动的是：几十年来致力于研究桑志华及藏品的天津自然博物馆两位资深研究员——黄为龙和陆惠元，分别给予我高度评价和热情鼓励；来自法国的近百名专家学者来津与我进行学术交流。更没有料到，这篇文章引起时任法国驻华大使白林（Sylvie BERMANN）女士的高度关注。2012 年 6 月 19 日，她在文化教育参赞周子牧（Anthony CHAUMUZEAU）先生、商务参赞佩文森（Vincent PERRIN）先生等陪同下，专程从北京到天津与我晤面，详细了解我研究桑志华所取得的成果，我陪同他们参观了北疆博物院。从此，我作为中法文化交流的使者，连续几年被法国驻华大使馆邀请参加法国国庆日活动。后来，在白林大使的帮助下，经该使馆文化专员黎静（Bérénice ANGREMY）女

时任法国驻华大使白林（左四）等到北疆博物院参观

士、副专员樊秀英（Xiuying FAN）女士协调，我到法国收集了桑志华的相关资料。

在中法朋友的关注与支持下，我着手筹划撰写本书。那时候的想法有些简单，满以为在报刊上发表的桑志华与北疆博物院的文章反响还不错，加上手头积累了一些材料，可以顺利完成书稿。及至构思本书的整体框架时，方知写桑志华这样一个在民国初年来华科考探险的科学家是多么的艰难！

我从原始资料出发，坚持“论从史出”。然而，遇到的第一个障碍是语言，我不懂法文，而桑志华的著述几乎全是法文。尤其那些地质、考古等领域的专用术语，再加上用法文（或拉丁文）拼音标注的中国西部的地名（大多已废弃不用）、中外人名，即便是高水平的翻译，也望而生畏。其次，对桑志华研究的领域，诸如地质学、旧石器时代考古学、古人类学、古生物学和动植物学等，我非常陌生；对于著述中所涉及的历史地理学、宗教、少数民族风俗礼仪，我也是外行。加之桑志华在华期间是一个动荡战乱的年代，许多资料很难查寻，这无疑为创作本书增加了难度。

为探寻桑志华的来华之谜，我自费去法国，到他的家乡收集第一手资料；为展示桑志华在华科考探险的足迹和取得的成果，我翻阅了他著述的427多万字的文献和在华期间发表的论文；为澄清一个个历史谜团，我查阅了国内外专家学者发表的有关桑志华的文章；为了弄清那些地质、考古、古人类和古生物化石等领域的专用术语，我“恶补”了大量相关知识，并向专家学者请教。偶有所得，其喜悦则不亚于在茫茫沙漠中发现一方绿洲。在此基础上，我对所掌握的有关桑志华的所有史料作了较系统的爬梳剔抉，去粗取精，去伪存真，力求真实公允。

本书的出版时间原定在纪念桑志华来华科考探险100周年（2014年）之际。其时，天津自然博物馆也在积极筹备纪念活动。时任馆长董玉琴、副馆长马金香邀请我一起去北京拜访中国科学院院士、古哺乳动物学及地层学家、研究员邱占祥先生，倾听他的意见与建议。我很早就拜读过邱先生发表的有关桑志华的一系列文章，这一次如愿见到先生。邱先生办公室除了两排靠墙的书柜外，玻璃柜内和茶几上摆放的古脊椎动物化石标本格外醒目。老先生精神矍铄，儒雅谦和，虽然已是耄耋之年，仍然带领他的科研团队为完成国家重点课题和个人专著辛勤耕耘，这令我们肃然起敬！

当董玉琴馆长介绍了我对修复北疆博物院工作的支持与帮助，并利用业余时间撰写了本书时，邱先生马上表现出强烈的好奇与惊讶！他态度和蔼地问了几个问题，印象最深的是：你一个官员，又不是学这个专业的，怎么想起研究桑志华与北疆博物院？待我认真作答后，他好像还是有些疑惑。我借此机会向邱先生请教了几个问题，还提到急需的又查不到的资料，他答应帮我找一找。

2014 年 3 月 24 日，我意外收到邱先生的邮件：“发给您一些供您参考的有关资料。对于您主动承担撰写桑志华在华活动历史的精神和勇气，以及为此而付出的艰辛和劳动，表示由衷的敬佩。”我惊呆了！邱先生在古哺乳动物学及地层学领域是大师级人物，而我是一个地地道道的外行，能得到邱先生的鼓励是从未有过的奢望。我立刻给邱先生回复邮件，讲述了十多年利用业余时间研究桑志华与北疆博物院的初衷与艰辛，并斗胆向邱先生提出：“您如能抽时间帮助我把关定稿，将是我莫大荣幸。”等待的时间是漫长的，也是惴惴不安的。一天，邱先生来电话说：“把你的书稿拿过来我先看看，20 天后再答复你。”当我诚惶诚恐地把书稿清样交给老先生时，那种充满期待又怕被拒绝的复杂心情，真是难以言表。

一个月后，我怀着忐忑不安的心情，如约来到中国科学院古脊椎动物与古人类研究所，邱先生十分诚恳地说：“我本身的业务工作任务很重，毕竟我已是 80 岁的人了，精力和时间对我来说都是极有限的。我所欠下来的几部未完的专著是否能在见上帝之前完成都很成问题。这一直是我十分焦虑的问题。我同意挤出一些时间，尽我所知和所能帮助审改一下你关于桑志华的书。但考虑到我（包括老伴）现在的身体状况以及尚在承担的工作任务情况，我希望你能同意以下两点：一是我的审改只限于古生物领域。你的书中关于中国当时的政治、经济、文化、宗教、考古、地理等方面的历史知识涉及很多，我虽然也会有许多不同的意见，但这不是‘专家’意见。”“另外，你的书 2014 年肯定不能出版，我看的时间较长，大概需要一年半至两年时间才能审定完”。顷刻，尽管感觉审定的时间长了些，但我心中的那种激动与兴奋，真是无法用语言表达。客观地讲，我写这本书，在专业和语言上都存在先天不足，而邱先生早年留学欧洲，熟练掌握了英、俄、法、德等几国语言，又长期在中国科学院古脊椎动物与古人类研究所工作，既是古哺乳动物学及地层学的权威，又是多年研究桑志华的专家，正值知识积累和专业研究能力都达到炉火纯青的时候，真是天助我也！

邱先生用一个多月时间，审阅了书稿的前80页，直言不讳地提出书稿中存在的一些问题和修改思路。

根据邱先生的意见，我拟定了修改提纲，顺便买了两盒茶叶到北京邱先生办公室。修改提纲得到了邱先生的认同，可是那两盒茶叶却成为一个难题，最终邱先生同意收下，却把茶叶钱给我。趁邱先生接电话，我悄悄把茶叶钱放在茶几一个不显眼的地方后，迅速离开办公室，没想到被邱先生发现而快步追过来，我没敢等电梯，从六楼一路小跑气喘吁吁到一楼，因穿高跟鞋险些崴脚。几天后，邱先生托人给我带来一封信，里边装着茶叶钱。为此，他还专门发来邮件："我决定接受这项任务完全是出于我对桑志华在华工作的肯定，也是对你与我有同感而且作了我们古生物和科学史领域的工作者该做而没有做的工作的赞赏和高度肯定。我和伴月（邱先生的夫人）都是习惯于平民生活的老一代知识分子，非常不习惯于接受别人的馈赠或礼物。你千万不要再给我送东西、带礼物。这要算做一个我接受这个任务的先决条件。如你再带东西、送礼物，那我就不再承担这项工作了。"真可谓"君子之交淡如水"！

2014年4月至2016年5月，邱先生利用极为宝贵的时间，断断续续为我审稿，我按照邱先生的思路和要求，认真修改。2016年6月4日，我将修改后的书稿清样送到邱先生办公室，原以为这次能够很快通过，结果邱先生又审了半年，我又继续修改。

审稿结束是2016年12月22日，邱先生还专门发来邮件，对书稿中有关化石的章节修改提出了具体要求，对全书指出6个需要注意的问题，包括人名、地名的翻译以及索引等。看着这些密密麻麻的文字，我对邱先生严格严谨的科学态度充满了敬意！我按照邱先生提出的要求继续修改。2019年3月初，我把最后修改完的书稿，呈邱先生审定。邱先生又是从百忙中抽出时间，对书稿中有关古生物的内容认真审阅、严格把关，还提出了一些具体的修改意见。我仍然认真对待，没有丝毫的马虎。

对于我来说，完成本书的另一个最大收获，就是遇到了邱先生这位良师益友。这是可遇而不可求的幸事！初识温文尔雅的邱先生，感觉他和蔼可亲。然而，当他指出我书稿中存在问题时，一针见血，毫不留情！对我这个“界”外人，他始终坚持高标准、严要求，令我时常感到有些苛刻，甚至懵头。我只能硬着头皮查找那些冷僻资料，神驰于文献典籍的研读之中。由于我专业与语言上的先天不足，邱先生为修改我的书稿，投入了大量时间和精力，倾注了许多心血与汗水，还曾数次不得不放下原先手中的事情，我深知所有这一切，对于一个耄耋之年又与时间赛跑的科学家来说意味着什么！我感恩邱先生的鼎力相助，更庆幸自己由于桑志华与这位科学家相识。邱先生为人坦诚，知识渊博，远离浮躁，淡泊名利，在他身上不仅具有我国老一代科学家志存高远的专业能力与水平，对学术研究的科学态度和科学精神，而且具有学养深厚的大师风范与人格魅力，使我终身受益。

最令我兴奋与激动的莫过于邱先生愿意为本书作序。人贵有自知之明，我深知本书与他心目中的标准还有较大距离，此序不仅是对我的鼓励，更是对桑志华献身科学、坚忍不拔和敬业精神的赞赏。

十几年光阴，几乎耗尽了我全部业余时间和精力，包括春节期间都很少休息，还自费翻译了大量法文资料、去法国桑志华家乡探寻他的人生足迹，其过程的艰辛，不在这里赘述。“无心插柳柳成荫”，今天看来，自己能做一件对天津、对社会、对中法文化交流有意义的事情，值得！

令我肃然起敬的还有南开大学的张智庭教授。书中引用桑志华的原文全是法语，由于专业性太强，内容庞杂，虽然翻译过，但需请一位权威的法语翻译核实正误。当我的硕士导师 80 岁高龄的车明州教授（南开大学）向 78 岁的张智庭教授介绍我遇到的困境时，他欣然助我以援手。张教授用业余时间翻译出版了二十几部法语文学作品，2006 年被法国政府授予“棕榈叶教育骑士勋章”。当时，张教授手头翻译的任务相当繁重，他挤出时间，查阅了大量资料，认真、严谨、高水平地完成了全书注释的译文。对于张教授无偿鼎力相助，心存感激。

本书还得到了许多专家学者的真诚帮助。中国考古学会旧石器考古专业委员会主任、中国科学院古脊椎动物与古人类研究所高星研究员，在繁忙中为我发来近几年他研究宁夏水洞沟、河北泥河湾等有关旧石器时代的几篇文章，还不厌其烦地解答了我零散咨询的若干问题。中国科学院古脊椎动物与古人类研究所董为研究员，留学法国并取得博士学位，又长期在专业部门工作，他挤出时间，为本书从专业与法语翻译的角度进行审阅校对。时任天津外国语大学校长修刚教授、时任天津商业大学校长刘书瀚教授，在工作繁忙之余，也应我所求帮助翻译了一些外文资料。天津自然博物馆研究人员郑敏对馆藏标本给予专业指导。在此，我要向他们表示真诚感谢。

我要感谢天津外国语大学法语系主任巫春峰讲师。巫老师教学与教务都相当繁忙，因孩子小家庭负担也很重，他利用公休日无偿翻译了十余页法文《桑干河阶地调查记》，使我深受感动。

法国巴黎利玛窦学院院长戴思望（Edouard des Diguères）先生、法国Archi FED公司总经理于蓉（Fleur des Diguères）女士，不仅为我2015年访问桑志华的家乡做了前期准备和接待工作，还为我收集了桑志华的照片资料。法国北部省（Nord）里尔市（Lille）罗别镇（Rombies）居伊·于阿（Guy Huart）镇长，带领我参观桑志华的故居和就读的中小学，还提供了桑志华少年时代的一些珍贵史料。留学法国的雷云虹女士及其丈夫特里斯丹·勒布隆（Tristan. LEBLON，法国人）先生，为翻译桑志华的简要生平查阅了许多历史资料，帮助核实了很多零散的译文，还利用几个晚上对法文注释页码进行核对。法国《北方之声》（LA VOiX DU NORD）记者Pierre ROUANET用两版篇幅对我访问桑志华的家乡作了报道，还从法国为我寄来报纸。对他们所做的一切，深致谢意。

法国Vanves档案馆授权我使用桑志华的照片资料，对此表示诚挚的谢意。

在搜集史料的过程中，时任科技大学图书馆馆长许增甫教授、南开大学图书馆王娟萍副馆长和张蒂老师，通过多种渠道，为我收集桑志华的资料和图片。天津图书馆李培馆长为我查找报刊资料提供了帮助。中国科学院古脊椎动物与古人类研究所的博士生刘文辉查找了桑志华法文版《桑干河阶地调查记》，还扫描了其他所需图片和资料；博士生孙博阳查找戴福德（R. H. Tedford）、邱占祥、弗林（L. J. Flynn）专著英译汉的资料；博士生许渤松查寻相关中国旧石器年代的资料，整理了对书中涉及的地质年代一些数据。中国科学院自然科学史博士生杨丽娟，查找桑志华在民国时期中国地质学会发表的一些文章。天津外国语大学毕业生柴畅、天津财经大学毕业生孙晔，利用公休日对引文等进行核校。在此，一并真诚致谢。

天津市政协、市委宣传部的领导和市外事办公室、市档案馆等有关部门负责人，以及天津自然博物馆时任馆长孙景云、董玉琴曾对我热情鼓励和大力支持。对此，一并表示衷心感谢。

著名设计师高大鹏先生从近代史和视觉文化的角度，精心设计了本书封面，特此表示诚挚的谢意。

最后，要向对我真诚相助又未一一叙及的挚友亲朋、大学同学、内蒙古和西藏的朋友以及人民出版社的无私帮助，谨致谢忱！

由于本人知识结构和水平所限，书中的错误及不妥之处在所难免，恳请读者予以指正。

于树香

2020 年 7 月 9 日于天津

责任编辑：于宏雷
封面设计：高大鹏
责任校对：史伟伟

图书在版编目（CIP）数据

法国“进士”逐梦东方：1914–1938年桑志华（Emile Licent）来华科考探险记 / 于树香 著. —北京：人民出版社，2020.10
ISBN 978 – 7 – 01 – 021091 – 9

I. ①法… II. ①于… III. ①科学考察 – 中国 –1914–1938 IV. ① N82

中国版本图书馆 CIP 数据核字（2019）第 164483 号

法国“进士”逐梦东方

FAGUO JINSHI ZHUMENG DONGFANG

——1914—1938 年桑志华（Emile Licent）来华科考探险记

于树香 著

人民出版社 出版发行
（100706 北京市东城区隆福寺街 99 号）

北京新华印刷有限公司印刷 新华书店经销

2020 年 10 月第 1 版 2020 年 10 月北京第 1 次印刷
开本：710 毫米 × 1000 毫米 1/16 印张：43.5
字数：720 千字

ISBN 978 – 7 – 01 – 021091 – 9 定价：158.00 元

邮购地址 100706 北京市东城区隆福寺街 99 号
人民东方图书销售中心 电话（010）65250042 65289539